W0257879

Karl Krenkler

Chemie des Bauwesens

Band 1: Anorganische Chemie

Mit 287 Abbildungen

Springer-Verlag
Berlin · Heidelberg · New York 1980

Dr. rer. nat. habil. KARL KRENKLER
apl. Professor an der Fakultät für Bauingenieur-
und Vermessungswesen der Universität Stuttgart

CIP-Kurztitelaufnahme der Deutschen Bibliothek

Krenkler, Karl:
Chemie des Bauwesens / K. Krenkler.
Berlin, Heidelberg, New York: Springer.
Bd. 1. Anorganische Chemie. – 1980.

ISBN-13: 978-3-642-81476-1   e-ISBN-13: 978-3-642-81475-4
DOI: 10.1007/978-3-642-81475-4

Gesamtherstellung: Passavia Druckerei GmbH Passau

2362/3020–543210

Vorwort

Für die meisten Menschen ist die Chemie „ein Buch mit sieben Siegeln", und mancher Bauingenieur mag sich bei dem Buchtitel „Chemie des Bauwesens" fragen, was denn das Bauwesen mit Chemie zu tun hat. Darauf gibt es nur eine Antwort: „sehr viel".

Als Beispiel der Zement. Er ist eine prozentgenau abgestimmte Mischung von Silikaten, Aluminaten und Ferriten. Zement wird nicht nur in einem scharfer Kontrolle unterliegenden chemischen Prozeß hergestellt, sondern auch seine Erhärtung und alles was damit zusammenhängt, wie z.B. Schwinden, Kriechen, Wärmeentwicklung, sind Folgen chemischer Reaktionen, und auch die mögliche Schädigung des Zementsteins durch Sulfate und andere aggressive Stoffe sind chemische Vorgänge.

Den idealen Zement, der nur gute Eigenschaften besitzt, gibt es nicht. Die Eigenschaften schließen sich oft gegenseitig aus; ein frühhochfester Zement hat in der Regel auch eine hohe Wärmeentwicklung, verstärkte Schwindneigung und anderes mehr. Um den vielerlei Forderungen der Praxis gerecht zu werden, gibt es eine Reihe von Zementen, von denen nur die Portlandzemente, der Eisenportlandzement, der Hochofenzement, der Tonerdezement, der Traßzement, der Weißzement und zementähnliche Bindemittel wie der hydraulische Kalk und der Wasserkalk genannt seien. Diese Bezeichnungen mit den dazugehörenden Eigenschaften zu überblicken, ist eine Gedächtnisbelastung. Einfacher ist es, die Eigenschaften der Zemente von ihrer chemischen Zusammensetzung abzuleiten, denn es sind nur relativ wenige Faktoren, durch deren Variation die Vielfalt der Zementeigenschaften zustande kommt.

Nicht wesentlich anders ist es beim Stahl. Durch Legierung und chemische Maßnahmen ist es möglich, die ungenügenden Eigenschaften des Eisens entscheidend zu verbessern. Bei der Verarbeitung des Stahls treten wohl weniger chemische Probleme auf, dafür aber um so mehr in der Folgezeit. Im Unterschied zum Beton, der gegen atmosphärische Einflüsse und Wasser in der Regel beständig ist, rostet, d. h. oxidiert ungeschützter Stahl schon an der Luft und dies um so stärker, wenn Wasser und aggressive Substanzen hinzukommen. Diese Korrosion des Stahls ist ein chemischer Vorgang; wer sie mit Erfolg verhindern will, muß ihre chemischen Ursachen und die stoffbedingten Eigenschaften der Schutzmittel kennen.

Ein anderes Beispiel sind die Kunststoffe, die in steigendem Umfang im Bauwesen Anwendung finden. Wer nur die Namen hört wie z. B. Polyäthylen, Polystyrol, Polypropylen, Polyvinylchlorid, Polyesterharze, Polyurethanharze usw., dem mag es ergehen wie dem Schüler im Faust: „Mir ist von alledem so dumm, als ging mir ein Mühlrad im Kopf herum." Wer sich jedoch näher damit befaßt, der erkennt bald, daß diese oft komplizierten Namen Bezeichnungen für relativ einfache Dinge sind und daß die vielfältigen Eigenschaften der Kunststoffe sich im wesentlichen aus der Molekülstruktur erklären lassen, für die es eine der Baustatik sehr ähnliche „Molekülstatik" gilt.

Man kann die Beispiele beliebig weiterführen. Tatsache ist, daß die Bautechnik zu einem großen Teil angewandte Chemie ist und daß die Bedeutung der Chemie für das Bauwesen immer mehr zunimmt. Wer tiefer in die Materie der Baustoffe eindringen will, der braucht dazu die Chemie.

Wenn sich ein Bauingenieur mit Chemie befassen soll, dann muß diese auf seine Bedürfnisse zugeschnitten, d. h., praxisnah und einfach sein. Die ständige Bezogenheit auf die Praxis ist deshalb ein Leitgedanke des Buches, was jedoch nicht bedeutet, daß theoretische Überlegungen vernachlässigt werden, denn diese führen erst zum tieferen Verständnis der Zusammenhänge. Da für den Bauingenieur der Plan, d. h. die zeichnerische Darstellung seiner Objekte, Grundlage seiner Arbeit ist, wurde in diesem Buch versucht, auch die Chemie weitgehend graphisch darzustellen, was insgesamt eine große Zahl von Bildern ergeben hat, die aber manches verständlich machen werden, was, in Formeln ausgedrückt, dem Nichtchemiker unverständlich ist.

VI

Das Buch wendet sich an den Vertiefung suchenden Studenten, an den Bauingenieur der Praxis und an Chemiker von Firmen, die Partner des Bauwesens sind. Viele Probleme der Bautechnik haben chemische Ursachen. Wenn der Ingenieur diese mit den Fachleuten der Chemie klären will, muß er mit Argumentationswissen ausgerüstet sein, das er hier finden soll.

Der Stoff ist mir in jahrzehntelanger Tätigkeit in der bauchemischen Industrie und durch Befassung mit den Problemen der Bauingenieure zugewachsen. Das Buch enthält deshalb zu einem wesentlichen Teil Erfahrungswissen, doch ist darin eine Vielzahl von Erkenntnissen eingefügt, die von Wissenschaftlern und Praktikern gesammelt wurden und wofür ich mich dankbar erweise. Unter den vielen seien die Zementchemiker H. Kühl, F. Keil, W. Czernin, F. W. Locher und die Betontechnologen K. Walz und G. Wischers genannt. Zahlreiche weitere sind aus dem Literaturverzeichnis zu entnehmen.

Die sich über viele Baustoffgebiete ausdehnende Stofffülle ergab sich durch meine dreißigjährige Tätigkeit als Lehrbeauftragter an der Universität Stuttgart für das Gebiet „Chemie der Baustoffe". Für diese mich zutiefst befriedigende Aufgabe und die mir daraus zugekommenen Kenntnisse danke ich der Universität Stuttgart und den Kollegen der Fakultät für Bauwesen. Von diesen seien genannt F. Pöpel, der mich an die Universität geholt hat und G. Rehm, dessen Lehrstuhl für Werkstoffe im Bauwesen ich eingegliedert bin und dem ich manches Wissen, insbesondere auf dem Gebiet der Metalle, und vielfache Unterstützung verdanke.

Mein Dank gilt auch Frau Marianne Marotz, welche die vielen Bilder gezeichnet hat, und insbesondere meiner Frau, die einen großen „passiven" Beitrag zu dem Buch geleistet hat, indem sie auf viele Freizeitfreuden verzichtet hat, die der Arbeit an diesem Buch zum Opfer fielen. Schließlich sei auch dem Springer-Verlag für die stets angenehme Zusammenarbeit herzlich gedankt.

Stuttgart, im August 1980   K. Krenkler

Hinweis für den Leser

Die **fetten** Bildnummern weisen auf die erste Zitatstelle des jeweiligen Bildes hin; in deren unmittelbarer Nähe ist auch das betreffende Bild zu finden. Ferner bedeuten in Zusammenhang mit der Bild-Nr.: r. = rechts, l. = links, o. = oben, u. = unten, m. = Mitte. Eine zusätzliche Ziffer, durch Schrägstrich von der Bild-Nr. getrennt, verweist auf das entsprechend numerierte Teilbild.

Inhaltsverzeichnis

XVIII

1 Anorganische Grundlagenchemie

Die Voraussetzungen zum Verständnis der Bauchemie sind relativ
einfach; Schulkenntnisse in Chemie genügen, wem diese fehlen oder
wer sie schon vergessen hat, der findet im Folgenden das Wichtigste
in Kürze.

1.1 Grundbegriffe

1.1.1 Atom und Atombau

Die Materie ist aus den sogenannten Elementen aufgebaut (das
Wort „Elementum" entstand im Altertum durch Zusammenstellung
der drei Buchstaben LMN, welche die Mitte des lateinischen Alphabets bilden und bedeutet Grundstoff) [1]. In der Natur kommen 88
Elemente vor, ihre Zahl wurde durch 16 weitere, jedoch unbestän-
dige Elemente auf über 100 erhöht. Die chemischen Elemente sind
aus kleinsten Teilchen aufgebaut, den sogenannten Atomen (griech.
atomos = unteilbar). Die Eigenschaften der Elemente leiten sich
vom Bau ihrer Atome ab. Diese haben ein im Grund einfaches
Bauprinzip; sie bestehen vereinfacht a) aus einem positiv geladenem
Kern, der sich aus sogenannten „Protonen" zusammensetzt und b)
aus negativen Ladungen, sog. „Elektronen", welche den Kern um-
kreisen. Die positive Ladung der Protonen und die negative Ladung
der Elektronen entsprechen sich, so daß im Atom die entgegengesetzten Ladungen ausgeglichen sind. Weitere neben den Protonen
im Kern vorhandene Teilchen werden, da c) ohne elektrische Ladung, Neutronen genannt.

Das einfachste Element ist der Wasserstoff; sein Atom besteht
aus einem Proton und einem Elektron. Es folgt dann das Helium mit
zwei Protonen im Kern und zwei Elektronen. In dieser Weise steigt
die Zahl der Protonen und damit auch der Elektronen von Element
zu Element jeweils um eins an. Das letzte der 104 Elemente hat im

Kern 104 Protonen und darum ebensoviele kreisende Elektronen [2]. Die Reihe der Elemente ist also eine einfache Zahlenreihe; die sog. Ordnungzahl entspricht der Zahl der Protonen bzw. Elektronen.

Die Elektronen sind nicht regellos im Atom verteilt, sondern bewegen sich in definierten Abständen um den Kern. Die ursprüngliche Annahme, daß die Elektronen nach Art der Gestirne in „Bahnen" kreisen (Rutherford) wurde von N. Bohr auf „Schalen" und darüber hinaus von anderer Seite auf bestimmte Räume („Wolken") erweitert. Für das Verständnis der Bauchemie und der meisten chemischen Vorgänge ist das einfache und anschauliche Bohrsche Atommodell nach wie vor gut geeignet. Nach diesem kreisen die Elektronen auf kugelförmigen Flächen, sogenannten „Schalen" um den Kern. Diese Schalen können nicht eine beliebige Menge von Elektronen aufnehmen, sondern nur jeweils eine bestimmte Anzahl. Die erste, sog. K-Schale kann zwei Elektronen (e) aufnehmen, wobei Wasserstoff (1 e) und Helium (2 e) entstehen. Weitere 8 Elektronen werden von der L-Schale aufgenommen, wobei sich die Elemente Lithium (3 e), Beryllium (4 e), Bor (5 e), Kohlenstoff (6 e), Stickstoff (7 e), Sauerstoff (8 e), Fluor (9 e) und Neon (10 e) ergeben.

Kommen weitere Elektronen hinzu, dann werden diese von einer dritten Schale aufgenommen, der M-Schale. Daraus ergeben sich Natrium (11 e), Magnesium (12 e), Aluminium (13 e), Silicum (14 e), Phosphor (15 e), Schwefel (16 e), Chlor (17 e), Argon (18 e). Weitere Elektronen werden bis zu zwei von der N-Schale aufgenommen, wobei Kalium (19 e) und Calcium (20 e) entstehen. Die folgenden 1 bis 10 Elektronen gehen nicht auf die N-Schale, sondern werden von der M-Schale zusätzlich aufgenommen. Es entstehen dadurch Scandium (21 e), Titan (22 e), Vanadium (23 e), Chrom (24 e), Mangan (25 e), Eisen (26 e), Kobalt (27 e), Nickel (28 e), Kupfer (29 e) und Zink (30 e). Die Reihenfolge der ersten 30, zugleich wichtigsten Elemente ist aus **Bild 1** ersichtlich. Wie man sich ein solches Atom vorstellen kann, zeigt **Bild 2** am Beispiel des Elements Polonium (Ordnungszahl 94) [3]. Bei den verschiedenen Schalen ergeben sich gewisse Unterteilungen, welche in diesem Zusammenhang unwichtig sind.

1.1.2 Atommasse

Der Atomkern besteht nicht nur aus positiv geladenen Protonen, sondern enthält, wie bereits erwähnt, auch elektrisch neutrale Teil-

Elektronenanordnung der Elemente 1-30

OZ	Ele-ment	K- 1S	L-Schale 2S	 2p	M-Schale 3S	 3p	 3d	N- 4S
1	H	1						
2	He	2						
3	Li	2	1					
4	Be	2	2					
5	B	2	2	1				
6	C	2	2	2				
7	N	2	2	3				
8	O	2	2	4				
9	F	2	2	5				
10	Ne	2	2	6				
11	Na	2	2	6	1			
12	Mg	2	2	6	2			
13	Al	2	2	6	2	1		
14	Si	2	2	6	2	2		
15	P	2	2	6	2	3		
16	S	2	2	6	2	4		
17	Cl	2	2	6	2	5		
18	Ar	2	2	6	2	6		
19	K	2	2	6	2	6		1
20	Ca	2	2	6	2	6		2
21	Sc	2	2	6	2	6	1	2
22	Ti	2	2	6	2	6	2	2
23	V	2	2	6	2	6	3	2
24	Cr	2	2	6	2	6	5	1
25	Mn	2	2	6	2	6	5	2
26	Fe	2	2	6	2	6	6	2
27	Co	2	2	6	2	6	7	2
28	Ni	2	2	6	2	6	8	2
29	Cu	2	2	6	2	6	10	1
30	Zn	2	2	6	2	6	10	2

1

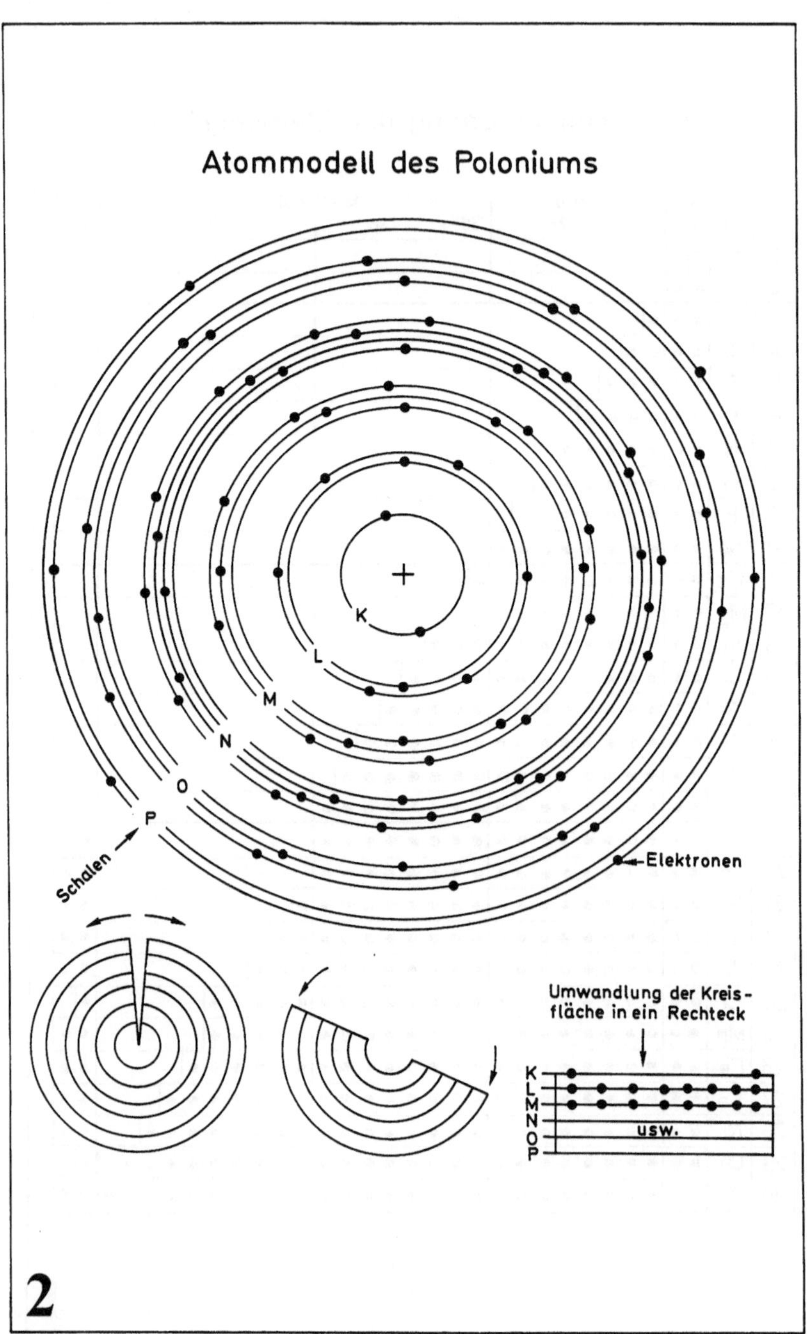
Atommodell des Poloniums
K
L
M
N
O
P
Schalen
Elektronen
Umwandlung der Kreis-
fläche in ein Rechteck
K
L
M
N
O
P
usw.
2

chen, die sogenannten „Neutronen". Das Verhältnis von Protonen und Neutronen ist anfänglich 1:1 und steigt mit höherer Ordnungszahl auf etwa 1:1,5. Da die Masse des Neutrons etwa der des Protons entspricht, ist die Atommasse (früher Atomgewicht) im allgemeinen zwei- bis dreimal so groß, wie die der Zahl der Protonen und damit der davon abgeleiteten Ordnungszahl. **Bild 3** zeigt die Atommasse der Elemente 1 bis 30 in Beziehung zur Ordnungszahl, **Bild 4** den Atomradius (wird später behandelt, s. 1.12.2.1.1).

Die Atommasse ist eine Verhältniszahl, welche angibt, wieviel mal schwerer das Atom eines Elements ist, als der 12. Teil eines Kohlenstoffatoms. Dessen Atommasse wurde also auf 12 festgelegt [4].

1.1.3 Periodensystem

Mendelejew und gleichzeitig L. Meyer haben die Elemente nach ähnlichen Eigenschaften geordnet und dabei festgestellt, daß diese in bestimmte Perioden eingeordnet werden können, was zum „Periodensystem der Elemente" geführt hat. Mosely erkannte, daß dieser periodische Wechsel der Eigenschaften eng mit dem Schalenbau der Atome, insbesondere mit der Verteilung der Elektronen auf die einzelnen Schalen zusammenhängt, wobei solche ähnlichen Elementgruppen (Familien) in der Regel die gleiche Zahl der auf der äußeren Schale befindlichen Elektronen besitzen. In **Bild 5** sind die Elemente in dieser Weise geordnet, wobei es sich lediglich um eine Übertragung der vertikalen Reihe (s. Bild 1) in vier horizontale, den 4 Schalen K bis N entsprechende Reihen handelt.

Der Vergleich mit dem Periodensystem (**Bild 6**) ergibt, daß beide identisch sind. Ein Unterschied besteht nur darin, daß die Elemente Bor bis Neon und Aluminium bis Argon nach rechts gerückt sind, damit die Übergangsmetalle (21 bis 30) und die folgenden Elemente ihrer Zwischenstellung entsprechend eingeordnet werden können. Bei dieser Darstellung stehen die Elemente mit gleicher Zahl der Außenelektronen untereinander, und da die Außenelektronen in erster Linie die chemischen Eigenschaften eines Elements bestimmen, ergeben sich verschiedene Gruppen ähnlicher Elemente.

1.1.4 Gruppen des Periodensystems

Die Elemente der Gruppe 1 mit einem Außenelektron (Lithium, Natrium und Kalium) sind bekannt als sogenannte Alkalimetalle. Es

Atommassen
der Elemente 1-30
Atommasse
60
50
40
30
20
10
2x Ordnungszahl
Ordnungszahl
2 4 6 8 10 12 14 16 18 20 22 24 26 28 30
Ordnungszahl

3

Atomradien (1-30)
Atomradien in nm
0,25
0,2
0,15
0,1
0,05
2 4 6 8 10 12 14 16 18 20 22 24 26 28 30
Ordnungszahl

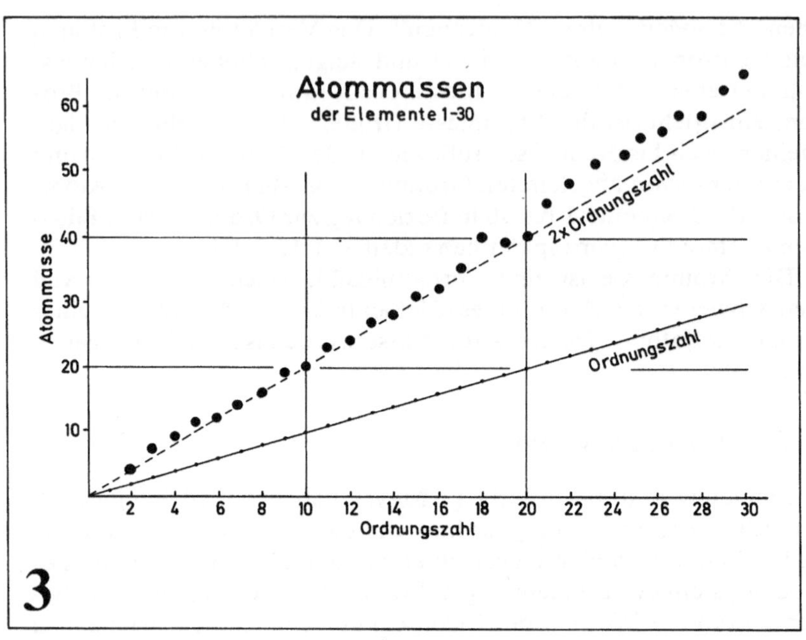

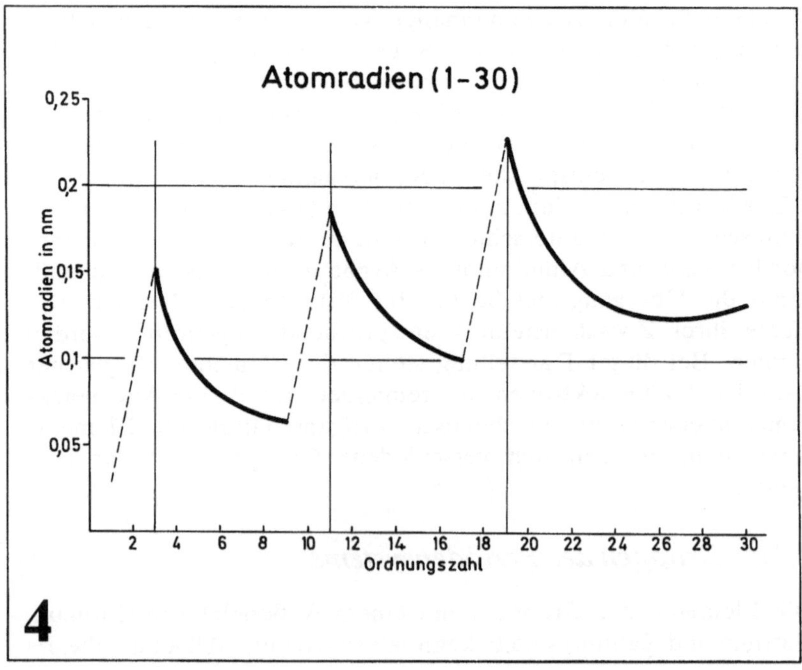

4

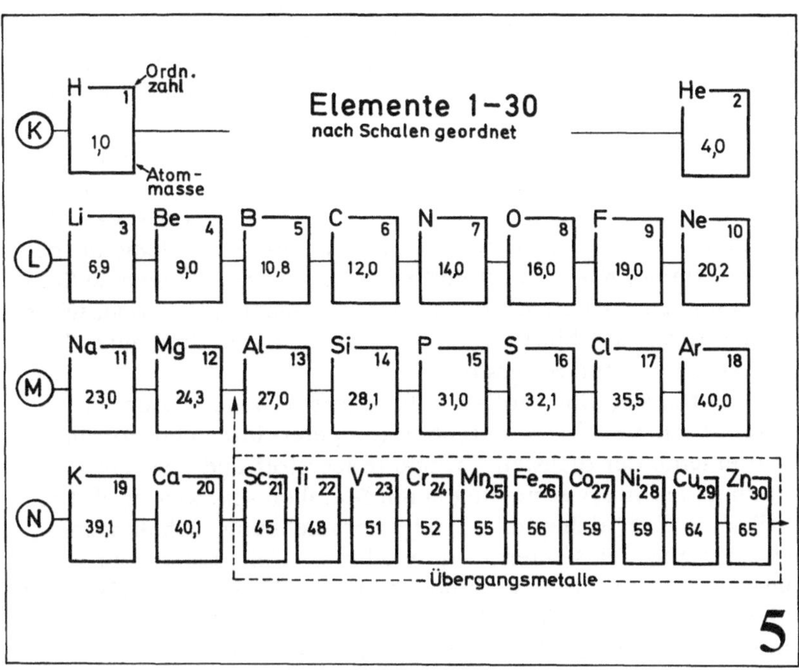

K
H 1
Ordn.zahl
1,0
Atom-masse
Elemente 1–30
nach Schalen geordnet
He 2
4,0
L
Li 3   6,9
Be 4   9,0
B 5   10,8
C 6   12,0
N 7   14,0
O 8   16,0
F 9   19,0
Ne 10   20,2
M
Na 11   23,0
Mg 12   24,3
Al 13   27,0
Si 14   28,1
P 15   31,0
S 16   32,1
Cl 17   35,5
Ar 18   40,0
N
K 19   39,1
Ca 20   40,1
Sc 21   45
Ti 22   48
V 23   51
Cr 24   52
Mn 25   55
Fe 26   56
Co 27   59
Ni 28   59
Cu 29   64
Zn 30   65
Übergangsmetalle
5

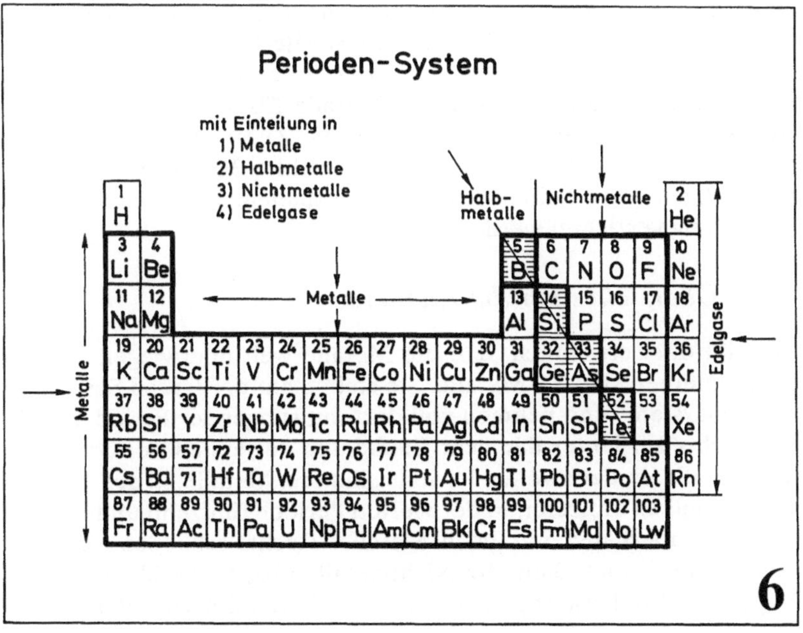

Perioden-System
mit Einteilung in
1) Metalle
2) Halbmetalle
3) Nichtmetalle
4) Edelgase
Halb-metalle
Nichtmetalle
Metalle
Metalle
Edelgase
1 H
2 He
3 Li   4 Be
5 B   6 C   7 N   8 O   9 F   10 Ne
11 Na   12 Mg
13 Al   14 Si   15 P   16 S   17 Cl   18 Ar
19 K   20 Ca   21 Sc   22 Ti   23 V   24 Cr   25 Mn   26 Fe   27 Co   28 Ni   29 Cu   30 Zn   31 Ga   32 Ge   33 As   34 Se   35 Br   36 Kr
37 Rb   38 Sr   39 Y   40 Zr   41 Nb   42 Mo   43 Tc   44 Ru   45 Rh   46 Pa   47 Ag   48 Cd   49 In   50 Sn   51 Sb   52 Te   53 I   54 Xe
55 Cs   56 Ba   57/71   72 Hf   73 Ta   74 W   75 Re   76 Os   77 Ir   78 Pt   79 Au   80 Hg   81 Tl   82 Pb   83 Bi   84 Po   85 At   86 Rn
87 Fr   88 Ra   89 Ac   90 Th   91 Pa   92 U   93 Np   94 Pu   95 Am   96 Cm   97 Bk   98 Cf   99 Es   100 Fm   101 Md   102 No   103 Lw
6

sind leichte, weiche, niedrigschmelzende Metalle; sie sind sehr reaktionsfreudig und bilden mit Wasser stark alkalische Hydroxide. Die Elemente der zweiten Gruppe (Beryllium, Magnesium, Calcium) sind die sog. Erdalkalimetalle. Sie sind härter und schwerer als die Alkalimetalle und weniger reaktionsfähig. Auch sie bilden mit Wasser Hydroxide, die jedoch weniger stark basisch sind. Von der dritten Gruppe (Erdmetalle) mit drei Außenelektronen ist das Aluminium als wichtigstes Leichtmetall bekannt. Die Elemente der vierten Gruppe, Kohlenstoff und Silicium, nehmen beide eine Sonderstellung ein; Kohlenstoff als Grundelement aller organischen Verbindungen und Silicium als wichtigstes gesteinsbildendes Element (zusammen mit Sauerstoff).

Die fünfte, sog. Stickstoff-Phosphorgruppe bildet Oxide, die mit Wasser zusammen Säuren ergeben (Salpetersäure, Phosporsäure). Die Elemente der sechsten Gruppe (Sauerstoff und Schwefel) sind Nichtmetalle. Ihre Verbindungen mit Metallen sind wichtig als Erze (chalkos = Erz, daher die Gruppenbezeichnung „Chalkogene"). Die Elemente der siebten Gruppe (Fluor, Chlor) sind sehr reaktionsfähige Gase. Ihre Verbindungen mit Wasserstoff (Hydride) sind starke Säuren. Die Elemente der achten Gruppe (Helium, Neon, Argon) sind praktisch nicht reaktionsfähige Gase, sog. Edelgase. Die Elemente 21 bis 30 sind eine Gruppe für sich. In der Zahl der Außenelektronen (1 und 2) unterscheiden sie sich wenig, sondern in der Zahl der von der dritten Schale (L) aufgenommenen zusätzlichen 1 bis 10 Elektronen. Es sind durchweg Metalle, darunter die für das Bauwesen wichtigen Metalle Eisen, Kupfer, Zink. – Mit wachsender Ordnungszahl werden die Zusammenhänge komplizierter. Da diese Elemente (Ordnungszahl > 30) für das Bauwesen im allgemeinen keine wichtige Rolle spielen, kann hier auf ihre Behandlung verzichtet werden.

1.1.5 Übersicht über die Elemente

Aus Bild 6 ist ersichtlich, daß die Metalle weit überwiegen; unter 104 Elementen sind 81 Metalle. Sie stehen auf der linken Seite des Periodensystems und nehmen von dort mit steigender Periodenzahl nach rechts zu. Unter den acht Elementen der ersten Periode sind zwei Metalle, in der zweiten Periode sind drei Metalle, in der dritten Periode sind es dreizehn, in der vierten Periode fünfzehn und in den folgenden überhaupt nur noch Metalle. Rechts schließen sich die Halbmetalle (5) an, dann die Nichtmetalle (10) und schließlich die Gruppe der Edelgase (6). In der rechten oberen Ecke des Periodensystems stehen die gasförmigen Elemente Stickstoff, Sauerstoff, Fluor, Chlor, Brom neben der Gruppe der Edelgase.

Insgesamt bestehen die 104 Elemente aus 82 Metallen, 5 Halbmetallen, 11 Nichtmetallen und 6 Edelgasen, darunter 89 Feststoffe, 2 Flüssigkeiten (Jod und Quecksilber), sowie 11 Gase. Diese Elemente sind keineswegs gleichmäßig auf der Erde vorhanden, sondern der Anteil des Sauerstoffs beträgt ca. 50%, an Silicium ca. 25% und Aluminium, Eisen und Calcium zusammen ca. 15%. Diese 5 Elemente machen ca. 90% der Stoffe der Erdrinde aus; die restlichen 99 kaum 10%, darunter der Kohlenstoff, das Grundelement der belebten Natur, nur ca. 0,1% [5]. Von den Elementen sind nur die Metalle als Werkstoffe für das Bauwesen von Bedeutung. Diese nehmen eine Sonderstellung unter den Werkstoffen ein und werden deshalb für sich behandelt. – Die wichtigsten Elemente und deren Eigenschaften sind aus **Tabelle 1** ersichtlich.

1.1.6 Chemische Verbindungen

Die meisten Stoffe, darunter auch die Baustoffe (ausgenommen die Metalle) liegen nicht als Elemente, sondern als „Verbindungen" von chemischen Elementen vor. Über ihre Entstehung und ihre Gesetzmäßigkeiten kurz das Folgende: Ein gutes Hilfsmittel zum Verständnis der Bildung von chemischen Verbindungen bietet die von Kossel und Lewis gefundene sogenannte „Oktettregel" [6]. Sie besagt, daß die Elektronen der äußeren Atomschalen das Bestreben haben, paarweise zusammenzutreten und eine Anordnung von 8 Außenelektronen in der Elektronenschale von Atomen im Sinne des Bohrschen Atommodells zu bilden [7]. Verbindungen mit einer solchen Oktettanordnung der Außenelektronen sind besonders stabil. Bei den als stabilste Elemente bekannten Edelgasen (Neon, Argon usw.) ist diese Oktettanordnung schon vorhanden; andere Elemente streben diese sogenannte „Edelgaskonfiguration" in ihren Verbindungen an. Dies kann auf zwei Arten geschehen: 1. Indem die fehlenden Elektronen von anderen Atomen übernommen werden, oder 2. indem die Elektronen der Außenschale an andere Atome abgegeben werden. Im Fall der Elektronenaufnahme spricht man von „Reduktion", im Fall der Elektronenabgabe von „Oxidation".

Dies wird in **Bild 7** an Beispielen erläutert. a) Das Schwefelatom hat 6 Außenelektronen. Die fehlenden 2 Elektronen liefern 2 Wasserstoffatome (mit je 1 Elektron). Es entsteht Schwefelwasserstoff (H_2S). b) Das Schwefelatom kann aber auch seine 6 Außenelektro-

Tabelle 1. *Wichtige Elemente* und deren Eigenschaften

Name	Symbol	Ordnungs-zahl	Atom-Masse	Metall	Nicht-Metall
Aluminium	Al	13	27	×	
Blei	Pb	87	207	×	
Bor	B	5	11		×
Chlor	Cl	17	35		×
Chrom	Cr	24	52	×	
Eisen	Fe	26	56	×	
Fluor	F	9	19		×
Gold	Au	79	197	×	
Kalium	K	19	39	×	
Calcium	Ca	20	40	×	
Cobalt	Co	27	59	×	
Kohlenstoff	C	6	12		×
Kupfer	Cu	29	64	×	
Magnesium	Mg	12	24	×	
Mangan	Mn	25	55	×	
Natrium	Na	11	23	×	
Nickel	Ni	28	59	×	
Phosphor	P	15	31		×
Sauerstoff	O	8	16		×
Schwefel	S	16	32		×
Silber	Ag	47	108	×	
Silicium	Si	14	28		×
Stickstoff	N	7	14		×
Titan	Ti	22	48	×	
Vanadium	V	23	51	×	
Wasserstoff	H	1	1		×
Wolfram	Wo	74	184	×	
Zink	Zn	30	66	×	
Zinn	Sn	50	119	×	

nen abgeben, z.B. je 2 an 3 Sauerstoffatome, wobei Schwefeltrioxid (SO_3) entsteht. In beiden Fällen wird die sog. „Edelgaskonfiguration" erreicht, bei a) durch Aufnahme von 2 fehlenden Elektronen, bei b) durch Abgabe aller 6 Außenelektronen, wobei die mit Elektronen vollbesetzte innere Schale die Edelgaskonfiguration bewirkt.

Die Beispiele c) und d) erläutern dieselben Reaktionen mit Kohlenstoff. Der Kohlenstoff hat auf seiner Außenschale 4 Elektronen, die er entweder abgeben, oder durch Aufnahme von 4 Elektronen auf 8 erhöhen kann. Im Fall der Elektronenaufnahme (c) werden die 4 Elektronen durch 4 Wasserstoffatome geliefert, wobei ein sog. Kohlenwasserstoff (CH_4 = Methan) entsteht. Bei der Umsetzung

Tabelle 1. (Fortsetzung)

Name	Symbol	Wertigkeit		Dichte	Schmelz- punkt	Siede- punkt
Aluminium	Al	+3		2,7	660	2060
Blei	Pb	+2	+4	11,3	327	1525
Bor	B	+3	−3	3,3	2075	2550
Chlor	Cl	−1	+7	3,2	−101	−34
Chrom	Cr	+3	+2	7,1	1510	2200
Eisen	Fe	+3	+2	7,9	1539	2740
Fluor	F	−1		1,7	−218	−188
Gold	Au	+3	+1	19,3	1063	2966
Kalium	K	+1		0,9	63	770
Calcium	Ca	+2		1,5	851	1440
Cobalt	Co	+3	+2	8,9	1492	2990
Kohlenstoff	C	+4	−4	2,1	−	−
Kupfer	Cu	+2	+3	8,9	1083	2595
Magnesium	Mg	+2		1,7	651	1107
Mangan	Mn	+2		7,4	1250	2150
Natrium	Na	+1		1,0	98	890
Nickel	Ni	+2	+3	8,9	1453	2730
Phosphor	P	+3	−3	2,0	44	280
Sauerstoff	O	−2		1,4	−219	−183
Schwefel	S	+2	−2	2,1	113	445
Silber	Ag	+1	+2	10,5	961	2210
Silicium	Si	+4		2,4	1415	2360
Stickstoff	N	+3	−3	1,3	−210	−196
Titan	Ti	+2	+3	4,5	1725	3260
Vanadium	V	+2	+3	5,8	1735	3400
Wasserstoff	H	+1	−1	0,1	−259	−253
Wolfram	Wo	+2	+3	19,3	3380	5430
Zink	Zn	+2		7,1	419	916
Zinn	Sn	+2	+4	6,6	232	2360

des Kohlenstoffs mit Sauerstoff (d), bekannt als energieliefernde „Verbrennung", werden die 4 Elektronen des Kohlenstoffs an 2 Sauerstoffatome abgegeben, wodurch diese mit je 8 Elektronen die Edelgaskonfiguration erreichen. Dabei entsteht CO_2 = Kohlendioxid, das gasförmige Verbrennungsprodukt des Kohlenstoffs.

1.1.7 Oxidationszahl

Die sog. „positive" Oxidationszahl entspricht der Zahl der Außenelektronen, die im Fall der Oxidation an Sauerstoff (oder ein anderes Element) abgegeben werden. Da die Zahl der Außenelektronen

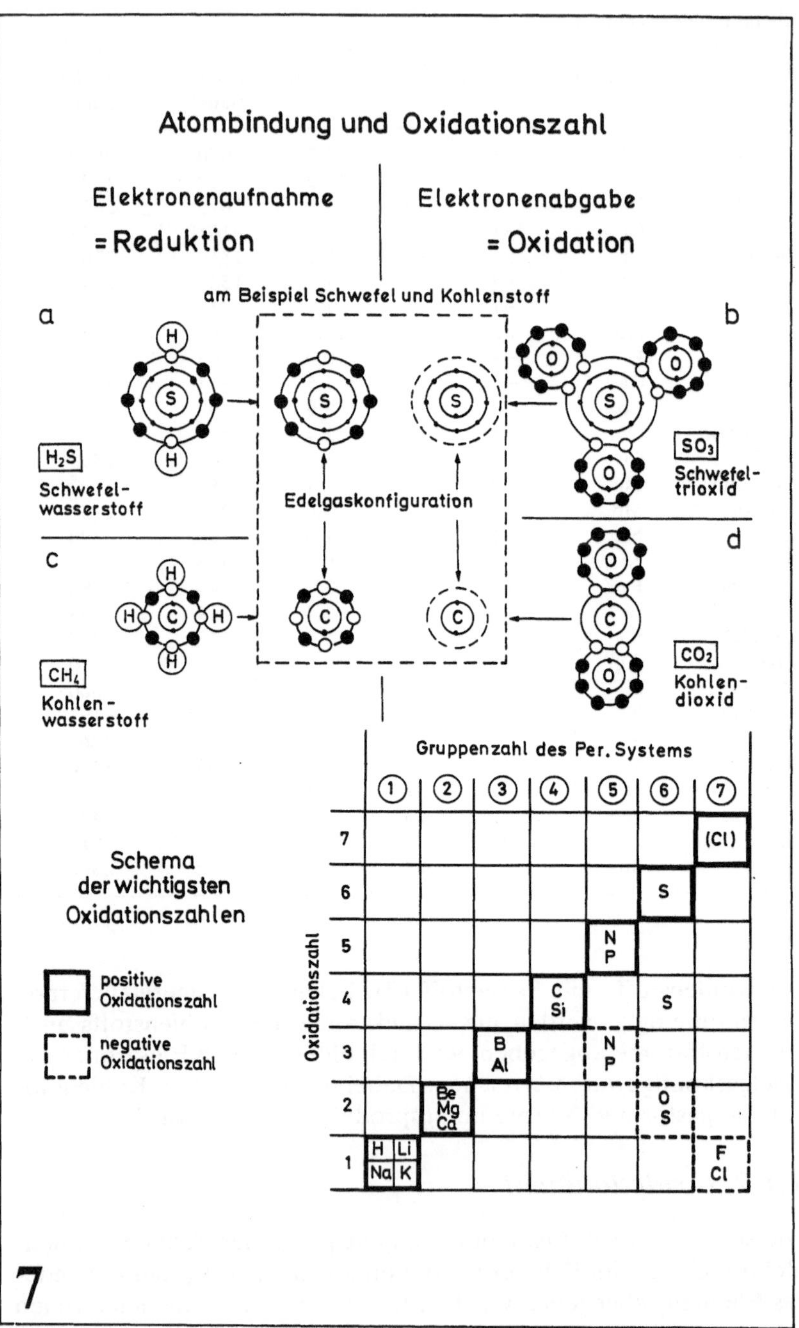

Atombindung und Oxidationszahl
Elektronenaufnahme
= Reduktion
Elektronenabgabe
= Oxidation
am Beispiel Schwefel und Kohlenstoff
a
b
c
d
H
S
H
H₂S
Schwefel-
wasserstoff
Edelgaskonfiguration
O
O
S
O
SO₃
Schwefel-
trioxid
H
H C H
H
CH₄
Kohlen-
wasserstoff
C
C
O
C
O
CO₂
Kohlen-
dioxid
Schema
der wichtigsten
Oxidationszahlen
positive
Oxidationszahl
negative
Oxidationszahl
Gruppenzahl des Per. Systems
1 2 3 4 5 6 7
Oxidationszahl
7 (Cl)
6 S
5 N P
4 C Si S
3 B Al N P
2 Be Mg Ca O S
1 H Li Na K F Cl

der Gruppenzahl entspricht, ergibt sich daraus, daß auch die wichtigsten Oxidationszahlen mit der Gruppenzahl des Periodensystems übereinstimmen (s. Bild 7 u). Die Atome der ersten Gruppe (Wasserstoff, Lithium, Natrium, Kalium) haben je 1 Elektron auf der Außenschale, daher die Oxidationszahl 1. Die Erdalkalimetalle der Gruppe 2 (Beryllium, Magnesium, Calcium) haben 2 Elektronen abzugeben, also die Oxidationszahl 2. Bor und Aluminium mit 3 Außenelektronen haben die Oxidationszahl 3, Kohlenstoff und Silicium die Oxidationszahl 4, Stickstoff und Phosphor die Oxidationszahl 5, Schwefel 6 und Chlor 7 (seltener Fall).

Die „negative" Oxidationszahl entspricht der Zahl der Elektronen, die im Fall der Elektronenaufnahme (Reduktion) zum Erreichen der Edelgaskonfiguration nötig sind. Sie beträgt beim Stickstoff und Phosphor 3, beim Sauerstoff und Schwefel 2 und bei Fluor und Chlor 1. Positive und negative Oxidationszahl ergeben in der Regel zusammen die Zahl 8. Neben diesen hauptsächlichen Oxidationszahlen gibt es auch von dieser Regel abweichende Oxidationszahlen, wie z. B. beim Schwefel die Oxidationszahl 4. Solche Fälle kommen insbesondere bei Elementen mit höherer Ordnungszahl vor und sind im Rahmen der Bauchemie nicht häufig.

1.2 Oxide

Die Oxide sind Verbindungen von Elementen mit Sauerstoff. Sie sind die wichtigsten anorganischen Verbindungen; alle Elemente mit Ausnahme der Edelgase können Oxide bilden. Die Gesteine bestehen überwiegend aus Oxiden, desgleichen wichtige Baustoffe, wie z. B. der Zement.

Die Formeln der Oxide (s. **Bild 8**) sind leicht abzuleiten; sie ergeben sich daraus, daß der Sauerstoff auf seiner äußeren Schale 6 Elektronen besitzt. Er gibt diese nicht ab, sondern ergänzt durch Aufnahme von 2 weiteren Elektronen seine äußere Schale zur vollständigen Achterschale.

Daraus ergibt sich für die Elemente der ersten Gruppe, die ein Außenelektron besitzen, die Schemaformel X_2O, für die Elemente der zweiten Gruppe mit 2 Außenelektronen die Formel XO, für die Elemente der dritten Gruppe mit 3 Elektronen die Formel X_2O_3. (Die Sauerstoffatome mit 2 fehlenden Elektronen können stets nur eine gerade Zahl von Elektronen aufnehmen). Für die vierte Gruppe mit 4 Elektronen ergibt sich die Formel XO_2, für die der fünften Gruppe mit 5 Elektronen die Formel X_2O_5 $(2 \times 5 = 10$

Elektronen werden abgegeben, $5 \times 2 = 10$ Elektronen werden aufgenommen). Der in der sechsten Gruppe stehende Schwefel gibt seine 6 Elektronen an 3 Sauerstoffatome ab $= SO_3$. Chlor hat 7 Außenelektronen; zur geraden Zahl (14) braucht man 2 Chloratome, deren 2×7 Elektronen von 7 Sauerstoffatomen aufgenommen werden.

Die Oxide der verschiedenen Elemente (bis zum Calcium) ergeben sich daraus von selbst und gehorchen mit wenig Ausnahmen einer einfachen Gesetzmäßigkeit. Die für das Bauwesen wichtigen Oxide sind in Bild 8 u dick eingerahmt.

1.2.1 Sauerstoff

Der Sauerstoff ist ein gasförmiges Element, das in der Luft zu ca. 20% (20,9), in der Verbindung Wasser zu 89% und in den Mineralien der Erdrinde zu ca. 50% enthalten ist. Der Sauerstoff ist äußerst reaktionsfähig. Damit zusammenhängend, liegen die meisten Stoffe der Lithosphäre (Gesteinsschicht der Erdoberfläche, ca. 16 km stark) in Form von Oxiden vor z.B der Elemente Silicium, Aluminium, Eisen, Mangan und anderen. Auch mit vielen weiteren Elementen wie Wasserstoff, Schwefel, Phosphor, Magnesium usw. setzt sich der Sauerstoff unter Licht- und starker Wärmeentwicklung zu Oxiden um. Solche raschverlaufenden Oxidationen werden auch „Verbrennungen" genannt. Die technische Energie- und Wärmeerzeugung erfolgt hauptsächlich durch Verbrennung von Kohlenstoffverbindungen (Kohle, Kohlenwasserstoffe: a) Heizöl, b) Dieselöl, c) Benzin).

1.2.2 Wasser H_2O

Das Wasser ist von überragender Bedeutung für die Lebensvorgänge auf der Erde, sowie für die unbelebte Natur. Damit zusammenhängend sind seine Eigenschaften die Grundlage verschiedener Maßsysteme geworden. Der Gefrierpunkt des Wassers und sein Siedepunkt sind Grenzwerte der Celsiustemperaturskala mit 0°C (273 K) für den Gefrierpunkt und 100°C (373 K) für den Siedepunkt. Seine größte Dichte (bei 4°C) wurde mit 1,000 festgelegt als Basis für die Dichtebestimmung anderer Stoffe. Seine Viskosität (Grad der Zähflüssigkeit) beträgt bei 20°C $= 1,002$ cp (Centipoise) [8].

Das flüssige und auch das gefrorene Wasser bestehen nicht aus einer regellosen Mischung von H_2O-Molekülen, sondern beide haben eine spezifische Molekülordnung. Beim Eis sind die Moleküle

14

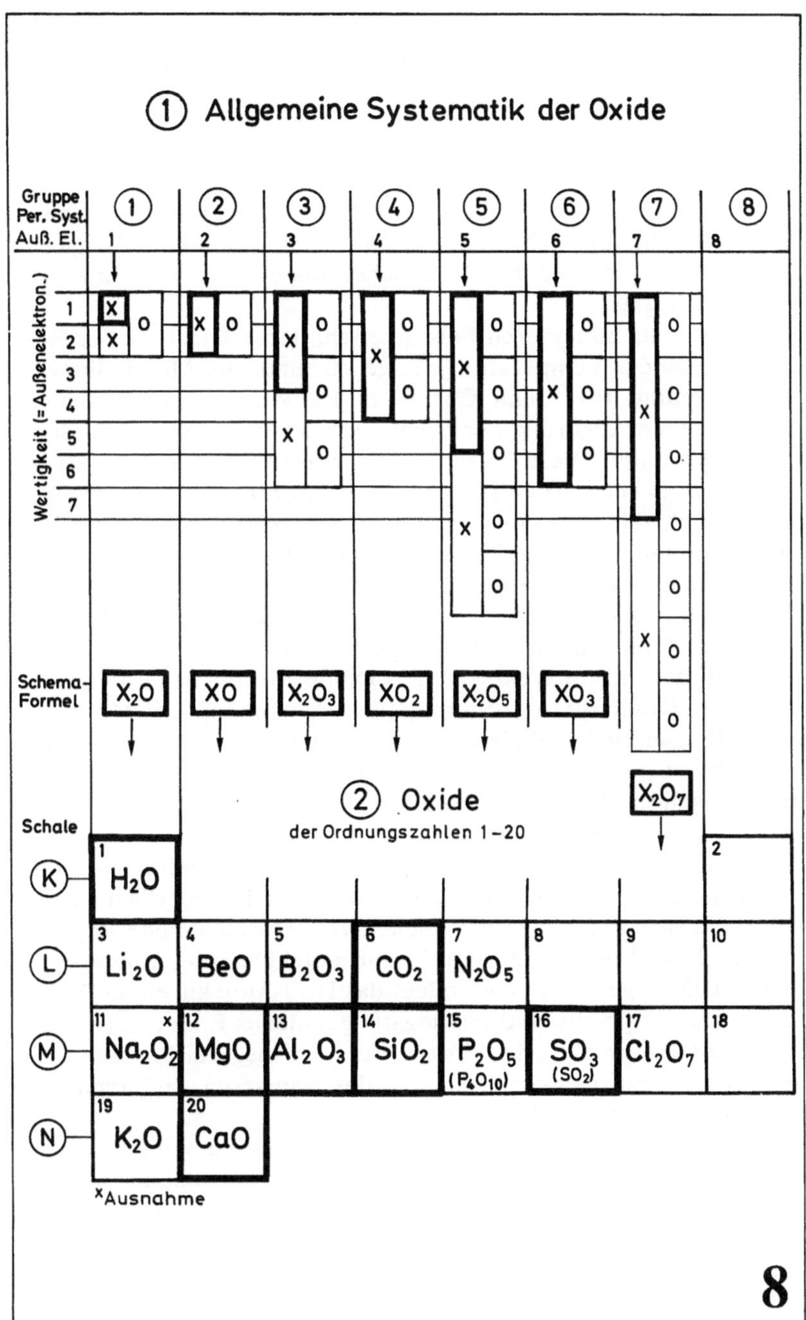

① Allgemeine Systematik der Oxide

Gruppe Per. Syst. Auß. El.
① 1 ② 2 ③ 3 ④ 4 ⑤ 5 ⑥ 6 ⑦ 7 ⑧ 8

Wertigkeit (= Außenelektron.)

Schema-Formel
X_2O XO X_2O_3 XO_2 X_2O_5 XO_3 X_2O_7

② Oxide
der Ordnungszahlen 1–20

Schale

K
1 H_2O
2

L
3 Li_2O 4 BeO 5 B_2O_3 6 CO_2 7 N_2O_5 8 9 10

M
11 x Na_2O_2 12 MgO 13 Al_2O_3 14 SiO_2 15 P_2O_5 (P_4O_{10}) 16 SO_3 (SO_2) 17 Cl_2O_7 18

N
19 K_2O 20 CaO

x Ausnahme

relativ locker in Form einer Gitterstruktur geordnet. Beim Schmelzen bricht diese zusammen und die Moleküle können sich dann dichter zusammenlagern. Deshalb hat Wasser von 0 °C eine größere Dichte als Eis (s. **Bild 9**). Beim weiteren Erwärmen nimmt infolge der zunehmenden Wärmebewegung die Raumbeanspruchung der Moleküle zu, was zur Folge hat, daß die Dichte des Wassers abnimmt von 1,00 bei 4 °C auf 0,96 bei 100 °C. Warmes Wasser ist also leichter als kaltes und schwimmt auf letzterem, was aus der Tatsache bekannt ist, daß in Seen das Oberflächenwasser meist wärmer ist als das tiefere Wasser.

Im Gegensatz zu anderen Flüssigkeiten, deren Dichte in der Regel mit sinkender Temperatur (infolge verminderter Molekülbewegung) zunimmt, tritt beim Gefrieren des Wassers bei 0 °C eine sprunghafte Verringerung der Dichte ein, weshalb das Eis auf dem Wasser schwimmt. Diese Tatsache ist von größter Bedeutung, denn im anderen (normalen) Fall würde das Wasser im Ganzen gefrieren und dadurch die Existenz der Wassertiere vernichtet. Weiterhin wäre der unter der Eisschicht erfolgende Ablauf des Wassers verhindert und dadurch der Kreislauf des Wassers (s. später) gestört.

Wenn das Wasser aus einzelnen, ungeordneten Molekülen bestehen würde, dann wäre sein Siedepunkt viel niedriger, was zur Folge hätte, daß das meiste Wasser sich in Dampfform in der Luft befinden würde. Durch die Assoziierung (Zusammenhang) der Moleküle hat das Wasser einen relativ hohen Siedepunkt von 100 °C, weshalb es sich bei Normaltemperatur überwiegend in flüssiger Form auf der Erdoberfläche befindet und dadurch die Lebensvorgänge ermöglicht.

Nach Goldschmidt entfallen auf jeden Quadratzentimeter der Erdoberfläche etwa 270 l Wasser, d. h. wenn die Erdoberfläche eben wäre, wäre sie von einer 2700 m dicken Wasserschicht bedeckt [9].

Dadurch, daß die beiden Wasserstoffmoleküle unter einem Winkel von 105° angeordnet sind, bildet das H_2O-Molekül einen Dipol, d. h. es hat ein positiv und ein negativ geladenes Ende; es ist „polar". Diese Polarität ist die Ursache für sein ausgezeichnetes Lösevermögen für Salze, woraus sich für das Bauwesen Aufgaben und Möglichkeiten ergeben (s. später).

Durch Elektrolyse (s. dort) läßt sich das Wasser in seine Bestandteile Wasserstoff und Sauerstoff zerlegen. Das entstehende Gasgemisch aus 2 Volumenteilen Wasserstoff und 1 Volumenteil Sauerstoff ist höchst reaktiv; bei Entzündung oder Erhitzung explodiert es unter lautem Knall (daher „Knallgas"), wobei Wasserdampf entsteht n. d. Gl. $2H_2 + O_2 \rightarrow 2H_2O$. Durch ein sog. „Knallgasge-

16

Zustandsdiagramm des Wassers
abhängig von Druck und Temperatur

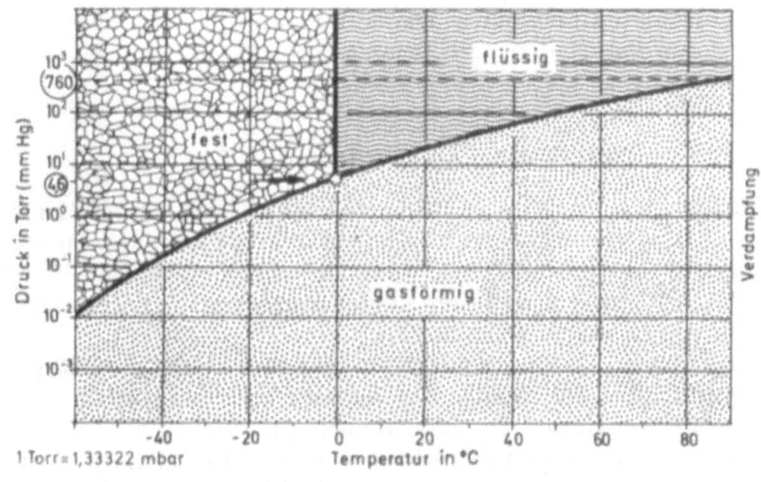

Dichte des Wassers
abhängig von Temperatur

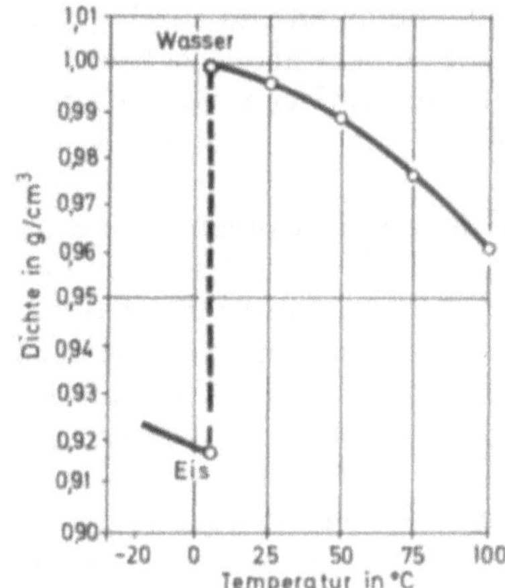

Volumen von 1 kg H_2O
abhängig von Temperatur

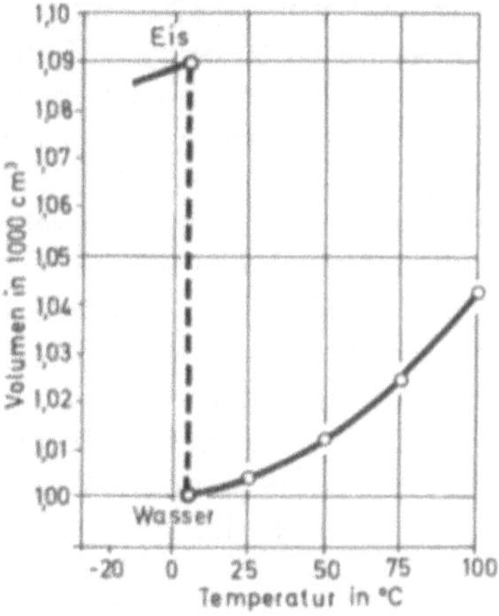

9

bläse" (getrennte Zuführung) lassen sich Wasserstoff und Sauerstoff gefahrlos verbrennen. Die Flamme (Temperatur ca. 3500 °C) eignet sich zum autogenen Schweißen, wofür jedoch vorwiegend Acetylen verwendet wird.

Da das Wasser als Aufgabe des Bauwesens (Wasserbau, Wasserversorgung, Wasserreinigung) und als Bestandteil von Baustoffen (Zementstein u. a.) eine überragende Bedeutung für das Bauwesen hat, werden die sich dabei ergebenden Probleme in einem besonderen Kapitel behandelt.

1.2.3 *Kohlendioxid* CO_2 *(Kohlensäure)*

Kohlendioxid ist ein Gas, 1,5mal schwerer als Luft, Durch Druck kann CO_2 verflüssigt werden (Kohlensäureflaschen). Bei Druckminderung erfolgt Vergasung; wenn sie schnell stattfindet, bildet sich durch Wärmeentzug fester Kohlensäureschnee mit einer Temperatur von ca. -80°C (Kühlmittel).

CO_2 entsteht als Verbrennungsprodukt aller kohlenstoffhaltigen Brennstoffe wie Steinkohle, Braunkohle, Torf und der flüssigen Kraftstoffe wie Heizöl, Dieselöl, Benzin, desgleichen bei der Umsetzung der Nahrung im menschlichen und tierischen Körper. Zusammen mit dem Sauerstoff bewirkt das Kohlendioxid den Kreislauf der Natur [10]. Es wird durch chlorophyllhaltige Pflanzen in dem sog. „Assimilationsprozeß" (Assimilation = Angleichung) aus der Luft, die 0,03 Vol.-% CO_2 enthält, aufgenommen und durch „Photosynthese" in Holz, Stärke, Zucker u. a. umgewandet (s. **Bild 10**). Diese Verbindungen lassen sich auf die einfache Grundformel $(CH_2O)_x$ zurückführen und werden deshalb „Kohlenhydrate" genannt.

Der Tierwelt und dem Menschen dienen die Kohlenhydrate als Nahrungsmittel, wobei sie zusammen mit Sauerstoff in CO_2 und H_2O umgewandelt werden. Da es sich dabei um dieselbe Reaktion handelt, wie beim Verbrennungsprozeß mit Luft, spricht man auch bei der körperinternen Umsetzung von „Verbrennung". Es entsteht dabei ebenfalls Wärme, wodurch die gegenüber der Umwelt erhöhte Körpertemperatur der Warmblüter verursacht wird.

Die ausgeatmete Luft enthält damit zusammenhängend ca. 4% CO_2 im Gegensatz zu 0,03% in der freien Luft. Kohlendioxid ist ein nicht ungefährliches Gas; 8% in der Atmungsluft führen nach 30 bis 60 Minuten zu Bewußtlosigkeit und Tod [11]. Solche Konzentrationen können in Gärkellern und Grünfuttersilos auftreten und tödliche Unfälle zur Folge haben. Da bei dieser Konzentration auch eine

18

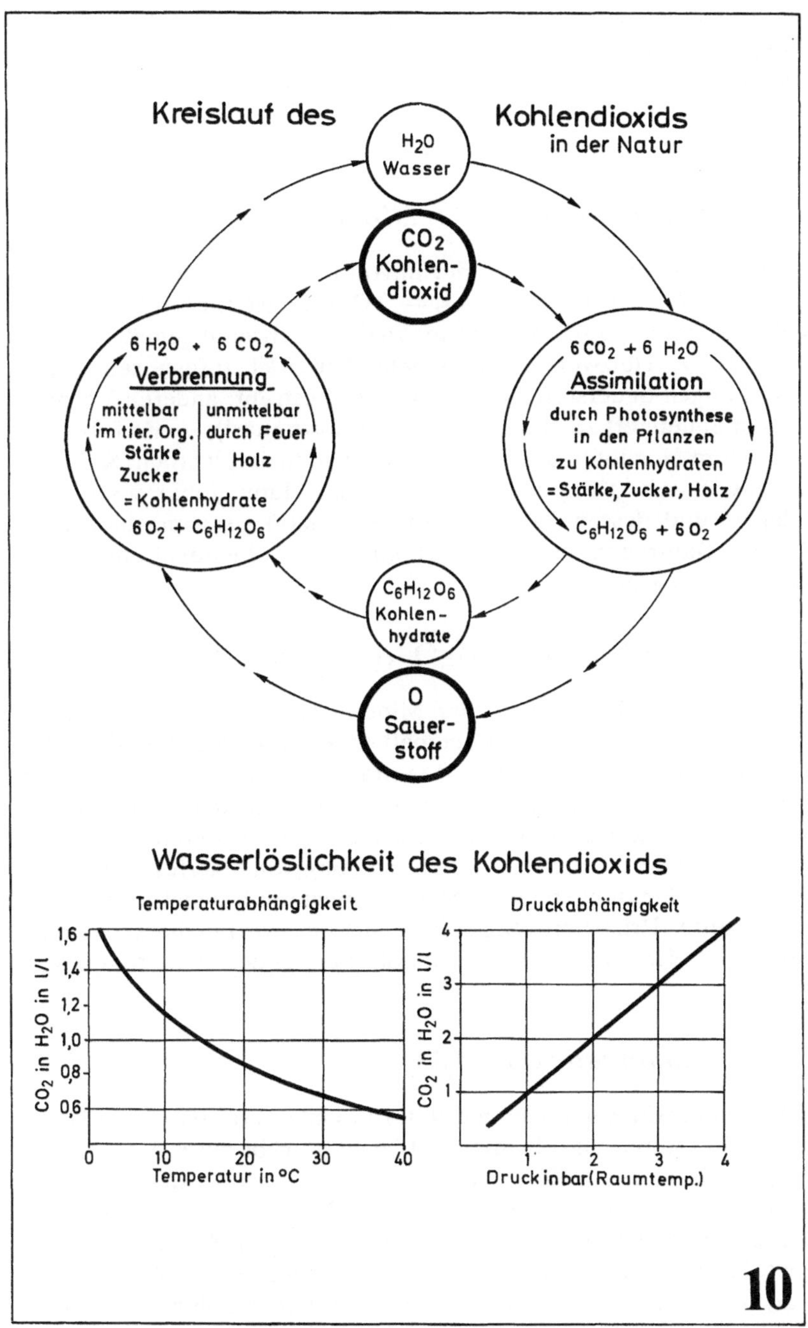
Kreislauf des
Kohlendioxids
in der Natur
H₂O
Wasser
CO₂
Kohlen-
dioxid
6 H₂O + 6 CO₂
Verbrennung
mittelbar
im tier. Org.
Stärke
Zucker
= Kohlenhydrate
6 O₂ + C₆H₁₂O₆
unmittelbar
durch Feuer
Holz
6 CO₂ + 6 H₂O
Assimilation
durch Photosynthese
in den Pflanzen
zu Kohlenhydraten
= Stärke, Zucker, Holz
C₆H₁₂O₆ + 6 O₂
C₆H₁₂O₆
Kohlen-
hydrate
O
Sauer-
stoff
Wasserlöslichkeit des Kohlendioxids
Temperaturabhängigkeit
Druckabhängigkeit
CO₂ in H₂O in l/l
1,6
1,4
1,2
1,0
0,8
0,6
0
10
20
30
40
Temperatur in °C
CO₂ in H₂O in l/l
4
3
2
1
1
2
3
4
Druck in bar (Raumtemp.)
10

Kerze erlischt, kann man damit auf einfache Weise die Luft auf
Atembarkeit prüfen.

Kohlendioxid löst sich in Wasser unter Bildung von Kohlensäure
(s. dort). Die Löslichkeit nimmt zu: a) mit steigendem Druck und b)
mit sinkender Temperatur (s. Bild 10 u).

1.2.4 *Kohlenmonoxid* CO *(Kohlenoxidgas)*

Kohlenmonoxid entsteht bei der unvollständigen Verbrennung des
Kohlenstoffs n. d. Gl. $2C + O_2 \rightarrow 2CO$. Es ist ein farbloses, sehr
reaktionsfähiges Gas, das mit Luft zu CO_2 verbrennt gemäß $2CO +$
$O_2 \rightarrow 2CO_2$. Heizwert je Kubikmeter 12678 kJ. Infolge seiner unvollständigen Sauerstoffsättigung ist CO bestrebt, anderen Verbindungen Sauerstoff zu entziehen (Reduktionsmittel), so aus Eisenerzen, die im Hochofen mit Kohlenoxidgas reduziert werden. Kohlenoxidgas ist sehr giftig, weil es sich an das Hämoglobin des Blutes
anlagert und dessen Fähigkeit zur Sauerstoffaufnahme blockiert.
Bei der Bautrocknung mit Koksöfen kann Kohlenoxid entstehen.
Deshalb Vorsicht.

1.2.5 *Magnesiumoxid* MgO *(gebrannte Magnesia)*

Herstellung aus dem natürlichen Mineral Magnesit ($MgCO_3$) durch
Glühen bei oberhalb 500°C gemäß $MgCO_3 \rightarrow MgO + CO_2$. Es
handelt sich dabei um dieselbe Reaktion wie beim Kalkbrennen, das
jedoch eine höhere Temperatur von ca. 900° erfordert. Magnesiumoxid ist in Wasser praktisch unlöslich, es ist ein hochtemperaturbeständiges Material, das u. a. zur Herstellung von feuerfesten Steinen
für Ofenauskleidungen dient. MgO reagiert mit Magnesiumchloridlösung unter Erhärtung (Sorel-Zement) und wird in dieser Verbindung zur Herstellung von Steinholz verwendet (s. u. Magnesiamörtel).

1.2.6 *Aluminiumoxid* Al_2O_3

Aluminiumoxid kommt in der Natur in vielen Formen vor; z.B. als
Edelstein (Rubin und Saphir) und leicht getrübt durch Verunreinigungen als Korund. Dieser besitzt eine sehr große, dem Diamant
nahekommende Härte (Korund = 9, Diamant = 10) und dient
deshalb als Schleifmittel und zur Herstellung von Schneidwerkzeugen, desgleichen als Zuschlag für abriebfesten Beton. Aluminiumoxid ist wichtig als Rohstoff zur Aluminiumherstellung; es wird in

größten Mengen aus dem natürlichen Mineral Bauxit (ca. 60%
Al_2O_3) gewonnen.

Das Aluminiumoxid spielt im Bauwesen eine große Rolle. Es ist
ein Hauptbestandteil des Tons (s. dort), der zur Herstellung der
keramischen Baustoffe dient und bei der Zementherstellung verwendet wird.

1.2.7 Siliciumdioxid SiO_2 (Quarz)

Während die Oxide von Elementen derselben Gruppen meist ähnliche Eigenschaften besitzen, ist das Siliciumdioxid (technisch Quarz)
im Gegensatz zu dem gasförmigen Kohlendioxid eine feste Substanz
von großer Härte (Mohs-Härte = 7, Stahl = 6). Quarz ist beständig
gegen fast alle, auch starken Säuren, ausgenommen Flußsäure (wird
jedoch von starken Laugen angegriffen). Reiner Quarz ist durch-
sichtig und schmilzt bei über 1700°C zu einem Glas (Quarzglas) das
obwohl teuer, wegen seiner hohen Schmelztemperatur (1700°C)
gegenüber ca. 700°C bei normalem Glas, dem äußerst geringen
Ausdehnungskoeffizienten und seiner Durchlässigkeit für ultravio-
lette Strahlen technisch große Bedeutung hat.

Quarz ist das häufigste Mineral der Erdkruste; die Erstarrungsge-
steine Granit, Quarzdiorit und Quarzporphyr enthalten große Mengen Quarz. Auch im Gneis, Glimmerschiefer und in den Sediment-
gesteinen ist er in bedeutenden Mengen enthalten; die Sandsteine
bestehen in der Hauptsache aus verkitteten Quarzkörnern (s. Gesteinsverwitterung).

1.2.8 Schwefeltrioxid SO_3

1.2.9 Schwefeldioxid SO_2

SO_3 entsteht durch Oxidation des Schwefeldioxids SO_2, dem normalen Verbrennungsprodukt des Schwefels gemäß $2\,SO_2 + O_2 \rightarrow$
$2\,SO_3$. Das Schwefeldioxid (SO_2) ist ein farbloses, stechend riechendes Gas; es läßt sich durch Druck verflüssigen. SO_2 entsteht auch
bei der Verbrennung von Kohle und Heizöl, die beide schwefelhal-
tig sind und oxidiert mit dem Luftsauerstoff n. d. Gl. $2\,SO_2 + O_2$
$+ 2\,H_2O \rightarrow 2\,H_2SO_4$ zu Schwefelsäure, die mit dem Regen niedergeht und Ursache der verstärkten Korrosion in Industriezentren ist.

1.2.10 *Calciumoxid* CaO *(gebrannter Kalk)*

Calciumoxid wird durch Erhitzung von Kalkstein auf ca. 900 °C
(= Kalkbrennen) gewonnen gemäß $CaCO_3 \rightarrow CaO + CO_2$. Gebrannter Kalk dient nach Umsetzung mit Wasser (s. Calciumhydroxid) zur Mörtelbereitung, wofür jährlich einige Millionen Tonnen
gebrannter Kalk verbraucht werden. Der Kalk wird im Zusammenhang mit den anorganischen Bindemitteln eingehend behandelt.

1.3 *Hydroxide der Metalle*

Hydroxide sind, wie der Name sagt, „Hydro-Oxide", d. h. Anlagerungsverbindungen von Wasser an Oxide. Viele Metalloxide, insbesondere der Alakalimetalle und Erdalkalimetalle setzen sich mit
Wasser um, z. B. $CaO + H_2O \rightarrow Ca(OH)_2$. Dabei entsteht die charakteristische OH(= Hydroxyl)-Gruppe. Da ihr Sauerstoffatom bereits 1 Elektron vom Wasserstoff übernommen hat, fehlt nur noch 1
Elektron, weshalb die Hydroxylgruppe die Oxidationszahl − 1 hat.
Da der Sauerstoff die Oxidationszahl − 2 hat, kann ein Atom doppelt soviele OH-Gruppen binden, als Sauerstoffatome. Daraus ergeben sich die Formeln für die Metallhydroxide (s. **Bild 11**). Die
wichtigsten sind sog. „Basen".

1.3.1 *Basen allgemein*

Der Name kommt ursprünglich daher, daß die Metallhydroxide
nicht flüchtig sind und mit den meist flüchtigen Säuren nichtflüch-
tige Verbindungen ergeben (Salze); sie bilden also eine „Basis" für
die flüchtigen Säuren [12]. Wäßrige Lösungen von Basen werden
auch „Laugen" genannt. Da in der Technik unter Laugen vielfach
auch konzentrierte Salzlösungen (sog. Mutterlaugen) verstanden
werden, ist es exakter, für die alkalisch reagierenden Hydroxide der
Metalle den Ausdruck „Basen" zu verwenden.

1.3.2 *Natriumhydroxid* NaOH *(Natronlauge)*
Kaliumhydroxid KOH *(Kalilauge)*

NaOH (Ätznatron) und KOH (Ätzkali) sind feste, weiße Stoffe, die
sich leicht in Wasser zu der sog. Natronlauge bzw. Kalilauge lösen.
Diese sind stark alkalisch, wirken ätzend und sind giftig. Sie greifen

Hydroxide der Metalle (Basen)

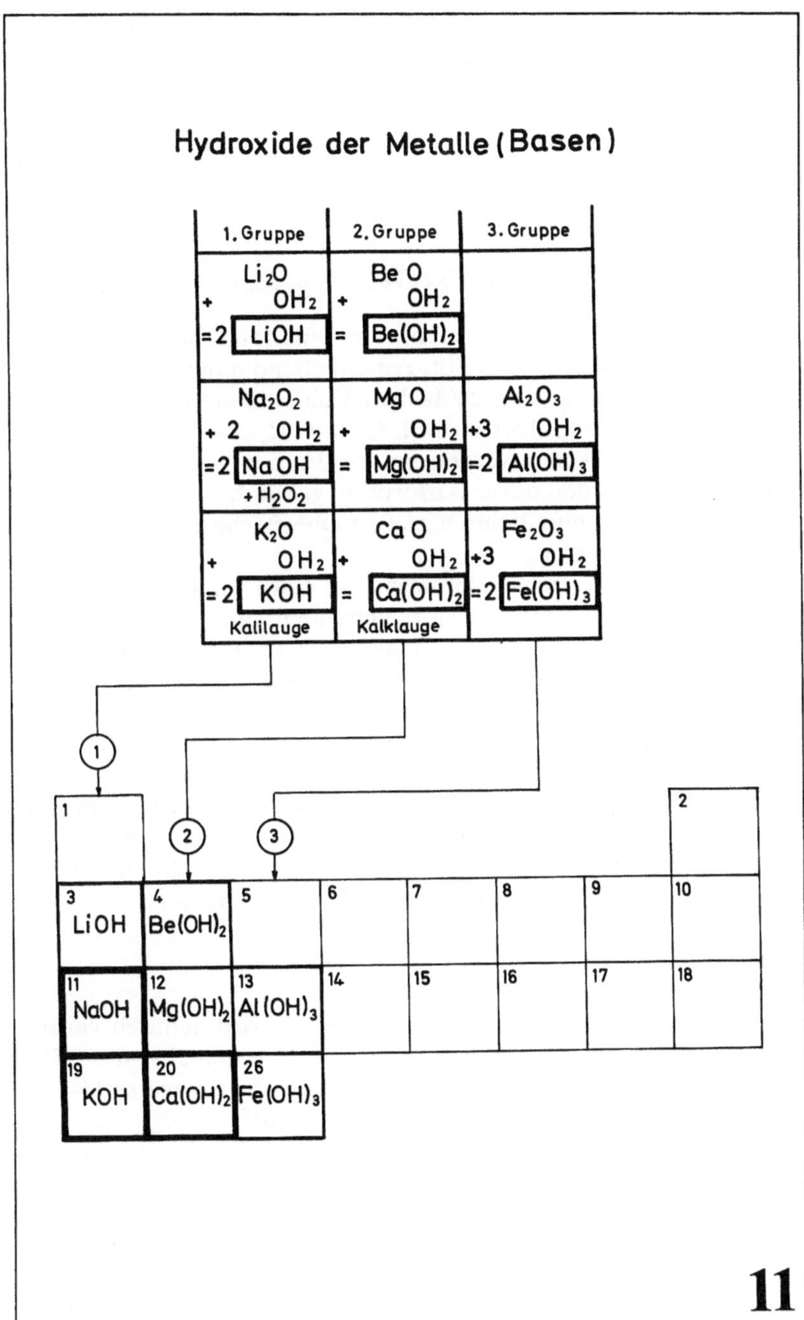

11

Zink und Aluminium an, hochkonzentriert auch Eisen. Verwendung für viele technische Zwecke. K_2O und Na_2O sind vom Rohstoff her in geringer Menge im Zement enthalten und ergeben beim Anmachen mit Wasser Natron- und Kalilauge n. d. Gl. $K_2O + H_2O \rightarrow$ 2 KOH. Diese sind im Zementstein unschädlich; nur bei Verwendung bestimmter Zuschläge können sie das sog. „Alkalitreiben" bewirken (s. dort).

1.3.3 *Calciumhydroxid* $Ca(OH)_2$ *(gelöschter Kalk)*

Calciumhydroxid $Ca(OH)_2$ entsteht, wenn man zu Calciumoxid (gebrannter Kalk) Wasser hinzugibt. Anschließend quillt der Kalk unter Dampfentwicklung zum $2^{1}/_{2}$fachen Volumen auf unter Bildung von Calciumhydroxidpulver n. d. Gl. $CaO + H_2O \rightarrow Ca(OH)_2$. Für die eigentliche Reaktion werden nur ca. $^{1}/_{10}$ des Wassers benötigt, die anderen $^{9}/_{10}$ werden durch Adsorption gebunden. Dies hängt mit der geringen Größe und dadurch großen Oberfläche der Calciumhydroxidteilchen zusammen.

Die Reaktion ist stark exotherm; 1 g CaO entwickelt 1,16 kJ Wärme. Das Wasser wird sehr stark gebunden; um es wieder auszutreiben, muß das Calciumhydroxid auf ca. 450 °C erhitzt werden. Im Gegensatz zu KOH und NaOH ist das $Ca(OH)_2$ nur wenig wasserlöslich. Ein Liter Wasser löst ca. 1,7 g, die Löslichkeit ist also nur 1 : 600. Trotzdem reagiert ein solches „Kalkwasser" stark alkalisch (pH-Wert ca. 12,5). Das technische Produkt, der sog. „gelöschte Kalk" spielt im Bauwesen als Bindemittel für den sog. Kalkmörtel eine große Rolle (Luftkalk). Bei der Umsetzung des Zements mit dem Anmachewasser bildet sich ebenfalls Calciumhydroxid, worin die Ursache für die starke Alkalität des Zementsteins liegt.

1.3.4 *Weitere Metallhydroxide*

Der basische Charakter der Metallhydroxide wird dadurch verursacht, daß diese bei Auflösung in Wasser OH-Ionen abspalten. Da nur die Alkalihydroxide und das Calciumhydroxid wasserlöslich sind, reagieren nur diese Hydroxide basisch, nicht dagegen die unlöslichen Hydroxide der meisten anderen Metalle (Eisen, Aluminium usw.), die praktisch wasserunlöslich sind.

1.4 Hydroxide der Nichtmetalle (Sauerstoffsäuren)

Auch die meisten Nichtmetalloxide setzen sich mit Wasser zu Hydroxiden um. Im Gegensatz zu den Metallhydroxiden, welche Basen sind, sind die Hydroxide der Nichtmetalle Säuren (Borsäure, Kohlensäure, Kieselsäure, Salpetersäure, Phosphorsäure, Schwefelsäure).

Ihre Formeln sind leicht durch die Anlagerung von Wasser an die Oxide abzuleiten (s. **Bild 12**). Im Gegensatz zu den Basen, welche in wäßriger Lösung negative OH-Ionen abspalten, werden bei den Säuren positiv geladene H-Ionen abgespalten (Näheres s. u. Dissoziation). Da die positiv geladenen Ionen in den chemischen Formeln vorn stehen und die negativen Ionen hinten, ergibt sich die andere Schreibweise für Basen und Säuren.

1.4.1 Kohlensäure H_2CO_3

Kohlensäure entsteht in niedriger Konzentration bei der Auflösung von CO_2 in Wasser, weil nur etwa 0,1 % der gelösten CO_2-Moleküle mit dem Wasser unter Bildung von eigentlicher Kohlensäure reagieren. Die Löslichkeit des CO_2 in Wasser ist druck- und temperaturabhängig (s. Bild 10). Bei Normaltemperatur (15 °C) nimmt 1 l Wasser ca. 1 l CO_2-Gas auf. Bei Druckerhöhung steigt die Löslichkeit etwa um den gleichen Betrag, wie der Druck ansteigt. Bei Temperaturerhöhung nimmt die Löslichkeit um etwa $^1/_3$ je 10 °C Temperaturanstieg ab.

Die natürlichen Mineralwässer enthalten CO_2, das unter dem Druck des Erdinnern sich im Wasser löst. Nach der Entspannung wird das CO_2-Gas frei (Sprudel); bei Erwärmung entweicht das CO_2 fast ganz.

Kohlensäure greift den Beton an. Da nicht nur Sprudel, sondern auch viele Grundwässer und damit auch Trinkwasser Kohlensäure enthalten, spricht man hier von aggressiven Wässern (s. Betonkorrosion).

1.4.2 Kieselsäure H_2SiO_3

Während sich CO_2 noch, wenn auch wenig, in Wasser löst, ist das Anhydrid der Kieselsäure, das SiO_2, überhaupt nicht mehr wasserlöslich. Man kann sogar sagen, daß SiO_2 der wasserunlöslichste Stoff

Hydroxide der Nichtmetalle (Sauerstoff-säuren)

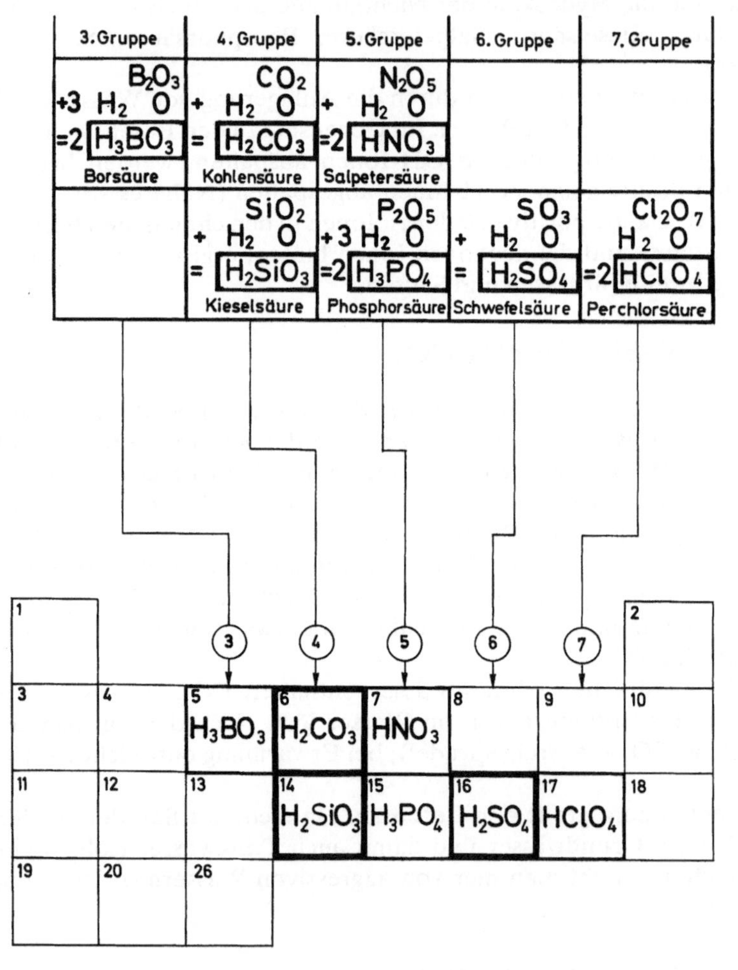

12

ist. Es gibt also keine Reaktion $SiO_2 + H_2O \rightarrow H_2SiO_3$. Deshalb hat die Kieselsäure vorwiegend theoretische Bedeutung, spielt jedoch eine große Rolle in Form ihrer Salze, der Silikate. Der Zement besteht zu ca. $^3/_4$ aus Silikaten, desgleichen andere Baustoffe wie Glas, Steinzeug, Ziegel usw. zu einem großen Teil.

1.4.3 *Schwefelsäure* H_2SO_4

Sehr starke Säure mit hoher Dichte (1,836). 30%ige Schwefelsäure hat die höchste spezifische Leitfähigkeit, deshalb für Akkumulatoren verwendet. Herstellung aus dem Verbrennungsprodukt des Schwefels (SO_2) durch katalytische Oxidation zu Schwefeltrioxid (SO_3). Dieses wird in konzentrierter Schwefelsäure gelöst und mit Wasser verdünnt. Schwefelsäure hat in Form ihrer Salze (Sulfate) große Bedeutung für das Bauwesen, einerseits als Baustoff Gips (= Calciumsulfat) andererseits als gefürchtete Betonschädlinge (Sulfattreiben s. Betonkorrosion).

1.5 *Hydride der Nichtmetalle*

Vorwiegend die Nichtmetalle bilden leicht Verbindungen mit Wasserstoff, die sog. Hydride. Bei diesen Hydriden geben die betreffenden Elemente nicht ihre Elektronen ab (wie bei der Reaktion mit Sauerstoff), sondern ergänzen ihre Außenschale zur Edelgasschale durch Aufnahme von Elektronen des Wasserstoffs. Da der Wasserstoff 1 Elektron hat, ergeben sich auf einfache Weise die Formeln der Hydride; die Zahl der H-Atome entspricht der Differenz zwischen 8 und der Gruppenzahl (s. **Bild 13**). Die Hydride werden im Folgenden in der Reihenfolge der Gruppen besprochen.

1.5.1 *Methan* CH_4 *(Sumpfgas)*

Auf dem Kohlenstoff baut sich die große Zahl der organischen Verbindungen auf. Diese haben auch für das Bauwesen eine große Bedeutung und werden deshalb getrennt behandelt. Der Grundbaustein derselben ist das Methan (CH_4), ein farbloses, ungiftiges, brennbares Gas, das zusammen mit Luft bei einem Methangehalt zwischen 5 und 15% nach Zündung explodiert, am stärksten bei 10% Methan gemäß $CH_4 + 2O_2 \rightarrow CO_2 + 2H_2O$.

Methan ist der Hauptbestandteil des Erdgases. Es entsteht auch beim „Inkohlungsprozeß", des weiteren bildet sich Methan bei der

„anaeroben" Zersetzung von pflanzlicher Zellulose in Sümpfen (daher Sumpfgas) gemäß $C_6 H_{12} O_6 \rightarrow 3\,CH_4 + 3\,CO_2$, technisch durchgeführt in den Faulbehältern von Kläranlagen. Ein auf 25 bis 30°C beheizter Faulbehälter liefert täglich eine etwa seinem Volumen entsprechende Menge Rohgas aus ca. $^2/_3$ Methan und $^1/_3\,CO_2$ [13].

Letzteres wird, da wasserlöslich, unter hohem Druck mit Wasser ausgewaschen (s. Kohlensäure). Es verbleibt fast reines Methan (wasserunlöslich), das als Kraft- und Brenngas verwendet wird.

1.5.2 Ammoniak NH_3 (Salmiakgeist)

Unangenehm stechend riechendes, schwachbrennbares Gas. Bei Abkühlung auf -33°C Verflüssigung. Stark wasserlöslich; 1 l Wasser nimmt bei 0°C 1100 l ($= 900\,g$) Ammoniakgas auf. Dabei entsteht in geringer Menge Ammoniumhydroxid ($NH_3 + H_2O \rightarrow NH_4OH$). Dieses spaltet bei der Dissoziation (s. dort) OH-Ionen ab und reagiert deshalb basisch. Ammoniak entsteht in der Natur bei der Fäulnis stickstoffhaltiger Substanzen (Jauchegeruch). Synthetische Herstellung aus Luftstickstoff und Wasserstoffgas bei hohem Druck nach dem Haber-Bosch-Katalyseverfahren. In Form von Ammoniumverbindungen hat Ammoniak große Bedeutung als Düngemittel. Wichtiges Kühlmittel wegen der beim Übergang vom druckverflüssigten Zustand in den Gaszustand benötigten großen Verdampfungswärme (1 kg entzieht 1,26 kJ). Im Bauwesen spielt Ammoniak vorwiegend eine negative Rolle, weil Ammoniumsalze den Beton angreifen (s. Betonkorrosion).

1.5.3 Schwefelwasserstoff H_2S

Schwefelwasserstoff ist ein übelriechendes, stark giftiges Gas. Luft mit nur 0,35% H_2S ist bei längerer Einatmung lebensgefährlich, bei mehreren Prozent innerhalb von Minuten tödlich. Im Bausektor ist Schwefelwasserstoff gefürchtet, da er bei der biologischen Zersetzung von Eiweißstoffen entsteht und deshalb in oft beträchtlicher Konzentration in Leitungen mit häuslichen Abwässern enthalten ist. Deshalb Vorsicht und Überwachung der Kanalarbeiten; es sind schon viele Todesfälle vorgekommen.

H_2S kann indirekt auch Betonschäden verursachen, weil sich daraus bei Anwesenheit von Luft Schwefel, Schwefeldioxid und weiter Schwefelsäure bildet, die mit dem Zement die gefürchteten Sulfate entstehen läßt, welche Betonzerstörung durch das sog. „Sulfattreiben" bewirken (s. Betonkorrosion).

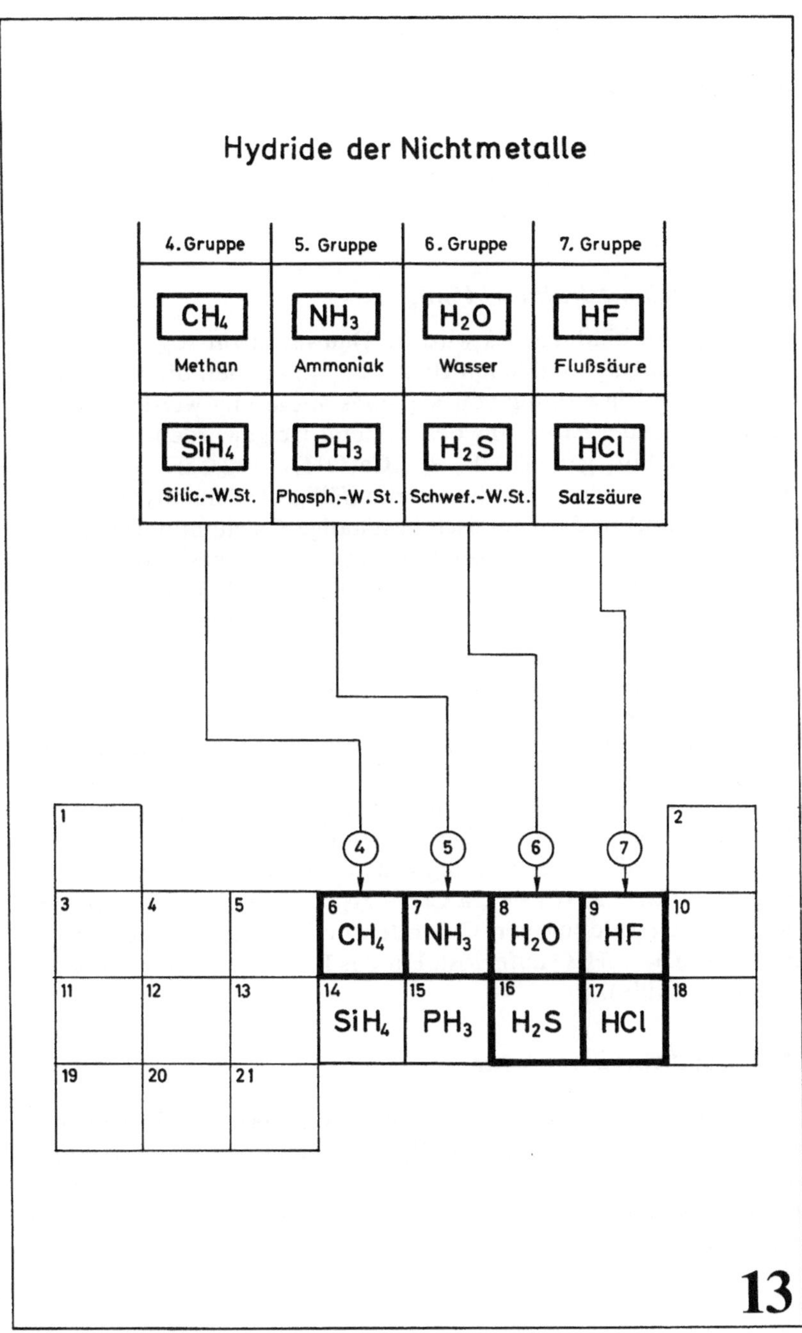

Hydride der Nichtmetalle
4. Gruppe
5. Gruppe
6. Gruppe
7. Gruppe
CH₄
Methan
NH₃
Ammoniak
H₂O
Wasser
HF
Flußsäure
SiH₄
Silic.-W.St.
PH₃
Phosph.-W.St.
H₂S
Schwef.-W.St.
HCl
Salzsäure
1
2
4
5
6
7
3
4
5
6 CH₄
7 NH₃
8 H₂O
9 HF
10
11
12
13
14 SiH₄
15 PH₃
16 H₂S
17 HCl
18
19
20
21
13

1.5.4 *Fluorwasserstoff* HF *(Flußsäure)*

Stechend riechendes, unbrennbares, giftiges, farbloses Gas, das sich bei Temperaturen von $< 20\,°C$ verflüssigt. Die sog. Flußsäure ist eine 40%ige Lösung von Fluorwasserstoff in Wasser. Fluorwasserstoff ist die einzige Säure, die Glas und Quarz auflöst n. d. Gl. $SiO_2 + 4\,HF \rightarrow SiF_4 + 2\,H_2O$. Für das Bauwesen wichtig sind die Salze der Flußsäure.

1.5.4.1 *Siliciumtetrafluorid* SiF_4

Gasförmige Verbindung. Es wird im Bauwesen zur sog. „Ocratierung" von zementgebundenen Bauteilen verwendet, die in dichten Kammern der Einwirkung von SiF_4-Gas ausgesetzt werden. Dabei reagiert das bei der Erhärtung des Zements freigewordene Calciumhydroxid mit SiF_4 gemäß $SiF_4 + 2\,Ca(OH)_2 \rightarrow 2\,CaF_2 + SiO_2 + 2\,H_2O$. Dadurch wird das korrosionsanfällige Calciumhydroxid (s. Betonkorrosion) in das chemisch beständige Calciumfluorid umgewandelt unter gleichzeitiger Bildung von ebenfalls beständigem und porenverschließendem SiO_2, was zur Folge hat, daß die so behandelten Betonteile dichter und säurebeständig werden.

1.5.5 *Chlorwasserstoff* HCl *(Salzsäure)*

Stechend riechendes, unbrennbares, giftiges Gas, das sich leicht in Wasser auflöst. Dabei dissoziiert der Chlorwasserstoff fast zu 100% in H- und Cl-Ionen und ist deshalb eine starke Säure. Die konzentrierte Salzsäure ist eine 38%ige Auflösung von HCl in Wasser. Sie löst unedle Metalle unter Bildung von „Chloriden" und Wasserstoff z. B. gemäß $Ca + 2\,HCl \rightarrow Ca\,Cl_2 + H_2$. Desgleichen werden Metalloxide unter Bildung von Chloriden und Wasser gemäß $CaO + 2\,HCl \rightarrow CaCl_2 + H_2O$ aufgelöst. Für das Bauwesen sind wichtig die Salze (s. Chloride).

1.5.6 *Hydride insgesamt*

Die Hydride der Nichtmetalle sind durchweg Gase, im übrigen aber sehr verschiedenartige Stoffe. Methan ist chemisch neutral, Ammoniak eine, wenn auch schwache Base, Schwefelwasserstoff eine schwache Säure und Fluorwasserstoff und Chlorwasserstoff sind starke Säuren.

1.6 pH-Wert

Säuren sind Verbindungen, die in wäßriger Lösung H-Ionen abspalten. Der Grad dieser Ionenabspaltung (s. Dissoziation) ist verschieden; starke Säuren wie z.B. Salzsäure sind praktisch zu 100% in Ionen gespalten, schwache Säuren dagegen wenig, z.B. Essigsäure zu 1,3%, Kohlensäure zu 0,1%. Im Unterschied dazu spalten die Basen in wäßriger Lösung OH-Ionen ab; die starken, wie z.B. Natron- und Kalilauge sind fast vollständig in Ionen gespalten, die schwachen weniger.

Das Wasser als solches enthält nur minimale Mengen H- und OH-Ionen; im Liter $1 \cdot 10^{-7}$ g, was bedeutet, daß von 555 Millionen Wassermolekülen im Durchschnitt nur eines in Ionen gespalten ist (Molmasse des H_2O = 18, ergibt 55,5 Mol im Liter $\times 10^7$ = 555 Millionen). Zur einfachen Rechnung dient der sog. pH-Wert (p von Potenz, H von Hydrogenium), welcher dem negativen dekadischen Logarithmus der Wasserstoff-Ionenkonzentration entspricht. Er liegt zwischen 0 (bis -1) für starke Säuren und 14 (bis 15) für starke Basen. pH 7 ist der Neutralpunkt, gültig für reines Wasser.

Aus **Bild 14** sind die pH-Werte der wichtigsten Säuren und Basen ersichtlich. Man erkennt die großen Unterschiede zwischen den einzelnen Säuren und Basen. Geht man z.B. von der Konzentration von 1% aus, dann hat eine solche Salzsäure einen pH-Wert von ca. 0,5, die Schwefelsäure von ca. 1,0 und die Phosphorsäure von ca. 1,5. Die Essigsäure hat einen pH-Wert von ca. 3 und die entsprechende Kohlensäure von 4,5. Die großen Unterschiede der Säurestärke werden besonders deutlich, wenn man beim Vergleich von einem bestimmten pH-Wert, beispielsweise 2 ausgeht. Diesen pH-Wert hat eine ca. 30%ige Essigsäure, eine ca. 0,5%ige Phosphorsäure und eine ca. 0,02%ige Salzsäure. Ähnlich ist es bei den Basen. 1%ige Kali- und Natronlauge haben einen pH-Wert von ca. 13, Ammoniumhydroxid entsprechender Konzentration von ca. 11.

Bild 15 zeigt, daß die Basen- und Säurestärke mit der Stellung im Periodensystem zusammenhängt. Die stärksten Basen stehen links unten, die stärksten Säuren rechts. Links neben dem Grenzbereich zwischen Metallen und Nichtmetallen liegen unlösliche, neutrale Hydroxide.

Der pH-Wert ist von großer Bedeutung bei der Beton- und Stahlkorrosion. Wässer mit einem pH-Wert < 10 sind rostfördernd, saure Wässer mit pH < 6 sehr stark, zunehmend mit abnehmendem pH-Wert. Saure Wässer mit einem pH-Wert von < 6 sind auch betonschädlich. Der pH-Wert im Innern des Betons liegt infolge Sätti-

pH-Werte verschiedener Säuren u. Basen
pH
60 40 30
10%
Salzsäure
Salp.-S.
Schwefelsäure
1%
Prozent Säuregehalt
10^{-1} 10^{-2} 10^{-3} 10^{-4} 10^{-5} 10^{-6} 10^{-7}
Phosphorsäure
Essigsäure
Säuren
Kohlensäure
Borsäure
Wasser
Basen
Ammoniakwasser
Kalkwasser
40% 30%
10%
Prozent Basengehalt
1%
10^{-1} 10^{-2} 10^{-3} 10^{-4} 10^{-5} 10^{-6} 10^{-7}
Kalilauge
Natronlauge

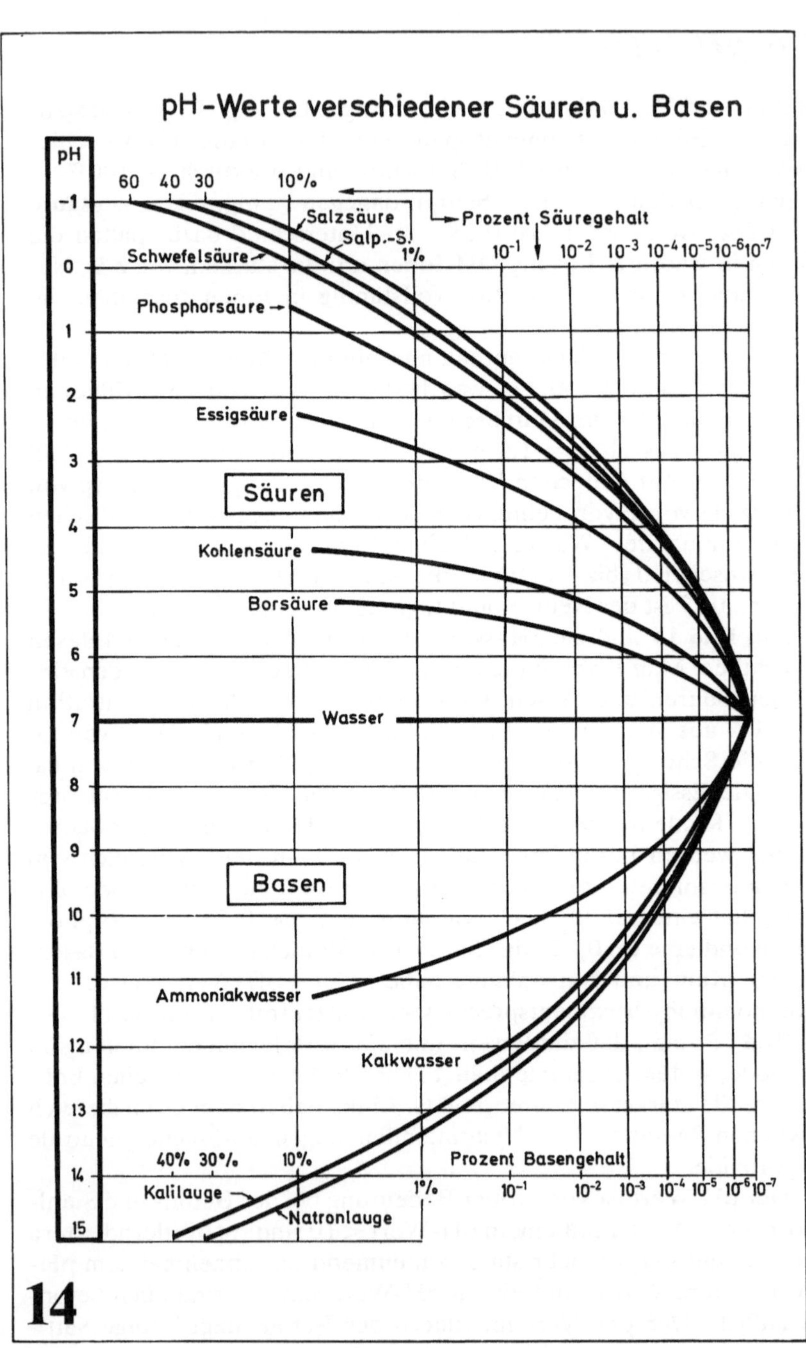

14

32

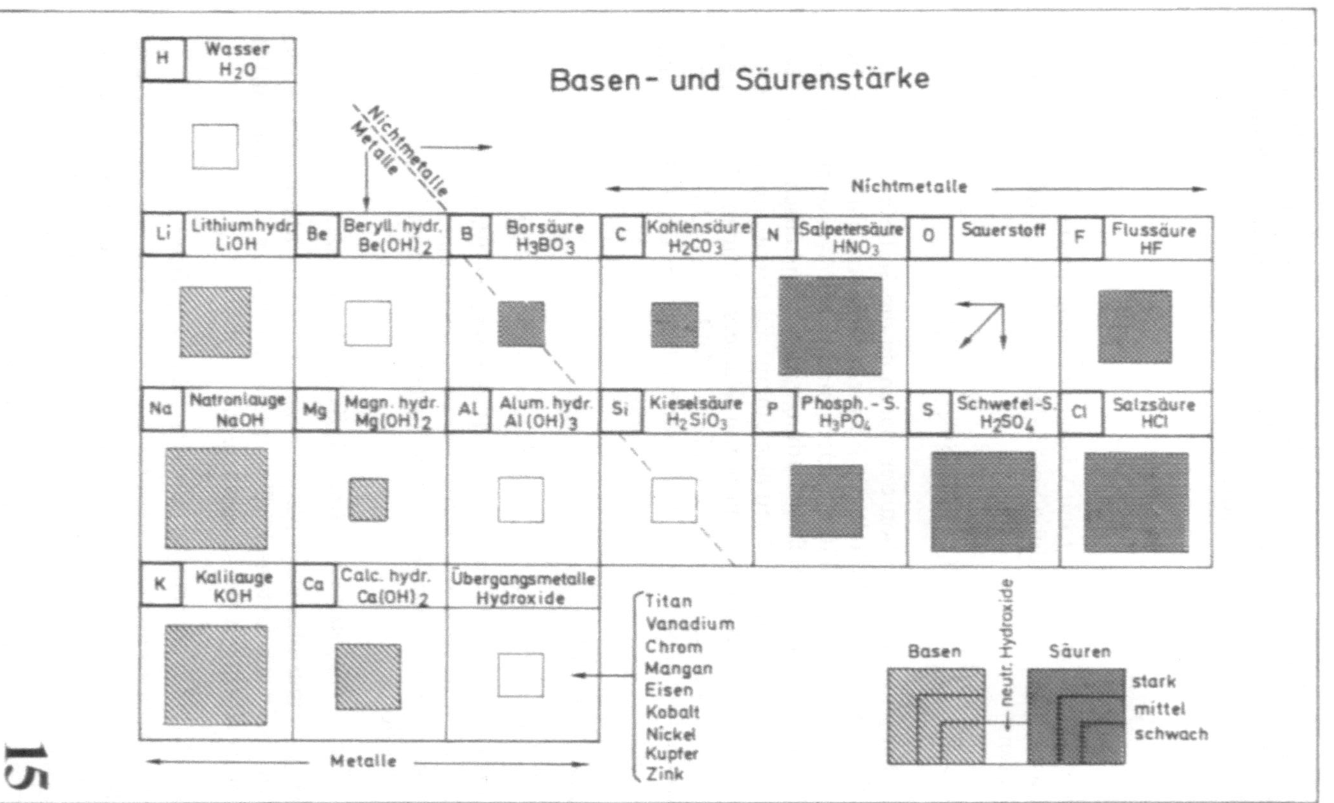

Basen- und Säurenstärke
H | Wasser H2O
Nichtmetalle
Metalle
Nichtmetalle
Li | Lithiumhydr. LiOH
Be | Beryll. hydr. Be(OH)2
B | Borsäure H3BO3
C | Kohlensäure H2CO3
N | Salpetersäure HNO3
O | Sauerstoff
F | Flussäure HF
Na | Natronlauge NaOH
Mg | Magn. hydr. Mg(OH)2
Al | Alum. hydr. Al(OH)3
Si | Kieselsäure H2SiO3
P | Phosph.-S. H3PO4
S | Schwefel-S. H2SO4
Cl | Salzsäure HCl
K | Kalilauge KOH
Ca | Calc. hydr. Ca(OH)2
Übergangsmetalle Hydroxide
Titan
Vanadium
Chrom
Mangan
Eisen
Kobalt
Nickel
Kupfer
Zink
Metalle
Basen
neutr. Hydroxide
Säuren
stark
mittel
schwach
15
33

gung mit $Ca(OH)_2$ bei 12,5. Dieses ist wichtig für den Rostschutz der Bewehrung (s. dort), da bei hohen pH-Werten der Stahl infolge Passivierung nicht mehr rostet.

1.7 Salze

Salze sind (in erster Linie) Umsetzungsprodukte von Säuren und Basen, die unter Bildung von Salzen und Wasser miteinander reagieren

$$z.\,B.\ Ca\begin{matrix} OH \\ OH \end{matrix} + \begin{matrix} H \\ H \end{matrix}\ SO_4 \rightarrow Ca\,SO_4 + 2\,H_2O.$$

Dabei tritt das Metallion der Basen an die Stelle der H-Ionen der Säure. Man kann deshalb die Formeln der Salze auf einfache Weise von den Säuren ableiten, indem man deren Wasserstoffionen mit Metallionen der gleichen Ladungssumme austauscht. Die Alkaliionen (Na, K) entsprechen also einem, die Erdalkaliionen (Mg, Ca) zwei und das Aluminiumion drei Wasserstoffionen. Dadurch ergeben sich auf einfache Weise die aus **Bild 16** ersichtlichen Formeln von Salzen. Die für das Bauwesen wichtigen Salze sind stark eingerahmt.

1.7.1 Sulfate

1.7.1.1 Natriumsulfat Na_2SO_4 (Glaubersalz)

Natriumsulfat hat nur negative Bedeutung als Bauschädling. Es ist die Ursache von Ausblühungen bei Ziegelmauerwerk (s. Ausblühungen) und außerdem ein gefährlicher Betonschädling (s. Betonkorrosion).

1.7.1.2 Magnesiumsulfat $MgSO_4$ (Bittersalz)

Magnesiumsulfat ist in Mineralwässern und im Meerwasser enthalten. Es ist ein Betonschädling und eine Ursache der (mäßigen) Betonschädlichkeit des Meerwassers.

1.7.1.3 Calciumsulfat $CaSO_4 \cdot 2\,H_2O$ (Gips)

Natürlicher Gipsstein besteht aus $CaSO_4 \cdot 2\,H_2O$. Wenn man aus diesem durch Erhitzen das meiste chemisch gebundene Wasser austreibt, erhält man „gebrannten Gips", der gemahlen und mit Wasser angerührt, wieder unter Aufnahme von Kristallwasser zu einer festen Masse erstarrt (Näheres s. Gips, S. 113).

34

Wichtige Salze

Basen →

H⁺	Na⁺ NaOH Natronlauge	K⁺ KOH Kalilauge	Mg⁺⁺ Mg(OH)₂ Mg-Hydrox.	Ca⁺⁺ Ca(OH)₂ Ca-Hydrox.	Al⁺⁺⁺ Al(OH)₃ Al-Hydrox.	NH₄⁺ NH₄OH Amm.-Hydrox.	Bezeichnung
H_2SO_4 Schwefelsäure	Na_2SO_4	K_2SO_4	$MgSO_4$	$CaSO_4$	$Al_2(SO_4)_3$	$(NH_4)_2SO_4$	–Sulfate
HNO_3 Salpetersäure	$NaNO_3$	KNO_3	$Mg(NO_3)_2$	$Ca(NO_3)_2$	$Al(NO_3)_3$	NH_4NO_3	–Nitrate
H_3PO_4 Phosphorsäure	Na_3PO_4	K_3PO_4	$Mg_3(PO_4)_2$	$Ca_3(PO_4)_2$	$AlPO_4$	$(NH_4)_3PO_4$	–Phosphate
H_2CO_3 Kohlensäure	Na_2CO_3	K_2CO_3	$MgCO_3$	$CaCO_3$	–	$(NH_4)_2CO_3$	–Carbonate
H_2SiO_3 Kieselsäure	Na_2SiO_3	K_2SiO_3	$MgSiO_3$	$CaSiO_3$	$Al_2(SiO_3)_3$	–	–Silikate
HF Flussäure	NaF	KF	MgF_2	CaF_2	AlF_3	NH_4F	–Fluoride
HCl Salzsäure	$NaCl$	KCl	$MgCl_2$	$CaCl_2$	$AlCl_3$	NH_4Cl	–Chloride
H_2S Schwefel-W.St.	Na_2S	K_2S	MgS	CaS	Al_2S_3	–	–Sulfide

Säuren

Gips ist im Salz des Meerwassers zu etwa 4% enthalten. Er hat sich daraus in eintrocknenden Flachmeeren als Gipslager abgeschieden und kommt auch oft im Boden vor. Gips ist schwach wasserlöslich (2,4 g/l), weshalb Fluß-, Quell- und Leitungswasser vielfach gipshaltig sind. Gips bildet die sog. „bleibende Härte" des Wassers (s. Wasserhärte).

Gips ist ein wichtiger Baustoff (s. Gips) zur Herstellung von Gipsputzen und Gipsplatten. Er ist auch von großer Bedeutung als Zusatz zum Zement, dem er zur Regulierung der Abbindezeit in geringen Mengen zugegeben wird. Höherer Gipsgehalt im Zement führt zu Betonzerstörung durch Gipstreiben. Deshalb sind auch gipshaltige Wässer für den Beton gefährlich (s. Betonkorrosion).

1.7.1.4 Ammoniumsulfat $(NH_4)_2SO_4$

Herstellung u.a. durch Einleiten von Ammoniakgas in Schwefelsäure n.d.Gl. $2NH_3 + H_2SO_4 \rightarrow (NH_4)_2SO_4$. Wichtiger Stickstoffdünger (100 kg geben etwa 21 kg = ca. 18000 l Stickstoff ab). Besonders gefährlicher Betonschädling.

1.7.1.5 Sulfate allgemein

Nicht nur Calciumsulfat sondern insbesondere Natriumsulfat, Magnesiumsulfat und Ammonsulfat wie überhaupt praktisch alle Sulfate sind gefährliche Betonschädlinge, weil sie sich mit dem Aluminat des Zements zu einer voluminösen Verbindung, dem sog. „Ettringit" umsetzen, welche das Betongefüge sprengt (s. Betonkorrosion).

1.7.2 Carbonate

1.7.2.1 Natriumcarbonat Na_2CO_3 (Soda)

Die sog. „Kristallsoda" enthält 10 Moleküle Kristallwasser; bei der „calcinierten" Soda ist das Kristallwasser ausgetrieben. Stark wasserlösliches Salz mit alkalischer Reaktion (starke Base, schwache Säure, s. Hydrolyse). Verwendung für viele technische Zwecke, ca. 40% zur Glasherstellung (s. dort).

1.7.2.2 Magnesiumcarbonat $MgCO_3$ (Magnesit)

Natürliches Mineral; große Vorkommen in Steiermark und Kärnten. Zerfällt oberhalb 500 °C n.d.Gl. $Mg CO_3 \rightarrow MgO + CO_2$ in Magnesia und Kohlendioxid. Über das dabei entstehende Magnesiumoxid s. dort.

1.7.2.3 *Calciumcarbonat* $CaCO_3$ *(Kalkstein)*

$CaCO_3$ ist im Gegensatz zu den Alkalicarbonaten praktisch wasserunlöslich (1l Wasser löst 14 mg = 70000 : 1). Bei Erhitzung auf ca. 900 °C wird das Kohlendioxid unter Bildung von CaO (gebrannter Kalk) ausgetrieben n. d. Gl. $CaCO_3 \rightarrow CaO + CO_2$.

Calciumcarbonat kommt in der Natur in großen Mengen vor. Es ist in allen erdgeschichtlichen Epochen entstanden und liegt in vielen Modifikationen als Kalkstein, Marmor, Kreide usw. vor (Bild 63).

Kalkstein wurde früher als Mauerstein, heute vorwiegend als Schotter und Zuschlag für Zement- und Asphaltbeton verwendet. Da die Festigkeit der Kalksteine zwischen ca. 30 bis 300 N/mm² schwankt, ist bei Verwendung von Kalkstein eine Festigkeitsprüfung wichtig. Weiterhin wird Kalkstein zur Herstellung von Kalkmörtel nach Brennen des Kalksteins und Löschen mit Wasser verwendet (s. Kalk). Große Mengen Kalkstein dienen zur Herstellung von Zement, dessen Rohstoffmischung ca. 75% $CaCO_3$ enthält. Auch beim Hochofenprozeß wird zur Bindung der silikatischen Bestandteile der Eisenerze Kalkstein zugesetzt.

1.7.2.4 *Calcium-Magnesiumcarbonat* $CaCO_3 \cdot MgCO_3$ *(Dolomit)*

Dolomite sind Mischgesteine aus $CaCO_3$ und $MgCO_3$, die mit verschiedenem Anteil der beiden Bestandteile vorkommen. Der Gehalt an Magnesiumcarbonat liegt zwischen 50 und 90%.

1.7.2.5 *Carbonate allgemein*

Die Kohlensäure ist eine sehr schwache Säure (s. Bild 15). Deshalb reagieren ihre Salze mit starken Basen (Kalilauge, Natronlauge) alkalisch (s. Hydrolyse). Die Kohlensäure als schwache Säure wird durch andere Säuren unter Abspaltung von CO_2 verdrängt. Darin liegt die Ursache der Zerstörung von Kalkstein und Kalkmörtel durch aggressive (SO_2-haltige) Atmosphäre. Carbonate sind auch nicht hitzebeständig, weil die Kohlensäure bei hohen Temperaturen ($Mg\,CO_3$ bei 500 °C, $CaCO_3$ bei 900 °C) ausgetrieben wird.

1.7.3 Silikate

1.7.3.1 Natriumsilikat Na_2SiO_3 (Natronwasserglas)

1.7.3.2 Kaliumsilikat K_2SiO_3 (Kaliwasserglas)

Diese Verbindungen entstehen durch Umsetzung von Na_2CO_3 (Soda) bzw. K_2CO_3 (Pottasche) mit SiO_2 (Quarz). Glasartige Massen, die jedoch wasserlöslich sind, deshalb Wasserglas genannt. Wasserglas ist stark alkalisch, da die Kieselsäure eine sehr schwache Säure ist. Verwendung im Bauwesen für sog. Silikatfarben. Näheres s. Glas).

1.7.3.3 Calciumsilikat $CaSiO_3$

$CaSiO_3$ ist im Unterschied zu Natriumsilikat wasserunlöslich. Calciumsilikat ist neben Alkalisilikat im Glas enthalten und die Ursache dessen Unlöslichkeit. Calciumsilikat ist der Hauptbestandteil des Zements (ca. 75%). Es gibt verschiedene Calciumsilikate mit unterschiedlichem Kalkgehalt, die in der Zement- und Bauchemie vereinfacht bezeichnet werden unter Verwendung der Anfangsbuchstaben von CaO und SiO_2 und des Molverhältnisses.

$CS = CaO \cdot SiO_2 = $ Monocalciumsilikat,

$C_2S = 2\,CaO \cdot SiO_2 = $ Dicalciumsilikat,

$C_3S = 3\,CaO \cdot SiO_2 = $ Tricalciumsilikat.

CS reagiert nicht mit Wasser. C_2S reagiert langsam mit Wasser, C_3S schnell. Dabei bilden sich sog. Calciumsilikathydrate (CSH), die ein Festwerden der Mischung bewirken, deshalb „hydraulische" Erhärtung genannt. Ursache der Zementerhärtung.

1.7.3.4 Aluminiumsilikat $Al_2O_3 \cdot SiO_2$

Aluminiumsilikat kommt in der Natur in größter Menge als Ton vor. Der Ton ist ein wichtiger Baustoff und Rohstoff. Er wird als solcher noch eingehend behandelt (s. Ton). Ton ist der Rohstoff der keramischen Erzeugnisse (Porzellan, Steingut) und der keramischen Baustoffe (Ziegel, Steinzeug und Klinker). Der Ton ist neben dem Kalkstein die andere Rohstoffkomponente des Zements (ca. 25%).

1.7.3.5 Silikate allgemein

Die Silikate haben meistens den Carbonaten entsprechende Formeln und sind in mancher Beziehung ähnlich. So sind die Alkalisilikate wasserlöslich, die Erdalkali- und Aluminiumverbindungen wasserunlöslich. Im Gegensatz zum flüchtigen Kohlendioxid, das bei hohen Temperaturen ausgetrieben wird, ist das Siliciumdioxid

(SiO_2) nicht flüchtig, weshalb die Silikate durch hohe Temperaturen nicht zersetzt und deshalb z.T. als feuerfeste Baustoffe verwendet werden.

1.7.4 Chloride

1.7.4.1 Natriumchlorid NaCl (Kochsalz)

Kochsalz ist etwa zu 3% im Meerwasser enthalten = ca. 75% des Salzgehalts. Die Kochsalzlager sind in eintrocknenden und abgeschnürten Meeresteilen entstanden, sie sind bis zu 1000 m dick. Tier und Menschen brauchen Kochsalzzufuhr, letztere täglich 10 bis 20 g. Ebensoviel wird wieder ausgeschieden [14].

Natriumchlorid wird für viele technische Zwecke verwendet, im Bauwesen in großen Mengen als Streusalz, um Eis und Schnee auf Straßen und Brücken aufzutauen. Dabei macht man sich die Tatsache zunutze, daß durch in Wasser gelöste Stoffe dessen Gefrierpunkt herabgesetzt wird. Den tiefsten Schmelzpunkt von $-22\,°C$ hat eine Lösung von 309 g NaCl im Liter Wasser. Die Gefrierpunktserniedrigung ist proportional der zugesetzten Salzmenge, d.h. um ca. $1\,°C$ je 15 g Salz pro Liter Eis. Bei $-10\,°C$ braucht man also mindestens 150 g, bei $-20\,°C$ ca. 300 g je Kilo Eis. Unerwünschte Nebenwirkung ist die korrodierende Wirkung auf Stahl. Deshalb sind Schutzmaßnahmen für Fahrzeuge (Unterbodenschutz) und für den in Brückenfahrbahnen eingebauten Stahl notwendig. Asphaltstraßen werden durch Streusalz nicht beeinträchtigt; Betonstraßen besonders im neuen Zustand.

1.7.4.2 Magnesiumchlorid $MgCl_2$ (Chlormagnesiumlauge)

Eine Mischung aus einem Teil Magnesiumchlorid in wäßriger Lösung (sog. Chlormagnesiumlauge) und zwei Teilen Magnesiumoxid erhärtet zu einer marmorartigen Masse, die nach ihrem Erfinder „Sorel-Zement" genannt wird. Bei Zusatz von Sägemehl entsteht Steinholz (Xylolith). (Näheres s. Magnesiamörtel) $MgCl_2$ ist sehr hygroskopisch, weshalb es in heißen Ländern als Staubbindemittel dient (feuchte Staubteilchen haften aneinander). $MgCl_2$ fördert die Stahlkorrosion und ist auch ein Betonschädling.

1.7.4.3 Calciumchlorid $CaCl_2$ (Chlorcalcium)

$CaCl_2$ ist äußerst hygroskopisch; es zerfließt an feuchter Luft. Deshalb wird $CaCl_2$ in großem Umfang als Staubbindemittel auf sog. wassergebundenen Straßen verwendet, desgleichen auch zur Trocknung feuchter Räume und von Neubauwohnungen. $CaCl_2$ setzt den

Gefrierpunkt des Wassers sehr stark herab, 300 g/l auf $-55\,°C$; ist aber wesentlich teurer als Natriumchlorid. Wegen der starken Gefrierpunktserniedrigung und gleichzeitigen Erhärtungsbeschleunigung wurde $CaCl_2$ früher viel als Frostschutzmittel beim Betonbau verwendet, was jedoch seit einiger Zeit verboten ist wegen der Korrosionsgefährdung der Stahlarmierung.

1.7.4.4 Chloride allgemein

Die Chloride sind alle leicht wasserlöslich. Sie fördern durchweg die Stahlkorrosion, weshalb bei Einwirkung von Chloridlösungen (darunter auch Meerwasser) verstärkte Schutzmaßnahmen notwendig sind. Zur Verhinderung der Chloridkorrosion von Bewehrungsstahl ist vorgeschrieben, daß der Zement höchstens 0,1 % Cl enthalten darf. (s. DIN 1164)

1.7.5 Fluoride

1.7.5.1 Kaliumfluorid KF, Natriumfluorid NaF

Es sind wasserlösliche Salze, die im Bauwesen Verwendung als Bestandteil von Betonzusatzmitteln finden. Sie setzen sich mit dem bei der Erhärtung des Zements freiwerdenden Calciumhydroxid um n. d. Gl. $2\,NaF + Ca(OH)_2 \rightarrow CaF_2 + 2\,Na(OH)$. Dadurch wird das zur Ausblühung neigende Calciumhydroxid teilweise gebunden und u. a. die Entstehung von Ausblühungen verringert.

1.7.5.2 Calciumfluorid (CaF_2)

Es kommt in der Natur als sog. Flußspat vor, ist wasserunlöslich, säurebeständig und entsteht im Zementstein bei der Ocratierung (s. dort) und beim Zusatz von Na- und Kaliumfluorid. Calciumfluorid wird in großen Mengen als Flußmittel in der Metallindustrie, insbesondere bei der Aluminiumherstellung (nach Umsetzung zu Kryolith) verwendet.

1.7.6 Fluate

Die Fluate sind Salze der Kieselflußsäure (H_2SiF_6) die man als Additionsverbindung von Flußsäure und Siliciumtetrafluorid betrachten kann gemäß $2\,HF + SiF_4 \rightarrow H_2SiF_6$.

Die für das Bauwesen wichtigen Fluate sind Magnesium-, Aluminium-, Zink- und Bleifluat. Es sind wasserlösliche Salze. Deren Lösungen setzen sich mit dem Calciumhydroxid des Zementsteins um gemäß $Mg\,SiF_6 + 2\,Ca(OH)_2 \rightarrow 2\,CaF_2 + MgF_2 + SiO_2$.

Calcium- und Magnesiumfluorid sowie SiO_2 sind unlösliche, harte und chemisch beständige Verbindungen. Die Behandlung von Beton, Zementputz und Zementestrichen mit Fluatlösungen bewirkt deshalb eine Steigerung der Härte, der Dichtigkeit, chemischen Beständigkeit, sowie eine Verringerung der Alkalität.

1.7.7 Ergänzendes zu den Salzen

Salze können auf verschiedene Weise entstehen. In erster Linie durch die bekannte Reaktion

$$Säure + Base \rightarrow Salz + Wasser$$
z. B. $H_2SO_4 + Ca(OH)_2 \rightarrow CaSO_4 + 2H_2O.$

Da die Basen durch Umsetzung von Metalloxiden und Wasser entstehen, kann man bei der Salzbildung auch von Metalloxiden ausgehen:

$$Säure + Metalloxid \rightarrow Salz + Wasser$$
z. B. $H_2SO_4 + CaO \rightarrow CaSO_4 + 1H_2O.$

In diesem Fall entsteht anstelle von 2 Molekülen nur 1 Molekül Wasser. Da auch die Sauerstoffsäuren Hydroxide (der Nichtmetalle) sind, kann man im Prinzip anstelle von Säuren auch von den Nichtmetalloxiden (sog. Säureanhydride) ausgehen:

$$Nichtmetalloxid + Metalloxid \rightarrow Salz (ohne Wasser)$$
z. B. $SO_3 + CaO \rightarrow CaSO_4.$

Es zeigt sich dabei, daß man die meisten Salze auch als Verbindungen von Nichtmetalloxiden und Metalloxiden auffassen kann.

Schließlich kann man anstelle von Metalloxiden auch von Metallen ausgehen:

$$Säure + Metall \rightarrow Salz + Wasserstoff$$
z. B. $H_2SO_4 + Ca \rightarrow CaSO_4 + H_2.$

Wegen des Fehlens des Oxidsauerstoffs entsteht Wasserstoff anstelle von Wasser. Es gibt also verschiedene Wege, um zu einem bestimmten Salz zu gelangen; der wichtigste ist jedoch die Umsetzung von Säuren und Basen.

1.8 Hydrolyse

Die Salzbildung aus Säure und Base wird auch „Neutralisation" genannt, weil dabei häufig eine neutrale Lösung des betreffenden Salzes in Wasser entsteht. Dies ist jedoch nur dann der Fall, wenn die Salze aus einer etwa gleich starken Säure und Base entstanden sind, wie z. B. $NaOH + HCl \rightarrow NaCl + Wasser$ (neutral). Salze aus

Säuren und Basen unterschiedlicher Stärke reagieren nicht neutral, sondern bei starker Base und schwacher Säure reagiert die wäßrige Lösung basisch und bei schwacher Base und starker Säure sauer. Dies wird dadurch verursacht, daß solche Salze in wäßriger Lösung „hydrolytisch" gespalten werden in ihre Säure und Base.

Beispiel 1: $Na_2CO_3 + 2\,H_2O \rightarrow 2\,NaOH\quad + H_2CO_3$
$$\text{starke Base}\quad\text{schwache Säure.}$$

Beispiel 2: $Al_2(SO_4)_3 + 6\,H_2O \rightarrow 2\,Al(OH)_3\quad + 3\,H_2SO_4$
$$\text{schwache Base}\quad\text{starke Säure.}$$

Aus diesem Grund reagieren Na_2CO_3 (Soda) basisch und $Al_2(SO_4)_3$ (Aluminiumsulfat) sauer [15].

1.9 Dissoziation

Die meisten Basen, Säuren und Salze lösen sich in Wasser nicht in Moleküle, sondern in sog. Ionen auf. Dabei teilen sie sich nicht in Atome, sondern die bei der Entstehung der chemischen Bindung ausgetauschten Elektronen verbleiben bei den betreffenden Atomen bzw. Atomgruppen, die dadurch, wenn sie Elektronen, d.h. negative Ladungen abgegeben haben, infolge der gleichbleibenden Kernladung positive Ladung aufweisen, im Fall der Elektronenaufnahme negative Ladung (s. **Bild 17**). NaCl z.B. zerfällt dabei in positiv geladene Natrium-(Na^+) und negativ geladene Chlorteilchen (Cl^-), $CaSO_4$ in positiv geladene Calciumteilchen (Ca^{++}) und negativ geladene SO_4^--Teilchen.

Da bei diesem Vorgang die Substanz in positiv und negativ geladene Teilchen getrennt wird, nennt man ihn nach dem lateinischen Wort dissociare = trennen „Dissoziation".

1.10 Elektrolyse

In wäßriger Lösung schwimmen diese Teilchen regellos durcheinander (s. Bild 17/2). Anders bei Anlegung einer elektrischen Spannung (s. Bild 17/3). Jetzt wandern die negativ geladenen Teilchen zum positiven Pol (Anode); die positiv geladenen zum negativen Pol (Kathode). Nach dem griechischen Wort Ionen (= Wandernde) werden diese Teilchen Ionen genannt und zwar die zur Kathode wandernden positiv geladenen Teilchen Kationen, die zur Anode wandernden negativ geladenen Teilchen Anionen. Auf diese Weise bekommt das Wasser, das als solches den elektrischen Strom nur

① Atome und Ionen
Atome
Na
Cl
Verbindung
NaCl
Ionen
Na+
Cl−

② Ionendissoziation in Wasser
Na+
Cl−
Ca++
S=

③ Ionenwanderung bei Anlegung einer Spannung
−
+
Na+
Cl−
Ca++
S=

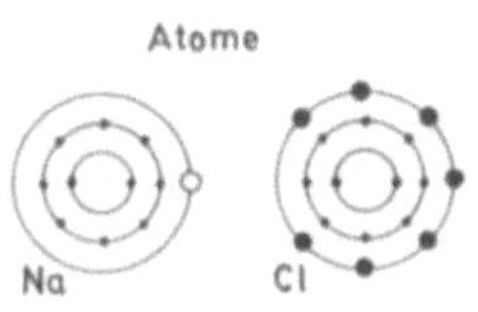

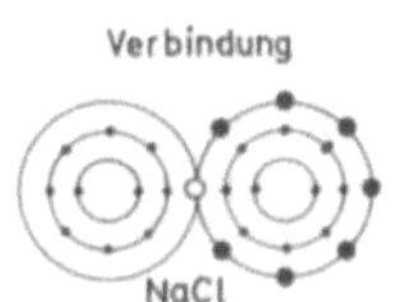

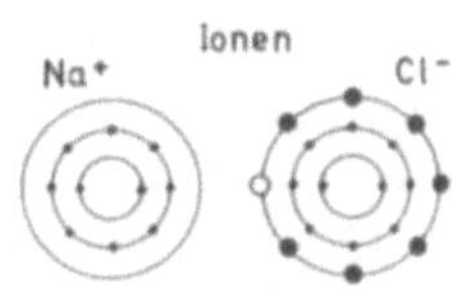

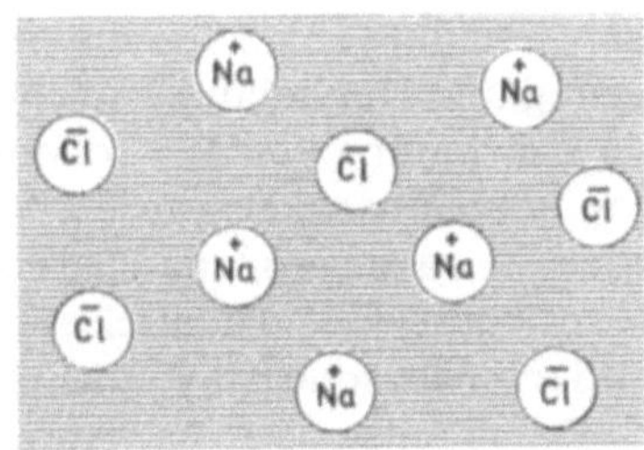

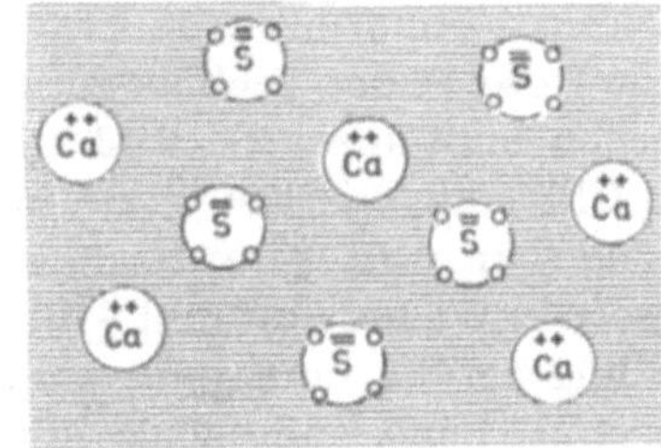

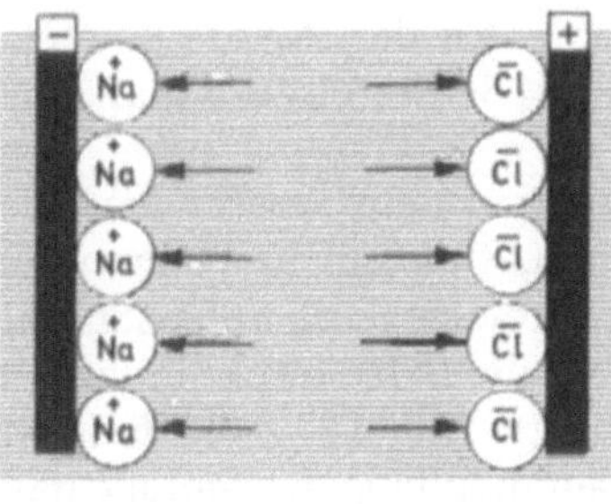

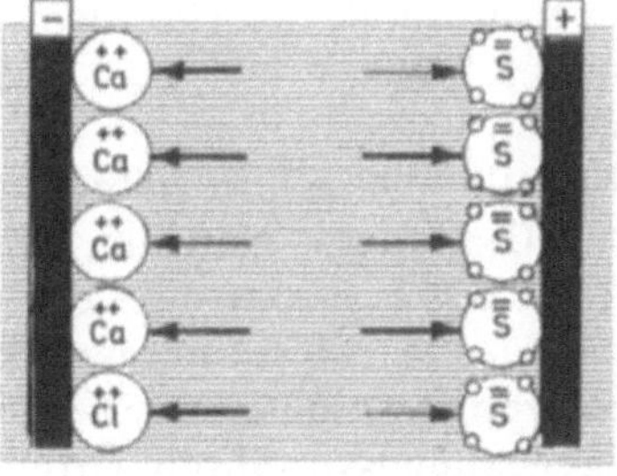

17

wenig leitet, elektrische Leitfähigkeit. Deshalb nennt man Stoffe, die beim Auflösen in Wasser in Ionen zerfallen und dadurch das Wasser elektrisch leitend machen „Elektrolyte" (nach griech. lyse = Auflösung).

Beim Auftreffen der positiv geladenen Kationen auf den Minuspol wird ihre elektrische Ladung durch Aufnahme von Elektronen ausgeglichen, desgleichen die der negativ geladenen Anionen, die am Pluspol ihre Elektronen abgeben, wobei elektrisch neutrale Atome bzw. Moleküle entstehen. Wenn man z.B. durch Salzsäure einen Gleichstrom schickt, dann wandern die positiv geladenen Wasserstoffionen zur Kathode, wo sie ihre Ladung verlieren und sich paarweise zu H_2-Molekülen vereinigen, die als Gas entweichen. Die negativ geladenen Chlorionen verlieren an der positiv geladenen Anode ihre Ladung ebenfalls und verwandeln sich dabei in elektrisch neutrales Chlorgas.

Dieses Verfahren wird „Elektrolyse" genannt [16]. Es spielt eine große Rolle in der Technik zur Zerlegung und Herstellung von chemischen Substanzen (s. **Bild 18**). Die Gewinnung von Wasserstoff und Chlor aus Salzsäure (ein häufiges Nebenprodukt) wurde eben erwähnt. In wasserkraftreichen Ländern wird in großem Umfang Wasser in Wasserstoff und Sauerstoff zerlegt. Große technische Bedeutung hat die Zerlegung von Chloriden, insbesondere von Kochsalz (NaCl) und Kaliumchlorid (KCl). Dabei entsteht an der Anode Chlor. An der Kathode bildet sich kein Natrium bzw. Kalium, da diese in wäßriger Lösung NaOH bzw. KOH und elementaren Wasserstoff bilden.

Bei der Elektrolyse von Salzen der Schwermetalle wie z.B. Kupfer-, Zink- und Eisensulfat scheiden sich die Metalle in reiner Form an der Kathode ab (Elektrolytkupfer). An der Anode entstehen gemäß $2\,SO_4^{--} + 2\,H_2O \rightarrow H_2SO_4 + O_2$ Schwefelsäure und Sauerstoff.

Metalle, die sich in wäßriger Lösung mit dem Wasser umsetzen, wie z.B. Kalium, Natrium, Magnesium, Calcium und Aluminium werden durch Elektrolyse der (wasserfreien) geschmolzenen Salze (Schmelzelektrolyse) hergestellt, wobei die Salze direkt in ihre elementaren Bestandteile zerlegt werden (s. Bild 18). Auf diese Metallgewinnungsverfahren wird im Zusammenhang der Metalle näher eingegangen, desgleichen auf die Galvanotechnik, bei der auf zu schützende Werkstücke, welche mit dem Minuspol verbunden sind, schützende Metallüberzüge aus Kupfer, Chrom, Nickel usw. niedergeschlagen werden.

44

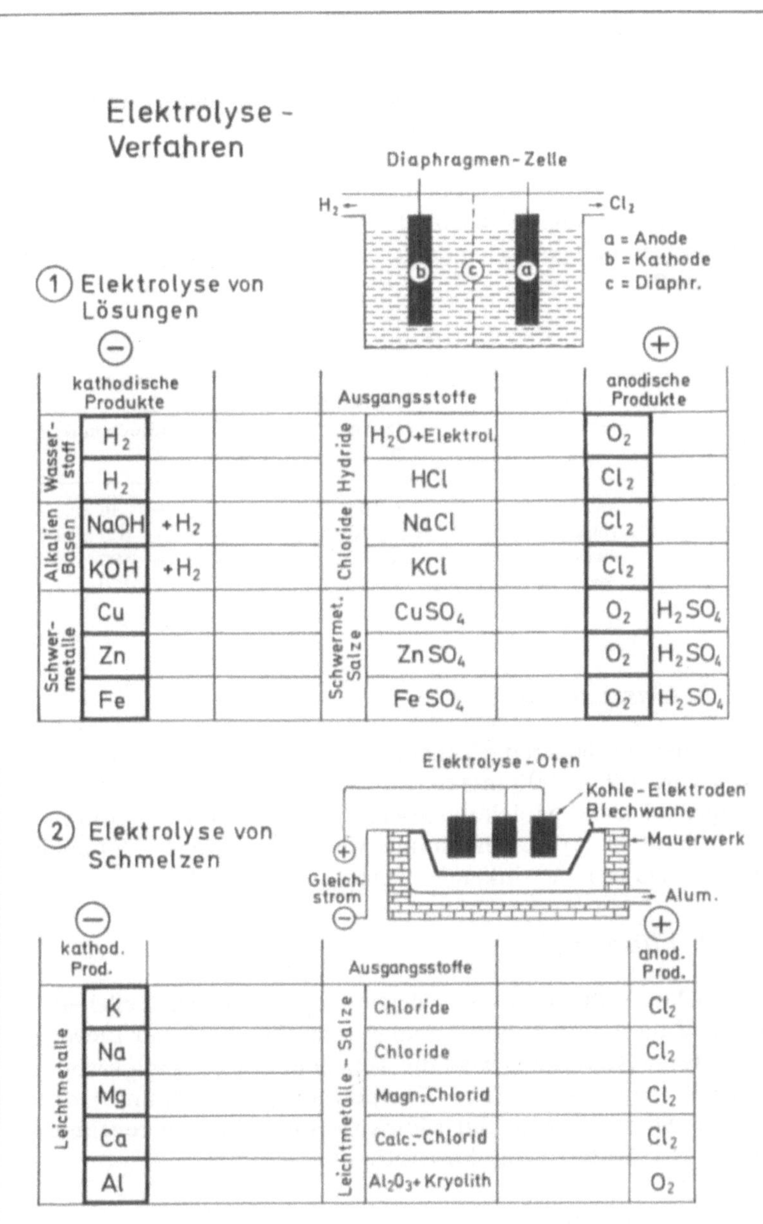

Elektrolyse - Verfahren

(1) Elektrolyse von Lösungen

$(-)$ kathodische Produkte   Ausgangsstoffe   anodische Produkte $(+)$

	kathodische Produkte			Ausgangsstoffe	anodische Produkte	
Wasserstoff	H_2		Hydride	H_2O + Elektrol.	O_2	
Wasserstoff	H_2		Hydride	HCl	Cl_2	
Alkalien Basen	$NaOH$	$+H_2$	Chloride	$NaCl$	Cl_2	
Alkalien Basen	KOH	$+H_2$	Chloride	KCl	Cl_2	
Schwermetalle	Cu		Schwermet. Salze	$CuSO_4$	O_2	H_2SO_4
Schwermetalle	Zn		Schwermet. Salze	$ZnSO_4$	O_2	H_2SO_4
Schwermetalle	Fe		Schwermet. Salze	$FeSO_4$	O_2	H_2SO_4

(2) Elektrolyse von Schmelzen

$(-)$ kathod. Prod.   Ausgangsstoffe   anod. Prod. $(+)$

	kathod. Prod.		Ausgangsstoffe	anod. Prod.
Leichtmetalle	K	Leichtmetalle - Salze	Chloride	Cl_2
Leichtmetalle	Na	Leichtmetalle - Salze	Chloride	Cl_2
Leichtmetalle	Mg	Leichtmetalle - Salze	Magn.-Chlorid	Cl_2
Leichtmetalle	Ca	Leichtmetalle - Salze	Calc.-Chlorid	Cl_2
Leichtmetalle	Al	Leichtmetalle - Salze	Al_2O_3 + Kryolith	O_2

18

1.11 Aggregatzustände

Die chemischen Elemente kommen in drei Aggregatzuständen vor,
nämlich Feststoffe (91) Flüssigkeiten (2) und Gase (11). Dasselbe
ist auch bei chemischen Verbindungen der Fall. Diese Einteilung
gilt für Normaltemperatur; bei höherer und niedrigerer Temperatur
ändert sich der Aggregatzustand. Für jeden Stoff gibt es einen festen, flüssigen und gasförmigen Zustand. Dafür einige Beispiele [17]
in **Tabelle 2.**

Tabelle 2

	Bei Normal- temperatur	Feststoff (Schmelzpunkt) °C	Gas (Siedepunkt) °C
Chlor	gasförmig	− 103	− 34
Wasser	flüssig	0	+ 100
Benzol	flüssig	+ 8	+ 80
Blei	fest	+ 327	+ 1750

1.11.1 Gaszustand

Im Gaszustand fliegen die Teilchen eines Stoffs mit einer Geschwindigkeit von 100 bis 900 m/s regellos durcheinander. Bei Abkühlung
verringert sich die Molekularbewegung und damit der Raum, den
ein Molekül in Anspruch nimmt, was die bekannte Volumenabnahme von Gasen bei sinkender Temperatur bewirkt.

1.11.2 Flüssigkeit

Hier wirken sich bereits die Anziehungskräfte der Teilchen aus,
doch sind diese immer noch in ungeordneter, regelloser Bewegung.
Bei weiterer Abkühlung wird die Teilchenbewegung schwächer und
unterhalb einer bestimmten Temperatur (Schmelzpunkt) ordnen
sich die Atome, Ionen und Moleküle sprunghaft in regelmäßiger
Anordnung (Gittern) zum Feststoff.

1.11.3 Feststoff

In diesem Zustand liegen die meisten anorganischen Baustoffe und
die Metalle vor, weshalb die damit zusammenhängenden Fragen in

einem besonderen Kapitel (Feststoffe, Kristallsysteme) behandelt werden. Wenn aus Gründen räumlicher Behinderung die Ausbildung einer räumlichen Nahordnung (Kristallgitter) verhindert wird, entstehen sog. „amorphe" Feststoffe wie z. B. Glas. In diesem Fall ist nur die Molekülbewegung zum Stillstand gekommen ohne Nahordnung der Moleküle, weshalb man in diesem Fall von „unterkühlten Flüssigkeiten" spricht.

1.12 Stoffsysteme

1.12.1 Flüssige Stoffgemische

Je nach dem Zerteilungsgrad der Teilchen kann man die flüssigen Stoffgemische (disperse Systeme) einteilen in Lösungen, Kolloide und Suspensionen [18].

1.12.1.1 Lösungen

Dies sind Stoffgemenge, bei denen der gelöste Stoff in Form seiner kleinsten Teilchen, d. h. in Molekülen oder Ionen in dem Lösungsmittel verteilt ist. Es gibt verschiedene Arten von Lösungen: 1. Gase in Flüssigkeiten (z. B. Kohlendioxid in Wasser), 2. Flüssigkeiten in Flüssigkeiten (z. B. Alkohol in Wasser), 3. Feste Stoffe in Flüssigkeiten. Die letztere Gruppe, darunter die Lösungen von Salzen in Wasser, ist für das Bauwesen von besonderer Bedeutung. Wasser ist das wichtigste Lösungsmittel. Der Lösungvorgang kommt dadurch zustande, daß die chemische Triebkraft („Affinität") vieler Stoffe zu Wasser größer ist, als zu ihren gleichartigen Molekülen. Wenn kein Wasser zugegen ist, bildet sich die charakteristische Kristallstruktur aus (s. dort). Wenn die Kristalle in Wasser gelangen, dann werden diese aufgelöst, indem an der Oberfläche der Kristalle sich die Ionen mit einer Wasserhülle umgeben und in die wäßrige Phase übertreten, solange bis die Kristalle 1. entweder ganz aufgelöst oder 2. die Sättigung der Lösung erreicht ist.

1.12.1.1.1 Löslichkeit. Die Sättigungsgrenze, die sog. Löslichkeit ist je nach Stoff sehr verschieden; so lösen sich z. B. in 1 l Wasser 745 g Calciumchlorid ($CaCl_2$), 358 g Kochsalz ($NaCl$), 2,02 g Gips ($CaSO_4$), 0,002 g Bariumsulfat ($BaSO_4$). $CaCl_2$ löst sich also ca. 400mal besser als Gips.

1.12.1.1.2 Lösungskälte. Die für die Lösung der Ionen aus dem Kristallverband notwendige Energie wird meistens der Umgebung entnommen und wirkt sich in der Abkühlung der entstehenden Lösung aus. So kühlt sich eine Eiskochsalzmischung bis $-21\,°C$ ab (Kältemischung). Die hohe Schmelzwärme des Wassers ($334\,kJ/kg$) verursacht hier die starke Abkühlung.

1.12.1.1.3 Lösungswärme. Teilweise tritt beim Lösungsvorgang aber auch Erwärmung, die sog. Lösungswärme auf. Dies ist dann der Fall, wenn während der Auflösung energieabgebende chemische Vorgänge stattfinden, wie z.B. die Bildung von Calciumhydroxid beim Kalklöschen, wobei je Mol $76,9\,kJ$ freiwerden oder die Bildung von Hydraten, wie sie bei der Hydratation des Zements erfolgt und als Hydratationswärme in Erscheinung tritt.

1.12.1.1.4 Lösungstemperatur. Die Löslichkeit ist in der Regel temperaturabhängig, wobei mit steigender Temperatur folgendes eintreten kann:

1. Steigende Löslichkeit. So lösen sich z.B. von Kalisalpeter bei $0\,°C$ $133\,g$ im Liter, bei $100\,°C = 2470\,g/l$, also fast das zwanzigfache.

2. Abnehmende Löslichkeit. Dies ist z.B. beim Calciumhydroxid der Fall, von dem sich bei $0\,°C$ $1,5\,g/l$, bei $100\,°C$ nur $0,77\,g/l$ lösen.

3. Gleichbleibende Löslichkeit. Von der Temperatur weitgehend unabhängig ist die Löslichkeit des Gipses; bei $0\,°C$ ca. $1,80\,g/l$, bei $50\,°C$ ca. $2,2\,g/l$, bei $100\,°C$ ca. $1,8\,g/l$ und des Kochsalzes ($NaCl$) mit ca. $360\,g$ bei $0\,°C$ und ca. $390\,g$ bei $100\,°C$ [19].

Die in den Lösungen enthaltenen Moleküle und Ionen bestehen in der Regel aus wenigen Atomen. Es gibt aber auch aus vielen Atomen zusammengesetzte Moleküle bis zu Riesenmolekülen, die aus Tausenden von Atomen bestehen. Da große Moleküle, sog. Makromoleküle, ein anderes Verhalten in Lösungen zeigen, ist die Atomzahl der relativ kleine Moleküle enthaltenden typischen Lösungen auf 1 bis 1000 begrenzt worden, was bedeutet, daß die gelösten Teilchen kleiner als $1\,nm = {}^1/_{1000000}\,mm$ sind. Solche Teilchen sind so klein, daß sie auch durch Pergament und tierische Membranen wandern und im Mikroskop unsichtbar sind.

Da die Molekularbewegung um so größer ist, je kleiner ein Molekül und je weniger die gelösten Moleküle mit Wasserhüllen umgeben sind, hat dies zur Folge, daß Lösungen von anorganischen Molekülen und Ionen in der Regel dünnflüssig sind, selbst bei hoher Konzentration. Eine charakteristische Eigenschaft solcher Lösungen und ein Nachweis der Molekularbewegung ist die *Diffusion*. Sie tritt auf, wenn man z.B. die Lösung eines Stoffes mit dem Lösungsmittel überschichtet, wobei innerhalb kürzerer Zeit ein Konzentrationsausgleich stattfindet, dadurch verursacht, daß gelöste Moleküle bis zum völligen Ausgleich in das Lösungsmittel übertreten. Diese Diffusion geht um so rascher vor sich, je kleiner und damit je beweglicher die gelösten Teilchen sind und je höher die Temperatur ist.

1.12.1.1.5 Diffusion-Osmose. Wenn Lösungsmittel und Lösung eines Stoffs durch eine für die kleinen Moleküle des Lösungsmittels, z.B. Wasser, nicht aber für die gelösten, in der Regel größeren Moleküle durchlässige sog. halbdurchlässige (semipermeable) Membran getrennt sind, dann wandern die Wassermoleküle durch die für sie durchlässige Membran und lagern sich auf der anderen Seite an die gelösten Moleküle an. Dadurch entstehen größere Assoziate, d.h. Zusammenballungen von Molekülen, welche zu groß sind, um in umgekehrter Richtung durch die semipermeable Membran zu wandern. Dies hat zur Folge, daß das reine Lösungsmittel durch die Membran wandert und auf der anderen Seite die Lösungsmenge unter Verringerung der Konzentration vermehrt. Dieser Vorgang wird *Osmose* genannt [20]. Dabei steigt bei ursprünglicher Niveaugleichheit die sich verdünnende Lösung in einem Steigrohr hoch. Die Steighöhe, der sog. osmotische Druck, ist um so größer, je größer die Menge des gelösten Stoffs ist und je größer dessen Moleküle sind.

Die Osmose ist von großer Bedeutung für Organismen, in denen Wasser durch die Zellwände aufgenommen wird und z.B. in Bäumen viele Meter hochsteigt. Der Vorgang wird technisch genutzt u.a. beim „Osmol-Verfahren" zum Schutz von Holz. Dabei wird das saftfrische Holz mit einer konzentrierten Paste aus Holzschutzsalz (z.B. Natriumfluorid) und Wasser bestrichen. Anschließend wandert die Salzlösung im Laufe weniger Wochen in das Innere des Holzes und bewirkt einen dauerhaften Holzschutz.

1.12.1.2 Kolloide

Besteht der im Medium (Dispersionsmittel) verteilte Stoff nicht aus kleinen Molekülen, wie es bei den Salzen, Säuren und Laugen der Fall ist, die in der Regel aus wenigen Atomen zusammengesetzt sind, sondern aus großen Molekülen mit Tausenden von Atomen, dann ergeben sich gegenüber den molekulardispersen Lösungen andere, charakteristische Eigenschaften. Wegen der mit wachsender Molekülgröße abnehmenden Molekularbewegung ist diese bei großen Molekülen stark verringert, was zur Folge hat, daß Lösungen solcher Stoffe im Gegensatz zu selbst hochkonzentrierten Lösungen kleiner Moleküle dickflüssig sind, und zwar bei gleicher Konzentration um so mehr, je größer die gelösten Moleküle sind.

Da der Übergang von kleinen zu großen Molekülen gleitend ist, wurde als untere Grenze der Atomzahl dieser Kolloide genannten Gruppe, 10^3 Atome und als obere Grenze 10^9 Atome festgelegt. Dies entspricht einer Teilchengröße von 0,001 bis 0,1 µm. Homogene Lösungen solcher makromolekularer Stoffe werden „Molekülkolloide" genannt. Sie spielen in der organischen Chemie eine große Rolle. Den Namen haben die Kolloide vom tierischen Leim, nach dessen griech. Bezeichnung „Kolla". Geringe Mengen Tierleim, in warmem Wasser gequollen, ergeben eine gallertartige Masse. Solche häufig vorkommenden flüssigkeitsreichen, formbeständigen aber leicht deformierbaren Massen werden *Gel* (engl.) genannt.

1.12.1.2.1 Gele allgemein [27] sind gekennzeichnet durch einen hohen Gehalt an Lösungsmittel, wie z. B. Wasser und kleinere bis größere Mengen eines festen Stoffs. Die gallertartige Struktur der Gele entsteht dadurch, daß der dispergierte Stoff nicht aus wenig Raum beanspruchenden kubischen Teilchen, sondern aus Molekülen oder Molekülaggregaten mit länglichen oder verzweigten oder flächigen Teilchen bestehen, insgesamt Teilchen, die bei geringem Stoffvolumen eine große Oberfläche haben (s. Bild 168). An diese Molekülkomplexe lagern sich Lösungsmittelmoleküle in gleicher Weise an wie bei den molekularen Lösungen, jedoch mit der unterschiedlichen Wirkung, daß wegen des Zusammenhängens der Moleküle in den Molekülverbänden die Molekularbewegung behindert ist.

Die zusammenhängenden Teilchen eines Gels bilden zweidimensionale Netze bzw. ein räumliches Gerüst. Man spricht deshalb von „kohärenten Systemen". Solche Gerüste können sich aufbauen aus Teilchen verschiedener Art, z. B. kugeliger, plättchen- und fadenförmiger Struktur. Zu den letzteren gehören die sog. „Kieselgele", die bei der Umsetzung von Wasserglas mit Säuren entstehen, wobei sich SiO_2-Gerüste bilden. Ähnliche SiO_2-Gele entstehen auch bei der Hydratation des Zements als sog. Zementgel und sind die Hauptursache seiner Erhärtung mit Wasser und verschiedener anderer Eigenschaften, weshalb hier kurz darauf eingegangen wird.

1.12.1.2.2 Wasserbindung der Gele. Das in den Hohlräumen des Gelgerüsts sitzende Wasser ist durch Anziehungskräfte stark gebunden und kann nur durch Erhitzung auf höhere Temperatur ausgetrieben werden. Gele, deren Dispersionsmittel, in diesem Fall Wasser, durch Erhitzen oder andere Maßnahmen entfernt ist, werden *Xerogele* genannt (nach griech. xeros = trocken).

1.12.1.2.3 Schrumpfung der Gele. Wenn das Wasser eines Gels entfernt wird. schrumpft dieses. Die Schrumpfung kann im Maximum dem Wasserverlust entsprechen (z.B. beim Leim), ist aber in der Regel, so auch bei SiO_2-Gelen geringer, weil das im Gel enthaltene Stoffgerüst selbsttragend wird. Das Wasser entweicht in diesem Fall nach anfänglicher Schrumpfung unter Zurücklassung von Poren (Gelporen) aus dem verbleibenden Feststoffgerüst.

1.12.1.2.4 Quellung der Gele. Ausgetrocknete Gele, sog. Xerogele, sind bestrebt, wieder Flüssigkeit aufzunehmen, wobei das bei der Austrocknung geschrumpfte Volumen wieder zunimmt, d.h. das Gel quillt. Beim tierischen Leim beträgt diese Quellung ein Mehrfaches des Trockenvolumens. Bei den sog. „starren Gelen“, zu denen Kieselgel und Zementgel gehören, die wegen ihres Feststoffgerüsts beim Austrocknen nur wenig in ihrem äußeren Volumen schrumpfen, sondern im Innern Hohlräume bilden, füllen sich die Hohlräume wieder mit Flüssigkeit. Dieses wird an der großen inneren Oberfläche der Xerogele durch Adsorption gebunden. Trockenes Kieselgel nimmt begierig Wasser auf und ist deshalb ein wichtiges Trocknungsmittel.

Auch der Ton bildet mit Wasser Gele. Er besteht aus plättchenförmigen Kristallen von wenigen $^1/_{100}$ µm Dicke, die noch zur Größenordnung der Kolloide gehören. Mit Wasser bildet der Ton Massen, die bei zwei- bis sechsfacher Menge Wasser noch steif sind. Ihren Gelcharakter erhalten die Tongele dadurch, daß die Kristallplättchen nach Art eines Kartenhauses sich sperrig gegeneinander abstützen und dadurch ein Feststoff vorgetäuscht wird. Werden solche Gele mechanisch bewegt, dann nehmen sie Flüssigkeitscharakter an; läßt man sie eine Zeitlang stehen, dann verfestigen sie sich wieder zum Gel. Dieser Vorgang, d.h. die Verflüssigung eines Gels durch mechanische Einwirkung und Wiedererstarrung nach Beruhigung nennt man *Thixotropie* [22]. Sie tritt bei verschiedenen Baustoffen auf, so bei Zement-Wassersuspensionen, bei Tonsuspensionen und bei geblasenem Bitumen.

1.12.1.3 Dispersionen

Die obere Grenze der Teilchengröße kolloider Stoffe ist auf 0,1 µm $= ^1/_{10000}$ mm festgelegt. Mischungen, die größere Teilchen enthalten,

werden Dispersionen genannt (lat. dispergere = auseinander-
streuen). Im Unterschied zu den Kolloiden, deren Teilchen noch
eine, wenn auch geringe Eigenbewegung (Brownsche Bewegung)
aufweisen und sich deshalb im Schwebezustand befinden, zeigen die
$>0,1\,\mu$m großen Teilchen der Dispersionen keine Eigenbewegung
mehr. Sie halten sich deshalb in Flüssigkeiten nicht in der Schwebe,
sondern sinken infolge ihrer bei anorganischen Stoffen höheren
Dichte in Flüssigkeiten ab und sammeln sich am Boden als Boden-
satz. Wenn die Flüssigkeitsmenge nicht wesentlich mehr ist, als dem
Hohlraum des feinverteilten Feststoffs entspricht, dann entstehen
sog. Pasten. Man nennt derartige inhomogene Stoffgemische auch
Suspensionen. Die Baustoffe Kalk, Gips und Zement ergeben in
Mischung mit Wasser Suspensionen.

1.12.1.4 Emulsionen

Suspensionen sind Mischungen aus feinverteilten Feststoffen in
Flüssigkeiten; Emulsionen sind Gemische von Flüssigkeiten, die ineinander unlöslich sind, wobei die unlösliche Flüssigkeit in der Form
kleiner, in der Regel 0,1 bis 100 µm großer Tröpfchen in der anderen Flüssigkeit, der sog. „äußeren Phase" verteilt ist. Das bekannte-
ste Beispiel für eine Emulsion ist die Milch, bestehend aus einer
feinen Verteilung von Milchfetttröpfchen in einer wäßrigen Lösung
von Kasein und Milchzucker.

Wenn man z.B. Öl in Wasser mechanisch verteilt, daß Öltröpf-
chen der genannten Größenordnung entstehen, dann trennt sich das
Öl bald wieder vom Wasser und sammelt sich infolge seiner geringeren Dichte als Schicht über dem Wasser. Wenn man diesen Zerfall
der Emulsion verhindern will, dann muß man bei der Herstellung
sog. „Emulgatoren" zugeben, die auf der Oberfläche der Tröpfchen
eine Trennschicht zwischen Öl und Wasser bilden und die verhindert, daß die Tröpfchen in der wäßrigen Verteilung wieder zusam-
mentreten. Die Milch enthält von Natur einen solchen Emulgator,
das sog. Kasein. Emulsionen spielen im Bauwesen eine große Rolle
als Bindemittel für Beschichtungen und Beläge und werden in diesem Zusammenhang näher behandelt.

1.12.2 Feststoffe

1.12.2.1 Kristallgitter

In wäßriger Lösung sind die Moleküle und Ionen mit einer Wasserhülle umgeben und deshalb frei beweglich. In festem Zustand stehen die Ionen einander unmittelbar gegenüber; sie ziehen sich durch

ihre entgegengesetzten elektrischen Ladungen an, wobei sich als Folge der dichten Lagerung eine gitterartige Ordnung ergibt, das sog. Ionengitter (s. **Bild 20**). Dabei sind die Ionen in einem kubischen Gitter so angeordnet, daß jedes Na-Ion mit 6 Cl-Ionen und umgekehrt jedes Cl-Ion mit 6 Na-Ionen verbunden ist. Die hier schematisch als gleichgroße Punkte bezeichneten Na- und Cl-Ionen sind in Wirklichkeit verschieden groß. Dafür bestehen Gesetzmäßigkeiten; der sog. Atomradius und Ionenradius.

1.12.2.1.1 Atomradius. Dieser hängt von der Zahl der Elektronen auf der äußeren Schale des Atoms ab (s. Bild 19 u. 4). So hat z.B. das Lithium (OZ 3) mit 1 Elektron auf der äußeren Schale einen doppelt so großen Atomradius wie das Fluor (OZ 9) mit 7 Elektronen auf derselben äußeren Schale. Demnach haben die größten Atomradien die Leichtmetalle Lithium (OZ 3), Natrium (OZ 11) und Kalium (OZ 19). Die schweren Metalle Chrom (OZ 24), Mangan (OZ 25), Eisen (OZ 26), Kobalt (OZ 27), Nickel (OZ 28), Kupfer (OZ 29) haben im Vergleich dazu bis um die Hälfte kleinere Radien (s. Bild 4). Der Grund dürfte darin liegen, daß mit vielen negativen Elektronen besetzte Schalen vom positiven Kern wegen dem Ladungsausgleich stärker angezogen werden, als einzelne, sog. „einsame" Elektronen, deren Bahn in großen Abständen vom Kern verläuft. Die sich aus den unterschiedlichen Atomradien ergebenden Stoffeigenschaften der Metalle werden im Kapitel Metalle gesondert behandelt.

1.12.2.1.2 Ionenradius. Auch die Ionen haben verschiedene Radien (s. **Bild 19**) abnehmend mit steigender Gruppenzahl in gleicher Weise, wie es bei den Atomen der Fall ist. Es besteht jedoch ein Unterschied, ob die betreffenden Ionen Elektronen abgegeben oder aufgenommen haben. Im ersteren Fall ist das Ionenvolumen kleiner als das Atomvolumen, im anderen Fall größer. Beim NaCl ergibt sich daraus ein Raumgitter (s. Bild 20), wobei Na- und Cl-Ionen in dichter Packung vorliegen.

1.12.2.2 Kristallsysteme

Ionen- und Atomgitter sind die Grundbausteine der Kristalle, wobei ein kleiner Kristall aus Milliarden solcher Elementarzellen besteht, die sich bei der sog. Kristallistion mit großer Geschwindigkeit aneinander lagern. Dabei bilden sich je nach Stoff verschiedene Kristallsysteme aus, deren wichtigste **Bild 21** zeigt [23]. Ihr Bauprinzip wird aus einem Achsenkreuz (s. links) ersichtlich. Von den anorgani-

Volumen der Atome und Ionen

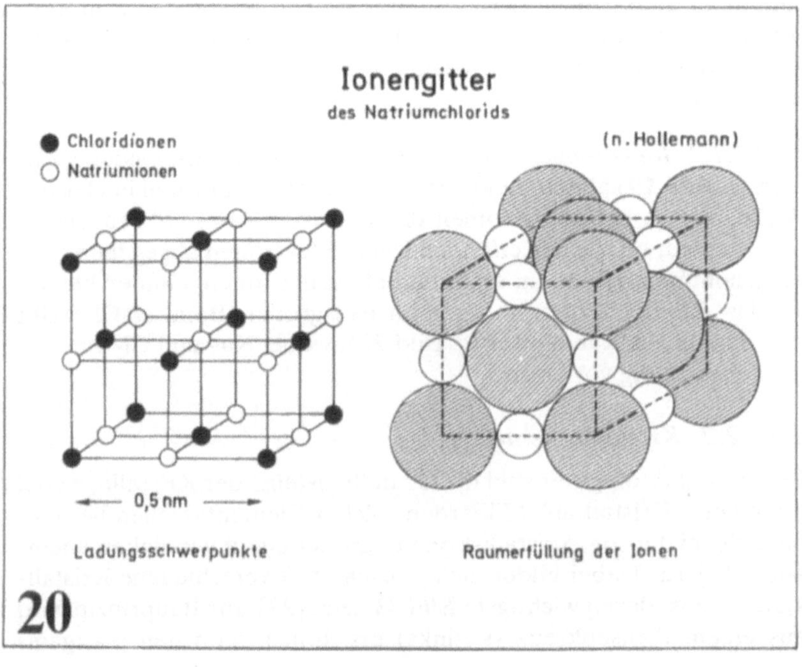

19

Ionengitter
des Natriumchlorids

20

54

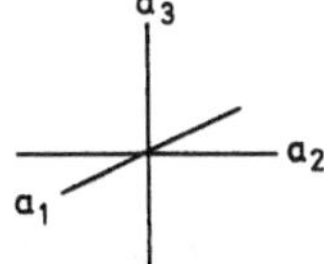

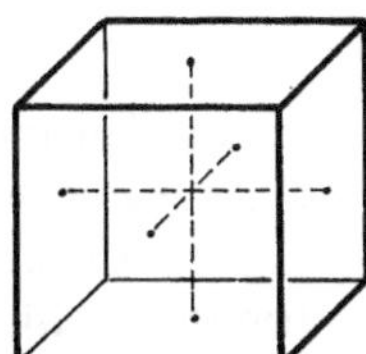

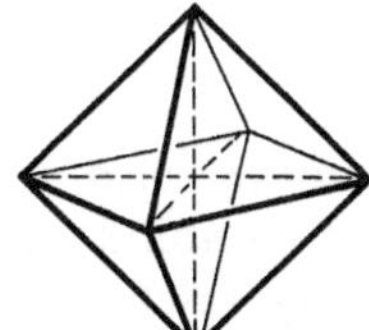

<u>kubisch</u> = 3 gleichwertige, senkrecht aufeinander stehende Achsen

$a = b = c \qquad \alpha = \beta = \gamma = 90°$

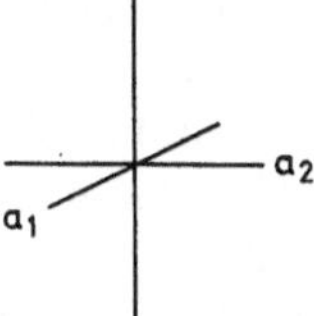

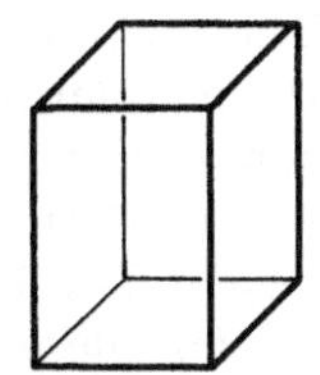

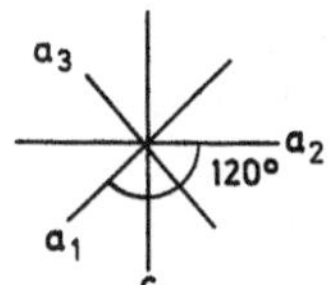

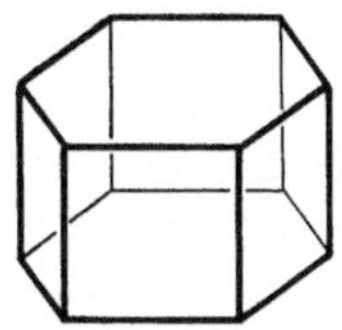

<u>tetragonal</u> = 2 Achsen gleich, 3. Achse verschieden, senkrecht aufeinanderstehend

$a = b \neq c \qquad \alpha = \beta = \gamma = 90°$

<u>hexagonal</u> = 2 Achsen gleich, (Winkel 120°) 3. Achse verschieden, senkrecht aufeinanderstehend

$a = b \neq c \qquad \alpha = \beta = 90° \quad \gamma = 120°$

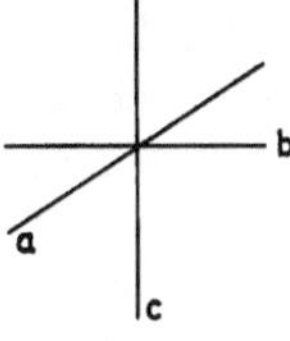

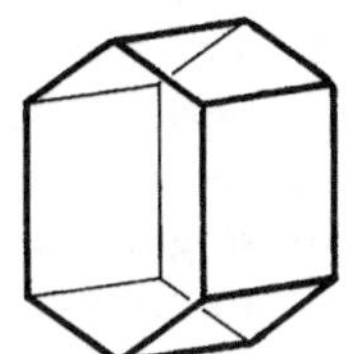

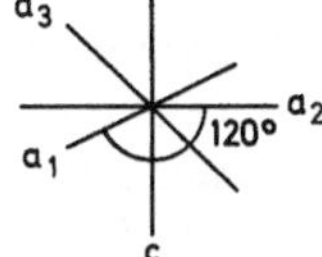

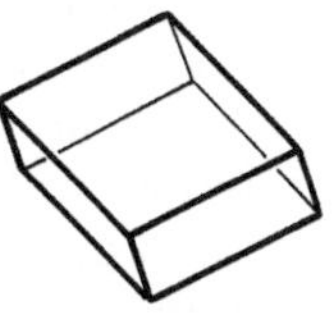

<u>rhombisch</u> = 3 ungleiche, senkrecht aufeinanderstehende Achsen

$a \neq b \neq c \qquad \alpha = \beta = \gamma = 90°$

<u>rhomboedrisch</u> = 3 gleiche, nicht senkrecht aufeinanderstehende Achsen

$a = b = c \qquad \alpha = \beta = \gamma \neq 90°$

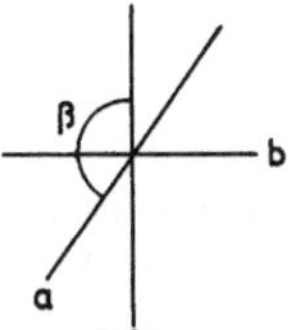

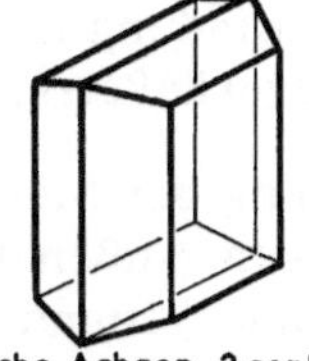

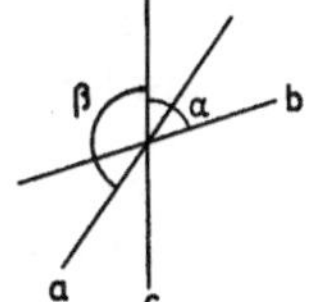

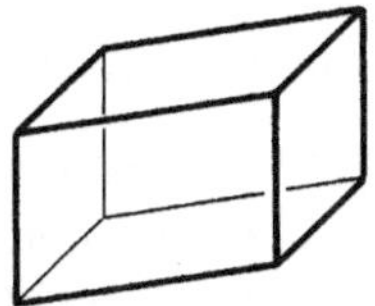

<u>monoklin</u> = 3 ungleiche Achsen, 2 senkrecht stehend, eine im schiefen Winkel

$a \neq b \neq c \qquad \alpha = \gamma = 90° \quad \beta \neq 90°$

<u>triklin</u> = alle Achsen ungleich und schief zueinander

$a \neq b \neq c \qquad \alpha \neq \beta \neq \gamma$

21

schen Baustoffen gehört der Quarz zum hexagonalen, der Gips zum monoklinen, Kalkstein vorwiegend zum rhomboedrischen, Calciumhydroxid zum hexagonalen Typ. Die Zementmineralien gehören verschiedenen Kristallsystemen an.

1.12.2.3 Kristallbindungen

1.12.2.3.1 Ionenbindung. Die am Beispiel NaCl besprochene Kristallbindung wird Ionenbindung bzw. heteropolare Bindung genannt. Ionenbindung deshalb, weil sie auf den Anziehungskräften entgegengesetzt geladener Ionen beruht, heteropolar deswegen, weil die sich anziehenden Ionen verschiedener Art (z.B. Na- und Cl) hetero (verschieden) und polar sind (s. **Bild 22**).

Die Ionenbindung beruht auf dem Bestreben, Edelgasschalen zu bilden. Atome, die weniger als 8 Elektronen auf der Außenschale besitzen, sind bestrebt, soviel Elektronen an sich zu binden, bis die äußere Schale mit 8 Elektronen komplett ist [24]. Der Vorgang ist unter chemische Bindung näher besprochen. Die Ionenbindung ist eine sehr häufige Bindungsart und wird vor allem bei Oxiden und Salzen angetroffen.

1.12.2.3.2 Atombindung. Auch Atome gleicher Art, so z.B. Silicium und Kohlenstoff können sich zu Kristallen ordnen. Diese Bindung wird Atombindung genannt. Sie kommt dadurch zustande, daß Atome gemeinsame Elektronenpaare besitzen und dadurch die Edelgaskonfiguration erreichen, so z.B. beim Silicium mit 4 Elektronen in der Außenschale. Durch Vereinigung mit 4 anderen Siliciumatomen ergibt sich die Bindungsstruktur nach Bild 22, wobei jedes Atom über 4 Elektronenpaare verfügt und dadurch jeweils die Edelgasschale mit 8 Elektronen erreicht wird.

Diese Bindung wird auch homöopolare Bindung genannt, weil sie auf den Anziehungskräften gleichartiger (griech. homo = gleich) Atome beruht. Festkörper mit dieser Bindung (z.B. Silicium und Diamant als Kohlenstoff) sind in der Regel äußerst hart.

1.12.2.3.3 Metallbindung. Zur Erklärung der Metalleigenschaften wird angenommen, daß die stets wenigen Außenelektronen (1 bis höchstens 3) nicht an bestimmte Atome gebunden, sondern frei beweglich sind und in diesem „Elektronengas" die Metallionen verteilt sind (s. Bild 22). Zwischen diesen positiv geladenen „Atomrümpfen" und dem Elektronenmedium bestehen starke anziehende Kräfte. Infolge der freien Beweglichkeit der Elektronen besitzen die Metalle zum Teil hohe elektrische Leitfähigkeit.

56

Kristallbindungen

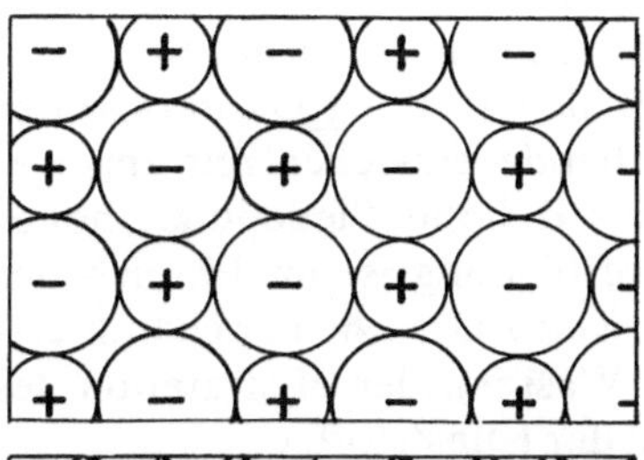

Ionenbindung

(z.B. Kochsalz NaCl) Wird auch polare Bindung oder Elektrovalenz genannt. Die Bindung beruht auf den Coulomb-Kräften zwischen den Ionen, die jedes Edelgaskonfiguration haben. Die Bindungsenergie ist zum Teil groß.

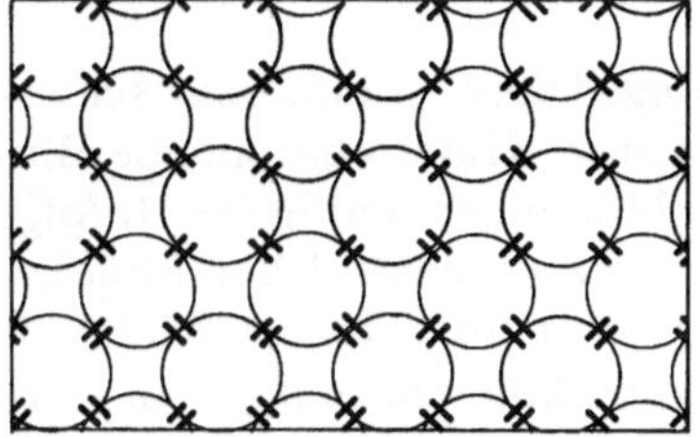

Atombindung

(z.B. Silizium) Auch unpolare bzw. homöopolare Bindung, Kovalenz genannt. Jeder Bindung entspricht ein gemeinsames Elektronenpaar. Die Bindungsenergie ist groß.

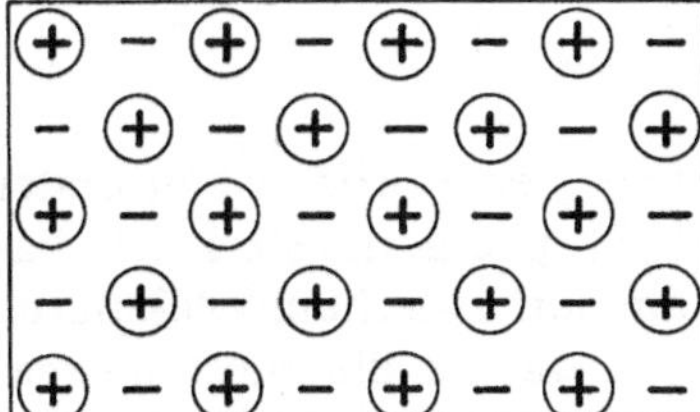

Metallbindung

(z.B. Silber) Die Bindung wird durch die frei beweglichen Elektronen bewirkt. Das Gitter positiver Ionen befindet sich in einem Medium gleichmäßig verteilter Ladung.

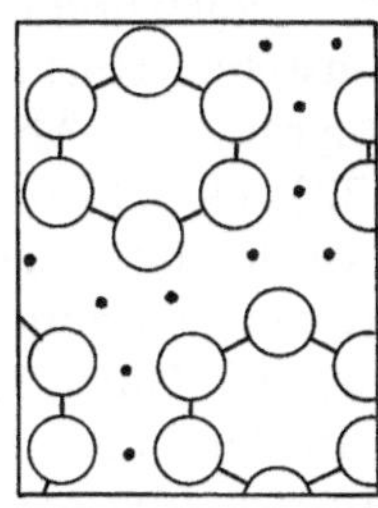

Van der Waalssche Bindung

(z.B. Benzol) Die Bindung beruht auf van der Waalsschen (zwischenmolekularen) Kräften. Die Bindung ist sehr schwach.

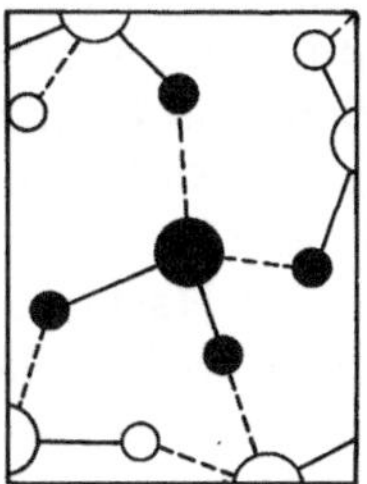

Wasserstoffbrückenbindg.

(z.B. Wasser) Im Eis ist ein O-Atom von 4 H-Atomen umgeben, davon 2 durch Atombindung, 2 durch H-Brüken gebunden.

22

1.12.2.3.4 Wasserstoffbindung. Eine weitere Bindungsart ist die
Wasserstoffbindung. Das Wasserstoffatom kann als einwertiges Element im Normalfall nur mit einem Atom eines anderen Stoffes in
Wechselwirkung treten. Es gibt jedoch Fälle, wo ein H-Atom mit 2
(oder mehr) Atomen Bindungen eingeht. In solchen Fällen wirkt
das H-Atom als Brücke. Daher spricht man von „Wasserstoff-
brücke" oder einfacher von Wasserstoffbindung. Dies hat zur Folge,
daß aus in der Regel kleinen Molekülen (z.B. H_2O) infolge der
Brückenbildung größere Molekülverbände entstehen mit entsprechend veränderten Eigenschaften wie z.B. hoher Siedepunkt, hoher
Schmelzpunkt usw. – Die Wasserstoffbindung ist im Bereich der
Baustoffe von großer Bedeutung. Sie ist die Ursache der charakteristischen Eigenschaften des Eises (s. Wasser), der Hydratation des
Zements und wichtiger Eigenschaften der Kunststoffe.

1.12.2.3.5 van der Waalssche Bindung. Diese ist eine sehr schwache, vorwiegend auf zwischenmolekularen Kräften beruhende Bindung. Sie kommt bei organischen Verbindungen häufig vor. Infolge
der schwachen gegenseitigen Anziehung zwischen solchen Molekülen sind derartige Stoffe leicht schmelzbar und, da ihre Moleküle
leicht gegeneinander verschoben werden können, sehr weich (z.B.
thermoplastische Kunststoffe).

1.12.2.4 Härte fester Körper

Die für das Bauwesen wichtige Härte fester Körper ist in erster
Linie eine Folge der Kristallbindung [25]. Die geringste Härte haben Stoffe mit van der Waalsscher, nur auf zwischenmolekularen
Anziehungskräften beruhender Bindung, was für die meisten organischen Verbindungen gilt. Geringe, mittlere bis zum Teil große
Härte haben Stoffe mit Ionenbindung. Die großen Härteunterschiede der Ionenbindung werden aus der sog. Mohsschen Härte-
skala deutlich, welche die Kennzeichnung der Härtegrade von Mineralien, Metallen u.a. Stoffen ermöglicht (s. **Bild 23**). Die Härte-
skala reicht von 1 bis 10; Talkum mit der Härte 1 ist der weichste
Stoff, Diamant mit der Härte 10 der härteste. Stoffe mit Ionenbindung sind z.B. Gips ($CaSO_4$): Härte 2, Kalkspat ($CaCO_3$): Härte 3,
Flußspat (CaF_2): Härte 4, Feldspat: Härte 6 usw. In der Technik
wird statt der Mohs-Härte vorwiegend die Vickers-Härte gemessen,
die insbesondere im harten Bereich wesentlich genauere Werte liefert (s. **Bild 24**).

Diese großen Härteunterschiede hängen mit der sog. Gitterenergie, d.h. der Stärke der Ionenbindung im Kristallgitter zusammen

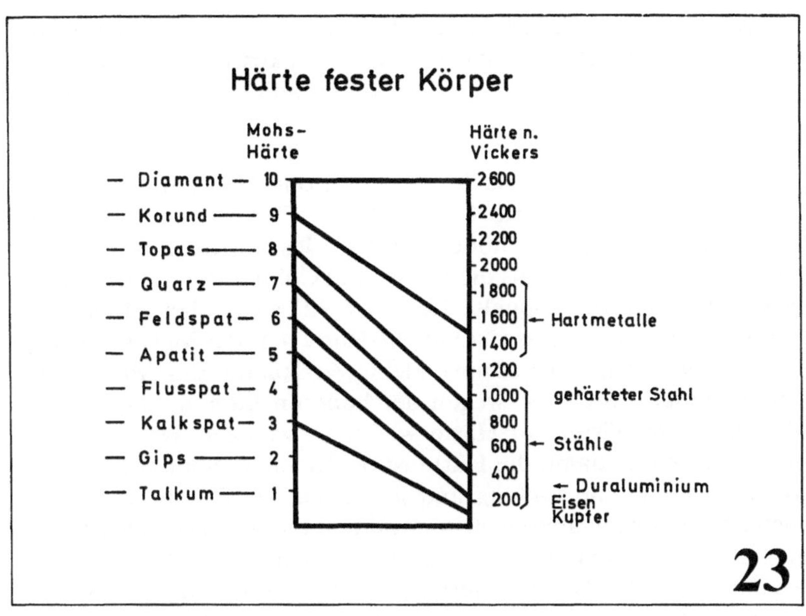

Härte fester Körper
Mohs-Härte
Härte n. Vickers
Diamant — 10
Korund — 9
Topas — 8
Quarz — 7
Feldspat — 6
Apatit — 5
Flusspat — 4
Kalkspat — 3
Gips — 2
Talkum — 1
2600
2400
2200
2000
1800
1600
1400
1200
1000
800
600
400
200
Hartmetalle
gehärteter Stahl
Stähle
Duraluminium
Eisen
Kupfer
23

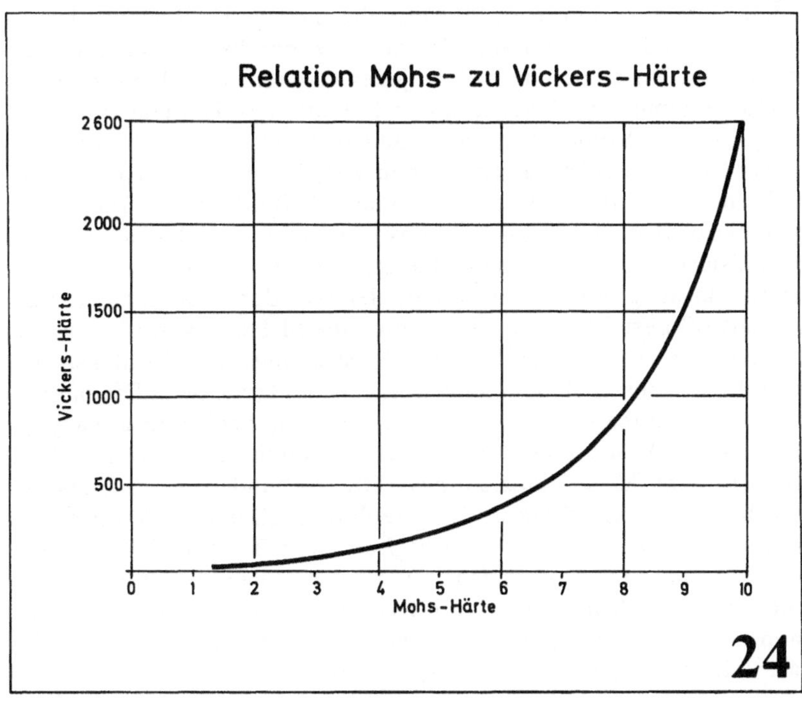

Relation Mohs- zu Vickers-Härte
Vickers-Härte
2600
2000
1500
1000
500
0 1 2 3 4 5 6 7 8 9 10
Mohs-Härte
24

[26]. Diese und damit die Härte ähnlich gebauter Verbindungen wächst mit der Wertigkeit und damit der elektrischen Ladung der Ionen und nimmt mit wachsendem Ionenradius (d.h. Vergrößerung des Ladungsabstandes) ab. So hat NaF eine M-Härte von 3,2, NaCl von 2,5, weil der Radius des Chlorions $(0,18\,nm = 1,81 \cdot 10^{-10}\,m)$ größer ist, als der des Fluorions $(0,14\,nm)$. Calciumfluorid (CaF_2) hat die Härte 4 gegenüber NaF = 3,2, weil die Wertigkeit des Ca-Ions mit $+2$ höher ist als die des Na-Ions mit $+1$.

Die Oxide sind härter als die Fluor- und Chlorverbindungen, weil das Sauerstoffion die doppelte Ladung (-2) gegenüber Chlor und Fluor (-1) hat. So hat das CaO die M-Härte 4,5, das MgO 6, wegen des gegenüber Ca^{++} $(0,20\,nm)$ kleineren Radius des Mg^{++} von $0,16\,nm$. Quarz (SiO_2) ist wegen der höheren Ladung des Si-Ions $(^+4)$ wiederum härter (M-Härte = 7). In wenigen Worten: Die Gitterenergie und damit die Härte ist bei Ionenverbindungen um so größer, je höher die Ladung und je kleiner der Durchmesser der Ionen ist. Es wirken aber auch noch andere Faktoren bei der Festigkeit mit, so vor allem die Kristallstruktur. Ein Beispiel ist Korund (Aluminiumoxid), das trotz geringerer Ladung des Al^{+++}-Ions gegenüber dem Si^{++++}-Ion die höhere M-Härte von 9 hat.

Beim Diamant und beim Silicium, die nur aus Kohlenstoff- bzw. Siliciumatomen bestehen, sind die Atome ebenfalls geordnet im sog. Atomgitter. Im Diamantgitter ist jedes C-Atom an 4 benachbarte C-Atome gebunden, die sich in den Ecken eines Tetraeders befinden [27]. Die Kohlenstoffatome bilden gleichzeitig Sechserringe. Jedes C-Atom gehört zu 12 solchen Ringen. Aus dieser eng verflochtenen Struktur und der Festigkeit der Bindungen erklärt sich die außerordentliche Härte (10) des Diamanten. Auch das Silicium kristallisiert im Diamanttyp und hat eine M-Härte von 8.

Die Tatsache, daß der Graphit, der wie der Diamant nur aus Kohlenstoff besteht, weich ist und nur eine M-Härte von 1 hat, wird dadurch verursacht, daß hier die Sechserringe des Kohlenstoffs nicht dreidimensional ineinander verzahnt sind (wie beim Diamant), sondern zweidimensional in Gitterebenen, sog. Schichtgittern angeordnet sind. Diese sind untereinander nur durch van der Waalssche, also schwache Molekülanziehungskräfte verbunden. Daraus ergibt sich die leichte Spaltbarkeit des Graphit. Auch bei Stoffen mit Ionenbindung gibt es solche Schichtgitter, so z.B. beim Talkum, der ebenfalls eine minimale M-Härte (1) hat und wie der Graphit zwischen den Fingern entlang der Kristallebenen zerrieben werden kann. Der Zusammenhang zwischen Metallbindung und Metallhärte wird im Kapitel Metalle besprochen.

60

2 Anorganische Bauchemie (Verschiedenes)

2.1 Wasser im Bauwesen

Das Wasser ist die Grundlage der Lebensvorgänge auf der Erde. Diese Ansicht hat schon im Altertum der Philosoph Thales vertreten, welcher behauptete, daß alle Lebewesen aus dem Wasser hervorgegangen sind. Auch die moderne Naturwissenschaft ist dieser Ansicht. Der Mensch und die Säugetiere bestehen zu etwa $2/3$ (60 bis 70%) aus Wasser, die Wiesenpflanzen zu 70 bis 80% und wasserreiche Pflanzen bis zu 95%. Für Tiere und Pflanzen ist das Wasser unentbehrlich; der Mensch braucht täglich 2 bis 3 l Wasser, die er etwa je zur Hälfte als Trinkflüssigkeit und Bestandteil von Nahrungsmitteln zu sich nimmt. Die Pflanzen nehmen durch ihre Wurzeln große Mengen Wasser auf und verdunsten es durch ihre Blätter. Eine mittlere Birke verdunstet täglich 60 bis 70 l Wasser [28].

2.1.1 Kreislauf des Wassers

Die Versorgung der über die Erde verbreiteten Organismen mit dem lebensnotwendigen Wasser ist dadurch gewährleistet, daß sich das Wasser in einem dauernden Kreislauf befindet. Im Gegensatz zu anderen Rohstoffen (Erze, Erdöl usw.) verringert sich das im Kreislauf befindliche Wasser nur wenig; etwa ebensoviel wie dem Wasserreservoir der Erde entnommen wird, fließt ihm nach Verdunstung als Niederschlagswasser wieder zu [29].

2.1.1.1 Wasserverdunstung

Der Wasserkreislauf ergibt sich als Folge der mit steigender Temperatur zunehmenden Verdunstung des Wassers und der bei abnehmender Temperatur erfolgenden Verflüssigung (Kondensation). An der Oberfläche jeder Flüssigkeit findet ein ständiger Übergang von Molekülen aus dem flüssigen in den gasförmigen Zustand statt. Die Moleküle üben dabei einen Druck aus, den sog. „Dampfdruck".

Wenn dieser den äußeren, z. B. den Luftdruck von 760 mm = 1 atm erreicht, dann verdampft die Flüssigkeit auch im Innern; es entstehen Blasen, die Flüssigkeit „siedet".

Aber auch bei niedrigerer Temperatur gehen Moleküle von der Oberfläche unsichtbar in den Gaszustand über, d. h. die Flüssigkeit „verdunstet" und zwar um so mehr, je höher die Temperatur ist. Ein Maß für die Verdunstung ist der Dampfdruck. Er beträgt beim Wasser bei 10 °C etwa $^1/_{100}$, bei 45 °C etwa $^1/_{10}$ des Dampfdrucks bei der Siedetemperatur (s. **Bild 25**). Bei hochsommerlicher Temperatur verdunstet das Wasser also ca. dreimal so schnell wie bei kühler Temperatur.

Damit zusammenhängend ist die Wasserverdunstung in tropischen Gebieten um ein Mehrfaches größer als in kalten Gebieten (s. **Bild 26**). Über dem Meer ist die Verdunstung größer als über dem Land (wegen der 100%igen Wasseroberfläche); sie ist aber weniger klimaabhängig wegen der geringeren Temperaturunterschiede des Meerwassers. Insgesamt sind es sehr große Mengen (400 bis 1200 l/m² jährlich) die über den Ländern und Meeren verdunsten [30].

2.1.1.2 *Wasserdampfsättigung*

Die Aufnahmefähigkeit der Luft für Wasserdampf ist nicht unbegrenzt; sie ist temperaturabhängig, und zwar je höher die Lufttemperatur, desto größer das Wasseraufnahmevermögen. Letzteres wird „Wasserdampfsättigung" genannt. **Bild 27** zeigt die Wasserdampfsättigung der Luft in Abhängigkeit von der Temperatur. Daraus geht hervor, daß kalte Luft nur geringe Mengen Wasserdampf aufnimmt, warme Luft dagegen viel. Zur Orientierung für die Praxis kann als Faustregel dienen, daß 30 °C warme Luft ca. 30 g Wasser je Kubikmeter aufnimmt, 10 °C warme Luft nur ca. 10 g.

Die große Verdunstungsneigung des Wassers ergibt viele Probleme für die Bautechnik, insbesondere beim Betonbau. In der Wärme verdunstet das zur Erhärtung des Betons über längere Zeit notwendige Anmachewasser, insbesondere bei Betonstraßen, zu einem oft großen Teil, anstatt zur chemischen Umsetzung mit dem Zement (Hydratation) zur Verfügung zu stehen. Dadurch kann das sog. „Verdursten" des Frischbetons eintreten. Abhilfe durch Annässen bzw. Wasserzurückhaltung (s. Betonnachbehandlung).

2.1.1.3 *Niederschlagsbildung*

Wenn wasserdampfgesättigte Luft abgekühlt wird, dann erfolgt Verflüssigung (Kondensation), wobei die über die Wasserdampfsät-

Wasser

Dampfdruck des Wassers
Temperaturabhängigkeit
Druck in at (1at=9,8·10⁴ N/m²)
0,09
0,08
0,07
0,06
0,05
0,04
0,03
0,02
0,01
10
20
30
40
Temperatur in °C
°C   at
0   0,006
10   0,012
20   0,023
30   0,042
40   0,080
50   0,120
25

Jährliche Wasserverdunstung
über Ländern und Meeren
Verdunstung in l/m²
1400
1200
1000
800
600
400
200
Meer
Land
kalte Gebiete
gemäß. Klima
trop. Klima
26

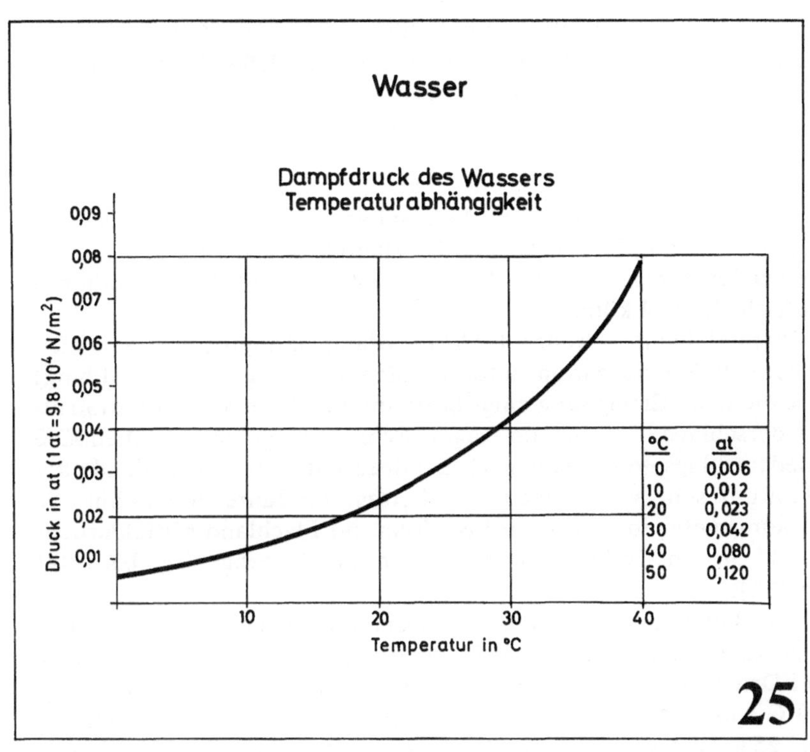

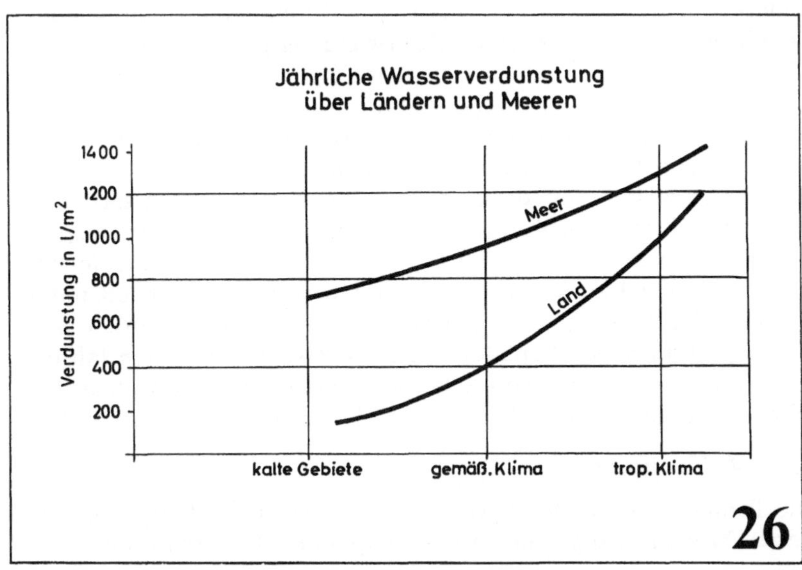

tigung der tieferen Temperatur hinausgehende Menge Wasserdampf als flüssiges Wasser abgeschieden wird. **Bild 28** zeigt, daß bei 30 °C mit 30 g Wasser gesättigte Luft beim Abkühlen auf 20 °C ca. 12 g Wasser, bei 10 °C ca. 20 g Wasser je Kubikmeter abgibt.

Dieser Vorgang ist die Ursache der Niederschlagsbildung, die aus verschiedenen Anlässen auftreten kann. Am wichtigsten ist die Niederschlagsbildung aus der Atmosphäre, die dadurch zustande kommt, daß mit der warmen und deshalb leichteren Luft nach oben steigender Wasserdampf sich in den höheren und deshalb kälteren Luftschichten abkühlt.

Wenn dabei die Grenze der Wasserdampfsättigung unterschritten wird, tritt Kondensation unter Tröpfchenbildung (Wolkenbildung) ein, die nach Erreichung einer bestimmten Wasserkonzentration als Niederschläge in Form von Regen, Schnee, Hagel niedergehen. Die Niederschlagsmenge ist je nach Landbeschaffenheit (Flachland oder Gebirge) sehr verschieden und beträgt im Jahresdurchschnitt je Quadratmeter in Wüsten 0 bis 10 cm, im Flachland Mitteleuropas ca. 45 cm, im Gebirge 200 bis 500 cm im Tropengebirge bis 1300 cm [31].

Im Bauwesen tritt Niederschlagsbildung auch dann auf, wenn feuchte Warmluft an kalten Flächen abgekühlt wird. Dies ist z. B. bei Druckrohrleitungen der Fall, durch welche kaltes Wasser fließt. 30 °C warme Luft mit einem Feuchtigkeitsgehalt von 80 % enthält ca. 25 g Wasserdampf im Kubikmeter (s. Bild 28). Die Wasserdampfsättigung liegt bei 10 °C bei 10 g je Kubikmeter. Beim Abkühlen auf der z. B. 10 °C warmen Rohrwandung gibt die Luft also ca. 15 g Wasser je Kubikmeter ab, was zur Folge hat, daß Druckrohrleitungen in der warmen Jahreszeit in der Regel naß sind. Sie können deshalb nicht mit üblichen Rostschutzfarben geschützt werden, sondern erfordern wasserbeständige Anstrichstoffe.

Dasselbe ist bei erdbedeckten Bauwerken wie z. B. Wasserbehältern der Fall. Sie haben im Innern eine der Erdtemperatur entsprechende Temperatur von ca. 10 °C. Wenn im Sommer warme, feuchte Luft Zutritt hat, kühlt sie sich auf den kalten Wänden unter Niederschlagsbildung, d. h. Taubildung ab. Deshalb werden Anstriche in Trinkwasserbehältern vorzugsweise in der kühlen Jahreszeit, wo innen und außen etwa dieselbe Temperatur herrscht, ausgeführt; im Sommer nur bei künstlicher Trocknung der Behälterluft.

2.1.1.4 Taupunkt

Die Temperatur, bei der wasserdampfhaltige Luft anfängt, kondensiertes Wasser abzugeben, ist der Taupunkt. Man erhält ihn, wenn

Luftfeuchtigkeit

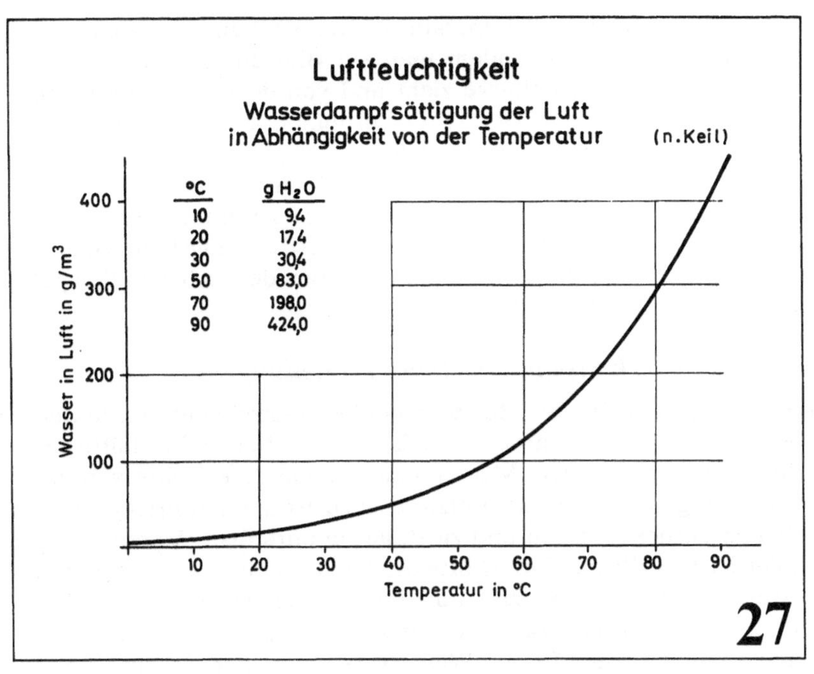

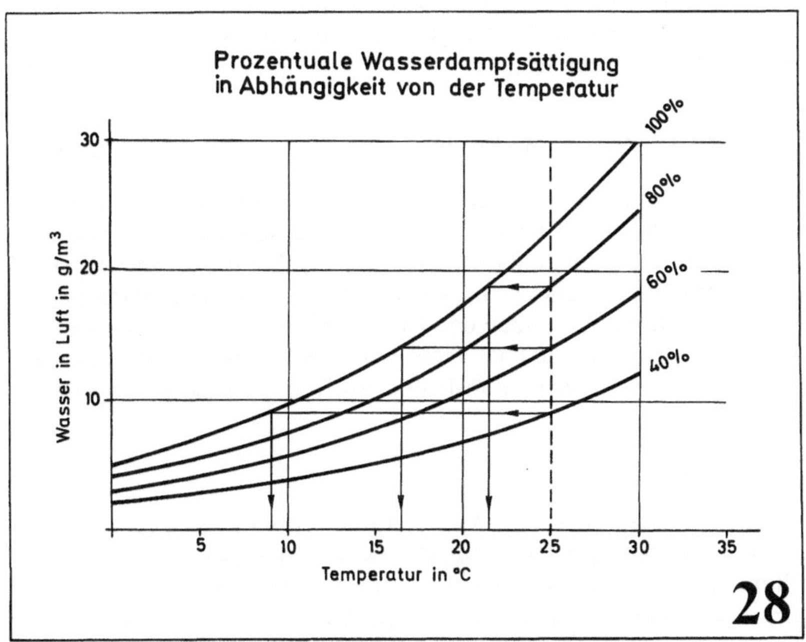

man von der gegebenen Temperatur (z. B. 25 °C) und dem Feuchtegehalt der Luft ausgeht, indem man auf Bild 28 eine horizontale Linie zur 100% Feuchtekurve zieht und von dort eine senkrechte zur Temperaturabszisse. Bei 25 °C Lufttemperatur liegt der Taupunkt demnach bei 80% Feuchte bei ca. 21 °C, bei 60% Feuchte bei ca. 17 °C und bei 40% Feuchte bei ca. 9 °C. Am einfachsten ist es, die Taupunktmessung mit einem Gerät durchzuführen. Dieses besteht aus einem Metallspiegel, der durch Verdunstungskälte zunehmend abgekühlt wird. Die Temperatur, bei der sich der Spiegel beschlägt, ist der Taupunkt.

2.1.1.5 Wasserkreislauf und Wasserverteilung

Bild 29 zeigt den für die Bundesrepublik Deutschland ermittelten Wasserkreislauf [32]. Daraus ist ersichtlich, daß etwa die Hälfte der Niederschlagsmenge vom Meer stammt, die andere Hälfte von der Verdunstung auf dem Land. Letztere ist zu etwa $^3/_4$ auf Pflanzenverdunstung zurückzuführen und zu $^1/_4$ auf unmittelbare Verdunstung auf der Erdoberfläche. Die Hälfte des Niederschlagwassers fließt in Flüssen zum Meer, etwa zu $^3/_4$ als Oberflächenwasser unmittelbar und ca. $^1/_4$ als Grundwasser. Nur etwa 15% des Oberflächen- und Grundwassers werden für die Wasserversorgung der Haushalte und der Industrie genutzt. Dieses Wasser stammt zu etwa $^3/_4$ aus dem Grundwasser; von dem Rest sind etwa $^2/_3$ Quellwasser und $^1/_3$ Oberflächenwasser (s. **Bild 30**).

2.1.2 Wasser als Lösungsmittel

Eine der wichtigsten Eigenschaften des Wassers ist seine Fähigkeit, zahlreiche feste Stoffe aufzulösen. Die Ursache dieses Lösevermögens wurde bereits behandelt (s. Lösungen). Damit zusammenhängend nimmt das Niederschlagwasser, das aus reinem Wasser besteht, auf seinem Weg über der Erde (Oberflächenwasser) und in der Erde (Grundwasser) je nach den geologischen Verhältnissen verschiedene Mengen von löslichen Stoffen, insbesondere Salzen auf.

2.1.2.1 Meerwasser

Die größte Salzmenge (ca. 35 g je Liter) enthält das Meerwasser. Dies kommt daher, daß sich im Meerwasser die im Laufe von Jahrmillionen von den zuströmenden Niederschlagswässern gelösten Salze angesammelt haben, denn beim Kreislauf verdunstet nur das

66

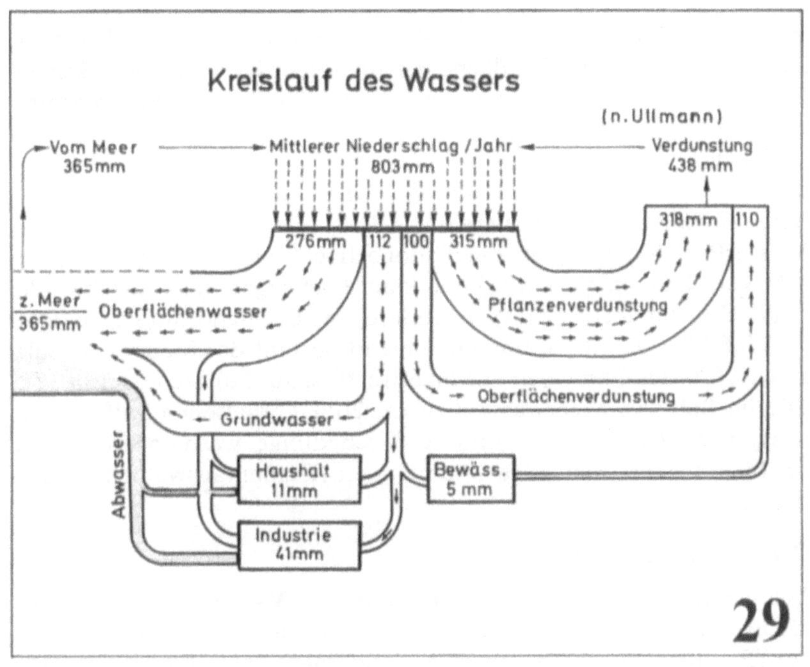

Kreislauf des Wassers
(n. Ullmann)
Vom Meer
365 mm
Mittlerer Niederschlag / Jahr
803 mm
Verdunstung
438 mm
318 mm
110
276 mm
112
100
315 mm
z. Meer
365 mm
Oberflächenwasser
Pflanzenverdunstung
Grundwasser
Oberflächenverdunstung
Abwasser
Haushalt
11 mm
Bewäss.
5 mm
Industrie
41 mm
29

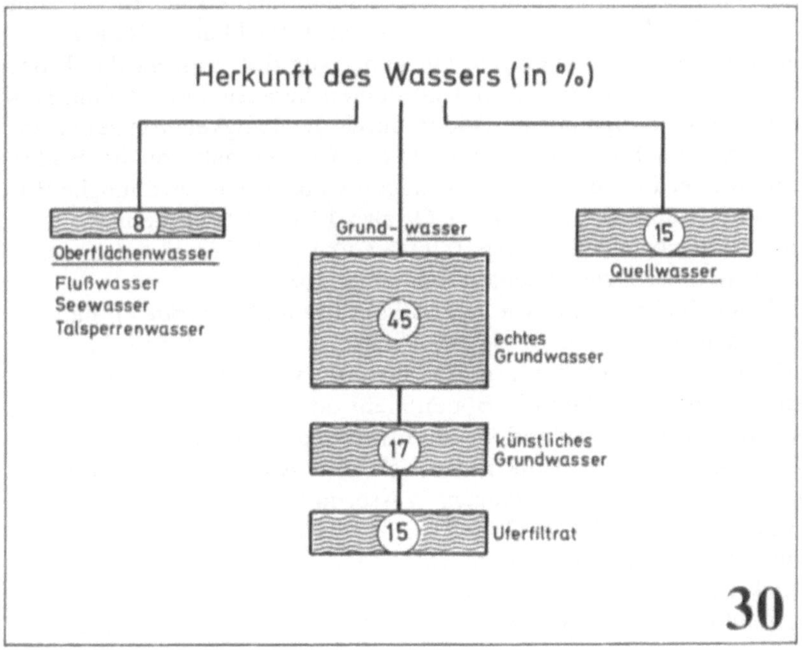

Herkunft des Wassers (in %)
8
Oberflächenwasser
Flußwasser
Seewasser
Talsperrenwasser
Grund- wasser
15
Quellwasser
45
echtes
Grundwasser
17
künstliches
Grundwasser
15
Uferfiltrat
30

Wasser und die gelösten Stoffe bleiben zurück. Die Menge löslicher Salze war an der Erdoberfläche in früheren erdgeschichtlich aktiven Epochen viel größer als heute, wo der Großteil der löslichen Stoffe bereits in das Meer gewandert ist.

Bei den im Meerwasser enthaltenen Salzen handelt es sich um lösliche Verwitterungsprodukte des Urgesteins (s. dort), insbesondere um Chloride und Sulfate der Alkali- und Erdalkalimetalle. Die Wasserlöslichkeit der an der Erdoberfläche abgelagerten Salze ist sehr verschieden. Vereinfachend kann man sagen, daß die Chloride am leichtesten löslich sind; die Sulfate eine Größenordnung weniger (s. **Bild 31**). Damit zusammenhängend besteht das Meerwassersalz zu ca. 90% aus Chloriden und zu etwa 10% aus Sulfaten (s. **Bild 32**). Die im Salz des Meerwassers zu ca. 20% enthaltenen Sulfate und Magnesiumverbindungen sind Betonschädlinge, weshalb bei Bauten im Meerwasser besondere Maßnahmen (Zementauswahl) notwendig sind.

2.1.2.2 *Trinkwasser*

Das an der Erdoberfläche vorkommende Wasser, sei es Oberflächenwasser (Seewasser, Teichwasser, Flußwasser) oder Grundwasser (Brunnenwasser, Quellwasser) und damit auch das Trinkwasser sind nicht chemisch rein. Diese Wässer enthalten neben gelösten Gasen (Kohlendioxid, Sauerstoff, Stickstoff) kleine Mengen von schwer löslichen Salzen, die auf dem Weg des Wassers durch das Erdreich aus den Böden und Gesteinen herausgelöst werden. Das Kohlendioxid entsteht im Boden durch die Tätigkeit von zellulosevergärenden Bakterien, wodurch der CO_2-Gehalt von im Boden enthaltener Luft bis auf 7% ansteigen kann. Auch gewöhnliche Bodenluft enthält 0,4 bis 1,4% CO_2 also 15 bis 40mal mehr Kohlendioxid als normale Luft (ca. 0,03% CO_2) [33]. CO_2 löst sich insbesondere unter Druck leicht in Wasser (s. dort).

Leicht lösliche Salze wie z.B. Alkalisalze und Chloride enthält der Boden in der Regel wenig, weil diese durch den Wasserkreislauf schon weitgehend herausgelöst und im Meerwasser angereichert sind. Dafür enthalten die Böden mehr oder weniger große Mengen schwer lösliche Verbindungen, insbesondere Kalk ($CaCO_3$) und Gips ($CaSO_4$). Der Kalk ist an sich in Wasser praktisch unlöslich, löst sich aber in kohlensaurem Wasser unter Bildung von Calciumbicarbonat gemäß $CaCO_3 + H_2CO_3 \rightarrow CaH_2(CO_3)_2$. Dasselbe gilt für das Magnesiumcarbonat ($MgCO_3$) das häufig zusammen mit Kalk vorkommt und mit kohlensaurem Wasser Magnesiumbicarbonat bildet n.d.Gl. $MgCO_3 + H_2CO_3 \rightarrow MgH_2(CO_3)_2$. Auch Cal-

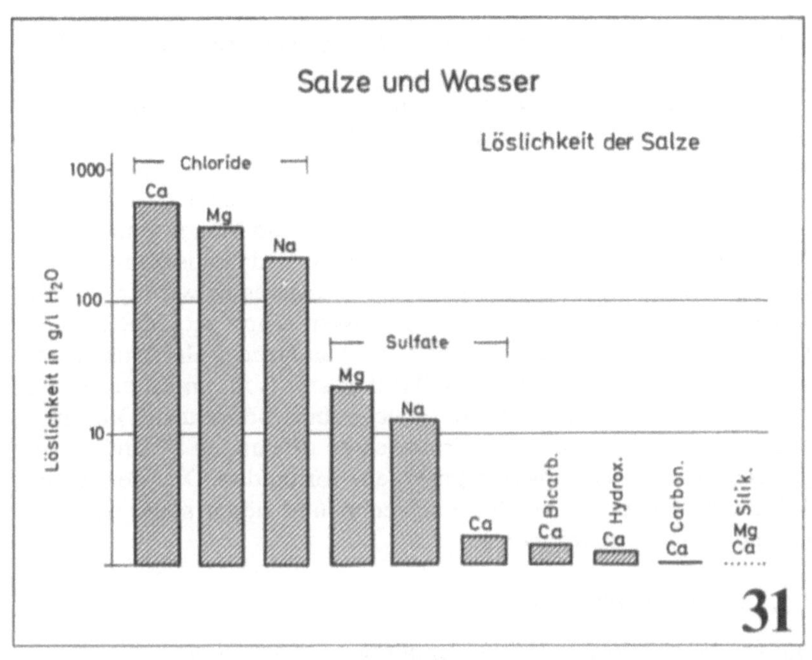

Salze und Wasser
Löslichkeit der Salze
Löslichkeit in g/l H₂O
1000
100
10
Chloride
Ca
Mg
Na
Sulfate
Mg
Na
Ca
Ca Bicarb.
Ca Hydrox.
Ca Carbon.
Mg Silik.
Ca
31

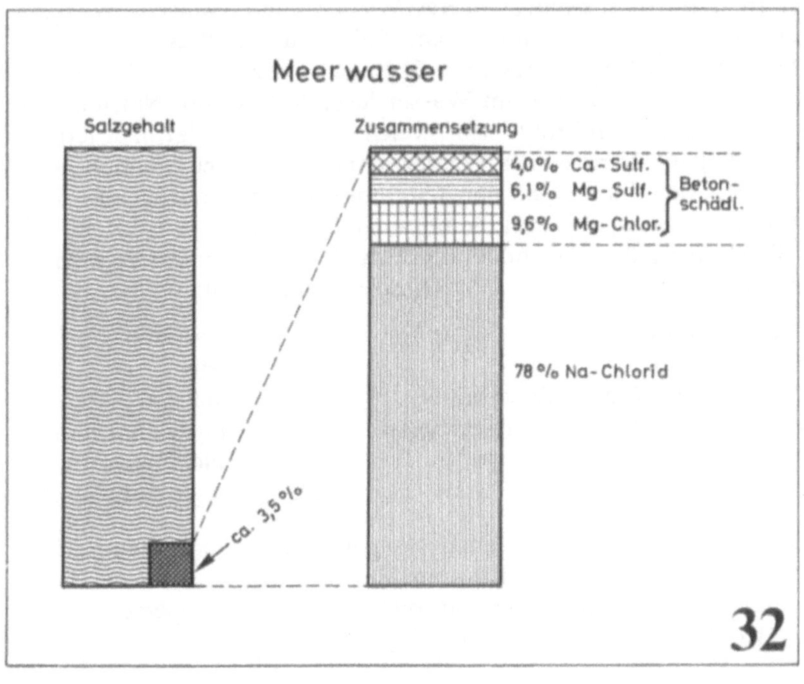

Meerwasser
Salzgehalt
Zusammensetzung
4,0 % Ca - Sulf.
6,1 % Mg - Sulf.
9,6 % Mg - Chlor.
Betonschädl.
78 % Na - Chlorid
ca. 3,5 %
32

ciumsulfat ($CaSO_4$) ist, wenn auch wenig, wasserlöslich (2,5 g/l = 1:400).

Daneben enthält das Wasser auch noch weitere Stoffe in zum Teil kleinsten Mengen. Am wichtigsten sind die genannten Verbindungen Calciumbicarbonat ($CaH_2(CO_3)_2$), Magnesiumbicarbonat ($MgH_2(CO_3)_2$) und Caliumsulfat ($CaSO_4$). Es handelt sich dabei durchweg um Salze der Erdalkalien Calcium und Magnesium.

Dieser natürliche Gehalt des Wassers an Erdalkalisalzen ist keineswegs ein Mangel, sondern für das Trinkwasser wichtig. Völlig mineralfreies Wasser, wie das Regenwasser, schmeckt nicht gut und ist auch wegen seines geringen osmotischen Drucks als Trinkwasser nicht geeignet [34]. Ein gutes Trinkwasser soll im Liter bis zu 600 mg und mehr gelöste Salze (Calciumbicarbonat u. dgl.) enthalten. Diese sind in dem als Trinkwasser dienenden Grundwasser (Brunnenwasser, Quellwasser) meistens vorhanden. Die Menge und Art dieser Salze ist örtlich verschieden und hängt stark von den geologischen Verhältnissen ab.

2.1.2.3 Härte des Wassers

Die Härte des Wassers ist ein Maß für dessen Gehalt an Erdalkalisalzen. Die Bezeichnung „hartes Wasser" und „weiches Wasser" geht auf dessen Verhalten gegen Seife zurück. Wäscht man die Hände mit salzfreiem Wasser, z. B. Regenwasser, und Seife, so wird die Haut durch das sich im Wasser lösende fettsaure Natrium der Seife schlüpfrig und fühlt sich „weich" an. Verwendet man jedoch an Erdalkalisalzen reiches Wasser, dann bilden sich aus den löslichen Alkaliverbindungen der Seife unlösliche fettsaure Kalk- oder Magnesiumsalze; die Haut bleibt rauh oder „hart".

Die Summe der härtebildenden Erdalkalisalze im Wasser wird als „Gesamthärte" bzeichnet [35]. Diese wird unterteilt in

Carbonathärte	*Mineralsäurehärte*
bestehend aus	bestehend aus
$CaH_2(CO_3)_2$: Calciumbicarbonat	$CaSO_4$: Gips
$MgH_2(CO_3)_2$: Magnesiumbicarbonat	$MgSO_4$: Magnesiumsulfat
	$CaCl_2$: Calciumchlorid
	$MgCl_2$: Magnesiumchlorid

Die Carbonathärte wird auch als „vorübergehende (temporäre) Härte" bezeichnet, weil sich beim Erhitzen des Wassers die Bicarbonate unter Bildung von Carbonaten und CO_2 zersetzen gemäß
$$CaH_2(CO_3)_2 \rightarrow CaCO_3 + CO_2 + H_2O.$$

Das entstehende Calciumcarbonat hat eine ca. 80mal geringere Löslichkeit in Wasser (0,014 g/l) als das Calciumbicarbonat (1,09 g/l), weshalb es ausfällt und sich als „Kesselstein" ablagert. Dieser besteht vorwiegend aus $CaCO_3$. Die mineralsauren Bestandteile (Sulfate und Chloride), verändern sich beim Erhitzen nicht, weshalb man hier von „bleibender Härte" spricht.

Die Härte des Wassers wird nach Härtegraden gemessen. Da das Bestimmungsverfahren in Deutschland anders ist als z. B. in Frankreich und England, spricht man von „deutscher Härte (dH)". 1° deutscher Härte entspricht 10 mg CaO bzw. der äquivalenten Menge von MgO = 7,14 mg MgO im Liter Wasser.

Zur Charakterisierung der Wässer werden diese hinsichtlich ihrer Härte wie folgt eingeteilt [36]:

Tabelle 3

dH	Bezeichnung	Beispiele [37]
0–4	sehr weich	Freiburg (3,6), Passau (2,8), Goslar (3,4)
4–8	weich	Marburg (7,4), Dortmund (7,5), Hagen (6,7)
8–12	mittelhart	Bochum (9,6), Hamm (10,9), Mühlheim (10,6)
12–18	ziemlich hart	Nürnberg (13,6), Ulm (13,4), Gießen (14,1)
18–30	hart	Schwäb. Hall (22,5), Heidelberg (24,9), Köln (28)
>30	sehr hart	Heilbronn (35,4), Würzburg (37), Mainz (33,6)

Die großen Härteunterschiede der in verschiedenen Gegenden gewonnenen Wässer sind vorwiegend durch die geologischen Verhältnisse der Wassergewinnungsgebiete bedingt. Den Zusammenhang zwischen Wasserbeschaffenheit und Geostruktur zeigt anschaulich **Bild 33** betreffend die Verhältnisse in Südwest-Deutschland [38]. Das in Urgesteingebieten (Schwarzwald, Pfälzerwald, Spessart und Fränkischer Wald) gewonnene Wasser ist wegen der Unlöslichkeit des vorwiegend aus unlöslichem SiO_2 (Quarz) bestehenden Gesteins meist arm an Salzen, d. h. es ist weich mit Härtegraden 0 bis 8. Enthält der Untergrund Kalkstein (oder Dolomit), wie z. B. im Bereich der Schwäbischen Alb, dann entsteht in der Regel ein mittelhartes Wasser mit vorwiegend Bicarbonatgehalt, also mit vorübergehender (temporärer) Härte. Kommt das Wasser mit Gips ($CaSO_4$) und Gipskeuper in Berührung, wie es im Neckartal (viele Gipsvorkommen) und Maintal und in dem dazwischen liegenden Gebiet der Fall ist, dann kann es hohe Härtegrade über 30° dH aufweisen (Heilbronn, Würzburg). Dabei handelt es sich überwiegend um Mineralsäurehärte (Sulfate), also „bleibende Härte". (Die

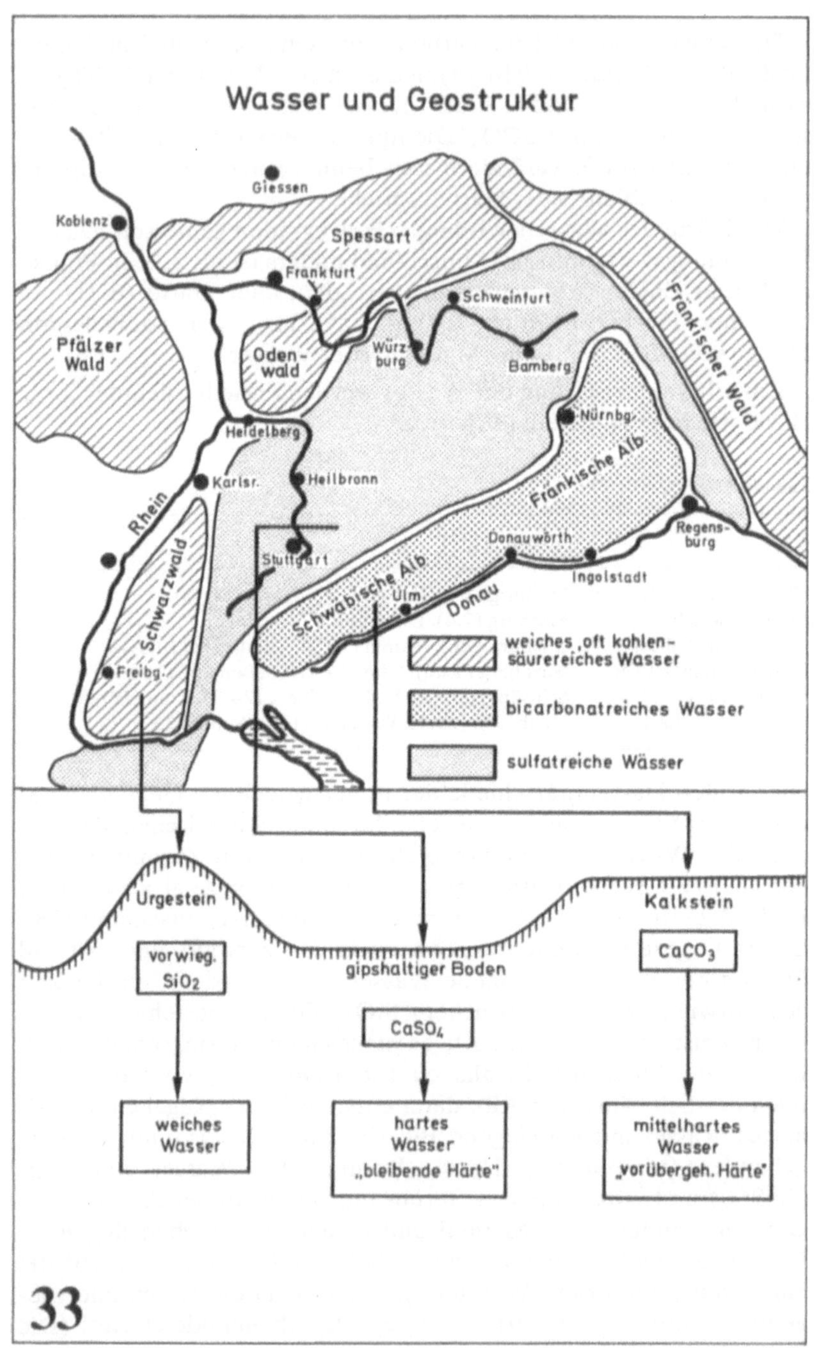

Wasser und Geostruktur
Giessen
Koblenz
Spessart
Pfälzer Wald
Frankfurt
Schweinfurt
Oden-wald
Würz-burg
Bamberg
Fränkischer Wald
Heidelberg
Nürnbg.
Karlsr.
Heilbronn
Fränkische Alb
Rhein
Donauwörth
Regensburg
Stuttgart
Schwäbische Alb
Ingolstadt
Schwarzwald
Ulm
Donau
Freibg.
weiches, oft kohlen-säurereiches Wasser
bicarbonatreiches Wasser
sulfatreiche Wässer
Urgestein
Kalkstein
vorwieg. SiO2
gipshaltiger Boden
CaCO3
CaSO4
weiches Wasser
hartes Wasser „bleibende Härte"
mittelhartes Wasser „vorübergeh. Härte"
33

Beispiele gelten nur für örtliche Wassergewinnungsgebiete. Durch Einbeziehung von Wasser anderer Provenienz, wie z.B. Bodensee-wasser, kann der örtliche Charakter des Wassers stark verändert werden).

2.1.2.4 Enthärtung des Wassers

Für die Verwendung als Trinkwasser ist die zum Teil große Härte der Versorgungswässer kein Nachteil; im Gegenteil, weiches Wasser ist offenbar weniger gesund als hartes Wasser. Dagegen ist hohe Wasserhärte aus wirtschaftlichen und technischen Gründen oft von Nachteil. Ersteres ist der Fall bei der Verwendung von Wasser in Verbindung mit Seife, weil die bei der Umsetzung zwischen der Seife und den Erdalkalisalzen des Wassers entstehende Kalkseife keinerlei Reinigungswirkung hat; es kommt erst dann zur Schaum-bildung und Reinigungswirkung, wenn die gesamten Härtebildner als Ca- und Mg-Seife ausgefällt sind. Es besteht ein klarer Zusam-menhang zwischen Wasserhärte und Seifenverbrauch (s. **Bild 34**) derart, daß je 1° dH in 100 l Wasser 15 g Seife, d.h. bei einer Härte von 20° dH 300 g Seife auf 100 l Wasser vernichtet werden [39]. Die synthetischen Waschmittel werden durch die Härtebildner des Was-sers nicht in ihrer Wirkung beeinträchtigt.

Von großem Nachteil sind die Härtebildner des Wassers bei Indu-strie-Heißwässern, insbesondere Kesselspeisewasser. Bei den herr-schenden hohen Temperaturen werden die Bicarbonate zu unlösli-chen Carbonaten zersetzt. Der Gips reichert sich im Kesselwasser infolge der fortgesetzten Wasserverdampfung an und da bei hoher Temperatur seine Löslichkeit von 1:400 auf 1:2000 (s. **Bild 35**) zurückgeht, kommt es zur Bildung von Kesselstein, der um so härter ist, je höher sein Gipsanteil [40] ist. Der Kesselstein ist von großem Nachteil weil er die Wärmeübertragung stark beeinträchtigt (1 cm Kesselsteindicke bewirken 30% Brennstoff-Mehrverbrauch) und wenn sich ein Riß im Kesselstein bildet, Kesselexplosionen entste-hen können. Weitere Nachteile sind Überhitzung der Kessel mit Verbeulungen, Rostanfressungen; bei Röhren Verstopfungen usw.

2.1.2.5 Enthärtungsverfahren

Deshalb ist es notwendig, Kesselspeisewässer – und auch andere Industrieheißwässer – zu enthärten. Dies geschieht beim Kalk-Soda-Verfahren dadurch, daß man die im Wasser gelösten kessel-steinbildenden Erdalkaliverbindungen vorher in unlösliche Verbin-dungen überführt, die durch Absitzenlassen aus dem Vorratswasser abgetrennt werden (Fällungsverfahren). Der zugesetzte Kalk setzt sich mit dem gelösten Calciumbicarbonat zu unlöslichem $CaCO_3$ (Kalkstein) um gemäß $CaH_2(CO_3)_2 + Ca(OH)_2 \rightarrow 2\ CaCO_3 + 2\ H_2O$ und das gelöste Calciumsulfat mit Soda ($NaCO_3$) ebenfalls zu unlöslichem $CaCO_3$ gemäß $CaSO_4 + Na_2CO_3 \rightarrow CaCO_3 + Na_2SO_4$. Das dabei ebenfalls entstehende Natriumsulfat ist leicht löslich und stört deshalb im Kesselwasser im allgemeinen nicht. Durch das Kalk-Soda-Verfahren kann das Wasser bis auf 1° dH enthärtet werden. Zur vollständigen Enthärtung bis auf 0° dH setzt man dem vorenthärteten Wasser in der erforderlichen Menge Trinatriumphosphat zu, wodurch die Restmenge Calciumbicarbonat und Calciumsulfat zu unlöslichem Calciumphosphat umgesetzt wird.

Neben dem Kalk-Soda- und dem Trinatriumphosphat-Verfahren hat das Permutitverfahren große Bedeutung erlangt. Permutit ist ein sog. Basenaustauscher, hergestellt durch Zusammenschmelzen von Kaolin, Quarzsand und Soda etwa der Zusammensetzung $Na_2O \cdot Al_2O_3 \cdot 2SiO_2$. Das zu enthärtende Wasser wird durch eine Permutitschicht filtriert, wobei dieses seine Na-Ionen gegen die Erdalkaliionen des Wassers austauscht. Dadurch werden die Erdalkalisalze bis auf Spuren entfernt. Die Regenerierung des Permutit geschieht auf einfache Weise durch Rückpumpen einer Kochsalzlösung, wobei das Permutit wieder Natriumionen aufnimmt und die Erdalkaliionen abgibt. – Bei den genannten drei Verfahren geschieht nur eine Umwandlung der kesselsteinbildenden Erdalkalisalze in leichtlösliche Alkalisalze. Die restlose Entfernung aller Salze, auch der Alkalisalze, ist durch sog. „Ionenaustauscher" auf Kunststoffbasis möglich [41].

2.1.2.6 *Mineralwässer*

Die aus tieferen Bodenschichten kommenden sog. „Mineralwässer" enthalten infolge der dort vorhandenen höheren Konzentration an löslichen Salzen mindestens 100 mg/l, meistens 1000 bis 3000 mg verschiedener Salze, vielfach auch Kohlensäure. Letztere löst sich bei dem herrschenden Druck im Wasser und entweicht bei der Entspannung (Sprudel). Man unterscheidet folgende Mineralwässer: 1. Einfache Säuerlinge im mehr als 1 g gelöster Kohlensäure (H_2CO_3), z.B. Apollinaris. 2. Alkalische Quellen mit mehr als 1 g Salzen, vorwiegend Natriumcarbonat (Na_2CO_3) z.B. Fachingen. 3. Erdige und kalkhaltige Wässer, vorwiegend Ca- und Mg-Bicarbonat sowie $CaSO_4$ enthaltend (z.B. Wildungen). 4. Kochsalzquellen mit mehr als 1 g gelösten Salzen, vorwiegend Kochsalz (NaCl) z.B. Kissingen, sowie Bitterquellen enthaltend Bittersalz ($MgSO_4$) z.B. Mergentheim und Glaubersalzwässer mit vorwiegend Glaubersalz

74

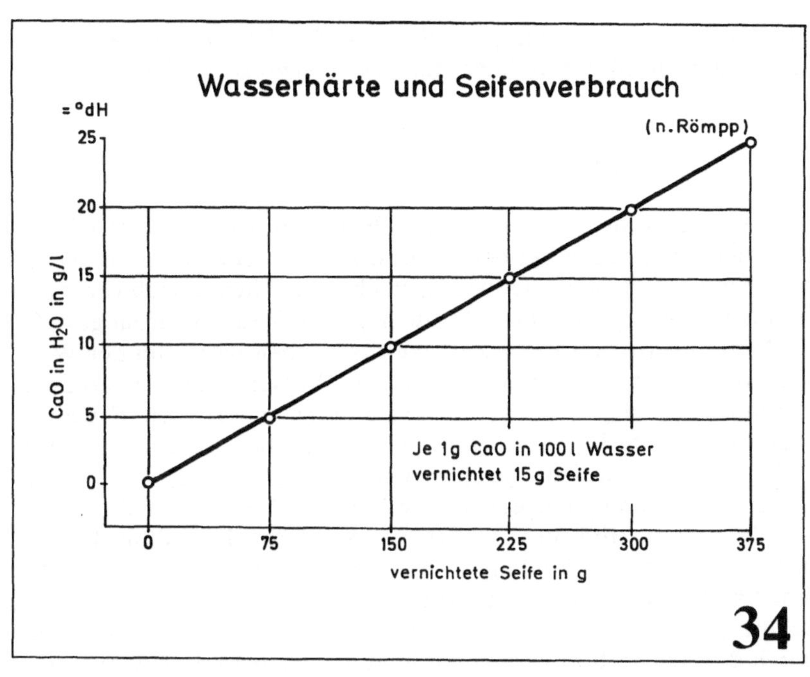

Wasserhärte und Seifenverbrauch
(n. Römpp)
= °dH
25
20
15
10
5
0
CaO in H₂O in g/l
Je 1g CaO in 100 l Wasser
vernichtet 15g Seife
0   75   150   225   300   375
vernichtete Seife in g
34

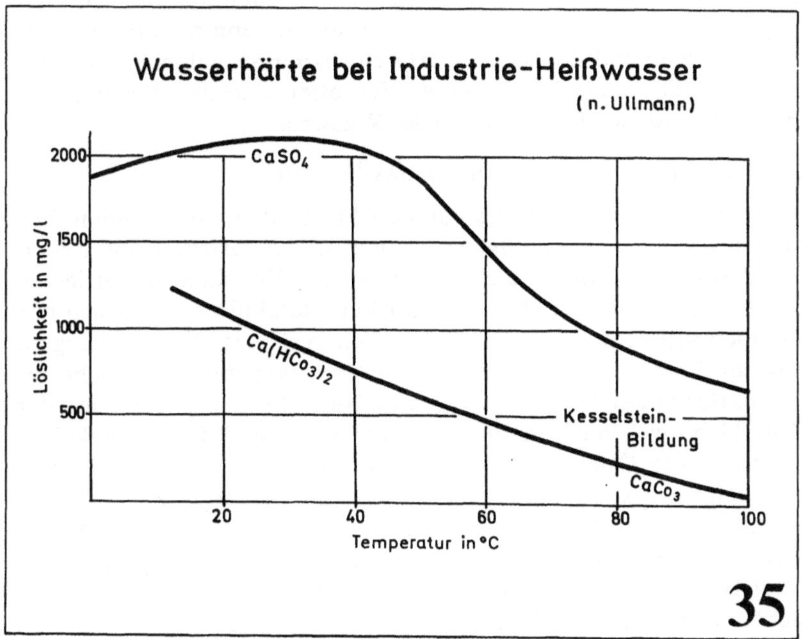

Wasserhärte bei Industrie-Heißwasser
(n. Ullmann)
2000
1500
1000
500
Löslichkeit in mg/l
CaSO₄
Ca(HCo₃)₂
Kesselstein-
Bildung
CaCo₃
20   40   60   80   100
Temperatur in °C
35

(Na$_2$SO$_4$) z. B. Marienbad [42]. Wenn sulfat- bzw. kohlensäurehaltig, wirken die Mineralwässer stark betonaggresiv (s. Betonkorrosion).

2.1.3 Wasser als Bindemittel

Daß Wasser wider Erwarten auch Bindemitteleigenschaften hat, zeigt sich anschaulich bei den Sandburgen der Kinder. Ein Beispiel der Technik sind die früher häufigen, aber auch heute noch vorkommenden „wassergebundenen Straßen", bei denen ein kornabgestuftes Mineralgerüst durch Feuchtigkeit gebunden wird. Bei der Wirkung des Wassers als Bindemittel ist die Wassermenge von großem Einfluß. Trockener Sand hat keine Bindung, er zerrieselt. Feuchter Sand hat eine starke Bindung; er gibt formbeständige Massen. Sand mit Wasserüberschuß hat geringe Bindung (s. **Bild 36**).

Damit zusammenhängend ist die Schüttdichte von Sanden stark verschieden (s. Bild 36u). Trockener Sand hat die größte Schüttdichte, weil sich die bindungslosen Körner dicht lagern. Bei feuchtem Sand, insbesondere Feinsand mit 2 bis 4% Wasser geht die Schüttdichte stark zurück, was darauf zurückzuführen ist, daß die durch den Wasserfilm verklebten Körner sich nicht nach dem Hohlraumminimum lagern können, sondern Konglomerate mit viel Hohlräumen bilden. Steigt der Wassergehalt, dann nimmt die Wasserbindung ab und der Sand lagert sich wieder nach dem Hohlraumminimum. Die Ursache für dieses Verhalten sind die Oberflächenspannung und die Haftspannung des Wassers.

2.1.3.1 Oberflächenspannung des Wassers

In einer Flüssigkeit sind die von den Molekülen ausgehenden Anziehungskräfte gleichmäßig nach allen Seiten gerichtet und heben sich deshalb gegenseitig auf. Anders an der Flüssigkeitsoberfläche. Die Anziehungskräfte dort befindlicher Moleküle können sich nur als eine nach dem Innern der Flüssigkeit gerichtete Kraft betätigen, was zur Folge hat, daß sie bestrebt sind, von der Oberfläche ins Innere der Flüssigkeit zu gelangen (s. **Bild 37**). Durch diese von der Oberfläche weg nach innen gerichtete Kraft sind die Flüssigkeiten bestrebt, ihre Oberfläche so weit als möglich zu verkleinern [43]. Dies zeigt sich anschaulich beim freien Fall, bei dem sie sofort Körper mit der kleinsten Oberfläche d. h. Tropfen bilden. In der Praxis wirkt sich dies so aus, als würde die Oberfläche aus einer gespannten Haut bestehen; daher „Oberflächenspannung". Dies gilt für Flüssigkeiten als solche. Wenn die Flüssigkeiten in Berührung mit den

Wasser als Bindemittel

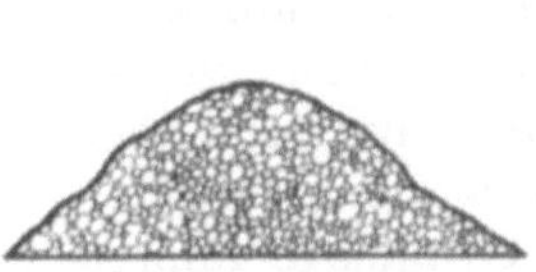

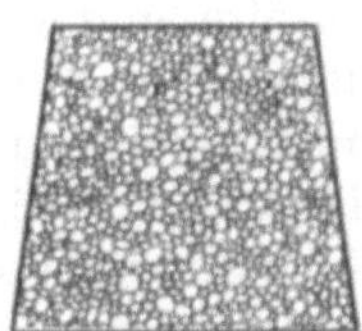

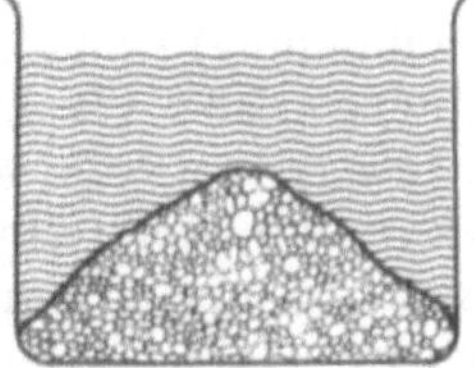

Oberflächenspannung in Kapillaren

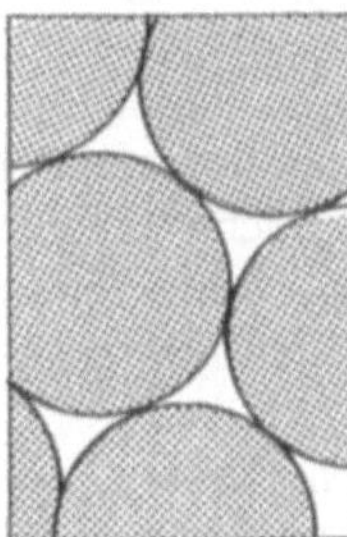

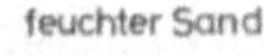

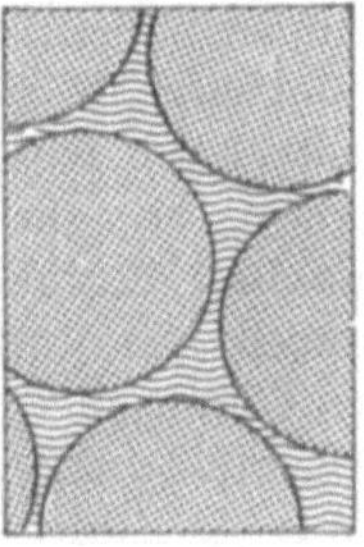

Wassermenge und Schüttdichte

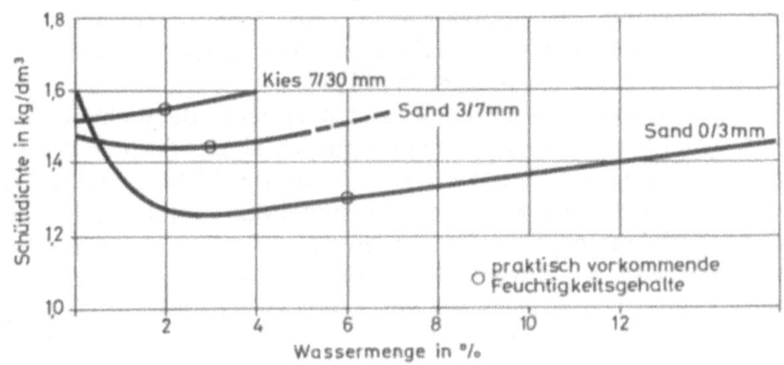

36

Oberflächen fester Körper sind, dann tritt eine andere Kraft auf, die sog. „Haftspannung".

2.1.3.2 Haftspannung des Wassers

Sie ist darauf zurückzuführen, daß von der Oberfläche eines festen Körpers eine Anziehungskraft ausgeht. Während im Innern eines festen Körpers die Anziehungskräfte einander zugeordnet sind (s. Kristallbindung) sind diese Kräfte an der Oberfläche in den Raum gerichtet (s. Bild 37). Sie üben dadurch eine Anziehungskraft auf benachbarte Moleküle von Flüssigkeiten und Gasen aus, was sich so auswirkt, daß an der Oberfläche fester Körper sonst freibewegliche Flüssigkeits- und Gasmoleküle festgehalten werden. Dieser Vorgang wird *Adsorption* genannt. Er ist die Grundlage zahlreicher Verfahren zur Gewinnung von Stoffen aus Gemischen niedriger Konzentration und verschiedener Bestandteile.

Im vorliegenden Fall, wo sich Feststoff Sand und Flüssigkeit Wasser gegenüberstehen, hat dies zur Folge, daß Wassermoleküle von der Sandoberfläche angezogen werden. Sie können dabei ihre Eigenbeweglichkeit völlig verlieren und zu sog. „pseudofestem Wasser" werden. Dies gilt jedoch nur für die der Oberfläche benachbarten Moleküle; je größer der Abstand, desto schwächer werden die Anziehungskräfte und desto mehr nimmt die Eigenbewegung der Wassermoleküle zu.

Daraus ergibt sich die Haftspannung zwischen Oberfläche und Flüssigkeit (s. Bild 37m). Sie ist am größten unmittelbar an der Feststoffoberfläche, wo das Wasser durch Adsorption fest gebunden ist (Sorptionswasser) und nimmt mit zunehmendem Abstand rasch ab (locker gebundenes Solvatwasser). Mit einer Entfernung von mehr als $^{1}/_{2}$ µm werden die Oberflächenkräfte unwirksam und damit die Wassermoleküle frei beweglich [44].

Die Haftspannung dünner Wasserfilme wird deutlich demonstriert, wenn man zwischen zwei Glasplatten einige Tropfen Wasser durch Zusammendrücken zu einer dünnen Schicht verteilt. Die Glasplatten sind dann wegen der entstehenden Haftspannung nur mit Schwierigkeiten zu trennen. Beim Sand bilden sich an den Berührungsflächen der Körner dünne Filme, in den Zwischenräumen dickere Filme. Die sich daraus ergebende durchschnittliche Dicke des Wasserfilms wird um so geringer, je feiner der Sand und damit je größer seine Oberfläche ist (1 g Sand 2 mm = ca. 10 cm², bei 0,05 mm = ca. 500 cm², bei 0,005 mm = ca. 5000 cm² = 0,5 m²).

Da die Bindekräfte nur von der Oberfläche ausgehen, sind sie im wesentlichen proportional der Oberfläche des festen Stoffs. Deshalb

78

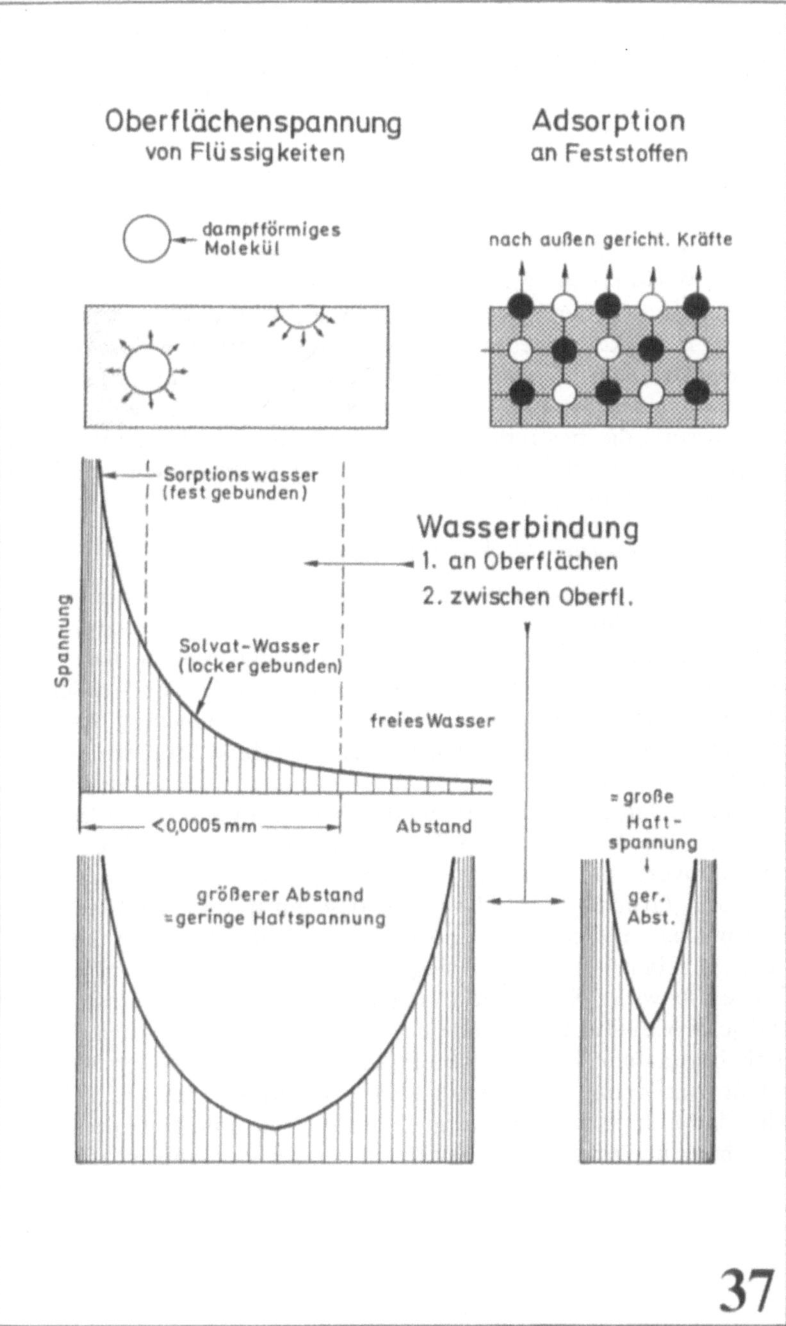

Oberflächenspannung
von Flüssigkeiten
Adsorption
an Feststoffen
dampfförmiges
Molekül
nach außen gericht. Kräfte
Sorptionswasser
(fest gebunden)
Wasserbindung
1. an Oberflächen
2. zwischen Oberfl.
Spannung
Solvat-Wasser
(locker gebunden)
freies Wasser
< 0,0005 mm
Abstand
= große
Haft-
spannung
größerer Abstand
= geringe Haftspannung
ger.
Abst.
37

ergibt grober Sand und Wasser im Verhältnis 100:20 eine lose Mischung von Sand und Wasser, auf 1 bis 100 μm gemahlener Sand (Quarzmehl) eine bereits plastische Masse und die windgesichtete Feinfraktion dieses Mehls eine kompakte Masse, die, zu einem Prüfkörper geformt, schon eine beachtliche Festigkeit zeigt (s. **Bilder 38** und **39**). M. L'Hermite hat an gepreßten Formlingen aus Basaltpulver mit 8 % Wasser Festigkeiten bis zu 45 N/mm^2 erreicht [45].

Die Tatsache, daß wassergesättigter Sand (Zweiphasensystem Sand + Wasser) eine nur geringe Festigkeit aufweist, wie man dies vom Setzungsfließen des Schwemmsandes weiß und die wesentlich größere Festigkeit eines nur feuchten, mit Luftporen durchsetzten Sandes (Dreiphasensystem Sand + Wasser + Luft) erklärt sich aus der im letzteren System wirksam werdenden Oberflächenspannung des Wassers, die bestrebt ist, die Oberfläche der eingeschlossenen Luftporen zu verkleinern und dadurch eine wesentlich verstärkte Kohäsionskraft bewirkt (s. Bild 36 m).

2.1.3.3 *Bedeutung der Wasserbindung*

Das Bindevermögen des Wassers ist von großer Wichtigkeit im Bauwesen. Erde wäre ohne Wasser ein loses Pulver, das erst durch die Bindekraft des Wassers zu einer bearbeitungsfähigen plastischen Masse wird. Die Bedeutung der Wasserbindung für den Straßenbau wurde bereits erwähnt. Da die Bindung bei Verdunstung des Wassers aufgehoben wird, werden wassergebundene Straßen mit Calciumchloridlösung besprüht, welches die Wasserverdunstung verzögert und damit die Staubbildung durch Wegfall der Wasserbindung verhütet. (In den USA wird der größte Teil der CaCl$_2$-Produktion zur Staubverhütung auf wassergebundenen Straßen verwendet [46]. Die sog. „Grünstandfestigkeit" des frischen Betons, die für schnelles Entschalen wichtig ist, und schon vor Entstehung des Zementsteins gegeben ist, wird vorwiegend durch das Bindevermögen des Wassers bewirkt. Sie ist um so besser, je geringer der Wassergehalt und je größer die Oberfläche der Zuschlagstoffe ist. Auch die Festigkeitszunahme von gelöschtem Kalk mit abnehmendem Wassergehalt (und damit verringerter Dicke der Wasserfilme) (s. Bild 64) wird dadurch verursacht, desgleichen die mit abnehmendem Wassergehalt zunehmende Viskosität von Wasser-Zementsuspensionen.

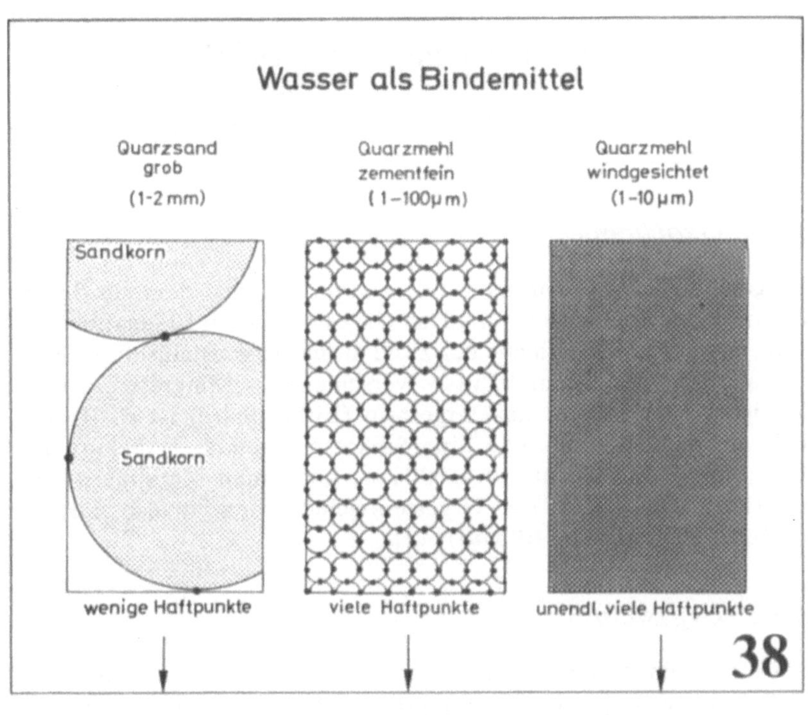

Wasser als Bindemittel
Quarzsand grob (1-2 mm)
Quarzmehl zementfein (1 – 100 µm)
Quarzmehl windgesichtet (1 – 10 µm)
Sandkorn
Sandkorn
wenige Haftpunkte
viele Haftpunkte
unendl. viele Haftpunkte
38

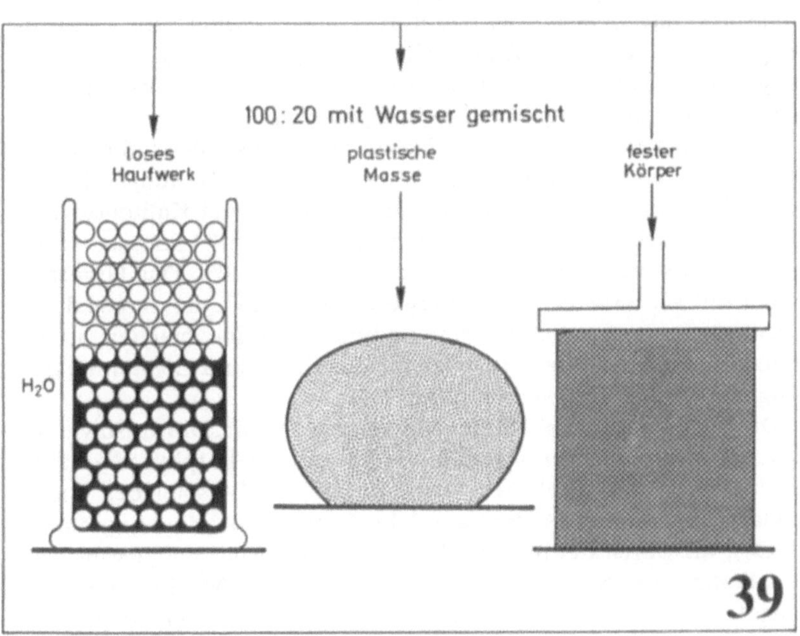

100 : 20 mit Wasser gemischt
loses Haufwerk
plastische Masse
fester Körper
H₂O
39

2.2 Gestein und Verwitterungsprodukte

Die wichtigsten Grundstoffe der anorganischen Baustoffe sind Quarz, Ton, Kalkstein und Gipsstein.

2.2.1 Geochemie

Ihr gemeinsamer Ursprung ist das Urgestein, aus dem sie durch Verwitterung entstanden sind. Das Urgestein ist ein Erstarrungsgestein, das an der Oberfläche der Erde durch Auskristallisation eines sich abkühlenden Schmelzflusses verschiedener Minerale entstanden ist. Diese Schicht aus Urgestein (Lithosphäre) ist ca. 16 km dick; darunter nimmt man eine Silikatschicht (ca. 1200 km) an, dann eine Sulfidschicht (ca. 1700 km) und einen Metallkern (ca. 3500 km). Die Dicke der Urgesteinsschicht beträgt also nur ca. 0,2 % des Erdradius (s. **Bild 40**) [47].

2.2.2 Urgestein

Das Urgestein ist der Hauptbestandteil (ca. 95 %) der äußeren Erdkruste. Dieses Urgestein ist zum größten Teil durch seine Verwitterungsprodukte bedeckt, es bildet aber auch geschlossene Gebirgsmassen, z.B. Bayrisch-Böhmischer Wald, Erzgebirge, Fichtelgebirge, Harz, Schwarzwald, Odenwald. Teilweise bildet es auch den Kern von Faltengebirgen, z.B. der Alpen [48].

Das Urgestein besteht in der Hauptmenge aus Siliciumdioxid (ca. 60 %), Aluminiumoxid (ca. 15 %) und wechselnden Mengen Eisenoxid, Calciumoxid, Magnesiumoxid, Natrium- und Kaliumoxid (s. **Bild 41**). Insgesamt handelt es sich durchweg um Oxide, daher der hohe Sauerstoffgehalt des Urgesteins von ca. 50 %. Das Urgestein bildet mit ca. 95 % die Hauptmasse der Gesteine, die daraus durch Lösungsvorgänge entstandenen Sedimentgesteine machen anteilmäßig nur 5 % aus, darunter der für die Kalk- und Zementherstellung notwendige Kalkstein mit nur $^1/_4$ % [49].

Die wichtigsten Urgesteine sind Granit, Syenit, Diorit, sowie der durch Umwandlung entstandene Gneis und der Porphyr. Sie haben einen im Prinzip ähnlichen Aufbau, der am Beispiel des Granit erklärt wird. Dieser besteht aus 1 bis 3 mm großen Quarzkristallen (SiO_2), die durch Feldspat verkittet sind. Feldspat sind alkali- bzw. erdalkalihaltige Aluminiumsilikate, die nach der Alkalikomponente eingeteilt werden in Kalifeldspat (Orthoklas), Natronfeldspat (Al-

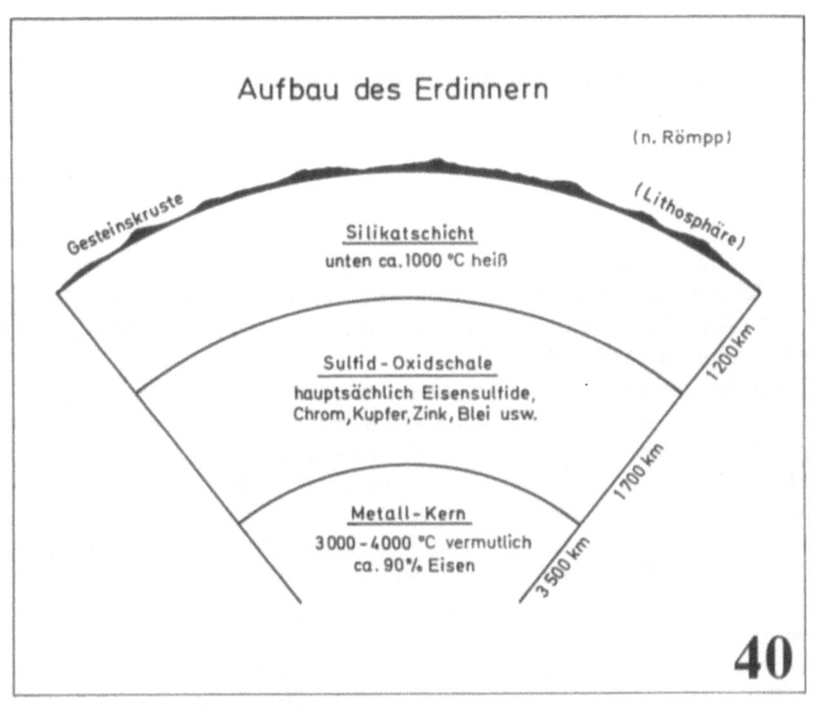

Aufbau des Erdinnern
(n. Römpp)
(Lithosphäre)
Gesteinskruste
Silikatschicht
unten ca. 1000 °C heiß
Sulfid - Oxidschale
hauptsächlich Eisensulfide,
Chrom, Kupfer, Zink, Blei usw.
Metall - Kern
3000 - 4000 °C vermutlich
ca. 90 % Eisen
1200 km
1700 km
3500 km
40

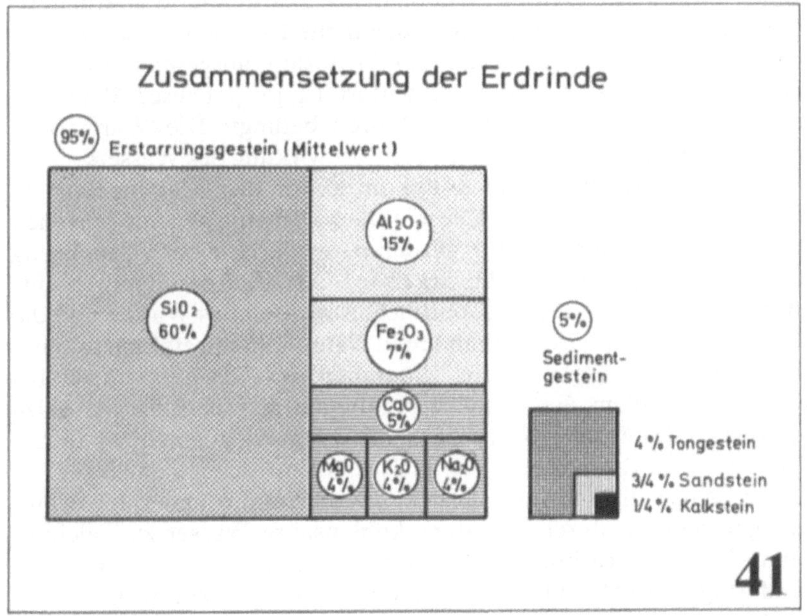

Zusammensetzung der Erdrinde
95%
Erstarrungsgestein (Mittelwert)
SiO₂
60%
Al₂O₃
15%
Fe₂O₃
7%
CaO
5%
MgO
4%
K₂O
4%
Na₂O
4%
5%
Sediment-
gestein
4 % Tongestein
3/4 % Sandstein
1/4 % Kalkstein
41

bit), Kalkfeldspat (Anorthit). Der Name „Feldspat" kommt von Feld = Fels und Spat = gut spaltbar. Setzt man auf einen größeren Feldspat-Kristall einen Nagel, so zerspringt er beim Draufschlagen mit dem Hammer in ebenflächige Stücke [50].

2.2.3 Verwitterung

Insgesamt betrachtet bestehen die Urgesteine aus dem Anhydrid der Kieselsäure (SiO_2, Quarz), dessen Verbindung mit Aluminiumoxid (Alusilikat) und dessen Verbindung mit Erdalkali (Ca-) und Alkalioxiden (Alkalisilikate).
Diese Bestandteile des Urgesteins sind in ihren Eigenschaften sehr verschieden; insbesondere die Löslichkeit in Wasser. Es gilt die allgemeine Gesetzmäßigkeit, daß die Löslichkeit der Salze von der Stellung der Kationen und Anionen im Periodensystem abhängt, und zwar sind dieselben um so leichter löslich, je weiter links die Kationen stehen. Das Anion SiO_3^{--} verursacht einen hohen Grad der Unlöslichkeit. Auch die kieselsauren Salze des Aluminiums (Aluminiumsilikate) sind unlöslich. In nur geringem Umfang löslich ist das Calciumsilikat und relativ leicht löslich sind die Alkalisilikate (s. Wasserglas). Das gilt auch für die Bestandteile des Urgesteins.

Die Urgesteine, z.B. der Granit, gelten als sehr wetterbeständig; damit hergestellte Bauwerke haben viele Jahrhunderte überdauert. Dies gilt jedoch nicht für erdgeschichtliche Epochen, in deren Verlauf sich das Urgestein in den der Witterung ausgesetzten oberen Schichten zersetzt hat, d.h. verwittert ist [51]. Dieser Verwitterungsprozeß wird durch drei Faktoren bedingt: Die Wärmedehnung, die Sprengkraft des Eises, die Lösewirkung des Wassers.

Die Wärmedehnung und Kältekontraktion des Gesteins führt zu Riß- und Spaltenbildung. Diese füllen sich mit Wasser, das sich beim Gefrieren um ca. 9% ausdehnt, wodurch eine Vermehrung und Vertiefung der Risse bewirkt wird [52]. Auf den dadurch entstehenden großen Gesteinsoberflächen wirkten das Wasser und die in der Uratmosphäre vorhandenen Säuren (Schwefelsäure, Salzsäure, Kohlensäure) auf die Mineralien des Gesteins ein. Dabei wurden vor allem die Alkaliverbindungen in wasserlösliche Salze umgesetzt (Steinsalz, Kalisalze) und weggeführt entweder in das Meer oder in Binnenseen, die nach dem Eintrocknen Salzlager bildeten. Auch die schwerer löslichen Kalk- und Magnesiumverbindungen wurden durch das stark kohlensaure Wasser zu Calcium- und Magnesiumcarbonat umgesetzt, die sich als Kalkstein ($CaCO_3$) und Magnesit ($MgCO_3$) und dem Mischgestein Dolomit ($CaCO_3$ +

$MgCO_3$) abgelagert haben. Aus dem in der Uratmosphäre enthaltenen Schwefeldioxid hat sich durch Oxidation mit Luftsauerstoff Schwefelsäure gebildet ($2\,SO_2 + O_2 + 2\,H_2O \rightarrow 2\,H_2SO_4$), die sich mit den Kalk- bzw. Magnesiumverbindungen des Feldspats zu Gips ($CaSO_4$) und Magnesiumsulfat ($MgSO_4$) umgesetzt haben. Der schwer lösliche Gips wurde in Lagern ausgeschieden, ist aber zum Teil auch mit dem leicht löslichen $MgSO_4$ ins Meerwasser gelangt (s. dort). Die durch chemische Reaktion entstandenen unlöslichen bzw. schwer löslichen Gesteine werden als „chemische Sedimentgesteine" bezeichnet (Kalkstein: $CaCO_3$, Gipsstein: $CaSO_4$, Magnesit: $MgCO_3$ und Dolomit).

Durch diese „Extraktion" der Alkali- und Erdalkaliverbindungen zerfällt der Feldspat zu einer feinpulvrigen Masse, die vorwiegend aus Ton (Aluminiumsilikat) besteht. In ihr sind die ursprünglich verkitteten Quarzkristalle lose verteilt. Im Gebirge wird durch Regen und durch Überschwemmung der feinteilige Ton zusammen mit durch Abrieb entstandenem Quarzmehl fortgeschwemmt, weshalb dort der nackte Fels, das Gebirge vorliegt. Die feinteiligen Verwitterungsprodukte werden Böden genannt.

2.2.3.1 Böden

Die Böden wurden im Flachland zu meterdicken – in Innerasien bis zu 600 m dicken – Bodenschichten angereichert. In Nordeuropa sind diese Bodenschichten hauptsächlich in den ca. 20 000 Jahren seit der Eiszeit entstanden. Die Böden sind in ihrer Zusammensetzung ziemlich verschieden. Hauptsubstanz ist der Ton (Aluminiumsilikat) des weiteren Quarzmehl und Kalk (der wegen seiner Schwerlöslichkeit teilweise im Boden verbleibt). Die braune Farbe der Böden kommt vom Eisengehalt, der in der Regel als schwer lösliches Eisenhydroxid ($Fe(OH)_3$) vorliegt. Neben diesen anorganischen Bestandteilen enthalten die Böden unterschiedliche Mengen organische Stoffe, den sog. *Humus*, der aus pflanzlichen Zersetzungsprodukten besteht und dunkle bis schwarze Farbe verursacht (Schwarzerdegebiet in der Ukraine) [53]. Das Bindemittel der Böden ist der Ton (s. dort). Ein Boden, der neben Ton und Quarzmehl noch Kalk enthält, wird Löß genannt; wenn der Kalk durch Wasser, insbesondere kohlensaures Wasser herausgelöst ist, spricht man von Lehm. Je nach dem Gehalt an Ton (neben Quarz) wird dieser eingeteilt in sandigen Lehm (22 bis 32%), Lehm (32 bis 42%) und tonigen Lehm (42 bis 50%).

2.2.3.2 Quarzsand und Quarzkies

Der in den Urgesteinen in großer Menge in Form von Kristallen enthaltene Quarz (SiO_2) widersteht jedem chemischen- und Verwitterungsangriff. Das bei der Verwitterung entstehende lose Mineralgemisch wird vom Regen fortgeschwemmt und in den Flüssen weiter transportiert. Während die feinen Tonteilchen bei Überschwemmung vom Wasser weit über das Land fortgetragen werden, setzen sich die Quarzkristalle rasch ab und wandern im Flußbett weiter, wobei sich die Kanten abschleifen und Quarzsand und Quarzkies entstehen, die in vielen Flußtälern, z. B. im Rheintal als Rheinsand und Rheinkies gewonnen werden.

Bild 42 zeigt im Schema den Verwitterungsprozeß und die dabei entstehenden Verwitterungsprodukte sowie die daraus hergestellten Baustoffe. Ausgangsmaterial ist das Urgestein (z. B. Granit). Es besteht wie besprochen in der Hauptsache aus Quarz und Feldspat. Bei der Verwitterung werden die Alkali- und Erdalkalibestandteile herausgelöst unter Bildung leicht löslicher Alkalisalze und schwer löslicher Erdalkaliverbindungen, aus denen Kalkstein und Gips entstehen. Übrig bleiben Ton und Sand. Mit Feinsand bildet der Ton den Lehm, mit Kalkstein den Mergel. Aus diesen Verwitterungsprodukten werden hergestellt: Ziegel- und Tonwaren aus Lehm, Zement aus Kalkstein und Ton bzw. Mergel, Baukalk aus Kalkstein und Gips aus Gipsstein. Insgesamt werden also die wichtigsten Baustoffe aus Verwitterungsprodukten des Urgesteins hergestellt.

Zum leichteren Verständnis der oft verwirrenden Bezeichnungen sind in **Bild 43** Namen und Zusammensetzung einiger in diesen Zusammenhang gehörender Mineralien zusammengestellt. An erster Stelle das Urgestein. Dieses zerfällt (bei Außerachtlassen der löslichen Kalk- und Alkaliverbindungen) in Sand und Ton. Der Lehm als Mischung von Feinstsand und Ton liegt in seiner Zusammensetzung dazwischen. Kaolin ist ein eisenfreier, deshalb weißer Ton; Grundlage der Porzellanherstellung. Die Tonerde ist vom Ton grundverschieden, sie enthält nur wenig Kieselsäure und besteht ganz überwiegend aus Aluminiumoxid, während der Ton ein Aluminiumsilikat ist. Erze sind vielfach eisenoxidreiche Tone.

2.2.4 Ton

Der Ton besteht aus nach Abtrennung der löslichen Kalium-Natrium- und Calciumoxidanteile des Feldspats verbleibendem Aluminiumsilikat. Dieses kommt in verschiedenen, sich durch den SiO_2-

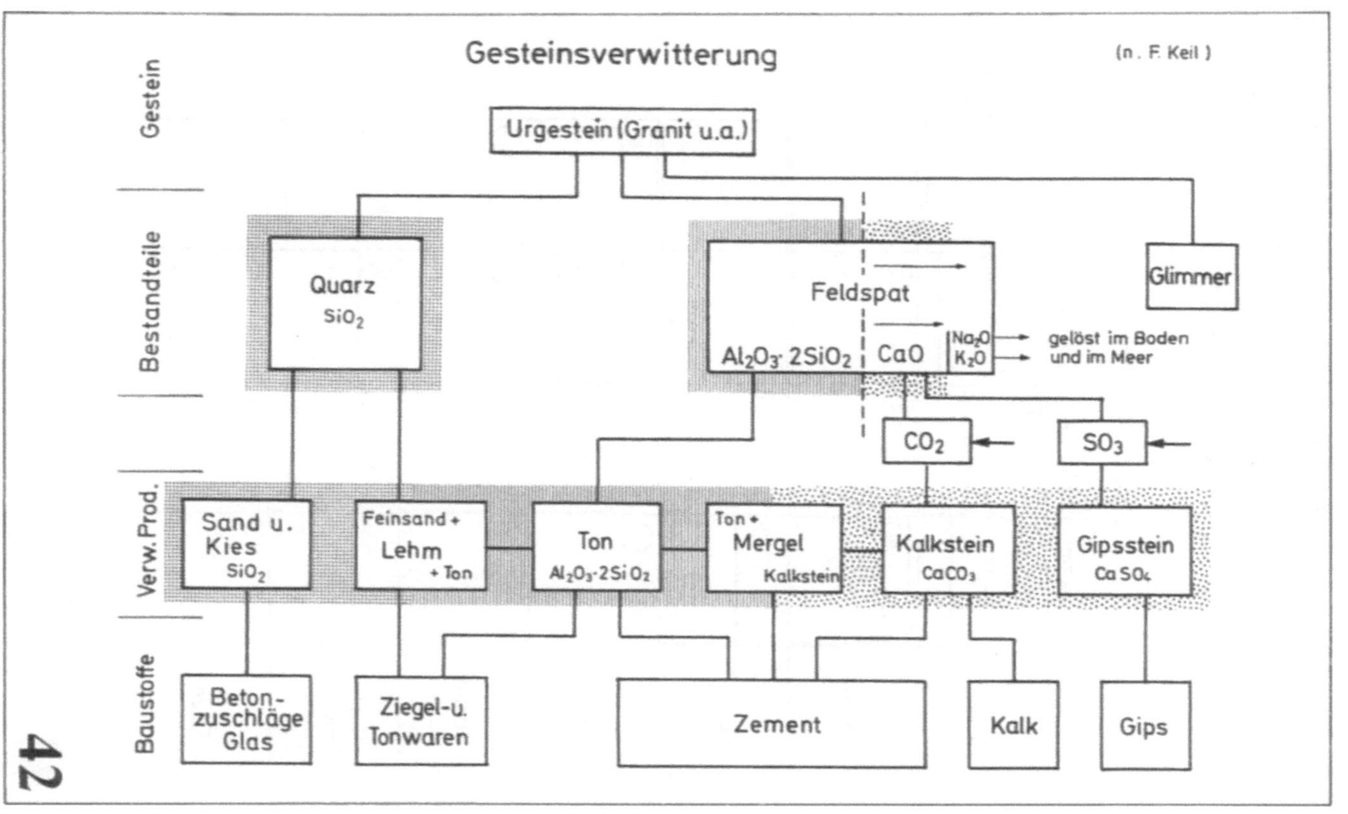

Gesteinsverwitterung
(n . F. Keil)
Gestein
Bestandteile
Verw. Prod.
Baustoffe
Urgestein (Granit u.a.)
Quarz SiO_2
Feldspat
$Al_2O_3 \cdot 2SiO_2$ | CaO | Na_2O | K_2O
gelöst im Boden und im Meer
Glimmer
CO_2
SO_3
Sand u. Kies SiO_2
Feinsand + Lehm + Ton
Ton $Al_2O_3 \cdot 2SiO_2$
Ton + Mergel · Kalkstein
Kalkstein $CaCO_3$
Gipsstein $Ca\,SO_4$
Beton- zuschläge Glas
Ziegel- u. Tonwaren
Zement
Kalk
Gips
42
87

Zusammensetzung verschied. Verwitterungsmineralien

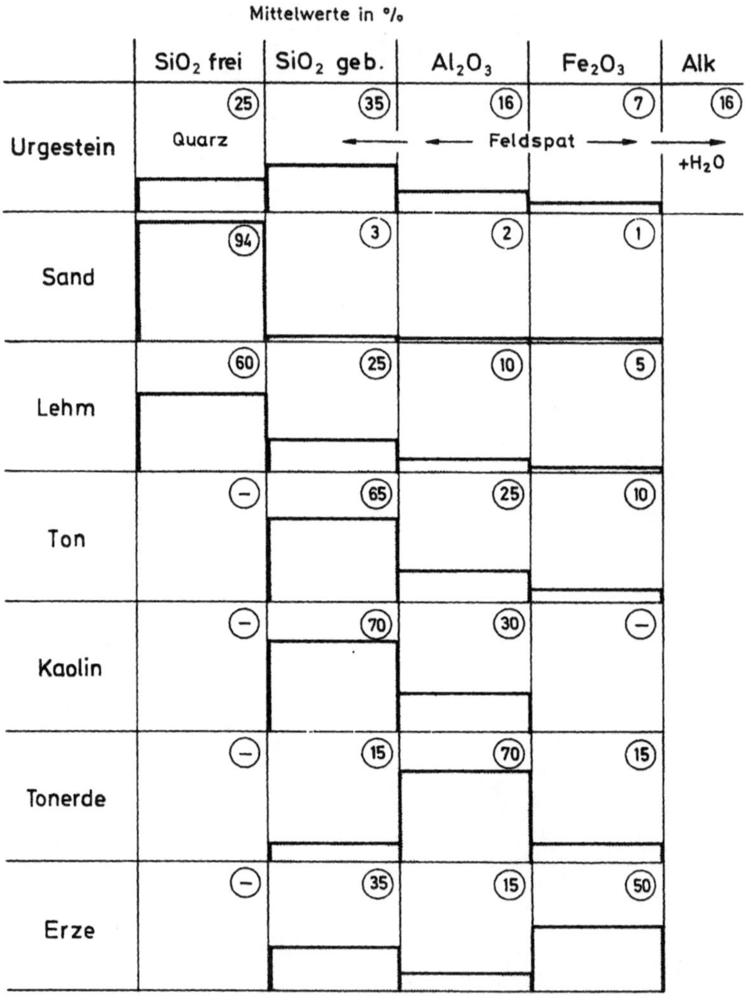

Mittelwerte in %

	SiO$_2$ frei	SiO$_2$ geb.	Al$_2$O$_3$	Fe$_2$O$_3$	Alk
Urgestein	(25) Quarz	(35)	(16)	(7)	(16) +H$_2$O
Sand	(94)	(3)	(2)	(1)	
Lehm	(60)	(25)	(10)	(5)	
Ton	(—)	(65)	(25)	(10)	
Kaolin	(—)	(70)	(30)	(—)	
Tonerde	(—)	(15)	(70)	(15)	
Erze	(—)	(35)	(15)	(50)	

43

Gehalt unterscheidenden Formen vor. Die wichtigsten Verbindungen sind:

Kaolinit: $Al_2O_3 \cdot 2\,SiO_2 \cdot 2\,H_2O$,

Montmorillonit: $Al_2O_3 \cdot 4\,SiO_2 + H_2O + nH_2O$.

Die Tonverbindungen sind gekennzeichnet durch eine hohe Wasseraffinität, die beim Kaolinit am geringsten, beim Montmorillonit am größten ist. Letzterer bindet bis zur 7fachen Menge Wasser. Die in der Natur vorkommenden Tone bestehen vorwiegend aus verschiedenen Anteilen von Kaolinit und Montmorillonit, wodurch die unterschiedliche Wasseraufnahme der Tone verursacht wird. Sie quellen mit Wasser auf und sind dann plastisch verformbar. Nach dem Trocknen behalten sie ihre Form bei und beim Erhitzen erhärten sie zu beträchtlicher Festigkeit. Diese Eigenschaften hängen mit der Kristallstruktur der Tonminerale zusammen [54, 55].

2.2.4.1 Kristallstruktur des Tons

Die Tonmineralien sind fast alle kristallin. Sie bestehen aus dünnen, meist sechseckigen Blättchen von 0,2 bis 1 µm Durchmesser und wenigen $^1/_{1000}$ µm Dicke (kolloidale Größenordnung). In Idealausbildung (s. **Bild 44**) liegen Schichten aus AlO_6-Oktaedern vor (1), beiderseitig in Schichten von SiO_4-Tetraedern eingelagert (2). Die Silikatschichten sind beim Montmorillonit nicht starr miteinander verbunden, sondern können durch Einlagerung von Wasser (3) ihren Abstand vergrößern, bzw. bei Wasserabgabe verringern [56]. Da Wasser von festen Oberflächen relativ stark gebunden wird (sog. pseudofestes Wasser) und diese Bindung mit zunehmender Dicke des Wasserfilms abnimmt (s. Bild 37) hat dies zur Folge, daß Ton mit wenig Wasser eine relativ hohe Scherfestigkeit besitzt, die mit zunehmendem Wassergehalt jedoch stark abnimmt (s. **Bild 45**).

2.2.4.2 Quellung des Tons

Wider Erwarten wird der Ton durch Wasseraufnahme nicht wasserdurchlässig, sondern undurchlässig. Das kommt daher, daß die in Haufwerken fester Stoffe immer vorhandenen Hohlräume (im allgemeinen zwischen 20 bis 40 Vol.-%) durch die innerkristalline Quellung des Tons, der sich in alle Hohlräume ausdehnt, geschlossen werden.

Diesen Vorgang soll **Bild 46** veranschaulichen; oben die trockenen Tonpartikel mit den haufwerksbedingten Hohlräumen, unten die die Hohlräume schließenden, gequollenen Tonpartikel. Im Vergleich dazu links ein übliches Steinmehl. Seine vorhandenen Hohlräume werden wegen des fehlenden Quellvermögens nicht geschlos-

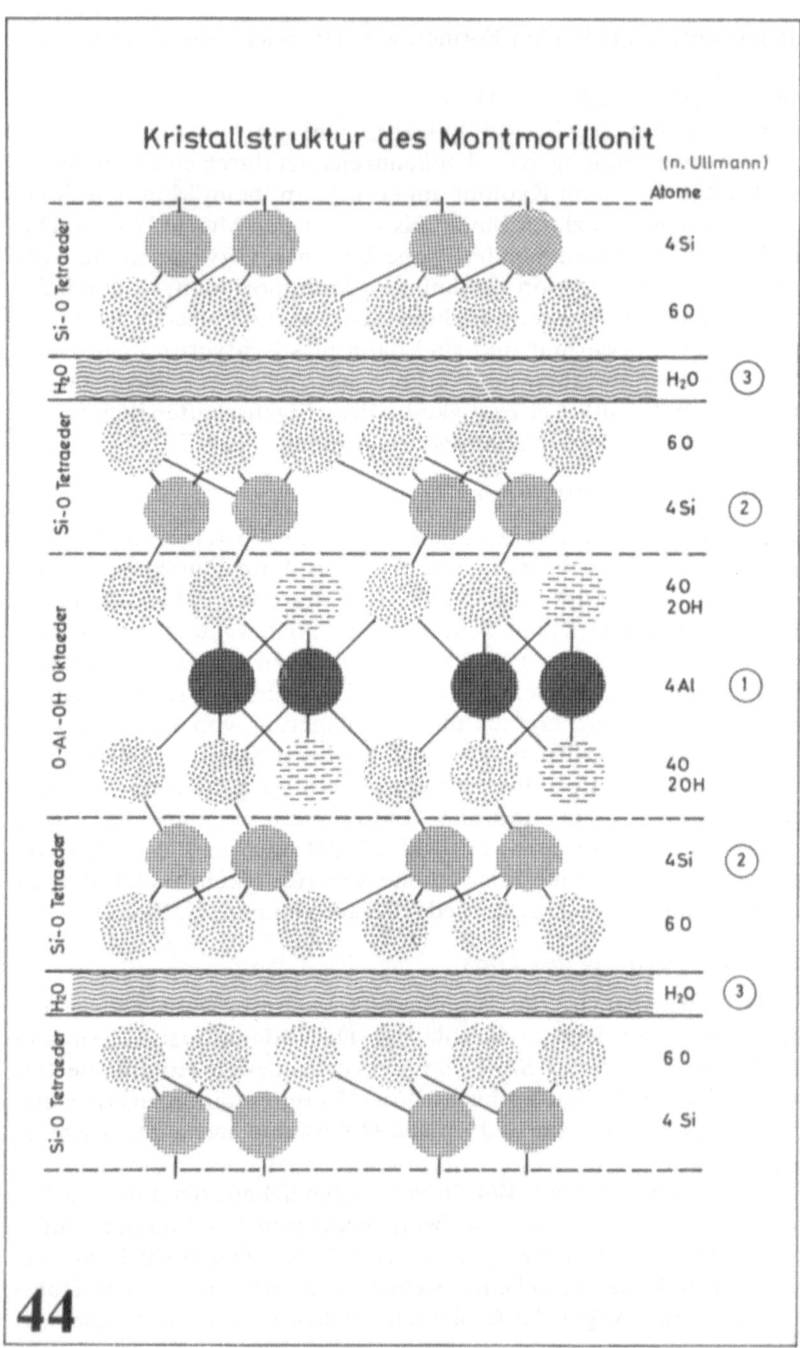

Kristallstruktur des Montmorillonit
(n. Ullmann)
Atome
Si-O Tetraeder
4 Si
6 O
H₂O
H₂O
3
Si-O Tetraeder
6 O
4 Si
2
O-Al-OH Oktaeder
4 O
2 OH
4 Al
1
4 O
2 OH
Si-O Tetraeder
4 Si
2
6 O
H₂O
H₂O
3
Si-O Tetraeder
6 O
4 Si
44

Ton und Wasser

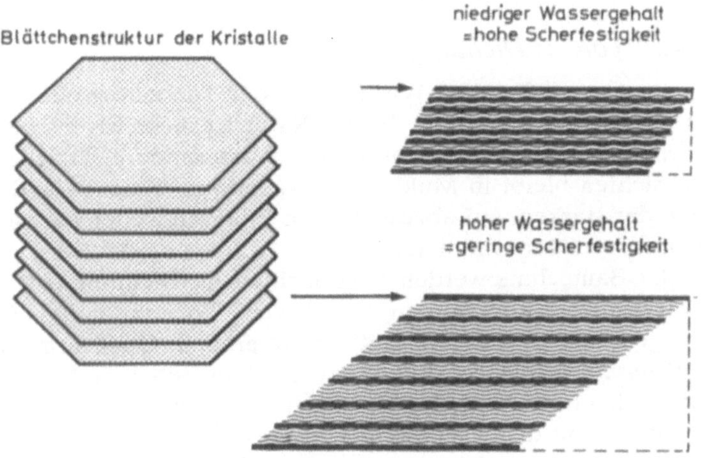

Tonkonsistenz und Wassergehalt

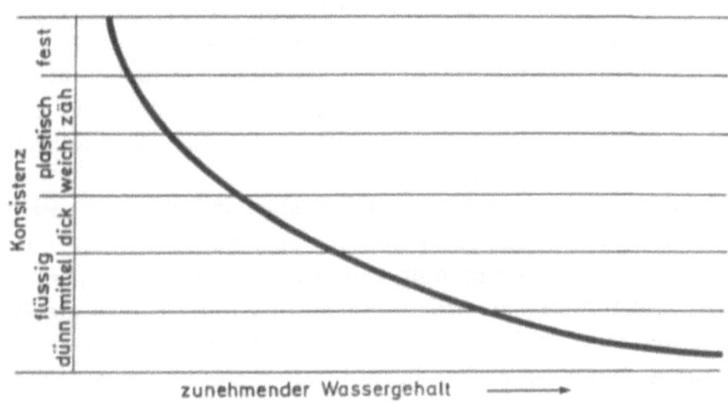

45

sen, weshalb das Haufwerk wasserdurchlässig ist. In der Natur ist der *Quellhorizont* ein Beispiel für diese beiden Vorgänge. Er tritt an der Grenze zwischen wasserdurchlässiger, aus nichtquellendem Gesteinsmaterial bestehender Bodenschicht und undurchlässiger Tonschicht auf. Hier sammelt sich das sog. „Schichtwasser" und tritt an freiliegenden Stellen als Schichtquelle aus.

2.2.4.3 Ton als Dichtungsmaterial

Wegen seiner dichtenden Wirkung hat der Ton eine große Bedeutung als Dichtungsbaustoff. In der Natur ist diese Eigenschaft die Ursache der *Moorbildung*. Infolge der Wasserundurchlässigkeit von Tonschichten bleibt in Mulden das Regenwasser stehen und führt wegen der starken, auf abgestorbenen Pflanzen weiter wachsenden Vegetation zur Moorbildung.

In der Bautechnik werden Tonschichten zur Dichtung von Kanälen verwendet. Dafür werden vorzugsweise Tone mit hohem Quellvermögen benutzt. Ein Ton mit extrem großem Quellvermögen ist der *Bentonit,* verursacht durch seinen hohen Gehalt an Montmorillonit. Er kann die fünf- bis sechsfache Gewichtsmenge an Wasser aufnehmen und dabei sein Volumen bis auf das Zehnfache vergrößern [57]. Bentonitdichtungen werden u. a. bei Talsperren eingebaut.

2.2.4.4 Wasserbindung des Tons

Der Ton hat nicht nur ein großes Wasseraufnahmevermögen, sonder er hält dieses auch infolge seiner großen inneren Oberfläche (zementfeines Steinmehl $0,2\,m^2/g$, Tonmehl $20\,m^2/g$, also ca. 100fach größer) relativ stark fest und gibt es langsam und gleichmäßig ab, was für das Pflanzenwachstum wichtig ist; deshalb ist der Ton der wichtigste Bestandteil des Bodens [58].

Durch dieses Bindevermögen für Wasser wird der Ton selbst zu einem Bindemittel. Sandböden haben nur einen geringen Zusammenhalt; je höher der Tongehalt, desto zäher und „bindiger" wird der Boden und um so schwerer ist er zu bearbeiten. Das mechanische Verhalten solcher *bindiger Böden* ist sehr stark vom Wassergehalt abhängig; bei Wasseraufnahme quellen sie, bei Austrocknung schwinden sie. In trockenem Zustand sind sie spröde, in feuchtem knetbar und klebrig, bei großem Wassergehalt neigen sie zum „Fließen". Diese spezifischen Eigenschaften werden durch den Tonanteil verursacht [59].

Unter Straßen sind bindige Böden gefährlich, weil sie das Wasser festhalten. Im Winter gefriert dieses und dehnt sich dabei aus

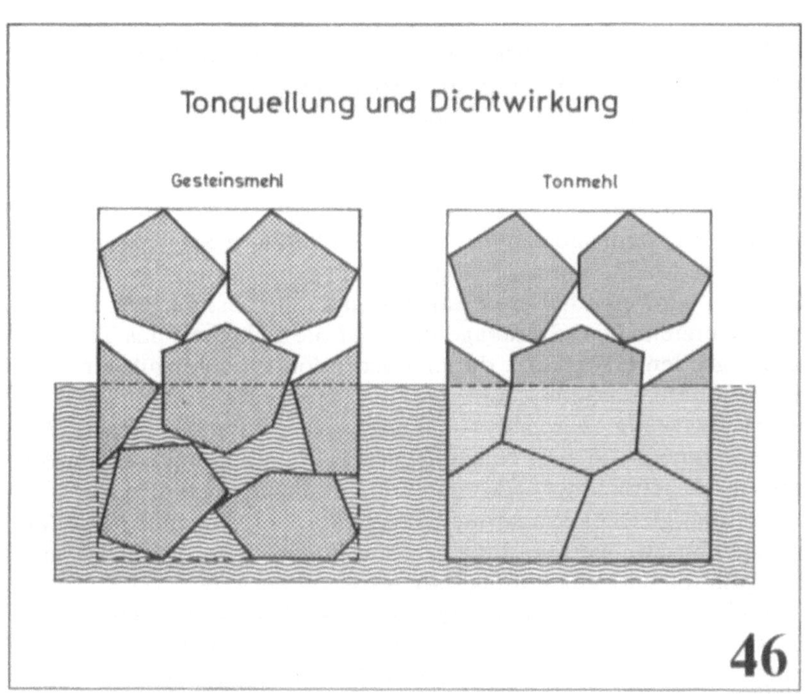

Tonquellung und Dichtwirkung
Gesteinsmehl
Tonmehl
46

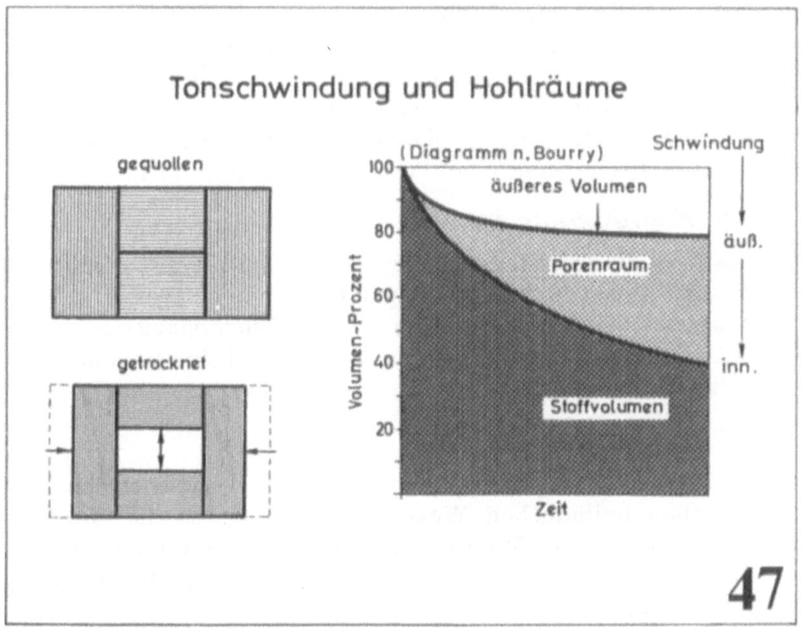

Tonschwindung und Hohlräume
gequollen
getrocknet
(Diagramm n. Bourry)
Schwindung
100
äußeres Volumen
80
Volumen-Prozent
Porenraum
äuß.
60
40
inn.
Stoffvolumen
20
Zeit
47

(s. Bild 9); dadurch entstehen sog. „Frostaufbrüche" der Straßen-
beläge. Behebung durch Einbau sog. „Frostschutzschichten" aus
nichtbindigen, d. h. tonarmen Böden.

2.2.4.5 Bodenstabilisierung

Wenn tonhaltige Böden als Untergrund gegeben sind, kann man das
je nach Wasserangebot auftretende Quellen und Schwinden durch
chemische Maßnahmen, die sog. „Bodenstabilisierung" verhindern.
Dadurch wird eine höhere Festigkeit und eine bessere Frostbeständigkeit erzielt. Die Grundlage dafür ist die Fähigkeit des Tons, an
seiner großen Oberfläche durch Adsorption Ionen anzulagern und
diese Ionen auszutauschen. Durch adsorbierte Ionen wird die
Wechselwirkung zwischen Ton und Wasser stark beeinflußt. Ein-
wertige Ionen, wie z. B. Natrium- und Kaliumionen, wie sie im Boden in oft beträchtlicher Menge enthalten sind (Kalidüngung) bewirken bei gleicher Wassermenge eine starke Erweichung bis Verflüssigung; zweiwertige Ionen, insbesondere des Calciums, eine
Koagulation und Versteifung [60].

Infolge der Ionenaustauschfähigkeit des Tons kann man die ver-
flüssigenden einwertigen Ionen z. B. durch Zugabe bzw. Einarbeitung von gebranntem Kalk und auch Zement verdrängen. In beiden
Fällen entsteht durch Umsetzung mit der Bodenfeuchtigkeit Calciumhydroxid ($Ca(OH)_2$) und damit Calciumionen. Auf den Zusatz
von Ca-Ionen erfolgt sofort eine Koagulation, d. h. Gerinnung der
Tonsubstanz und eine Erhöhung der Scher- und Wasserfestigkeit.
Diese Wirkung wird zum Teil noch verstärkt durch eine langfristige
chemische Umsetzung des Kalks mit reaktionsfähiger Kieselsäure
der Tonsubstanz im Sinne einer Puzzolanwirkung (s. dort).

2.2.4.6 Entwässerung des Tons

Nur das Kristallwasser des Tons (Kaolinit: $2 H_2O$) ist fest gebunden;
das darüber hinaus durch Quellung aufgenommene Wasser ist ver-
dunstbar, wenn auch langsam (Ton wirkt als Feuchtigkeitsspeicher).
Es ergibt sich dabei eine Festigkeitszunahme und eine Volumenverringerung (Schwindung).

2.2.4.7 Verfestigung des Tons

Sie wird verursacht durch das Dünnerwerden der zwischen den Kristallblättchen befindlichen Wasserschicht, wodurch die Oberflächenkräfte stärker zur Wirkung kommen und die dünne Wasserschicht pseudofesten Charakter annimmt (s. Bild 45). Dadurch wird
die Gleitung behindert und die Verformung unter Druck erschwert.

94

Dieser Vorgang ist die Umkehrung des Quellvorgangs. Ihre Gesetzmäßigkeit ist aus Bild 45u von rechts nach links betrachtet, zu ersehen.

2.2.4.8 Schwindung des Tons

Wenn das Wasser zwischen den Kristallschichten verdunstet, dann tritt Schwindung auf, im Gegensatz zur Quellung bei der Wasseraufnahme. Die Schwindung entspricht aber nicht dem Volumen des verdunstenden Wassers, sondern ist geringer. Dies hängt damit zusammen, daß die Kristallblättchen nur in ihrer Schichtlage, nicht aber in ihrer Längsrichtung (die ja durch die Blättchengröße bestimmt ist) schwinden können. Das Schema nach **Bild 47** soll dies veranschaulichen. Oben vier idealisierte, gequollene Schichtpakete mit vollständiger Raumerfüllung. Darunter dieselben in getrocknetem Zustand. Sie sind jetzt geschwunden, jedoch nur in der Dicke, nicht in der Länge. Die beiden Pakete links und rechts ergeben eine äußere Schwindung, verbunden mit Volumenabnahme, die beiden Pakete oben und unten eine innere Schwindung, die sich in der Entstehung von Hohlräumen auswirkt.

Das Diagramm im Bild 47 [61] zeigt die Wirkung der Wasserverdunstung aus einer aus 40 Teilen Ton und 60 Teilen Wasser bestehenden gequollenen Tonmasse. Die erste Phase ist gekennzeichnet durch starke äußere Schwindung. Wenn infolge der Sperrigkeit der Kristallblättchen die äußere Schwindung behindert wird, setzt verstärkt die innere Schwindung ein, die sich in Hohlraumbildung auswirkt. In getrocknetem Zustand ist das Volumen auf 80 % zurückgegangen und die Masse besteht (in diesem Fall) zu gleichen Teilen aus Stoffvolumen und Porenraum, wobei die Porenräume miteinander in Verbindung stehen, d. h. es handelt sich um Kapillarporen.

Die Schwindung trockenen Tons ist jedermann bekannt, z. B. von Feldwegen, die nach einer Regenperiode austrocknen und dann starke Rißbildung zeigen. Der große Porenraum bleibt auch bei den daraus hergestellten Ziegelbaustoffen (s. später) erhalten.

2.2.4.9 Lehmbau

Lehm, das meist anzutreffende Gemisch aus Ton und Quarzmehl, erreicht bei der Trocknung eine für manche Zwecke ausreichende Festigkeit, weshalb Lehm insbesondere in früherer Zeit, viel als Baustoff zur Herstellung von Quadern, gestampften Mauern, Lehmfußböden usw. verwendet wurde. Lehm ist das älteste Baumaterial der Menschheit; im Altertum wurden am Euphrat, Tigris und Indus ganze Städte aus lediglich getrockneten Lehmsteinen erbaut.

Der Nachteil des getrockneten Lehms besteht jedoch darin, daß er
bei Wassereinwirkung durch Quellung wieder weich wird, weshalb
er in Europa durch andere, wasserbeständigere Baustoffe verdrängt
ist. Bei letzteren handelt es sich insbesondere um die keramischen
Baustoffe.

2.3 Keramische Baustoffe

Schon in vorgeschichtlicher Zeit wurde erkannt, daß durch Erhitzen
auf hohe Temperatur, das sog. „Brennen", tonhaltige Massen was-
serfest werden und hohe Festigkeit erreichen. Mit solchen, Ziegel
genannten Baustoffen, wurden schon im Altertum im arabisch-indi-
schen Raum viele Bauwerke erstellt.

2.3.1 Vorgänge beim Tonbrennen

Beim Erhitzen treten in der Kristallstruktur des Tons Veränderun-
gen ein [62]. Bei ca. 400 °C werden die zwischen den Si- und Al-
Atomen sitzenden OH-(Hydroxyl-)Gruppen abgespalten (s. Bild
44). Da das Wasser über die Hydroxylgruppen aufgenommen wird,
führt dies zu verringerter Wasseraufnahme, d.h. Ton und Lehm
quellen nicht mehr. Bei Temperaturen über 500 °C bricht das Kristallgitter zusammen; es bildet sich sog. Metakaolin. Dieses enthält
bei Andeutung der ursprünglichen Kristallstruktur ein Gemenge
von amorphem SiO_2 und Al_2O_3.

Über 800 °C reagieren SiO_2 und Al_2O_3 zu Aluminiumsilikaten
unter Beibehaltung der porösen Struktur. Bei über 1200 °C fangen
die Kristalle an ihren Berührungsflächen an zu schmelzen und „sintern" zusammen (Sinterung = Zusammenschmelzen eines Kornge-
rüsts an den Berührungspunkten der Körner).

2.3.2 Ziegelwaren

2.3.2.1 Rohstoffe

Unter Ziegelwaren versteht man poröse mineralische Brennprodukte. Als Rohstoff sind Lehm, Ton, tonige Massen mit oder ohne
mineralische und sonstige (zweckmäßige) Zuschläge geeignet. Reiner Ton ist, abgesehen von seinem nicht häufigen Vorkommen, wenig geeignet, weil er beim Trocknen und Brennen stark schwindet.
Deshalb werden tonhaltige Massen verwendet, die neben Ton noch
andere Mineralien, insbesondere SiO_2 in Form von Feinsand und

96

Quarzmehl enthalten, der sog. Lehm. Solche Zuschläge haben, da sie aus nichtschwindenden Mineralstoffen bestehen, den Vorteil, daß sie das nur durch den Tonanteil verursachte Schwinden der Masse beim Trocknen und Brennen reduzieren.

Der Tongehalt der Rohmasse liegt im allgemeinen zwischen 20 und 60%. Es handelt sich also um Übergänge zwischen starkbindigem Boden (lehmiger Sand) bis zum lehmigen Ton (s. **Bild 48**). Zur Herstellung von Vollziegeln ist schon ein sandiger Lehm mit 20 bis 30% Tongehalt geeignet; je dünnwandiger die Erzeugnisse, desto höher muß der Tongehalt sein, weil er als Bindemittel die Grünfestigkeit der noch wasserhaltigen Rohlinge gewährleistet. Ziegelton enthält manchmal auch *Kalk* ($CaCO_3$) und wird dann Löß genannt. Der Kalkgehalt kann bis zu 25% gehen, wenn er in feiner Verteilung ($< 1\,mm$) vorliegt. Größere Teilchen führen zu Absprengungen, weil der bei der Brenntemperatur daraus entstehende Brantkalk unter Volumenausdehnung mit Wasser reagiert (s. Kalklöschen). Auch *Eisenhydroxid* ($Fe(OH)_3$) ist in den Tonmassen in unterschiedlicher Menge enthalten und die Ursache der braunen Farbe. Beim Brennen verwandelt es sich in rotes Eisenoxid (Fe_2O_3) worauf die charakteristische rote Farbe der Ziegeleierzeugnisse zurückzuführen ist. Eisenverbindungen erniedrigen den Schmelzpunkt des Tons [63].

2.3.2.2 *Herstellung und Eigenschaften*

Das Herstellungsverfahren besteht in der *Aufbereitung* der Rohstoffe, insbesondere einer Zerkleinerung durch Walzwerke und Kollergänge, in der *Formgebung* durch Strangpressen und Stempelpressen, in der *Vortrocknung* und im *Brennen* bei 900 bis 1100°C, vorwiegend in Ringöfen.

Die Druckfestigkeit der Ziegelmassen liegt im allgemeinen zwischen 10 und 25 N/mm^2. Infolge des Kapillarporengehalts von 10 bis 20% ist die Wärmeleitzahl (WLZ) gering; sie beträgt ca. 0,7 (Beton ca. 1,5). Bei den sog. Porenziegeln (PMZ) wird durch Zusatz von beim Brand verbrennenden Teilchen (Sägmehl, Braunkohle, Torf), der Porenanteil auf bis 50% erhöht und dadurch die WLZ auf bis 0,3 reduziert. Einfacher läßt sich diese Wirkung bei den sog. „Lochziegeln" erzielen, denen bei der Formgebung durchgehende Löcher eingearbeitet werden mit einem Hohlraumvolumen von 30 bis 40%. Sie haben eine mittlere WLZ von 0,4.

Ziegelbaustoffe sind im allgemeinen frostbeständig, weil aufgesogenes Wasser sich beim Gefrieren in den Kapillaren ausdehnen kann. Nur bei völliger Wassersättigung können, je nach Beschaffen-

heit, beim Gefrieren Risse auftreten. Deshalb Frostbeständigkeitsprüfung nach DIN 105 und 52250. Als Unterwasserbaustoff sind
Ziegel wenig geeignet und dies um so mehr, je niedriger die Brenntemperatur und je höher der Kalkgehalt sind. Letzterer wirkt sich in
erhöhter Wasseraufnahme aus [64].

2.3.3 Klinkerbaustoffe

Wenn man die Ziegelmasse auf über 1400 °C erhitzt, dann fangen
die Kristalle an zu erweichen und an ihren Berührungsflächen zusammenzuschmelzen, Sintern genannt. Dadurch verringert sich der
Porenraum und der poröse „Scherben" der Ziegel wird dicht und
erreicht hohe Festigkeit. Solche Stoffe haben im Gegensatz zu den
dumpf klingenden Ziegeln einen hellen Klang, d.h. sie „klingen"
beim Anschlagen; daher der Name „Klinker".

Herstellung und Eigenschaften. Die Sinterung kann man nicht nur
durch höhere Brenntemperatur, sondern auch durch Erniedrigung
der Erweichungstemperatur erzielen, was durch Eisenoxid bewirkt
wird. In der Praxis wird mit gegenüber dem Ziegelbrennen etwas
erhöhter Temperatur (1100 bis 1300 °C) und eisenoxidreichen Tonmassen gearbeitet.

Die Druckfestigkeit der Klinker liegt im Mittel bei 35 N/mm², ist
also im Durchschnitt doppelt so groß wie die der Ziegel (s. **Bild 49**).
Im Unterschied zum Ziegel ist der Klinker unterwasserbeständig,
ferner erhöht frostbeständig und mechanisch widerstandsfähiger,
sowie in hohem Maße säurebeständig. Seine WLZ ist jedoch (wegen
des geringeren Porengehalts von weniger als 5 %) größer; sie beträgt
ca. 0,9. Wegen dieser Eigenschaften finden Klinker vielseitige
Anwendung als Wasserbauklinker, Kanalklinker, Pflasterklinker,
Mauerklinker und für den Säurebau (s. Bild 51) [65].

2.3.4 Steinzeug

Das Steinzeug schließt sich an die Klinkermaterialien an. Die Sinterung ist noch weitergehend (bis zur Hohlraumfreiheit) und die
Oberfläche ist meist mit einer Glasurschicht versehen. Die Farbe
des Scherbens (unglasierte Kernmasse) ist grau, gelb oder braun.

Herstellung und Eigenschaften. Die Steinzeugmassen werden durch
Schamottekörnung (s. Schamotte) gemagert zur Verringerung des
Schwindens und Verbesserung der Brennstandfestigkeit. Die Glasur
wird durch Aufwerfen oder Einblasen von Kochsalz in die Feuerung
erzielt. Bei der hohen Temperatur zersetzt sich NaCl zu Natrium-

98

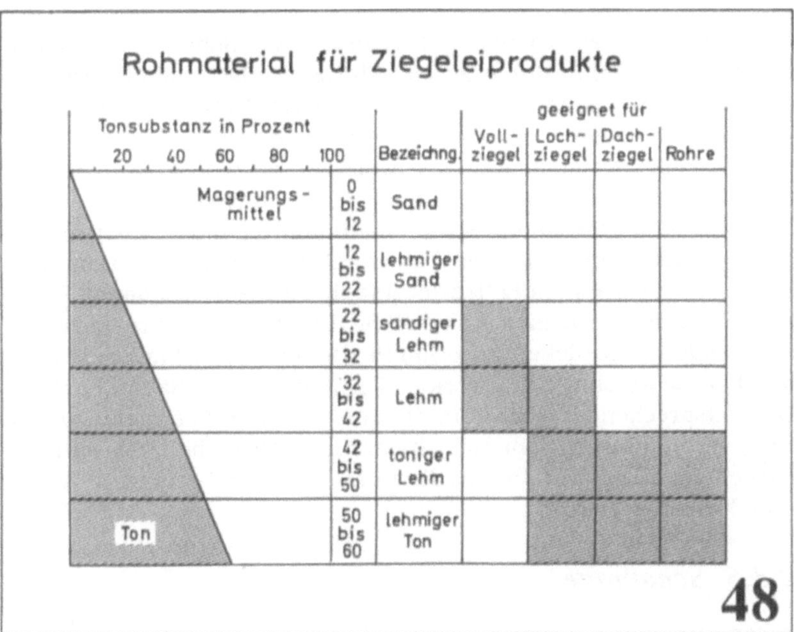

Rohmaterial für Ziegeleiprodukte
Tonsubstanz in Prozent
20   40   60   80   100
Bezeichng.
geeignet für
Voll- ziegel
Loch- ziegel
Dach- ziegel
Rohre
Magerungs- mittel
0 bis 12
Sand
12 bis 22
lehmiger Sand
22 bis 32
sandiger Lehm
32 bis 42
Lehm
42 bis 50
toniger Lehm
50 bis 60
lehmiger Ton
Ton
48

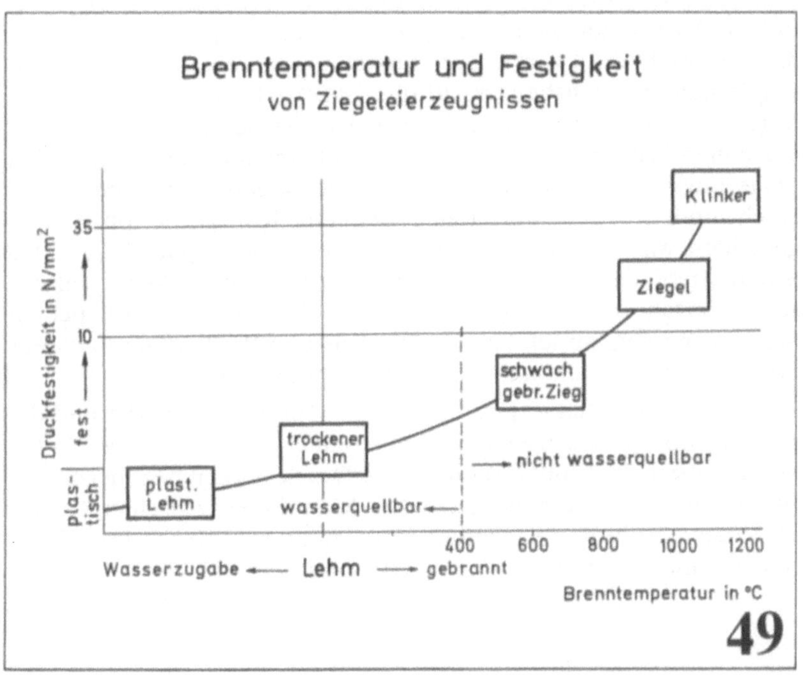

Brenntemperatur und Festigkeit
von Ziegeleierzeugnissen
Druckfestigkeit in N/mm²
35
10
fest
plas- tisch
Klinker
Ziegel
schwach gebr. Zieg
trockener Lehm
plast. Lehm
nicht wasserquellbar
wasserquellbar
400   600   800   1000   1200
Wasserzugabe ←   Lehm   → gebrannt
Brenntemperatur in °C
49

oxid und HCl. Das Natriumoxid reagiert an der Scherbenoberfläche mit dem Aluminiumsilikat zu Na-Al-Silikat, das schmelzflüssig ist und beim Abkühlen zu einer Glasur erstarrt. Neben der Salzglasur werden auch andere Glasurmassen verwendet [66].

Steinzeugmaterialien haben wegen der speziellen Rohstoffauswahl und weitgehender Sinterung eine sehr hohe Festigkeit von 150 bis 300 N/mm². Sie sind praktisch hohlraumfrei und nehmen infolge der Glasurdichtung keinerlei Wasser auf. Sie sind damit zusammenhängend wasserbeständig, frostbeständig und säurebeständig. Steinzeug findet hauptsächlich Anwendung für Abwasserrohre und dazugehörende Formstücke; weiterhin für Bodenfliesen, Stallartikel und für chemisch-technische Zwecke (säurefeste Steine, Säurebehälter). Bei entsprechender Rohstoffzusammensetzung (Vermeidung von Eisenverbindungen) läßt sich Steinzeug auch in heller bis weißer Farbe herstellen. Anwendung für frost- und säurebeständige Wand- und Bodenfliesen [67].

2.3.5 Schamotte

Schamotte sind feuerfeste Ziegel. Sie müssen bis 1500 °C formbeständig sein. Normale Ziegel erweichen ab 1400 °C, wobei der natürliche Eisenoxidgehalt (5 bis 10 %) als schmelzpunkterniedrigendes sog. Flußmittel wirkt. Zur Herstellung feuerfester Ziegel müssen deshalb möglichst eisenoxidfreie (< 2 %) Tonmassen verwendet werden, weshalb die Schamotteziegel meist hellgelb sind. Wegen der hohen Schwindung wird der Ton mit einem nichtschwindenden Magerungsmittel versetzt. Das wichtigste ist gebrannter (und dabei geschwundener) Schamotteton, der auf eine Korngröße von < 5 mm gemahlen wird. Dieser Schamottebrechsand wird mit 30 bis 50 % Schamottebindeton und Wasser zu einer plastischen Masse (plastisches Verfahren) oder mit 10 bis 30 % Ton zu einer erdfeuchten Masse gemischt; im letzteren Fall werden im Preßverfahren daraus Formlinge hergestellt und bei 1300 °C gebrannt [68].

Eigenschaften. Schamottesteine sind bis 1600 °C beständig und damit feuerbeständig (nach internationaler Vereinbarung Stoffe, welche oberhalb 1500 °C schmelzen). Die Festigkeit liegt bei den im plastischen Verfahren hergestellten Materialien zwischen 10 und 30 N/mm², beim Preßverfahren zwischen 30 und 100 N/mm². Schamottesteine werden vor allem im Ofenbau verwendet.

2.3.6 Steingut (Irdenware)

Steingut ist gekennzeichnet durch einen porösen, wassersaugenden Scherben mit einem Glasurüberzug. Wenn der Scherben aus Ziegeltonmasse besteht und die Glasur farbig ist, spricht man von Fayencen und Majoliken (technisch überholt), wenn Scherben und Glasur weiß sind, von Steingut. Am wichtigsten ist das sog. Hartsteingut.

Herstellung und Eigenschaften. Das Grundmaterial des Hartsteinguts ist eine Mischung aus weißem (eisenfreiem) Ton und Quarz, der als Magerungsmittel dient. Die Rohstoffe werden naß gemahlen, das Wasser in Filterpressen abgeschieden und die verbleibende erdfeuchte Masse in Pressen geformt und unter der Sintergrenze gebrannt. Dann wird die aus niedrigschmelzenden Silikaten bestehende Glasurmasse aufgetragen und durch einen zweiten Brand eingeschmolzen.

Steingut hat porigen Scherben und nimmt meist über 15% Wasser auf. Bei dem besonders stark gebrannten Sanitärsteingut beträgt die Wasseraufnahme <10%. Damit zusammenhängend ist Steingut trotz Glasur nicht frostbeständig, sofern von hinten Wasser hinzutreten kann. Hauptanwendungsgebiet sind Wandfliesen. Hier ist die Porosität wichtig, weil dadurch Wasser aus dem Verlegemörtel abgesaugt und eine gute Haftung erzielt wird. In großem Umfang wird Steingut im Sanitärbereich verwendet [69].

2.3.7 Vergleich der keramischen Baustoffe

Einteilung. **Bild 50** gibt einen Überblick über die keramischen Baustoffe. Man unterscheidet solche mit pröser Grundmasse (Scherben) und solche mit dichtem Scherben, jeweils unglasiert und glasiert. Die Ziegelwaren sind porös und bei relativ niedriger Temperatur gebrannt (900 bis 1100°C). Die Schamotte ist zur Erzielung der Feuerbeständigkeit bei hoher Temperatur (>1300°C) gebrannt. Klinker wird zur Erzielung eines dichten Scherbens bei Temperaturen von 1100 bis 1300°C gebrannt. Steinzeug hat ebenfalls einen dichten Scherben und ist zusätzlich glasiert. Steingut hat demgegenüber einen (meist weißen) porösen Scherben mit Glasurüberzug.

Eigenschaften. **Bild 51** zeigt den Vergleich der Eigenschaften. Der trockene Lehm hat bei geringer Festigkeit eine schlechte Wasserbeständigkeit. Sehr gut ist die Wärmedämmung. Beim gebrannten Lehm (Ziegel) sind Festigkeit und Feuchtigkeitsbeständigkeit gut; die Dämmwirkung sehr gut. Bei den keramischen Baustoffen mit dichtem Scherben (Klinker und Steinzeug) sind Festigkeit und Wasserbeständigkeit durchweg sehr gut, die Dämmwirkung jedoch (wegen fehlender Poren) mäßig.

2.3.8 Blähton

Ziegelsplitt ist infolge seines großen Porenvolumens auch als Zuschlag zur Herstellung von Leichtbeton geeignet. Er hat aber u. a. den Nachteil, daß sein Porensystem offen und durchgängig ist und der Ziegelsplitt deshalb viel Wasser aufsaugt, was zur Anwendung eines Bindemörtels mit hohem W/Z-Wert und damit verbundenen Nachteilen zwingt. Deshalb wird Ziegelsplittbeton vorwiegend für untergeordnete Zwecke verwendet, nicht jedoch für Konstruktionsleichtbeton hoher Festigkeit. Dieser wurde möglich durch die insbesondere in den USA betriebene Entwicklung spezieller Leichtzuschläge, ebenfalls auf Tonbasis, jedoch mit wesentlich verbesserten Eigenschaften. Im Prinzip handelt es sich dabei um geblähte und gebrannte Tongranulate. Sie haben im Vergleich zum Ziegelsplitt einen noch größeren Porengehalt und außerdem sind diese Poren weniger kapillar durchgängig, sondern bestehen weitgehend aus isolierten Kugelporen. Daraus ergeben sich wichtige Vorteile; ein höherer Wärmedämmwert und eine geringere Wasserabsaugung aus dem Bindemörtel, der deshalb mit einem niedrigeren W/Z-Wert hergestellt werden kann.

Zur Herstellung solcher Blähtongranalien eignen sich nur bestimmte Tone. Diese müssen Stoffe enthalten, die bei der Brenntemperatur Gase entwickeln und damit diese Gase nicht entweichen können, muß sich beim Brennen eine Schmelzphase bilden, welche die entstandenen Poren umschließt. Als gasbildende Bestandteile wirken Kalkstein ($CaCO_3$), Dolomit ($CaCO_3 \cdot MgCO_3$) und andere Carbonate. Diese spalten, (wie unter Kalkbrennen beschrieben) bei hoher Temperatur CO_2-Gas ab. Nichtblähende Tone können durch Zusatz von Kalkstein, aber auch organischer Stoffe wie Sulfitablauge, schwerem Heizöl u. a. verbessert werden. Letztere verbrennen beim Brennvorgang unter Bildung von CO_2-Gas.

Für die Ausbildung der Schmelzphase muß der Rohstoff Anteile basischer Stoffe (Na_2O, K_2O, CaO, MgO) auch Eisenoxid enthalten. Die Alkalien bilden mit der Kieselsäure (SiO_2) des Tons niedrigschmelzende Silikate (s. Salzglasur des Steinzeugs). Auch Eisenoxid wirkt schmelzphasenbildend, wovon man bei der Klinkerherstellung Gebrauch macht (s. dort). Wichtig ist, daß der Ton (im Unterschied zum Ziegelton) wenig Quarz enthält, weil dieser an dem

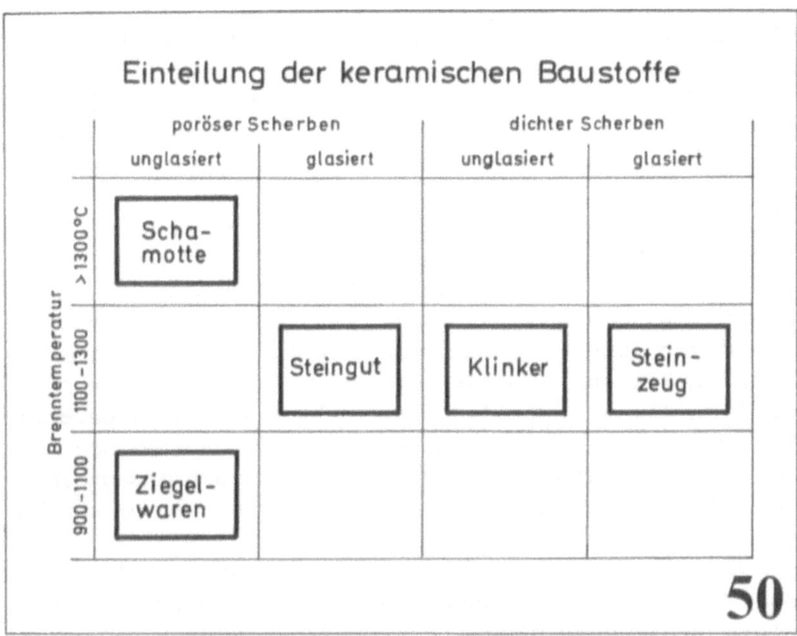

Einteilung der keramischen Baustoffe
poröser Scherben
dichter Scherben
unglasiert
glasiert
unglasiert
glasiert
Brenntemperatur
>1300°C
1100–1300
900–1100
Scha-motte
Steingut
Klinker
Stein-zeug
Ziegel-waren
50

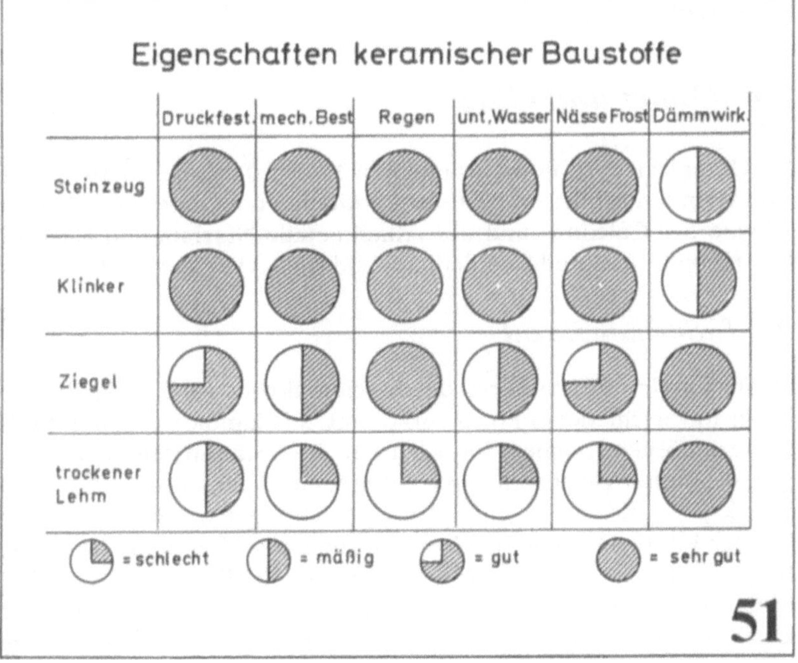

Eigenschaften keramischer Baustoffe
Druckfest. mech.Best Regen unt.Wasser Nässe Frost Dämmwirk.
Steinzeug
Klinker
Ziegel
trockener Lehm
= schlecht
= mäßig
= gut
= sehr gut
51

Blähvorgang nicht teilnimmt und als wirkungshemmender Ballast wirkt.

Als Rohstoffe werden ausgesuchte Tone (clay), sowie Schieferton (shale) und Tonschiefer (slate) verwendet. Tonschiefer ist ein durch Gebirgsdruck entwässerter Schieferton; der Schieferton nimmt eine Zwischenstellung zwischen Ton und Tonschiefer ein.

Hervorzuheben ist die Porencharakteristik. Es gibt Blähtone, die schnell und viel Wasser aufsaugen und solche, die bei gleicher Porosität (Raum-%) weniger Wasser und dieses sehr langsam aufsaugen. Letztere Eigenschaft ist von Vorteil, weil solcher Blähton während der Mischung und Verarbeitung des Betons wenig Wasser aus dem Mörtel absaugt und dieser deshalb einen niedrigen W/Z-Wert haben kann. Die in diesem Fall über Stunden und Tage andauernde Wasserabsaugung setzt, ähnlich wie beim Vakuumbeton, den Wassergehalt des Mörtels herab und bewirkt durch den Ansaugeeffekt eine sehr gute Verbindung zwischen Blähkornoberfläche und Bindemörtel.

Damit zusammenhängend können die Eigenschaften der einzelnen Produkte sehr unterschiedlich sein. Bei Verwendung geeigneter Materialien können daraus Leichtbetone hergestellt werden, die in ihren Festigkeitseigenschaften dem Schwerbeton entsprechen [69b, 69c].

2.4 Quarz und Glas

Im Unterschied zu den keramischen Baustoffen, die überwiegend aus Aluminiumsilikaten bestehen, enthalten die Gläser vorwiegend Silikate des Calciums und der Alkalimetalle Natrium und Kalium. Der Hauptbestandteil ist Siliciumdioxid (SiO_2) bekannt als Quarz.

2.4.1 Siliciumdioxid

Quarz ist eine Kristallform des Siliciumdioxids (SiO_2), das in der Natur in verschiedener Form vorkommt. Siliciumdioxid ist praktisch wasserunlöslich, reagiert jedoch unter hydrothermalen Bedingungen, d.h. unter gleichzeitigem Einfluß hoher Temperatur und hohen Drucks, wie sie im Lauf der Erdgeschichte geherrscht haben, mit Wasser [69a]. Das aus der Verwitterung des Urgesteins (s. 2.2.3) freigewordene SiO_2 wurde dabei in kolloidales Kieselgel ($SiO_2 \cdot H_2O$) aufgelöst. Aus diesem ist unter Wasserabgabe der Opal entstanden, der aus einer wasserarmen Kieselgallerte (1 bis

20% H_2O) besteht. Der Opal ist, wie das Kieselgel, noch von weitgehend amorpher Struktur und deshalb leicht reaktionsfähig (Alkalitreiben durch Opalsandstein). Unter günstigen geologischen Bedingungen neigt die amorphe Kieselsäure zur Kristallisation. Der sog. Chalcedon ist ein Mineral, das, aus SiO_2 bestehend, einen Übergang zwischen Opal und feinkristalliner Kieselsäure darstellt. Die nächste Stufe ist der Quarzit, der weitgehend aus kristallinem, teilweise grobkristallinem SiO_2 besteht. Auch der sog. Flintstein oder Feuerstein (früher Zündstein für Flinten) hat sich auf diese Weise aus SiO_2 gebildet. Die Endstufe ist der Quarz, bestehend aus kristallisierten Riesenmolekülen von Siliciumdioxyd.

2.4.1.1 Kristallstruktur des Quarzes

Zu den sich aus dem Periodensystem ergebenden Gesetzmäßigkeiten gehört auch die Ähnlichkeit von Oxiden einer Elementgruppe. Dies gilt nicht für CO_2 und das darunter stehende SiO_2; im Gegenteil, es gibt kaum eine extremere Gegensätzlichkeit. CO_2 ist ein flüchtiges Gas und SiO_2 die widerstandsfähigste, Jahrmillionen überdauernde Verbindung (s. Gesteinsverwitterung). Dies hängt damit zusammen, daß das CO_2 den Sauerstoff unter Bildung eines kleinen Moleküls $O=C=O$ bindet, beim SiO_2 sich dagegen ein dreidimensionales, kompliziertes Atomgitter bildet, in welchem jedes Si-Atom tetraedrisch von vier O-Atomen umgeben ist (s. **Bild 52**). Je eine Bindungsenergie dieser vier O-Atome wird vom Si-Zentralatom gebunden, die andere Bindungsenergie (des zweiwertigen Sauerstoffs) durch vier weitere Si-Atome usw., wodurch ein Raumnetz entsteht (s.l.u.). Jedes Si-Atom (schwarzer Punkt) ist in der Fläche von drei O-Atomen (Kreise) umgeben; das vierte steht senkrecht über dem Si-Atom (Kreis um Punkt) und setzt die Bindungen in den Raum fort. Ein sich aus einem solchen Kristallgitter aufbauender Quarzkristall kann deshalb als ein Riesenmolekül bezeichnet werden.

2.4.1.2 Vorkommen und Eigenschaften

Quarz (SiO_2) ist das häufigste Mineral der Erdoberfläche. Er kommt in reiner Form als „Bergkristall" in Klüften des Urgesteins häufig vor und ist in kristalliner Form in vielen Gesteinen (z.B. Granit) enthalten. Auch die Sandsteine bestehen größtenteils aus kleinen, miteinander verkitteten Quarzkörnern [70].

Quarz hat die Mohs-Härte 7 und ist damit härter als Glas und Stahl. Er ist selbst in stärksten Säuren (ausgenommen Flußsäure) unlöslich. Mit Alkalioxiden setzt er sich jedoch bei hohen Tempera-

turen zu sog. Glas um (s. dort). Quarz ist wasserklar und hat einen
Schmelzpunkt von 1705 °C. Bei entsprechender Abkühlung der
Schmelze tritt keine Kristallisation ein, sondern sie erstarrt zu sog.
Quarzglas.

Dieses ist technisch von großer Bedeutung, weil es durchlässig für
UV-Licht ist (Höhensonnen) und nur eine geringe Wärmeausdeh-
nung ($^1/_{20}$ der des Glases) hat, weshalb es gegen schroffen Tempera-
turwechsel unempfindlich ist. Wegen seines hohen Preises wird es
im Bauwesen wenig verwendet.

2.4.2 Natürliche Silikate

Neben dem Quarz, bei dem alle vier O-Atome in dem Raumgitter
gebunden sind, gibt es auch Verbindungen, bei denen nur zwei und
drei O-Atome zur Brückenbildung dienen; bei den anderen lagern
sich an die freie Wertigkeit Ionen an, insbesondere der Alkali- und
Erdalkalimetalle (Ca, Mg). Wenn zwei der vier O-Atome Bindeglieder sind, entstehen Ketten (s. Bild 52), wenn abwechselnd zwei
und drei O-Atome Bindeglieder sind, entstehen Bänder und wenn
drei Atome als Bindeglieder wirken, entstehen Netz- oder Schicht-
strukturen. Mineralien der letzteren Art zerfallen, da ihnen die
räumliche Vernetzung fehlt, leicht in dünne Blättchen, bzw. Schup-
pen. Zu ihnen gehören Talkum, Glimmer und Ton. Der Hauptvertreter der Silikate mit Bandstruktur ist der Asbest, ein Mineral, das
aus Fasern besteht. Sie besitzen hohe Zugfestigkeit und eignen
sich deshalb zur Armierung des Zementsteins (s. Asbestzement)
[71, 72].

Bei der sog. Ortho-Kieselsäure bestehen keine Bindungen zwischen den Si-Atomen. An die vier O-Atome sind H^+-Ionen angelagert (s. Bild 52). Durch Wasserabspaltung kann man Kettenmole-
küle herstellen (Polykieselsäuren), wenn man die H^+-Ionen gegen
Metallionen austauscht, gelangt man zu den besprochenen Silikaten
mit Kettenstruktur.

2.4.3 Glas

Durch starke Basen kann das Raumnetz des Quarzes aufgebrochen
werden, „Aufschließen" genannt. Dies geschieht durch Schmelzen
von Quarzsand mit Oxiden vorwiegend der Alkali- und Erdalkalimetalle bzw. mit Verbindungen, welche in der Hitze Metalloxide
bilden (Cabonate) [73]. Die durch das Aufbrechen der Gitterstruktur frei werdenden Ladungen werden durch Metallkationen kom-

Struktur der Silikate

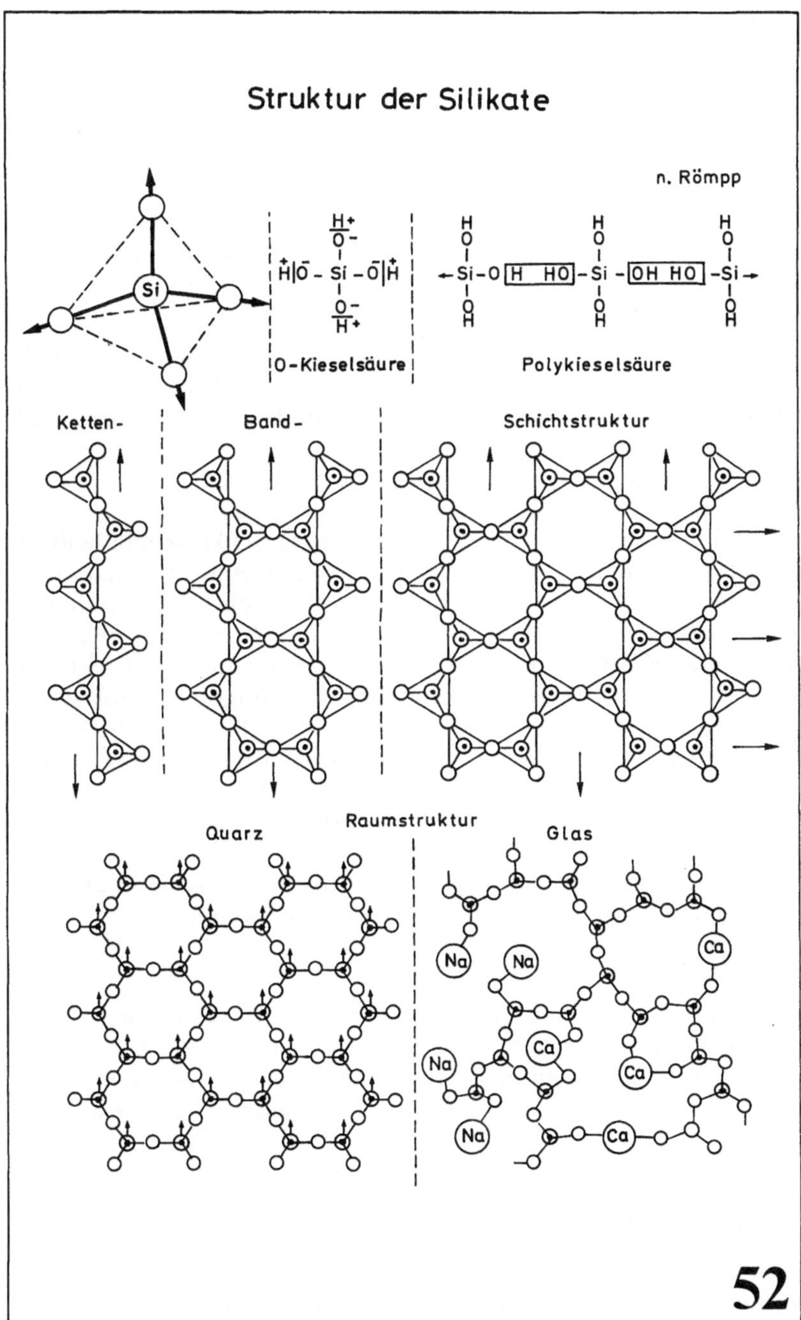

pensiert. Aus dem regelmäßigen Kristallgitter des Quarzes entsteht dabei ein unregelmäßiges Netzwerk von SiO-Tetraedern mit eingelagerten Metallionen (s. Bild 52) [74].

2.4.3.1 Wasserglas

Wasserglas entsteht, wenn es sich um Alkalimetalle (Na und K) handelt. Diese lagern sich als Endglieder an die Gitterbruchstücke an. Die Alkaliionen sind stark hygroskopisch; sie nehmen Wasser auf, wodurch aus dem wasserfesten Quarz ein wasserlösliches Glas, das sog. „Wasserglas" wird.

Herstellung und Eigenschaften. Wasserglas wird hergestellt durch Zusammenschmelzen von Quarzsand (SiO_2) und Soda (Na_2CO_3) bzw. Pottasche (K_2CO_3). Bei ca. 1400 °C findet die Umsetzung statt n. d. Gl.

$Na_2CO_3 + SiO_2 = Na_2SiO$ (Natronwasserglas) $+ CO_2$,
$K_2CO_3 + SiO_2 = K_2SiO_3$ (Kaliwasserglas) $+ CO_2$.

Dabei entsteht ein stückiges Glas, das in Druckkesseln in heißem Wasser gelöst wird. Wasserglas wird im Bauwesen verwendet u. a. als Bindemittel für Fassadenfarben (sog. Keimsche Mineralfarben). Bei neuem Putz bildet sich mit den Calciumhydroxid das Calciumsilikat gemäß $K_2SiO_3 + Ca(OH)_2 + CO_2$ (in der Luft) $\rightarrow CaSiO_3 + K_2CO_3$. Bei altem (carbonatisiertem) Putz erfolgt eine Umsetzung gemäß $K_2SiO_3 + CO_2 \rightarrow SiO_2 + K_2CO_3$, wobei bindendes SiO_2-Gel entsteht. Das Wasserglas ist ein wetterfestes Bindemittel für Farbpigmente. Vorzugsweise geeignet ist das Kaliwasserglas, weil die aus Natronwasserglas entstehende Soda Kristalle bildet, die als Ausblühungen störend wirken können. Wasserglas wird auch für Feuerschutzanstriche sowie als Bestandteil von Betonzusatzmitteln und als Bindemittel für Säurekitte im Bauwesen verwendet.

2.4.3.2 Bauglas

Die Oxide zweiwertiger Metalle, insbesondere des Calciums, wirken im Gegensatz zu den kettenabbrechenden einwertigen Alkaliionen infolge ihrer zwei Valenzen als Brückenbildner zwischen den Gitterbruchstücken des Quarzes. Dadurch wird wieder ein, wenn auch regelloses Makromolekül aufgebaut (s. Bild 52). Dieses ist wasserbeständig und steht in seinen Eigenschaften dem Quarz mehr oder weniger nahe. Dabei genügt es, einen Teil des Alkalioxids durch Erdalkalioxid zu ersetzen, um diese Wirkungen zu erzielen.

Herstellung [75]. Das übliche, für viele Zwecke verwendete sog. Normalglas ist ein Gemenge von Calcium- und Natriumsilikat. Rohstoffe sind Quarzsand, Kalkstein ($CaCO_3$) und Soda (Na_2CO_3), die nach den Gleichungen reagieren:

$CaCO_3 + SiO_2 \rightarrow CaSiO_3 + CO_2$ und $Na_2CO_3 + SiO_2 \rightarrow Na_2SiO_3 + CO_2$.

Die durchschnittliche Zusammensetzung ist ca. 73% SiO_2, 15% Na_2O und 12% CaO. Für schwerschmelzbare Gläser (Kronglas) wird anstelle Soda Pottasche (K_2CO_3) verwendet, für stark lichtbrechende Gläser (Flintgläser) das Calcium ganz oder teilweise durch Blei ersetzt, indem man Bleiglätte (PbO) anstatt Kalkstein verwendet (Bleiglas).

Die Reaktion beginnt schon bei ca. 600 °C und ist nach 12 bis 24 h bei ca. 1500 °C beendet, wobei eine dünnflüssige, gleichmäßige Schmelze entsteht, die durch Gießen, Walzen, Pressen, Ziehen und Blasen weiter verarbeitet wird.

Glassorten. Wichtige Glassorten sind: 1. *Tafelglas,* hergestellt durch Ziehen, hauptsächlich als Fensterglas verwendet. 2. *Gußglas,* hergestellt im Walzverfahren. Durch Einwalzen von Drahtgewebe entsteht *Drahtglas,* bei Verwendung von Profilwalzen sog. *Ornamentglas.* 3. *Spiegelglas* wird durch beidseitiges Schleifen von Gußglas hergestellt. 4. *Sicherheitsglas:* a) Einscheiben-Sicherheitsglas ist oberflächengehärtetes Glas, bewirkt durch Erhitzen (ca. 600 °C) und anschließendes Abschrecken im Kaltluftstrom. Dadurch wird eine Vorspannwirkung erzielt, verbunden mit erhöhter Schlagfestigkeit und Biegefestigkeit. Bei Bruch entstehen keine gefährlichen Scherben, sondern kleine Krümel. b) Verbund-Sicherheitsglas wird durch Verkleben von zwei und mehr Glasscheiben unter Zwischenlegung und Einschmelzung von Kunststoffolien hergestellt. Beim Bruch bindet die Klebefolie die Splitter [76].

Eigenschaften. Die verschiedenen Glasverarbeitungsverfahren, z.B. das Blasen, sind nur dadurch möglich, daß das Glas keinen Schmelzpunkt, sondern einen über eine große Temperaturspanne reichenden plastischen Bereich hat, in welchem es auf verschiedene Art formbar ist. Glas ist damit ein thermoplastischer Stoff, vergleichbar dem Bitumen, jedoch mit dem Unterschied, daß der plastische Bereich nicht wie bei letzterem im Bereich der Normaltemperatur liegt, sondern erst über 500 °C beginnt und sich über mehrere 100 °C erstreckt.

Glas hat eine M-Härte zwischen 5 und 7 und eine sehr geringe Wärmeleitfähigkeit (ca. 40mal geringer als beim Stahl). Diese wird noch außerordentlich verringert bei der sog. *Glaswolle,* die aus feinen, gewellten, verfilzten Glasfäden besteht. Sie enthält pro Liter nur etwa 30 cm^3 Glas und 970 cm^3 „ruhende Luft", woraus sich die

minimale WLZ von 0,025 und hervorragende Wirkung als Wärme-
dämmstoff ergibt. Die WLZ ist praktisch proportional dem Glasge-
halt (s. **Bild 54**).

2.4.3.3 Glasfasern

Glasstäbe haben eine Zugfestigkeit von 70 bis 99 N/mm². Mit abnehmendem Durchmesser nimmt die Zugfestigkeit, bedingt durch
die beim Ausziehen entstehende Parallellagerung der Molekülket-
ten außerordentlich zu; bis 3000 N/mm² bei 4 µm Durchmesser (s.
Bild 53) [77]. Glasfasern sind diesbezüglich allen Fasermaterialien,
auch Stahl, überlegen. Sie werden deshalb in großem Umfang als
Armierung für Kunststoffbauteile, die sog. GfK-Stoffe (glasfaser-
verstärkte Kunststoffe) verwendet. Die üblichen alkalihaltigen (A)-
Gläser sind dafür wegen der geringeren Festigkeit und Beeinträchti-
gung durch Wassereinwirkung (s. Wasserglas und Glas) wenig geeignet. Gut geeignet ist das ursprünglich für Elektroisolation entwickelte alkaliarme, sog. E-Glas, welches neben den Erdalkalien
Calcium und Magnesium auch Bor- und Aluminiumsilikat enthält.
Gegen die Einwirkung von im Zementstein enthaltenem $Ca(OH)_2$
mit pH 12,5 ist auch das E-Glas nicht beständig. Dies ist beim
Zirkonglas (z. B. Cemfil) der Fall.

2.4.4 Überblick über die silikatischen Erzeugnisse

Gläser und keramische Erzeugnisse sind durchweg Silikate, d. h.
Salze der Kieselsäure mit Metallen der Alkaligruppe, der Erdalkali-
gruppe und des Aluminiums und Eisens (s. **Bild 55**). Aus dem oberen Teil der Grafik ist die Zusammensetzung ersichtlich. Im Zentrum steht SiO_2 (= 100%), nach außen zunehmende Anteile an
Alkalioxiden, Erdalkalioxiden, Aluminium- und Eisenoxid.

Das Wasserglas besteht nur aus Alkalisilikat, das Bauglas enthält
eine Mischung aus Alkali- und Erdalkali- (Calcium)-Silikat. Die
keramischen Erzeugnisse bestehen vorwiegend aus Aluminiumsilikat. Bei den Ziegeleierzeugnissen ist der SiO_2-Gehalt wegen des
Feinsandgehalts (SiO_2) des Lehms in der Regel größer als bei den
keramischen Massen. Der Anteil an Eisenoxid (Fe_2O_3) ist wegen
seiner den Schmelzpunkt erniedrigenden Wirkung bei den Klin-
kerbaustoffen groß, bei den feuerfesten Massen (Schamotte) gering.
Weiße keramische Massen (Steingut) müssen wegen der durch
Fe_2O_3 bewirkten Braunfärbung völlig eisenfrei sein.

Auch der später behandelte Portlandzement und die Hochofenschlacken sind überwiegend Silikate. Beim vorwiegend aus Calciumaluminaten bestehenden Tonerdezement ist der SiO_2-Gehalt gering.

110

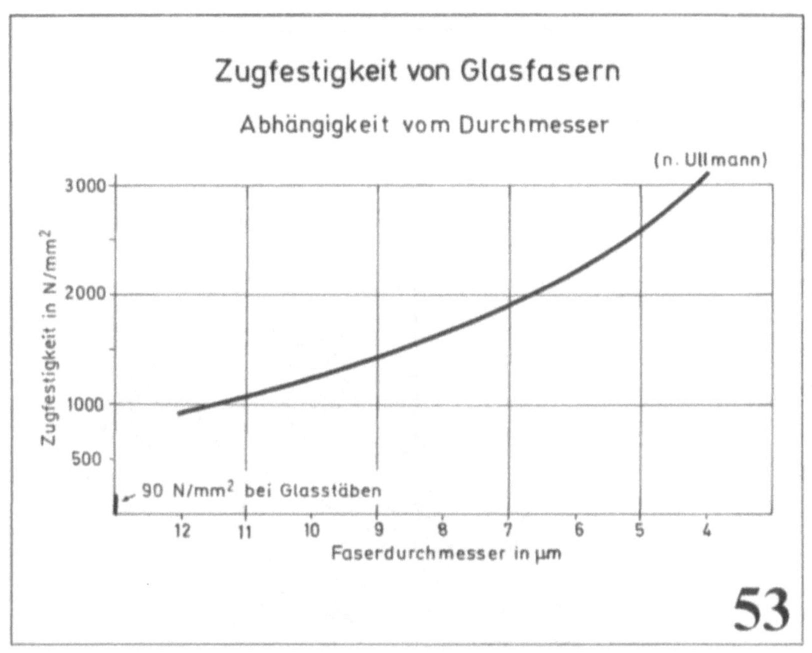

Zugfestigkeit von Glasfasern
Abhängigkeit vom Durchmesser
(n. Ullmann)
Zugfestigkeit in N/mm²
3000
2000
1000
500
90 N/mm² bei Glasstäben
12 11 10 9 8 7 6 5 4
Faserdurchmesser in µm
53

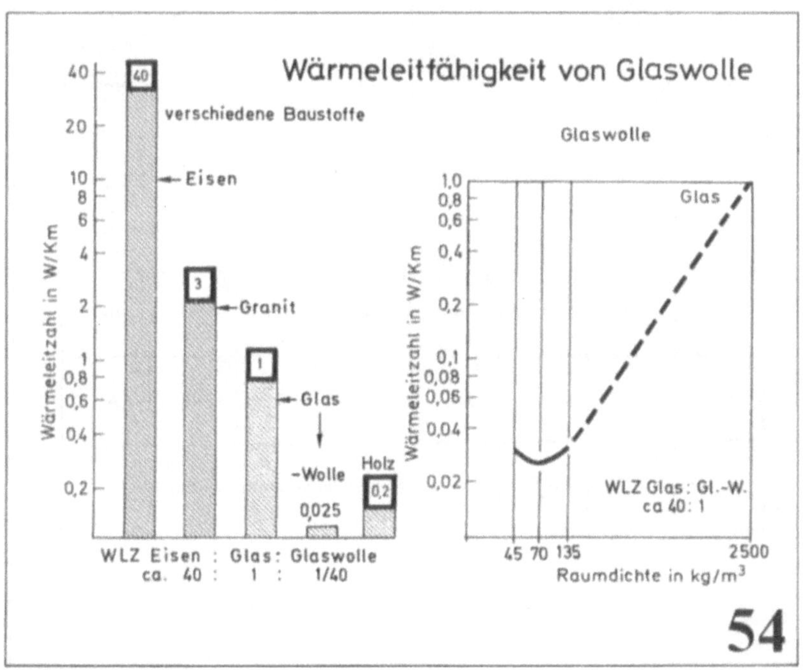

Wärmeleitfähigkeit von Glaswolle
verschiedene Baustoffe
Glaswolle
40
20
10
8
6
4
2
1
0,8
0,6
0,4
0,2
Wärmeleitzahl in W/Km
40
Eisen
3
Granit
1
Glas
Wolle
0,025
Holz
0,2
WLZ Eisen : Glas: Glaswolle
ca. 40 : 1 : 1/40
1,0
0,8
0,6
0,4
0,2
0,1
0,08
0,06
0,04
0,02
Wärmeleitzahl in W/Km
Glas
WLZ Glas : Gl.-W.
ca 40 : 1
45 70 135 2500
Raumdichte in kg/m³
54

Silikatische
Erzeugnisse
Erd-Alk.
CaO MgO
Standort
im System SiO₂:
Alk.- Erdalk.- Al+Fe
50/50
50/50
Portl. Zem.
Hoch-ofen-schl.
Ton-erde-zem.
Bau-glas
Kalk-sand-stein
SiO₂ Quarz
Wasser-glas
Ziegel-erzeugnisse
Keram. Massen
Na₂O K₂O
Alk.
Al₂O₃ Fe₂O₃
Al+Fe
50
75
100
%
%
75
50
25
0
50/50
1 H
2 He
3 Li
4 Be
5 B
6 C
7 N
8 O
9 F
10 Ne
11 K₂O
12 MgO
13 Al₂O₃
14 SiO₂
15 P
16 S
17 Cl
18 Ar
19 Na₂O
20 CaO
26 Fe₂O₃
Silikatbildende Metalloxide

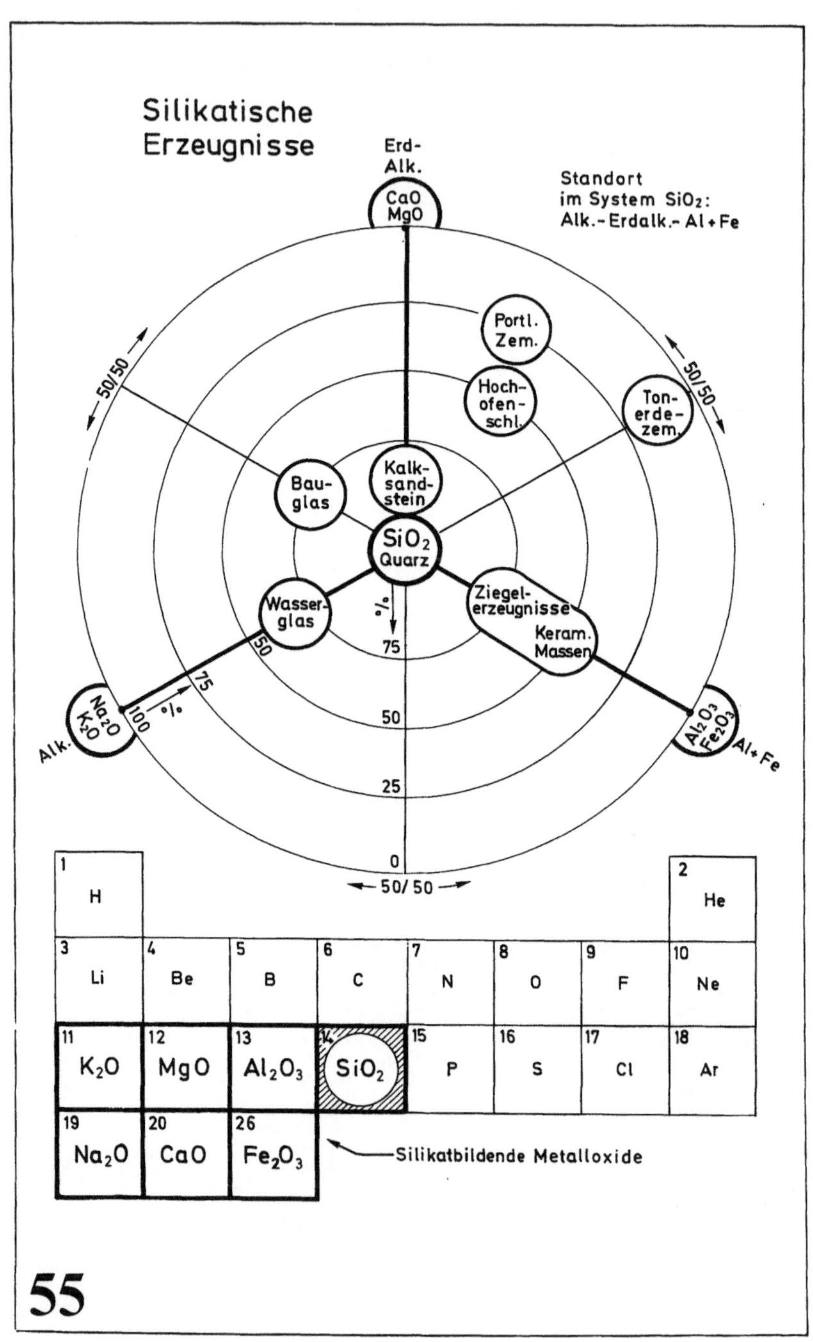

55

3 Gips, Kalk, Magnesiabinder

3.1 Gips

Der in der Natur vorkommende Gipsstein ist eine kristallwasserhaltige Verbindung: $CaSO_4 \cdot 2H_2O$. Er wird dadurch zum erhärtenden Baustoff, daß man durch sog. „Brennen" den Hauptteil des Kristallwassers austreibt, wobei das Kristallgefüge zusammenbricht. Zur Verarbeitung gibt man dem gemahlenen Brenngut Wasser zu, worauf sich wieder die ursprüngliche Verbindung bildet, deren Kristalle sich ineinander verwachsen und dadurch die Verfestigung bewirken.

Geschichte. Gips ist schon in vorgeschichtlicher Zeit verwendet worden; im alten Ägypten bereits in großem Umfang. Die Gipstechnik kam von dort nach Griechenland und später nach Rom, von wo aus sie sich in der ganzen damaligen Welt verbreitete. Auch im Mittelalter wurde mit Gips gearbeitet; im Barock und Rokoko erlebte das Gipserhandwerk eine Blütezeit [78].

Rohstoff. Das Salz des Meerwassers enthält ca. 4,6% Gips $(CaSO_4 \cdot 2H_2O)$. Bei der Eintrocknung abgetrennter Meeresteile schieden sich zunächst die schwer löslichen Carbonate (Kalkstein) ab, dann der etwas besser lösliche Gips (2,5 g je Liter Wasser, 1:400) und schließlich die übrigen leicht löslichen Salze (Steinsalz, Kalisalze, Magnesiumsalze (s. Bild 31). Diese Ausscheidungsfolge ist jedoch nur vereinzelt klar abgegrenzt.

Der auskristallisierte Gips enthält zwei Moleküle = 21% Kristallwasser. Dieses Kristallwasser entweicht jedoch bei höherer Temperatur und höherem Druck. Solche Bedingungen haben bei der geologischen Lagerstättenbildung vielfach geherrscht, weshalb der ursprüngliche Gips kristallwasserfrei ist (sog. Anhydrit). Der kristallwasserhaltige Gipsstein $CaSO_4 \cdot 2H_2O$ ist dort entstanden, wo Oberflächen- oder Grundwasser Zutritt zu dem ursprünglich vorhandenen Anhydrit hatte. Gipslager sind in allen geologischen Formationen bis zurück in das Silur entstanden und über die ganze Erde verteilt [79].

3.1.1 Vorgänge beim Erhitzen

Bei zunehmendem Erhitzen „Brennen" des Gipssteins (Ca-SO$_4 \cdot 2$H$_2$O) spielen sich verschiedene Vorgänge ab, welche die Grundlage zur Herstellung mehrerer Gipssorten sind (s. **Bild 56**).

a) *Erhitzung auf 65 bis 110 °C*. Dabei entweichen ^{3}/$_4$ des Kristallwassers gemäß CaSO$_4 \cdot 2$H$_2$O $\rightarrow$ CaSO$_4 \cdot$ ^{1}/$_2$H$_2$O + ^{3}/$_2$H$_2$O. Aus dem Dihydrat des Gipssteins bildet sich das sog.

Gipshalbhydrat. Im Unterschied zum Gipsstein mit 21% Wasser enthält das Halbhydrat nur noch ca. 6% Wasser. Dabei können je nach den Entwässerungsbedingungen zwei Modifikationen von Halbhydrat entstehen.

β-Halbhydrat entsteht bei rascher Erhitzung in unten beheizten, oben offenen Anlagen. Dabei entweicht das Wasser fast plötzlich, erkennbar an einem Strudeln (daher „Kocher"). Das äußere Kristallgerüst bleibt dabei bestehen; das ausgetriebene Wasser hinterläßt Hohlräume. Daher das stumpfe, kreidige Aussehen.

α-Halbhydrat entsteht, wenn man den Gips nicht im Kocher, (offener Topf) sondern in geschlossenen Autoklaven (Dampfkochtopf) entwässert. Dabei wird der freiwerdende Wasserdampf zum Teil zurückgehalten. Dieser löst das durch Wasseraustritt porig gewordene Kristallskelett um und bildet kristallines α-Halbhydrat. Dieses ist nicht porös, sondern dicht, daher kleines Volumen und feinkristallin, deshalb seidig glänzend.

In ihren Eigenschaften sind α- und β-Halbhydrat sehr verschieden (s. **Bild 57**). Wegen fehlender innerer Hohlräume sind die Dichte und das Schüttgewicht beim α-Halbhydrat größer und der Wasserbedarf geringer (da kein Wasser nach innen abgesogen wird). Daraus ergeben sich große Festigkeitsunterschiede; das α-Halbhydrat ergibt im Durchschnitt die dreifache Druck- und Zugfestigkeit wie das β-Halbhydrat. Auf die Ursache dieser Unterschiede wird im Abschnitt Gipshärtung noch näher eingegangen.

b) *Erhitzung auf 180 bis 240 °C*. In diesem Temperaturbereich wird weiteres Kristallwasser bis auf einen Gehalt von ca. 1% ausgetrieben. Es entsteht dabei Anhydrit III, der auch, da nicht vollständig kristallwasserfrei „Halbanhydrit" genannt wird.

c) *Erhitzung auf 240 bis 600 °C*. Dabei werden die letzten Anteile des Kristallwassers ausgetrieben und es entsteht Anhydrit II. Dieser reagiert nicht mehr von selbst mit Wasser und wird deshalb auch „totgebrannter Gips" genannt. Durch Feinstmahlung und Zusatz von Anregern (z. B. gebrannter Kalk (CaO) oder Portlandzement, erhärtet auch Anhydrit II, jedoch langsamer als Anydrit III.

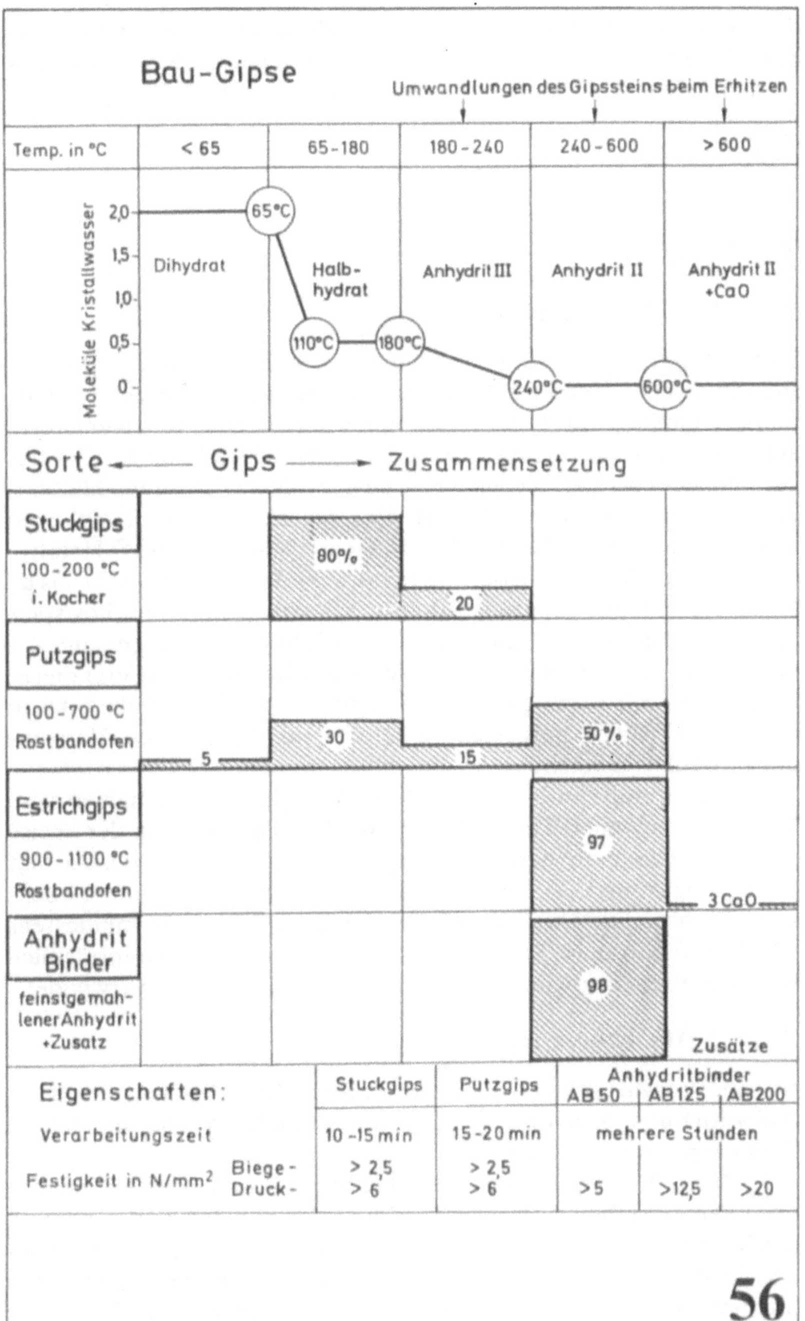

Bau-Gipse
Umwandlungen des Gipssteins beim Erhitzen
Temp. in °C
< 65
65-180
180-240
240-600
> 600
Moleküle Kristallwasser
2,0
1,5
1,0
0,5
0
65°C
110°C
180°C
240°C
600°C
Dihydrat
Halb-hydrat
Anhydrit III
Anhydrit II
Anhydrit II +CaO
Sorte
Gips
Zusammensetzung
Stuckgips
100-200 °C
i. Kocher
80%
20
Putzgips
100-700 °C
Rostbandofen
5
30
15
50%
Estrichgips
900-1100 °C
Rostbandofen
97
3 CaO
Anhydrit Binder
feinstgemah-lener Anhydrit +Zusatz
98
Zusätze
Eigenschaften:
Stuckgips
Putzgips
Anhydritbinder
AB 50
AB 125
AB 200
Verarbeitungszeit
10-15 min
15-20 min
mehrere Stunden
Festigkeit in N/mm²   Biege-   Druck-
> 2,5
> 6
> 2,5
> 6
>5
>12,5
>20
56

d) *Erhitzung auf über 600°C*. Dabei, insbesondere im Temperaturbereich 900 bis 1100°C, erfolgt eine teilweise Zersetzung des
Anhydrit II n. d. Gl. $CaSO_4 \rightarrow CaO + SO_3$, wobei CaO = gebrannter Kalk entsteht. Letzterer wirkt als Anreger für den an sich totge-
brannten Gips. Deshalb erhärtet dieser hochgebrannte Gips mit
Wasser wieder selbständig.

3.1.2 Gipssorten

3.1.2.1 Halbhydratgips (Stuckgips)

Stuckgips wird hergestellt durch Erhitzen von gemahlenem Gipsstein in direkt befeuerten Drehöfen und in sog. „Kochern" (zylind-
rische Behälter mit 1 bis 20 t Fassungsvermögen, mit Rührwerk,
außenbeheizt), bei Temperaturen zwischen 65 und 180°C. Der dabei entstehende sog. „Stuckgips" besteht zu ca. 80% aus Halbhydrat und ca. 20% Anhydrit III. Bei der Herstellung in üblichen
Kochern besteht das Halbhydrat zu etwa 75 bis 90% aud β-Halbhydrat, bei Autoklaventwässerung (nasses Verfahren) zu 100% aus α-
Halbhydrat. Durch Spezialverfahren ist es möglich, ohne (kostspie-
lige) Autoklavbehandlung α- und β-Halbhydratgemische mit 25
bis 75% α- und 75 bis 25% β-Halbhydrat herzustellen. Von dieser
Möglichkeit wird wenig Gebrauch gemacht, da die Festigkeit des in
üblichen Kochern hergestellten Gipses für die meisten Verwen-
dungszwecke ausreicht.

Stuckgips muß (im Unterschied zum Putzgips) fein gemahlen sein.
Er wird mit etwa 60 Teilen Wasser auf 100 Teile Gips in der Weise
gemischt, daß man den Gips langsam in das Wasser rieseln läßt
(nicht umgekehrt) [80]. Versteifungsbeginn zwischen 10 und höchstens 25 min. Die Biegefestigkeit muß nach DIN 1168 mindestens
$2{,}5 \, N/mm^2$ betragen. Stuckgips wird ohne Sandzusatz hauptsächlich
zu Stuckarbeiten sowie zur Herstellung von Gipsplatten verwendet.

3.1.2.2 Mehrphasengips (Putzgips)

Im sog. Putzgips müssen Halbhydrat, Anhydrit III (schwer löslicher
Anhydrit) und Anhydrit II in einem bestimmten Verhältnis stehen.
Dies kann erreicht werden:

1. Durch Verfahren, bei denen Halbhydrat und Anhydrit nebeneinander entstehen, z. B. im Rostbandofen. Dabei wird Gipsstein
der Korngröße 4 bis 60 mm in Fraktionen, fein unten, grob oben auf
das Rostband aufgeschichtet und Brenngase von oben nach unten
hindurch gesaugt. Dabei erhitzen sich die oberen Schichten sehr

116

Gips-Halbhydrate

α-Halbhydrat	Modifikation	β-Halbhydrat
Kristallin glänzend dicht	äußere Struktur	amorph matt porös
2,75	Dichte	2,62
ca. 1,3	Schüttgewicht	ca. 1,0
30 – 40	Wasserbedarf für 100g Gips	80 – 90
230 – 250	Einstreumenge g Gips auf 100g H_2O	130 – 170
ca. 20	Versteifungszeit in min	ca. 30
ca. 12,5	Zugfestigkeit N/mm^2	ca. 4,5
ca. 45	Druckfestigkeit N/mm^2	ca. 12,5
100% α	α:β Verhältnis a) nasses Verfahren	
10 – 25% α	b) trockenes Verfahren	75 – 90% β
25 – 75% α	c) Spezial-Verfahren	75 – 25% β

57

stark (bis 700°C), die unteren weniger. An der Oberfläche der Grobfraktion entsteht Anhydrit II, in tieferer Schicht Anhydrit III und im Kern Halbhydrat. Bei richtiger Steuerung kann man auf diese Weise ein optimales Gemisch der verschiedenen Brennstufen erreichen [81].

2. Bei anderen Verfahren wird Halbhydrat und hochgebrannter Anhydritgips getrennt hergestellt und anschließend gemischt.

3.1.2.3 Hochbrandgips (Estrichgips)

Dieser wird bei 900 bis 1000°C gebrannt. Der Estrichgips besteht deshalb fast ganz aus Anhydrit II und einem geringen Anteil CaO, der als Anreger ausreicht. In größeren Mengen entstandenes CaO kann Treiberscheinungen verursachen.

Der Estrichgips erhärtet langsamer als der Stuckgips und kann über mehrere Stunden verarbeitet werden. Er wird dichter und härter als Stuckgips. Er kann verhältnismäßig grob gemahlen sein und wird mit wenig Wasser zu einer früher erdfeuchten, heute meist gießbaren Masse angemacht.

3.1.3 Anhydritbinder

Der in der Natur in großen Mengen vorkommende natürliche Anhydrit sowie der als Nebenprodukt chemischer Prozesse (Fluß- und Phosphorsäureherstellung) anfallende synthetische Anhydrit, die früher wegen fehlender Erhärtungseigenschaften als unbrauchbar galten, werden in zunehmendem Umfang als Bindemittel verwendet, nachdem es gelungen war, sie zum Erhärten zu bringen [82]. Dies gelang durch extreme Feinmahlung ($<$ als 5 µm, d.h. viel feiner als Zement) und durch Zusatz chemischer „Anreger". Als letztere sind geeignet: Basische Stoffe, wie gebrannter Kalk (CaO), Calciumhydroxid ($Ca(OH)_2$), weiterhin neutrale oder schwach saure Sulfate. Mit wenig Wasser angemacht, erreichen solche Anhydritbinder Druckfestigkeiten von 30 N/mm², d.h. annähernd Zementsteinfestigkeit. Wegen der Wasserempfindlichkeit erhärteter AB-Massen können diese jedoch den Zement nur in seltenen Fällen ersetzen.

Anhydritbinder wird vorzugsweise für Fußbodenestriche verwendet, mit Sand im Verhältnis 1:2,5 gemagert. Die Verarbeitung erfolgte früher in erdfeuchtem, heute durch chemische Zusätze (Verflüssiger) erreichtem fließ- und pumpfähigem Zustand (Fließestrich). Vorteil: rissefrei, da nicht schwindend. Nachteil: wasserempfindlich, deshalb Deckschichten notwendig.

118

3.1.4 Erhärtung durch Kristallisation

Viele Gesteine sind im Laufe geologischer Epochen dadurch entstanden, daß sich eine amorphe mineralische Grundmasse in Kristalle verwandelt hat, die sich gegenseitig durchdringen und verzahnen, so daß auf diese Weise Gesteine hoher Festigkeit entstanden sind. Ein Beispiel ist der Marmor, der aus verhältnismäßig groben, richtungslos ineinander verkeilten Calcit-($CaCO_3$)-Kristallen besteht. Auch der Gipsstein ist durch Kristallisation aus im Salzwasser gelöstem Gips entstanden. Dieser Erhärtungsvorgang durch Kristallisation spielt auch bei der Erhärtung anorganischer Bindemittel des Bauwesens eine wichtige Rolle. Der Gips ist ein typisches Beispiel für einen rein kristallinen Erhärtungsvorgang. Dieser ist darauf zurückzuführen, daß sich der entwässerte Gips (Halbhydrat) zu 0,8 % im Wasser löst; das daraus durch Umsetzung mit Wasser entstehende Dihydrat jedoch nur zu 0,3 %. Deshalb ist die Lösung an Dihydrat übersättigt, weshalb dieses auskristallisiert.

Durch Verwachsen und mechanisches Verfilzen der entstehenden Gipskriställchen bildet sich ein Kristallgefüge, das nach vollständigem Verdampfen des Porenwassers seine größte Festigkeit zeigt [83]. Da das Volumen der Mischungskomponenten Halbhydrat + Wasser größer ist als das des entstehenden Gipses, findet zunächst eine Kontraktion von 7 bis 9 Vol.-% statt. Diese tritt kurz nach dem Anmachen im nicht erhärteten Zustand in Erscheinung und wird dann durch die Expansion überlagert, welche durch die sich nach allen Seiten ausbreitenden Kristalle verursacht wird und eine Ausdehnung der erhärtenden Masse zur Folge hat. Diese Ausdehnung ist um so größer, je größer das Verhältnis Gips:Wasser ist und je kleiner dadurch der freie Wachstumsraum für die Gipskristalle ist. Die aus geringer Kontraktion und größerer Expansion resultierende lineare Abbindeexpansion einer Gips-Wassermischung mit einem Wasser:Gipsverhätnis von 0,45 beträgt etwa 0,4 %, bei geringerem Wasserzusatz etwas mehr. Diese für Gips charakteristische Abbindeexpansion kann vorteilhaft sein, es bilden sich z. B. keine Schwindrisse wie beim Zement, kann aber auch von Nachteil sein, wie z. B. Einbuße der Haftfestigkeit und Werfen flexibler Putzträger. Durch bestimmte Zusätze läßt sich die Abbindeexpansion den jeweiligen Anforderungen anpassen [84].

Die Festigkeit der erhärteten Masse ist ebenfalls von dem Verhältnis Gips:Wasser abhängig. Diesen Vorgang soll **Bild 58** (schematisch) veranschaulichen. Ausgegangen wird von vier (modellmäßigen) Gipsteilchen, links mit viel Anmachwasser, rechts mit wenig

Anmachwasser. Aus den Gipsteilchen wachsen jeweils Kristalle derselben Größe und Länge heraus. Bei hohem Wassergehalt (und damit großem Teilchenabstand) sind die Bereiche der Kristalldurchdringung und Verfilzung klein (s. links); im Fall geringen Wassergehalts groß (s. rechts). Da die Bereiche der Kristalldurchdringung die Zentren der Festigkeit sind, ergibt sich daraus, daß wasserarme Mischungen Massen von höherer Festigkeit ergeben als wasserreiche. Dies ist durch Versuche vielfach nachgewiesen. **Bild 60** zeigt die Druckfestigkeit von Halbhydrat-Wassergemischen mit von 30 auf 100 Teile zunehmendem Wassergehalt. Dabei geht die Druckfestigkeit von ca. $50\,N/mm^2$ auf ca. $5\,N/mm^2$ zurück, nimmt also um ca. 90% ab.

Es gilt also für die Gipsmassen dieselbe Gesetzmäßigkeit wie für die erhärteten Zementmassen; je höher der Wasser:Gips- bzw. der Wasser:Zementfaktor, desto geringer ist die erreichbare Festigkeit. Der Grund dürfte sein: Halbhydrat nimmt bei der Umwandlung in Dihydrat ca. 15 Teile Wasser auf, weiteres Wasser bildet Hohlräume. Je größer dieselben, um so geringer die Festigkeit.

Das Modell (Bild 58) erklärt auch die Tatsache, daß der Versteifungsbeginn um so früher ist, je geringer der Wassergehalt. Dies deswegen, weil bei hohem Wassergehalt die Abstände der Gipsteilchen größer sind, als bei geringem, und es deshalb länger dauert, bis die Kristalle sich gegenseitig erreichen und verfilzen.

Wenn diese Modellvorstellung zutrifft, dann dürfte bei großem Wasserüberschuß wegen fehlender Durchdringung der Kristalle keine Versteifung mehr eintreten. Dies ist tatsächlich auch der Fall. Auch die Tatsache, daß erstarrender Gips, wenn er weiter gerührt wird, nicht mehr fest wird (totgerührter Gips) läßt sich aus dem Modell ableiten. Die Ursache ist, daß die entstehenden Kristalle, anstatt sich zu verfilzen, dabei abgebrochen werden.

Das Modell erklärt auch die unterschiedlichen Eigenschaften der beiden Halbhydratmodifikationen α- und β-Halbhydrat. Beim porösen β-Halbhydrat verteilt sich das Kristallwachstum in ein Wachstum nach innen in die Porenräume und in ein Wachstum nach außen in den Wasserraum (s. **Bild 59**). Beim hohlraumfreien, kristallinen α-Halbhydrat können die sich bildenden Kristalle nur in den Wasserraum wachsen, werden deshalb größer und verfilzen sich stärker. Das hat zur Folge, daß beim α-Halbhydrat Druck- und Zugfestigkeit um ca. das dreifache größer sind als beim β-Halbhydrat. Damit erklärt sich auch die Tatsache, warum Anhydrit (wenn reaktionsfähig gemacht) dem α-Halbhydrat entsprechende hohe Druckfestigkeiten von ca. $30\,N/mm^2$ gibt. Anhydrit ist, wie beschrieben, ein

120

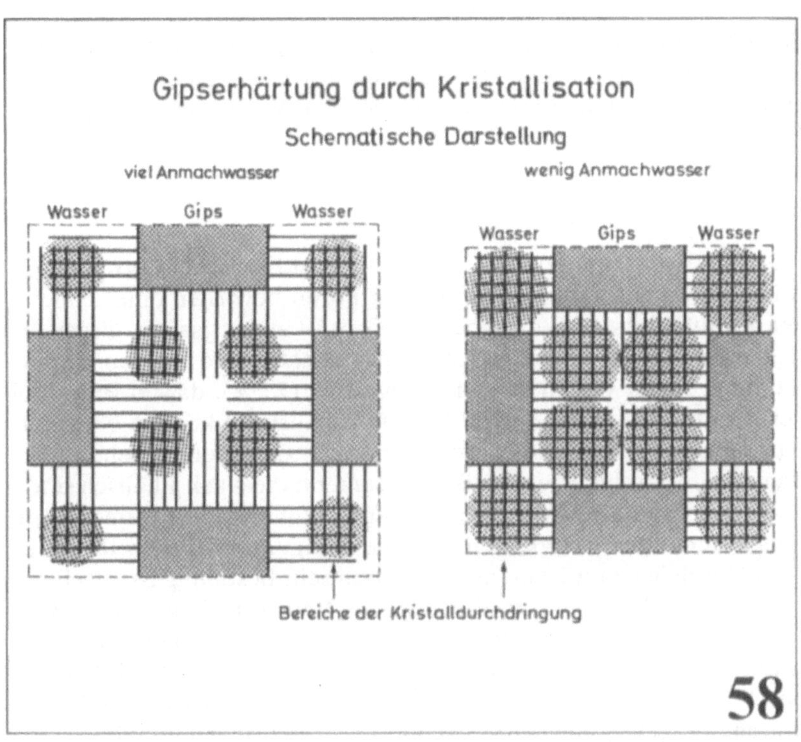

Gipserhärtung durch Kristallisation
Schematische Darstellung
viel Anmachwasser
wenig Anmachwasser
Wasser
Gips
Wasser
Wasser
Gips
Wasser
Bereiche der Kristalldurchdringung
58

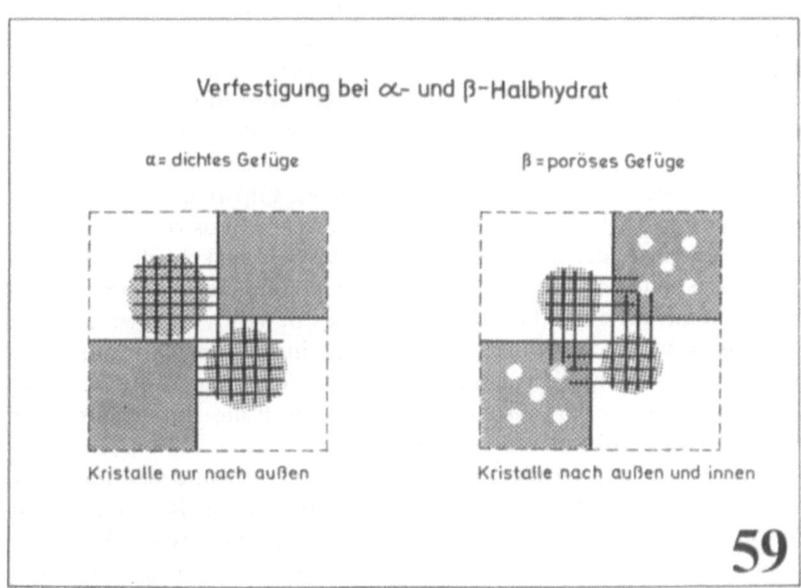

Verfestigung bei α- und β-Halbhydrat
α = dichtes Gefüge
β = poröses Gefüge
Kristalle nur nach außen
Kristalle nach außen und innen
59

unter hohem Druck entstandenes, hohlraumfreies, kristallines Material, dessen Hydratkristalle sich deshalb nur in den Wasserraum ausdehnen können, und zwar in gleicher Weise, wie es beim α-Halbhydrat der Fall ist.

3.1.5 Eigenschaften des Gipses

Infolge des Porenvolumens von ca. 50% ist trockener Gipsputz gut wärmedämmend. Die relativ großen Poren bewirken eine schnelle Wasseraufnahme und Abgabe, d. h. Gips ist atmungsaktiv. Gipsbaustoffe sind raumbeständig. Alle Gipsbaustoffe sind für den Brandschutz geeignet wegen des Kristallwassers (21%), das im Brandfall verdampft und kühlend wirkt [85]. Gipsbaustoffe können unmittelbar nach Trocknung mit Anstrichen, auch Ölfarben versehen werden, im Unterschied zum Kalk und Zement, die stark alkalisch sind.

Da man mit Gips (α-Halbhydrat und Anhydrit) dem Zementstein nahekommende Festigkeiten erreichen kann und der erhärtete Gips – im Vergleich zum Zement – chemisch sehr beständig ist, erscheint es unverständlich, warum der Gips als Baustoff für tragende Bauteile keine Bedeutung hat. Der Grund liegt darin, daß Gips nicht wasserbeständig ist, er löst sich in Wasser und zwar 2,5 g/l. Das hat zur Folge, daß die an sich gute Festigkeit des trockenen Gipses entscheidend verringert wird; schon 1% Feuchtigkeit im Gips setzen die Festigkeit um ca. 60% herab (s. **Bild 61**). Dies hängt damit zusammen, daß auch durch geringe Wassermengen die Kristalle an ihrer Oberfläche angelöst werden und dadurch die Verzahnung gelockert wird. Zementmörtel wird demgegenüber durch selbst hohen Wassergehalt kaum in seiner Festigkeit beeinflußt (s. Bild 61).

Die wenn auch geringe Wasserlöslichkeit des Gipses hat zur Folge, daß sich in dauernd durchfeuchteten Gipsbauteilen eine gesättigte Gipslösung bildet, die in dem porösen Baustoff nach unten sinkt und dort infolge Übersättigung wieder auskristallisiert, was einen Kristalldruck zur Folge hat und das Abfallen von Gipsschichten, bekannt als sog. „Faulen" des Gipses bewirkt. Gips ist deshalb für Duschräume, Schwimmhallen ,Bäder, insgesamt für Räume mit hoher Dauerfeuchtigkeit, wenig geeignet. Für Räume, die dauernd trocken bleiben oder wo nur zeitweise eine hohe Luftfeuchtigkeit auftritt, sind Gipsbaustoffe gut geeignet.

Gipswasser und feuchter Gips fördern die Rostung des Stahls im Gegensatz zum Zement, der rostschützend wirkt (s. Rostschutz der Bewehrung). Gips ist ein Betongift. Dem Zement wird zur Regulierung der Erstarrungszeit eine unter der kritischen Grenze liegende

122

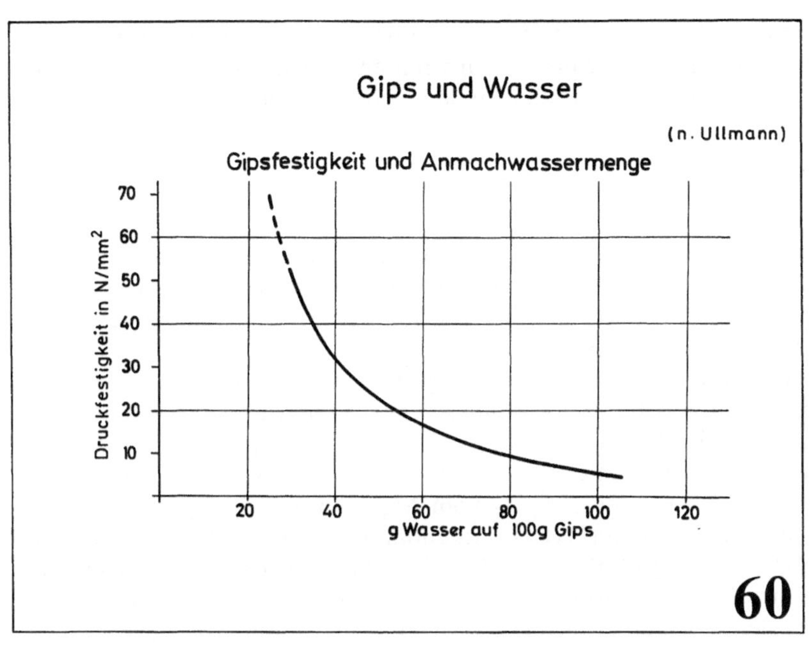
Gips und Wasser
(n. Ullmann)
Gipsfestigkeit und Anmachwassermenge
Druckfestigkeit in N/mm²
70
60
50
40
30
20
10
20
40
60
80
100
120
g Wasser auf 100g Gips
60

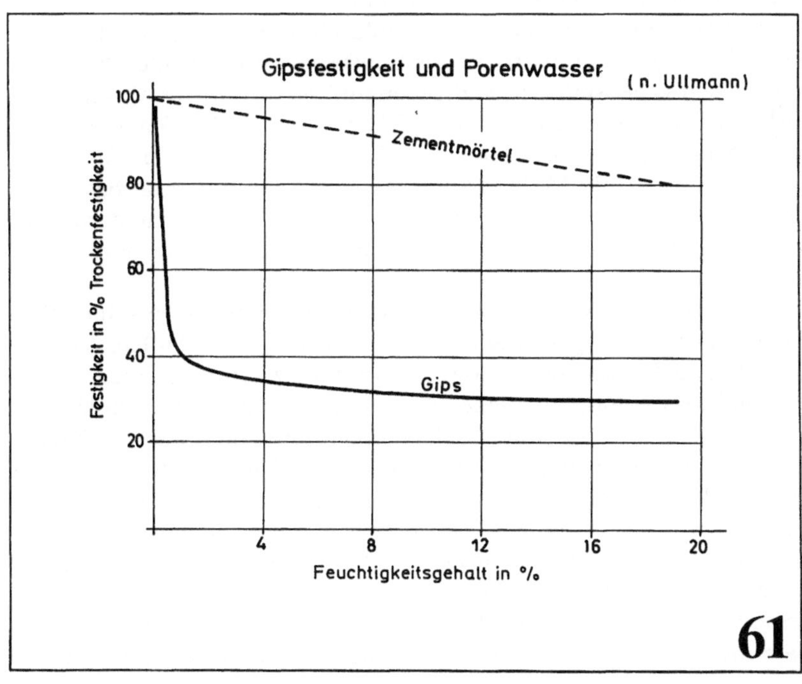
Gipsfestigkeit und Porenwasser
(n. Ullmann)
Festigkeit in % Trockenfestigkeit
100
80
60
40
20
Zementmörtel
Gips
4
8
12
16
20
Feuchtigkeitsgehalt in %
61

Menge Gips zugesetzt. Weiterer Gipszusatz bewirkt Treiben und Zerstörung des Betons (s. Gipstreiben und Betonkorrosion). Gips sollte deshalb auf Betonbaustellen nicht vorhanden sein.

3.2 Magnesiabinder

Dieser wird nach seinem Erfinder auch als „Sorel-Zement" bezeichnet. Diese Bezeichnung sollte jedoch vermieden werden, weil man unter Zement nur wasserbeständige Bindemittel versteht, was für den Magnesiamörtel nicht zutrifft.

Der Magnesiamörtel wird hergestellt durch Mischen von Magnesia (MgO = gebranntes Magnesit) mit einer Auflösung von Magnesiumchlorid ($MgCl_2$) in Wasser. Es findet dabei jedoch keine chemische Umsetzung mit dem Chlorid statt, sondern es wird das Wasser aus der Lösung des $MgCl_2$ vom MgO unter Bildung von Magnesiumhydroxid ($Mg(OH)_2$) aufgenommen n. d. Gl. $MgO + H_2O + MgCl_2 \rightarrow Mg(OH)_2 + MgCl_2$. Das Magnesiumchlorid wirkt also nicht als Reaktionspartner, sondern nur als Katalysator [85a]. Es verbleibt in der erhärteten Mischung und kann, wie noch gezeigt wird, u. U. nachteilige Wirkungen haben.

Die Erhärtung der Masse wird dadurch verursacht, daß das sich bildende Magnesiumhydroxid aus feinsten Mikrokristallen besteht, welche sich gegenseitig durchdringen und verfilzen. Das Mischungsverhältnis soll zwischen 2,5 und 3,5 Gewichtsteile MgO auf ein Teil festes Magnesiumchlorid ($MgCl_2 \cdot 6H_2O$) betragen, keinesfalls weniger als zwei Teile MgO [85b]. Davon abhängig beträgt das Verhältnis von $Mg(OH_2)$ zu $MgCl_2$ zwischen 3 und 7:1. Eine derartige Mischung erhärtet in wenigen Stunden zu einer marmorartigen Masse.

Der besondere Vorteil dieses Bindemittels besteht in seiner Fähigkeit, große Mengen Zuschlagstoffe, insbesondere Holzmehl, Sägemehl und Holzspäne zu sog. „Steinholz" zu binden. Wegen des großen Porenvolumens solcher Zuschläge besitzt das Steinholz gute wärme- und schalldämmende Eigenschaften und findet vielfache Anwendung insbesondere für Fußbodenestriche auf Betonböden. Da das $MgCl_2$ nicht chemisch gebunden ist, sondern nur vom Magnesiumhydroxid aufgesaugt ist, ist es wichtig, nicht zuviel $MgCl_2$ zu verwenden (keinesfalls mehr als 1 $MgCl_2$ auf 2 MgO), weil sonst die Gefahr besteht, daß darunter im Beton liegender Betonstahl angegriffen wird (alle Chloride fördern die Korrosion des Stahls); deshalb muß der Unterbeton für Steinholzstriche dicht sein, was in der

Regel durch hohen Zementgehalt erreicht wird. Da der Magnesiamörtel nicht wasserbeständig ist, sind daraus hergestellte Estriche
nur für trockene Räume geeignet; bei langer Anwesenheit von Wasser tritt Erweichung ein und vor allem die Gefahr des Eindringens
von gelöstem $MgCl_2$ in den Unterbeton.

3.3 Luftkalk

Geschichte. Der Kalk gehört zu den ältesten Mörtelbindemitteln
der Menschheit. Sein Ursprung ist unbekannt; er mag auf die vorgeschichtliche Beobachtung zurückgehen, daß in Feuerstellen gelege-
ner Kalkstein beim Begießen mit Wasser zu einer breiigen Masse
zerfällt, die an der Luft im Laufe der Zeit hart wird. In Ägypten
wurde Kalk schon 3000 v. Chr. verwendet; auch die Minoer auf
Kreta (ca. 1800 v. Chr.) kannten den Kalk. In Griechenland fand er
erst verhältnismäßig spät (ca. 470 v. Chr.) Anwendung. Von dort
kam er zu den Römern, die ihn ab 300 v. Chr. in großem Umfang
verwendeten und seine Herstellung und Verarbeitung hoch entwik-
kelten. Bei ihnen gab es den Beruf der Kalkbrenner (calcarii) und
gesetzliche Vorschriften für die Kalkbehandlung [86].

Chemische Vorgänge. Die Herstellung und Erhärtung des Kalks
sind chemische Prozesse, die auf folgenden Vorgängen beruhen:
Kalkstein ($CaCO_3$) spaltet bei der Erhitzung auf ca. 900 °C Kohlendioxid ab und bildet Calciumoxid, den sog. gebrannten Kalk n. d. Gl.
$CaCO_3 \rightarrow CaO + CO_2 = $ *Kalkbrennen.* Der gebrannte Kalk setzt
sich mit Wasser zu Calciumhydroxid um, dem sog. gelöschten Kalk
n. d. Gl. $CaO + H_2O \rightarrow Ca(OH)_2 = $ *Kalklöschen.* Mit Sand gemischt
und als Mörtel verwendet, erhärtet der gelöschte Kalk u. a. durch
Aufnahme von Kohlendioxid aus der Luft n. d. Gl. $Ca(OH)_2 + CO_2$
$+ H_2O \rightarrow CaCO_3 + 2 H_2O = $ *Erhärtung.* Der auf diese Weise (nur)
an der Luft erhärtende Kalk wird Luftkalk genannt, im Unterschied
zu den auch zu einem Teil unter Wasser härtenden hydraulischen
Kalken (s. dort). Das Endprodukt ist identisch mit dem Ausgangs-
stoff; es liegt also ein Kreislauf vor (s. **Bild 62**).

Rohstoff. Ausgangsmaterial für die Herstellung gebrannten Kalks
sind natürliche Kalksteine, die in fast allen Erdzeitaltern in zahlreichen mineralogischen Formen entstanden sind (s. **Bild 63**). Zur
Luftkalkherstellung wird möglichst reiner Kalkstein mit mindestens
95 % $CaCO_3$, meistens 97 % und höher verwendet. Ton-, sand- und
eisenoxidhaltige Kalksteine sind für die Luftkalkherstellung ungeeignet, dafür jedoch zur Herstellung von hydraulischem Kalk (s. dort).

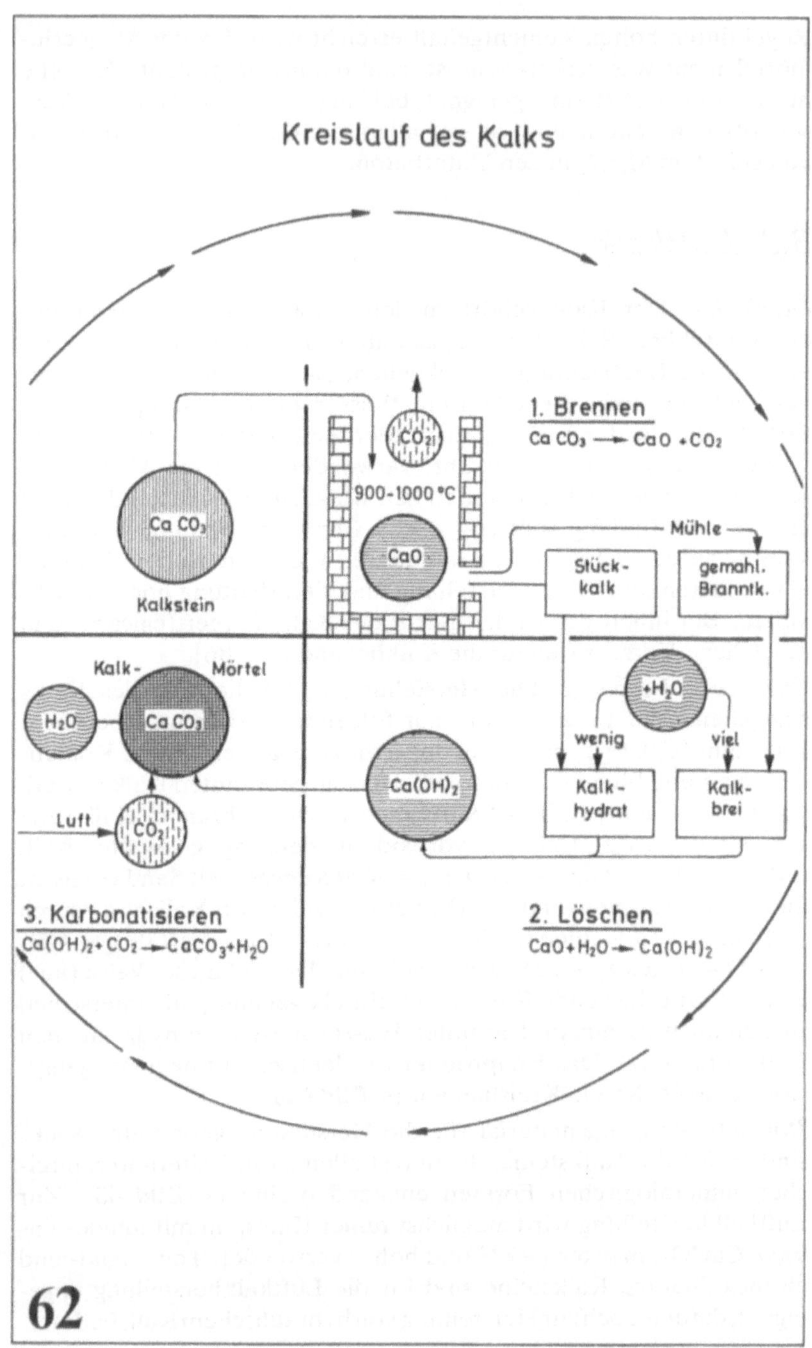

Kreislauf des Kalks
1. Brennen
Ca CO$_3$ $\longrightarrow$ CaO +CO$_2$
CO$_2$
900-1000 °C
CaO
Ca CO$_3$
Kalkstein
Mühle
Stück-kalk
gemahl. Branntk.
+H$_2$O
wenig
viel
Kalk-hydrat
Kalk-brei
Ca(OH)$_2$
Kalk-   Mörtel
H$_2$O
Ca CO$_3$
Luft
CO$_2$
3. Karbonatisieren
Ca(OH)$_2$+CO$_2$ $\longrightarrow$ CaCO$_3$+H$_2$O
2. Löschen
CaO+H$_2$O $\longrightarrow$ Ca(OH)$_2$
62

Kalkstein (CaCO$_3$)

(n. Brockhaus
und Römpp)

Geologisches Alter
der Kalksteine

1 M-Jahre	Neozoikum	Quartär	Tropfstein Tuffe
60 Mio	Neozoikum	Tertiär	Tuffe Travertin
20 Mio	Mesozoikum	Kreide	Kreide Kalk
70 Mio	Mesozoikum	Jura	Schwäb. Jurakalk
80 Mio	Mesozoikum	Trias	Muschel- kalk
75 Mio	Paläozoikum	Perm	
75 Mio	Paläozoikum	Karbon	Kohlen- kalk
80 Mio	Paläozoikum	Devon	Rhein. Schiefer
70 Mio	Paläozoikum	Silur	
100 Mio	Paläozoikum	Kam- brium	

Kalkmineralien

1) **Kalkspat** (Kalzit)
   Reinmineral (100% CaCO$_3$)
   farblose rhomboedr. Kristalle.

2) **Doppelspat** (isländ.)
   Reinmineral mit Doppel-
   brechung (Polarisation)

Kalksteinformationen

1) **Marmor**
   aus Kalzitkristallen bestehende, hochfeste Kalksteine

2) **Kalksteine**
   mannigfache Formen —
   weißer, brauner, schwarzer Jura

3) **Kalkschiefer**
   Plattenkalke z. B.
   Solnhofer Schiefer

4) **Dolomit**
   Mischgestein aus
   Kalzium - u. Magn. - Karbonat

5) **Mergel**
   Kalkstein mit
   10-30% Tonbeimischung

6) **Kreide**
   aus Kalkschalen von
   Kleinlebewesen gebildet

7) **Travertin**
   aus kalkhaltigem Wasser aus-
   geschied. löchriger Kalkstein

8) **Tuff**
   (Sinterkalke), jüngste
   sehr weiche Kalksteine

63

3.3.1 Kalkbrennen

Zur Kalkherstellung werden rohe, vom Steinbruch kommende
Kalksteine in Schacht-, Ring- oder Drehöfen längere Zeit auf 900
bis 1200°C erhitzt. Hierbei entweicht Kohlendioxid und entsteht
Calciumoxid = gebrannter Kalk, und zwar bei reinem Kalkstein
56% CaO und 44% CO_2. Da die Steine beim Brennen nur wenig
schwinden, hinterläßt die entweichende Kohlensäure Poren mit einem Volumenanteil von ca. 50%.

Die Einhaltung der richtigen Brenntemperatur ist von großem
Einfluß auf die Güte des gebrannten Kalks; wenn er zu schwach
oder zu kurz gebrannt ist, enthält er noch ungebranntes $CaCO_3$,
wenn er zu hoch erhitzt, d.h. „überbrannt" wird, entsteht kristallines Calciumoxid. Dieses reagiert nur sehr langsam mit Wasser, was
in Verbindung mit der gleichzeitig auftretenden Porenverengung
zur Folge haben kann, daß der anschließende Löschprozeß behindert bzw. verhindert wird (totgebrannter Kalk). Die überbrannten
Anteile löschen nicht sofort ab, sondern erst nach oft langer Zeit
und verursachen dann Abplatzungen und Treiben im Putz und Mörtel [87].

Brennprodukte. Bei der Verwendung von möglichst reinem Kalkstein entsteht der sog. *Weißkalk* mit einem CaO-Gehalt von 95 bis
100% und höchstens 5% MgO. Dolomit, ein Mischgestein aus Cal-
cium- und Magnesiumcarbonat, ergibt den sog. *Graukalk* mit 5% bis
45% MgO. Dieser Kalk hat ähnliche Eigenschaften wie Weißkalk,
löscht jedoch langsamer. In Industriegegenden ist die Verwendung
von Graukalk nicht unproblematisch, weil sich mit dem Schwefeldioxid (SO_2) der Rauchgase leicht lösliches Magnesiumsulfat
($MgSO_4$) bildet, das Ursache von Ausblühungen und Putzschäden
sein sein kann [88].

3.3.2 Kalklöschen

Zur Herstellung von Kalkbindemittel wird der gebrannte Kalk „gelöscht". Man versteht darunter die Umsetzung des Calciumoxids mit
Wasser zu Calciumhydroxid n.d.Gl. $CaO + H_2O \rightarrow Ca(OH)_2$.
Diese Reaktion ist stark exotherm; 1 kg CaO entwickelt dabei
1154 kJ Wärme. Dabei erhitzt sich das zugegebene Wasser zum Teil
bis zum Kochen; bei mangelnder Sachkenntnis sollen sogar schon
Brände entstanden sein. Der Löschvorgang kommt erst ab 60°C voll
in Gang und erreicht seine größte Geschwindigkeit bei 115°C. Es ist
deshalb zweckmäßig, das Löschen mit warmem Wasser zu beginnen.

Die Löschreaktion ist um so stärker, je reiner der Kalk ist. Enthält er mehr als 6% Mg-Verbindungen und Ton, dann verzögert sich der Löschvorgang. Ab mehr als 18% Ton löscht der Kalk nicht mehr (s. hydraul. Kalk). Beim Löschen dringt das Wasser auch in die Poren des gebrannten Kalks (ca. 50 Vol.-%) ein, und setzt sich mit diesem im Korninnern um. Dabei quellen die harten Branntkalkstücke unter Dampfentwicklung zum $2^1/_2$fachen Volumen auf und zerfallen zu einem feinen, weißen Pulver von gelöschtem Kalk, das mit überschüssigem Wasser eine weiche Paste, den sog. „Kalkbrei" bildet [89].

Dieses Jahrtausende alte Verfahren wird „Naßlöschen" genannt. Je sorgfältiger es durchgeführt wird, desto feinteiliger ist der entstehende Kalkbrei. Dieser wurde früher in Erdgruben längere Zeit gelagert, wobei im Wasser gelöste unerwünschte Salze im Boden versickerten und noch ungelöschte Teilchen nachlöschten. Dadurch wurde der Kalk in seinen Eigenschaften wesentlich verbessert (in Rom galt nach Plinius ein Gesetz, welches vorschrieb, daß Kalk erst nach dreijähriger Grubenlagerung verarbeitet werden durfte) [90]. Der Grund dafür war die Erfahrung, daß so behandelter Kalk für die Herstellung von Anstrichen und Mörteln – wegen seiner Feinteiligkeit – besonders gut geeignet ist. Bis in die Neuzeit war mit Wasser verdünnter Kalkbrei (Kalkschlämme) das wichtigste Anstrichmittel für Gebäude innen und außen.

Heute ist der Kalkanstrich durch synthetische Anstrichstoffe weitgehend verdrängt und damit der Bedarf an optimal behandeltem Löschkalk nur noch gering. Da andererseits die Herstellung, der Transport und die Lagerhaltung des Kalkbreis umständlich sind, ist man weitgehend zum „Trockenlöschen" übergegangen. Dabei werden faustgroße bzw. auf 2 bis 10 mm zerkleinerte Branntkalkstücke in Körben, Löschtrommeln, Löschschnecken mit Wasser oder auch Dampf behandelt, wobei sie sich mit Wasser vollsaugen und der Löschprozeß stattfindet. Wenn die Wasserzugabe richtig dosiert wird, entsteht pulverförmiges Calciumhydroxid ($Ca(OH)_2$), sog. „Kalkhydrat", das in Säcken abgefüllt und transportiert, am Verarbeitungsort mit Wasser zu Kalkbrei angemischt wird.

Auch der sog. *Karbidkalk* wird gelegentlich im Bauwesen verwendet. Er besteht aus 90 bis 95% Calciumhydroxid ($Ca(OH)_2$), hat also im wesentlichen dieselbe Zusammensetzung wie gelöschter Weißkalk. Karbidkalk entsteht als Nebenprodukt der chemischen Industrie aus Calciumcarbid, das im elektrischen Ofen aus gebranntem Kalk und Koks hergestellt wird n. d. Gl.:

$$CaO \qquad + 3\,C \qquad \rightarrow \qquad CaC_2 \qquad + CO$$

gebr. Kalk   Koks   Karbid   Kohlenmonoxid.

Aus Karbid entsteht durch Umsetzung mit Wasser Acetylengas
n. d. Gl.:

$$\mathrm{Ca}\begin{matrix} \diagup\mathrm{C} \\ \vert\vert\vert \\ \diagdown\mathrm{C} \end{matrix} + \begin{matrix} \mathrm{H\ OH} \\ \\ \mathrm{H\ OH} \end{matrix} \rightarrow \mathrm{H-C \equiv C-H} + \mathrm{Ca(OH)_2}$$

$$\mathrm{CaC_2} \quad +2\ 2\,\mathrm{H_2O} \rightarrow \mathrm{C_2H_2} \qquad + \mathrm{Ca(OH)_2}$$
Karbid + Wasser → Acetylen   + Calciumhydroxid.

Acetylen dient insbesondere zur Herstellung von Kunststoffen. Der
anfallende „Karbidkalk" kann für Bauzwecke wie Weißkalk verwendet werden. Sein schwacher Acetylengeruch ist unschädlich.

Das Löschprodukt. Der Kalkbrei ist eine Suspension von feinsten
Calciumhydroxidteilchen in Wasser. Die Teilchengröße beträgt zwischen 0,5 und 2 µm, liegt also im Grenzbereich zwischen den Dispersionen und Kolloiden. Damit zusammenhängend hat der gelöschte Kalk eine sehr große spezifische Oberfläche von 5 bis 20 m^2/g,
welche viel Wasser zu binden vermag. Ein Molekül $\mathrm{Ca(OH)_2}$
kann 8 Moleküle Wasser adsorptiv binden, von denen nur 5 Moleküle durch Absaugen entfernt werden können; die restlichen verbleiben als „pseudofestes" Wasser auf der Oberfläche. Infolge der
großen Menge adsorbierten Wassers hat der Kalkbrei einen fast
gelartigen Charakter. Er hat einen „Anlaßwert", d.h. es ist eine
Kraft notwendig, um den ruhenden Kalkbrei zum Fließen zu bringen und er zeigt „Thixotropie" indem der verflüssigte Kalkbrei
nach Beruhigung wieder steif wird [91] (s. a. unter Gele).

3.3.3 Erhärtung des Luftkalks

Die Erhärtung des Luftkalks wird im allgemeinen als Umsetzung
des Calciumhydroxids mit der Kohlensäure der Luft erklärt n. d. Gl.
$\mathrm{Ca(OH)_2 + CO_2 + H_2O \rightarrow CaCO_3 + 2\,H_2O}$. Da die Luft nur 0,03 %
$\mathrm{CO_2}$ enthält und die Luftbewegung in den Mörtelporen äußerst gering ist, ergibt sich von selbst, daß es diese Reaktion nicht sein kann,
welche es ermöglicht, mit weichplastischem Kalkmörtel tragende
Wände mit einem täglichen Baufortschritt von mehreren Metern zu
errichten. Letzteres ist nur dadurch möglich, daß der Mörtel durch
abnehmenden Wassergehalt, wie er durch die stark saugenden Mau-
ersteine bewirkt wird, sich rasch verfestigt. Dies zeigt **Bild 64** nach
Festigkeitsprüfungen von Michaelis jr. [92], durchgeführt mit Kalk-
hydratbrei verschiedenen Wassergehalts. Mit 33 % Wasser war die
Festigkeit gleich Null, mit 15 % Wasser betrug sie schon 10 N/mm^2.
Dies hängt damit zusammen, daß, wenn das überschüssige Wasser

130

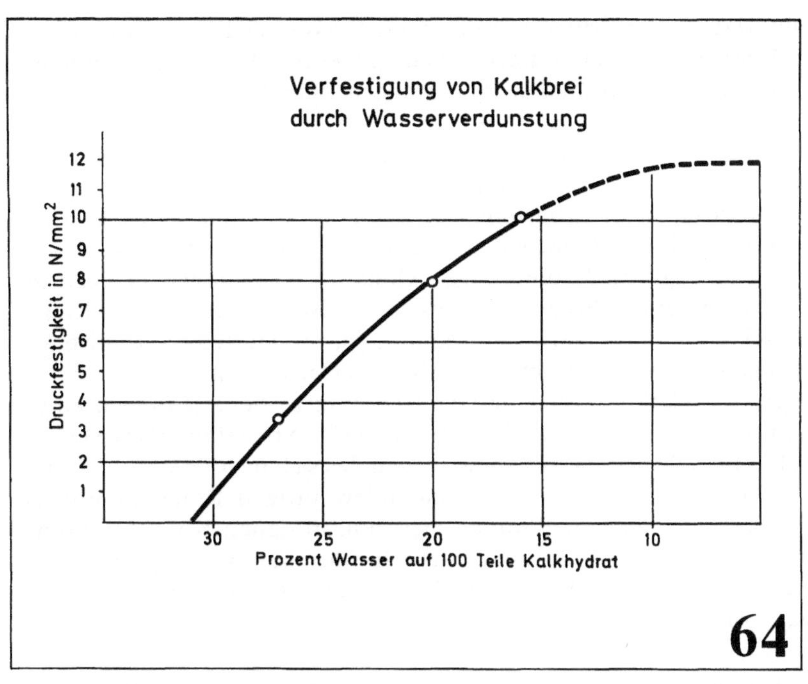

Verfestigung von Kalkbrei
durch Wasserverdunstung
Druckfestigkeit in N/mm²
12
11
10
9
8
7
6
5
4
3
2
1
30
25
20
15
10
Prozent Wasser auf 100 Teile Kalkhydrat
64

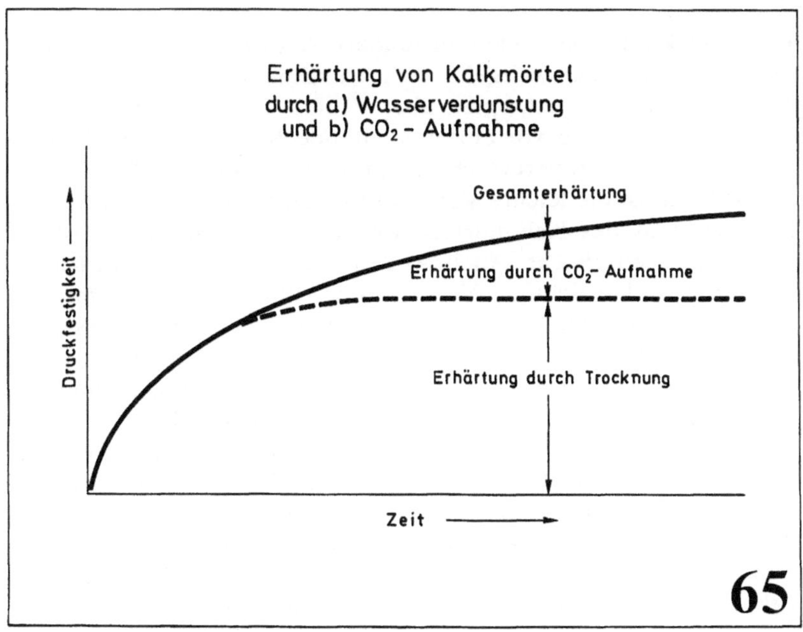

Erhärtung von Kalkmörtel
durch a) Wasserverdunstung
und b) CO₂ - Aufnahme
Druckfestigkeit
Gesamterhärtung
Erhärtung durch CO₂- Aufnahme
Erhärtung durch Trocknung
Zeit
65

fehlt, das fest adsorbierte pseudofeste Wasser als Bindemittel wirkt
(s. Wasser als Bindemittel). Auch mit einem feuchten Steinmehl
oder feuchtem Sand kann man mauern (Sandburgen der Kinder),
doch sobald das Bindemittel Wasser verdunstet, geht die Bindung
verloren. Anders beim Kalkbrei. Dieser hält durch Adsorption viel
und lange Wasser fest, so daß eine gute Bindung gewährleistet ist,
bis die zusätzliche Erhärtung durch CO_2-Aufnahme wirksam wird
(s. **Bild 65**). Bei Putzflächen mit großer Oberfläche erfolgt die „Carbonatisierung" im Laufe einiger Monate, in tiefen Mauerfugen in
Jahren und Jahrzehnten und dies nur teilweise. Proben von Kalkmörtel aus dem Innern der Mauern jahrhundertealter Bauwerke
enthalten oft noch beträchtliche Mengen Calciumhydroxid.

Um die Carbonatisierung von Kalkputz zu beschleunigen, kann
man sich durch Aufstellung offener Koksöfen behelfen. Dies ist eine
nicht ungefährliche Maßnahme wegen des sich bei der Verbrennung
des Kokses neben CO_2 u. U. bildenden giftigen Kohlenmonoxids
CO (deshalb nicht in Räumen arbeiten, in denen Koksöfen brennen). Außerdem wird durch starke Erwärmung das Wasser ausgetrieben, was schädlich ist, weil die Carbonatisierung nur in Gegenwart von Wasser erfolgt.

3.3.4 Eigenschaften und Anwendung des Luftkalks

Der Luftkalk war über viele Jahrhunderte das wichtigste Mörtelbindemittel. Heute ist er weitgehend durch schnellhärtende, hydraulische Bindemittel ersetzt, spielt aber infolge seiner besonderen Eigenschaften nach wie vor eine bedeutende Rolle. Hervorzuheben
sind seine Plastizität, verursacht durch die fast kolloidale Feinteiligkeit. Dadurch ist die leichte Verarbeitbarkeit bedingt, weiterhin die
gute Elastizität des Kalkmörtels, welche geringe Setzungen ohne
Rißbildungen ausgleicht. Auch Außen- und Innenputze mit Kalkmörtel bleiben bei richtiger Verarbeitung rißfrei, selbst bei starken
Temperaturschwankungen, infolge der dem Ziegel und Kalksandstein ähnlichen Wärmedehnzahl. Hervorzuheben ist auch die gute
Frost- und Wetterbeständigkeit von Kalkputzen und insbesondere
die durch ihre Porosität bedingte Atmungsfähigkeit [93].

Diese Eigenschaften wirken sich auch in Mischung mit Zement
und hydraulischem Kalk aus, verbunden mit der schnelleren Erhärtung und höheren Festigkeit dieser Bindemittel (Mörtelgruppe II).
Zementmörtel werden durch Zusatz von wenig Kalk (0,2 Kalkhydrat zu 1 Zement) ohne allzu große Festigkeitseinbuße in der Verarbeitbarkeit wesentlich verbessert (Mörtelgruppe III).

3.4 Hydraulische Härtung des Luftkalks

Der gelöschte Kalk erhärtet nur an der Luft durch Trocknung und Kohlensäureaufnahme. In Wasser löst er sich, wenn auch wenig, in kohlensaurem Wasser jedoch sehr stark. Letzteres ist die Ursache der aggressiven Wirkung von kohlensäurehaltigem Wasser auf kalkhaltige Bindemittel, zu denen auch der Zement gehört (s. Korrosion des Zements).

In Gegenwart von Wasser erhärtenden Kalk, sog. „hydraulischen Kalk" haben die Römer erfunden und in großem Umfang für Hafenbauten und andere Wasserbauwerke verwendet. Sie haben diese Wirkung erreicht, indem sie dem gelöschten Kalk eine bei dem Ort Putuoli vorkommende Erde zugesetzt haben. Sie haben festgestellt, daß derartige Erden auch an anderen Orten vorkommen, so die sog. Santorinerde auf der Mittelmeerinsel Santorin und der sog. Traß aus dem Bohr- und Nettetal in der Gegend von Koblenz. Weiterhin haben sie gefunden, daß auch der Zusatz von Ziegelmehl zu gelöschtem Kalk diesem hydraulische Eigenschaften verleiht.

3.4.1 Puzzolane allgemein

Bei der Erde von Putuoli, heute Puzzolanerde genannt, sowie bei der Santorinerde und beim Traß handelt es sich um vulkanische Auswurfmassen. Daher ihr Vorkommen in der Nähe von noch tätigen Vulkanen (Puzzolanerde in Vesuvnähe) oder erloschenen Vulkanen (Santorinerde, Traß und andere).

Später stellte sich heraus, daß auch andere mineralische Stoffe dem Kalk hydraulische Eigenschaften verleihen, so die Kieselgur, die Molererde, die in Frankreich vorkommende Gaize und die Tripel aus Rußland. Kieselgur und Molererde sind organischer Herkunft. Die Kieselgur besteht aus den Kieselskeletten einfacher Pflanzen (Diatomeen, daher auch Diatomeenerde genannt) oder aus den Schalen tierischer Radiolarien (Strahlentierchen mit innerem Kieselskelett). Bei der Gaize und der Tripel handelt es sich um Verwitterungsprodukte kieseliger Gesteine. Die ganze Gruppe dieser dem Kalk hydraulische Eigenschaften verleihenden Stoffe werden Puzzolane genannt nach dem ersten Fundort bei Putuoli.

3.4.2 Reaktion des Kalks mit Puzzolanen

Die Puzzolane haben je nach ihrer Entstehung verschiedene Zusammensetzung. Allen gemeinsam ist ein hoher Gehalt an Kieselsäure (SiO_2) der im allgemeinen zwischen 50 und 80% beträgt. Dieser allein kann aber nicht die Ursache sein, denn Quarzmehl, das zu mehr als 95% aus SiO_2 besteht, reagiert mit gelöschtem Kalk unter normalen Bedingungen überhaupt nicht. Tatsächlich ist nur Kieselsäure besonderer Struktur in der Lage, mit dem Kalk unter Bildung von Kalksilikaten zu reagieren.

Im Quarzsand, Quarzkies und quarzitischen Gesteinen liegt die Kieselsäure in kristalliner Form vor (s. Silikate). Die einzelnen SiO_2-Moleküle sind dabei in einer Nahordnung fest miteinander verbunden. Nur bei hoher Temperatur (Autoklavhärtung) kann diese Kristallordnung durch gelöschten Kalk aufgebrochen werden, nicht aber bei normaler Temperatur.

Die in den Puzzolanen enthaltene Kieselsäure ist jedoch vorwiegend amorph (gestaltlos, d.h. nicht kristallisiert). Die einzelnen SiO_2-Moleküle liegen ungeordnet nebeneinander und sind damit in der Lage, mit Säuren und Laugen zu reagieren. Deshalb ist amorphe Kieselsäure in Salzsäure löslich, die kristallisierte Kieselsäure des Quarzes ist säureunlöslich.

Mit Calciumhydroxid (gelöschter Kalk) reagiert amorphe, feinverteilte Kieselsäure n. d. Gl.

$$3\,Ca(OH)_2 + 2\,SiO_2 \ (amorph) + H_2O \rightarrow 3\,CaO \cdot 2\,SiO_2 \cdot H_2O.$$

Es entsteht dabei Calciumsilikathydrat, dieselbe Verbindung, wie sie (u.a.) auch bei der Hydratation des Zements entsteht. Calciumsilikathydrate sind wasserunlöslich und entwickeln in engem Verbund hohe Festigkeiten.

Die Wirkung der verschiedenen Puzzolanen geht aus den **Bildern 66 u. 67** anschaulich hervor [94]. Während Quarzmehlzusatz praktisch überhaupt keine Festigkeit ergibt, werden mit Puzzolanzusätzen nach 30 Tagen Druckfestigkeiten zwischen 5 und 13 N/mm^2 erzielt. Diese Festigkeiten ergeben sich nicht unmittelbar aus dem Kieselsäuregehalt, sondern es geht auch die spezifische Oberfläche der Puzzolanen ein, denn je größer diese ist, desto stärker ist die Reaktion, die ja nur an der Oberfläche stattfindet (s. **Bild 68**). Mit beidem hängt die Kalkbindung zusammen, die, wie der Vergleich ergibt, im wesentlichen proportional der erzielten Festigkeit ist (s. **Bild 69**). Die beste Wirkung wird mit Molererde erzielt; eine gute mit dem rheinischen Traß. Der bayrische Traß ist weniger aktiv, was mit der geringeren Säurelöslichkeit der darin enthaltenen Kieselsäure zusammenhängt.

Puzzolane Zusammensetzung und Eigenschaften

(n . Schwiete)

Sorte:	SiO$_2$-Gehalt	%	Oberfläche	$\frac{1000 \, cm^2}{g}$	Kalkbindung	%
Rheinischer Traß		55		9,2		25
Oesterreich. "				9,1		39
Bayrischer "				9,6		19
Puzzolanerde		52		8,9		23
Santorinerde		65				
Molererde		67		23		49
Kieselgur		75				
Quarzmehl		>95		6		8

66

Druckfestigkeit von Kalk-Puzz.mörteln

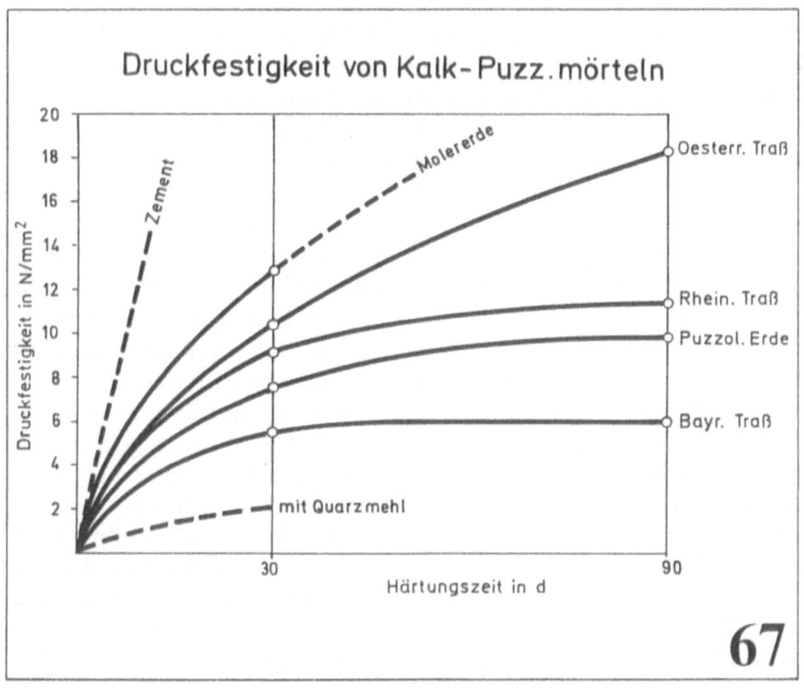

67

3.4.3 Puzzolanhaltige Kalkbindemittel

Gemische aus Weißkalk sowie Dolomitkalk mit Puzzolanen sind als
sog. *Mischbinder* nach DIN 4207 genormt. Der Begriff ist aber
weiter gefaßt und beinhaltet auch gips- und hochofenschlacken-
haltige Produkte. Die geforderte 28-Tage-Druckfestigkeit ist
$15\,N/mm^2$ (beim Zement mindestens 25 N). Die Hauptbedeutung
der Puzzolane liegt heute bei der Verwendung als Zementzusatz,
wo sie ebenfalls günstige Wirkungen ergeben (s. Traßzement).

3.4.4 Hydraulische Wirkung von Tonmaterialien

Wie bereits erwähnt, haben die Römer neben den Puzzolanerden
auch Ziegelmehl als hydraulischen Zusatz zu Kalk verwendet. Ziegelmehl besteht hauptsächlich aus gebranntem Ton. Dieser ist eine
Verbindung aus Siliciumdioxid und Aluminiumoxid der ungefähren
Zusammensetzung $Al_2O_3 \cdot 2\,SiO_2 \cdot (Fe_2O_3)$ mit einem SiO_2-Gehalt
von 60 bis 70%, würde also diesbezüglich einer guten Puzzolane
entsprechen. Der ungebrannte Ton, der (abgesehen vom Kristallwasser) dieselbe Zusammensetzung hat, ist aber alles andere als
eine Puzzolane; er verschlechtert die Bindemitteleigenschaft des
Kalks entscheidend und gibt als Zusatz zum Kalk einen schmierigen,
schlecht härtenden und nicht wasserbeständigen Mörtel.

Der Grund dafür liegt darin, daß das Siliciumdioxid des natürlichen Tons in einem Kristallgitter an Aluminiumoxid gebunden ist
(s. Bild 44) und deshalb kaum mit dem gelöschten Kalk reagiert.
Erhitzt man jedoch den Ton, dann wird bei ca. 500 °C das Wasser
aus den Hydroxylgruppen ausgetrieben und bei weiterer Erhitzung
bricht das Kristallgitter des Tons unter Bildung von Meta-Kaolin
zusammen [95]. Dieses besteht aus einem Gemenge von amorphem
Siliciumdioxid und amorphem Aluminiumoxid. Amorphes SiO_2 ist
aber wie gezeigt, der wirksame Bestandteil der Puzzolane und deshalb wirkt Ziegelmehl als solche. Dies gilt aber nur für das Mehl der
damals hergestellten, nach heutigen Begriffen schwach gebrannten
Ziegel (Brennstoffmangel, keine Kohle). Die heutigen Ziegel werden aus Gründen der Frostbeständigkeit höher gebrannt. Das aus
ihnen hergestellte Ziegelmehl hat praktisch keine hydraulische Wirkung in Mischung mit Kalk. Dies hängt damit zusammen, daß bei
Temperaturen von $>700\,°C$ SiO_2 und Al_2O_3 miteinander reagieren
unter Bildung sehr stabiler Aluminiumsilikate und dadurch die Reaktion mit dem gelöschten Kalk nicht mehr stattfindet.

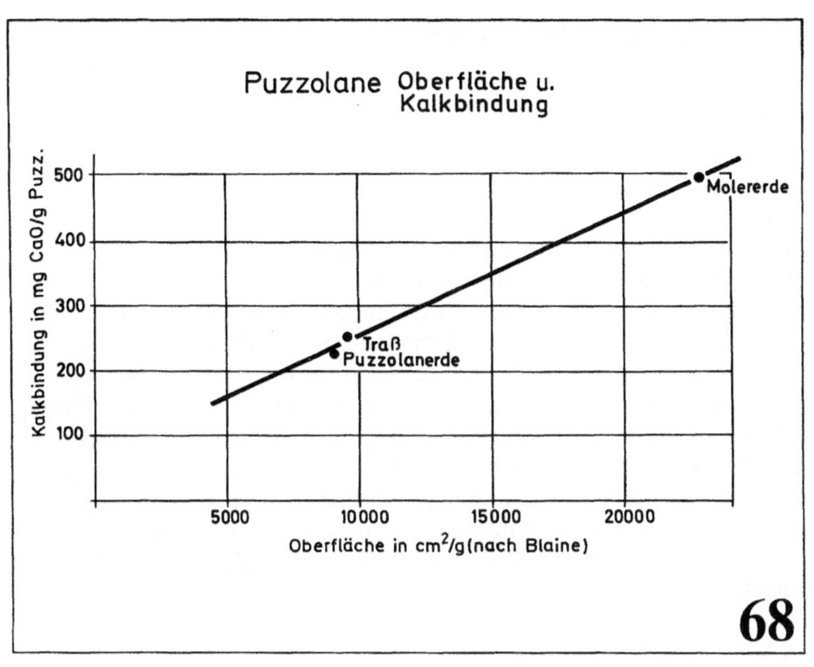

Puzzolane Oberfläche u. Kalkbindung
Kalkbindung in mg CaO/g Puzz.
500
400
300
200
100
Molererde
Traß
Puzzolanerde
5000
10000
15000
20000
Oberfläche in cm²/g(nach Blaine)
68

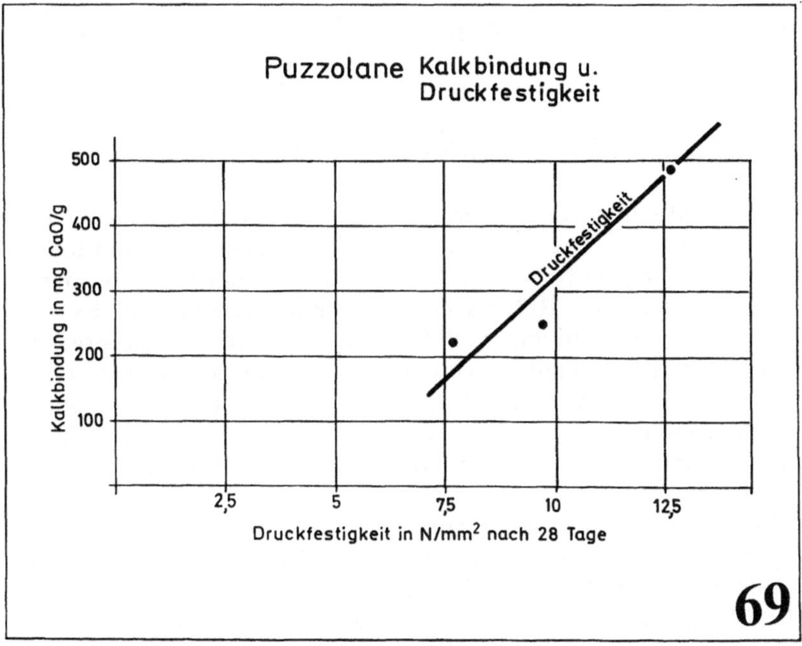

Puzzolane Kalkbindung u. Druckfestigkeit
Kalkbindung in mg CaO/g
500
400
300
200
100
Druckfestigkeit
2,5
5
7,5
10
12,5
Druckfestigkeit in N/mm² nach 28 Tage
69

3.5 Hydraulische Kalke

Da zum Brennen des Kalks eine Temperatur von 900 bis 1200°C erforderlich ist, bei welcher der bei 500°C zur Puzzolane aufgeschlossene Ton bereits wieder neu und fester gebunden ist (Aluminiumsilikat), erscheint ein gemeinsames Brennen von Kalk und Ton, das natürlich von wirtschaftlichem Vorteil wäre, wenig aussichtsreich. Tatsächlich ist dies nicht der Fall, sondern es wurde von Smeaton und Parker gefunden, daß man auf diese Weise Kalk mit hydraulischen Eigenschaften, deshalb hydraulischer Kalk genannt, herstellen kann. Dies ist darauf zurückzuführen, daß der bereits ab 600°C entstehende gebrannte Kalk mit dem ab 500°C aus der Tonsubstanz entstehenden amorphen SiO_2 und Al_2O_3 reagiert. Da das Calciumoxid einen stärker basischen Charakter hat als das Aluminiumoxid (Ca steht im Periodensystem links vom Al) kann die beim Tonbrennen ab 900°C entstehende Bindung zwischen SiO_2 und Al_2O_3 nicht mehr stattfinden, weil SiO_2 und Al_2O_3 bereits zu Calciumsilikaten und Calciumaluminaten gebunden sind.

Dieses Verfahren zur Herstellung hydraulischer Kalke hat noch den Vorteil, daß man dabei nicht von einer Mischung aus Kalkstein und Ton ausgehen muß, sondern daß dafür in der Natur in großen Mengen vorhandene Mischgesteine aus Kalkstein und Ton, die sog. „Mergel" geeignet sind.

3.5.1 Chemie der hydraulischen Kalke

Die hydraulischen Kalke werden wie der Luftkalk bei 1000 bis 1200°C gebrannt. Die dabei stattfindenden Reaktionen sind topochemischer Art; sie finden an den Oberflächen der Reaktionspartner statt, weshalb die Rohmischung fein gemahlen sein muß. Es tritt dabei kein Schmelzen auf, auch kein beginnender Schmelzvorgang, wie es beim Zusammensintern der Fall ist, denn die Sinterung beginnt erst bei 1400°C. Deshalb werden die bei niedrigerer Temperatur gebrannten hydraulischen Kalke auch „ungesinterte hydraulische Bindemittel" genannt, im Unterschied zum Zement, der über der Sintergrenze gebrannt wird.

Die beim ungesinterten Brand entstehenden Verbindungen bestehen in der Hauptsache aus Dicalciumsilikat ($2\,CaO \cdot SiO_2$) und Tricalciumaluminat ($3\,CaO \cdot 2\,Al_2O_3$). Sie binden eine stöchiometrische Menge Kalk; der in der Regel überwiegende Kalk verbleibt

138

mangels Reaktionspartner als gebrannter Kalk (CaO) in dem
Brennprodukt. Kalksilikat und Kalkaluminat sind kalkübersättigte
Mineralien, die bei Zugabe von Wasser sich in andere Verbindungen unter Einbau von Kristallwasser (Hydrate) verwandeln. Diese
Hydrate erhärten ohne Luft mit Wasser und in Wasser und werden
deshalb „hydraulische Komponente" genannt. Der nichtgebundene
Anteil CaO reagiert wie der Luftkalk, d. h. beim Mischen mit Wasser löscht er und später erhärtet er durch Aufnahme von Kohlensäure. Der Anteil an hydraulischer Komponente ist entscheidend
für die erzielbare Festigkeit; je größer derselbe, desto höher die
Festigkeit (s. **Bild 70**).

3.5.2 Arten der hydraulischen Kalke

Für die nach DIN 1060 genormten Kalke bestehen keine Vorschriften hinsichtlich ihrer Zusammensetzung, sondern sie sind je nach der
erzielbaren Mörtel-Mindestdruckfestigkeit eingeteilt (s. **Tabelle 4**).

Tabelle 4

	Druckfestigkeit
Wasserkalk	mind. 1 N/mm²
hydraulischer Kalk	mind. 2 N/mm²
hochhydraulischer Kalk	mind. 5 N/mm²

Diese Anforderungen kann man erreichen durch Herstellung von
Grund auf und durch Mischen von Luftkalk mit Puzzolanen. Für die
Herstellung von Grund auf gilt die Gesetzmäßigkeit, daß die Festigkeit mit steigendem Tongehalt zunimmt. Deshalb wird der Wasserkalk durch Brennen von Mergeln mit geringem Tongehalt (ca. 10%)
hergestellt, der hydraulische Kalk aus Mergeln mit höherem Tongehalt (bis 20%) und der hochhydraulische Kalk mit Mergeln bis 30%
Tongehalt.

Das Brennen der hydraulischen Kalke erfolgt im wesentlichen auf
dieselbe Weise wie beim Luftkalk; bei 1000 bis 1200°C vorwiegend
in Schachtöfen. Dabei werden das Kristallwasser des Tons und das
Kohlendioxid (CO_2) des Kalksteins ausgetrieben, wobei sich das aus
der folgenden Tabelle ersichtliche durchschnittliche Verhältnis von
Tonbestandteilen zu CaO ergibt.

Tabelle 5

	Wasserkalk %	Hydraul. Kalk %	Hochhydraul. Kalk %
Tonbestandteil	13	20	28
CaO	87	80	72
hydraul. Anteil (2,5 × Ton)	33	50	70
freies CaO	67	50	30

Das Reaktionsverhältnis zwischen Kalk und Ton liegt bei den ungesinterten hydraulischen Bindemitteln bei Kalk : Ton = ca. 60:40. Daraus ergibt sich ein mittlerer hydraulischer Anteil von ca. 33% beim Wasserkalk, ca. 50% beim hydraulischen Kalk und ca. 70% beim hochhydraulischen Kalk. Wie aus Bild 70 (nach Versuchen von Schwiete [96]) ersichtlich, steigt die Festigkeit mit zunehmenden Anteil an hydraulischer Komponente an.

Damit zusammenhängend hat der Wasserkalk noch einen hohen CaO-Gehalt und löscht mit Wasser, wenn auch weniger intensiv wie der Luftkalk; der hydraulische Kalk löscht sehr träge und der hochhydraulische Kalk, bei dem der Kalk weitgehend an Hydraulefaktoren gebunden ist, zeigt keine Löschreaktion mehr. Da die hydraulischen Kalke nach dem Anmachen mit Wasser verarbeitungsfertig sein müssen und eine dabei einsetzende Löschreaktion stören würde, werden die noch löschenden hydraulischen Kalke in der Regel im Werk mit Dampf trockengelöscht.

Ein Sondertyp der hochhydraulischen Kalke ist der sog. *Romankalk,* bei dem der Tongehalt über dem 25%-Optimum bei 30 bis 40% liegt. Während bei den kalkreichen hydraulischen Kalken (>75% CaO) nicht aller Kalk an Ton gebunden ist, ist bei einem Kalkgehalt von 60 bis 50% nicht aller Ton an Kalk gebunden. Die bevorzugte Reaktion ist die Bildung von Dicalciumsilikat, die vollständig verläuft. Der geringere Kalkgehalt des Romankalks wirkt sich deshalb in der Bildung kalkarmer Aluminate aus. Diese weisen ein besonders schnelles Abbindevermögen auf und sind die Hauptursache dafür, daß der Romankalk ein „Raschbinder" ist; Erstarrungsbeginn nach wenigen Minuten, Erstarrungsende spätestens eine Stunde nach dem Mischen (im Unterschied zum Zement, dessen Erstarrungsbeginn auf frühestens eine Stunde festgelegt ist).

Hydraulische Kalke
Hydraulischer Anteil und Druckfestigkeit
Druckfestigkeit in N/mm²
18
16
14
12
10
8
6
4
2
Luftkalk
Wasserkalk
Hydraul. Kalk
Hochhydraul. Kalk
hydr. Anteil
20
40
60
80
100 %
100
80
60
40
20
% Ca(OH)₂
70

Bindemittel der Mörtelgruppen
Luft-Kalk
Wasser-kalk
Hydraul-kalk
Hochhydraul. kalk
Zement
Mörtel-gruppe III
a
Mörtel-gruppe II
b
c
Mörtel-gruppe I b
a
bevorzugte Ausführung
71

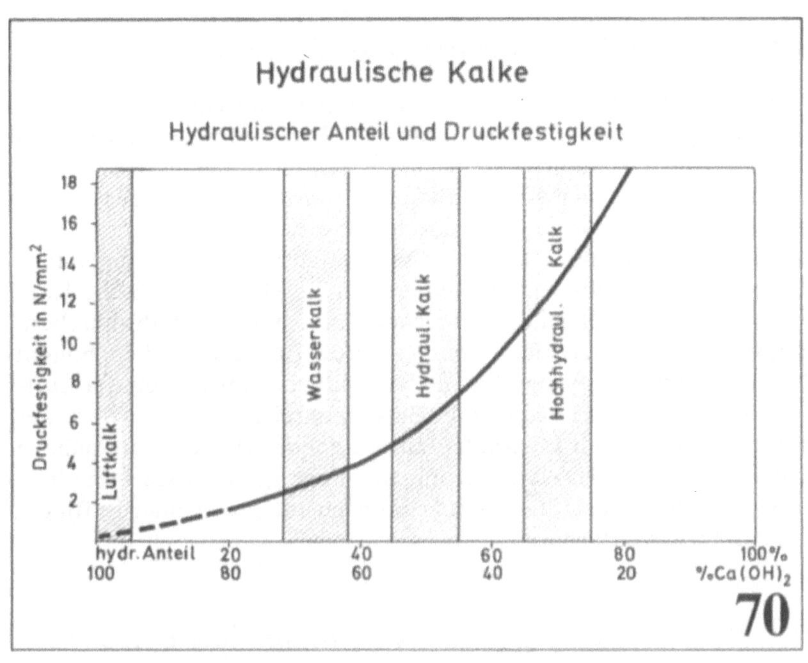

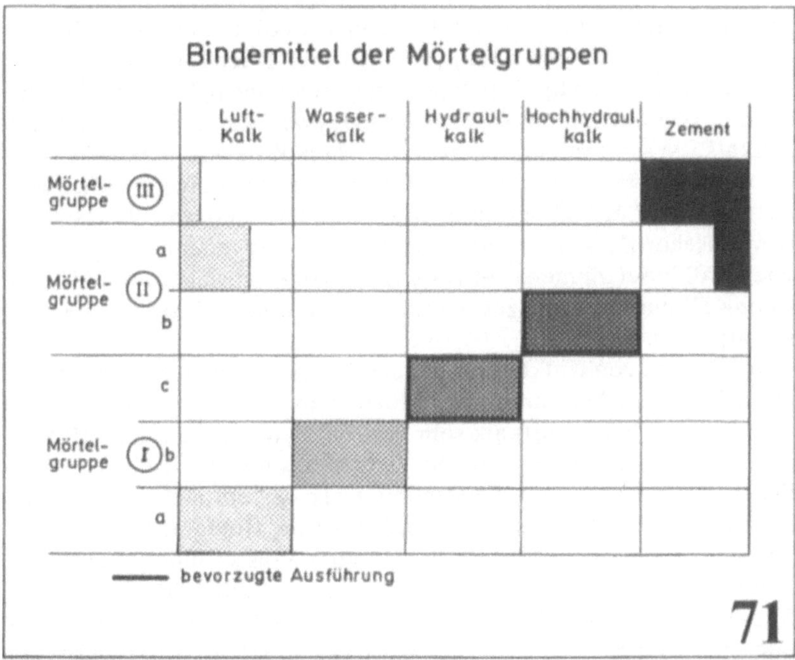

141

3.5.3 Eigenschaften der hydraulischen Kalke

Die hydraulischen Kalke sind keine vollhydraulischen Bindemittel, sondern Übergänge zwischen lufthärtendem und wasserhärtendem Bindemittel. Der dem Luftkalk am nächsten stehende Wasserkalk besitzt nur ein geringes hydraulisches Erhärtungsvermögen; die damit hergestellten Bauteile müssen längere Zeit an der Luft erhärten und sind auch dann nicht unterwasserbeständig, sondern gegenüber Luftkalk nur erhöht feuchtigkeitsbeständig. Der hydraulische Kalk nimmt eine Mittelstellung zwischen luft- und vollhydraulischem Bindemittel ein; die damit hergestellten Bauteile sind in hohem Maße feuchtigkeitsbeständig und beständig bei abwechselnder Luft- und Wassereinwirkung. Der hochhydraulische Kalk, bei dem der Kalk weitgehend an Hydraulefaktoren gebunden ist, ist ein nahezu vollhydraulisches Bindemittel mit nur noch geringer Carbonathärtung. Damit hergestellte Mörtel sind nach entsprechender Luftlagerung unterwasserbeständig.

3.5.4 Anwendungsgebiete der hydraulischen Kalke

Das Hauptanwendungsgebiet für den Luftkalk und die hydraulischen Kalke ist die Herstellung von Mörteln. Nach DIN 1053 unterscheidet man drei Mörtelgruppen steigender Festigkeit und zunehmender Wasserbeständigkeit. *Mörtelgruppe I* kann als Bindemittel Luftkalk, Wasserkalk oder hydraulischen Kalk enthalten. Wegen des schnellen Baufortschritts und deshalb notwendiger rascher Erhärtung wird Luftkalk kaum noch verwendet, sondern vorzugsweise hydraulischer Kalk. Für *Mörtelgruppe II* ist entweder hochhydraulischer Kalk oder Zement mit Kalkzusatz vorgeschrieben; für *Mörtelgruppe III* nur Zement, gegebenenfalls mit einem Zusatz von Kalkhydratpulver.

Der Zusatz von Kalkhydrat hat die Aufgabe, die Geschmeidigkeit und damit Verarbeitbarkeit der Mörtel zu verbessern. Diese Eigenschaften sind beim Luftkalk sehr gut; bei den hydraulischen Bindemitteln vergleichsweise schlecht. Das hängt mit der Teilchengröße dieser Stoffe zusammen. Gelöschter Kalk besteht aus Teilchen der Größenordnung 0,5 bis 2 µm, hydraulische Bindemittel ca. 1 bis 100 µm. Da jedes Teilchen sich mit einer Wasserhülle umgibt, bedeutet dies, daß dieselbe Gewichtsmenge Kalkhydrat viel mehr Wasser zu binden vermag, als das hydraulische Bindemittel. Deshalb erhält man durch Mischen von 10 kg Kalkhydrat mit 24 l Was-

142

ser einen Teig derselben Konsistenz, wie bei Zusatz von 18 l Wasser zu 10 kg Wasserkalk und bei Zusatz von 6 l Wasser zu 10 kg Zement.

Das durch Oberflächenkräfte von den Teilchen gebundene Wasser wirkt als Schmiermittel; besonders ausgeprägt beim Kalkbrei, der deshalb auch „Speckkalk" genannt wird und die vierfache Menge Wasser physikalisch zu binden vermag wie der Zement. Der Zusatz von Kalkbrei zu Zement wirkt also als Schmiermittel in der „kurzen", zum Abreißen neigenden Zement-Wasserpaste. Dies ist der Grund, warum beim Zementmörtel (Mörtelgruppe III) 20% Kalkhydratpulver (trockengelöschter Kalk) und bei Mörtelgruppe II 200%, gerechnet auf Zement, zugegeben werden darf. Der Kalkzusatz zu Zement hat wohl einen beträchtlichen Festigkeitsrückgang zur Folge, was aber bei Mörteln im allgemeinen kein Nachteil ist, weil die Festigkeit des reinen Zementmörtels um ein mehrfaches größer ist, als von den Mörteln der Gruppen II und III verlangt wird.

Aus **Bild 71** sind die für die einzelnen Mörtelgruppen vorgeschriebenen Bindemittel ersichtlich. Luft- und Wasserkalk sind für die Mörtelgruppe I zugelassen; in der Praxis jedoch weitgehend durch hydraulischen Kalk ersetzt. Für die Mörtelgruppe II wird hochhydraulischer Kalk verwendet oder Zement mit hohem Kalkhydratzusatz (1:2); für Mörtelgruppe III nur Zement, gegebenenfalls mit $^1/_5$ Kalkhydratzusatz. Da die Festigkeit von Wasserkalk über den hydraulischen Kalk zum hochhydraulischen Kalk und Zement stark ansteigt (s. Bild 70), sind auch die Festigkeiten der drei Mörtelklassen sehr verschieden. Mörtel der Klasse I haben nur geringe Druckfestigkeit ($<2\ N/mm^2$) weshalb dafür in der DIN 1053 keine Vorschrift besteht. Mörtel der Klasse II müssen $>2,5\ N/mm^2$, der Klasse III $>10\ N/mm^2$ aufweisen.

3.5.5 Putz- und Mauerbinder

„Der Übergang vom Kalkmörtel zum hydraulisch härtenden Bindemittel (wie er in den Mörtelgruppen I bis III zum Ausdruck kommt), ist stets mit einer Einbuße an Plastizität verbunden. Das gilt schon für den Übergang vom Weißkalk zum hydraulischen Kalk und noch mehr für den Übergang zum Zement" [97]. Es bestand deshalb von Seiten der Praxis ein dringendes Bedürfnis, ein Mörtelbindemittel zu entwickeln, das bei guter Verarbeitbarkeit (Plastizität) genügend hohe Druckfestigkeiten ergibt. Diese Forderungen erfüllt der sog. „Putz- und Mauerbinder". Er geht auf amerikanische Entwicklungen zurück (Masonry cement) und besteht aus einer feingemahlenen Mischung von Portlandzement und Kalkstein ($CaCO_3$) ohne Mitverwendung von Kalkhydrat. Die geforderte Plastizität wird erzielt durch chemische Zusatzmittel, insbesondere LP (luftporenbildende)-Stoffe. Die sich dadurch im Mörtel bildenden feinverteilten kugeligen Luftporen wirken wie ein weiches Kugellager zwischen den sperrigen Mineralteilchen und bewirken dadurch eine gute Plastizität.

4 Zement

4.1 Geschichte des Zements

Der Lehm ist das älteste, in die vorgeschichtliche Zeit zurückreichende anorganische Bindemittel. Auch der Gips und Kalk waren schon vor der Zeitwende in verbreiteter Anwendung. Bei ihnen handelt es sich um Luftmörtel, die nur an der Luft erhärten. Der getrocknete Lehm ist überhaupt nicht wasserbeständig und der Gips nur wenig. Der Kalk ist nach vorausgegangener Lufthärtung wetter- und regenbeständig, aber nicht unterwasserbeständig. Letzteres sind die sog. „hydraulischen" Bindemittel, die nicht nur an der Luft, sondern auch unter Wasser erhärten und hart bleiben.

Das erste hydraulische Bindemittel wurde von den Römern erfunden und in großem Umfang für ihre Wasserbauten verwendet. Es bestand aus gelöschtem Kalk ($Ca(OH)_2$), dem Ziegelmehl bzw. Puzzolanerde zugesetzt wurden (s. Puzzolane). Im Mittelalter geriet dieses Bindemittel in Vergessenheit.

Mit dem Beginn des technischen Zeitalters begannen auch die Bemühungen zur Schaffung eines dringend benötigten hydraulischen Bindemittels [98]. J. Smeaton erkannte 1756, daß beim Brennen eines natürlichen Gemischs von Kalkstein und Ton (Mergel) ein hydraulisches Bindemittel entsteht, welches damals beim Bau des Eddystone-Leuchtturms erstmalig zum Einsatz kam und bis heute als sog. „hydraulischer Kalk" verwendet wird. 40 Jahre später (1796) erkannte J. Parker, daß ein hydraulischer Kalk mit höherem Tongehalt wertvolle Eigenschaften hat und nannte dieses Bindemittel „romancement", das auch heute noch, wenn auch in abnehmendem Umfang als sog. „Romankalk" in Anwendung ist.

Für die Herstellung von hydraulischem Kalk und Romankalk wurden damals (und heute) in der Natur vorkommende tonhaltige Kalksteine, sog. „Mergel" verwendet, die in ihrer Zusammensetzung wenig einheitlich waren. J. Aspdin wurde 1824 ein Brennprodukt aus einer künstlichen Mischung von Kalkstein und Ton paten-

tiert, dem er den Namen „Portlandcement" gab, weil daraus hergestellte Bauteile in der Farbe dem graustichig-weißen, auf der Insel
Portland gewonnenen Naturstein ähnlich waren.

Um Zement im heutigen Sinne handelte es sich noch nicht, weil
das Produkt nicht bis zur Sinterung gebrannt war. Dieser Schritt
ergab sich bei der Weiterentwicklung des Verfahrens durch den
Sohn W. Aspdin (1843), so daß Vater und Sohn Aspdin als Erfinder
des heutigen Zements gelten können. Das für die Zementherstellung optimale Verhältnis von Kalkstein und Ton wurde um 1820
von dem Franzosen Vicat und dem Deutschen J. F. John mit 25 bis
30% Ton, d. h. etwa 3 : 1 Kalkstein zu Ton gefunden.

Der technische Pionier der sich auch in Deutschland rasch ent-
wickelnden Zementindustrie war A. Bleibtreu (1824–1881); der
bahnbrechende Wissenschaftler war W. Michaelis (1840–1911)
durch grundlegende Untersuchungen und sein Buch „Die hydraulischen Mörtel" (1868). E. Langen entdeckte 1862 die latent hydraulischen Eigenschaften der granulierten Hochofenschlacke, welche
heute eine bedeutende Rolle bei der Herstellung von Eisenportlandzement und Hochofenzement spielt.

4.2 *Zementherstellung* (s. **Bild 72**)

4.2.1 *Aufbereitung*

Rohstoffe für die Zementherstellung sind Kalkstein und Ton, insbesondere ihr natürliches Gemisch, der Mergel. Die Gewinnung geschieht im Steinbruch. Nach dem Sprengen wird das großstückige
Material in Hammerbrechern zu Schotter von ca. 3 cm Größe zer-
kleinert und anschließend gemahlen und getrocknet. Um das für die
Zementherstellung notwendige, genau abgestimmte Verhältnis von
Kalkstein und Ton zu erzielen, werden Rohmehle mit höherem und
niedrigerem Tongehalt entsprechend gemischt. Dieses abgestimmte
Rohmehl wird beim *Trockenverfahren* direkt gebrannt, in der Regel
aber nach Befeuchtung zu kleinen Kugeln geformt *(Halbnaßverfahren)* oder bei hohem Wassergehalt (>20% Wasser) als Rohschlamm verarbeitet (*Naßverfahren;* selten).

4.2.2 *Brennen des Zements*

Das Brennen, ursprünglich in Schachtöfen, geschieht heute ganz
überwiegend als kontinuierlicher Prozeß in Drehöfen. Diese sind
schwach geneigte, feuerfest ausgemauerte Stahlrohre mit Durch-

146

Zement-Herstellung
Aufbereitung
Schotter
Rohmehl
Konditionierung
Stein-bruch
Silos
Silos
a) Trockenverfahren
b) Halbnaßverfahren
Hammer-brecher
Granalien
Mahltrocknung
Mischer
Trocknung
c) Naßverfahren
Brennen
Drehofen
Feuerung
Entwäss.
CO₂ Austr.
Leichtbr.
Garbrand
Heiß-luft
Klinker-lager
Kühlung
Kaltluft
Zementmahlen
Mahlen
Lagerung
Versand
PZK
HOS
Tra
Gips
PZ
EPZ
HOZ
TrZ
Sack
lose
Auto
Bahn
Schiff
Klinker-lager
Zem. Mühle

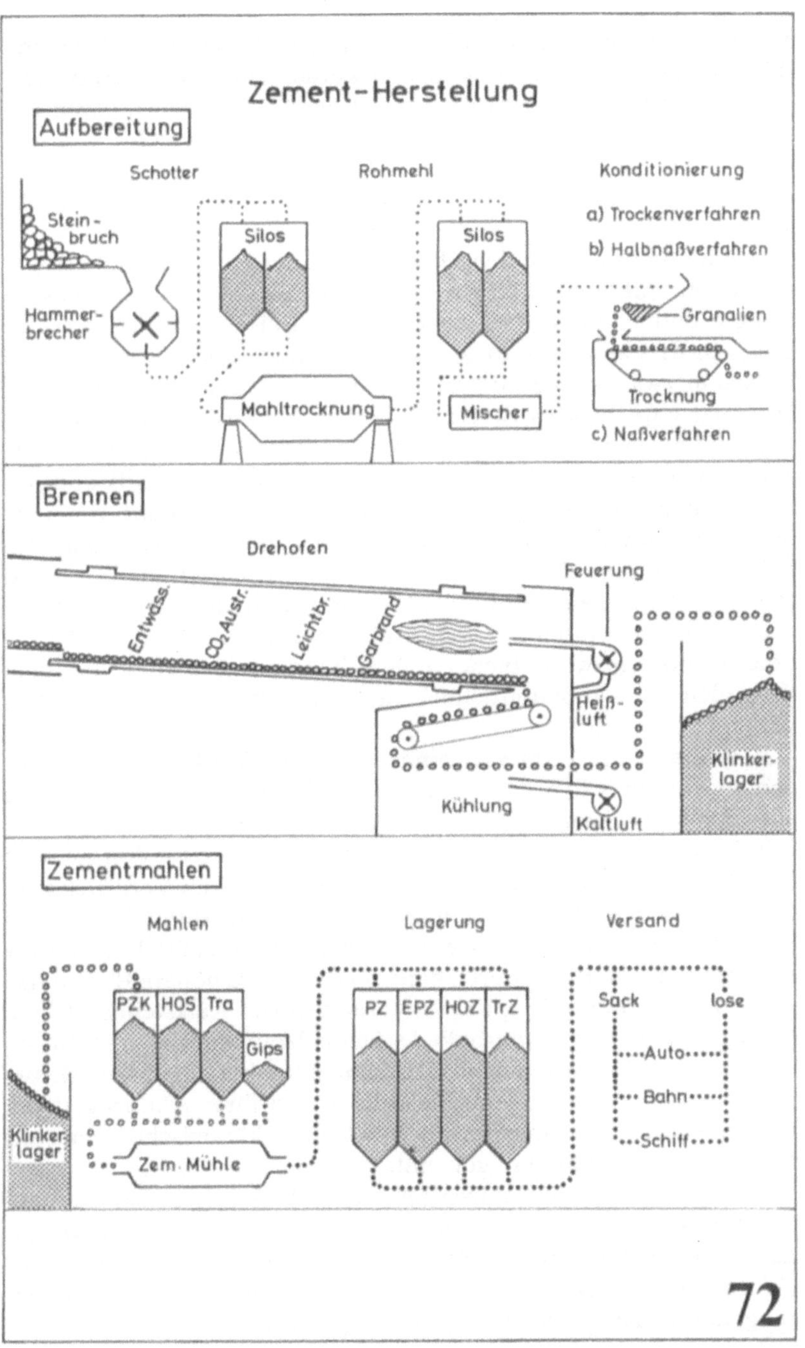

147

messern von 2 bis 5 m und einer Länge von 30 bis 50 m. Rohmehl, Rohstoffgranulat oder Rohschlamm werden am höheren Ende aufgegeben und wandern infolge der Drehung (1–2/min) allmählich (1–5 h) zum unteren Ende, wo der Ofen mit einer Öl-, Kohlenstaub- oder Gasflamme beheizt wird. Das Brenngut wird dabei bis auf 1400 bis 1450 °C erhitzt, wobei sich folgende Reaktionen abspielen:

Schon vor Eintritt in den Ofen wird in der Regel in einer vorgeschalteten, mit heißem Abgas beheizten Trocknungsanlage, das im Rohgut enthaltene Wasser ausgetrieben. Bei etwa 500 °C gibt der Ton sein Kristallwasser ab. Zwischen 800 und 1000 °C wird aus dem Kalkstein (wie beim Kalkbrennen) die Kohlensäure ausgetrieben. Die jetzt vorliegenden Stoffe gebrannter Kalk (CaO) und entwässerter Ton reagieren bei der weiter ansteigenden Temperatur miteinander, erkennbar an der Farbänderung (Leichtbrand) und der Erweichung des Brennguts bei ca. 1250 °C unter Bildung von Verbindungen des Calciumoxids mit den Bestandteilen des Tons, d. i. Siliciumdioxid (SiO_2), Aluminiumoxid (Al_2O_3) und Eisenoxid (Fe_2O_3), wobei Calciumsilikate, Calciumaluminate und Calciumferrite entstehen. In diesem Temperaturbereich entspricht das Reaktionsprodukt im wesentlichen einem hydraulischen Kalk, bei dem das Calciumsilikat hauptsächlich als Dicalciumsilikat ($2\,CaO \cdot SiO_2$) vorliegt.

Bei dem ab ca. 1200 °C beginnenden und bis 1450 °C ansteigenden Garbrand wir weiteres Calciumoxid gebunden, wobei sich aus dem Dicalciumsilikat das Tricalciumsilikat bildet n. d. Gl. $2\,CaO \cdot SiO_2 + CaO \rightarrow 3\,CaO \cdot SiO_2$. Dieses ist die für den Zement charakteristische Verbindung und Ursache seiner im Vergleich zum hydraulischen Kalk überlegenen Eigenschaften. **Bild 73** zeigt den Standort des Zements im Bereich der Kalkbindemittel. Er unterscheidet sich von ihnen durch eine um ca. 500 °C höhere Brenntemperatur und durch das optimale Verhältnis von Kalkstein und Ton. Die Reaktion erfolgt unterhalb des Schmelzpunktes durch Diffusion der Teilchen, Sintern genannt. Es entsteht dabei eine harte Masse, meist in Form von Kugeln. Sie wird wegen ihrer Ähnlichkeit mit dem ebenfalls bis zum Sintern gebrannten keramischen Baustoff Klinker „Zementklinker" genannt.

Nach dem Durchgang durch den Ofen fällt der Zementklinker auf das Transportband einer Kühlvorrichtung, wo er mit Kaltluft gekühlt wird. Die dadurch erhitzte Luft wird dem Brenner zugeführt (Wärmeaustausch). Der Klinker kann, ohne wesentliche Veränderung, monatelang auch im Freien gelagert werden.

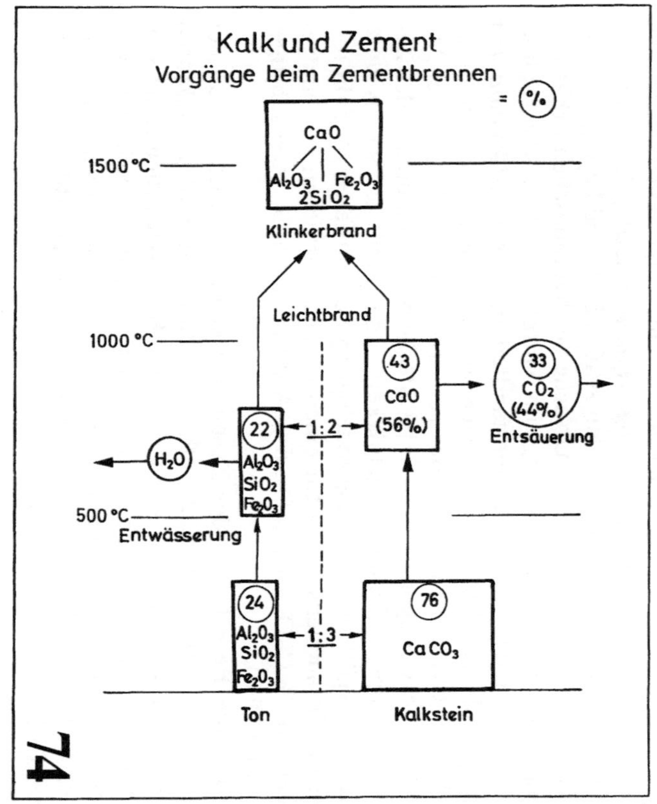

Kalk und Zement
Vorgänge beim Zementbrennen
= %
CaO
Al₂O₃ | Fe₂O₃
2SiO₂
Klinkerbrand
1500 °C
Leichtbrand
1000 °C
43
CaO
(56%)
33
CO₂
(44%)
Entsäuerung
22
1:2
Al₂O₃
SiO₂
Fe₂O₃
H₂O
500 °C
Entwässerung
24
Al₂O₃
SiO₂
Fe₂O₃
1:3
76
Ca CO₃
Ton
Kalkstein
74

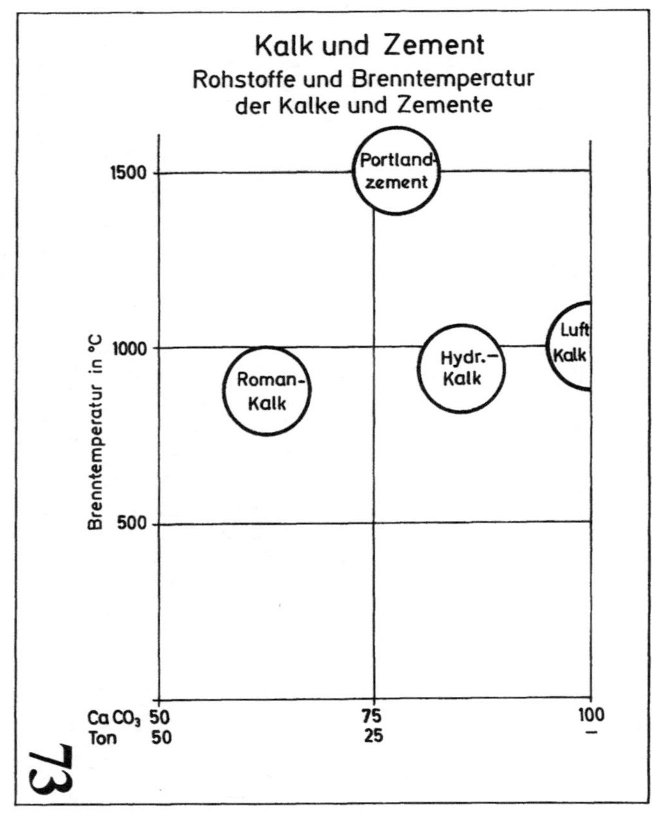

Kalk und Zement
Rohstoffe und Brenntemperatur
der Kalke und Zemente
Brenntemperatur in °C
1500
Portland-
zement
1000
Roman-
Kalk
Hydr.-
Kalk
Luft
Kalk
500
Ca CO₃ 50   75   100
Ton   50   25   −
73

4.2.3 Mahlen des Zements

Zur Entfaltung seiner Bindemitteleigenschaften muß der Zementklinker auf hohe Feinheit gemahlen werden (Mahlfeinheit mindestens 85% <70 µm) unter Zusatz von 3 bis 5% Gips zur Regulierung der Abbindezeit. Bei der Herstellung von Eisenportlandzement· und Hochofenzement wird Hochofenschlacke, beim Traßzement Traß zugemahlen (Näheres s. 4.7).

4.3 Chemische Zusammensetzung

Ausgangsbasis ist das für Zement charakteristische ungefähre Mischungsverhältnis Kalkstein:Ton = 3:1 (Tendenz: geringe Verschiebung in Richtung Kalk bis 78%) (s. Bild 73). Bei etwa 600°C gibt der Ton sein Kristallwasser ab, wodurch sich sein Anteil auf etwa 22% verringert (s. **Bild 74**). Nach Austreibung der Kohlensäure (44% des $CaCO_3$) verbleiben ca. 43% CaO, so daß sich zur zementbildenden Reaktion Calciumoxid und entwässerter Ton im Verhältnis von ca. 2:1 gegenüberstehen.

Da die Zementeigenschaften sehr stark von Feinheiten der Zusammensetzung abhängen, wurden dafür Verhältniszahlen der Einzelbestandteile, die sog. „Moduln" (Maß) aufgestellt (s. **Bild 75**). Der wichtigste Modul ist der sog. *Hydraulemodul,* das Verhältnis von CaO zu den Tonbestandteilen Al_2O_3, SiO_2 und Fe_2O_3, den sog. „Hydraulefaktoren" (weil sie Ursache der hydraulischen Erhärtung sind). Der Hydraulemodul liegt im Mittel bei 2,2. Das Verhältnis von SiO_2 zu den anderen Tonbestandteilen, der sog. *Silikatmodul* ist im Mittel 2,4, das Verhältnis der verbleibenden Tonbestandteile Al_2O_3 (Tonerde) zu Fe_2O_3, der sog. *Tonerdemodul* im Mittel 2,0. Bei Berücksichtigung von ca. 6 bis 8% Nebenbestandteilen des Zements (Gips, Alkalien, Feuchtigkeit) und damit ca. 92 bis 94% Klinker ergibt sich bei Zugrundelegung der mittleren Moduln folgende Zusammensetzung für einen durchschnittlichen Portlandzement: 64% CaO, 20% SiO_2, 6% Al_2O_3, 3% Fe_2O_3. Rest sonstiges (s. Bild 75 u).

Für die Berechnung der Zusammensetzung ist wichtig, daß der Zement 1. nicht mehr Kalk enthält, als durch die Hydraulefaktoren gebunden werden kann, weil sonst durch Kalkübersättigung das sog. „Kalktreiben" entstehen kann (s. dort); 2. jedoch auch nicht wesentlich weniger, weil dadurch die (Früh-) Festigkeit geringer wird. Das Optimum wird durch den sog. *Kalkstandard* (s. Bild 75) errechnet. Er liegt im Mittel bei 97.

150

Chem. Zusammensetzung des Zementklinkers

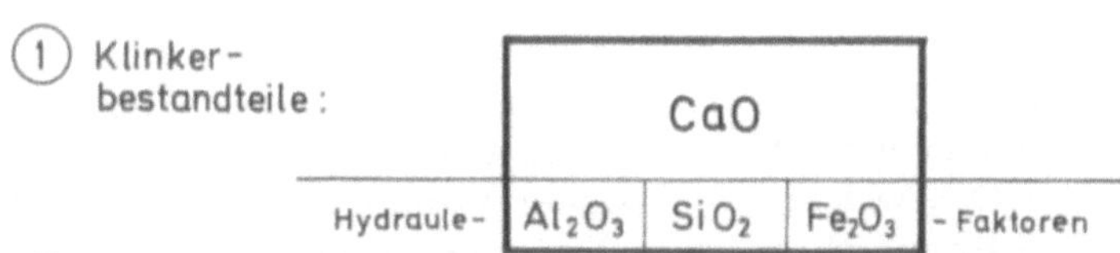

② Moduln

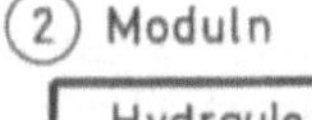

		max.	mittel	min.
Hydraule-Modul	$\dfrac{CaO}{Al_2O_3+SiO_2+Fe_2O_3}$ =	2,4	2,2	2,0
Silikat-Modul	$\dfrac{SiO_2}{Al_2O_3+Fe_2O_3}$ =	3,0	2,4	1,8
Tonerde-Modul	$\dfrac{Al_2O_3}{Fe_2O_3}$ =	2,5	2,0	1,5
Kalk-standard	$\dfrac{100\,CaO}{2,8\,SiO_2+1,1\,Al_2O_3+0,7\,Fe_2O_3}$ =	102	97	92

③ Chem. Zusammensetzung

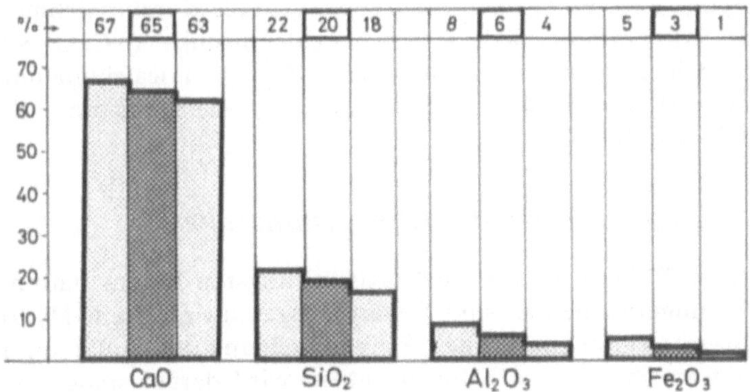

4.3.1 Mineralische Zusammensetzung

Die Fachleute waren lange Zeit der Ansicht, daß der Zement eine einheitliche chemische Verbindung sei. Chemische Analysen allein führten jedoch nicht zum Ziel; erst die Untersuchung der Mineralbestandteile des Zementklinkers, insbesondere unter dem Mikroskop, brachte Licht in das Dunkel. Le Chatelier fand (1887) dabei verschiedene Mineralien, darunter das Tricalciumsilikat. ($3\,CaO \cdot SiO_2$), welches er in weiter Vorausschau als den Hauptträger der hydraulischen Eigenschaften bezeichnete.

Der Mineraloge Törnebohm hat (1897) die seinerseits gefundenen, in ihrer Zusammensetzung zunächst unbekannten Mineralien nach den Anfangsbuchstaben des Alphabets Alit, Belit, Celit benannt. Zahlreiche Forscher befaßten sich in der Folgezeit mit der Strukturaufklärung dieser Mineralien, wobei nachgewiesen wurde, daß Alit mit Tricalciumsilikat identisch ist und Belit aus Dicalciumsilikat ($2\,CaO \cdot SiO_2$) besteht. Als weitere Klinkermineralien wurden das aus drei Molekülen CaO und einem Molekül Al_2O_3 bestehende Tricalciumaluminat ($3\,CaO \cdot Al_2O_3$) und das aus vier Molekülen CaO und je einem Molekül Al_2O_3 und Fe_2O_3 bestehende Tetracalciumaluminatferrit ($4\,CaO \cdot Al_2O_3 \cdot Fe_2O_3$) gefunden [99].

Diese vier Mineralien sind die Hauptbestandteile des Zementklinkers (s. **Bild 76**); von ihrem Zusammenwirken hängt die Vielfalt der Zementeigenschaften ab. Aus Vereinfachungsgründen werden in der Fachsprache Abkürzungen der komplizierten chemischen Bezeichnungen verwendet, wobei C für CaO gilt, S für SiO_2, A für Al_2O_3 und F für Fe_2O_3. Daraus ergeben sich die Kurzbezeichnungen für die Klinkermineralien: C_3S = Tricalciumsilikat ($3\,CaO \cdot SiO_2$), C_2S = Dicalciumsilikat ($2\,CaO \cdot SiO_2$), C_3A = Tricalciumaluminat ($3\,CaO \cdot Al_2O_3$) und schließlich C_4AF = Tetracalciumaluminatferrit ($4\,CaO \cdot Al_2O_3 \cdot Fe_2O_3$).

4.3.2 Eigenschaften der Klinkermineralien

Aus **Bild 77** sind die für die Praxis wichtigsten Eigenschaften der Klinkermineralien, das sind Erhärtungsgeschwindigkeit, Hydratationswärme (Abbindewärme), Schwindneigung und Sulfatempfindlichkeit ersichtlich [100]. Im einzelnen wird darauf später in den entsprechenden Kapiteln eingegangen. Um gleichzeitig den Mengenanteil zum Ausdruck zu bringen, entsprechen die Kreisflächen dem durchschnittlichen Gehalt eines Portlandzements (PZ) mit ca. 60% C_3S, 16% C_2S, 11% C_3A und 8% C_4AF.

Klinkermineralien

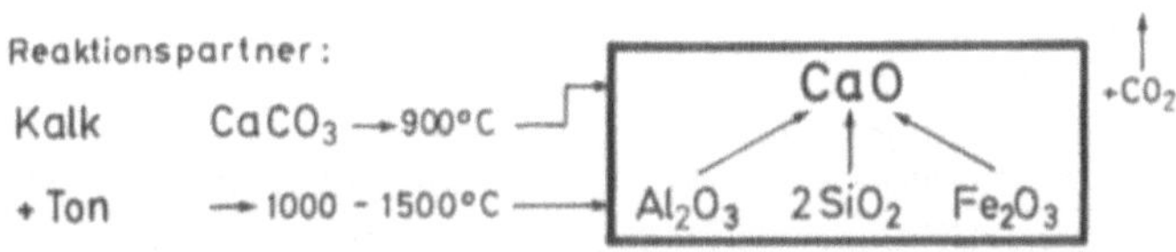

CaO CaO CaO	SiO_2	Tricalciumsilikat $3 CaO \cdot SiO_2$	C_3S
CaO CaO	SiO_2	Dicalciumsilicat $2 CaO \cdot SiO_2$	C_2S
CaO CaO CaO	Al_2O_3	Tricalciumaluminat $3 CaO \cdot Al_2O_3$	C_3A
CaO CaO CaO CaO	Al_2O_3 Fe_2O_3	Tetracalciumaluminatferrit $4 CaO \cdot Al_2O_3 \cdot Fe_2O_3$	C_4AF

Mineral. Klinkerzusammensetzung

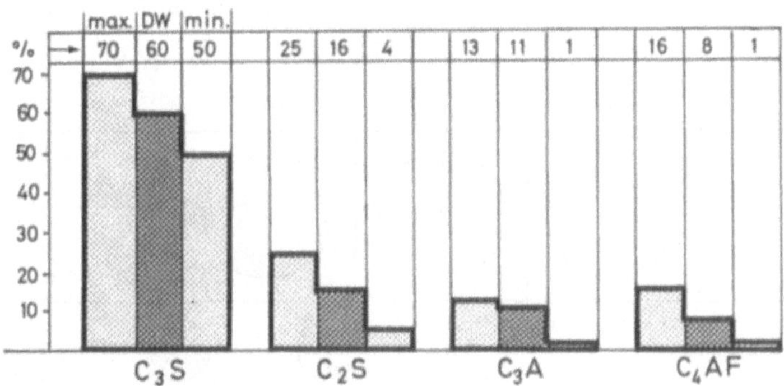

76

Eigenschaften der Klinkermineralien

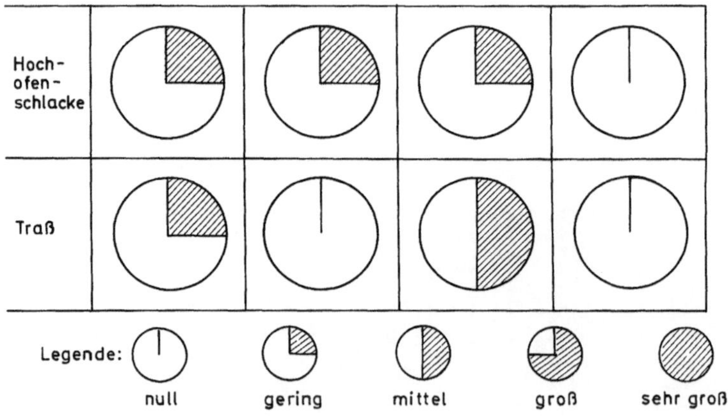

C_3S (Tricalciumsilikat)

Der Hauptbestandteil des PZ ist das C_3S, aus dem er zu etwa $^2/_3$ besteht. Seine besonderen Eigenschaften verdankt der PZ dem C_3S, im Unterschied zu den Wasserkalken, die, auf derselben Rohstoffbasis aufgebaut, ebenfalls Calciumsilikate, jedoch kein C_3S enthalten. Diese enthalten C_2S und noch kalkärmere Silikate im Unterschied zum C_3S des Zements. Das kalkreiche C_3S entsteht erst bei sehr hoher Brenntemperatur (ca. 1400°C), wie sie für die Herstellung von Zement im Unterschied zum hydraulischen Kalk (ca. 1000°C) notwendig ist. Das C_3S ist durch schnelle Erhärtung, große Hydratationswärme, mittlere Schwindneigung und Unempfindlichkeit gegen Sulfateinwirkung gekennzeichnet.

C_2S (Dicalciumsilikat)

Der Gehalt an C_2S beträgt beim PZ im Durchschnitt nur $^1/_4$ des Gehalts an C_3S und weniger. Im Gegensatz zum C_3S zeigt C_2S eine langsame, jedoch stetige Erhärtung; die Hydratationswärme ist gering, desgleichen die Schwindneigung. Gegen Sulfateinwirkung ist C_2S beständig.

C_3A (Tricalciumaluminat)

C_3A bewirkt schnelle Erstarrung, entwickelt eine sehr große Hydratationswärme, begünstigt das Schwinden und ist empfindlich gegen Sulfateinwirkung. Mit (in der Praxis häufig vorkommenden) Sulfaten bildet es ein voluminöses Salz, das die Ursache des sog. „Sulfattreibens" ist.

C_4AF (Tetracalciumaluminatferrit)

C_4AF zeigt langsame (und geringe) Erhärtung, entwickelt eine geringe Hydratationswärme, desgleichen hat es geringe Schwindneigung. Gegen Sulfateinwirkung ist C_4AF unempfindlich.

4.4 Portlandzemente

Den idealen Universalzement mit nur guten Eigenschaften wie schnelle und hohe Erhärtung, geringer Hydratationswärme, ohne Schwindneigung und hoher Sulfatbeständigkeit gibt es nicht, weil sich positive und negative Eigenschaften zum Teil gegenseitig bedingen, wie z.B. schnelle Erhärtung und hohe Hydratationswärme. Deshalb werden je nach Gewichtigkeit der speziellen Anforderungen für die Hauptanwendungsgebiete besonders eingestellte und zusammengesetzte Zemente hergestellt, die nach DIN 1164 genormt sind. Danach werden die Zemente in verschiedene Festigkeitsklassen, nämlich Z 25, Z 35, Z 45 und Z 55 eingeteilt. Die Zahl gibt die nach 28 Tagen zu erreichende Mindestdruckfestigkeit in N/mm^2; an; ist also ein Ausdruck für die Erhärtungsgeschwindigkeit (in der Endfestigkeit nähern sie sich, wie noch gezeigt wird, einander an).

4.4.1 Normaler Portlandzement

Als normalen PZ kann man den PZ 35F bezeichnen. Seine durchschnittliche Zusammensetzung ist aus **Bild 78** zu entnehmen. Der Anteil der einzelnen Mineralien ist aus der Grafik (r.o.) ersichtlich, so dargestellt, daß sich eine rechteckige Fläche ergibt. Dieser PZ 35 ist vielseitig verwendbar.

4.4.2 Frühhochfester Portlandzement

Wenn es, wie z.B. beim Spannbeton, darauf ankommt, in kurzer Zeit hohe Festigkeit zu erreichen, (und die damit verbundene hohe Hydratationswärme wegen der schnellen Wärmeabgabe der meist feingliedrigen Bauteile nicht stört), wird dies durch Erhöhung des C_3S-Gehalts (der für die schnelle Erhärtung entscheidend ist) und Reduzierung des langsam erhärtenden C_2S erreicht. Ein solcher Zement enthält fast kein C_2S mehr und dafür bis zu 70% C_3S (s. Bild 78 l.u.). Technisch wird dies durch Erhöhung des Kalkgehalts erreicht, was sich im Kalkstandard ausdrückt, der zum Teil bis 100 angehoben wird, d.h. bis zur völligen Kalksättigung, wie sie beim C_3S gegeben ist. Der Prototyp eines solchen Zements ist der PZ 55.

4.4.3 Langsam härtender Portlandzement

Wenn man umgekehrt den Gehalt an C_3S reduziert und den C_2S-Gehalt erhöht (s. Bild 78 r.u.), dann gelangt man zu einem langsam härtenden PZ des Typs 25. In vielen Fällen, wie z.B. bei Massenbauten, spielt die Erhärtungsgeschwindigkeit eine untergeordnete Rolle, während die mit dem höheren C_2S-Gehalt verbundene geringere Hydratationswärme und geringere Schwindneigung von Wert ist. Da die Verschiebung zwischen C_3S und C_2S lediglich eine Frage des Kalkgehalts ist, sind solche Zemente durch einen (geringfügig) niedrigeren Kalkgehalt und damit niedrigerem Kalkstandard von z.B. 90 gekennzeichnet.

156

C_3S- und C_2S-Variation im Klinker

Klinkerzusammensetzung

%	C_3S-Gehalt		
	mittel	niedrig	hoch
C_3S	60	50	70
C_2S	14	24	4
C_3A	11	11	11
C_4AF	8	8	8

PZ mittlerer C_3S-Gehalt

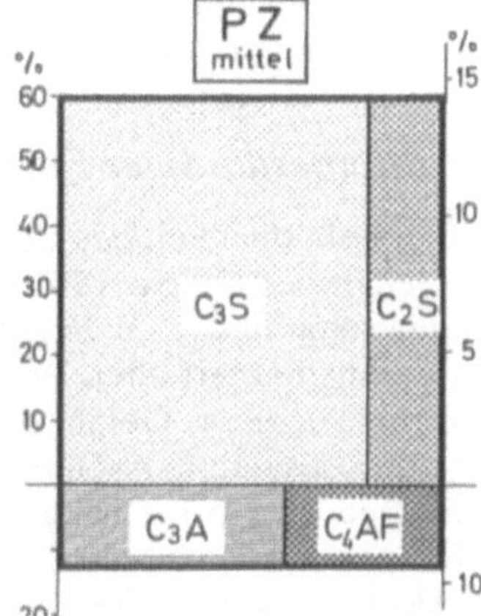

PZ mit hohem C_3S-Gehalt

PZf

= frühhochfest

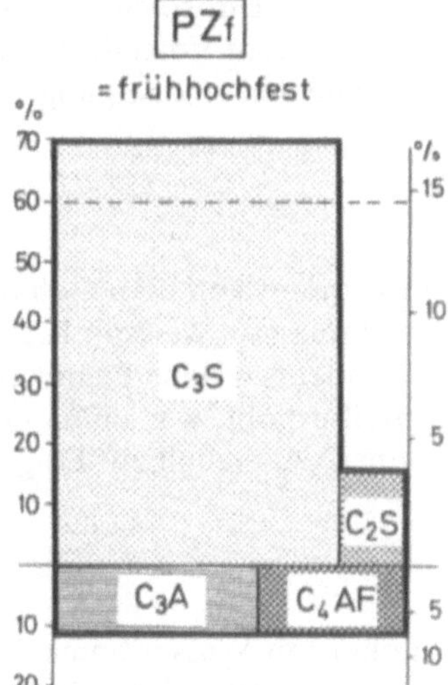

PZ mit niedrigem C_3S-Gehalt

PZl

= langsam härtend

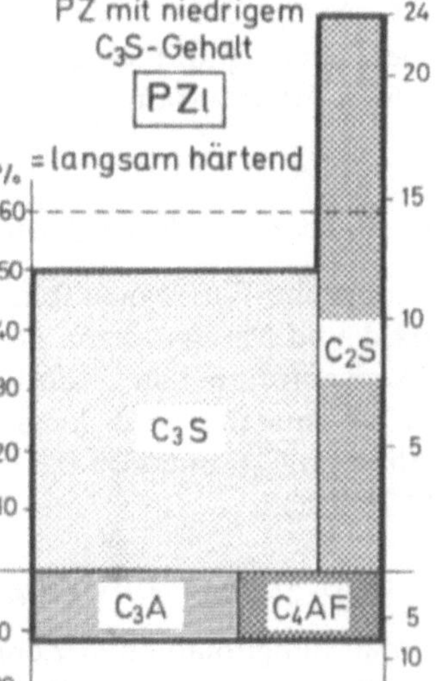

78

4.4.4 Niedrigwärme – Portlandzement

Man kann die Hydratationswärme neben der Erhöhung des C_2S-Gehalts noch weiter dadurch reduzieren, daß man den Gehalt an C_3A verringert, welches eine große Hydratationswärme hat (s. **Bild 79** r.u.). Ein derartiger Niedrigwärmezement ist in den USA genormt und wird vorzugsweise für den Talsperrenbau verwendet.

4.4.5 Sulfatbeständiger Portlandzement

Die Sulfatempfindlichkeit des C_3A ist so groß, daß sogar der an sich geringe Gehalt des üblichen PZ von ca. 10 bis 12% genügt, um bei Einwirkung sulfathaltiger Wässer (oft ist das Grundwasser sulfathaltig) den daraus hergestellten Beton zu zerstören (s. Zementkorrosion). Wenn man dieser Gefahr beim PZ begegnen will, bleibt nichts anderes übrig, als den C_3A-Gehalt auf höchstens 2 bis 3% zu reduzieren (s. Bild 79 r.o.). Dies geschieht technisch durch Erhöhung des Gehalts an Eisenoxid (Erzzugabe). C_3A bildet sich nur soweit, als das Al_2O_3 nicht in die Verbindung C_4AF aufgenommen werden kann. Durch Erhöhung des Fe_2O_3-Gehalts verschiebt sich das Verhältnis $C_3A:C_4AF$ in Richtung des letzteren. Ein solcher Zement hat neben seiner Sulfatbeständigkeit noch weitere Vorteile, nämlich eine geringe Hydratationswärme und geringe Schwindneigung.

4.4.6 Weißer Portlandzement

Die braungrüne Farbe des üblichen PZ kommt von dem Gehalt an Eisenoxid und Manganoxid. Zur Herstellung von weißem PZ muß deshalb eisenfreier Ton (Kaolin) verwendet werden. Damit nicht zuviel C_3A entsteht, wird der SiO_2-Anteil erhöht, was einen höheren Gehalt an C_2S und C_3S bei normalem C_3A-Gehalt zur Folge hat (s. Bild 79 l.u.).

4.4.7 Gipszusatz zum Zement

Wenn man feingemahlenen Zementklinker mit Wasser anmacht, so erstarrt das Gemisch in der Regel sofort [101, 102]. Ursache ist die schnelle Reaktion des C_3A mit Wasser, bei der sich zwischen den Teilchen ein Gerüst aus feinen Calciumaluminathydratkristallen bildet. Ein Zusatz von wenigen Prozent Gips verzögert das Erstarren, weil sich dabei auf den C_3A-Teilchen eine dünne Schicht von Calciumaluminatsulfat bildet, welche die erstere Reaktion verzögert.

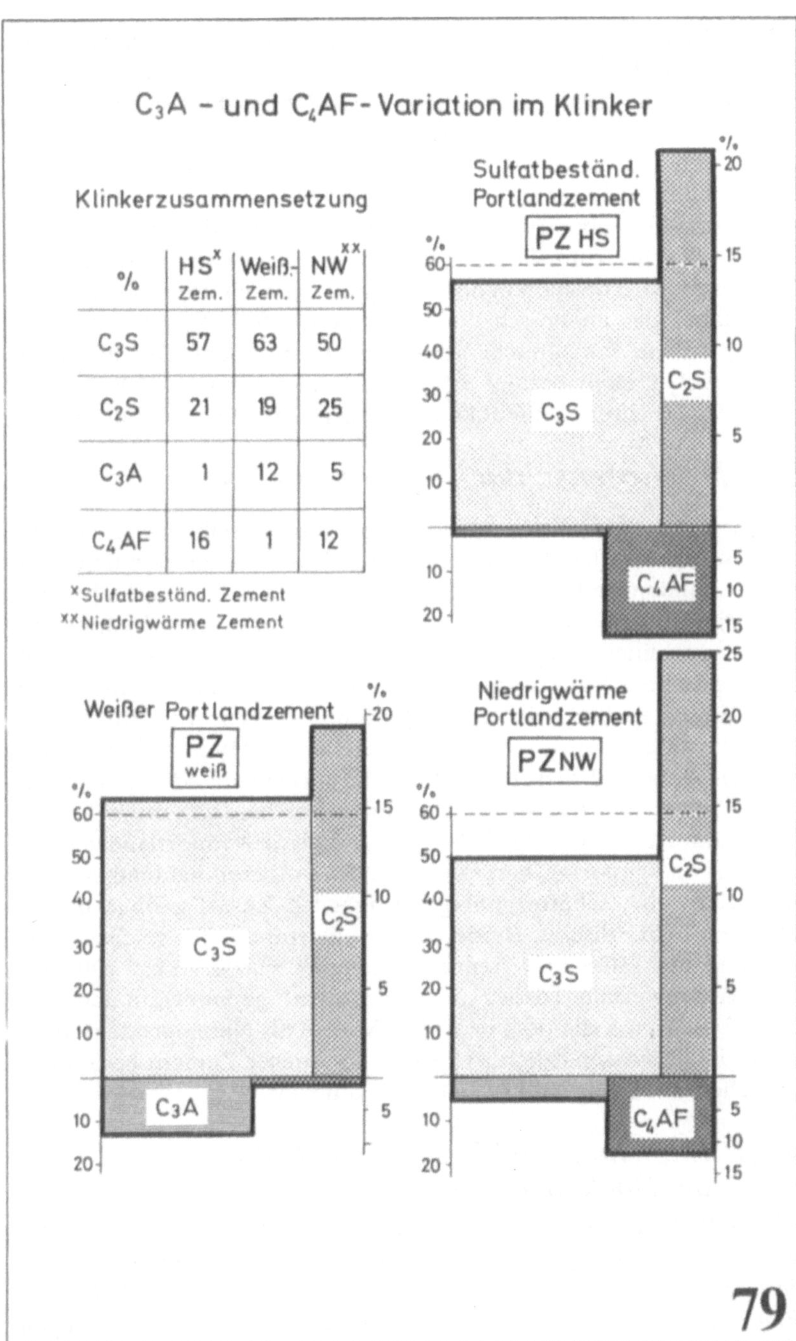

Klinkerzusammensetzung

%	HS[x] Zem.	Weiß- Zem.	NW[xx] Zem.
C_3S	57	63	50
C_2S	21	19	25
C_3A	1	12	5
C_4AF	16	1	12

[x] Sulfatbeständ. Zement
[xx] Niedrigwärme Zement

79

Der Gipszusatz muß deshalb um so höher sein, je höher der C_3A-Gehalt (s. **Bild 80**), je höher die Temperatur (weil diese erstarrungsbeschleunigend wirkt) und je höher die Mahlfeinheit ist (weil dabei die zu umhüllende Oberfläche der C_3A-Teilchen größer wird). Durch den Gipszusatz wird die Druckfestigkeit, insbesondere bei C_3A-reichem PZ, etwas verbessert; über 8% nimmt die Festigkeit ab. Gipszusätze über 10% sind gefährlich, weil dadurch ein Quellen erfolgt, das bis zum Treiben führen kann (s. Sulfattreiben). Der Gipszusatz wird deshalb in der Zementnorm nach oben begrenzt. Es wird dabei die analytisch zu bestimmende SO_3-Menge zugrunde gelegt, welche der 2,2fachen Gipsmenge entspricht. Der höchstzulässige SO_3-Gehalt beträgt 3,5%, bei Feinmahlung ($> 4000\,cm^2/g$) max. 4%. Hochofenzement kann bis max. 4,5% SO_3 enthalten.

4.5 Hochofenschlacke als hydraulischer Zusatz

Schon 1862 entdeckte Langen [103], daß gemahlene Hochofenschlacke (HOS) die als solche nicht mit Wasser reagiert, ein hydraulisches Bindemittel ergibt, wenn man Kalk zusetzt. Deshalb nennt man die Hochofenschlacke „latent" (d. h. verborgen) hydraulisch, weil es nur eines Anregers bedarf, um diese Eigenschaft zu entfalten. Dasselbe erfolgt, wenn man der HOS Portlandzement zusetzt, denn dieser spaltet bei der Reaktion mit Wasser ebenfalls Kalk in Form von Calciumhydroxid ($Ca(OH)_2$) ab (s. Hydratation des Zements). Aufgrund dieser auf Michaelis zurückgehenden Erkenntnis wurde schon ab 1892 in verschiedenen Portlandzementwerken PZ mit einem Zusatz von ca. 30% HOS, heute „Eisenportlandzement" genannt und genormt, hergestellt. In der Folgezeit hat man erkannt, daß schon ein verhältnismäßig geringer PZ-Zusatz genügt, um aus HOS ein hydraulisches Bindemittel zu gewinnen. Ein solches, überwiegend aus HOS bestehendes Erzeugnis wurde ab ca. 1900 von den Hüttenwerken, (daher „Hüttenzement" genannt), in den Handel gebracht, um die dort in großer Menge als Nebenprodukt anfallende HOS wirtschaftlich zu verwerten. Dieser Zement heißt heute „Hochofenzement" und ist seit 1917 genormt.

4.5.1 Entstehung und Zusammensetzung der Hochofenschlacke

Die HOS fällt beim Hochofenprozeß bei der Eisengewinnung aus Erzen an. Letztere sind Mineralien mit einem Eisengehalt von mindestens 20%, meistens viel höher. Neben Eisenoxid enthalten die Erze andere Mineralien, die sog. „Gangart", vielfach aus tonigem

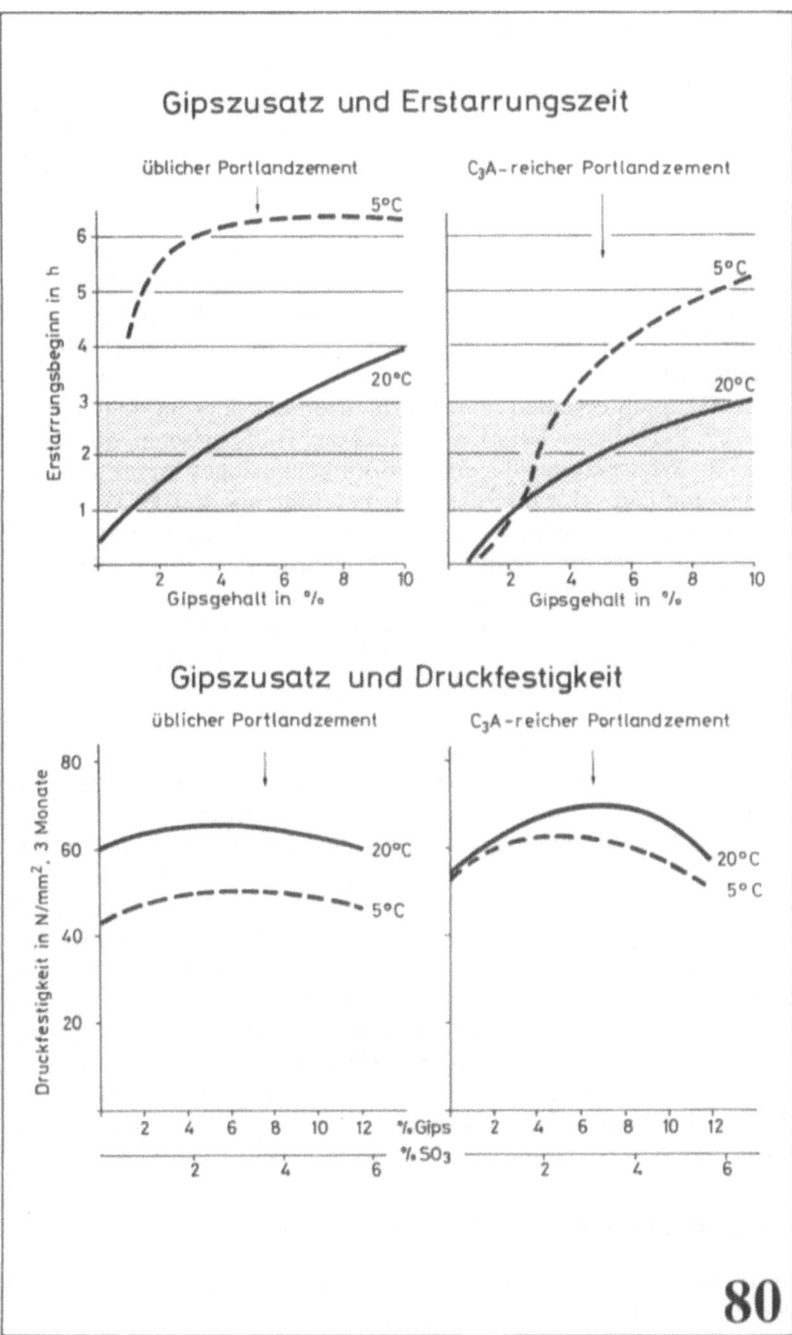

Gipszusatz und Erstarrungszeit
üblicher Portlandzement
C₃A-reicher Portlandzement
Erstarrungsbeginn in h
5°C
20°C
6
5
4
3
2
1
Gipsgehalt in %
2 4 6 8 10
5°C
20°C
Gipszusatz und Druckfestigkeit
üblicher Portlandzement
C₃A-reicher Portlandzement
Druckfestigkeit in N/mm², 3 Monate
80
60
40
20
20°C
5°C
20°C
5°C
2 4 6 8 10 12 % Gips
% SO₃
2 4 6

Gestein bestehend. Da der Ton ebenfalls Eisenoxid enthält, kann man verschiedene Erze als eisenoxidreiche tonartige Substanzen bezeichnen (s. **Bild 81**).

Um die Gangart vom Eisen zu trennen, wird Kalkstein ($CaCO_3$) zugegeben, der bei der hohen Temperatur des Hochofens sein CO_2 abgibt unter Bildung von gebranntem Kalk (CaO). Dieser Kalk reagiert mit den Tonbestandteilen Kieselsäure (SiO_2) und Aluminiumoxid (Al_2O_3) unter Bildung von Calciumsilikat und Calciumaluminat in ähnlicher Weise, wie es bei der Zementherstellung der Fall ist (s. dort), mit dem Unterschied, daß die HOS kein Eisenoxid enthält (das aber auch im Portlandzement nur in geringer Menge enthalten ist).

Der Hauptunterschied zum Portlandzement liegt im Kalkgehalt. Beim PZ liegt dieser bei ca. 66%, bei der HOS zwischen 55% und nur 25%. Während der PZ eine prozentgenau abgestimmte Zusammensetzung hat, schwankt die Zusammensetzung der HOS je nach Erz und Arbeitsweise in weiten Grenzen (s. **Bild 82**). Damit zusammenhängend war die Qualität von Mischungen aus PZ und HOS in der Anfangszeit sehr verschieden und beeinträchtigte, da sie zum Teil als PZ verkauft wurden, das Vertrauen auf den Werkstoff Portlandzement. Dadurch entstanden langjährige Auseinandersetzungen zwischen den Portlandzementwerken und der Hüttenzementindustrie [104].

Diese wurden erst durch die Not des Ersten Weltkrieges und die intensive Erforschung der HOS-Zusammensetzung in den 20er Jahren beigelegt. Man erkannte, daß nur die kalkreiche, sog. „basische" HOS zur Herstellung von „Hüttenzementen" (Sammelbegriff für HOS-enthaltende Zemente) geeignet ist, weshalb in der Zementnorm DIN 1164 vorgeschrieben ist, daß die Summe von CaO + Al_2O_3 + MgO größer sein soll als der Kieselsäure-(SiO_2) Anteil. Überwiegt die letztere, dann spricht man von „saurer" HOS. Außerdem muß die Schlacke schnell gekühlt sein, was in der Regel durch Einleiten in Wasser geschieht. Dabei erstarrt die HOS glasig, d.h. amorph. Langsam gekühlte HOS erstarrt kristallin. Sie hat keine hydraulischen Eigenschaften, wie es auch für den kristallinen Quarz (SiO_2) gilt, im Gegensatz zu dem amorphen SiO_2 der Puzzolane (s. dort).

4.5.2 Wirkungen der Hochofenschlacke

Festigkeitsentwicklung. Die rasche und hohe Erhärtung des PZ ist, wie besprochen, auf den hohen Gehalt an C_3S zurückzuführen.

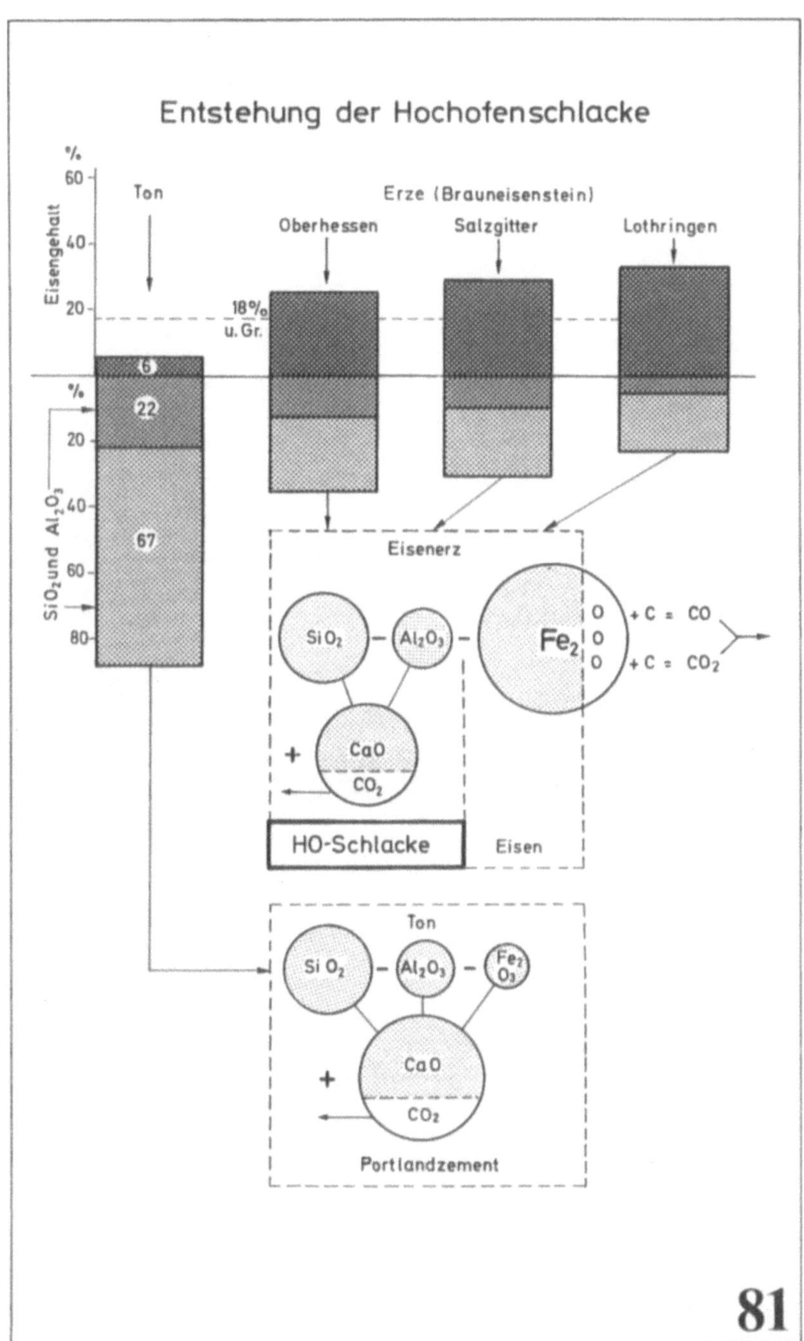

Entstehung der Hochofenschlacke
%
60
Eisengehalt
40
20
18%
u. Gr.
Ton
Erze (Brauneisenstein)
Oberhessen
Salzgitter
Lothringen
6
22
67
%
20
40
60
80
SiO_2 und Al_2O_3
Eisenerz
SiO_2
Al_2O_3
Fe_2
O
O
O
+ C = CO
+ C = CO_2
+
CaO
CO_2
HO-Schlacke
Eisen
Ton
$Si O_2$
Al_2O_3
Fe_2
O_3
+
CaO
CO_2
Portlandzement

Zusammensetzung der Hochofenschlacke
im Mittel
Portland-zement
Hochofenschlacke
basisch
sauer
CaO
66
55
25
SiO2
22
35
55
Al2O3
8
15
20
Fe2O3
4
—
—
%
60
50
40
30
20
10
CaO-Gehalt
%
10
20
30
40
50
60
70
80
Al2O3+SiO2
nach DIN 1164
CaO+Al2O3+MgO
SiO2
>1
<1
=basisch
=sauer
schnell gekühlt
=glasig
geeignet
ungeeignet
langsam gekühlt
=kristallin
ungeeignet
ungeeignet

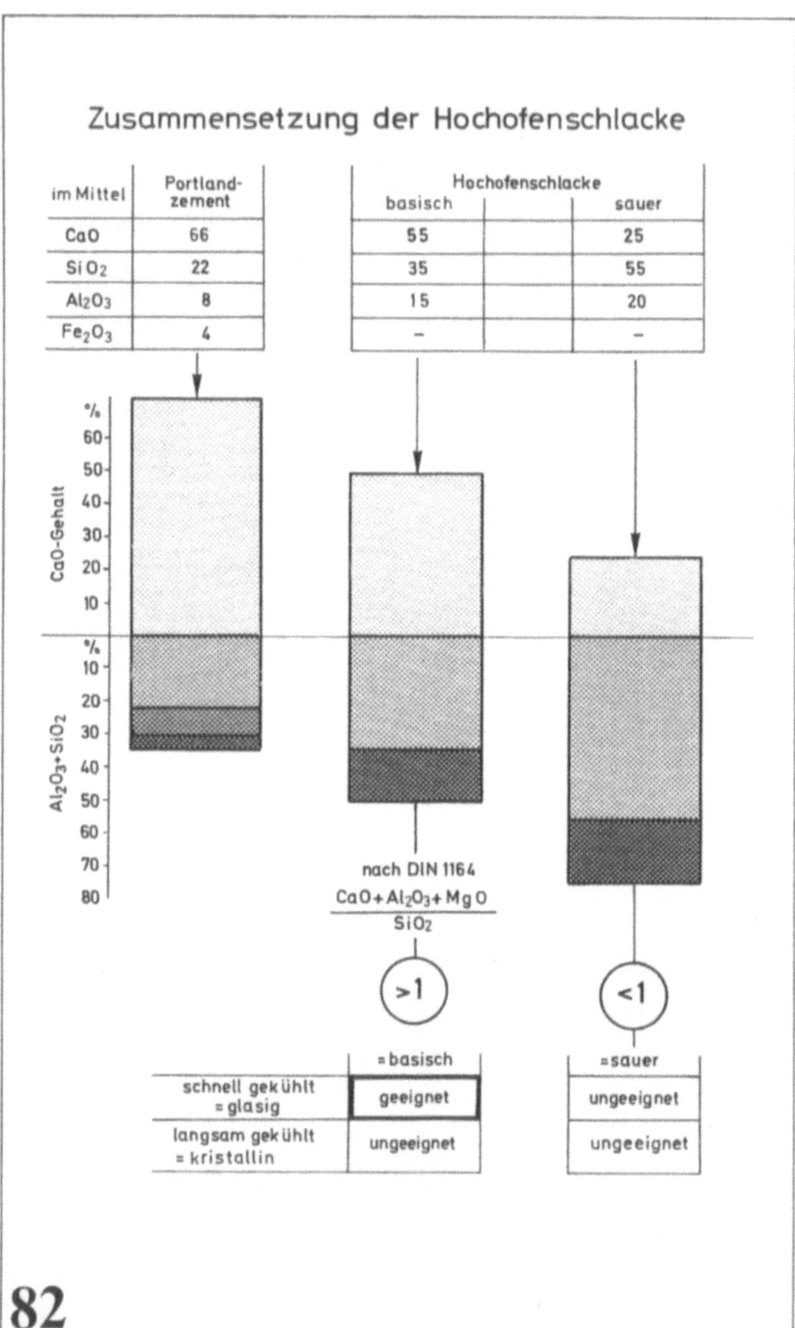

82

Diese Verbindung mit 73% CaO entsteht nur bei einem hohen Kalkgehalt der Mischung von über 60%. Bei kalkärmeren Mischungen entstehen das C_2S (65% CaO), C_3S_2 (58% CaO) und CS (50% CaO), wobei der hydraulische Charakter in dieser Reihenfolge sehr stark abnimmt und bei der HOS erst durch den Anreger ($Ca(OH)_2$) geweckt werden muß. Damit zusammenhängend wirkt die HOS in Mischung mit PZ stark verzögernd auf die Festigkeitsentwicklung (s. Bild 77), doch erreichen solche PZ-HOS-Gemische bei optimaler Zusammensetzung dieselbe Endfestigkeit wie PZ. In der Zementnorm sind diese Zemente als sog. L-(langsamhärtende) Zemente (35L u. 45L) eingestuft im Unterschied zu den raschhärtenden Portlandzementen mit der Zusatzbezeichnung F (frühhochfest).

Hydratationswärme. Die HOS entwickelt nur eine geringe Hydratationswärme (s. Bild 77). Dies bewirkt, daß PZ-HOS-Mischungen eine gegenüber PZ wesentlich geringere Wärmeentwicklung zeigen, was bei Massenbeton von großer Bedeutung ist und weshalb die Hüttenzemente dafür bevorzugt verwendet werden.

Schwindneigung. Zwischen Hydratationswärme und Schwindung besteht ein Zusammenhang derart, daß die Schwindung in dem Maße zunimmt, wie die Hydratationswärme ansteigt. Da durch Schlackenzusatz die Hydratationswärme verringert wird, ist auch die Schwindneigung der schlackenhaltigen Zemente im allgemeinen etwas geringer als die der reinen Portlandzemente.

Sulfatbeständigkeit. Die Sulfatempfindlichkeit des PZ hängt mit dessen Gehalt an C_3A (durchschnittlich 11%) zusammen. Wenn dieser unter die kritische Grenze von ca. 3% verringert wird, ist der Zement sulfatbeständig (s. Bild 79). Die Reduzierung des C_3A-Gehalts kann man jedoch auch durch hohen HOS-Zusatz erreichen, wodurch schlackenreiche Hüttenzemente erfahrungsgemäß sulfatbeständig werden. Als HS (hochsulfatbeständig) sind deshalb nach der Zementnorm auch Hochofenzemente mit einem Schlackengehalt von mindestens 70% zugelassen.

4.6 Traß als hydraulischer Zusatz

Der Traß ist ein im Neuwieder Becken bei Koblenz in großer Menge vorkommendes Mineral, das aus den Auswurfmassen des urgeschichtlichen Laacher-See-Vulkans entstanden ist. Er gehört zu den sog. Puzzolanen, die zusammen mit Kalk hydraulische Bindemittel ergeben (s. dort). Deren Erhärtung beruht auf der Reaktion des Calciumhydroxids ($Ca(OH)_2$ mit der reaktionsfähigen (weil amorphen) Kieselsäure dieser Stoffe.

Diese Reaktion findet auch bei der Verarbeitung mit Zement statt, welcher bei der Umsetzung mit Wasser beträchtliche Mengen $Ca(HO)_2$ abgespaltet (s. Hydratation). Sie ist von zusätzlichem Wert, weil dadurch ein Teil des keinen Festigkeitsbeitrag liefernden freien $Ca(OH)_2$ festigkeitsbildend gebunden wird, was sich allerdings nicht wesentlich auswirkt. Wichtiger ist die Tatsache, daß die äußerst feinen Traßteilchen bei der Reaktion mit dem $Ca(OH)_2$ gallertartige Massen bilden, welche sich in den Kapillarporen des Zementsteins ablagern und dadurch dichtend wirken. Diese Wirkung des Traß wurde schon frühzeitig erkannt und deshalb wird für Wasserbauten mit gutem Erfolg vielfach Zement mit Traßzusatz verwendet.

Auf die Erhärtungsgeschwindigkeit wirkt der Traß etwas verzögernd. Er entwickelt praktisch keine Hydratationswärme und setzt deshalb die des Zements im Verhältnis seines Anteils herab. Gegen Sulfateinwirkung ist Traß unempfindlich. Da aber Traßzement nur 20 bis 40% Traß enthält, wird dadurch der C_3A-Gehalt des Zementanteils nicht unter die kritische Grenze verringert, wie es beim ca. 70% HOS-enthaltenden Hochofenzement der Fall ist. Der Traßzement ist deshalb etwas sulfatbeständiger, aber nicht HS (hochsulfatbeständig) im Sinne der Zementnorm [105].

4.7 Normzemente

Die im Bauwesen zur Anwendung kommenden Zemente sind durch DIN 1164 genormt. Sie sind nach der bis 28 Tage zu erreichenden Mindestdruckfestigkeit in die Festigkeitsklassen 25, 35, 45, und 55 eingeteilt. Die Zemente 35 und 45 sind noch unterteilt in frühhochfesten Zement (Zusatzbezeichnung F) und langsamhärtenden Zement (Zusatzbezeichnung L). Der Zement 55 ist im Prinzip ein frühhochfester, der Zement 25 ein langsamhärtender Zement, weshalb hier die Zusatzbezeichnung wegfällt.

Wenn man die vorgeschriebenen Festigkeitswerte auf einem Diagramm in Abhängigkeit von der Zeit aufträgt, dann ergeben sich (durch Erfahrung bestätigte) charakteristische Erhärtungskurven (s. **Bild 83**). Den grundsätzlichen Unterschied erkennt man bei der

166

Festigkeitsklassen der Norm-Zemente

Festigkeitsklasse		Druckfestigkeit in N/mm² nach			
		2 Tagen min.	7 Tagen min.	28 Tagen min.	max.
25		–	10	25	45
35	L	–	17,5	35	55
35	F	10	–		
45	L	10	–	45	65
45	F	20	–		
55		30	–	55	–

Festigkeits-Zeit-Diagramm der Norm-Zemente

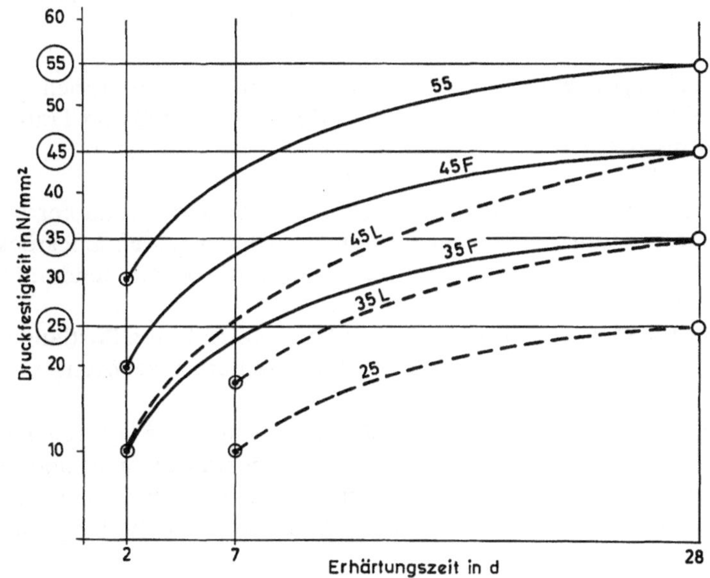

83

Gegenüberstellung der 2-Tage-Festigkeit und der 28-Tage-Festigkeit mit den Gruppen 1. der langsamhärtenden Zemente 25, 35L, 45L und 2. der frühhochfesten Zemente 35F, 45F und 55 (s. **Bild 84**).

Zusammensetzung der Normzemente

Bezüglich der Zusammensetzung der Normzemente bestehen folgende Vorschriften (s. **Bild 86**).

Portlandzement muß zu 100% aus gemahlenem Zementklinker mit zulässigem Gipszusatz bestehen.

Eisenportlandzement besteht aus Portlandzement mit Hochofenschlackezusatz bis zu einer Höchstmenge von 35%.

Hochofenzement besteht aus Hochofenschlacke mit PZ-Zusatz von mindestens 15% (höchstens 64%).

Traßzement besteht aus Portlandzement mit Traßzusatz bis zu einer Menge von a) 20% b) 40%.

Traß-Hochofenzement besteht aus mindestens 25% (höchstens 50%) Zementklinker mit 50 bis 75% Zusatz von HOS und Traß im Verhältnis 2:1.

Ölschieferzement besteht aus mindestens 70% Zementklinker und 20 bis 30% Ölschieferschlacke, anfallend als Verbrennungsrückstand des am Nordrand der Schwäbischen Alb vorkommenden Ölschiefers.

Aus **Bild 85** ist ersichtlich, welchen Festigkeitsklassen Portlandzement, Eisenportlandzement und Hochofenzement zugehören.

Zement 55 ist stets ein Portlandzement, hergestellt aus C_3S-reichem, besonders fein gemahlenem Klinker. Eisenportlandzement und der noch schlackenreichere Hochofenzement entsprechen nicht den Anforderungen, weil durch die HOS-Schlacke die Erhärtungsreaktion verzögert wird.

Zement 45F und 35F. Diesen Anforderungen an Frühhochfestigkeit wird ein weniger fein gemahlener Portlandzement aus C_3S-reichem Klinker, desgleichen auch ein entsprechend hergestellter Eisenportlandzement gerecht.

Norm-Zemente 2 : 28 Tage Festigkeit
2 Tage-Druckfestigkeit in N/mm²
30
20
10
25
35
45
55
25
35
45
55
28 Tage-Druckfestigkeit in N/mm²
55
45 F
35 F
45 L
35 L
25
84

Typische Zusammensetzung der Norm-Zemente
PZ=Portlandzement   EPZ=Eisenportlandzement   HOZ=Hochofenzement
PZ
EPZ
HOZ
25
35 L
35 F
45 L
45 F
55
85

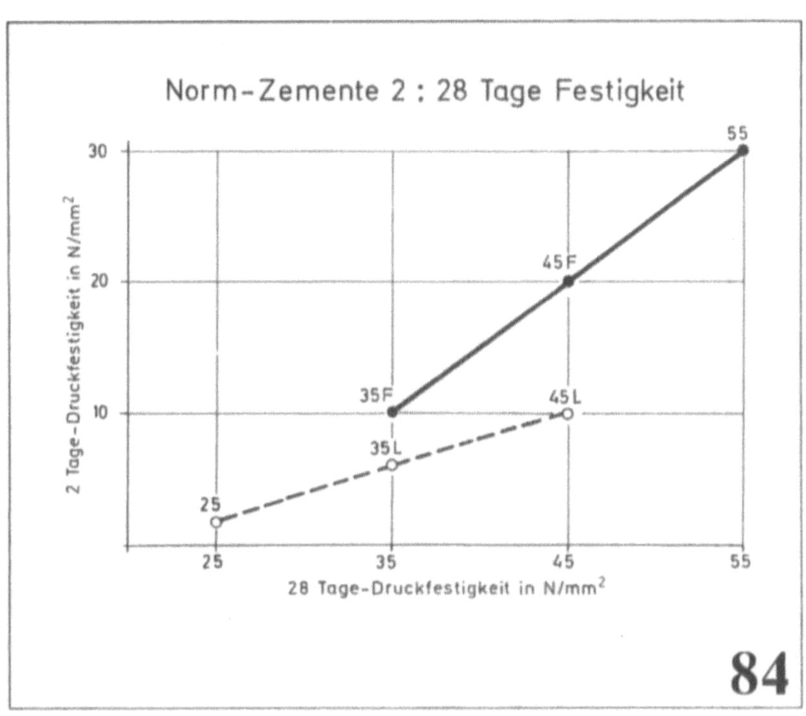

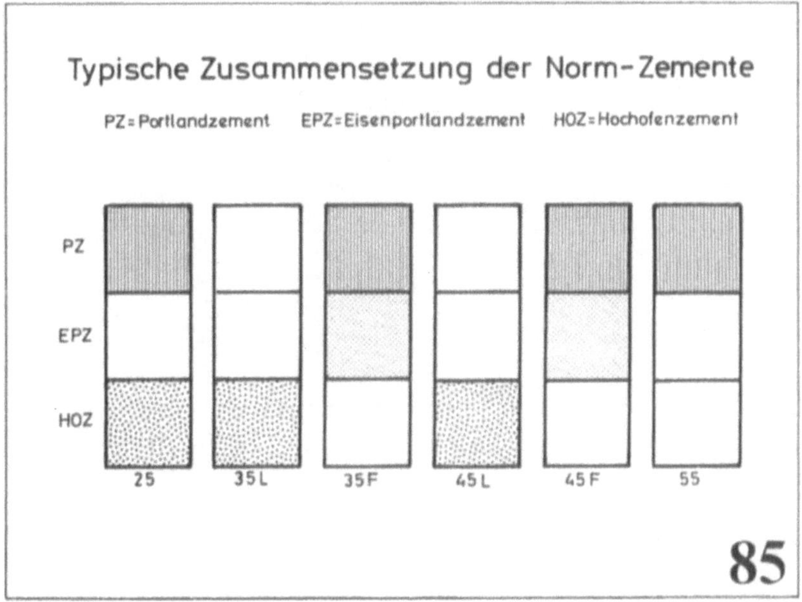

169

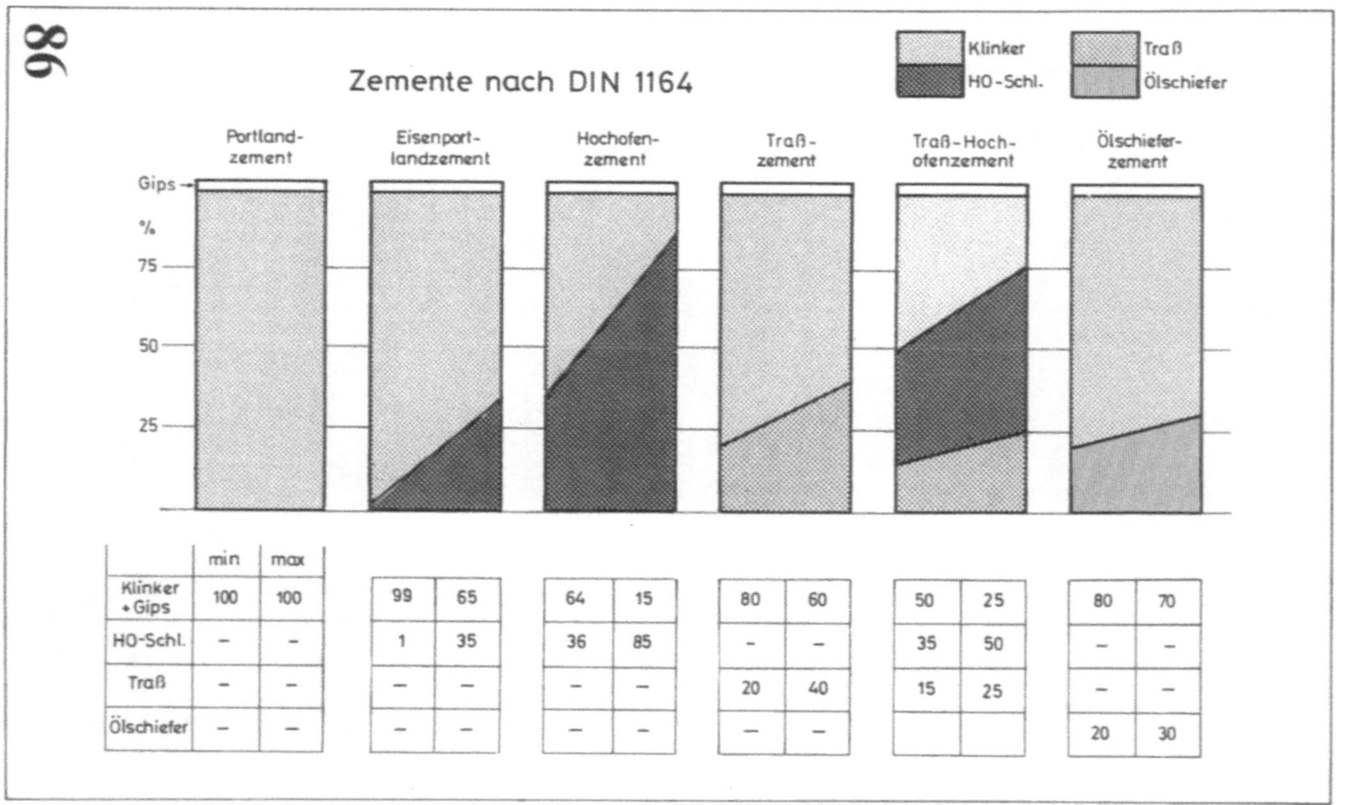

	Portland-zement		Eisenport-landzement		Hochofen-zement		Traß-zement		Traß-Hoch-ofenzement		Ölschiefer-zement	
	min	max	min	max	min	max	min	max	min	max	min	max
Klinker +Gips	100	100	99	65	64	15	80	60	50	25	80	70
HO-Schl.	–	–	1	35	36	85	–	–	35	50	–	–
Traß	–	–	–	–	–	–	20	40	15	25	–	–
Ölschiefer	–	–	–	–	–	–	–	–			20	30

Zement 45L und 35L. Die Vorschriften der L-Zemente werden von dem Hochofenzement (HOZ) erfüllt. Wegen seiner sonstigen Vorzüge wie geringe Hydratationswärme, gute Sulfatbeständigkeit, ist der HOZ der Hauptvertreter der L-Zemente.

Zement 25. Dieser Zement wird sowohl als C_3A-armer Portlandzement von Grund auf hergestellt. Die Anforderung an hohe Sulfatbeständigkeit (HS) wird aber auch von Hochofenzement mit mind. 70% HOS erfüllt. Beide Zemente sind zugleich NW („Niedrigwärme")-Zemente.

4.8 Tonerdezement

Ton, der Hydraulefaktor des Portlandzements besteht zu $^2/_3$ (ca. 65%) aus Siliciumdioxid (SiO_2), der Rest ist Aluminiumoxid (Al_2O_3) ca. 25% und Eisenoxid (Fe_2O_3) mit ca. 10%. Die Tonerde (TE) besteht dagegen aus $^2/_3$ (ca. 65%) Aluminiumoxid, Rest SiO_2 und Eisenoxid. Der Schwerpunkt des Tons liegt also beim SiO_2, bei der TE beim Al_2O_3 (s. **Bild 87**). TE-Vorkommen sind relativ selten; bei der Ortschaft Les Beaux (Frankreich) kommt TE in großen Mengen vor, weshalb TE auch Bauxit genannt wird. Bauxit hat große Bedeutung als Rohstoff für die Aluminiumgewinnung.

Dem Chemiker Bied der Zementfabrik Pavin de Lafarge in Südfrankreich ist es Anfang des Jahrhunderts gelungen, aus TE einen Zement herzustellen, den sog. „Tonerdezement" (TZ). Er unterscheidet sich in der Zusammensetzung grundlegend vom Portlandzement. Letzterer besteht überwiegend aus Silikaten (ca. 75% C_3S + C_2S), der TZ aus Aluminaten (ca. 70–80%) und ist wesentlich kalkärmer (TEZ ca. 40% gegenüber PZ ca. 65%). Der PZ ist deshalb ein „silikatisches", der TZ ein „aluminatisches" Bindemittel.

Damit zusammenhängend ergeben sich große Unterschiede in den Eigenschaften von TZ und PZ. Die Calciumaluminate haben eine rasche und hohe Festigkeitsentwicklung, was bewirkt, daß der TZ schon nach 12h die 28-Tage-Festigkeit eines PZ 45F erreicht und nach 28 Tagen etwa die $1^1/_2$fache PZ-Festigkeit [106]. Dies gilt jedoch nur für normale Temperatur. Bei Temperaturen über 23 °C und hohem Feuchtigkeitsgehalt, d.h. bei feuchter Wärme, tritt eine mineralische Umwandlung des TZ-Zementsteins unter starkem Festigkeitsrückgang und Porenbildung ein. Die große Reaktionsgeschwindigkeit hat auch eine große, im Vergleich zum PZ etwa doppelt so hohe Hydratationswärme zur Folge [107] und im Zusammenhang damit eine erhebliche Schwindneigung des TZ.

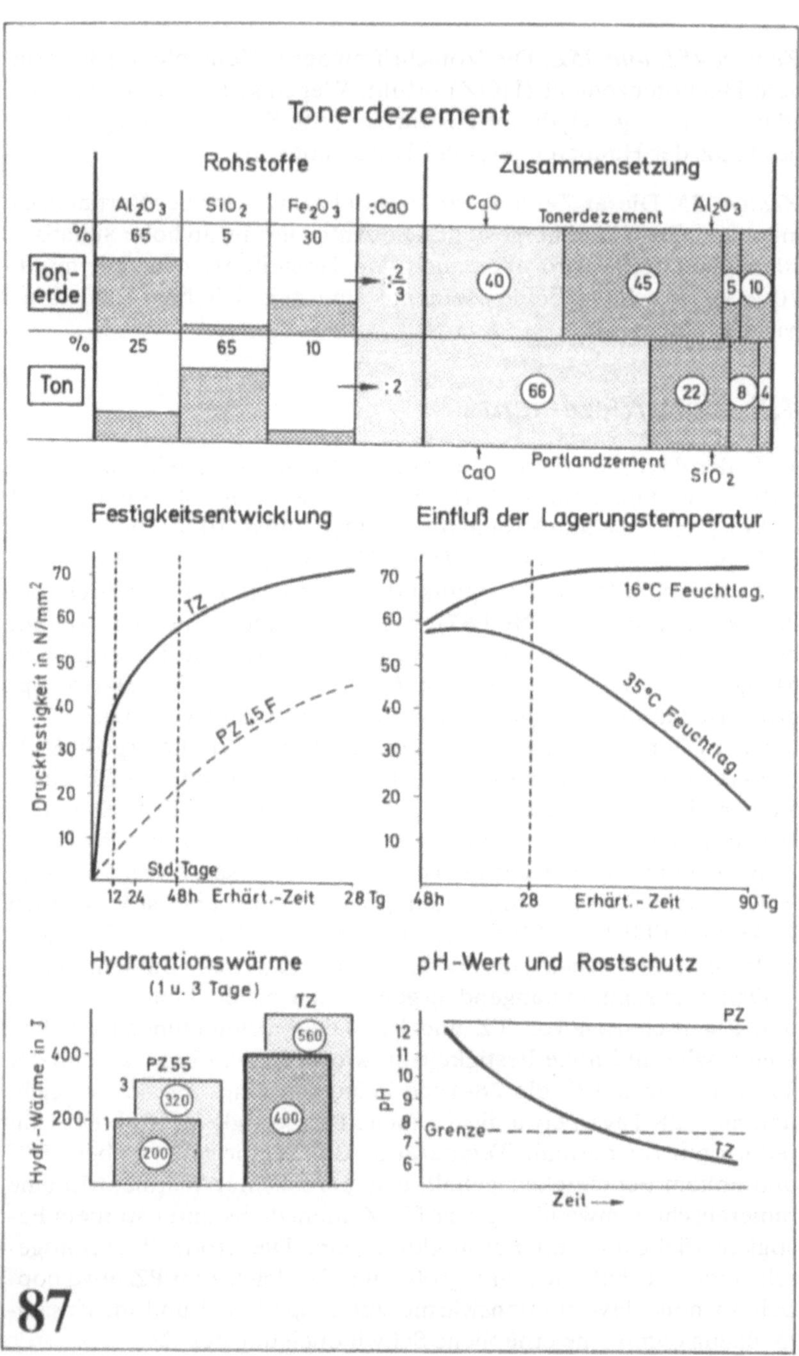

Tonerdezement
Rohstoffe
Zusammensetzung
Al₂O₃   SiO₂   Fe₂O₃   :CaO
CaO
Tonerdezement
Al₂O₃
%   65   5   30
Tonerde
:2/3
40
45
5
10
%   25   65   10
Ton
:2
66
22
8
4
CaO
Portlandzement
SiO₂
Festigkeitsentwicklung
Druckfestigkeit in N/mm²
70
60
50
40
30
20
10
TZ
PZ 45 F
Std. Tage
12 24   48h   Erhärt.-Zeit   28 Tg
Einfluß der Lagerungstemperatur
70
60
50
40
30
20
10
16°C Feuchtlag.
35°C Feuchtlag.
48h   28   Erhärt.-Zeit   90 Tg
Hydratationswärme
(1 u. 3 Tage)
Hydr.-Wärme in J
TZ
560
PZ 55
3
320
1
200
400
400
pH-Wert und Rostschutz
pH
12
11
10
9
8
7
6
PZ
Grenze
TZ
Zeit
87

Ein weiteres Problem des TZ ist der Korrosionsschutz der Bewehrung. Beim PZ ist dieser zuverlässig gewährleistet, (s. Bewehrungsschutz) nicht aber beim TZ. Der den Korrosionsschutz bewirkende hohe pH-Wert sinkt beim TZ, insbesondere bei feuchter Wärme (Umwandlung) im Laufe der Zeit unter die kritische Grenze, so daß die Armierung rostet. Rehm [108] hat nachgewiesen, daß darauf eine Reihe nach dem Krieg aufgetretene Deckeneinstürze zurückzuführen sind, worauf ein Verbot der Verwendung von TZ für tragende Bauteile ausgesprochen wurde. Tonerdezement wird heute vor allem zur Herstellung von feuerfestem Beton verwendet, wofür er besser geeignet ist als PZ (s. dort).

4.9 Zusammenfassung der hydraulischen Bindemittel

Die Vielfalt der hydraulischen Bindemittel erscheint verwirrend. Mit **Bild 88** wird versucht, diese überschaubar zu machen. Ursache der hydraulischen Erhärtung ist das Zusammenwirken von Kalk und Hydraulefaktoren. Auf einfachste (und älteste) Weise geschieht dies durch Zugabe hydraulischer Zusätze zu gelöschtem Kalk, insbesondere Traß (Traßkalk), Hochofenschlacke (Schlackenkalk) und sonstige Puzzolanen. Diese Bindemittel werden Mischbinder genannt (b). Man kann die hydraulische Wirkung auch durch gemeinsames Brennen von Kalkstein und Ton bzw. des Mischgesteins Mergel bei ca. 1000 °C erreichen, wobei man zum hydraulischen Kalk ($<25\%$ Ton) und Romankalk ($>25\%$ Ton) gelangt (c). Durch Brennen bis zur Sintertemperatur (ca. 1400 °C) reagiert der Kalk mit den Tonbestandteilen unter Bildung hydraulischer Mineralien zu Portlandzement (d). Durch Mischung des PZ mit hydraulischen Zusätzen (a) erhält man bei HOS-Zugabe Eisenportland- und Hochofenzement, bei Traßzugabe den Traßzement und mit Ölschiefer den Ölschieferzement (e). Alle diese Bindemittel enthalten oder bilden als Hauptbestandteil Calciumsilikate, daher silikatische Bindemittel. Unabhängig davon ist der Tonerdezement (f), dessen Hauptbestandteile Calciumaluminate sind.

Die chemischen Zusammenhänge werden aus dem Rankinschen Diagramm ersichtlich, auf welchem die verschiedenen Bindemittel und Zusätze nach ihrem Gehalt an CaO, SiO_2 und $Al_2O_3 + Fe_2O_3$ eingetragen sind (s. **Bild 89**). Die Portlandzemente (PZ) nehmen mit ihren Variationen eine nur sehr kleine Fläche zwischen 65 und

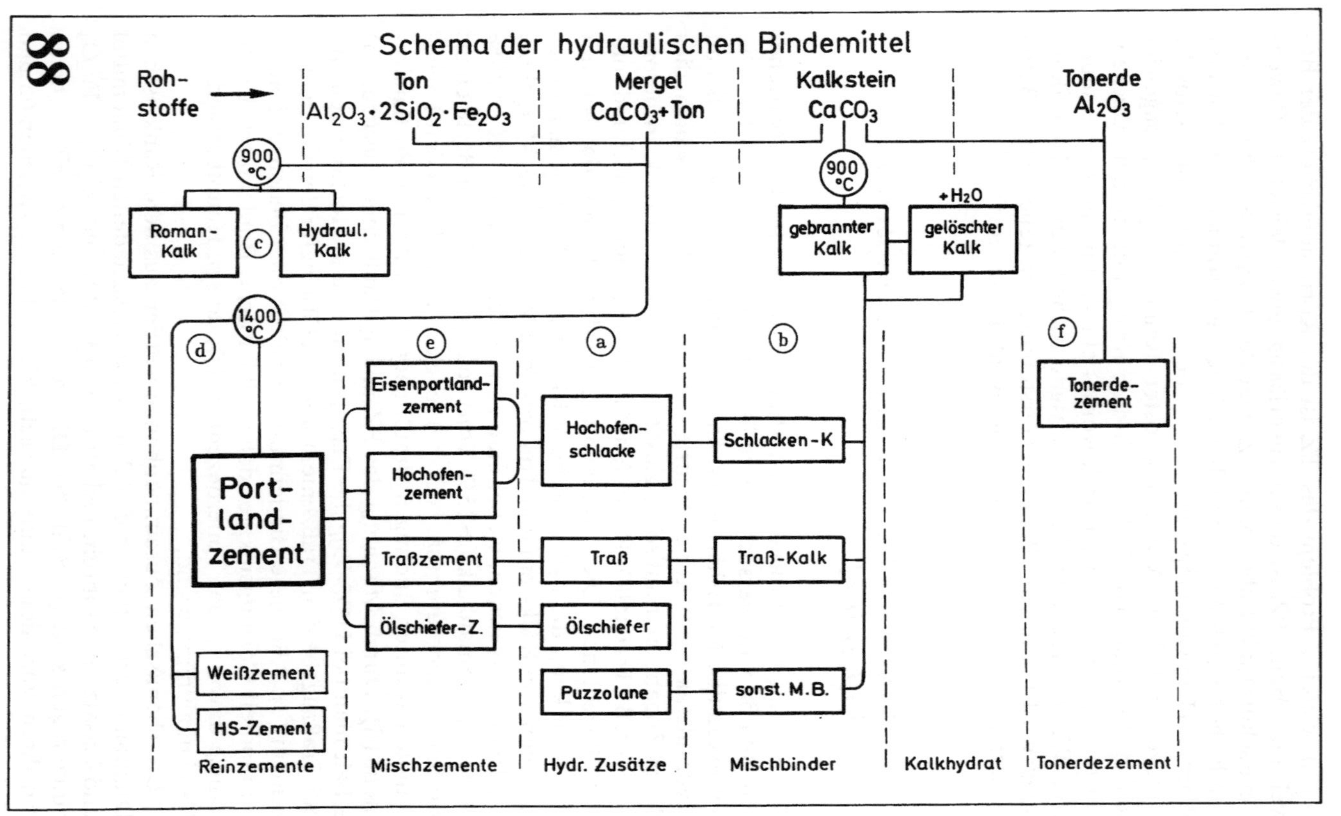

Schema der hydraulischen Bindemittel
Roh- stoffe
Ton
$Al_2O_3 \cdot 2SiO_2 \cdot Fe_2O_3$
Mergel
$CaCO_3$ + Ton
Kalkstein
$CaCO_3$
Tonerde
Al_2O_3
900 °C
900 °C
+ H_2O
Roman-Kalk
Hydraul. Kalk
c
gebrannter Kalk
gelöschter Kalk
1400 °C
d
e
a
b
f
Eisenportland-zement
Hochofen-zement
Hochofen-schlacke
Schlacken-K
Tonerde-zement
Port-land-zement
Traßzement
Traß
Traß-Kalk
Ölschiefer-Z.
Ölschiefer
Weißzement
Puzzolane
sonst. M.B.
HS-Zement
Reinzemente
Mischzemente
Hydr. Zusätze
Mischbinder
Kalkhydrat
Tonerdezement

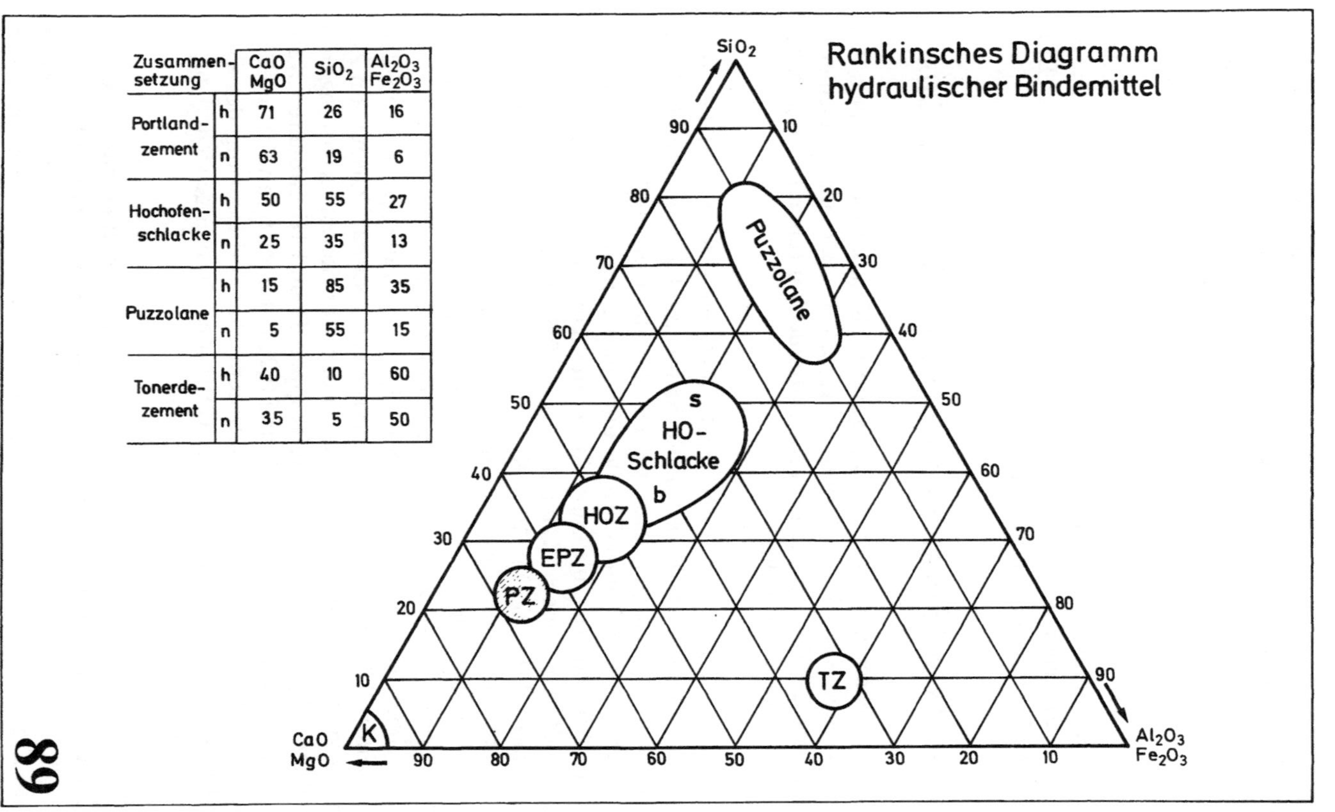

Zusammensetzung		CaO MgO	SiO$_2$	Al$_2$O$_3$ Fe$_2$O$_3$
Portland-zement	h	71	26	16
	n	63	19	6
Hochofen-schlacke	h	50	55	27
	n	25	35	13
Puzzolane	h	15	85	35
	n	5	55	15
Tonerde-zement	h	40	10	60
	n	35	5	50

89

70% Calciumoxid (CaO) ein. Wenn man Kalk mit den kieselsäure-
reichen Puzzolanen mischt, gelangt man ebenfalls in das hydraulische Gebiet. Die Hochofenschlacke steht zwischen den Puzzolanen
und dem Portlandzement; sie ist ein Zementoid (zementähnlich)
und benötigt nur eine geringe Menge Anreger (15% PZ beim HOZ)
um volle hydraulische Eigenschaften zu entfalten. Man sieht auch,
daß die (allein brauchbare) basische Schlacke (b) dem PZ näher
steht, als die nichthydraulische saure Schlacke (s). Völlig abseits von
diesen auf einer gemeinsamen Linie liegenden „silikatischen" Bindemitteln steht der „aluminatische" Tonerdezement.

4.10 Mischbarkeit von Zement, Gips und Kalk

Bei der Mischung von Zement, Gips und Kalk können, je nach Art
und Mengenverhältnis, Verbesserungen, z. T. aber auch Verschlech-
terungen des Bindemittels bis zur Unbrauchbarkeit auftreten. Dabei
gelten folgende Regeln:

Luftkalk. Naßgelöschter und trockengelöschter Kalk (Kalkbrei und
Kalkhydrat) können in jedem Verhältnis mit hydraulischen Kalken,
Gips und Zement gemischt werden. Mischungen mit hydraulischen
Kalken bringen keine Vorteile und finden deshalb selten Anwen-
dung; Mischungen mit Gips sind vorteilhaft und werden häufig an-
gewandt. Bei einem Kalkanteil von 80% spricht man von Kalk-
Gipsmörtel, bei 65 bis 35% Kalkanteil (Kalk:Gips = 2:1 bis 1:2
Raumteile) von Gips-Kalkmörtel. Solche Gemische erhärten
schneller als Kalk allein, müssen aber wegen des raschen Ansteifens
des Gipses erst kurz vor der Verarbeitung hergestellt werden.

Geringe Mengen Kalk zu Stuckgips und Putzgips machen den
Gipsmörtel geschmeidiger und besser verarbeitbar. Zusatz von Zement zu Kalk ist vorteilhaft wegen der schnelleren Erhärtung und
höheren Festigkeit. Die Mörtelgruppen II und III enthalten Kalk
und Zement im Verhältnis 1:2 und 0,2:1. Im letzteren Fall handelt
es sich um einen Zementmörtel, dem zur Verbesserung der Geschmeidigkeit Kalkhydratpulver (20% des Zementgewichts) zugesetzt werden.

Hydraulische Kalke. Diese sind in jedem Verhältnis mit Kalk und
Zement mischbar. Beide Möglichkeiten werden technisch kaum ge-
nützt, weil die hydraulischen Kalke in der Zusammensetzung und in
den Eigenschaften zwischen dem Luftkalk und dem Zement liegen

176

(s. Bild 70) und ein breites Spektrum einnehmen. Der Wasserkalk steht zwischen dem Luftkalk und dem hydraulischen Kalk und der hochhydraulische Kalk zwischen dem hydraulischen Kalk und dem Zement, so daß technisch kaum Anlaß besteht, hydraulischen Kalk mit Luftkalk oder Zement zu mischen. Möglich sind solche Mischungen ohne Einschränkung.

Die Mischung hydraulischer Kalke mit Gips ist nur beschränkt möglich. Hochhydraulische Kalke und Romankalk, die in ihrer Zusammensetzung dem Zement ähnlich sind, können mit Gips das vom Zement bekannte Gipstreiben zeigen. Beim Wasserkalk, der nur wenig (gipsempfindliche) Hydraulefaktoren enthält, ist diese Gefahr geringer.

Gips. Gips ist ein gefährlicher Mischungspartner für anorganische Bindemittel. Er ist ohne Einschränkung geeignet zur Mischung mit Luftkalk (s. dort), nicht aber zur Mischung mit hydraulischen Bindemitteln, wobei die Gefährlichkeit vom hydraulischen Kalk über den hochhydraulischen Kalk zum Zement zunimmt, d.h. mit steigendem Anteil an Ton im Rohstoff, der das Al_2O_3 enthält, welches zusammen mit Gips zur Ettringitbildung führt und dadurch Treiben verursacht (s. dort).

Portlandzement. Dieser ist ohne schädliche Reaktionen mit Luftkalk und hydraulischen Kalken, jedoch unter beträchtlicher Festigkeitseinbuße mischbar. Mischungen mit Luftkalk werden vorzugsweise für Mörtel verwendet, bei denen es weniger auf hohe Festigkeit als auf Geschmeidigkeit und gute Verarbeitbarkeit ankommt. Geringe Zusätze von Kalk zu Beton bewirken Zunahme der Plastizität des Frischbetons und u.U. Erhöhung der Dichtigkeit. Zusatz von Gips zu PZ über die fabrikationsseitig zugegebene Menge hinaus ist wegen des dadurch möglichen Gipstreibens gefährlich.

Tonerdezement. Durch Mischung von PZ mit Tonerdezement (TZ) wird die Erstarrungszeit beider Zemente außerordentlich verkürzt; sie wird von Stunden auf Minuten reduziert. Dies ist sowohl beim Zusatz geringer Mengen Portlandzement zum Tonerdezement als auch umgekehrt der Fall (s. **Bild 90**). Die Ursache liegt wahrscheinlich darin, daß der Gips (im PZ enthalten) und das bei der Zugabe von Wasser freiwerde Calciumhydroxid ($Ca(OH)_2$) die Erstarrung des TZ beschleunigen und andererseits durch Bindung des Gipses an das Aluminat des TZ die Erstarrung des PZ beschleunigt wird [108a].

Gemische aus Tonerde- u. Portlandzement

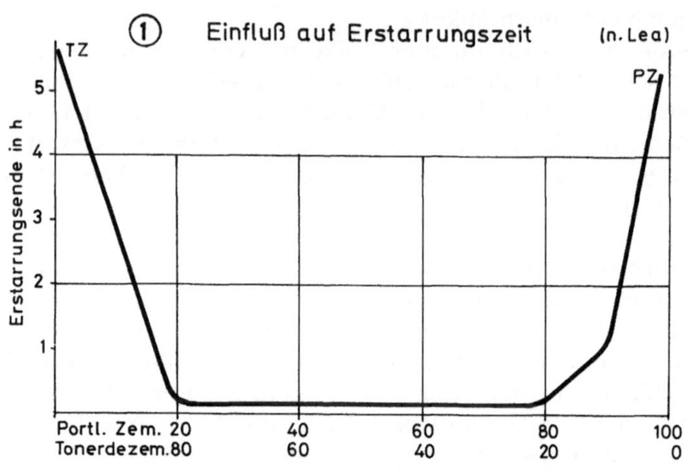

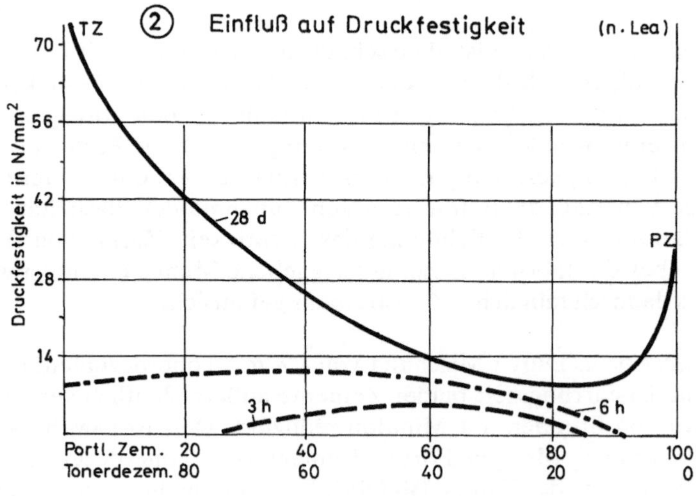

90

Die Druckfestigkeit des TZ nimmt bei Zugabe von PZ mit steigendem Anteil an PZ stark ab bis auf ein Minimum von etwa $^1/_{10}$ bei TZ:PZ ca. 80:20 (s. Bild 90). Wegen der etwa doppelten Druckfestigkeit des TZ haben Mischungen aus ca. $^2/_3$ TZ und $^1/_3$ PZ trotzdem noch etwa dieselbe Festigkeit wie der PZ allein.

Wegen der schnellen Erstarrung haben TZ-PZ-Mischungen bautechnische Bedeutung als sog. Schnellbinder, z.B. bei Wassereinbrüchen (Stopfmörtel), zur Befestigung von Dübeln usw. Zu beachten ist, daß die Endfestigkeit solcher Gemische meist unter der des PZ liegt. Vorsicht bei tragenden Bauteilen; fehlende Zulassung.

5 Zementstein

5.1 Hydratation der Zementmineralien

Die Erhärtung des Zements nach Zugabe von Wasser kommt dadurch zustande, daß das flüssige Medium Wasser in den Feststoff unter Bildung des Zementsteins aufgenommen wird. Dieser Vorgang des Einbaus von Wasser wird deshalb Hydratation genannt. Bei der Hydratation spielen sich eine Reihe z. T. komplizierter Vorgänge ab. Im Folgenden wird versucht, diese auf das zum Verständnis Wichtige zu reduzieren.

5.1.1 Hydratation der Silikate

Die beiden Silikate, C_3S: Tricalciumsilikat und C_2S: Dicalciumsilikat sind mit ca. 75% die Hauptbestandteile des Zements und tragen, wie noch gezeigt wird, zu über 80% zur Festigkeitsentwicklung des Zementsteins bei. Am Beispiel von C_3S und C_2S kann der Vorgang der Hydratation anschaulich demonstriert werden.

C_2S und C_3S sind kalkübersättigte Silikate. Bei normaler Temperatur bindet SiO_2 (amorph) Calciumionen unter Bildung von Monocalciumsilikat = $CaSiO_3$ (CS). Bei hoher Temperatur (500 bis 800 °C) lagert sich weiterer Kalk an das SiO_2 an unter Bildung von Dicalciumsilikat (C_2S) und bei Temperaturen über 1200 °C noch ein drittes Molekül CaO unter Bildung von Tricalciumsilikat (C_3S).

Je höher der Kalkgehalt ist, desto schwächer ist die Bindung; wenn Wasser hinzukommt, zerfallen diese kalkübersättigten Verbindungen unter Bildung von kalkärmeren Silikaten und Calciumhydroxid und unter Aufnahme von Wasser nach den Gleichungen:

C_3S:

$$2\,(3\,CaO \cdot SiO_2) + 6\,H_2O \rightarrow [3\,CaO \cdot 2\,SiO_2 \cdot 3\,H_2O] + 3\,Ca(OH)_2$$

C_2S:

$$2\,(2\,CaO \cdot SiO_2) + 4\,H_2O \rightarrow [3\,CaO \cdot 2\,SiO_2 \cdot 3\,H_2O] + 1\,Ca(OH)_2.$$

180

Aus C_3S und C_2S entsteht dieselbe Verbindung Tricalciumdisilikathydrat ($C_3S_2 \cdot 3\ H_2O$) mit dem Unterschied, daß sich beim C_3S 3 Moleküle Calciumhydroxid abspalten, beim C_2S nur 1 Molekül (s. **Bild 91**).

Infolge der großen Affinität des CaO zum Wasser entsteht wie beim Kalklöschen bei der Umsetzung gemäß $CaO + H_2O \rightarrow Ca(OH)_2$ Reaktionswärme, die als Hydratations- bzw. Abbindewärme in Erscheinung tritt. Wegen der größeren freiwerdenden $Ca(OH)_2$-Menge ist diese beim C_3S mehr als doppelt so groß als beim C_2S (Näheres s. Hydratationswärme). Da der Rostschutz der Bewehrung durch das bei der Hydratation freiwerdende $Ca(OH)_2$ bewirkt wird (s. Rostschutz der Bewehrung), ist dieser bei hohem C_3S-Gehalt in besonderem Maße gewährleistet.

Die Abspaltung von $Ca(OH)_2$ beginnt bald nach der Zugabe des Anmachewassers, am schnellsten beim C_3S, langsamer beim C_2S. Der Grund dafür ist aus dem Schema, das Bild 91 zeigt, ersichtlich. Die Reaktion findet beim C_3S zwischen 2 C_3S-Molekülen, bestehend aus 2 SiO_2- und 6 CaO-Molekülen statt und beim C_2S zwischen ebenfalls 2 C_2S-Molekülen, bestehend aus 2 SiO_2- und 4 CaO-Molekülen (s. Bild 91 o.). Im ersten Fall werden jeweils 3 Moleküle CaO abgespalten, im anderen Fall 1 CaO. Bild 91 Mitte und unten zeigt diese Umsetzungen im Schema, wobei $C = CaO$ und $S = SiO_2$ bedeutet. Die sich abspaltenden CaO-Moleküle sind ohne Raster gezeichnet.

Die Zahl der an der Oberfläche freiwerdenden CaO-Teilchen ist beim C_3S um ein Mehrfaches größer und die schnell einsetzende Reaktion mit Wasser daher stärker als beim C_2S. Die Umsetzung der im Innern freiwerdenden CaO-Moleküle erfolgt nicht sofort, sondern über eine längere Zeit hinweg, weil der Kalk in den äußerst harten Klinkerteilchen fest eingeschlossen ist. Die Reaktion schreitet deshalb mit dem allmählich eindringenden Wasser von außen nach innen fort. Beim C_3S erfolgt dies schneller als beim C_2S, weil bei letzterem die geringere Zahl der freiwerdenden CaO-Teilchen dichter umhüllt und dem Wasser schwerer zugänglich sind, als beim C_3S mit der dreifachen Menge freiwerdender CaO-Teilchen.

Die schnellere Reaktion des C_3S wirkt sich in der rascheren Erhärtung des C_3S aus, das, wie noch gezeigt wird, der Verursacher der Frühhochfestigkeit des Zements ist. Das freiwerdende $Ca(OH)_2$ wandert in die wäßrige Phase, wo es sich, da wenig wasserlöslich, als kristallines $Ca(OH)_2$ abscheidet. Die $Ca(OH)_2$-Kristalle sind relativ groß und tragen praktisch kaum zur Festigkeitsentwicklung bei.

5.1.2 *Calciumsilikathydrat (CSH)-Phase*

Zurück bleibt das Tricalciumdisilikat (C_3S_2) das unter Aufnahme von Wasser in feinste Teilchen zerfällt. Im Unterschied zu den Zementkörnern mit einer Größenordnung von im Mittel ca. 10μm haben diese Teilchen eine Größe von ca. $^1/_{100}$ bis $^1/_{1000}$μm und gehören deshalb in den Bereich der Kolloide, die durch Teilchen der Größenordnung $^1/_{10}$ bis $^1/_{1000}$μm gekennzeichnet sind.

Da mit abnehmender Teilchengröße die spezifische Oberfläche stark zunimmt (jede Zerkleinerung schafft neue Oberflächen), haben diese neu entstehenden Teilchen eine sehr große Oberfläche von ca. 250 m²/g = 2 500 000 cm²/g, während der Zement eine mittlere Oberfläche von ca. 0,4 m²/g = 4000 cm²/g aufweist. Die bei der Hydratation entstehenden Neubildungen haben also rund die 500- bis 1000fache Oberfläche des Zements [109].

Die Wasseraufnahme des entstehenden C_3S_2 ist von zweierlei Art. Die erste ist eine chemische, indem, wie aus der Reaktionsgleichung hervorgeht, 3 Moleküle Kristallwasser aufgenommen werden, wodurch die Moleküle größer werden und sich aus dem engen Verbund im Klinkerteilchen lösen. Die genaue Bezeichnung für diese Verbindung ist Tricalciumdisilikattrihydrat (3 CaO · 2 SiO$_2$ · 3 H$_2$O). Wegen ihrer dem natürlichen Mineral Tobermorit ähnlichen Zusammensetzung spricht man auch von der „Tobermoritphase". Da das Molverhältnis CaO : SiO$_2$ nicht exakt 3 : 2 = 1,5 : 1 ist, sondern zwischen 1 : 1 bis 3 : 1 schwankt [110] ist es exakter, von Calciumsilikathydrat, abekürzt CSH zu sprechen. Diese CSH-Phase ist die Kernsubstanz des hydratisierten Zements und die Hauptursache seiner Festigkeitseigenschaften.

Die neugebildeten CSH-Teilchen nehmen jedoch Wasser nicht nur in sich als Bestandteil der Verbindung, das sog. „Hydratwasser" auf, sondern binden an ihrer Oberfläche weitere Mengen Wasser durch Adsorption. Oberflächen üben eine Anziehungskraft auf benachbarte bewegliche Moleküle wie z. B. Wasser aus (s. Bild 37), die festgehalten werden und wodurch das Volumen des ursprünglichen CSH-Teilchens stark zunimmt. Diese adsorptive Wasserbindung ist von der Größe der Oberfläche abhängig und, da diese beim CSH, wie gezeigt, außerordentlich groß ist, werden von ihm auch große Mengen Wasser gebunden. Derartige Systeme aus kleinsten festen Teilchen mit großer Oberfläche und einer Flüssigkeit, z. B. Wasser, werden „Gele" genannt (s. dort). Sie können 90% und mehr Wasser enthalten und sind, da das Wasser adsorbiert ist, trotzdem steife, gallertartige Massen mit allerdings geringer Festigkeit.

Hydratation der Calciumsilikate

C_3S = Tricalciumsilikat

C_2S = Dicalciumsilikat

3 Krist.Wasser

3 Krist.Wasser

C_3S

C_2S

+ ③ Calcium-
hydroxid
$Ca(OH)_2$

Tricalciumdisilikat

+ ① Calcium-
hydroxid
$Ca(OH)_2$

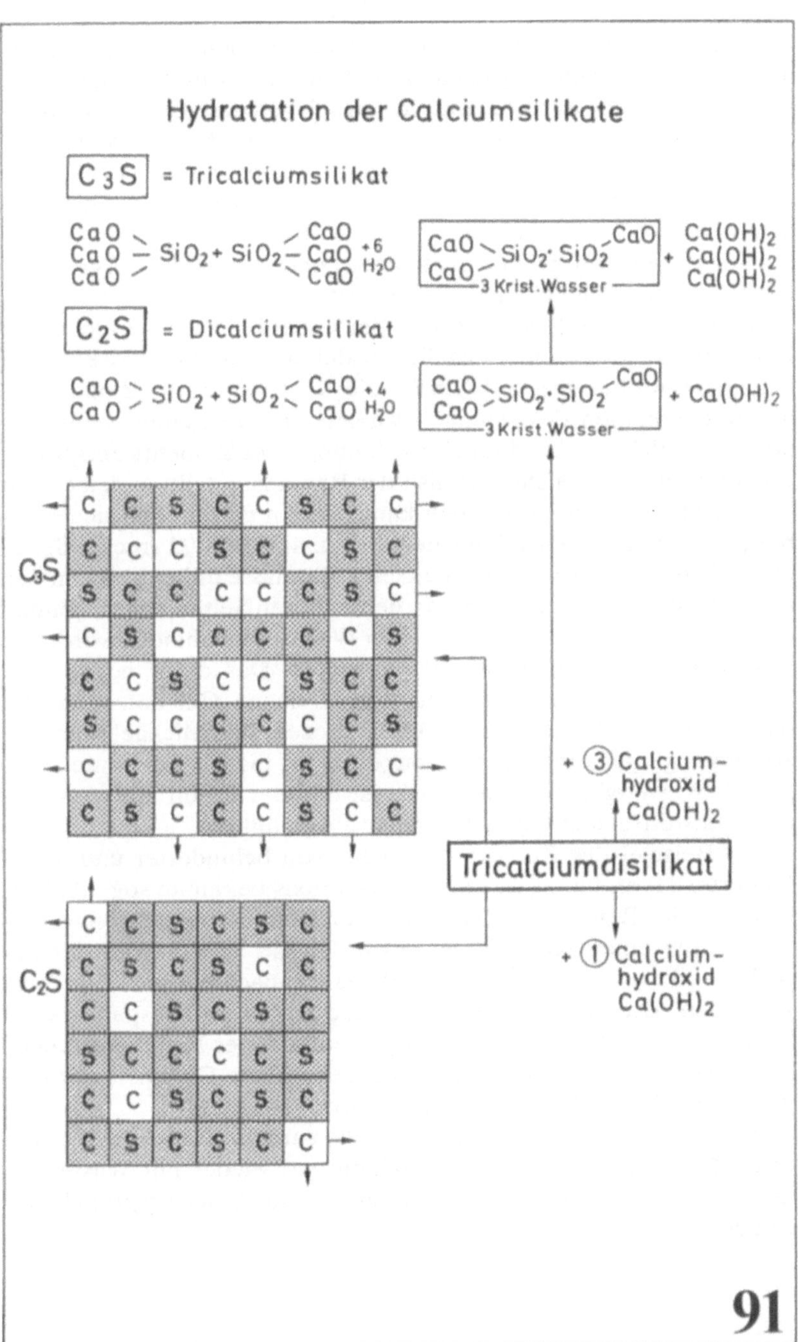

183

Bei der Einwirkung von Wasser auf Zement bilden sich zunächst an der Berührungsfläche zwischen Wasser und Zement, d. h. an der Oberfläche der Zementteilchen solche wasserreichen Gelteilchen, die eine zusammenhängende Schicht gallertartiger Masse bilden (s. **Bild 92**). Durch das nach innen vordringende Wasser schreitet die Reaktion fort, wodurch die Gelhülle dicker und das nichthydratisierte Zementkorn kleiner wird, so lange, bis das Zementteilchen ganz bzw. weitgehend aufgelöst ist und daraus ein viel größerer Komplex von Gelteilchen entstanden ist.

Dieses Modell gilt für den Fall der unbehinderten Ausdehnung. Beim erhärtenden Zement ist die Ausdehnung der Gelmasse jedoch behindert, weil als freier Raum für die Ausdehnung des Zementgels nur das Volumen des Anmachewassers zur Verfügung steht, das etwa dem gleichen bis doppelten Volumen des Zements entspricht. Jedem Zementgelteilchen ist also der Raum zugeteilt, in den es sich bei der Hydratation ausdehnen kann. Die in diesem Fall sich ergebenden Verhältnisse sind aus dem Schema in Bild 92 (rechte Seite) ersichtlich. Zunächst wächst die Gelhydratmasse unbehindert in den freien Raum, bis sie auf die von den anderen Seiten andrängenden Gelmassen stößt und am räumlichen Wachstum behindert wird. Die Hydratationsreaktion geht jedoch weiter. Das dafür notwendige Wasser wird dem umhüllenden wasserreichen Gel entzogen, das dadurch feststoffreicher wird. Dieser Prozeß, von Michaelis „innere Absaugung" genannt, geht so lange weiter, bis das Zementteilchen ganz bzw. weitgehend hydratisiert ist und der Raum mit wasserarmer, feststoffreicher Gelhydratmasse ausgefüllt ist.

Ein Beispiel des Zusammenwirkens von behinderter und unbehinderter Hydratation ist die aus der Praxis bekannte sog. „Selbstheilung" des Betons, die dann auftreten kann, wenn z. B. ein Betonrohr durch einen Riß undicht geworden ist. Wenn das Rohr anschließend wassergelagert wird, ist es oft nach einiger Zeit dicht geworden. Dies wird dadurch verursacht, daß im Rißspalt des mit behinderter Hydratation erhärteten Betons freier Raum entstanden ist, in welchen von beiden Seiten neugebildetete Gelmasse vordringen kann, bis der Riß gefüllt und dadurch gedichtet ist.

Auf dieselbe Ursache ist die Tatsache zurückzuführen, daß erhärteter Zementstein, wenn er gemahlen und wieder mit Wasser gemischt wird, erneut erhärtet und dabei etwa $^1/_3$ der ursprünglichen Druckfestigkeit erreicht.

Hydratation im Raum
unbehinderte Ausdehnung
behinderte Ausdehnung
1
2
3
4
5
6
7

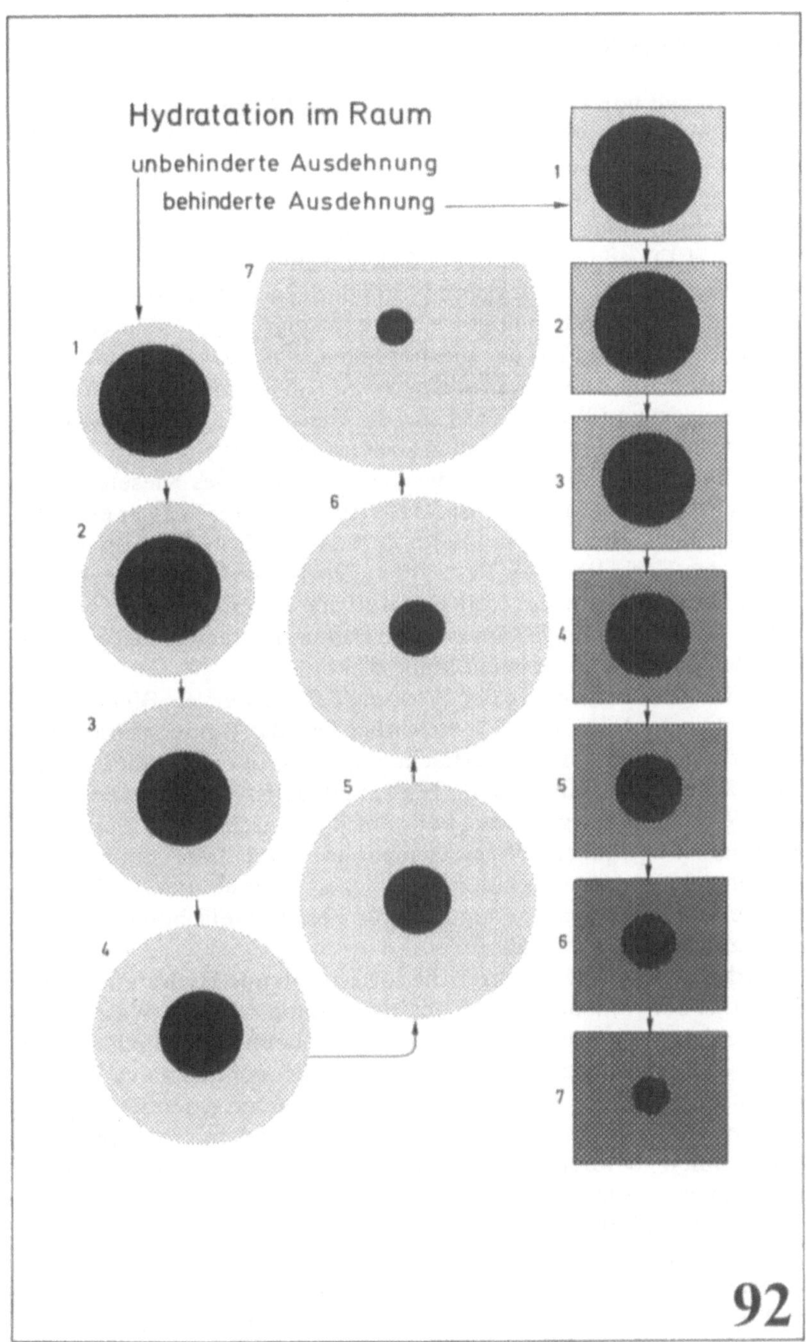

92

5.1.3 *Festigkeit von Gelmassen*

Die Festigkeit von Gelmassen ist von deren Wassergehalt abhängig, bei hohem Wassergehalt ist sie gering, bei niedrigem Wassergehalt kann sie sehr hoch sein [111]. Dies geht aus **Bild 93** hervor, welches die Festigkeit von Kieselgel ($SiO_2 \cdot x \ H_2O$) in Abhängigkeit vom Wassergehalt zeigt. Kieselgel ist kolloidal verteilte Kieselsäure ($SiO_2 \cdot x \ H_2O$) und stofflich dem Calciumsilikathydrat des Zements verwandt, welches aus Calciumverbindungen der Kieselsäure besteht und weitgehend analoges Verhalten zeigt. (Diese Ansicht vertritt auch F. Keil [111 a] der diesbezüglich sagt: „Die hydraulischen Stoffe darf man ... als trockendisperse SiO_2-Systeme ansprechen. ... In Gegenwart von Wasser wird sie (die Kieselsäure) zum Kolloid ... und geht aus dem Hydrogel in ein starres Gel über").

Aus Bild 93 ist zu ersehen, daß die Festigkeit des Kieselgels bei 85% Wassergehalt fast Null ist (Gallerte); bei 20% Wasser erreicht sie 90 N/mm², also etwa doppelte Zementsteinfestigkeit. Im ersten Fall ist das Verhältnis von Feststoff zu Wasser 4:1, im zweiten Fall 1:4, so daß also auf ein Teil Feststoff im ersten Fall die 16fache Menge Wasser kommt als im zweiten Fall und demnach die Wasserhülle der Teilchen im gleichen Maße dicker ist.

Wie im Zusammenhang der Wirkung des Wassers als Bindemittel besprochen und aus Bild 37 ersichtlich, ist die Bindungskraft von Wassermolekülen durch Oberflächen um so größer, je näher sie der Oberfläche sind. Bei großem Wassergehalt ist der Zustand nach Bild 37 links unten gegeben, bei dem die zwischen den Feststoffoberflächen befindliche Wasserschicht so dick ist, daß die mittlere Schicht von Wassermolekülen nur locker gebunden ist und somit eine geringe Scherkraft genügt, um die Feststoff-Flächen gegeneinander zu verschieben (Gallerte).

Wird nun, wie gezeigt, durch die fortschreitende Hydratation dem Hydratgel zunehmend Wasser entzogen, dann wird die Wasserzwischenschicht immer dünner und es tritt schließlich der Fall ein, wo diese so dünn ist, daß sie nur noch aus fest gebundenem Wasser besteht (s. Bild 37 r. u.). Damit sind die einander gegenüberliegenden Feststoffteilchen fest miteinander verbunden, trotz der zwischen ihnen befindlichen Wasserschicht. Solches Wasser wird „pseudofest" genannt; es wirkt nicht mehr als Gleitschicht wie im ersten Fall sondern als feste Kittmasse.

Diese „Klebekraft" dünnster Wasserschichten ist aber nicht die Hauptursache der Festigkeit von hydratisiertem Zement, denn dann müßte dieser seine Festigkeit verlieren, wenn man das in der Gel-

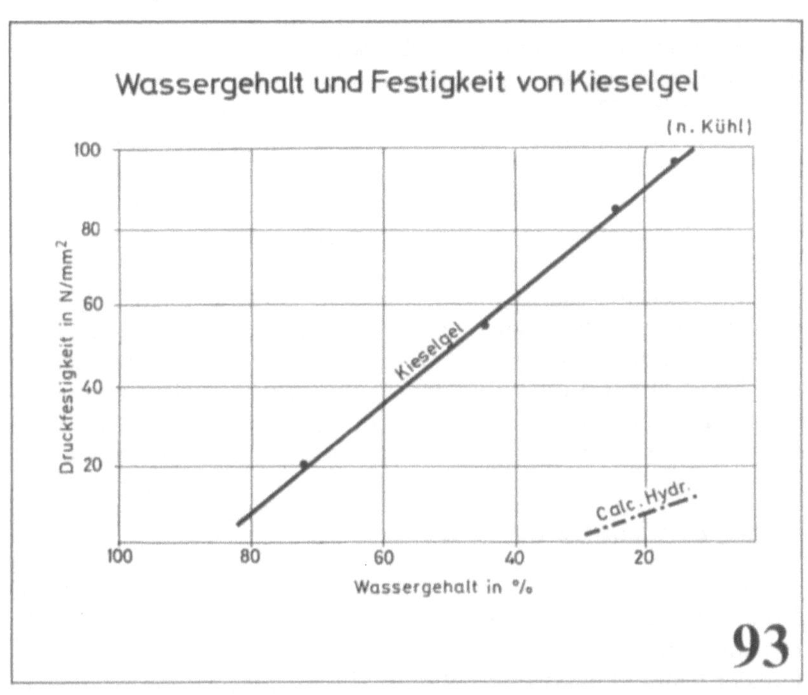

Wassergehalt und Festigkeit von Kieselgel
(n. Kühl)
Druckfestigkeit in N/mm²
100
80
60
40
20
Kieselgel
Calc. Hydr.
100
80
60
40
20
Wassergehalt in %
93

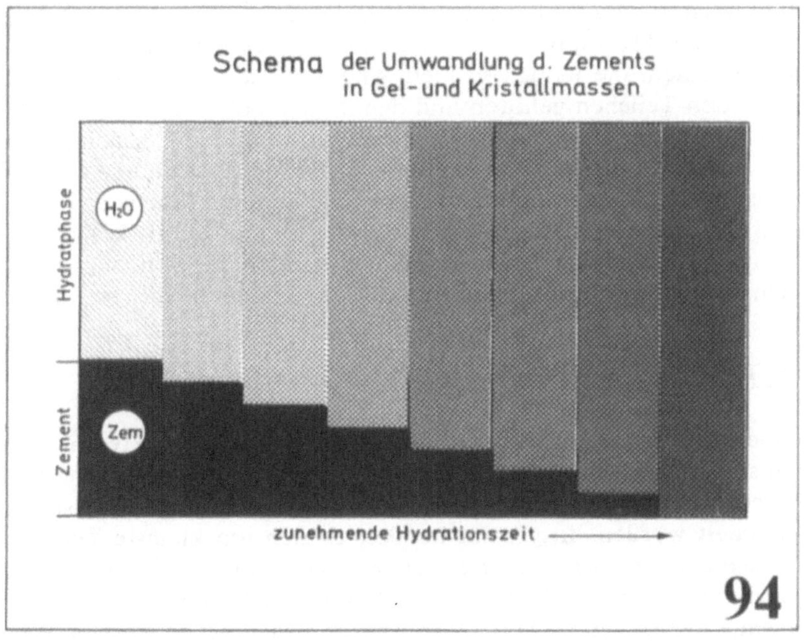

Schema der Umwandlung d. Zements
in Gel- und Kristallmassen
Hydratphase
H₂O
Zement
Zem
zunehmende Hydrationszeit
94

masse enthaltene Wasser austreibt, was durch Erhitzung auf mehr
als 100 °C möglich ist. Die Festigkeit wird dadurch jedoch nur wenig
beeinträchtigt. Das hängt damit zusammen, daß die Gelteilchen
nicht kubischer Struktur sind, wie es z.B. bei Steinmehlen der Fall
ist. Wie bereits gezeigt (s. Bilder 38 und 39) können Mischungen
aus feinsten Steinmehlen und wenig Wasser die Festigkeit von Zementstein erreichen. Diese Festigkeit geht jedoch verloren, wenn
das Bindemittel Wasser verdunstet.

Die Gelteilchen des hydratisierten Zements bestehen dagegen aus
ultramikroskopischen, länglichen, bzw. faserigen Teilchen [113].
Durch die Entstehung großer Mengen solcher Neubildungen ergibt
sich bei dem zur Verfügung stehenden begrenzten Raum eine ge-
genseitige Verflechtung und Durchdringung dieser Teilchen unter
Bildung eines mikrokristallinen Gesteins, des sog. Zementsteins.

5.1.4 Erhärtungstheorien

In der Fachwelt wurde jahrzehntelang darüber gestritten, ob die
Erhärtung des Zements durch Verzahnung sich bildender Kristalle
(Kristallisationstheorie von Le Chatelier) oder auf die Bildung kolloidaler fester Gelmassen (Kolloidtheorie von Michaelis) zurückzuführen ist. Heute weiß man, daß beide Vorgänge beteiligt sind. Die
sich bei der Hydratation bildenden CSH-Teilchen bestehen aus Mikrokristallen, die jedoch so klein sind, daß sie in den Bereich der
kolloiden Teilchen gehören und damit auch kolloidale Eigenschaften aufweisen. Die beim Zementstein auftretenden Erscheinungen
des Schwindens, Quellens und Kriechens sind für Kolloide charakteristisch. Man kann aufgrund dieser und anderer Tatsachen sagen,
daß die Zementerhärtung zum überwiegenden Teil als kolloidaler
Vorgang betrachtet werden kann, eine Ansicht, die von maßgeben-
den Zementforschern wie Powers [112] und anderen vertreten wird.

5.1.5 Struktur der Hydratationsprodukte

Über die früher unbekannte Struktur der durch die Hydratation
entstehenden Neubildungen sind insbesondere durch Richartz und
Locher mittels der Elektronenmikroskopie viele Erkenntnisse gesammelt worden. Insgesamt handelt es sich um kleinste Teilchen
verschiedener Form, unter denen längliche und z.T. röhrenförmige
Strukturen vorherrschen [113]. Es braucht hier darauf im einzelnen
nicht eingegangen zu werden, weil sie im wesentlichen dieselbe Wir-

kung ergeben, die darin besteht, daß durch die Hydratation der Zement in bis 1000fach feinere Teilchen aufgeschlossen wird, die durch mechanische Verfilzung und pseudofestes Wasser eine feste Masse, den Zementstein bilden.

5.1.6 Hydratation der Aluminate und Ferrite

Im Vergleich zu den Silikaten C_3S und C_2S spielen die Aluminate (C_3A) und Aluminatferrite (C_4AF) wegen ihres geringen Anteils (ca. 20%) und dem geringen Festigkeitsbeitrag (s. 5.2.4.1.) nur eine untergeordnete Rolle. Physikalisch betrachtet verläuft auch hier die Reaktion unter Bildung kolloidaler Teilchen mit großer Oberfläche und damit zusammenhängender Festigkeitsentwicklung, wobei sich folgende Reaktionen abspielen:

C_3A *(Tricalciumaluminat)* reagiert nach folgender Gleichung:
$$3\ CaO \cdot Al_2O_3 + Ca(OH)_2 + 12\ H_2O \rightarrow 4\ CaO \cdot Al_2O_3 \cdot 13\ H_2O.$$

Das C_3A setzt sich also unter Einbau von bei C_3S und C_2S freigewordenem $Ca(OH)_2$ (s. 5.1.1.) zu Tetracalciumaluminathydrat um. Diese Reaktion verläuft außerordentlich schnell und ist die Ursache des raschen Erstarrens von Zementklinkermehl beim Mischen mit Wasser. Durch Zusatz von Gips wird die Erstarrungszeit verlängert (s. 4.4.7.), auf welche Weise in der Praxis die normgerechte Erstarrungszeit des Zements eingestellt wird. Dabei entsteht bei der Hydratation die Additionsverbindung Ettringit (s. 7.2.) welche sich auf der Oberfläche der C_3A-Teilchen niederschlägt und deren Reaktion mit dem Wasser verlangsamt.

C_4AF *(Tetracalciumaluminatferrit)* reagiert ebenfalls mit freigewordenem $Ca(OH)_2$ auf folgende Weise:
$$4\ CaO \cdot Al_2O_3 \cdot Fe_2O_3 + 4\ Ca(OH)_2 + x\ H_2O \rightarrow 2 \times 4\ CaO \cdot Al_2O_3 \cdot Fe_2O_3 \cdot x\ H_2O.$$

Kurz zusammengefaßt bilden sich bei der Hydratation des Zements aus kalkreichen Silikaten (C_3S und C_2S) kalkärmere Kalkhydrosilikate ($C_3S_2 \cdot H_2O$) und aus C_3A und C_4AF kalkreichere Kalkhydroaluminate ($C_4A \cdot H_2O$) und Hydroaluminatferrite ($C_4A \cdot C_4F \cdot H_2O$).

5.2 Festigkeitsentwicklung des Zementsteins

Die über längere Zeit zunehmende Festigkeit des Zementsteins ist dadurch zu erklären, daß durch fortschreitende Hydratation der

Feststoffgehalt des ursprünglichen Wasserraums zunimmt, bis der Zement völlig hydratisiert ist, bzw. bei geringem Wassergehalt alles Wasser in Hydratverbindungen eingebaut ist. Diesen Vorgang veranschaulicht schematisch **Bild 94**. Links stehen sich Wasser und Zement gegenüber und zwar 100 Gewichtsteile Zement (= 32 Volumenteile) und 50 Teile Wasser, d.h. Wasser: Zement = 0,5:1. Durch die fortschreitende Reaktion bilden sich zunehmende Mengen Hydratmassen, wodurch der Feststoffanteil der wäßrigen Phase zunimmt und die Menge nichthydratisierten Zements abnimmt.

5.2.1 Wasser/Zement-Verhältnis.

Bei der Hydratation des Zements werden von den sich dabei bildenden Hydratverbindungen auf 100 Teile Zement ca. 25 Teile Wasser als Kristallwasser aufgenommen. Dieses wird in das Kristallgitter eingebaut, wodurch es sein Volumen um ca. $^1/_4$ verringert, so daß das Volumen des Kristallwassers nur noch ca. 19 Teile (25 minus 6) beträgt. Diese Volumenverringerung des Wassers beim Einbau in die Hydratverbindungen verursacht das sog. „Schrumpfen" des erhärtenden Zements, ein Vorgang, der später behandelt wird (s. 5.5.2.). Dieses Kristallwasser ist chemisch gebunden und Teil des Feststoffes; es wird als „nichtverdampfbar" bezeichnet, weil es erst bei hoher Temperatur ausgetrieben wird.

Infolge der großen Oberfläche der Gelhydratteilchen wird von diesen – wie behandelt – durch Adsorption weiteres Wasser gebunden, das dadurch „pseudofest" ist und dem Feststoff zugerechnet werden kann. Der Anteil dieses sog. „Gelwassers" beträgt zwischen 5 und 15%, im Mittel ca. 10%, bezogen auf das Zementgewicht [114]. Dieses Wasser ist nicht chemisch gebunden, sondern durch Absorption. Dies gilt für Normaltemperatur. Beim Erhitzen werden diese Wassermoleküle beweglich (nach dem Gesetz, daß mit steigender Temperatur die Molekularbewegung zunimmt); folglich treten sie zwischen den Feststoffteilchen heraus, d.h. sie verdampfen. Da dieser Vorgang erst bei höherer Temperatur (über 100°C) erfolgt, wird dieses Gelwasser als „schwer verdampfbar" bezeichnet.

Setzt man dem Zement mehr als 25 + 10 = 35 Teile Wasser zu, so werden diese vom Zement nicht mehr gebunden, sondern verbleiben als „freies" Wasser in relativ großen sog. „Kapillarporen". Das darin befindliche Wasser ist leicht beweglich; es verdunstet bei Trockenheit und wird bei Regen wieder aufgenommen. In großen Kapillarporen kann das Wasser sich unter Druck fortbewegen, d.h. solcher Zementstein ist nicht wasserdicht.

190

Von diesen Hydratationsvorgängen ausgehend, kann man das Feststoff/Hohlraum-Verhältnis des sich je nach dem Verhältnis Wasser: Zement bildenden Zementsteins berechnen (s. **Tabelle 6**). Bei der Feststoffrechnung geht man davon aus, daß 100 g Zement mit einer Dichte von ca. 3 ein Volumen von 32 cm^3 haben. Diese werden unter F = Feststoffraum eingetragen. Sie binden unabhängig vom W/Z-Verhältnis ($>0{,}35$) 25 Gewichts- = Raumteile Wasser, wovon 19 Teile als Hydratwasser in den Feststoff (F) eingehen und 6 Raumteile Schrumpfporen in den Hohlraumanteil (H). Weiterhin werden ca. 10 Teile Gelwasser eingebaut, die zum Feststoff gerechnet werden können.

Die vollständige Hydratation ist also bei W/Z = 0,35 und höher gegeben. Bei einem niedrigeren W/Z bleibt ein Teil des Zements unhydratisiert. Das über 0,35 hinausgehende Wasser verbleibt als Überschußwasser in den Kapillarporen.

Tabelle 6. Feststoffrechnung des Zementsteins

a) Als Summe

W/Z-WERT	0,3		0,35		0,4		0,5		0,6		0,7	
Feststoff- und Hohlraum	F	H	F	H	F	H	F	H	F	H	F	H
100 g = 32 cm^3 Zement	32		32		32		32		32		32	
Kristallwasser	17		19		19		19		19		19	
Gelwasser	8		10		10		10		10		10	
Schrumpfporen		5		6		6		6		6		6
Kapillarporen (H$_2$O)		–		–		5		15		25		35
Summe	57	5	61	6	61	11	61	21	61	31	61	41

b) In Prozent

W/Z-WERT	0,3		0,35		0,4		0,5		0,6		0,7	
Feststoff- und Hohlraum	F	H	F	H	F	H	F	H	F	H	F	H
32 cm^3 Zement	52		48		45		40		35		31	
Kristallwasser	27		28		26		23		21		19	
Gelwasser	13		15		14		12		11		10	
Schrumpfporen		8		9		8		7		7		6
Kapillarporen (H$_2$O)		–		–		7		19		26		34
F:H (in Prozent)	92:8		91:9		85:15		74:26		67:33		60:40	

Bild 95 zeigt die Zahlenwerte der Tabellen a) und b) in grafischer Darstellung. Aus Bild 95/1 ist ersichtlich, daß ab W/Z > 0,35 die Menge und das Verhältnis der entstehenden Hydratationsprodukte konstant ist und die über W/Z 0,35 hinausgehende Wassermenge als freies Kapillarwasser im Zementstein verbleibt. Auf Volumenprozent umgerechnet (s. Bild 95/2) nimmt mit steigendem W/Z die Menge der Hydratationsprodukte ab und die Menge Kapillarwasser zu.

Bild 96 zeigt die 28-Tage-Druckfestigkeit von aus Z 45 hergestelltem Zementstein in Abhängigkeit vom W/Z-Wert. Man sieht, daß die Druckfestigkeit im wesentlichen umgekehrt proportional dem W/Z-Wert ist. Nahezu dieselbe Gesetzmäßigkeit erhält man, wenn man die Druckfestigkeit in Abhängigkeit vom Porenraum aufträgt (s. **Bild 97**). Es ergibt sich daraus, daß die Ursache der mit steigendem W/Z-Wert abnehmenden Festigkeit auf den in gleicher Weise zunehmenden Hohlraumanteil im Zementstein zurückzuführen ist. Diese Gesetzmäßigkeit gilt nicht nur für den Zementstein, sondern im Prinzip auch für Leichtbaustoffe auf anorganischer (Zement-) und organischer (Kunststoff-)Basis, deren Festigkeit mit steigendem Hohlraumanteil abnimmt.

5.2.2 *Zeitabhängigkeit der Hydratation*

Die Hydratation des Zements ist keine in kurzer Zeit ablaufende chemische Reaktion, sondern ein sich über lange Zeit erstreckender Prozeß, der darin besteht, daß sich aus Wasser und dem Feststoff Zement ein neuer Feststoff, der „Zementstein" bildet. Diese Reaktion verläuft jedoch nicht proportional zur Zeit, sondern in der Anfangszeit am schnellsten und strebt in einer Kurve allmählich dem Endwert zu (s. **Bild 98**).

Die Ursache für diesen charakteristischen Verlauf der Hydratationskurve liegt darin, daß in der Anfangszeit, wo sich Wasser und Zement unmittelbar gegenüberstehen, die Reaktion rasch verläuft. Durch die sich auf der Oberfläche der Zementkörner bildende Gelhülle wird das Wasser jedoch zunehmend an der Reaktion mit dem Zement gehindert. Dieser Vorgang findet seinen Ausdruck in der Hydratationstiefe, welche angibt, wie tief das Wasser in das Zementkorn eingedrungen ist. Darüber liegen Messungen vor [115]. In grafischer Darstellung erhält man eine Kurve, die zeigt, daß bei einem durchschnittlichen Zement die Hydratationstiefe nach 3 Tagen ca. 2 μm beträgt; nach 28 Tagen aber nicht etwa 10mal soviel, sondern nur etwas mehr als das doppelte. Bei Darstellung im Wur-

192

Hydratation und Wasserzementwert

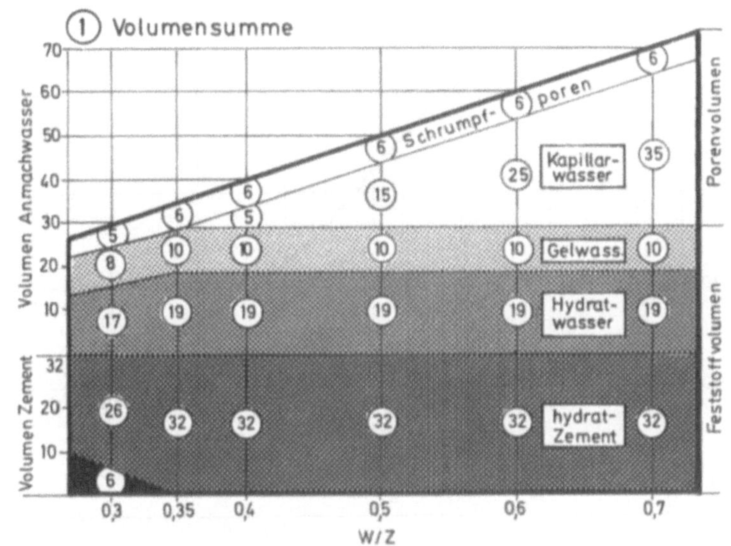

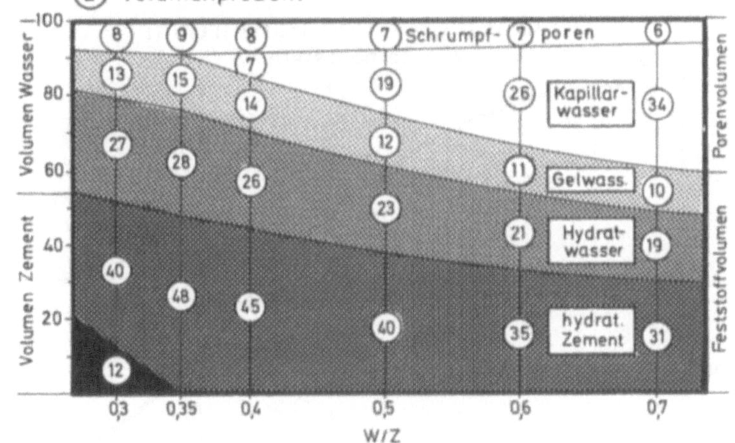

95

Druckfestigkeit und W/Z-Wert
von Zementstein
Druckfestigkeit in N/mm²
60
50
40
30
20
0,3 0,4 0,5 0,6 0,7 0,8 0,9
W/Z

96

Druckfestigkeit und Porenraum
von Zementstein
Druckfestigkeit in N/mm²
60
50
40
30
20
10 20 30 40 50
Porenraum (Kap.+Schrumpfporen) in %

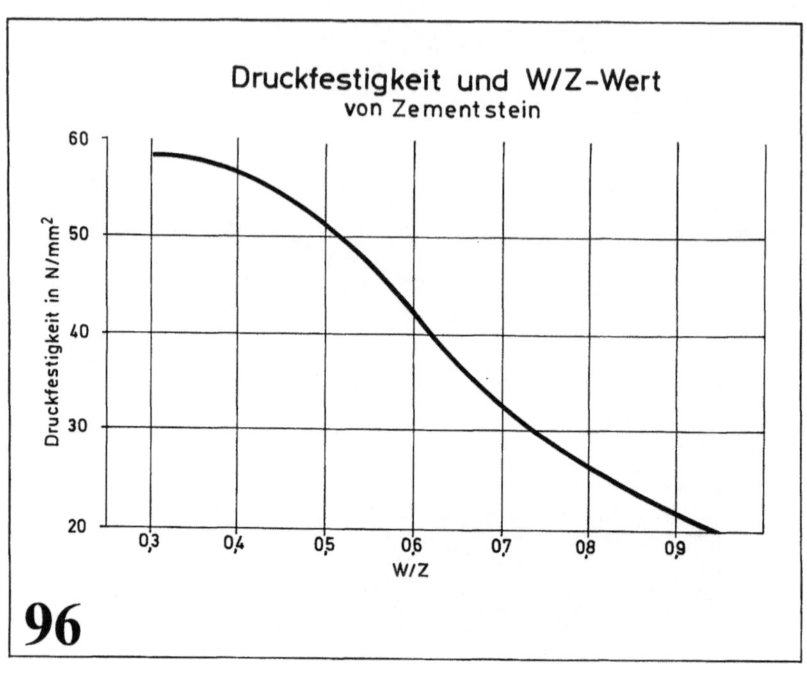

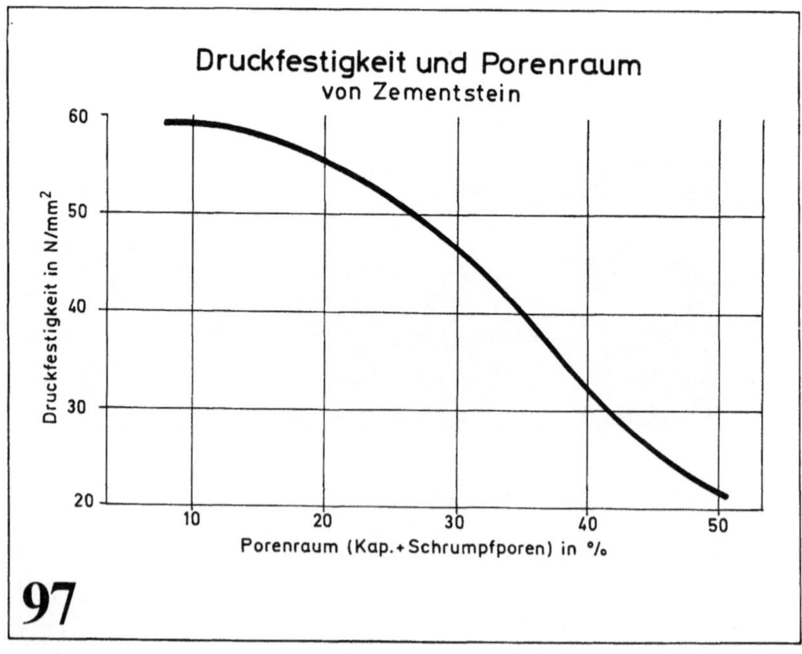

97

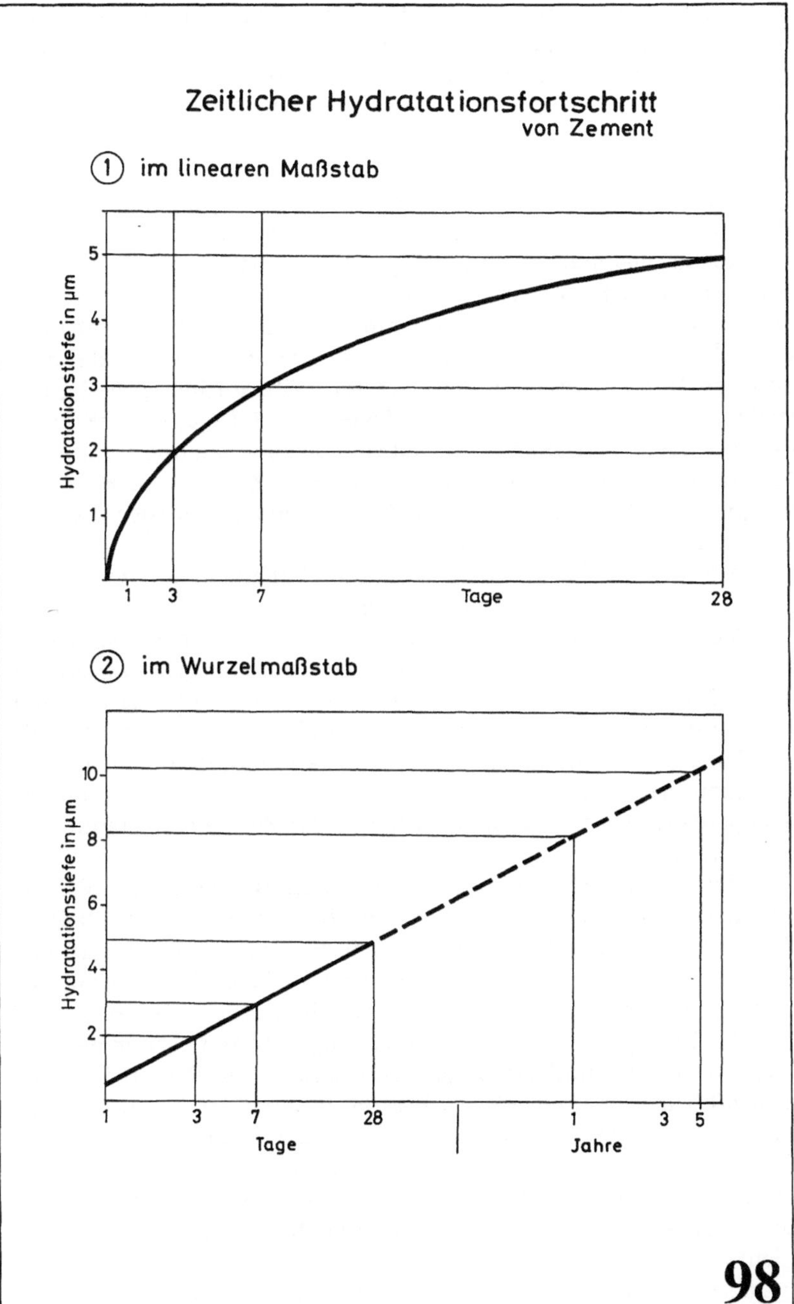

Zeitlicher Hydratationsfortschritt
von Zement
1 im linearen Maßstab
Hydratationstiefe in µm
5
4
3
2
1
1
3
7
Tage
28
2 im Wurzelmaßstab
Hydratationstiefe in µm
10
8
6
4
2
1
3
7
28
Tage
1
3
5
Jahre

zelmaßstab erhält man eine Gerade (s. Bild 98 u.), der man entnehmen kann, daß erst nach ca. 5 Jahren die doppelte Hydratationstiefe wie nach 28 Tagen erreicht wird. Da Hydratation und Festigkeit zusammenhängen, ergibt sich daraus, daß die Festigkeit nach der durch die Norm festgesetzten 28-Tage-Festigkeit weiter ansteigt.

Mit **Bild 99** wird versucht, den zeitlichen Verlauf der Hydratation unter Anwendung eines Schemas bei Zugrundelegung eines mittleren W/Z-Wertes (ca. 0,55) zu veranschaulichen (s. Mitte). Zu Beginn stehen einander 2 × 16 = 32 Vol.-T. = 100 Gew.-T. Zement (oben und unten schwarz) gegenüber, dazwischen das Anmachewasser. Die Entstehung und zunehmende Härte des Zementsteins ist durch 7 Raster zunehmender Farbtiefe veranschaulicht. Bei dem mittleren Bild entsprechen diese Raster größenordnungsmäßig der Festigkeit nach 1 = 1 Tag, 2 = 3 Tage, 3 = 7 Tage, 4 = 28 Tage, 5 = 90 Tage, 6 = 1 Jahr, 7 = 3 Jahre. Die zunehmende Dichte des Zementsteins wird durch Umwandlung des Zements in Hydratationsprodukte bewirkt. Wenn der Zement ganz hydratisiert ist, hört die Festigkeitsentwicklung auf.

Den zeitlichen Verlauf der Hydratation bei hohem und niedrigem W/Z soll Bild 99 oben und unten veranschaulichen. Beim hohen W/Z ist die Wasserschicht zwischen den sich gegenüberstehenden gleichen Zementoberflächen dicker. Da die Reaktionsgeschwindigkeit dieselbe ist, dauert es jeweils länger, bis der größere Freiraum mit Gelhydrat steigender Konzentration gefüllt ist. Es ergibt sich daraus, daß dieser Zementstein erst nach 3 Jahren dieselbe Dichte und Festigkeit erreicht, wie bei W/Z 0,55 nach 28 Tagen. Ein weiterer Festigkeitsanstieg findet nicht statt, weil der Zement vollständig hydratisiert ist.

Anders beim niedrigen W/Z-Wert (s. unten). Hier ist die Wasserschicht zwischen den gleichen Zementoberflächen nur etwa halb so dick und der mit Gelhydrat zu füllende Freiraum deshalb nur halb so groß. Dies hat zur Folge, daß die verschiedenen Konzentrationsstufen in wesentlich kürzerer Zeit erreicht werden. Bei W/Z 0,35 wird die 28-Tage-Festigkeit der Mischung W/Z 0,55 schon nach ca. 5 Tagen erreicht und die 3-Jahres-Festigkeit von W/Z 0,55 schon nach 60 Tagen (s. Bild 99 u.). Für die Füllung des kleineren Freiraums wird insgesamt eine kleinere Menge Zementhydrat benötigt, so daß noch eine Restmenge unhydratisierter Zement übrigbleibt. Dieser saugt aus dem Zementhydrat noch Wasser ab und hydratisiert ebenfalls, wodurch eine erhöhte Dichte des Zementsteins erreicht wird.

Diese Modellvorstellung soll in vereinfachter Form das wesent-

196

W/Z-Wert und Hydratationszeit
Schema
Hoher W/Z
16 Z
75 H₂O
16 Z
1
2
3
4
1
3
7
28
90
1
3
Mittlerer W/Z
16 Z
55 H₂O
16 Z
1
2
3
4
5
6
7
1
3
7
28
90
1
3
Niedriger W/Z
16 Z
35 H₂O
16 Z
1
2
3
4
5
6
7
Hydr.-Zeit
1
3
7
28
90
1
3
Tage
Jahre

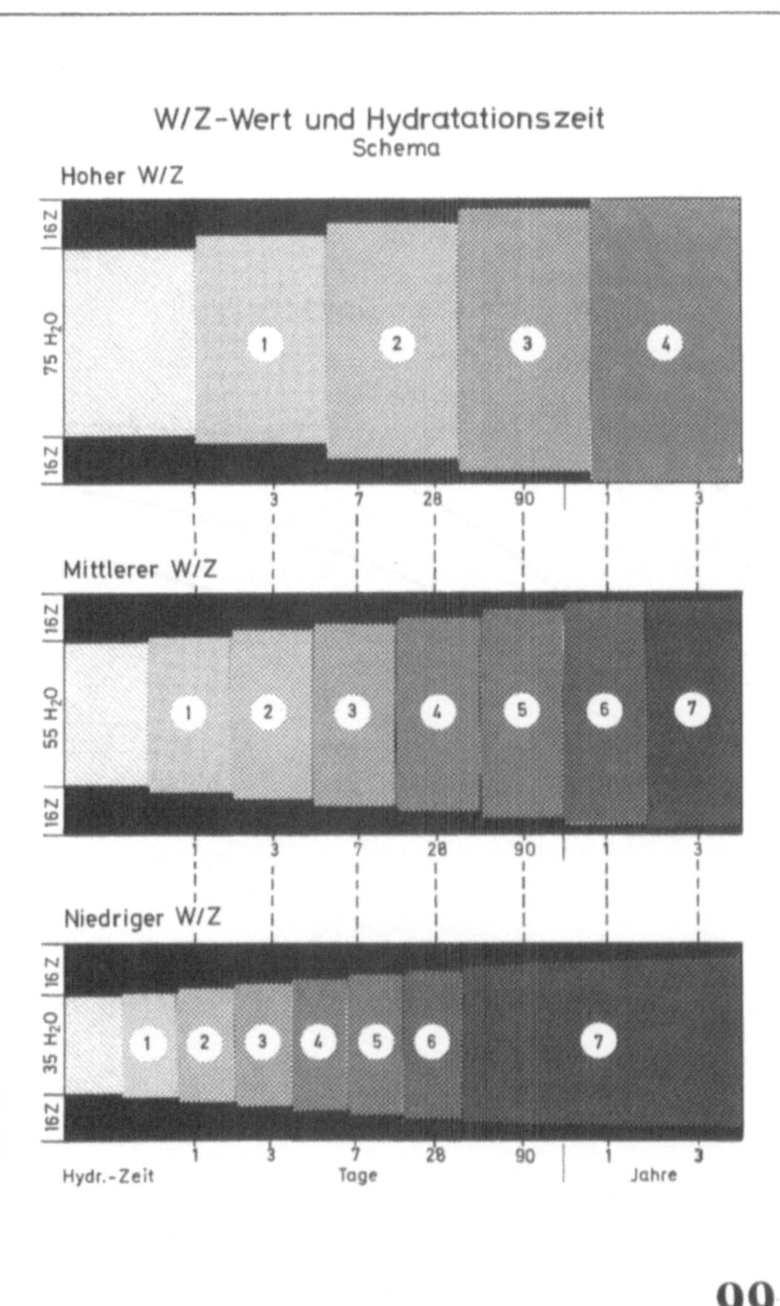

99

W/Z-Wert und Druckfestigkeit

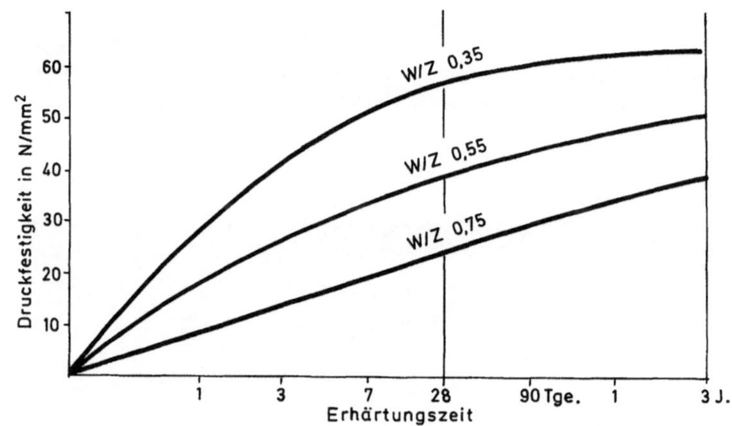

100

liche aussagen. Daß dies der Fall ist, zeigt **Bild 100** mit den Druckfestigkeitskurven von erhärtendem Zement mit den W/Z-Werten 0,35, 0,55 und 0,75. (Es muß hier hinzugefügt werden, daß dieser Hydratationsablauf nur für feuchtgelagerten Zementstein bzw. Beton gilt. Bei Trockenlagerung kommt die Hydratation wegen fehlendem Wasser früher zum Stillstand. Dies wirkt sich in der geringeren Endfestigkeit von trockengelagertem Beton im Vergleich mit feuchtgelagertem Beton aus) (s. Bilder 122 und 123).

5.2.3 *Mahlfeinheit und Festigkeitsentwicklung*

Die Ursache der Zementerhärtung ist die Umsetzung der Klinkermineralien mit Wasser zum Zementstein. Diese Umsetzung ist eine sog. topochemische, d.h. ortgebundene Reaktion; sie findet nicht in der Masse sondern an den Oberflächen statt, wo sich Zement und Wasser berühren. Daraus ergibt sich, daß diese Reaktion einen um so größeren Umfang annimmt, je größer die Oberfläche des Zements ist. Da beim Zerteilen, d.h. Mahlen eines festen Stoffs neue Oberflächen entstehen, ergibt sich, daß die Oberfläche eines Zements um so größer ist, je feiner er gemahlen ist. Der Zement besteht im wesentlichen aus Teilchen der Korngröße 1 bis 100 μm. Deren Oberfläche ist aus **Bild 101** ersichtlich [116]. Demnach hat ein nur aus Teilchen der Korngröße 100 μm bestehender Zement eine Oberfläche von 190 cm²/g, ein aus 1 μm großen Teilchen bestehender Zement eine solche von 19 000 cm²/g. Wie sich die Korngröße auf die Festigkeit auswirkt zeigt **Bild 102**. Bei von K. Schweden durchgeführten Versuchen [117] wurde festgestellt, daß die Fraktion < 3 μm nach sieben Tagen eine Druckfestigkeit von 60 N/mm² erreicht, die Fraktion 3 bis 9 μm eine solche von 50 N/mm², die Fraktion 9 bis 25 μm = 40 N/mm² und die Fraktion 25 bis 50 μm ca. 20 N/mm².

Warum dies so ist, soll aus dem Schema (des **Bildes 103**) abgeleitet werden. In beiden Fällen ist die Zement- und Wassermenge dieselbe. Der Unterschied besteht darin, daß oben nur 2, unten jedoch 4 Oberflächeneinheiten reaktionsbereit sind. Im Fall der groben Körner (oben) ist auch die Wasserschicht dicker, was zur Folge hat, daß eine längere Zeit notwendig ist, um die verschiedenen Konzentrationsstufen des Zementsteins zu erreichen. Anders bei feinen Zementteilchen. Hier ist infolge der größeren Oberfläche die Reaktionszeit bis zur Erreichung der jeweiligen Konzentrationsstufen wesentlich geringer mit dem Ergebnis, daß der feine Zement schneller hohe Festigkeit erreicht als der grobe, was durch die Ver-

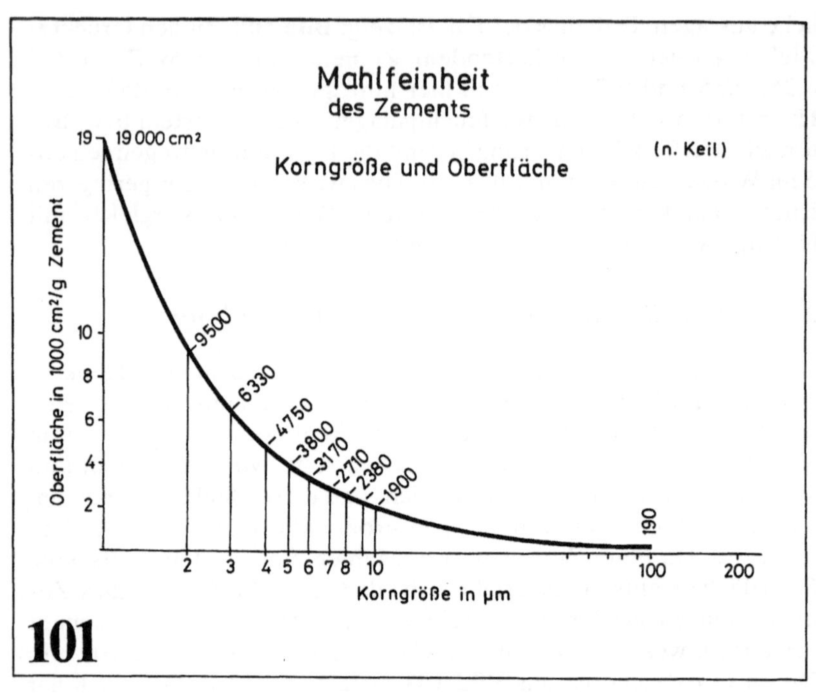

Mahlfeinheit
des Zements
Korngröße und Oberfläche
(n. Keil)
19 19 000 cm²
Oberfläche in 1000 cm²/g Zement
10
8
6
4
2
9500
6330
4750
3800
3170
2710
2380
1900
190
2 3 4 5 6 7 8 10
100
200
Korngröße in µm
101

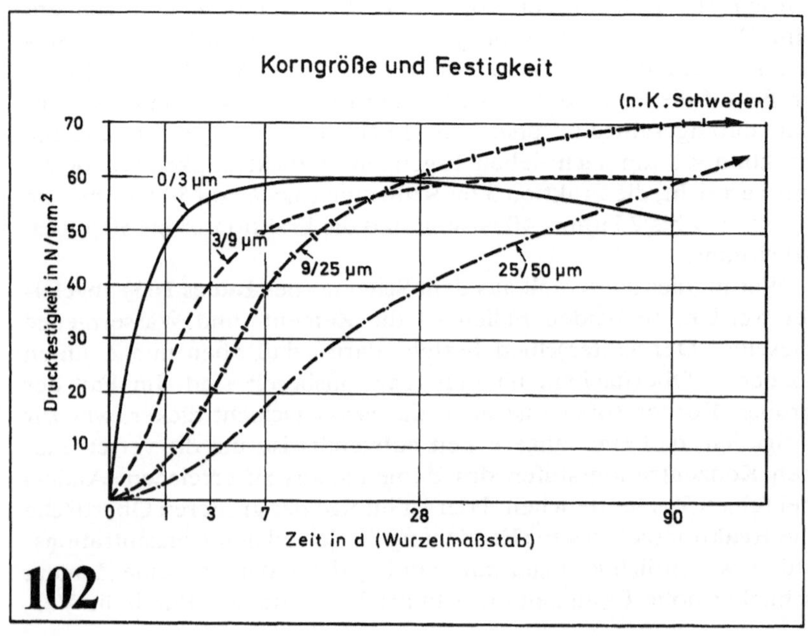

Korngröße und Festigkeit
(n.K.Schweden)
70
60
50
40
30
20
10
Druckfestigkeit in N/mm²
0/3 µm
3/9 µm
9/25 µm
25/50 µm
0 1 3 7
28
90
Zeit in d (Wurzelmaßstab)
102

Mahlfeinheit und Festigkeit (Schema)

Grobe Teilchen

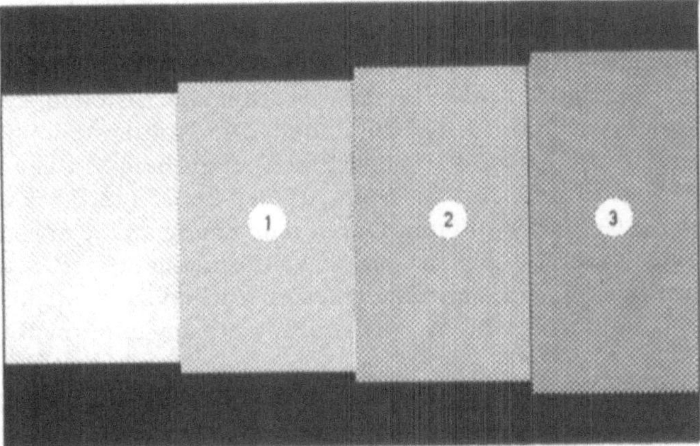

Feine Teilchen

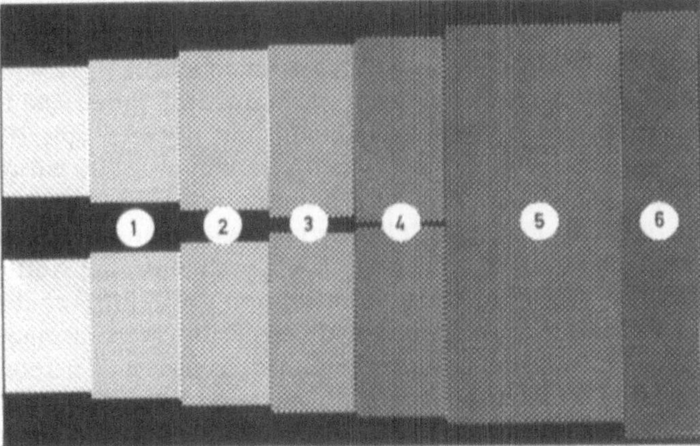

suche von Schweden (s. Bild 102) bestätigt wird. Nach längerer Erhärtungszeit (28 Tagen) ist die Festigkeit bei den 3 Feinfraktionen dieselbe (ca. 60 N/mm^2) nur die Grobfraktion 25 bis 50 μm liegt noch darunter. Nach 90 Tagen jedoch hat auch diese die anderen eingeholt. Es wäre also falsch, zu sagen, daß feingemahlene Zemente höhere Festigkeiten erreichen, sondern sie erreichen diese nur früher; sind also „frühhochfest".

Ein einfaches Mittel, die von der Praxis verlangten Zemente verschiedener Festigkeitsstufen (in frühem Alter) herzustellen, besteht damit in der Variation der Mahlfeinheit. Die Kornverteilung üblicher Zemente ist aus **Bild 104** ersichtlich. In grobem Mittel enthält er ca. 15% <3μm, 30% 3 bis 9 μm, 35% 9 bis 25 μm, 15% 25 bis 50 μm und 5% 50 bis 100 μm. Durch Anpassung an die angestrebten Festigkeitswerte ergibt sich ein verhältnismäßig breites Band der Kornverteilung, wobei die frühhochfesten Portlandzemente im oberen, die langsam härtenden Portlandzemente im unteren Bereich liegen.

Die sich daraus ergebende Mahlfeinheit verschiedener Zemente zeigt **Bild 105**. Hier ist nicht die im Feinstbereich schwierig zu bestimmende Korngröße zugrunde gelegt, sondern die „spezifische" Oberfläche des Zements (auf die es ja primär ankommt). Diese wird mittels des Verfahrens nach Blaine bestimmt. Dabei wird die Luftdurchlässigkeit einer definiert verdichteten Zementprobe gemessen, die um so geringer ist, je größer die Oberfläche und damit je enger die Kanäle sind, welche die Luft durchströmen muß.

Bezüglich des Zusammenhangs zwischen Kornfeinheit und Oberfläche kann man sagen, daß ein Zement mit 60% (50 bis 70) der Kornfraktion 0 bis 30 μm eine Oberfläche von ca. 3000 cm^2/g hat, mit 75% (65 bis 85) ca. 4000 cm^2/g und mit 90% (80 bis 100) ca. 5000 cm^2/g [118]. Diese Mittelwerte (und die oberen und unteren Werte) sind auf Bild 105 eingetragen, wodurch man eine Aufteilung in Feinfraktion (<30 μm) und Grobfraktion (>30 μm) erhält. Wie auch aus Bild 102 hervorgeht, ist für die Frühfestigkeit eines Zements die Feinfraktion entscheidend. Der typische Vertreter des frühhochfesten Zements, der PZ 55 hat eine Oberfläche von ca. 5200 cm^2/g, der relativ grobe PZ 35 ca. 2750 cm^2/g und ein PZ 45 ca. 3500 cm^2/g.

Die genormten Festigkeiten gelten für die 28-Tage-Festigkeit. Da nach zur Strassen [119] die Hydratationstiefe nach 28 Tagen ca. 5μm beträgt, sind nur die Teilchen bis 10μm Durchmesser vollständig hydratisiert, die gröberen nur in ihrer 5 μm Außenschicht. Bei einem Zement geringer Mahlfeinheit bedeutet dies, daß nur der ca.

202

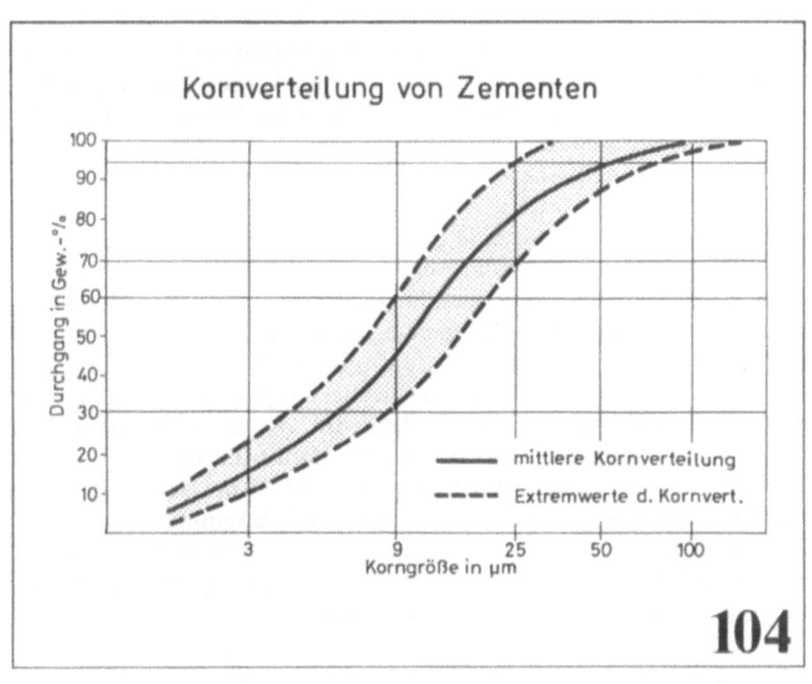

Kornverteilung von Zementen
Durchgang in Gew.-%
100
90
80
70
60
50
40
30
20
10
3
9
25
50
100
Korngröße in µm
mittlere Kornverteilung
Extremwerte d. Kornvert.
104

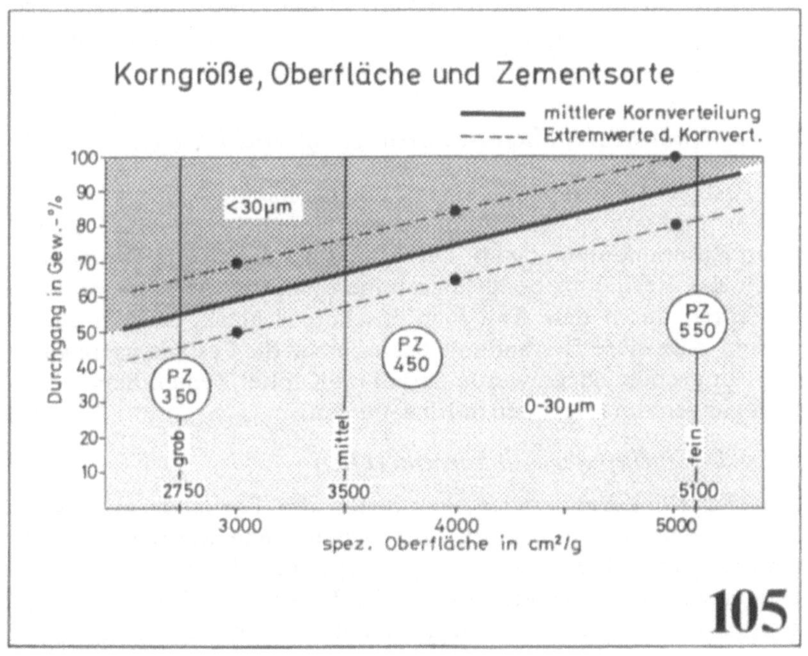

Korngröße, Oberfläche und Zementsorte
mittlere Kornverteilung
Extremwerte d. Kornvert.
Durchgang in Gew.-%
100
90
80
70
60
50
40
30
20
10
<30µm
PZ 350
PZ 450
PZ 550
0-30µm
grob
mittel
fein
2750
3500
5100
3000
4000
5000
spez. Oberfläche in cm²/g
105

30% betragende Feinstanteil $< 10\ \mu m$ voll hydratisiert ist, bei einem feingemahlenen Zement dagegen 60% (s. **Bilder 106** und **107**). Wenn man den hydratisierten Anteil der Grobfraktion hinzurechnet, dann ergibt sich, daß der grobe Zement nach 28 Tagen zu etwa 65%, der feingemahlene zu etwa 85% hydratisiert ist. Da (bei Wasserangebot) die Hydratation bis zum Kern fortschreitet, erreichen grobgemahlene Zemente eine größere Nachhärtung als feingemahlene. Dies ist auch aus dem Schema (Bild 103) zu ersehen. Die groben Teilchen sind auch nach langer Erhärtungszeit nur teilweise hydratisiert, die feinen Teilchen dagegen schon ganz.

Für die Praxis bedeutet dies, daß grobgemahlene Zemente mit niedriger 28-Tage-Festigkeit einen größeren späteren Festigkeitszuwachs zeigen als feingemahlene Zemente, die nach 28 Tagen fast vollständig hydratisiert sind. Czernin schreibt diesbezüglich: „Die Wirkung einer weitgetriebenen Mahlung ist ... bei den frühen Erhärtungsterminen, etwa bis zu 7 Tagen stark ausgeprägt, auch nach 28 Tagen meist noch fühlbar, darüber hinaus aber verliert sich der Effekt und die Endfestigkeiten von grob- und feingemahlenen Zementen unterscheiden sich praktisch nicht."

Die **Bilder 108** und **109** zeigen die Zeitabhängigkeit der Festigkeit von Beton, hergestellt mit Zementen verschiedener Mahlfeinheit [120]. Bei der 7-Tage-Festigkeit ist der Unterschied groß (ca. 300%), bei der 28-Tage-Festigkeit schon wesentlich geringer und bei der Festigkeit nach einem Jahr nur noch ca. 5%

5.2.4 Chemische Zusammensetzung und Festigkeit

Die Festigkeitsentwicklung eines Zements hängt nicht nur vom W/Z-Wert und von der Mahlfeinheit, sondern auch von seiner chemischen Zusammensetzung ab. Diese wird bei den Portlandzementen durch das Verhältnis der Klinkermineralien und bei den weiteren Zementen durch den Anteil an Hochofenschlacke und Traß bestimmt. Alle diese Bestandteile beeinflussen die Festigkeitsentwicklung. In groben Zügen wurde darauf im Kapitel Zementherstellung eingegangen; im folgenden in Einzelheiten.

5.2.4.1 Einfluß der Klinkermineralien

Die vier Klinkermineralien, aus denen der Portlandzement ganz überwiegend besteht, liefern sehr verschiedene Beiträge zur Gesamtfestigkeit. Bogue und Lerch [121] haben durch umfangreiche Untersuchungen folgendes festgestellt: Entscheidend für die Festigkeitsentwicklung sind die Calciumsilikate C_3S und C_2S. Beide errei-

Hydratation und Mahlfeinheit

Zement geringer Mahlfeinheit

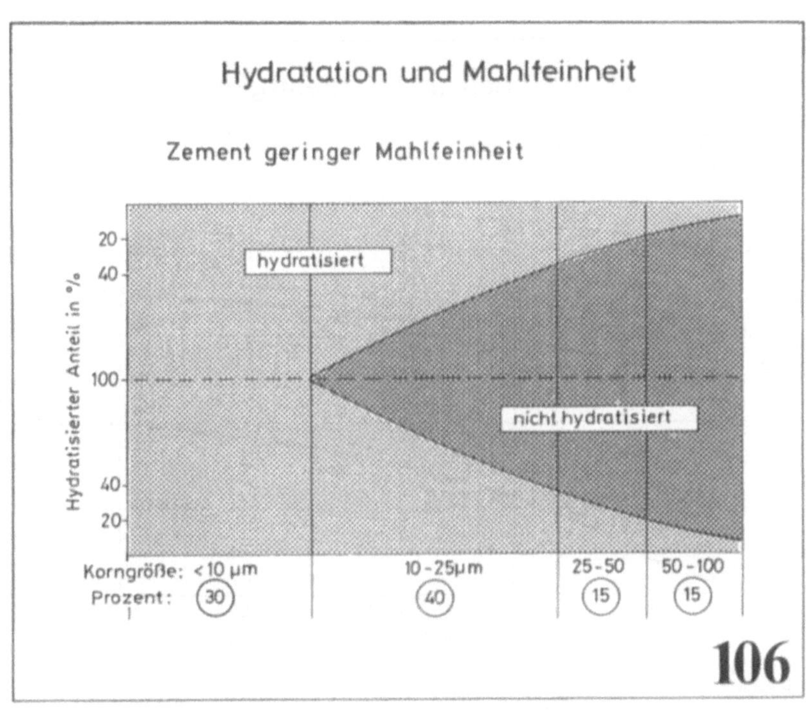

106

Zement großer Mahlfeinheit

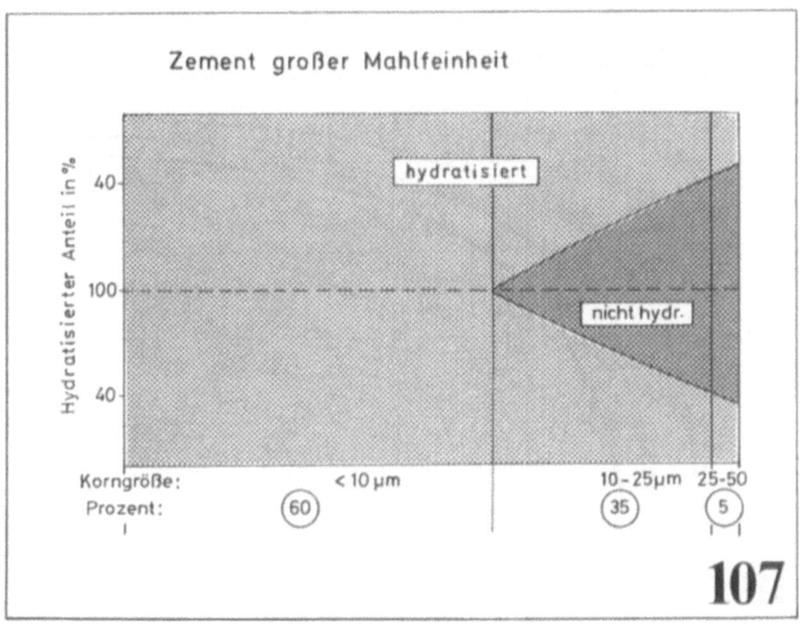

107

Mahlfeinheit und Zeitfestigkeit
Oberflächenabhängigkeit
(n. Lea)
45
Druckfestigkeit in N/mm²
40
35
30
25
365 d
28 d
7 d
3000
3500
4000
4500
5000
Spezifische Oberfläche in cm²/g

108

Zeitabhängigkeit
45
Druckfestigkeit in N/mm²
40
35
30
25
5000 cm²
4000 cm²
3000 cm²
7
28
365
Erhärtungszeit in d

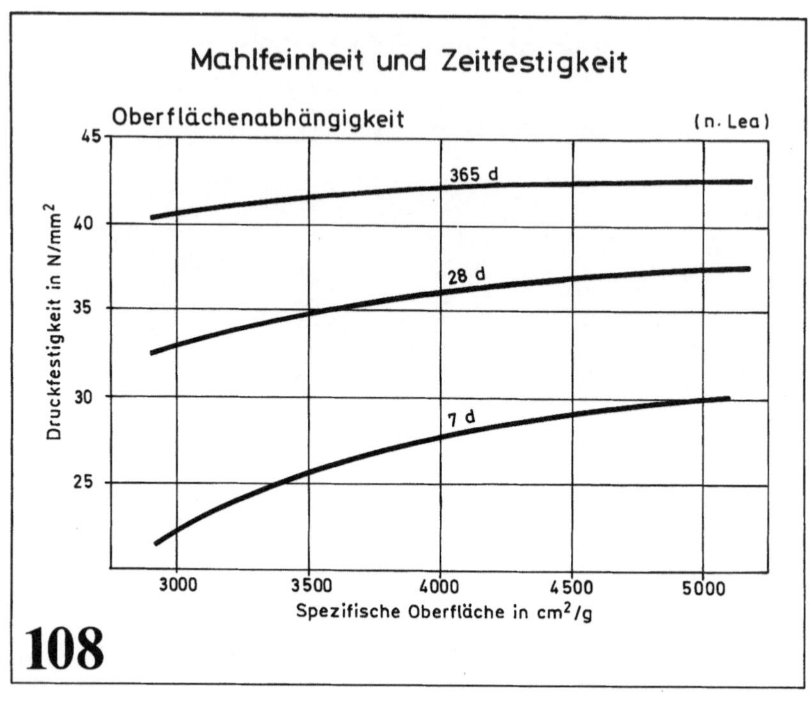

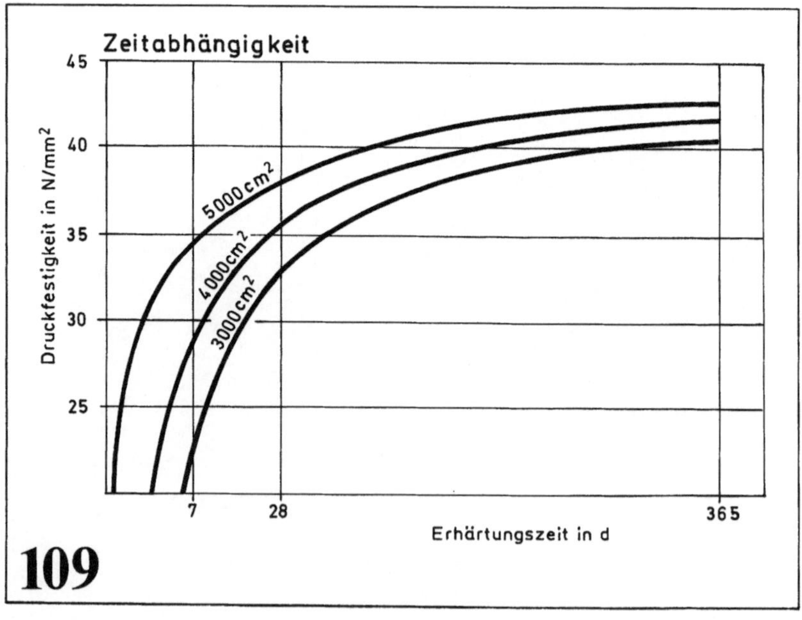

109

206

chen nach einem Jahr Festigkeiten von ca. 60 N/mm^2 (s. **Bild 110**). Der Unterschied zwischen beiden besteht in der Erhärtungsgeschwindigkeit; das C_3S hat einen sehr raschen Festigkeitsanstieg (ca. 50 N/mm^2 nach 28 Tagen), das C_2S einen langsamen (ca. 5 N/mm^2 nach 28 Tagen) aber sehr stetigen Festigkeitsanstieg.

Die beiden anderen Mineralien C_3A und C_4AF entwickeln im Vergleich zu den Silikaten nur geringe Festigkeiten. Da sie zudem nur in relativ geringer Menge (ca. 20%) im Zement enthalten sind, erscheinen sie vernachlässigbar. Dies trifft jedoch nicht ganz zu, weil bei Mischungen der Klinkermineralien, wie sie der Zement darstellt, noch Wechselwirkungen auftreten. Gonnermann [122] hat den Festigkeitsanteil der vier Klinkermineralien an der Gesamtfestigkeit eines PZ mittlerer Zusammensetzung ermittelt (s. **Bild 111**). In Übereinstimmung mit Bogue und Lerch bringt das C_3S eine hohe Anfangsfestigkeit (28 Tage); der spätere Festigkeitszuwachs ist auf das C_2S zurückzuführen. Im Unterschied zu den Untersuchungen an den Einzelmineralien ist der Frühfestigkeitsanteil des C_3A mit ca. 30% doch beträchtlich. Sein Anteil an der Endfestigkeit geht jedoch auf die Hälfte davon zurück.

Man kann also sagen, daß die Frühfestigkeit des PZ im wesentlichen durch C_3S und C_3A verursacht wird; der spätere Festigkeitszuwachs durch das langsam hydratisierende C_2S. Da der C_3A-Gehalt der Portlandzemente ziemlich konstant ist (10 bis 12%), ist für die Früh- bzw. Spätfestigkeit das Verhältnis C_3S zu C_2S maßgebend. Dies geht auch aus **Bild 112** hervor, welche die Festigkeitsentwicklung eines C_3S-reichen PZ (87:13) und eines C_3S-armen (38:62) zeigt [123]. Der erstere erreicht in 28 Tagen praktisch seine Endfestigkeit, der C_2S-reiche erst nach einem Jahr und später.

Die Ursache ist, daß C_3S bis zur obersten Grenze mit CaO gesättigt ist (74% = $^3/_4$) und deshalb viel schneller reagiert als das kalkärmere C_2S (67% = $^2/_3$). Schematisch dargestellt bedeutet dies, daß beim C_3S die Entstehung der verschiedenen Konzentrationsstufen des Hydratationsproduktes in viel kürzerer Zeit erfolgt als beim C_2S (s. **Bild 113**).

5.2.4.2 Einfluß hydraulischer Zusätze

Hydraulische Zusätze wie Hochofenschlacke und Traß wirken sich in besonderer Weise auf die Festigkeitsentwicklung des Zements aus. Ihre Wirkung besteht vor allem darin, daß sie mit dem sich bei der Hydratation des Zements abspaltenden Calciumhydroxid Silikathydrate ähnlicher Art bilden, wie sie bei der Hydratation des C_3S und C_2S entstehen. Es handelt sich also um eine Sekundärreak-

Druckfestigkeit der hydratisierten Klinkermineralien
(n. Bogue u. Lerch)
Druckfestigkeit in N/mm²
60
50
40
30
20
C₃S
C₂S
C₃A
C₄AF
28
90
180
360
Erhärtungszeit in d
C₃S
Verhältnis der Klinkermineralien
beim durchschnittlichen Portlandzement
C₂S
C₃A
C₄AF
~62 %
~15 %
~12 %
~8 %

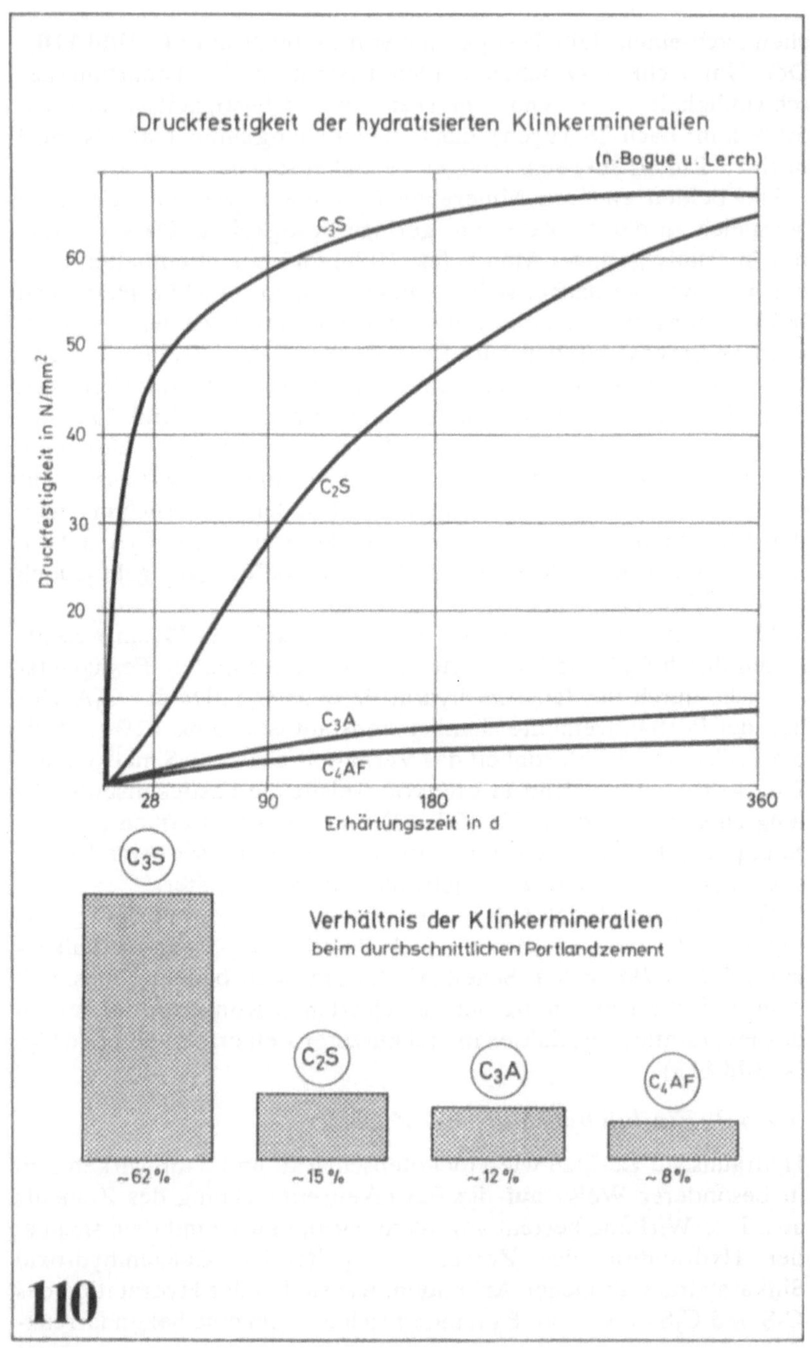

110

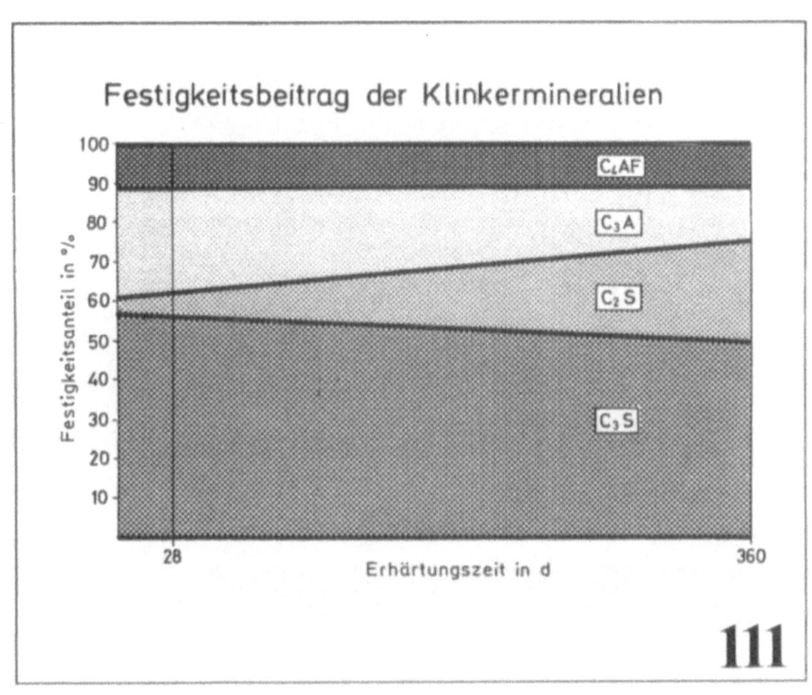

Festigkeitsbeitrag der Klinkermineralien
Festigkeitsanteil in %
100
90
80
70
60
50
40
30
20
10
C₄AF
C₃A
C₂S
C₃S
28
360
Erhärtungszeit in d
111

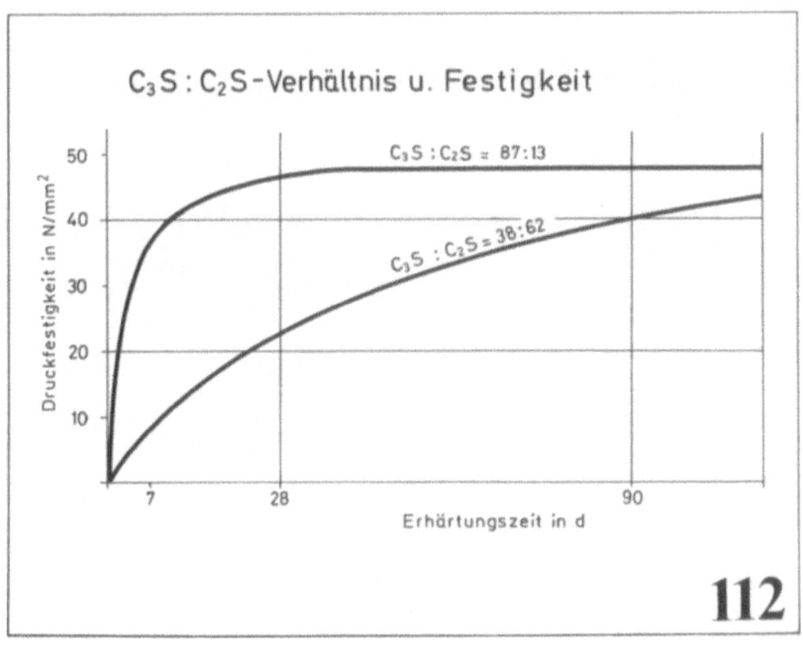

C₃S : C₂S-Verhältnis u. Festigkeit
Druckfestigkeit in N/mm²
50
40
30
20
10
C₃S : C₂S = 87:13
C₃S : C₂S = 38:62
7
28
90
Erhärtungszeit in d
112

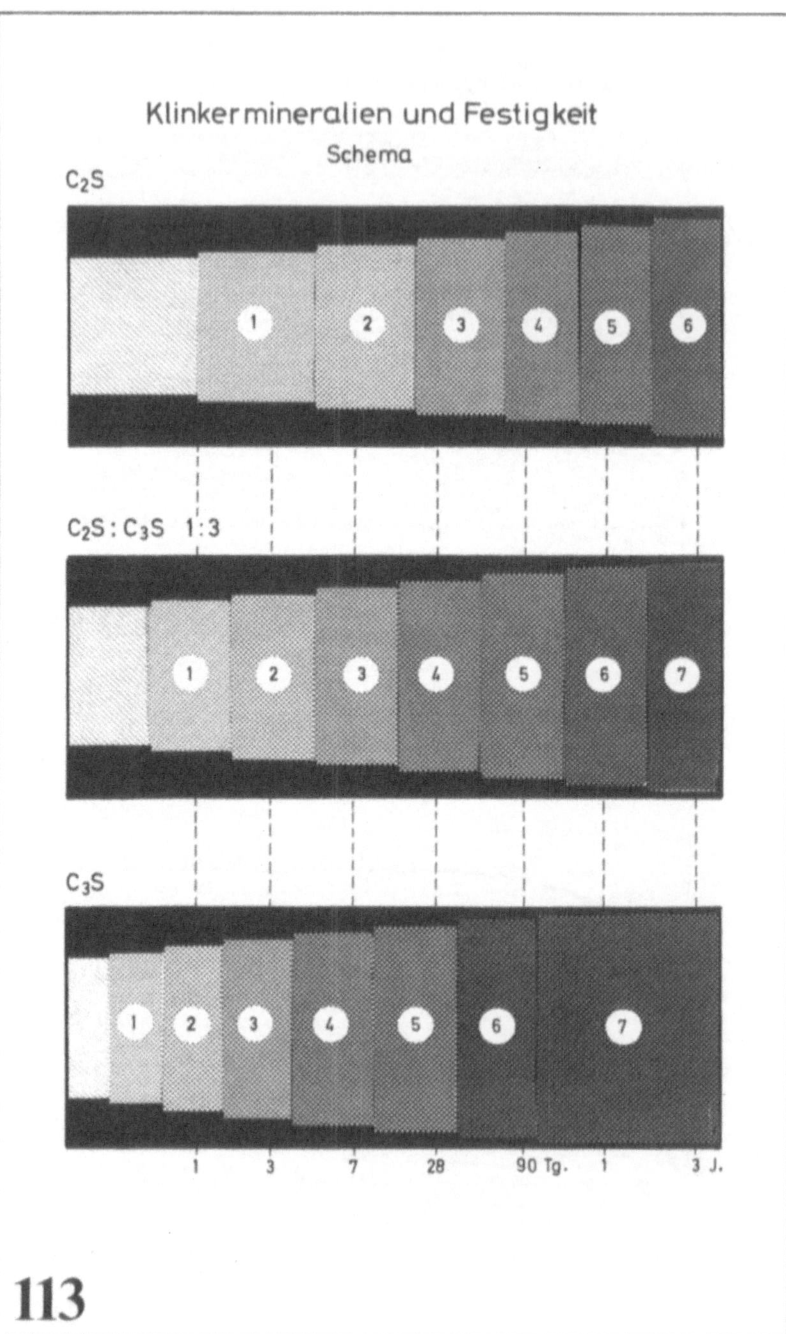

Klinkermineralien und Festigkeit
Schema
C₂S
1 2 3 4 5 6
C₂S : C₃S   1:3
1 2 3 4 5 6 7
C₃S
1 2 3 4 5 6 7
1   3   7   28   90 Tg.   1   3 J.
113

tion, die nur in dem Maße stattfinden kann, wie bei der Zementhydratation $Ca(OH)_2$ abgespalten wurde. Diesen Vorgang kann man aufgrund von Versuchen verdeutlichen, die von Lea [124] durchgeführt wurden (s. **Bild 114**). Danach spaltet ein üblicher Portlandzement innerhalb 7 Tagen ca. 9% $Ca(OH)_2$ ab; in der Folgezeit nur noch wenig mehr. Dasselbe geschieht bei einem Gemisch mit Puzzolanen (60:40) in entsprechend dem Zementanteil geringerer Menge. Während bei dem Zementstein aus PZ der hohe $Ca(OH)_2$-Gehalt erhalten bleibt, wird er beim Puzzolanzement durch die ab ca. 7 Tagen einsetzende Reaktion mit der Puzzolane allmählich „aufgezehrt". Diese Sekundärreaktion setzt also spät ein und verläuft langsam, über Monate und Jahre.

Dies wird aus **Bild 115** deutlich, woraus die Festigkeitsentwicklung von PZ-Puzzolangemischen im Verlauf von 3 Tagen, 6 Monaten und 5 Jahren ersichtlich ist. Man sieht, daß nach 3 Tagen die Prozentfestigkeit, bezogen auf PZ, im wesentlichen dem PZ-Gehalt entspricht; daß die Puzzolane also nur als festigkeitsmindernder Verschnitt wirkt. Anders nach 6 Monaten. Hier liegen die Festigkeiten infolge der Sekundärreaktion $Ca(OH)_2$ + Puzzolane bei dem üblichen Gemisch aus $^2/_3$ PZ und $^1/_3$ Puzzolane schon bei 80% der des PZ. Nach 5 Jahren ist die Festigkeit auf ca. 110% des PZ angestiegen und selbst nicht übliche Gemische aus 50% PZ + 50% Puzzolane erreichen noch die Festigkeit des Portlandzements.

Es ergibt sich daraus, daß die Puzzolanzemente zu den langsam härtenden Zementen gehören, daß sie aber nach längerer Zeit dieselben, z.T. höhere Festigkeiten erreichen als der Portlandzement. Einschränkend muß gesagt werden, daß dies für wassergelagerten Beton gilt. Die Kalk-Puzzolan-Reaktion findet nur in Gegenwart von Wasser statt. Damit hängt es auch zusammen, daß der Puzzolanzement vorzugsweise im Wasserbau verwendet wird.

Die HO-Schlacke nimmt chemisch eine Zwischenstellung zwischen Puzzolanen und Zement ein (s. Bild 89). Bei ihr braucht es nur eines geringen Anstoßes zur hydraulischen Erhärtung, sie ist zementoid, d.h. zementartig. Die Entfaltung ihrer hydraulischen Eigenschaften hängt nach Untersuchungen von Locher stark von der Mahlfeinheit und damit von der Oberfläche ab [125]. Der Zusatz einer Grobfraktion (25 bis 50 μm) reduziert die 7-Tage-Festigkeit (s. **Bild 116**) im Verhältnis ihres Anteils; eine Feinfraktion (3 bis 9 μm) wirkt schon stark festigkeitserhöhend. Bei der 28-Tage-Festigkeit (s. **Bild 117**) ist die Grobfraktion der HOS schon wesentlich an der Festigkeitsentwicklung beteiligt. Die Feinfraktion bewirkt sogar bis zum Mischungsverhältnis 1:1 eine Erhöhung der Festigkeit um

Kalkbindung beim Puzzolanzement
(n. Lea)
10
8
6
4
2
Freier Kalk in %
Portlandzement
Puzzolanzement
7
28
180
Erhärtungszeit in d

114

Langzeitfestigkeit von Puzzolanzement
(n. Lea)
100
80
60
40
20
Druckfestigkeit des PZ in %
5 Jahre
6 Mon
3 Tage
Wasser-
lagerung
100   90   80   70   60   Portlandzement   40
0   10   20   30   40   Puzzolane   60

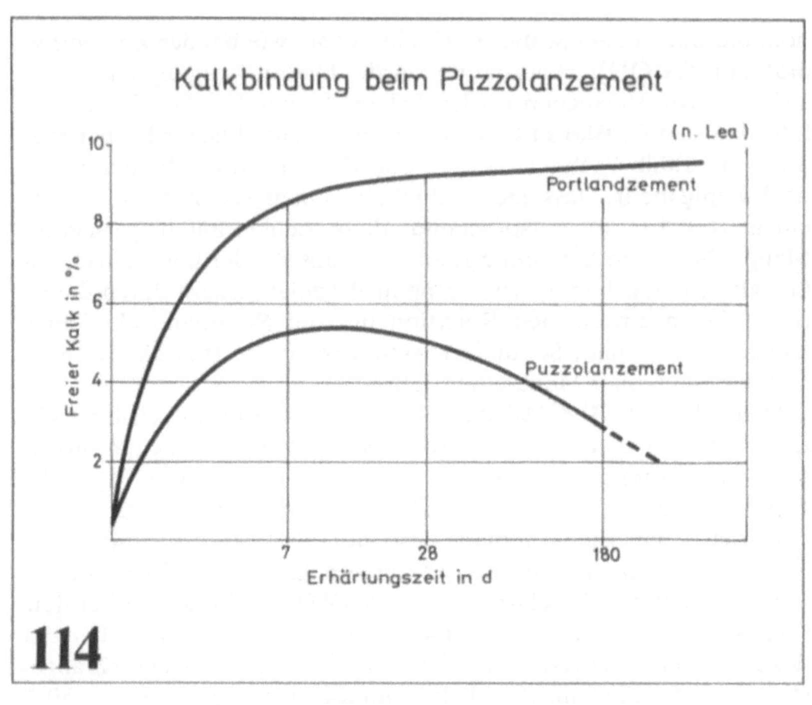

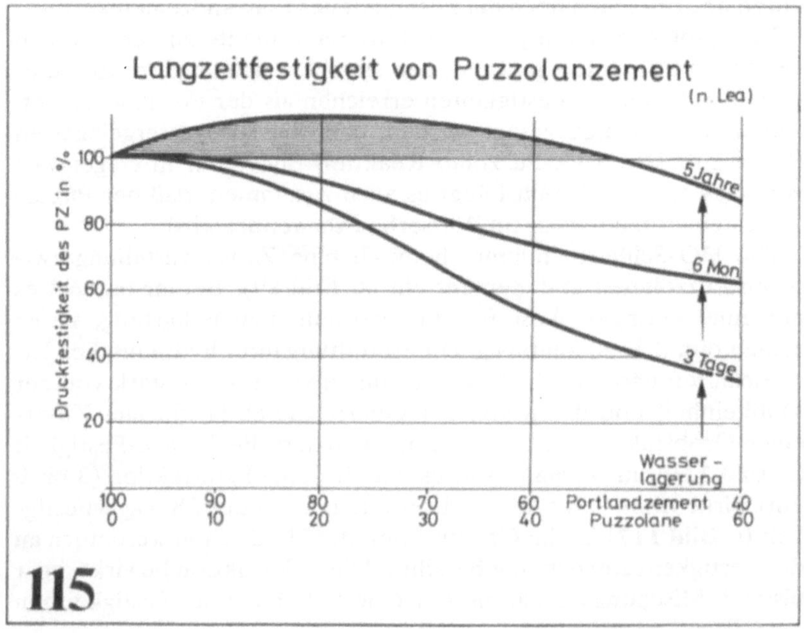

115

Hüttenzemente Mahlfeinheit und Festigkeit
7-Tage-Festigkeit
(n. Locher)
Druckfestigkeit in N/mm²
70
60
50
40
30
20
10
3-9µm
9-25µm
25-50µm
0
Schlacke
22
29
47
67
78
95
95
Klinker
73
66
47
28
17
0
116

28-Tage-Festigkeit
Druckfestigkeit in N/mm²
70
60
50
40
30
20
10
3-9µm
9-25µm
25-50µm
0
Schlacke
22
29
47
67
78
95
95
Klinker
73
66
47
28
17
0
117

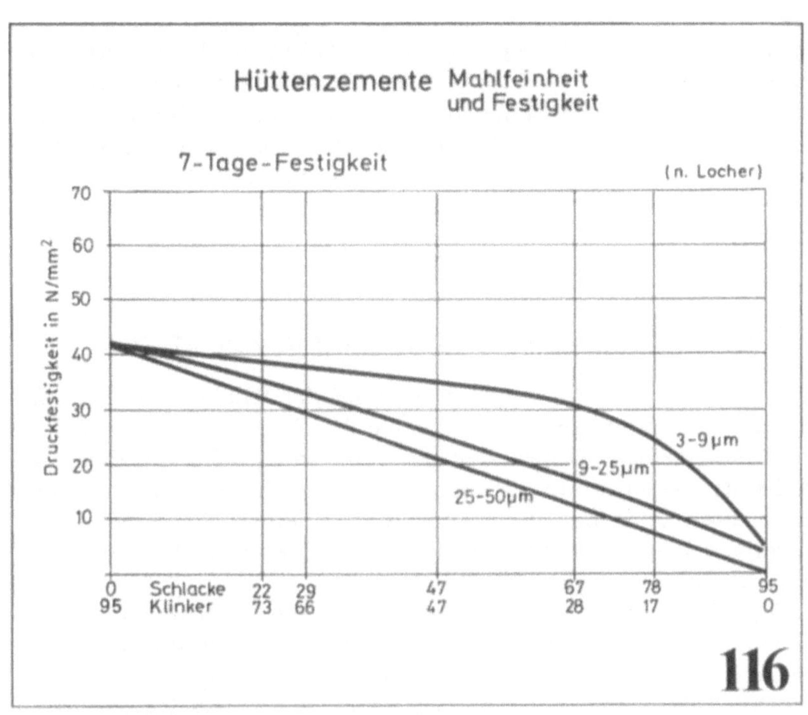

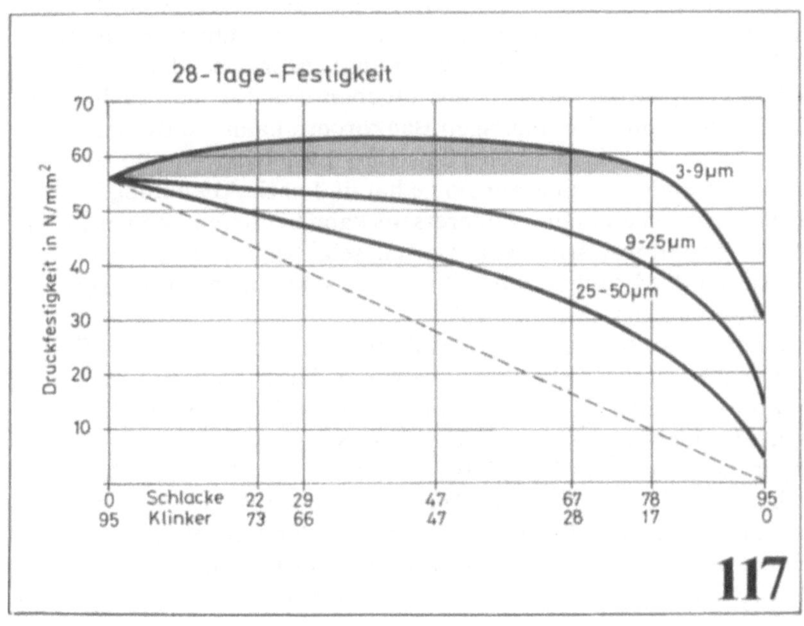

213

ca. 10% und Gemische aus 80 Teilen HOS (3 bis 9 μm) und 20%
PZ erreichen noch die Festigkeit des PZ. Die Nutzanwendung dieser Tatsachen ist der Eisenportlandzement (bis 35% HOS) der etwa
beim Festigkeitsoptimum liegt und der Hochofenzement (bis 85%
HOS) der immer noch gute Festigkeiten aufweist. Mehr als beim
Zement ist bei der HOS die Festigkeitsentwicklung von der Mahlfeinheit abhängig, worauf bei der Herstellung besonderer Wert gelegt wird.

5.2.5 Reaktionswärme (Hydratationstemperatur)

Die Hydratation, d.h. die Umwandlung der Klinkermineralien in
andere Verbindungen ist eine chemische Reaktion. Dabei finden
nicht nur stoffliche Umwandlungen, sondern auch Energieänderungen statt. Wenn Stoffe aus einem energiereicheren in einen energieärmeren Zustand übergehen, wird Energie, vorzugsweise in
Form von Wärme (Reaktionswärme) frei. Dies ist auch bei der Hydratation des Zements der Fall.

Die Hauptmineralien des Portlandzements, C_3S und C_2S sind
kalkübersättigte Verbindungen, die bei der Hydratation Kalk abspalten, der mit Wasser unter Bildung von Calciumhydroxid reagiert
(s. Bild 90). Dabei entsteht Wärme in gleicher Weise wie beim
Kalklöschen, jedoch nur in entsprechend geringerer Menge. Deshalb tritt die Hydratationswärme des Zements nur in Form einer
mehr oder weniger starken Erwärmung des erhärtenden Betons in
Erscheinung. Aber auch daraus ergeben sich für die Praxis mancherlei Probleme. Bei massigen Baukörpern kann die Betontemperatur bis auf 50°C und höher ansteigen, was eine Wärmedehnung
des erhärtenden Betons zur Folge hat und nach Abkühlung Rißbildung verursachen kann. Andererseits kann bei tiefen Temperaturen
die Hydratationswärme von Vorteil sein, weil dadurch u.U. das
Gefrieren des Frischbetons mit seinen nachteiligen Folgen vermieden werden kann.

Die Hydratationswärme eines Zements ergibt sich aus der Reaktionswärme der Klinkermineralien und deren Anteil im Zement.
Für die einzelnen Klinkermineralien gelten folgende Werte [179]:

Klinkermineral:	C_3S	C_2S	C_3A	C_4AF
Hydratationswärme: J/g	500	250	1340	420.

Diese vielfach gemessenen Werte stehen in relativ guter Übereinstimmung mit den Werten, die sich aus der freiwerdenden Kalkmenge und der Hydratationswärme des Kalks von 1150 J/g ergeben. Bei der Hydratation des C_3S entstehen 40% $Ca(OH)_2$, beim

C_2S 18% $Ca(OH)_2$ und bei C_4AF 30% $Ca(OH)_2$. Das ergäbe für C_3S eine Hydratationswärme von ca. 460 J/g, für C_2S von ca. 210 J/g und für C_4AF von ca. 360 J/g. Beim C_3A ist die Hydratationswärme jedoch viel größer, als dem Kalkgehalt entspricht (damit hängt die hohe Hydratationstemperatur des Tonerdezements zusammen, der überwiegend aus Calciumaluminaten besteht.

Bei der angegebenen Hydratationswärme handelt es sich um die Gesamtwärme, die innerhalb längerer Zeit abgegeben wird. Für die Praxis wichtiger ist die in den ersten Tagen freiwerdende Hauptmenge der Hydratationswärme, weil sie für die Temperaturerhöhung des jungen Betons und damit zusammenhängenden Folgen Ursache ist. Gesamtwärme und 7-Tage-Wärme sind aus **Bild 118** ersichtlich [180]. Man sieht, daß die 7-Tage-Hydratationswärme des C_3A weitaus am höchsten ist; ca. fünfmal die des C_4AF. Von den beiden Silikaten hat das C_3S etwa die fünffache Hydratationswärme (HW) im Vergleich zu dem minimalen Wert des C_2S. Der Mischungspartner Hochofenschlacke hat eine sehr niedrige HW, Traß entwickelt eine sehr geringe, über lange Zeit (Sekundärreaktion) verteilte HW, die deswegen vernachlässigt werden kann.

Damit zusammenhängend ist die HW der verschiedenen Zemente sehr unterschiedlich, je nach ihrer Zusammensetzung. Wenn man die HW verschiedener Zemente aus dem Anteil an den einzelnen Mineralien und deren HW errechnet (s. **Bild 119**), dann ergibt sich für den C_3S-reichen PZ 55 der höchste Wert von 369, für den C_2S-reichen PZ 35 von 314, für den C_3A-freien Niedrigwärmezement eine HW von 243 und für den schlackenreichen HOZ eine HW von 180 J/g. Diese errechneten Werte liegen im Rahmen der Streubereiche der im allgemeinen gemessenen Werte.

Die durch das Freiwerden der Hydratationswärme erfolgende Erwärmung der hydratisierenden Zemente (bei behindertem Wärmeabgang in Thermosgefäßen) zeigt **Bild 120**. Bei PZ 55 tritt eine rasche Erwärmung um ca. 50°C auf, beim PZ 35 um ca. 35°C und beim HOZ um ca. 15°C. Die Temperaturunterschiede im erhärtenden Zement sind also größer als die Unterschiede der Hydratationswärme. Bei letzterer verhalten sich der Höchstwert (PZ 55) zum Mindestwert (HOZ) wie 2:1 (369:180) die auftretenden Temperatursteigerungen wie 3:1 (50:15). Dies wird dadurch verursacht, daß beim PZ 55 die HW schnell frei wird und sich staut, während sie beim PZ 35 und insbesondere beim HOZ langsamer frei wird und dadurch vermehrt an die Umgebung abgegeben wird. (Bei der Prüfung in Thermosbehälter wird der Wärmeabfluß lediglich verzögert, wie es auch in der Praxis bei Massenbeton der Fall ist).

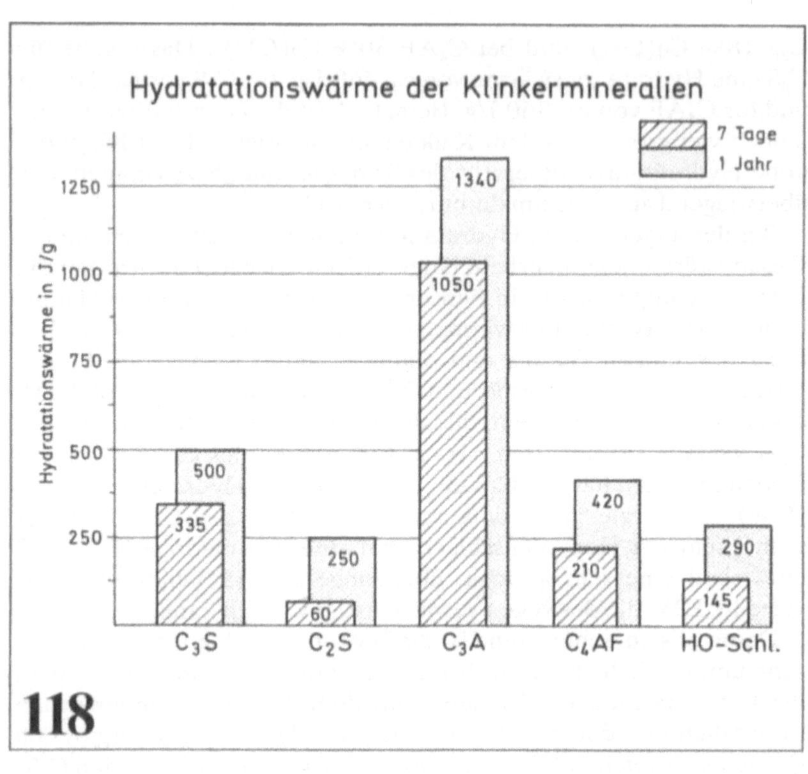

118

Hydratationswärme verschiedener Zemente

(berechnet)

Mineral	Faktor	PZ 55 %	PZ 55 J/g	PZ 35 %	PZ 35 J/g	PZ-NW %	PZ-NW J/g	HOZ %	HOZ J/g
C_3S	0,8	70	235	50	167	56	189	16	55
C_2S	0,15	4	4	24	17	21	12	2	4
C_3A	1,9	11	113	11	113	1	8	3	4
C_4AF	0,5	8	17	8	17	16	34	2	4
HOS	0,35	—	—	—	—	—	—	75	113
Hydr. W. J/g			369		314		243		180
Streubereich J/g		330–370		270–370		145–270			

119

216

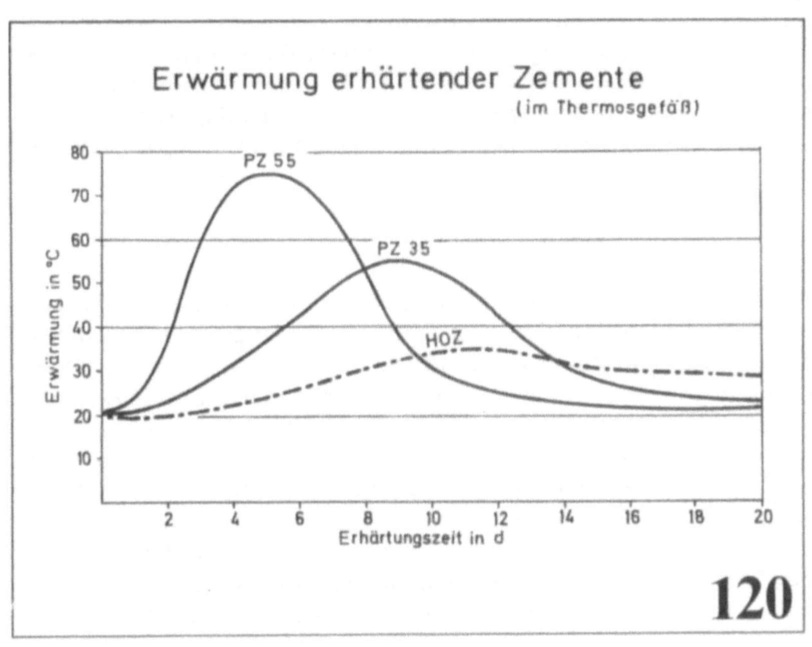

Erwärmung erhärtender Zemente
(im Thermosgefäß)
80
70
60
50
40
30
20
10
Erwärmung in °C
PZ 55
PZ 35
HOZ
2 4 6 8 10 12 14 16 18 20
Erhärtungszeit in d
120

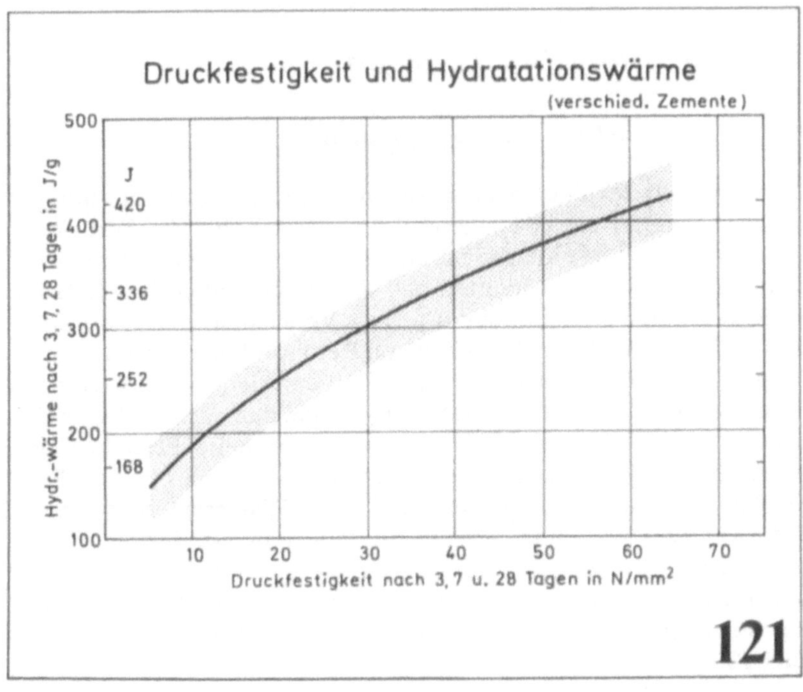

Druckfestigkeit und Hydratationswärme
(verschied. Zemente)
500
J
420
400
336
300
252
200
168
100
Hydr.-wärme nach 3, 7, 28 Tagen in J/g
10 20 30 40 50 60 70
Druckfestigkeit nach 3,7 u. 28 Tagen in N/mm²
121

Die HW ist eine Folge der Erhärtungsreaktion und ist dieser im wesentlichen proportional, wie **Bild 121** zeigt. Darin ist die HW nach 3, 7 und 28 Tagen von PZ und HOZ gegen die in der gleichen Zeit erreichte Druckfestigkeit aufgetragen [181]. Daraus geht hervor, daß zu einer bestimmten Festigkeit jeweils ein Bereich der HW gehört, z.B. für 400 kg eine HW von 294 bis 357 J/g. Es ist demnach unmöglich, einen Zement mit hoher Frühhochfestigkeit und niedriger HW herzustellen.

Dem Bedürfnis der Praxis nach Zementen mit niedriger HW wird dadurch entsprochen, daß man Zemente mit langsamer Festigkeitsentwicklung und damit auch langsamer Wärmeabgabe verwendet, wodurch der kurzzeitige Wärmestoß der frühhochfesten Zemente vermieden und durch eine über längere Zeit reichende geringe Erwärmung, die sich im allgemeinen günstig auswirkt, ersetzt wird. Deshalb wird nach DIN 1164 für Zement NW (Niedrigwärme) vorgeschrieben, daß er in den ersten 7 Tagen eine Wärmemenge von höchstens 273 J/g entwickelt. Dies kann erreicht werden durch einen Zement mit einem hohen Anteil von HOS und auch von Grund auf, indem man den C_3A-Anteil stark reduziert und den C_2S-Gehalt unter Verminderung des C_3S-Anteils erhöht (s. Bild 119 u. 79).

5.3 Erhärtungsbedingungen

5.3.1 Feucht- bzw. Trockenlagerung

Die Festigkeit des Zementsteins ist eine Funktion des Hydratationsgrades; je weiter dieser fortgeschritten, desto höher die Festigkeit. Die Hydratation ist eine chemische Umsetzung der Zementmineralien mit Wasser. Das bedeutet, daß sie bei fehlendem Wasser zum Stillstand kommt. Dies geht u.a. aus Versuchen von Graf [126] hervor. Er hat die Druckfestigkeit von Betonproben ohne und mit 5, 12 und 26-Tage-Wasserlagerung nach verschiedener Erhärtungsdauer geprüft (s. **Bild 122**). Dabei ergab sich, daß nach 26 Tagen die dauernd wassergelagerte Probe etwa die doppelte Festigkeit der luftgelagerten Probe erreicht. Ähnlich ist das Ergebnis bei der Prüfung nach 5 und 12 Tagen mit und ohne Wasserlagerung. Diese Tatsache ist der Grund, warum es notwendig ist, jungen Beton feucht zu halten. Bei weiterer Wasserlagerung steigt die Festigkeit nur noch wenig an; bei Wasserlagerung während 11 Jahren immerhin noch um 20% im Vergleich zum trockengelagerten Beton (s. **Bild 123**).

218

Festigkeit bei Luft- bzw. Wasserlagerung
(n.Graf)
Wasserlagerung
26 d
12 d
5 d
0 d
Druckfestigkeit in N/mm²
60
50
40
30
20
10
5
12
26
60
90
Erhärtungszeit in d

122

Langzeitfeucht- bzw. Trockenlagerung
(n.Graf)
11 Jahre feucht gelagert
trocken gelagert
Druckfestigkeit in N/mm²
80
60
40
20
5
10
15
20
25
Alter des Betons in Jahren

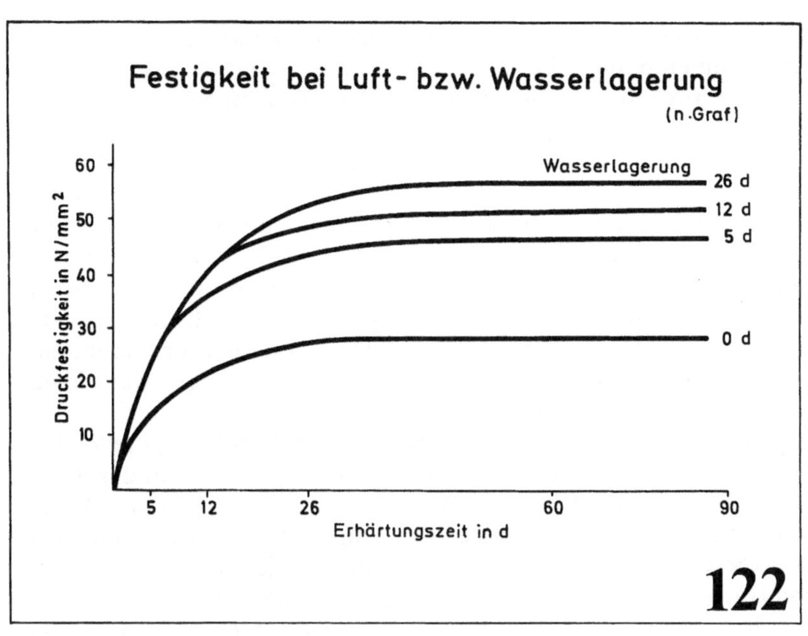

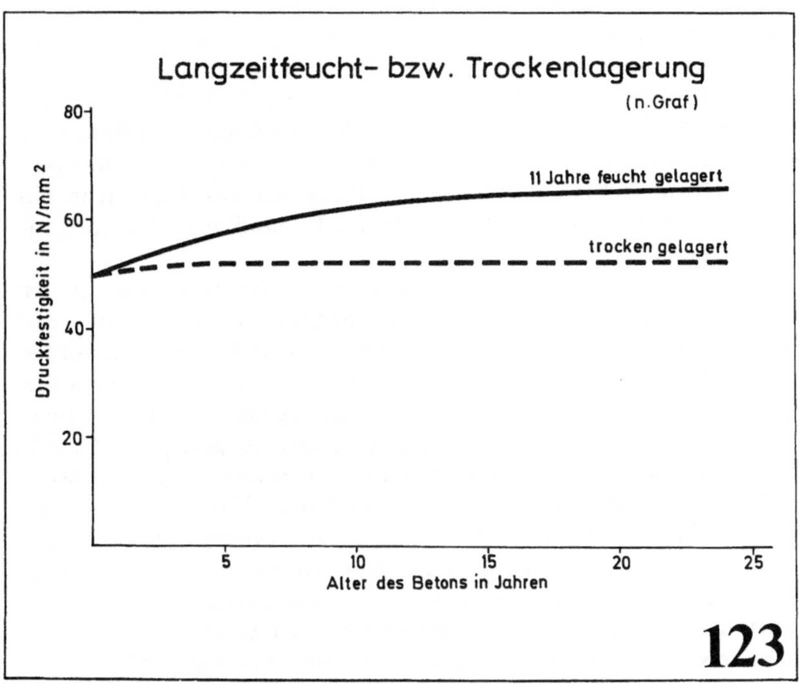

123

Die Ursache dafür ist, daß aus trockengelagertem Beton die in den Poren enthaltene Feuchtigkeit verdunstet und dadurch der Hydratationsprozeß unterbrochen wird. Der Feuchtegehalt von trockengelagertem Beton ist, da die Verdunstung an der Oberfläche erfolgt, in der Außenschicht am geringsten, im Kern am größten (s. **Bild 124**) [127]. Dies hat zur Folge, daß die Hydratation im Kern weitergeht, während sie in der Außenschicht zum Stillstand kommt. Da Hydratation gleichbedeutend mit Festigkeit ist, wirkt sich dies dahin aus, daß die Festigkeit frühzeitig luftgelagerter Betonteile in der äußeren Schicht z.B. nur halb so groß ist wie im Kernbereich (s. Bild 124 l.u.). Durch Sandstrahlversuche wurde nachgewiesen, daß der Abrieb bei trockengelagertem Beton 13mal größer war als bei feuchtgelagertem Beton.

Es ist also von größter Bedeutung, neuen Beton längere Zeit in wassergesättigtem Zustand zu erhalten. Dies geschieht in der Regel durch Besprühen mit Wasser, zum Teil durch Abdecken mit Matten und Folien und durch wasserzurückhaltende Anstriche mit sog. „Curing compounds". Über die Wirkung der letzteren wurden u. a. von Burnett und Spindler Versuche durchgeführt [128] (s. **Bild 125**) mit dem Ergebnis: 1. Die Verdunstung ist anfangs sehr groß; die Steigerungsrate nimmt mit der Länge der Zeit ab. Grund: Anfangs verdunstet das Wasser schnell an der Oberfläche; weiteres Wasser langsamer aus den Poren. 2. Der Einfluß auf die Druckfestigkeit ist groß; frühzeitig behandelter Beton erreicht bei dieser Versuchsreihe mehr als die doppelte Druckfestigkeit des unbehandelten Betons. 3. Besonders groß ist der Einfluß auf die Oberflächenhärte; der Abrieb ist beim unbehandelten Beton mehr als das Zehnfache des behandelten Betons. Der Zeitpunkt der Behandlung ist wichtig; je früher, desto besser die Wirkung.

Aus all dem geht die große Bedeutung der Anwesenheit von freiem Wasser in den Poren des Zementsteins hervor, denn sie ist gleichbedeutend mit Hydratationsfortschritt und damit zunehmender Festigkeit. Wider Erwarten ist aber die Druckfestigkeit eines Prüfkörpers, der nach Luftlagerung wassergelagert wird, geringer als die eines gleichen dauernd luftgelagerten Körpers [129] (s. **Bild 126**) oder umgekehrt, ein wassergelagerter Beton erreicht die höchste Festigkeit, die aber höher ist, wenn der Körper vor der Prüfung durchtrocknen kann, als wenn er in wassergesättigtem Zustand geprüft wird. Der Druckfestigkeitsunterschied liegt zwischen 10 und 20%. Bei der Biegezugfestigkeit ist es erstaunlicherweise umgekehrt; sie ist beim wassergesättigten Körper um 20 bis 50% größer als beim vorher durchgetrockneten Prüfkörper (s. **Bild 127**).

Wirkung von Feucht- u. Trockenlagerung

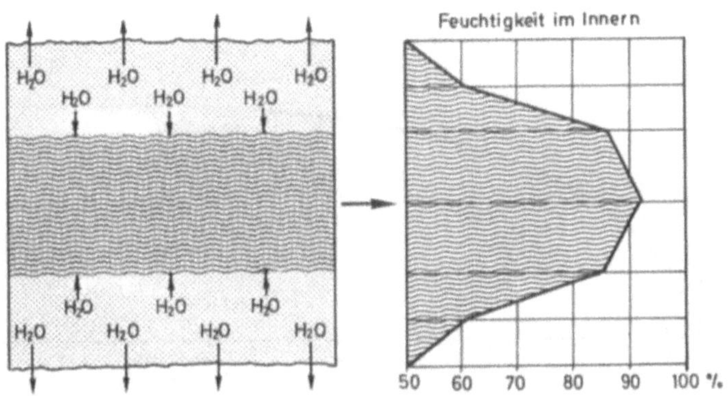

Druckfestigkeit
nach Trockenlagerung

1) Gesamtquerschnitt

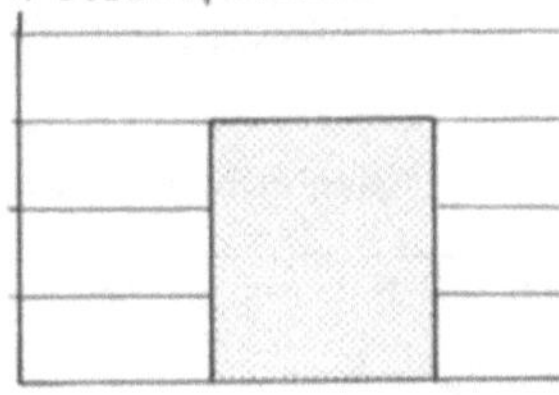

2) Oberschicht   3) im Kern

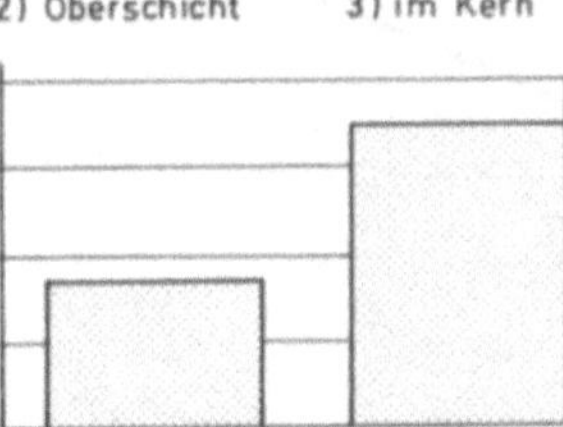

Oberflächenhärte
(n. Burnett/Spindler)

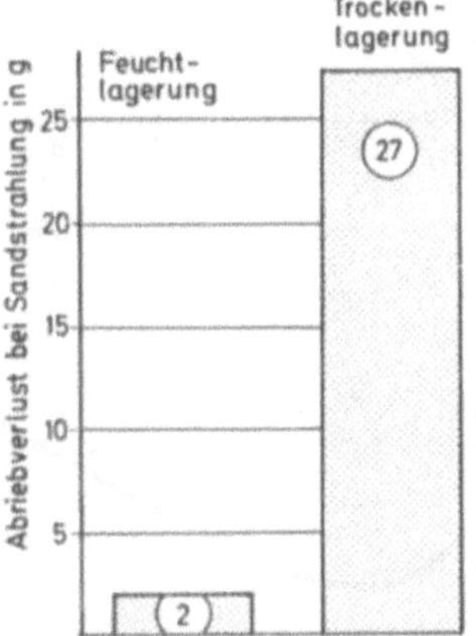

124

Junger Beton
Wirkung wasserzurück-
haltender Überzüge
1 auf Wasserverdunstung
W.-Verdunstung in g/m²
300
200
100
1 2 3 4 6 8 10 12 14 16 18
28 Tage
2 auf Druckfestigkeit
28 Tage Druckfestigkeit in N/mm²
63
49
35
21
2 4 6 8 10 12 14 16 18
Keine Nachbehandlung
3 auf Oberflächenhärte
Abrieb in g
20
15
10
5
2 4 6 8 10 12 14 16 18
Zeit zwischen Betonieren und Aufbringung des Überzugs in h

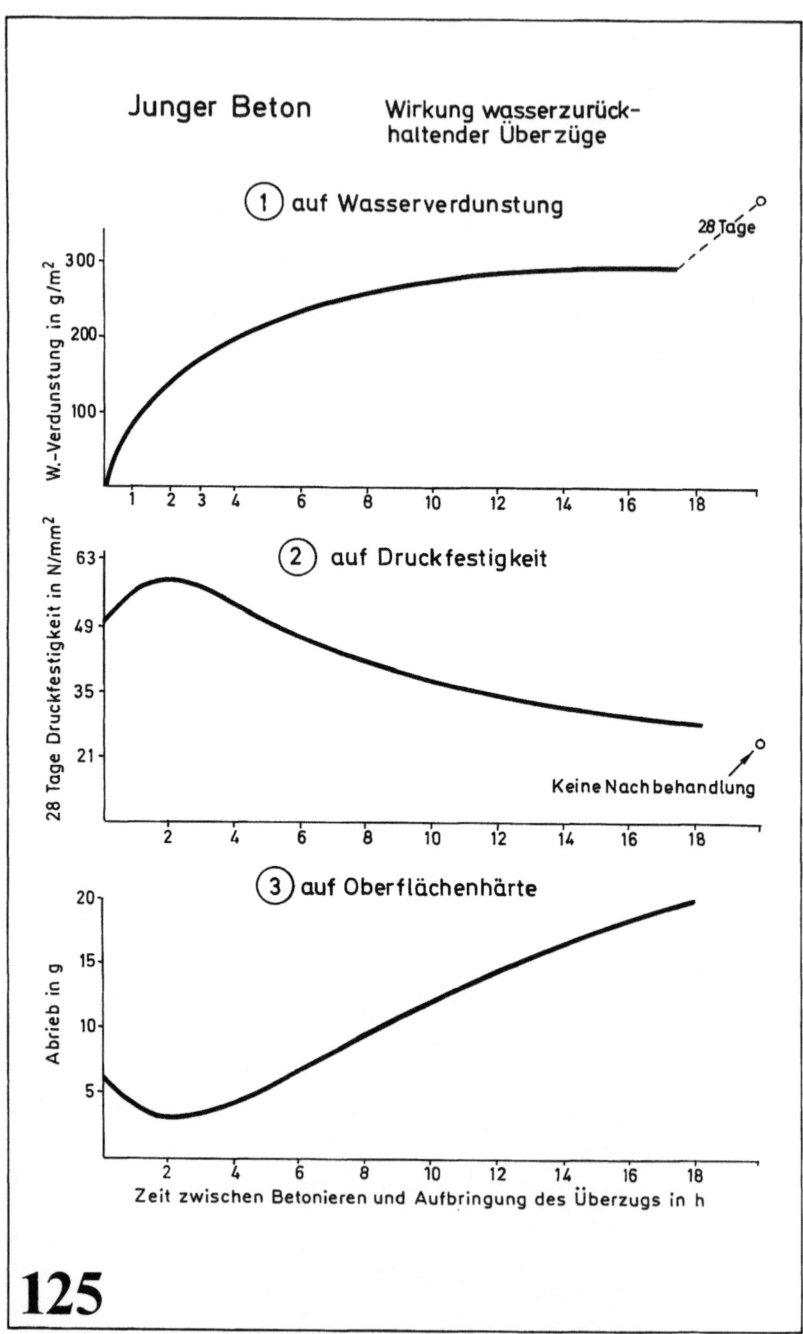

125

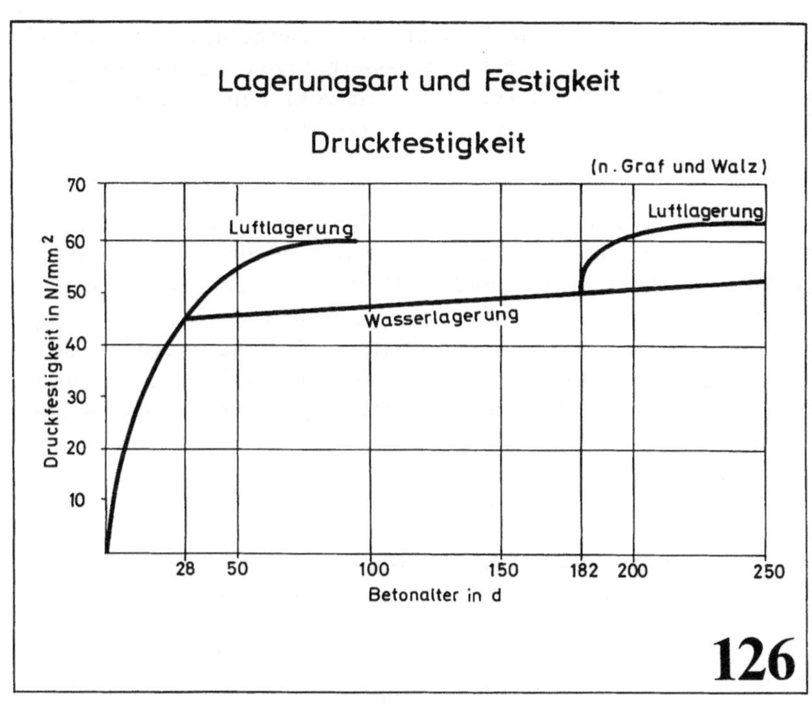

Lagerungsart und Festigkeit
Druckfestigkeit
(n. Graf und Walz)
Luftlagerung
Luftlagerung
Wasserlagerung
Druckfestigkeit in N/mm²
70
60
50
40
30
20
10
28
50
100
150
182
200
250
Betonalter in d
126

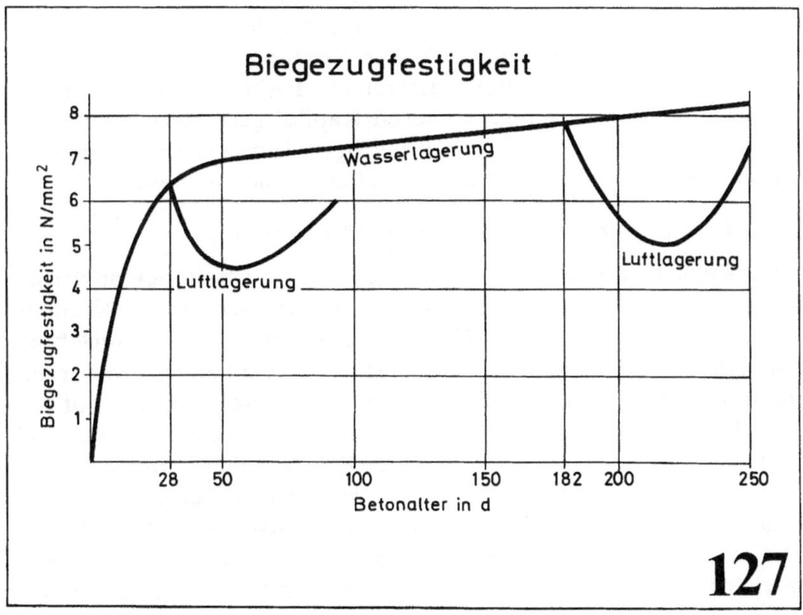

Biegezugfestigkeit
Wasserlagerung
Luftlagerung
Luftlagerung
Biegezugfestigkeit in N/mm²
8
7
6
5
4
3
2
1
28
50
100
150
182
200
250
Betonalter in d
127

Die Abnahme der Druckfestigkeit in wassergesättigtem Zustand
dürfte damit zu erklären sein, daß wasserhaltige Gele eine geringere
Festigkeit haben als trockene. Dies ist vom Ton bekannt, der in
trockenem Zustand eine höhere Festigkeit hat als in nassem Zustand. Vereinfacht kann man sagen, daß das Wasser – in geringem
Umfang – als Schmiermittel zwischen den festen Teilchen wirkt, die
in trockenem Zustand fester ineinander verhakt sind. Was die in
nassem Zustand höhere Biegezugfestigkeit anbetrifft, so wird diese
Erscheinung damit erklärt, daß der Beton in seinen äußeren Schichten Schwindspannungen [129] aufweist, welche die Biegezugfestigkeit verringern. In wassergesättigtem Zustand werden diese
Schwindspannungen durch Quellung (s. Bild 148) verringert, weshalb der Bruch erst bei höherer Belastung erfolgt. (Näheres s.u.
Schwinden des Betons).

5.3.2 Erhärtungstemperatur

Die Hydratation und damit die Festigkeitsentwicklung des Zements
ist wie die meisten chemischen Reaktionen, temperaturabhängig; in
der Kälte verläuft sie langsam, in der Wärme schnell. Man kann die
Temperaturbereiche in vier Gruppen einteilen: 1. Normaltemperatur (15 bis 20°C). 2. Erhöhte Temperatur (>25°C). 3. Niedrige
Temperatur (<10°C) und 4. Frosttemperatur (<0°C). Die bei Normaltemperatur stattfindenden Vorgänge wurden in den vorausgegangenen Abschnitten behandelt. Die Vorgänge bei Frosttemperaturen sind wegen der dabei auftretenden Eisbildung sehr kompliziert und werden in einem späteren Kapitel gesondert behandelt.
Übrig bleiben die Vorgänge bei niedriger Temperatur und bei erhöhter Temperatur, die im Folgenden besprochen werden.

5.3.2.1 Niedrigtemperaturhärtung (1 bis 10°C)

Grundsätzlich gilt, daß bei gleicher Erhärtungszeit bei niedriger
Temperatur geringere Festigkeiten erzielt werden als bei Normaltemperatur. Wie aus **Bild 128** hervorgeht, ist der Festigkeitsabfall
neben der Temperatur von der Erhärtungszeit abhängig. Die für die
Praxis wichtige 7-Tage-Festigkeit des PZ beträgt, bezogen auf die
Festigkeit bei 17°C, wenn bei 2°C gelagert wird, ca. 50%, bei 4°C
ca. 60%, bei 6°C ca. 70% und bei 8°C ca. 80%. Bei 3 Tagen
Erhärtungszeit sind die Unterschiede viel größer; bei 28 Tagen geringer. Bei 8°C sind unabhängig von der Erhärtungszeit ca. 80% der
17°C-Festigkeit erreicht. Der kritische Temperaturbereich liegt also
unter 8°C. Darunter gehen die Festigkeiten mit sinkender Tempera-

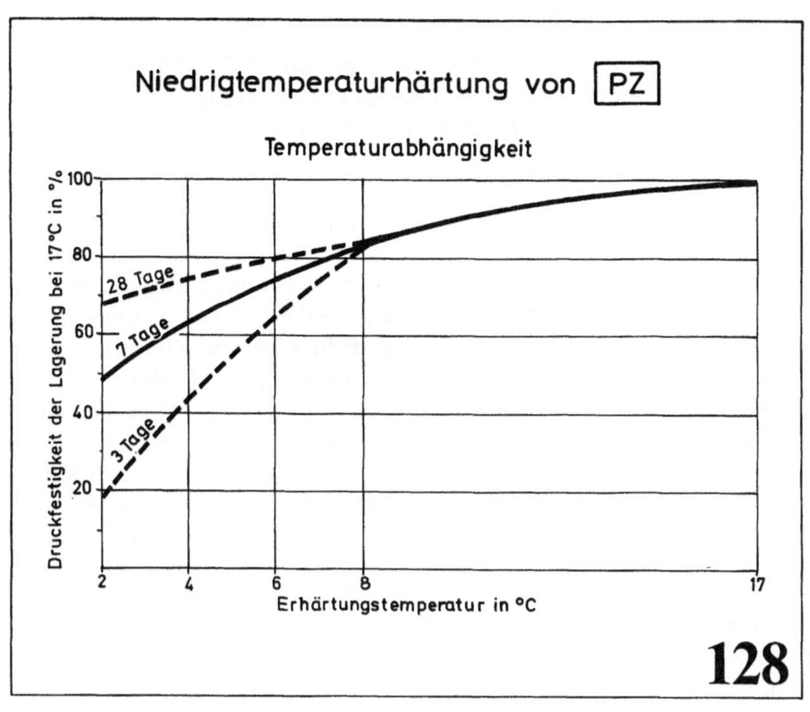

Niedrigtemperaturhärtung von PZ
Temperaturabhängigkeit
Druckfestigkeit der Lagerung bei 17°C in %
100
80
60
40
20
28 Tage
7 Tage
3 Tage
2
4
6
8
17
Erhärtungstemperatur in °C
128

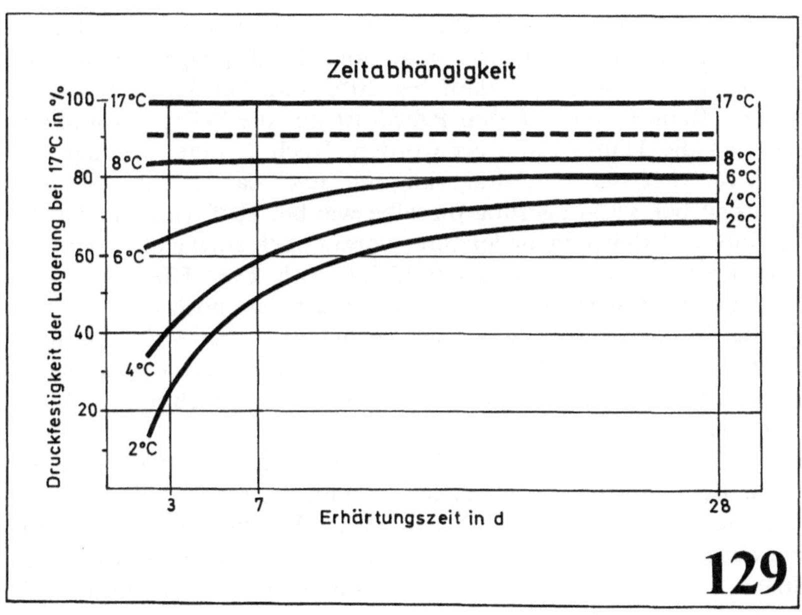

Zeitabhängigkeit
Druckfestigkeit der Lagerung bei 17°C in %
100
17°C
17°C
8°C
8°C
6°C
80
6°C
4°C
60
2°C
6°C
40
4°C
20
2°C
3
7
28
Erhärtungszeit in d
129

tur sehr stark zurück, insbesondere bei kurzer Erhärtungszeit [130]. Der große Unterschied zwischen 28-Tage- und 3-Tage-Erhärtungszeit zeigt, daß bei niedriger Temperatur vor allem die Frühfestigkeit verlorengeht. Dies wird durch **Bild 129** deutlich, welches den Zusammenhang zwischen Erhärtungstemperatur und Erhärtungszeit zeigt. Ausgangsbasis ist die 17°C (Normaltemperatur)-Lagerung, mit jeweils 100% gesetzt. Bei 8°C ist der Festigkeitsrückgang proportional gleich und ziemlich gering. Bei tieferen Temperaturen fällt die Frühfestigkeit stark ab, um so mehr, je tiefer die Temperatur.

Die in den Bildern 128 und 129 dargestellten Versuchsergebnisse gelten für Portlandzement (PZ). Aus **Bild 130** sind die unter den gleichen Bedingungen durchgeführten Prüfungen mit Beton unter Verwendung von Hochofenzement ersichtlich [130]. Hier sind die Ergebnisse wesentlich anders. Die Unterschiede zwischen 2°C- und 17°C-Festigkeit sind viel größer, d.h. der HOZ ist wesentlich temperaturempfindlicher als der PZ. Während beim PZ bei 8°C durchweg 80% der 17°C-Festigkeit erreicht ist, sind dies beim HOZ nur ca. 35% (3 Tage), 55% (7 Tage) und ca. 65% (28 Tage). Der Unterschied wird durch Vergleich von Bild 129 und **Bild 131** deutlich dahingehend, daß beim HOZ die 28-Tage-Festigkeit im Vergleich zur 17°C-Lagerung mit 55 bis 65% wesentlich geringer ist als beim PZ (70 bis 85%) und daß die Frühfestigkeiten besonders stark abfallen.

Daß es sich hier nicht um Zufälligkeiten handelt, ergibt sich aus **Bild 132** welchem Versuche von J. Bonzel [131] zugrunde liegen. Hier ist der Erhärtungsverlauf bei 20°C und bei 3°C untersucht worden. Beim frühhochfesten PZ 55 ist nur die 3-Tage-Festigkeit auf etwa die Hälfte reduziert worden. Nach 7 Tagen beträgt sie schon ca. 90% der 20°C-Lagerung und nach ca. 10 Tagen ist die Festigkeit bei 3°C-Lagerung dieselbe wie bei 20°C (und übertrifft bei weiterer Erhärtung die letztere, worauf noch eingegangen wird).

Anders beim Hochofenzement 35 L (s. **Bild 133**). Hier ist der für L-Zemente typische langsame Festigkeitsanstieg noch ganz außerordentlich verringert. Die 3-Tage-Festigkeit ist bei 3°C-Lagerung auf etwa 30% reduziert, die 7-Tage-Festigkeit auf etwa 40%. Auch bei der 28-Tage-Lagerung ist die 3°C-Festigkeit noch um ca. 25% geringer.

Die „Temperaturempfindlichkeit" dieser Zemente kann man der Breite des schraffierten Bereichs entnehmen; sie ist beim PZ 55 gering und nur in den ersten Tagen vorhanden, beim HOZ dagegen sehr ausgeprägt und erstreckt sich weit über die 28-Tage-Erhärtung hinaus. Den Unterschied zwischen PZ und HOZ kann man Bild 132

226

Niedrigtemperaturhärtung von $\boxed{\text{HOZ}}$

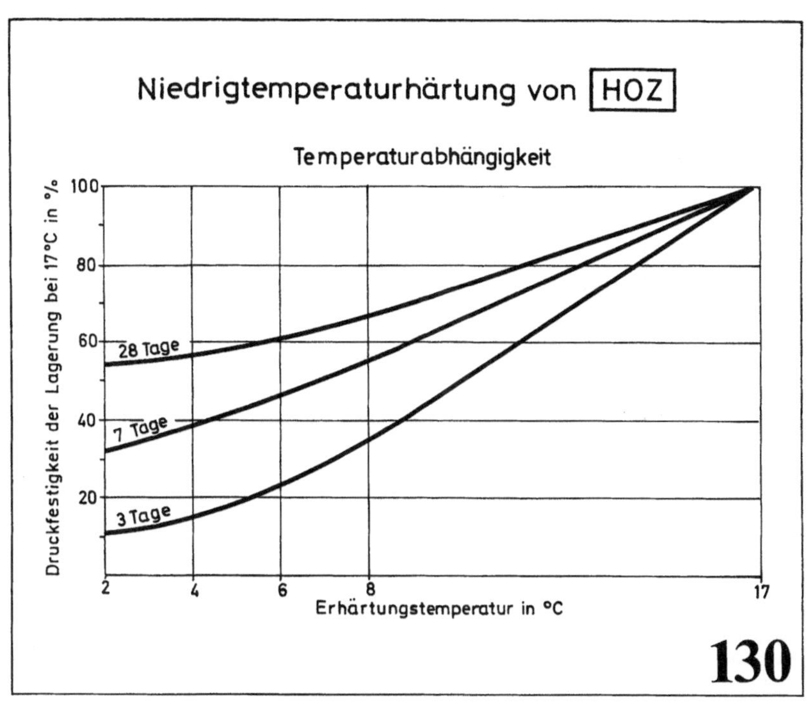

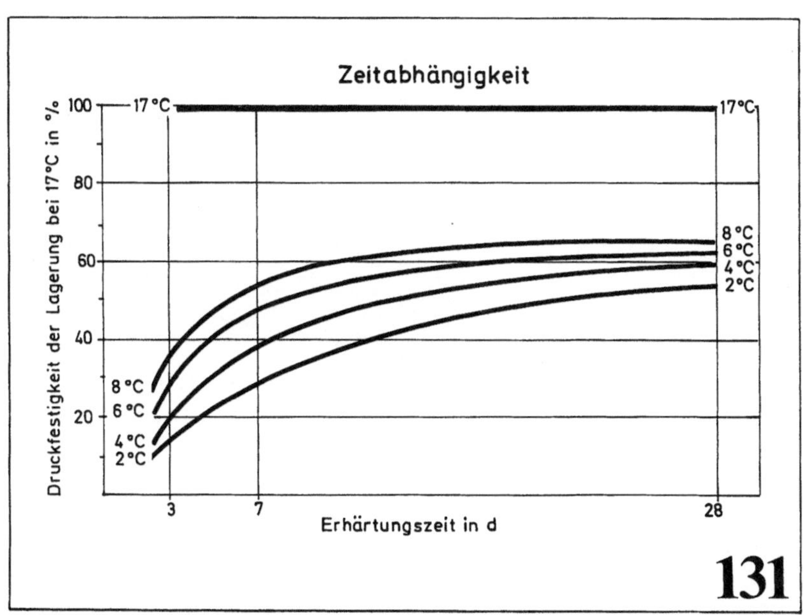

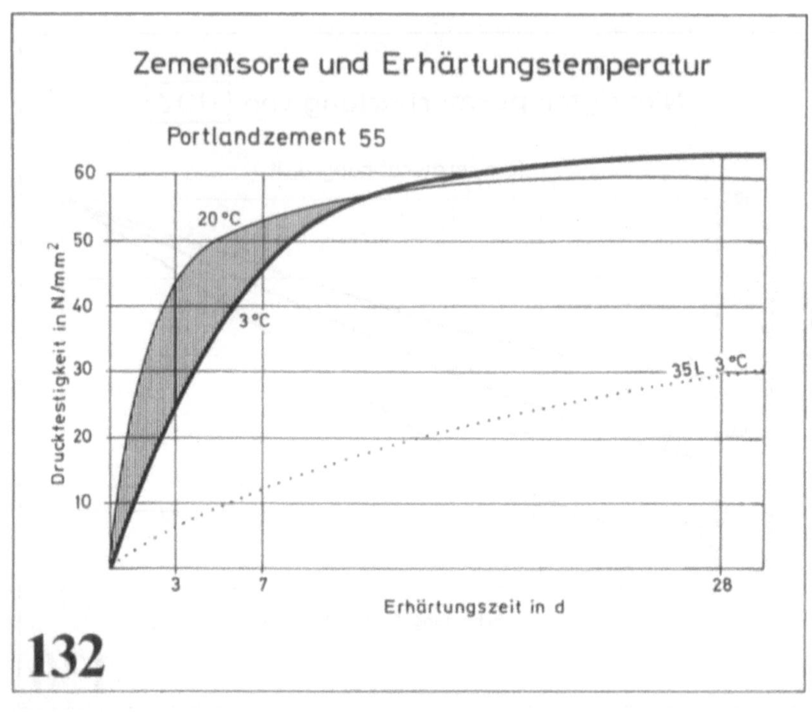

Zementsorte und Erhärtungstemperatur
Portlandzement 55
Druckfestigkeit in N/mm²
60
50
40
30
20
10
20 °C
3 °C
35 L 3 °C
3
7
28
Erhärtungszeit in d
132

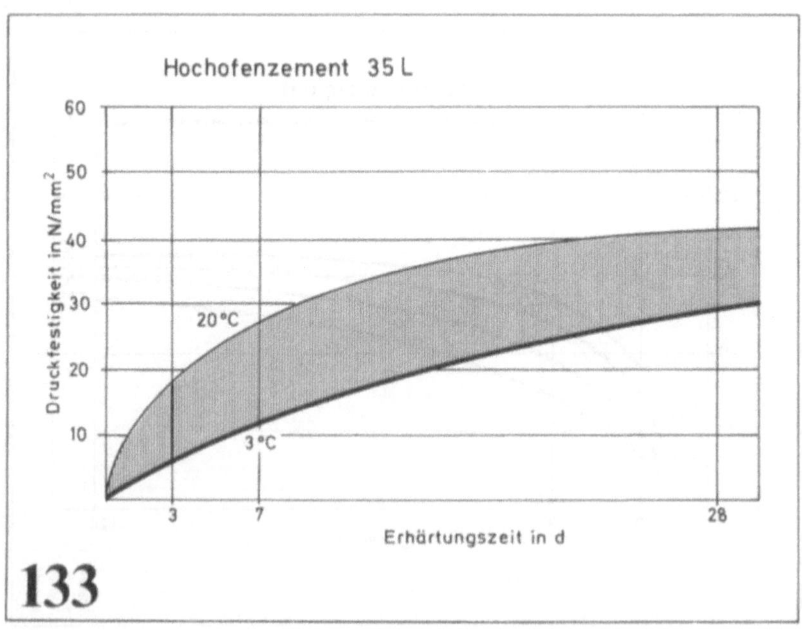

Hochofenzement 35 L
Druckfestigkeit in N/mm²
60
50
40
30
20
10
20 °C
3 °C
3
7
28
Erhärtungszeit in d
133

entnehmen, wo die 3 °C-Linie für 35 L mit eingezeichnet ist. Man sieht den großen Unterschied darin, daß die Frühfestigkeit (3 und 7 Tage) nur etwa $^1/_3$ der des PZ 55 ist. Mit wenigen Worten kann man also sagen, daß die L = langsam härtenden Zemente bei Niedrigtemperatur besonders langsam härten und bei z. B. 3 °C erst nach 28 Tagen die Festigkeit erreichen, die der PZ 55 schon nach ca. 4 Tagen hat.

Die Ursache dieses Unterschieds ist chemischer Natur. Der HOZ härtet, wie bereits behandelt, in zwei Stufen, nämlich 1. Primärhärtung des Klinkeranteils, 2. Sekundärhärtung des freigewordenen $Ca(OH)_2$ mit der HO-Schlacke. Beide Stufen werden bei Niedrigtemperatur verzögert, die Erhärtung insgesamt also gewissermaßen mehrfach verzögert.

5.3.2.2 Ansteigende Erhärtungstemperatur

Von praktischer Bedeutung ist die Frage, wie ein Beton nach anfänglicher Niedrigtemperatur bei Normaltemperatur weiter erhärtet. Dies zeigt **Bild 134**. Hier wurde der Beton nach 28 Tagen 3 °C-Härtung 8 Monate bei 20 °C gelagert. Bei dem PZ 55 ändert sich an der Festigkeit praktisch nichts mehr; er hat seine volle Erhärtung schon in der Niedrigtemperaturphase erreicht. Beim HOZ 35 L dagegen steigt die Festigkeit noch um das Doppelte an und erreicht nach 9 Monaten praktisch dieselbe Festigkeit, wie der frühhochfeste PZ 55.

In **Bild 135** sind die Druckfestigkeiten 1. der nach 270 Tagen Normaltemperatur (20 °C) und 2. der nach 28 Tagen bei 3 °C dann 242 Tagen bei 20 °C gelagerten Prüfkörper einander gegenübergestellt. Man erkennt daraus, daß die Vorlagerung bei 3 °C beim normalen PZ (A) und bei Hochofenzement (F + G) 5 bis 10 % höhere Festigkeiten ergibt als die nur 20 °C-Lagerung. Nur beim frühhochfesten PZ 55 (D) ist die Endfestigkeit bei 3 °C Vorerhärtung geringfügig geringer.

Man hat diese festigkeitsbegünstigende Wirkung der Niedrigtemperaturerhärtung damit erklärt, daß sich bei niedriger Temperatur längere Calciumsilikathydratkristalle bilden als bei höherer Temperatur [132]. Die Wirkung längerer Kristalle müßte sich jedoch vor allem auf die Biegezugfestigkeit auswirken (Faserbewehrung) was aber nicht der Fall ist, denn die Biegezugfestigkeit ist – im Unterschied zur Druckfestigkeit – mit und ohne Niedrigtemperaturlagerung praktisch dieselbe.

Druckfestigkeit nach 3°C u. 20°C-Lagerung
(n. Bonzel)
Druckfestigkeit in N/mm²
70
60
50
40
30
20
10
PZ 55
HOZ 35 L
28
56
84
270
3°C
20°C
Erhärtungszeit in d

134

Druckfestigkeit ohne und mit 3°C-Lagerung
Druckfestigkeit in N/mm²
70
60
50
40
30
20
10
A
D
G
F
A
G
F
D
270 Tage
bei 20°C
28 Tage 3°C
242 " 20°C

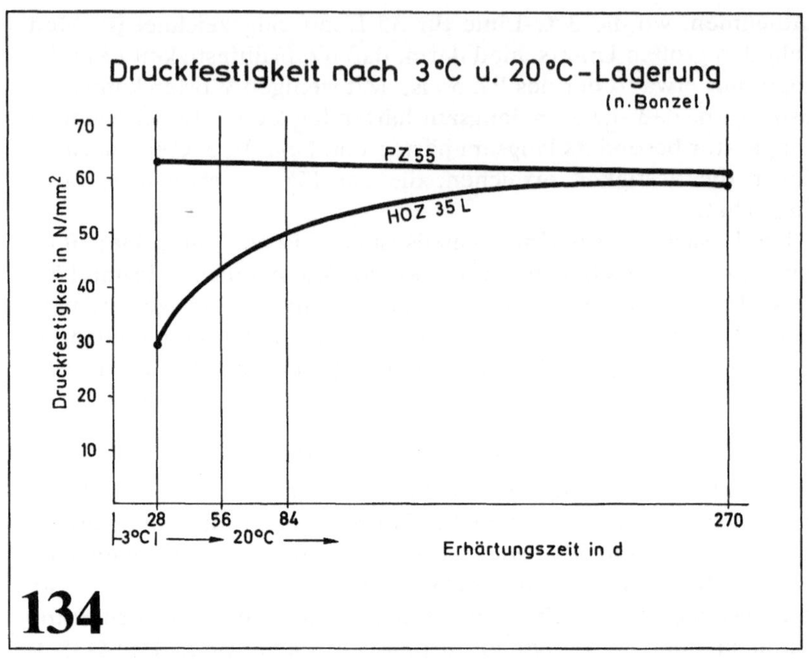

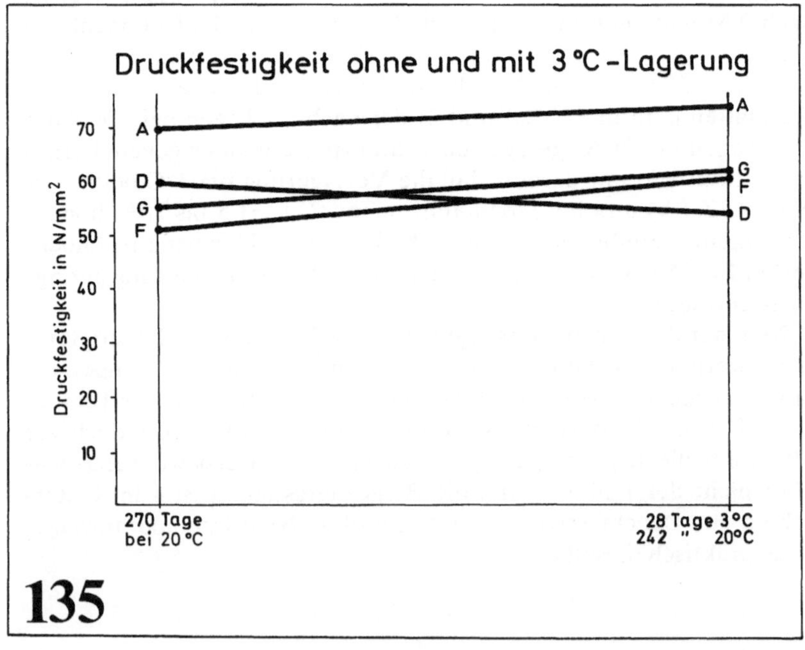

135

5.3.2.3 *Erhärtung bei erhöhter Temperatur (>25°C)*

Unter erhöhter Temperatur werden hier Sommertemperaturen verstanden. Aus **Bild 136** ergibt sich, daß bei normalem PZ durch Temperaturerhöhung von 17 auf 35°C die Frühfestigkeit (1, 3 und 7 Tage) um ca. 50% erhöht wird; die 28-Tage-Festigkeit nur noch um 15%. Bei frühhochfestem Zement (s. **Bild 137**) wird die 1-Tag-Festigkeit auf das Dreifache erhöht; die 28-Tage-Festigkeit ist bei 17 und 35°C dieselbe [133]. Der Grund für letzteres liegt darin, daß der frühhochfeste Zement bei 17°C nach 28 Tagen bereits seine Endfestigkeit erreicht hat, so daß die Temperaturerhöhung keine Steigerung mehr bringt.

Auf die Praxis bezogen zeigen diese Versuche, daß durch erhöhte Temperatur die Frühfestigkeit des PZ F ganz außerordentlich erhöht wird und bei 35°C schon nach 1 Tag denselben Wert erreicht, wie der normale PZ nach 7 Tagen. Insgesamt bringen Sommertemperaturen nur eine beschleunigte Erhärtung, jedoch keine Erhöhung der Endfestigkeit. Wie aus **Bild 138** ersichtlich, geht bei höherer Lagerungstemperatur (40 und 49°C) [134] die 28-Tage-Festigkeit bis um 20% zurück. Diese Versuchsreihen bestätigen auch, daß Betone, die in der Anfangszeit bei niedriger Temperatur gelagert wurden, später die höchste Endfestigkeit erreichen. Die Ursache dafür dürfte darin zu suchen sein, daß [135] bei niedriger Temperatur langfasrige CSH-Kristalle entstehen. Bei Normaltemperatur (ca. 20°C) ist dieser Effekt verringert und bei erhöhter Temperatur (ca. 40°C) die Bildung kürzerer Kristalle begünstigt, was sich in mit steigender Anfangstemperatur abnehmender Endfestigkeit auswirkt. Für die Praxis ergibt sich daraus, daß eine längere Anfangslagerung bei niedriger Temperatur (nicht Frostlagerung) dem Beton nicht schadet, sondern nützt, eine Anfangslagerung bei erhöhter Temperatur (>30°C) sich geringfügig negativ auswirkt. (Erläuterungen zu **Bild 139** s. S. 244.)

5.3.2.4 *Temperatureinfluß auf erhärteten Beton*

Bei erhärtetem trockenem Beton sind sowohl Druckfestigkeit als auch Biegezugfestigkeit im Bereich zwischen 0 und 50°C kaum temperaturabhängig. Anders bei wassergesättigtem Beton. Wie aus Versuchen von Wischers [136] hervorgeht, nehmen bei erhärtetem Zementstein sowohl die Druckfestigkeit als auch die Biegezugfestigkeit bei Abkühlung zu, bei Erwärmung ab (s. **Bild 140**). Die Druckfestigkeit von Zementstein beträgt bei 40°C nur ca. $^{3}/_{4}$ der bei 5°C. Daselbe noch verstärkt gilt für die Biegezugfestigkeit; hier beträgt der 40°C-Wert nur ca. $^{2}/_{3}$ des 5°C-Wertes.

Druckfestigkeit bei höherer Temperatur
(n. Lea)
Normaler Portlandzement
30
24
18
12
6
Druckfestigkeit in N/mm²
35 °C
17 °C
1
3
7
28
Erhärtungszeit in d

136

Frühhochfester PZ
30
24
18
12
6
Druckfestigkeit in N/mm²
35 °C
17 °C
normaler PZ
35 °C
1
3
7
28
Erhärtungszeit in d

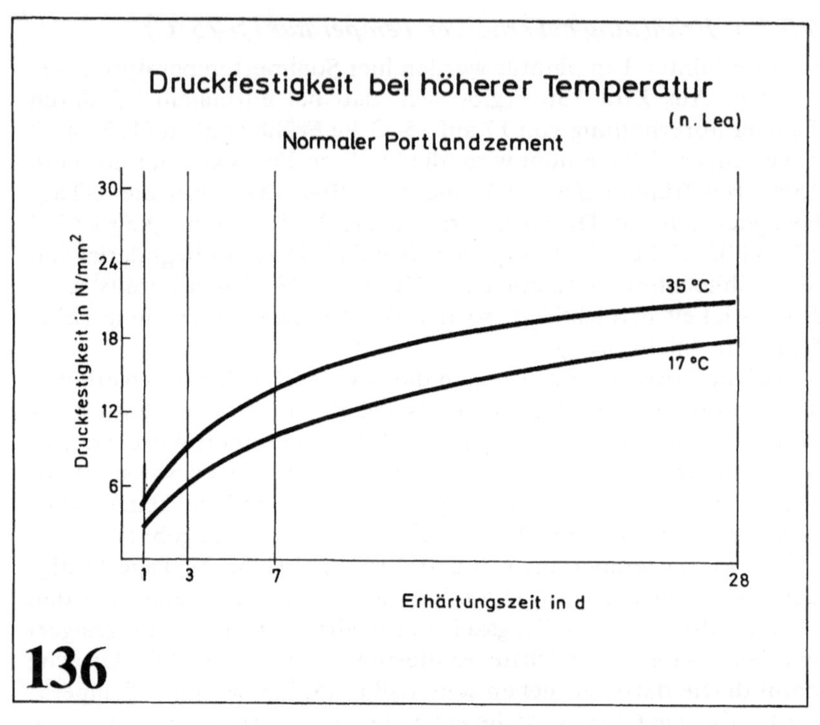

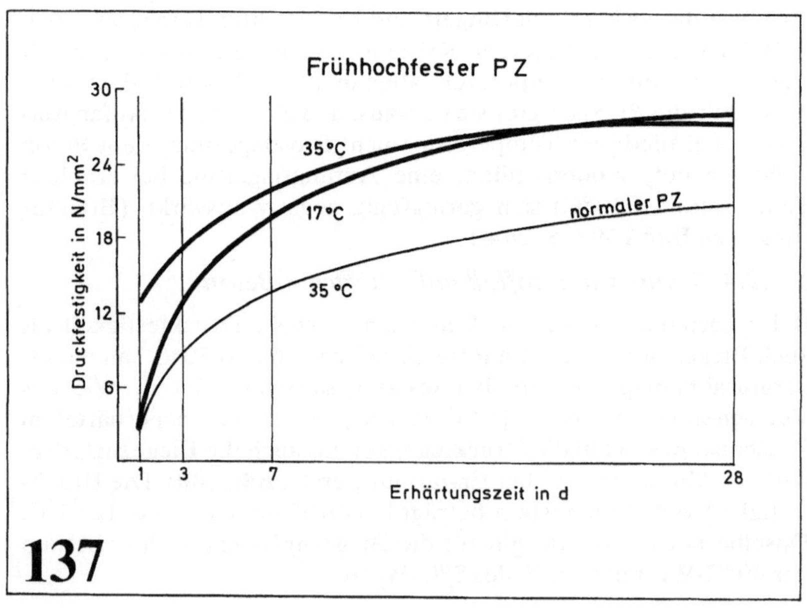

137

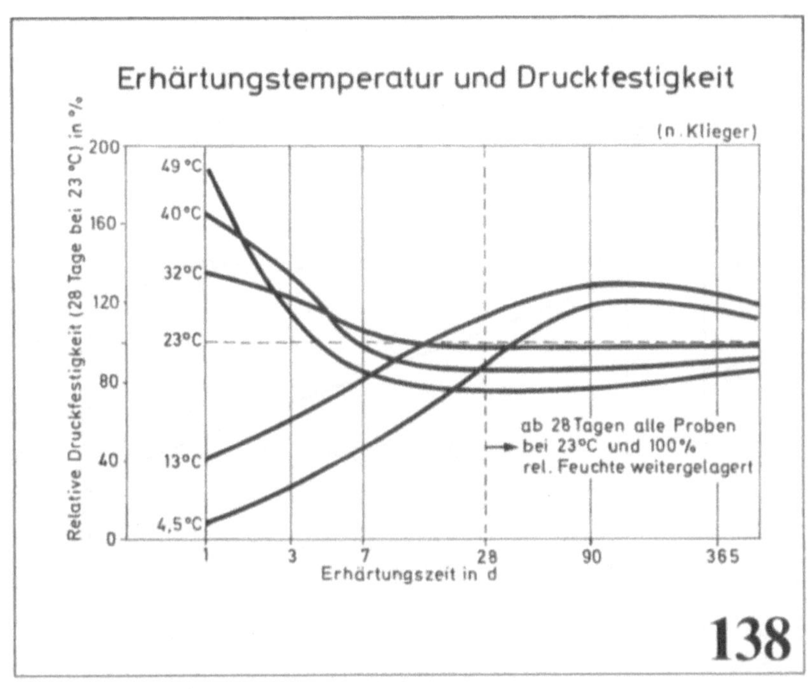

Erhärtungstemperatur und Druckfestigkeit

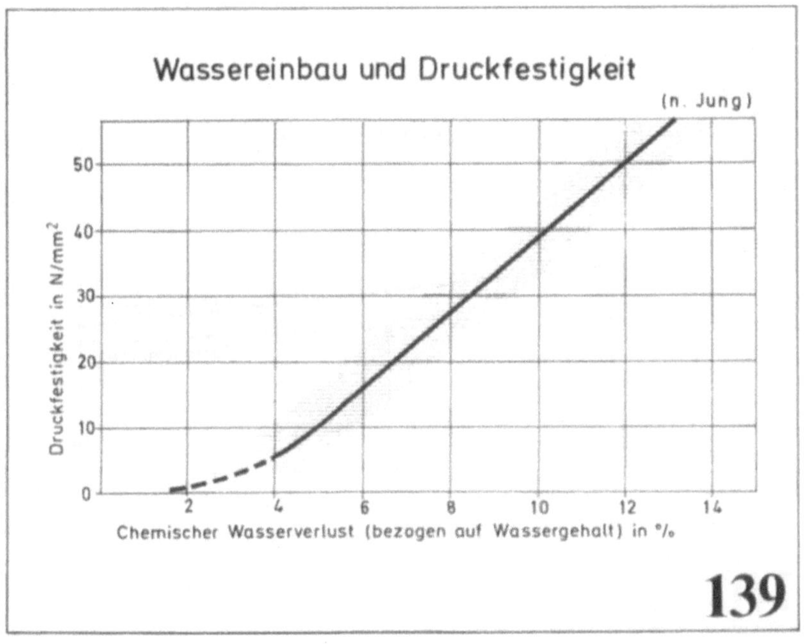

Wassereinbau und Druckfestigkeit

Temperatureinfluß auf die Festigkeit
bei wassersattem Zementstein u. Mörtel
(n.Wischers)
Zementmörtel
Druckfestigkeit
Zementstein
Biegezugfestigkeit
Zementstein
Zementmörtel
Biegezug- und -Druckfestigkeit in N/mm²
80
70
60
50
40
30
20
10
5
20
40
Temperatur in °C

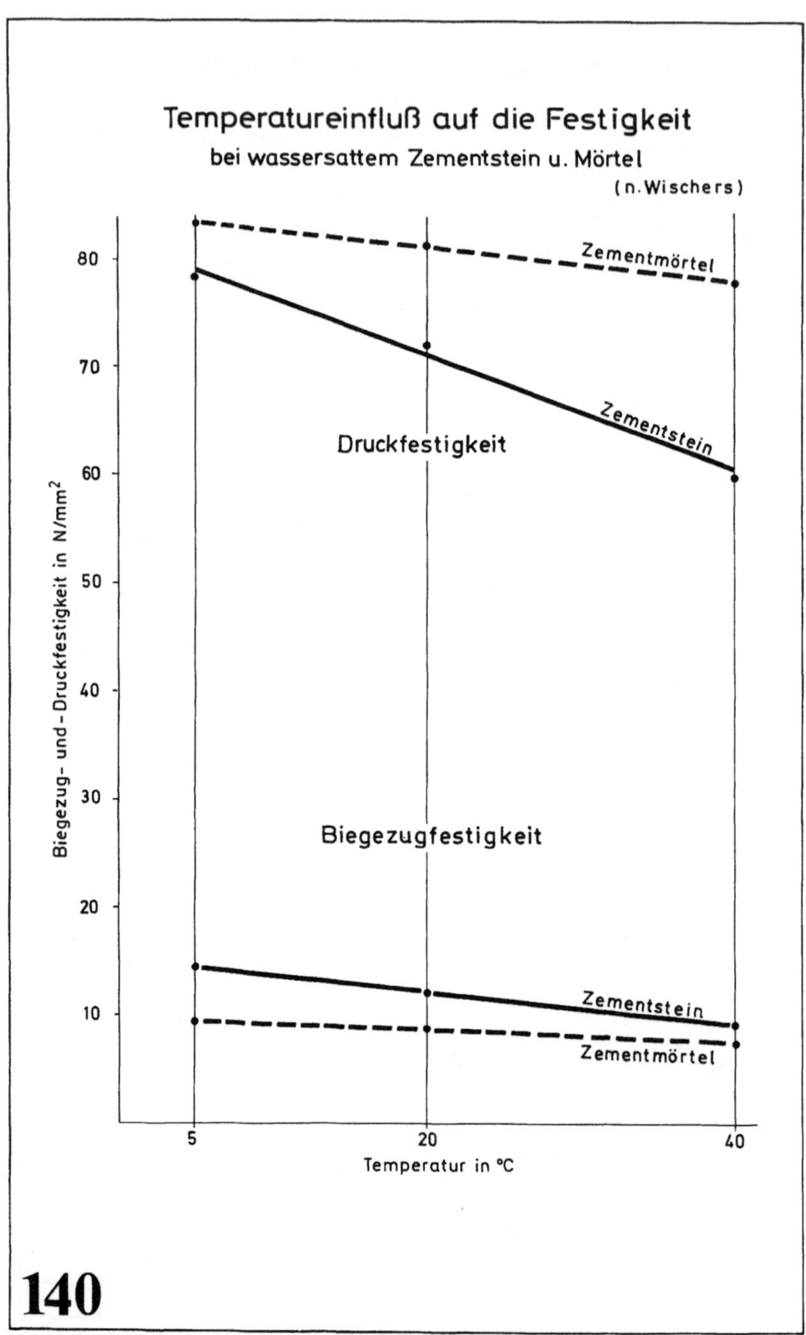

140

234

Die Ursache dürfte darin liegen, daß das bei Wassersättigung die
Poren des Zementsteins füllende Wasser etwa die fünffache Wärmedehnzahl $(101 \cdot 10^{-6}/°C)$ aufweist wie der Zementstein
$(19,5 \cdot 10^{-6}/°C)$. Da das Wasser aus den feinen Poren nicht abfließen kann, baut sich beim Erwärmen ein Innendruck auf, der sich mit
dem äußeren Druck addiert und deshalb eine geringere Druckfestigkeit ergibt. Bei Abkühlung entstehen durch die Kontraktion des
Porenwassers auf das Mineralgerüst wirkende zusätzliche Kohäsionskräfte, die eine Festigkeitserhöhung zur Folge haben. Diese
Wirkung tritt auch beim Zementmörtel auf; daß sie geringer ist,
hängt damit zusammen, daß ca. $^3/_4$ des Volumens aus Sand besteht.

5.4 Wasserdurchlässigkeit des Zementsteins

Guter Beton ist wasserdicht. Seine Dichtigkeit entspricht der von
dichtem Naturgestein. Diese Eigenschaft wird jedoch nicht so
selbstverständlich erzielt, wie z.B. die Festigkeit, sondern es sind
einige grundsätzliche Forderungen zu erfüllen, die sich aus der Natur des Zementsteins ergeben.

Wasserdurchlässigkeit ist die Folge von zusammenhängenden, relativ weiten Porensystemen, den sog. Kapillarporen mit Durchmessern von ca. 1 bis 10µm. Solche Kapillarporen entstehen durch
Überschußwasser. Der Zement kann bei der Hydratation ca. 35%
Wasser in Hydrate und Gele einbauen, weiteres Wasser ist Überschußwasser, das in Kapillarporen zurückbleibt (s. Bilder 95 und
96). Theoretisch müßte demnach ein (sorgfältig hergestellter) Beton
mit W/Z < 0,4 wasserdicht sein. Daß dies zutrifft, hat Powers nachgewiesen [137]; nach seinen Untersuchungen ist Zementstein bis
W/Z 04 tatsächlich wasserundurchlässig. Zwischen 0,4 und 0,6 ist
die Wasserdurchlässigkeit gering; darüber steigt sie sehr schnell an
(s. **Bild 141**). Der Zusammenhang mit dem Anteil der Kapillarporen ist aus der unteren Bildhälfte ersichtlich.

Der chemische Einbau von 35 Teilen Wasser ist erst bei vollständiger Hydratation gegeben, die eine Langzeitreaktion und, wie gezeigt, nach der genormten Erhärtungszeit (28 Tage) noch keineswegs abgeschlossen ist. Der Hydratationsprozeß besteht darin, daß
sich aus Wasser und Feststoff „Zementstein" bildet. Der Porenanteil ist beim Anmachen so groß, wie die zugesetzte Wassermenge
und verringert sich in dem Maße, wie das Wasser in den Feststoff
Zementstein eingebaut wird. Die Verringung des anfangs nur aus
großen, d.h. Kapillarporen bestehenden Porenraums wird durch

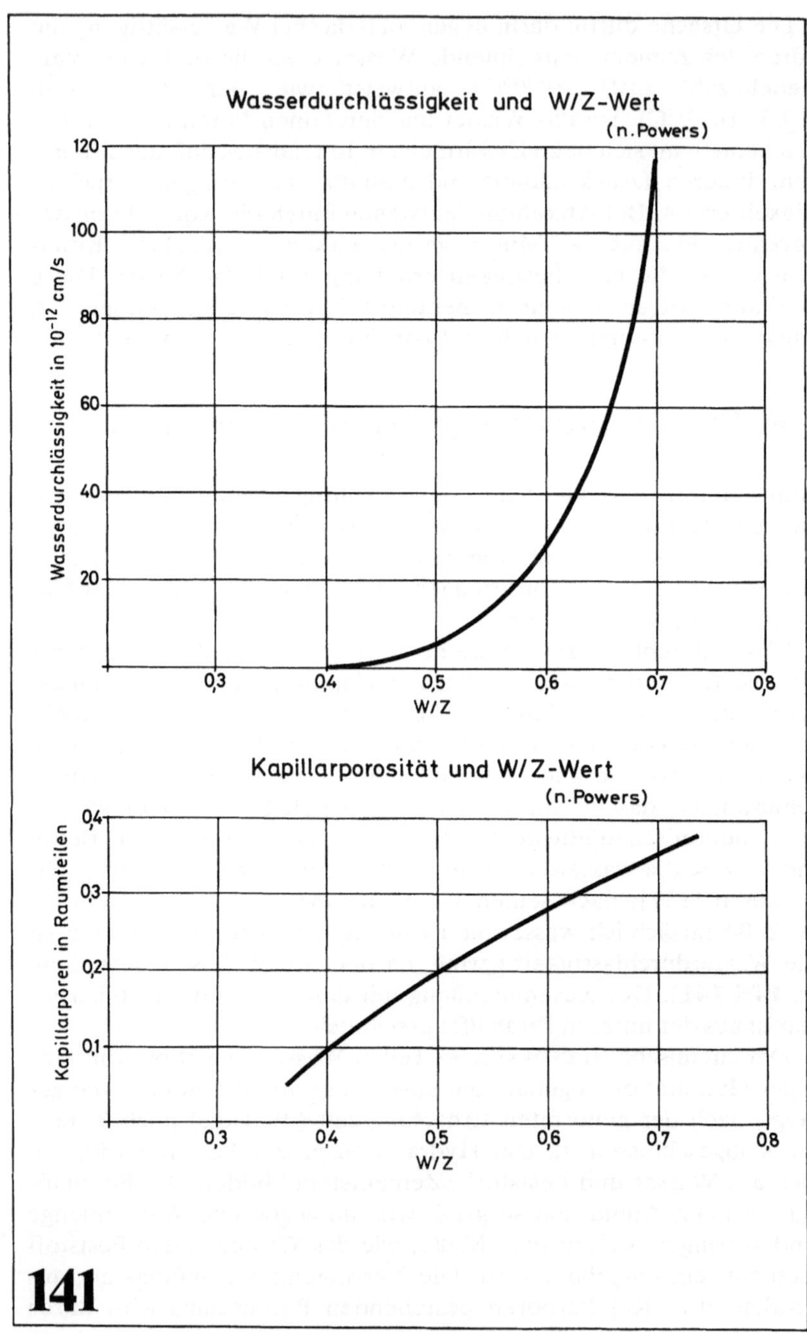

Wasserdurchlässigkeit und W/Z-Wert
(n.Powers)
Wasserdurchlässigkeit in 10⁻¹² cm/s
120
100
80
60
40
20
0,3
0,4
0,5
0,6
0,7
0,8
W/Z
Kapillarporosität und W/Z-Wert
(n.Powers)
Kapillarporen in Raumteilen
0,4
0,3
0,2
0,1
0,3
0,4
0,5
0,6
0,7
0,8
W/Z
141

Füllung der Poren verursacht, indem von den Oberflächen der Zementteilchen Gelmassen in den freien Raum hineinwachsen und dadurch der ursprünglich große Porenraum verringert und die Poren zunehmend enger werden. **Bild 142** soll diesen Vorgang veranschaulichen. Es ist daraus der Anteil an Poren $> 10^2$ nm in Abhängigkeit von der Zeit ersichtlich [138] (feinere Poren sind für Wasser praktisch nicht mehr durchlässig). Nach dem Anmachen beträgt bei W/Z 06 der (Grob-) Porenraum ca. 65%, bei W/Z 04 ca. 55%. Durch die porenfüllende Reaktion nimmt der Porenraum schnell ab und beträgt nach 3 Tagen bei W/Z 06 noch 20%, bei W/Z 04 nur noch 10%. Nach 320 Tagen beträgt der Porenraum bei W/Z 06 noch ca. 10%, bei W/Z 0,4 nur noch ca. 2%.

Daraus ergibt sich, daß in der Anfangszeit die Wasserdurchlässigkeit des Zementsteins größer ist als nach längerer Erhärtung und es wird die Erfahrung begründet, daß die Dichtigkeit mit der Erhärtungszeit zunimmt und anfangs undichter Beton oft noch dicht wird. Die größere Durchlässigkeit des Betons mit höherem W/Z bleibt bestehen, wenn sich auch der Unterschied etwas verringert.

Prüftechnisch wird die Dichtigkeit eines Betons in der Regel durch die Bestimmung der Wassereindringtiefe nach DIN 1048 ermittelt. Der Zusammenhang zwischen Porenanteil im Zementstein (s. Bild 142) und Eindringtiefe des Wassers (s. **Bild 143**) ist deutlich zu erkennen. Die Eindringtiefe ist anfangs groß, erreicht aber bei PZ-Beton nach 28 Tagen einen ziemlich konstanten Wert. Beim HOZ-Beton ist in der Anfangszeit die Wassereindringtiefe wesentlich größer. Das hängt damit zusammen, daß die vom Klinkeranteil (ca. 20%) herrührende Gelbildung entsprechend geringer ist und erst nach Einsetzen der Sekundärreaktion zwischen $Ca(OH)_2$ und HO-Schlacke weitere Gel-Kristallmassen entstehen und die Hohlräume füllen. Beton aus HOZ wird also langsamer, aber nach längerer Zeit ebenso wasserdicht wie aus Portlandzement hergestellter Beton [139].

Die Werte für die Eindringtiefe in Abhängigkeit vom Betonalter nach Bild 143 gelten für dauernde Wasserlagerung der Proben. Werden diese luftgelagert, dann ist das Ergebnis völlig anders. Anstatt abzunehmen, wie es bei Wasserlagerung der Fall ist, nimmt die Eindringtiefe mit zunehmender Dauer der Luftlagerung zu (s. **Bild 144**). Dies wird dadurch verursacht, daß durch die Luftlagerung und damit verbundene Wasserverdunstung die Hydratation und damit die Bildung porendichtender Hydratationsprodukte verhindert wird. Daß die Eindringtiefe stark zunimmt, hängt damit zusammen, daß der Zementstein austrocknet und die bereits gebildeten Gele

Dichtigkeit und Porosität
Porenraum $>10^2$nm im Zementstein
(n. S. Diamond)
Poren $>10^2$ nm in Vol-%
70
60
50
40
30
20
10
W/Z 06
W/Z 0,4
3
320
Erhärtungszeit in d
142

Wassereindringtiefe und Erhärtungszeit
(n. Bonzel)
Größte Eindringtiefe n. DIN 1048 in cm
10
9
8
7
6
5
4
3
2
1
HOZ
PZ 475
W/Z 06
3 7
28
90
180
Betonalter in d
143

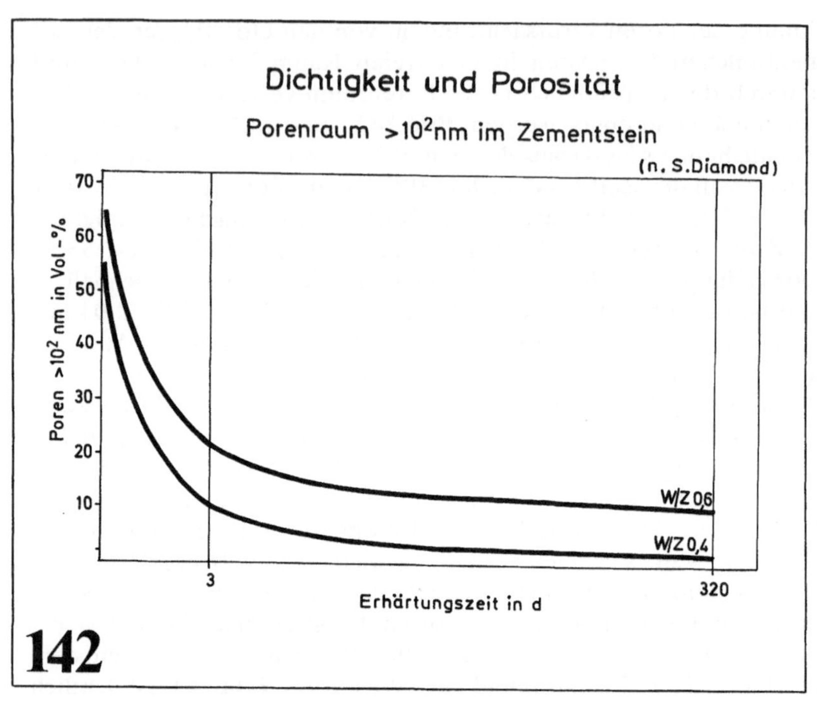

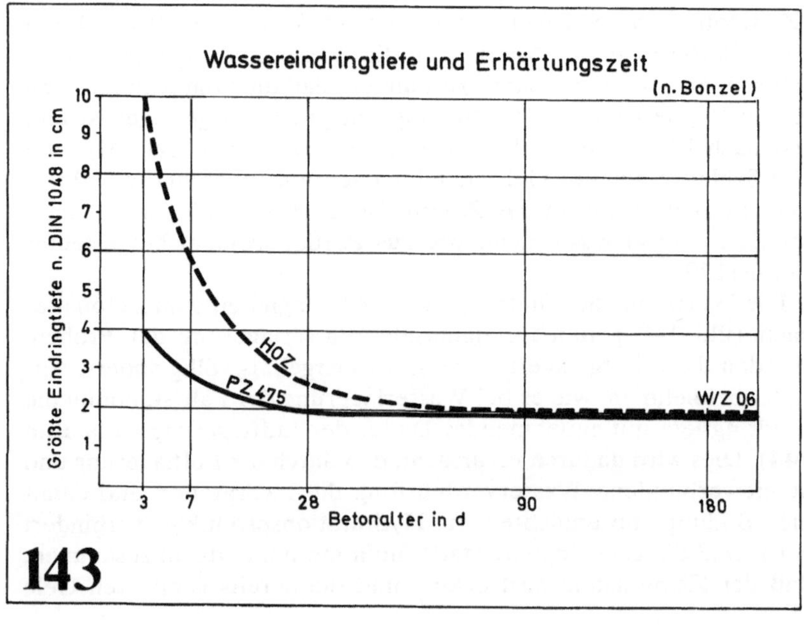

238

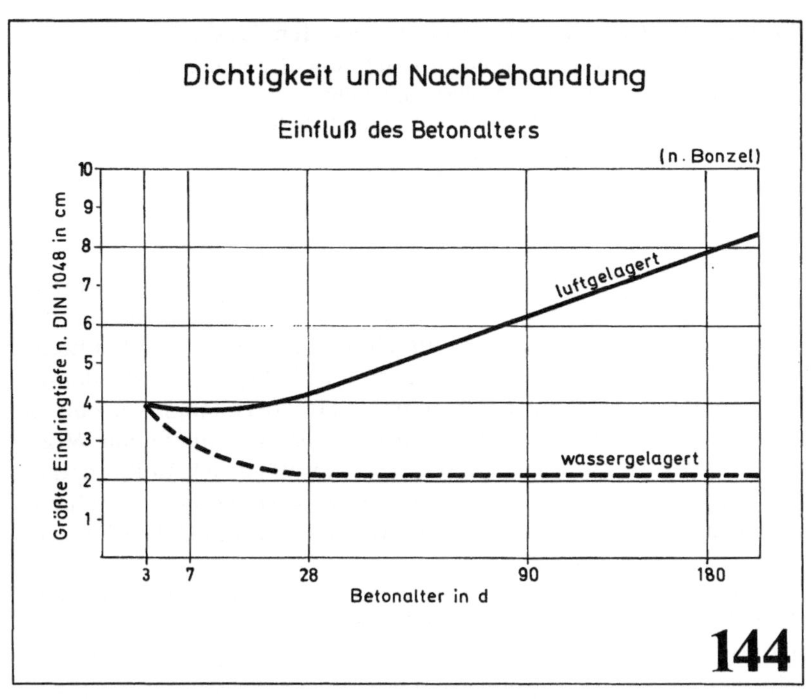

Dichtigkeit und Nachbehandlung
Einfluß des Betonalters
(n. Bonzel)
Größte Eindringtiefe n. DIN 1048 in cm
10
9
8
7
6
5
4
3
2
1
luftgelagert
wassergelagert
3
7
28
90
180
Betonalter in d
144

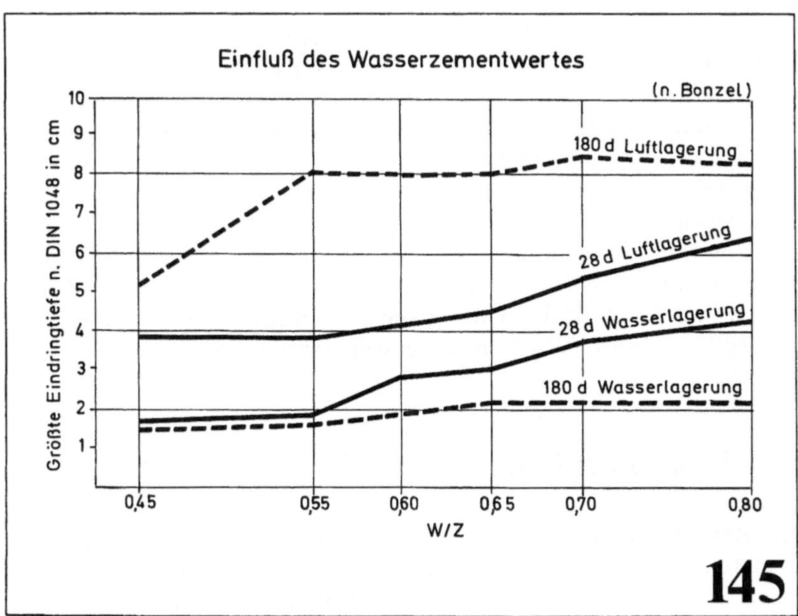

Einfluß des Wasserzementwertes
(n. Bonzel)
Größte Eindringtiefe n. DIN 1048 in cm
10
9
8
7
6
5
4
3
2
1
180 d Luftlagerung
28 d Luftlagerung
28 d Wasserlagerung
180 d Wasserlagerung
0,45
0,55
0,60
0,65
0,70
0,80
W/Z
145

schrumpfen, wodurch die Poren weiter werden. Deshalb: Beton, der dicht werden soll, muß möglichst lange feucht gehalten werden; bei nur Trockenlagerung wird er weniger dicht.

Der Einfluß des W/Z auf die Wasserdichtigkeit ist aus **Bild 145** ersichtlich [139]. In Übereinstimmung mit den theoretischen Überlegungen und den grundlegenden Versuchen von Powers nimmt die Wassereindringtiefe mit steigendem W/Z zu. Dies gilt sowohl für 28 Tage wassergelagerten, wie auch für 28 Tagen luftgelagerten Beton, wobei im letzteren Fall die Eindringtiefe um ca. 30 bis 50% höher ist. Wird die Luftlagerung auf 180 Tage verlängert, dann vergrößert sich die Eindringtiefe außerordentlich, insbesondere auch bei niedrigerem W/Z. Wird die Wasserlagerung auf 180 Tage ausgedehnt, dann verringert sich die Eindringtiefe. Hervorzuheben ist, daß in letzterem Fall die Unterschiede zwischen den verschiedenen W/Z-Werten fast verschwinden. Letzteres ist darauf zurückzuführen, daß das Zementgel so lange quillt, als Wasser vorhanden ist, wodurch die Poren durch, wenn auch weniger feststoffhaltiges Gel gefüllt und damit gedichtet werden.

Dieser Vorgang ist auch die Ursache für die bekannte sog. „Selbstheilung" des Betons, wobei feine Risse bei Langzeitwasserlagerung sich schließen und z.B. Rohre, die anfangs undicht waren, dicht werden. In dem gröberen Anteil des Zement sind nicht hydratisierte Klinkerreserven enthalten, welche nach langer Zeit noch dichtende Gelmasse bilden. Die sich für die Praxis ergebenden Voraussetzungen zur Herstellung eines dichten Betons sind aus **Bild 146** zu ersehen. Für einen dichten Beton wird nach DIN 1045 eine Wassereindringtiefe von < 5 cm nach 28-tägiger Wasserlagerung verlangt; anzustreben ist eine Eindringtiefe < 3 cm. Diese wird von sachgemäß zusammengesetztem Beton mit einem W/Z von höchstens 0,6 nicht überschritten. Aus **Bild 147** [140] ergibt sich, daß die Eindringtiefe mit zunehmender Erhärtungszeit bis zu 28 Tagen stark abnimmt; anschließend, insbesondere bei niedrigem W/Z nur noch wenig. Es ist deshalb von großer Wichtigkeit, Beton, der dicht sein soll, mehrere Wochen in wassergesättigtem Zustand zu erhalten.

5.5 *Raumbeständigkeit des Zementsteins*

Die Raumbeständigkeit des Betons und seines Bindemittels Zementstein ist eine selbstverständliche Forderung, die aber in der Praxis keineswegs immer gewährleistet ist. Daraus ergeben sich für

240

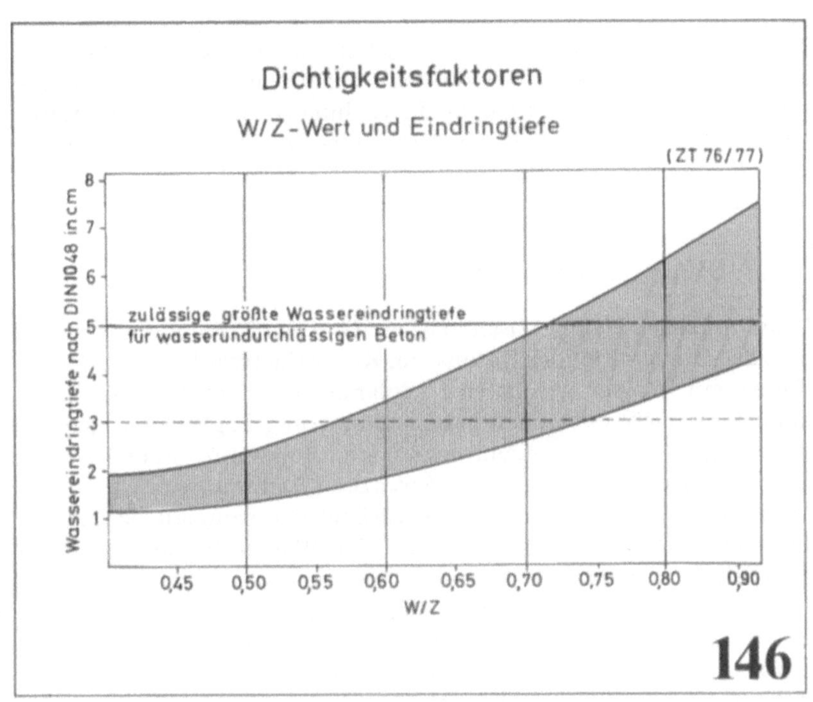

Dichtigkeitsfaktoren
W/Z - Wert und Eindringtiefe
(ZT 76 / 77)
Wassereindringtiefe nach DIN1048 in cm
8
7
6
5
4
3
2
1
zulässige größte Wassereindringtiefe
für wasserundurchlässigen Beton
0,45   0,50   0,55   0,60   0,65   0,70   0,75   0,80   0,90
W/Z
146

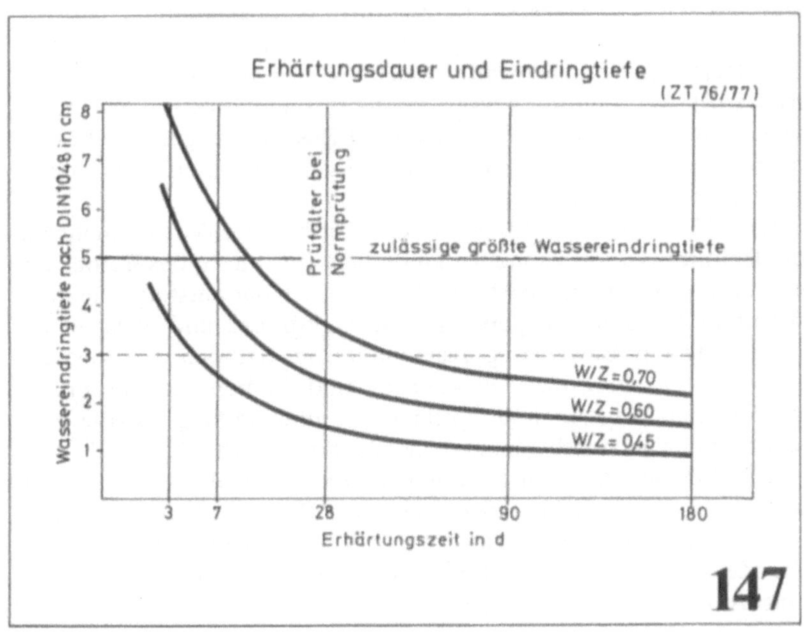

Erhärtungsdauer und Eindringtiefe
(ZT 76 / 77)
Wassereindringtiefe nach DIN1048 in cm
8
7
6
5
4
3
2
1
Prüfalter bei Normprüfung
zulässige größte Wassereindringtiefe
W/Z = 0,70
W/Z = 0,60
W/Z = 0,45
3   7   28   90   180
Erhärtungszeit in d
147

den Ingenieur eine Fülle von Problemen, die mit der Betonherstellung beginnen (Wasserabsonderung), die sich im jungen Beton abspielen (Schwinden) und über Jahre hinaus im belasteten Beton auftreten (Kriechen). Sie haben ihre Ursache hauptsächlich in der kolloidchemischen Struktur des Zementsteins und können von dort her beeinflußt und beherrscht werden.

5.5.1 Wasserabsondern

Unmittelbar nach dem Mischen ist ein Brei aus Zement und Wasser, d.h. das Bindemittel des Betons, ein Körnerhaufwerk, dessen Hohlräume mit Wasser gefüllt sind. Solange die Zementkörner noch keine Gelschicht entwickelt haben (Erstarrungsbeginn) und sich dadurch gegenseitig abstützen, neigen sie infolge ihrer hohen Dichte (ca. 3,1 kg/dm^3) anfangs zum Absetzen. Dadurch wird das spezifisch leichte Wasser nach oben verdrängt und sammelt sich an der Oberfläche. Es handelt sich also um eine Wasserabsonderung, vielfach „Bluten" genannt [141].

Diese in der Praxis häufige Erscheinung ist unerwünscht, weil sie eine Verschlechterung des Betons zur Folge hat. Zunächst entsteht durch den Wasserüberschuß an der Oberfläche ein Zementstein mit hohem W/Z, was geringe Festigkeit und weitere Mängel verursacht. Das aufsteigende Wasser nimmt auch Feinbestandteile des Zements, insbesondere Gips mit nach oben, so daß sich an der Betonoberfläche eine Schicht mit schlechteren Eigenschaften bildet (s. **Bild 148**). Wird darauf weiter betoniert, dann wirkt sie als Trennschicht im Betongefüge, werden darauf Beschichtungen angebracht, dann können sich diese nicht mit dem gesunden Beton verbinden, sondern neigen zur Abblätterung.

Die Wirkung der Wasserabsonderung beschränkt sich nicht auf die Betonoberfläche, sondern kann auch im Innern des Betons unerwünschte Vorgänge bewirken. So kann sich das aufsteigende Wasser unter horizontal liegenden Zuschlagkörnern und auch an der Unterseite der Bewehrung ansammeln und dadurch den Verbund zwischen Zuschlag bzw. Bewehrung und Zementstein stören. Es gehört deshalb zu einer sorgfältigen Betonherstellung, daß die Wasserabsonderung durch geeignete Maßnahmen verhindert wird.

Wie bei den meisten Betoneigenschaften spielt der W/Z-Wert auch beim Wasserabsondern eine große Rolle; je höher der W/Z-Wert, desto größer die Wasserabsonderung. Weiterhin spielt auch die Zementsorte eine wichtige Rolle; der PZ 550 zeigt eine geringere Absetzneigung als der PZ 350. Dies hängt mit der größeren

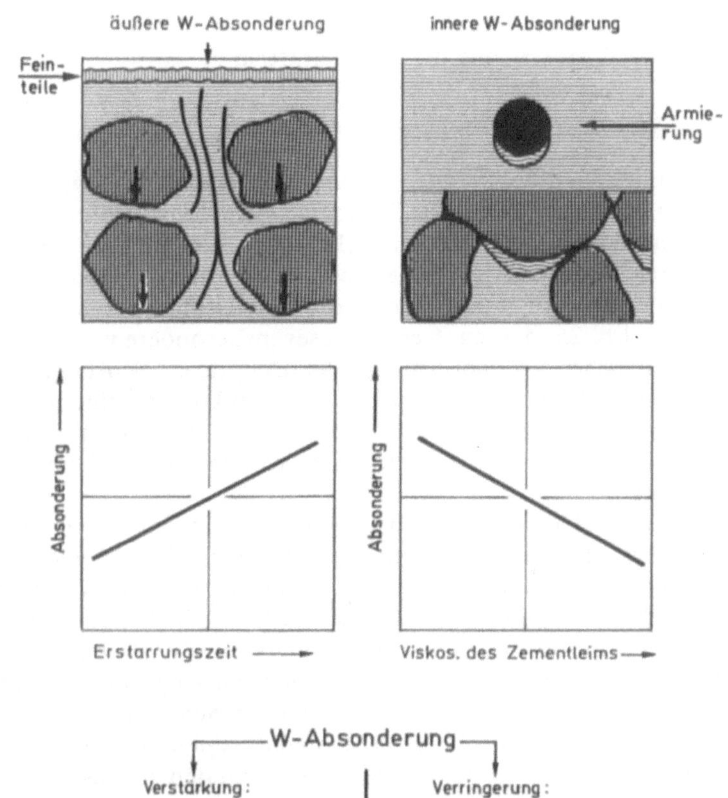

Wasser-Absonderung (Bluten)
äußere W-Absonderung
innere W-Absonderung
Fein-
teile
Armie-
rung
Absonderung
Absonderung
Erstarrungszeit
Viskos. des Zementleims
W-Absonderung
Verstärkung:
Verringerung:
Hoher   W/Z-Wert
Niederer W/Z-Wert
Langsame Erstarrung
Rasche Erstarrung
Feinmehlmangel
Feinmehlzusatz
Luftporen-Zusatz
Nachrütteln
148

Mahlfeinheit und Oberfläche des PZ 550 gegenüber dem PZ 350 zusammen.

Neben der durch die Korngröße bedingten Absetzgeschwindigkeit ist auch die Zeit von Einfluß; je länger die Erstarrung, desto größer die Absetzneigung. Die Neigung zur Wasserabsonderung wird verringert durch Feinmehlzusatz (wirkt wasserbindend), durch Zusatz von LP-Mitteln und durch Nachrütteln.

5.5.2 *Chemische Schwindung (Schrumpfung)*

Die Gesamtmenge des bei der Hydratation chemisch eingebauten Wassers beträgt ca. 25% des Zementgewichts. Das Volumen der Hydratverbindungen ist jedoch nicht gleich der Summe von Zementvolumen und Wasser, sondern es tritt während der Hydratation eine Volumenverringerung ein, die etwa $^{1}/_{4}$ des eingebauten Wassers entspricht, d.h. $25 : 4 =$ ca. 6 cm^3. Dieser insbesondere von Czernin [142] untersuchte Vorgang wird in der Baupraxis „Schrumpfung" genannt. Da sich dabei nicht nur in geringem Umfang eine Verringerung des äußeren Volumens, d.h. Schrumpfung, sondern eine innere Volumenänderung abspielt, ist es exakter, von „chemischer Schwindung" zu sprechen.

Der Vorgang läßt sich leicht beobachten, wenn man z.B. ein oder mehrere weite Reagenzgläser mit einer Paste aus Zement und Wasser füllt und in ein Volumenometergefäß stellt, das mit Wasser bis zu einer Marke aufgefüllt wird (s. **Bild 149**). Die Volumenverringerung beim chemischen Einbau des Wassers führt dazu, daß die erhärtende Zementmasse zusätzliches Wasser ansaugt, was sich in einem Absinken des Meniskus anzeigt. Dieser Schrumpfwert, mit 4 multipliziert (entsprechend der Volumenabnahme des Hydratwassers um 25%) gibt die Menge chemisch gebundenen Wassers und, bezogen auf die Zementmenge, den Hydratationsgrad des entstehenden Zementsteins an (s. Bild 149r).

Da der Hydratationsgrad die zu Zementstein umgesetzte Menge des ursprünglichen Zements angibt, muß sich aus der Beziehung Schrumpfung zu Hydratationsgrad auch die Festigkeit des Zementsteins ableiten lassen. Daß dies der Fall ist, ergibt sich aus Versuchen von Jung, der das Laborverfahren nach Czernin in ein Baustellenverfahren (Hydratationsmeßtopf) übertragen hat. Durch Messung des chemischen Wasserverlustes ist es möglich, die Druckfestigkeit annähernd zu bestimmen [143] (s. Bild 139).

Schrumpfung ist nicht gleichbedeutend mit entsprechender Volumenverringerung des Zementsteins. Zunächst nimmt das Volumen

244

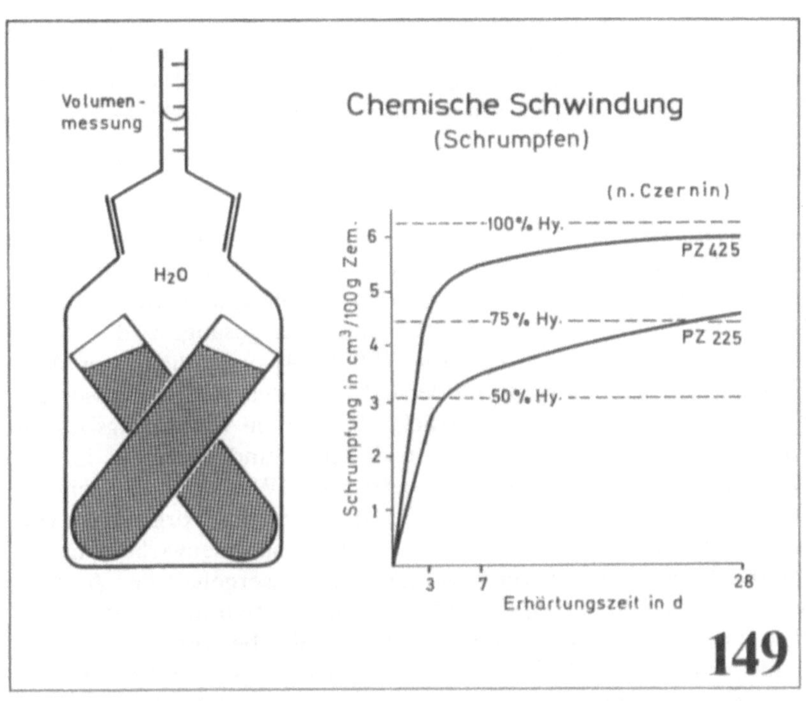

Volumen-
messung
H₂O
Chemische Schwindung
(Schrumpfen)
(n. Czernin)
Schrumpfung in cm³/100g Zem.
100 % Hy.
75 % Hy.
50 % Hy.
PZ 425
PZ 225
6
5
4
3
2
1
3
7
28
Erhärtungszeit in d
149

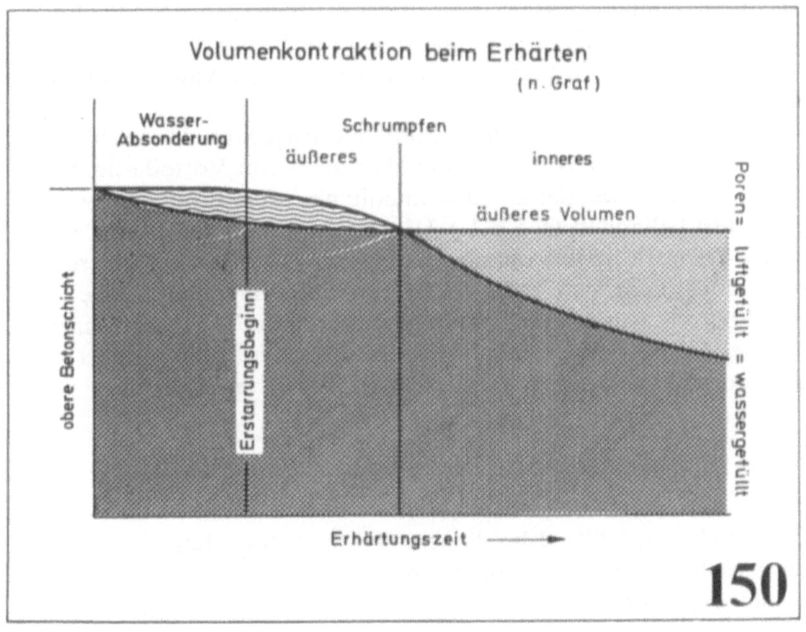

Volumenkontraktion beim Erhärten
(n. Graf)
Wasser-
Absonderung
Schrumpfen
äußeres
inneres
äußeres Volumen
obere Betonschicht
Erstarrungsbeginn
Poren =
luftgefüllt = wassergefüllt
Erhärtungszeit
150

des sich bildenden Zementsteins um die durch Absonderung (Bluten) ausgetretene Wassermenge ab. Es bilden sich Pfützen auf der Betonoberfläche, die aber (auch ohne Trocknung) bald verschwinden. Dies wird dadurch verursacht, daß nach dem Erstarrungsbeginn durch die dann einsetzende innere Aussteifung das äußere Volumen des Zementsteins fixiert ist. Die durch den fortschreitenden Wassereinbau verursachte weitere Volumenverringerung wirkt sich jetzt dahin aus, daß das abgesonderte Wasser (wenn es nicht inzwischen verdunstet ist) und das in den Kapillarporen der äußeren Betonschichten befindliche Wasser nach innen gesaugt wird.

Diese Vorgänge sind aus **Bild 150** [144] ersichtlich. Vor dem Erstarrungsbeginn wird durch den Absetzvorgang Wasserabsonderung an der Oberfläche verursacht. Nach dem Erstarrungsbeginn wird das abgesonderte Wasser nach innen und dann das in den Kapillarporen der Außenschicht befindliche Wasser unter Freiwerdung von Poren nach innen gesogen. Letzterer Vorgang ist von großer praktischer Bedeutung, weil er im Zusammenwirken mit der oberflächlichen Wasserverdunstung den Wassergehalt der Außenschicht zusätzlich verringert und dadurch die Hydratation, d.h. Festigkeitsentwicklung des äußeren Zementsteins beeinträchtigt. Diese beiden Vorgänge; Wasserverdunstung nach außen und Wasserabsaugung nach innen, sind die Gründe für die Notwendigkeit der Nachbehandlung des Betons (s. Bild 124). Die ideale Nachbehandlung ist die Wasserlagerung, bei welcher nicht nur die Verdunstung verhindert, sondern auch das nach innen abgesaugte Wasser neu zugeführt wird.

Die hydratationsbedingte Volumenverringerung des im frischen Beton enthaltenen Wassers kann aber auch von Vorteil sein, wenn Frost auftritt. Die damit zusammenhängenden Probleme werden gesondert behandelt (s. 5.6.1.). Hier sei darauf hingewiesen, daß die durch die chemische Volumenverringerung verursachte innere Porenbildung dem sich beim Gefrieren ausdehnenden Wasser des Frischbetons Ausdehnungsraum gibt, wodurch die Frostgefährdung von neuem Beton wesentlich geringer ist, als sie aufgrund des Ausdehnungsdrucks des gefrierenden Wassers sein müßte.

5.5.3 Schwinden und Quellen des Zementsteins

Das „Schrumpfen", d.h. die chemische Schwindung ist ein sich hauptsächlich im Innern des Zementsteins abspielender Vorgang, wobei durch den Volumenverlust des eingebauten Hydratwassers

($^1/_4$) im Innern des Zementsteins Poren entstehen; daher inneres Schrumpfen genannt.

Das sog. „Schwinden" des Zementsteins ist im Unterschied dazu ein sich in der Veränderung und zwar in der Verkürzung der äußeren Abmessungen des Bauteils zeigender Vorgang. Da mit dem Schwinden häufig die Entstehung von Schwindrissen verbunden ist, welche den monolithischen Charakter des Betons zerstören und die Statik beeinträchtigen, handelt es sich dabei um eines der schwierigsten Probleme der Betontechnologie.

Das Schwinden des Zementsteins hängt in erster Linie mit seinem Wassergehalt zusammen, der in gesättigtem Zustand je nach W/Z-Wert bis zu 20 Volumenprozent betragen kann. Wassergelagerter und damit wassergesättigter Zementstein schwindet nicht; im Gegenteil, er dehnt sich geringfügig aus (s. **Bild 151**). Wird er bei 100% relativer Feuchte gelagert, dann schwindet der Zementstein geringfügig; etwa um denselben Betrag, um den er bei Wasserlagerung quillt. Ist die umgebende Luft jedoch nicht wassergesättigt, dann verdunstet Wasser aus dem Beton und dieser schwindet, und zwar umso mehr, je geringer die relative Feuchte ist und damit je schneller das Wasser von der Luft aufgenommen wird. Die Schwindung des Zementsteins kann dabei Werte bis zu 2 mm/m erreichen [143].

Die Vorgänge, welche bei abwechselnder Luft- und Wasserlagerung auftreten, haben Lea und Desch untersucht [146]. Danach tritt nach Trockenlagerung und dadurch verursachter Schwindung bei Zwischenlagerung in Wasser wieder Quellung ein, bei erneuter Trockenlagerung wieder Schwindung usw. (s. **Bild 152**). Der Schwind- und Quellvorgang ist also reversibel, jedoch nur zum Teil; ein anderer Teil der Schwindung ist „irreversibel".

Es ergibt sich aus diesen Tatsachen, daß das Wasser nicht nur je nach Lagerungsbedingungen aus den Betonporen aus- und eintritt, wie es z. B. bei Ziegeln der Fall ist, sondern das Wasser tritt in das innere Gefüge des Zementsteins ein bzw. aus, womit eine Ausdehnung oder Zusammenziehung des Körpers verbunden ist.

Diese Erscheinung ist typisch für sog. Gele, aus denen der Zementstein zu einem beträchtlichen Teil besteht. Die Eigenschaften des Zementgels hinsichtlich Festigkeitsentwicklung wurden bereits im Kapitel Hydratation behandelt. Weitere Einzelheiten s. u. kolloidchemische Ursachen des Schwindens und der Wasserdurchlässigkeit.

Luftfeuchtigkeit und Schwinden
(n. Kühl - Lu)
Quellen
Schwinden in mm/m
0,5
0
- 0,5
- 1,0
- 1,5
- 2,0
Wasser
100 % relative Feuchte
80 %
60 %
0-40 %
3
7
28
90
180
Lagerungszeit in d

151

Schwinden bei Wasser- u. Luftlagerung
(n. Lea-Desch)
Längenänderung
Quellen
Schwinden
Trocknungs-schwindung
Wasserlagerung
Quellung
Anf.
Vol.
nicht umkehrbare Schwindung
naß
naß
A
C
E
B
D
F
trocken
trocken
trocken
Wechsel-lagerung
Zeit

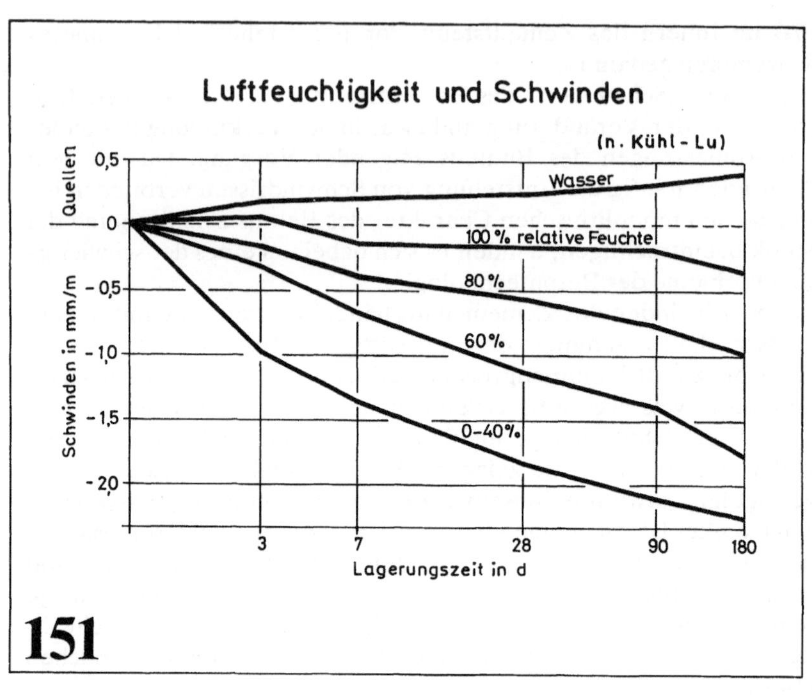

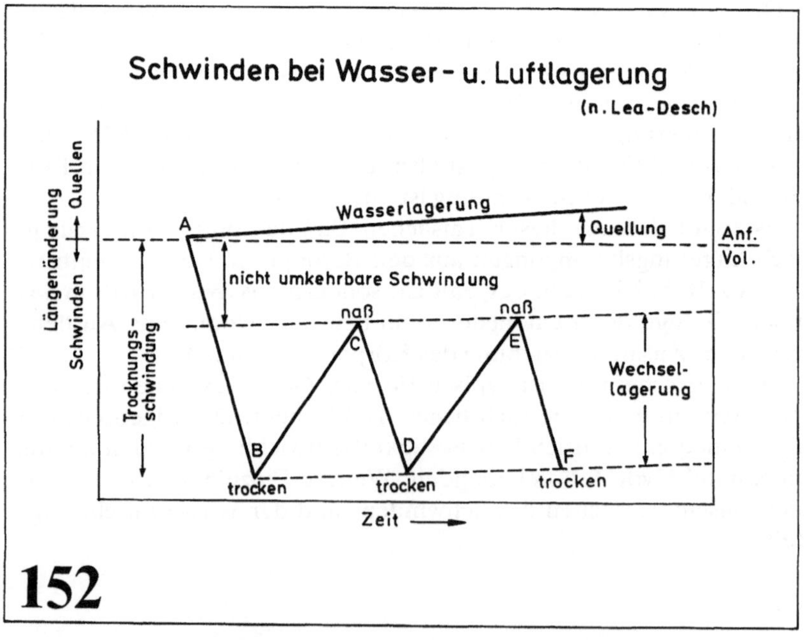

152

5.5.3.1 Schwindung und Lagerungsbedingungen

Wie aus **Bild 153** ersichtlich, ist die Schwindung des Zementsteins um so geringer, je länger der Beton Zeit hatte, in wassergesättigtem Zustand zu erhärten [147]. Wurde der Beton nur luftgelagert, dann betrug die nach 24 Monaten gemessene Schwindung das doppelte der Schwindung, die der Beton erreichte, wenn er anfangs 4 Wochen wassergelagert wurde. Auch bei nur 7 Tagen Wasserlagerung war die Schwindung wesentlich geringer als bei nur Trockenlagerung.

Wenn man diese 1-Jahres-Schwindwerte über den Anfangs-Wasserlagerungszeiten aufträgt (s. **Bild 154**), dann erhält man eine charakterisitische Kurve, welche besagt, daß mit zunehmender Anfangswasserlagerung die Schwindung außerordentlich abnimmt. Möglichst lange Feuchthaltung ist demnach die wirksamste Methode, die Schwindung entscheidend zu verringern.

5.5.3.2 Schwindung und W/Z-Wert

In besonderem Maße wird das Schwinden des erhärtenden Zementsteins durch den Wasser-Zementwert beeinflußt; je höher derselbe, desto größer die Schwindung. Dies zeigt **Bild 155** nach Versuchsergebnissen von Haller [148]. Die Langzeitschwindung (365 Tage) verhält sich bei W/Z = 0,25, W/Z = 0,45, W/Z = 0,65 wie ca. 2:3:4. Diese großen Unterschiede ergeben sich jedoch erst nach längerer Zeit. Nach 28 Tagen ist die Schwindung bei den verschiedenen W/Z-Werten praktisch dieselbe. **Bild 156** zeigt Schwindmessungen [149] mit Beton 1 Zement: 5 Zuschläge bei verschiedenem W/Z nach 6 Monaten Lagerung bei 50% Luftfeuchte. Der Beton W/Z 0,7 zeigt etwa die doppelte Schwindung wie der Beton 0,4. In dem Diagramm ist auch das jeweilige Volumenverhältnis Wasser-:Zement eingezeichnet. Man sieht, daß die Schwindung um so größer ist, je höher der Wassergehalt des Zementsteins.

Die Ursache des Schwindens ist die Wasserabgabe des Zementsteins durch Verdunstung, welche bei Zementstein mit hohem W/Z wegen des großen Kapillarporenanteils größer ist als beim niedrigen W/Z. Dies geht aus Versuchen von Bonzel und Kadlecek anschaulich hervor (s. **Bild 157**) [150]. Man sieht deutlich den ähnlichen Verlauf der Wasserabgabe- und der Schwindkurven. Wenn man Wasserabgabe und Schwinden gegeneinander aufträgt (s. **Bild 158**), dann erhält man gerade Linien, durch welche der Zusammenhang zwischen Wasserverlust und Schwindung erwiesen ist. Man kann daraus auch entnehmen, daß die Schwindung nicht unmittelbar pro-

Schwinden und Nachbehandlung
(nach Graf)
+0,1
0
0,10
0,20
0,30
0,40
0,50
Verkürzungen in mm/m
7 Tage Wasser, dann Luft
28 Tage Wasser, dann Luft
nur luftgelagert
1
3
6
12
Monate
24

153

Anfangswasserlagerung und Schwindung
0,40
0,30
0,20
0,10
Verkürzungen in mm/m
nur Luftlagerung
7 Tage Wasser
28 Tg. Wa.
7
28
Wasserlagerung in d

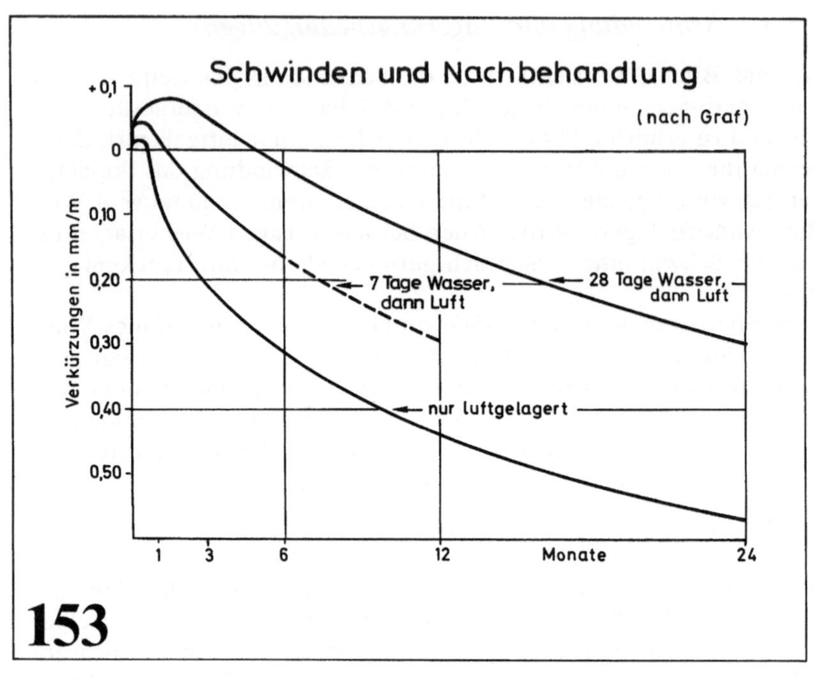

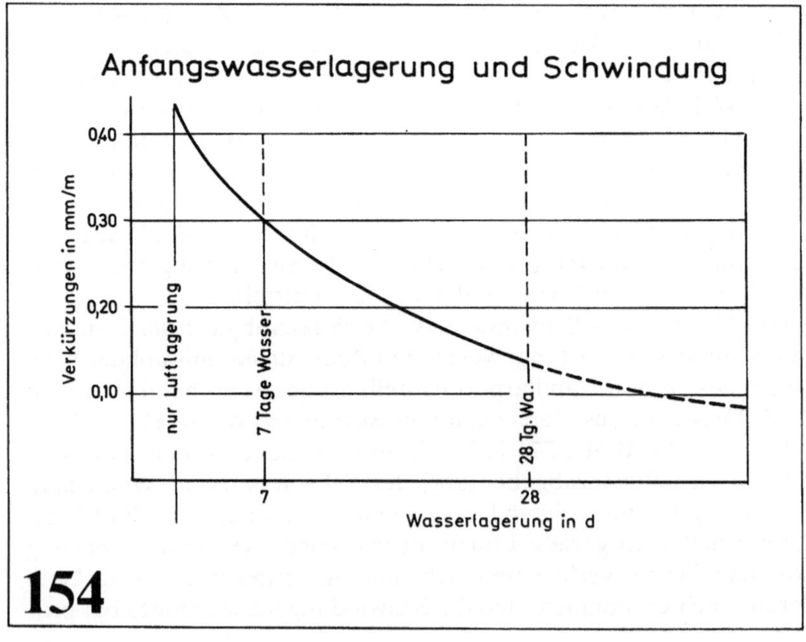

154

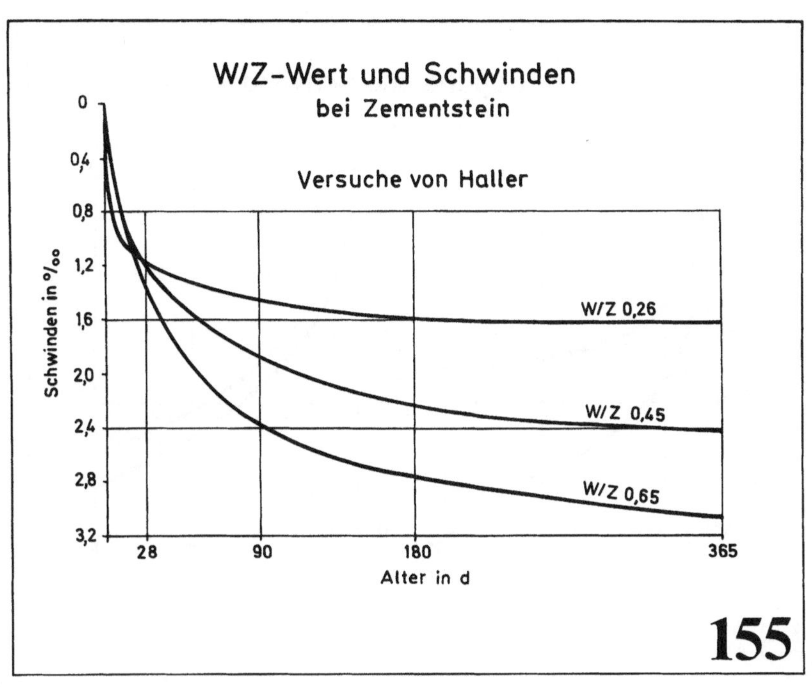

W/Z–Wert und Schwinden
bei Zementstein
Versuche von Haller
0
0,4
0,8
1,2
1,6
2,0
2,4
2,8
3,2
Schwinden in ‰
W/Z 0,26
W/Z 0,45
W/Z 0,65
28
90
180
365
Alter in d
155

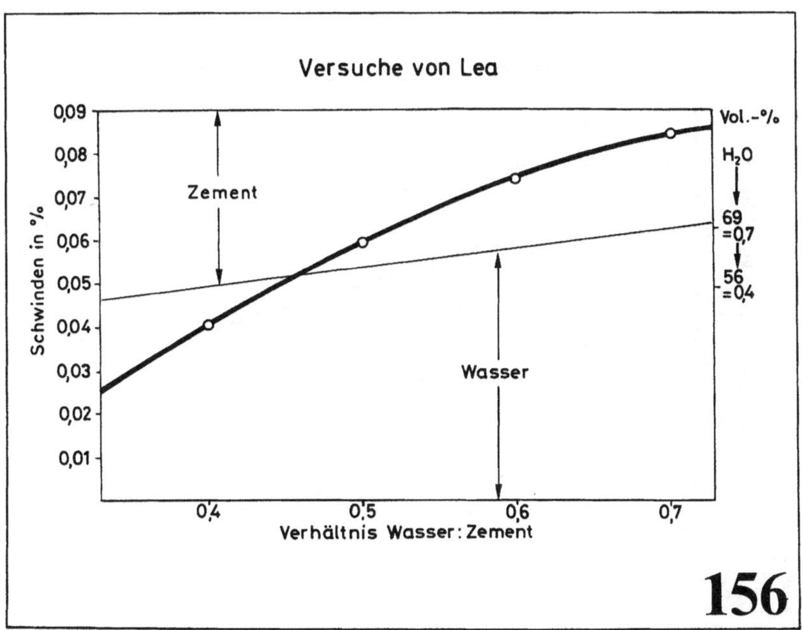

Versuche von Lea
0,09
0,08
0,07
0,06
0,05
0,04
0,03
0,02
0,01
Schwinden in %
Zement
Wasser
Vol.-%
H₂O
69
=0,7
56
=0,4
0,4
0,5
0,6
0,7
Verhältnis Wasser:Zement
156

Wasserabgabe und Schwinden
bei Luftlagerung
(n. Bonzel)
0
10
20
30
40
50
60
Wasserabgabe in kg/m³ Beton
W/Z05
W/Z0,7
14 28
92
152
0,1
0,2
0,3
0,4
0,5
0,6
Schwinden in mm
W/Z05
W/Z0,7
14 28
92
152
Luftlagerung in d

157

Wasserabgabe und Schwinden
0
10
20
30
40
50
60
Wasserabgabe in kg/m³ Beton
14
28
92
W/Z 0,5
152
14
28
92
152 Tg.
W/Z0,7
0,1
0,2
0,3
0,4
0,5
Schwinden in mm

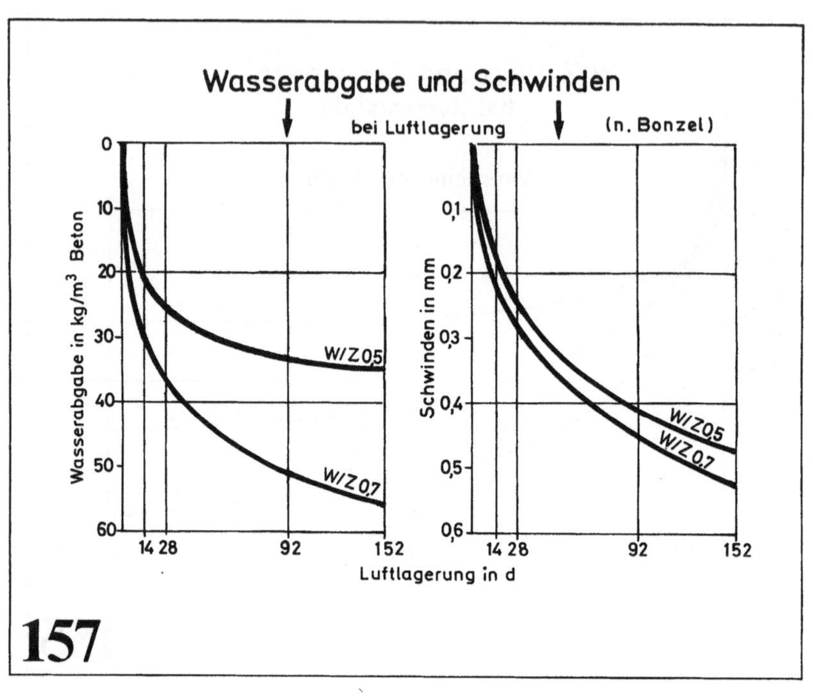

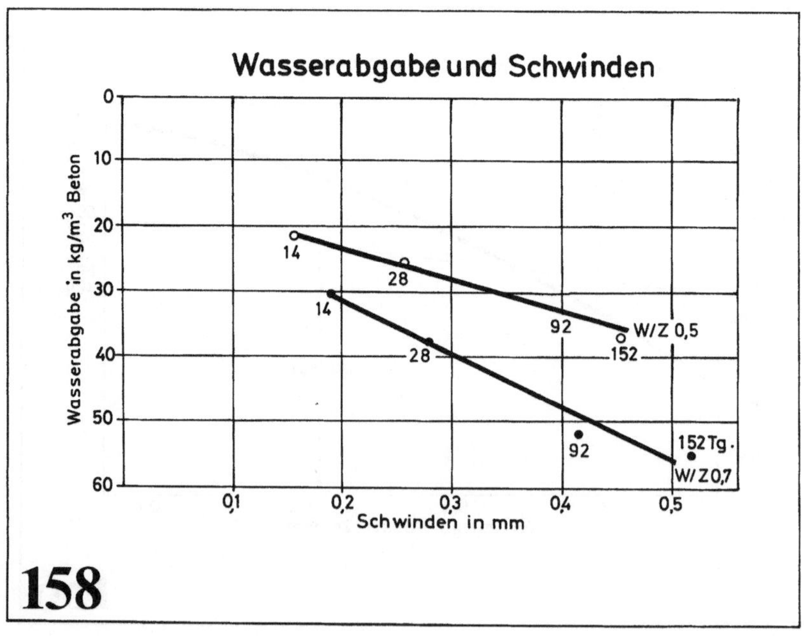

158

portional dem Wasserverlust ist, sondern in geringerem Maß ansteigt, als der Wasserverlust. Dies hängt damit zusammen, daß die geprüften Proben 4 Wochen wassergelagert waren und dadurch die Schwindung stark reduziert wurde. Bei üblicher kürzerer Nachbehandlung ist der Zusammenhang zwischen Wasserverlust und Schwindung noch deutlicher.

5.5.3.3 *Schwindung und Zuschläge*

Die Schwindung ist nach dem Vorausgegangenen eine Folge der Hydratationsvorgänge im Zementstein und wirkt sich nur auf diesen aus; die Zuschläge sind raumbeständig und an der Schwindung unbeteiligt. Dies ergibt sich u. a. aus von Lea beschriebenen Versuchen [149], bei denen die Schwindung von 6 Monate altem, bei 50% Luftfeuchte gelagerten Betonproben mit steigendem Zuschlaganteil gemessen wurde (s. **Bilder 159** und **160**). Die Kurven verlaufen nur wenig gekrümmt, woraus hervorgeht, daß die Schwindung im wesentlichen umgekehrt proportional der Zuschlagmenge ist, wobei die Schwindung der Betone mit $W/Z = 0{,}6$ wie zu erwarten, jeweils höher ist, als derjenigen mit $W/Z = 0{,}4$. Die Möglichkeit der Schwindverringerung durch Erhöhung der Zuschlagmenge wird in der Praxis allerdings eingeschränkt, weil zuschlagreiche Betone einen etwas höheren W/Z verlangen.

5.5.3.4 *Schwindung und Klinkermineralien*

Es ist eine Erfahrung der Praxis, daß Zemente je nach Art eine unterschiedliche Schwindneigung besitzen. Um den Zusammenhang mit der chemischen und mineralischen Zusammensetzung zu klären, wurde der Schwindbeitrag der Klinkermineralien untersucht und von Powers [151] folgende (28-Tage-Werte) ermittelt:

C_3S	C_2S	C_3A	C_4AF
0,048	0,020	0,102	0,025

Demnach hat das C_3A die größte Schwindneigung, C_3S nur etwa die Hälfte und C_2S und C_4AF nur ca. $^1/_4$ des Schwindbeitrags des C_3A. Daraus ergibt sich, daß C_3A-freie Zemente die geringste Schwindung haben müssen, was in der Praxis auch tatsächlich der Fall ist. Der C_3A-freie Zement, der in erster Linie wegen seiner Sulfatbeständigkeit hergestellt wird, hat also noch den zusätzlichen Vorteil geringer Schwindneigung. Das C_3S hat gegenüber C_3A eine geringere Schwindung, jedoch etwa das Doppelte des C_2S. Da der Anteil des C_3S jedoch gegenüber dem C_2S überwiegt, sind die sich daraus ergebenden Unterschiede relativ gering.

Schwinden von Zementstein, Mörtel und Beton
Schwinden in %
0,05
0,10
0,15
0,20
0,25
Beton
Mörtel 1:3
Zement-stein
7
28
90
180
Erhärtungszeit in d

159

Zuschlagmenge und Schwinden
Schwinden in %
0,10
0,09
0,08
0,07
0,06
0,05
0,04
0,03
0,02
0,01
W/Z0,4
W/Z0,6
W/Z 0,6
W/Z 0,4
1:3
1:4
1:5
1:6
1:7
Zement : Zuschlag

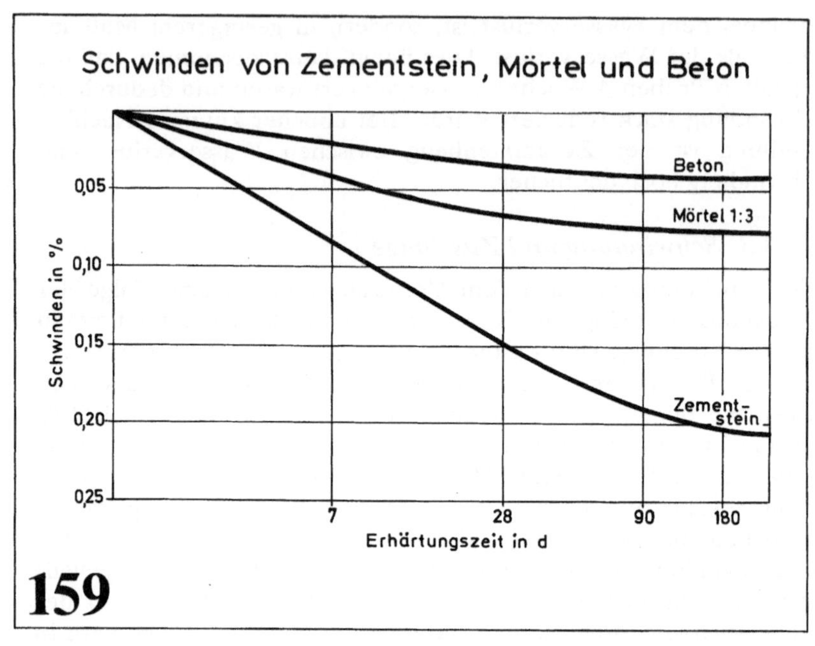

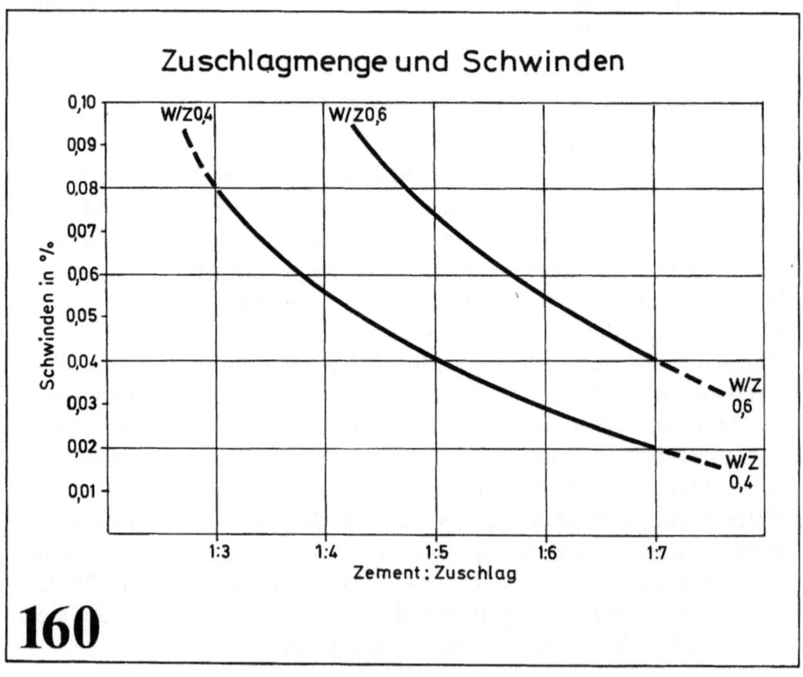

160

254

5.5.3.5 Schwindung und Mahlfeinheit

Wenn die C_3S-reichen Zemente (550) tatsächlich eine größere Schwindneigung haben, als Zemente niedrigerer Festigkeitsklasse, so hängt dies vor allem damit zusammen, daß erstere feiner gemahlen sind und daß mit zunehmender Mahlfeinheit die Schwindung zunimmt. Dieser Zusammenhang wurde u.a. von Graf [152] eingehend untersucht und festgestellt, daß mit steigendem Siebrückstand (und damit geringerer Mahlfeinheit) die Schwindung abnimmt (s. **Bild 161**). Da die Mahlfeinheit und Oberfläche einander proportional sind, ergab sich bei Versuchen von Venuat [153], daß die Schwindung um so größer ist, je größer die Oberfläche und daß sie sich beim Anstieg von 2000 cm²/g auf 5000 cm²/g verdoppelt und zwischen 3000 und 4000 cm²/g um etwa 30% zunimmt (s. **Bild 162**). Da die Mahlfeinheit der Portlandzemente im allgemeinen zwischen 3000 cm²/g (PZ 35) und 5000 cm²/g (PZ 55) liegt, ergibt sich daraus von selbst die mit steigender Normfestigkeit zunehmende Schwindneigung.

5.5.3.6 Schwindung und hydraulische Zusätze

Über die Wirkung von Hochofenschlacke auf die Schwindneigung sind die Meinungen geteilt. Kühl [154] vertritt die Ansicht, daß sich Hüttenzemente nicht wesentlich anders verhalten als Portlandzemente. Aus umfangreichen Versuchsreihen von Bonzel und Kadlecek [155] geht jedoch hervor, daß die Schwindneigung von Hochofenzementen geringer ist, so daß man sagen kann, daß die L-Zemente eine etwas geringere Schwindneigung haben als F-Zemente gleicher Normfestigkeit. Durch Traßzusatz wird die Schwindneigung im allgemeinen geringfügig erhöht [156].

5.5.3.7 Folgerungen für die Praxis

Bild 163 ist eine schematische Darstellung der sich aus dem Vorstehenden ergebenden Hinweise für die Schwindneigung von Zementstein und Beton verschiedener Zusammensetzung. Die Größe der Rasterfläche entspricht der relativen Schwindneigung. Der feingemahlene Portlandzement 55 hat die größte Schwindneigung. Diese nimmt über die F-Zemente (45 F und 35 F) wegen ihrer geringeren Mahlfeinheit und die HO-schlackenhaltigen L-Zemente (45 L und 35 L) zum C_3A-armen PZ 25 HS ab (auch der NW = Niedrigwärmezement hat einen geringen C_3A-Gehalt). Die Abnahme der Schwindneigung in dieser Reihenfolge ist durch die (senkrechte) Verkürzung der Rasterfläche ausgedrückt. Wird statt eines hohen

Teilchengröße und Schwinden
Mahlfeinheit und Schwindneigung
(n.Graf)
Schwinden in mm
0
0,1
0,2
0,3
0,4
0,5
0,6
0,7
0,8
0,9
1,0
1 2 3 4 5 6 7 8 9 10
0,08 mm Siebrückstand in %

161

Oberfläche und Schwindneigung
(n.Venuat)
relative Schwindzahl
20
10
0
PZ 25
PZ 35
PZ 45
PZ 55
2000 3000 4000 5000
Oberfläche nach Blaine in cm²/g

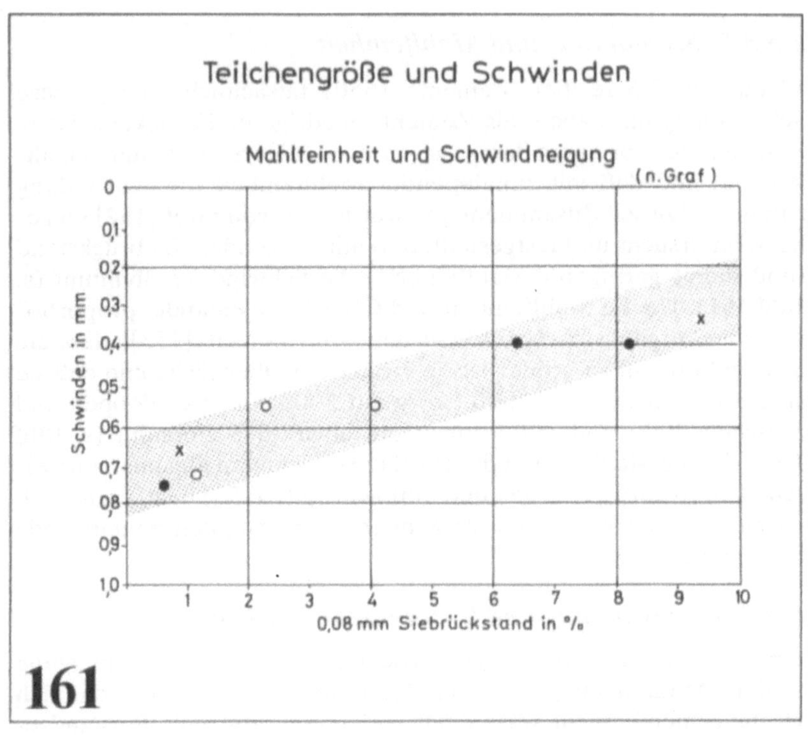

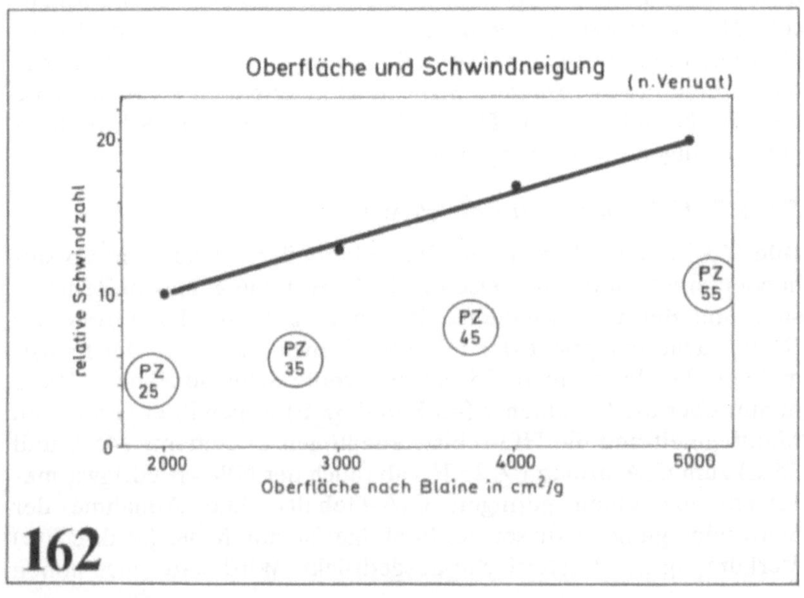

162

Vergleichsschema der Schwindneigung

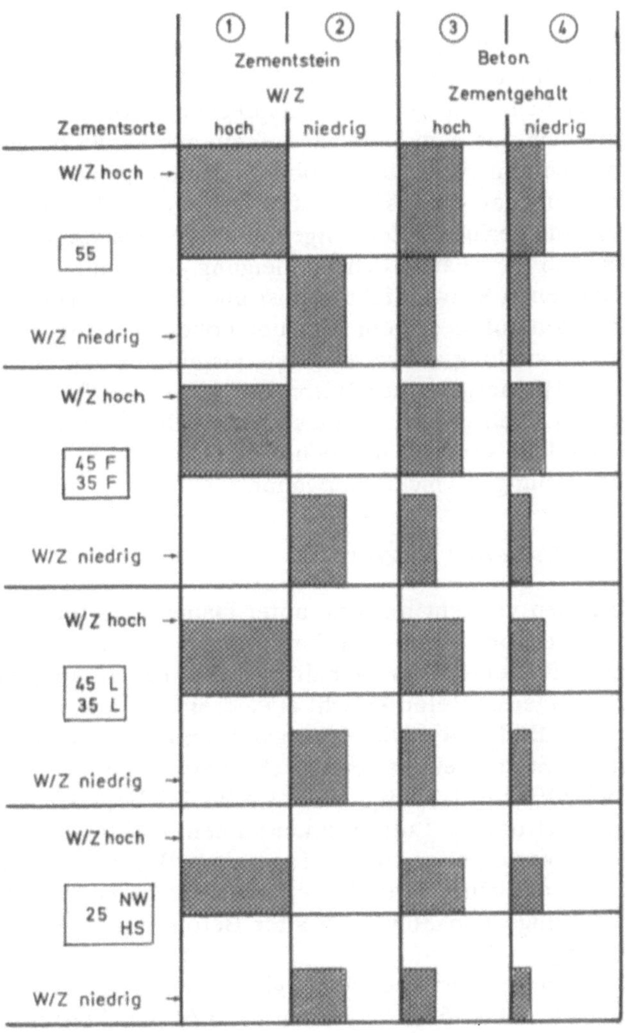

W/Z ein niedriger gewählt, dann verringert sich jeweils die Schwindung beträchtlich (s. 2. Spalte niederer W/Z).

Dies gilt für den Zementstein. Beim Beton verringert sich die Schwindung um so mehr, je höher der Zuschlaganteil und je geringer damit der Zementanteil ist. Spalte 3 gilt für zementreichen Beton, Spalte 4 für Beton mit niedrigem Zementgehalt. Bei dem ersteren ist die Schwindung gegenüber dem Zementstein schon stark reduziert; noch mehr bei letzterem. Ist der W/Z zusätzlich niedrig, dann wird die Schwindung jeweils entsprechend reduziert.

Es ergibt sich aus dem Schema, daß ein aus PZ 55 hergestellter Beton mit hohem W/Z und hohem Zementgehalt die größte Schwindneigung hat; ein aus PZ 25 HS hergestellter Beton mit niedrigem W/Z und geringem Zementgehalt die geringste. Es ergibt sich aber auch, daß die relative Schwindneigung des Zements nur einer der verschiedenen Schwindfaktoren ist und daß ein aus PZ 55 hergestellter Beton mit niedrigem W/Z und hohem Zuschlaganteil eine geringere Schwindung aufweisen kann, als ein aus dem schwindarmen PZ 25 HS hergestellter Beton mit hohem W/Z und hohem Zementgehalt. Daß es sich bei dieser Darstellung um keine Absolutwerte handelt, sondern um den Versuch einer vergleichenden Gegenüberstellung, sei nicht unerwähnt.

5.5.4 Kriechen des Betons

Unter Kriechen versteht man die unter Dauerlast erfolgende Verformung von Beton. Schon Graf hat erkannt, daß das Ausmaß des Kriechens mit dem Wassergehalt des Betons zusammenhängt. [157]; luftgelagerter Beton kriecht etwa dreimal stärker als wassergelagerter (s. **Bild 164**). Die Kriechzahl nimmt mit abnehmender Luftfeuchtigkeit zu; bei Wasserlagerung beträgt sie nach [158] 1,0 bis 1,5, bei 90% Luftfeuchtigkeit = 1,5 bis 2,2 bei 70% = 2 bis 3 und bei 40% (trockene Luft in Innenräumen) = 3,0 bis 4,5 (s. **Bild 165**). Diese Werte gelten für 28 Tage alten Beton. Bei vor Belastung nur 7 Tage alter Beton hat eine wesentlich höhere, 90 Tage alter eine geringe und 365 Tage alter Beton eine noch geringere Kriechneigung.

Die Kriechneigung ist auch abhängig von der Art des verwendeten Zements (s. **Bild 167**); sie beträgt beim frühhochfesten Zement weniger als die Hälfte wie beim normalen Portlandzement. Beim Hochofenzement ist die Kriechneigung am größten, beim Tonerdezement am geringsten [159]. (Der Beton wurde nach 28 Tagen belastet und das Kriechmaß nach 1 und 12 Monaten gemessen). Die

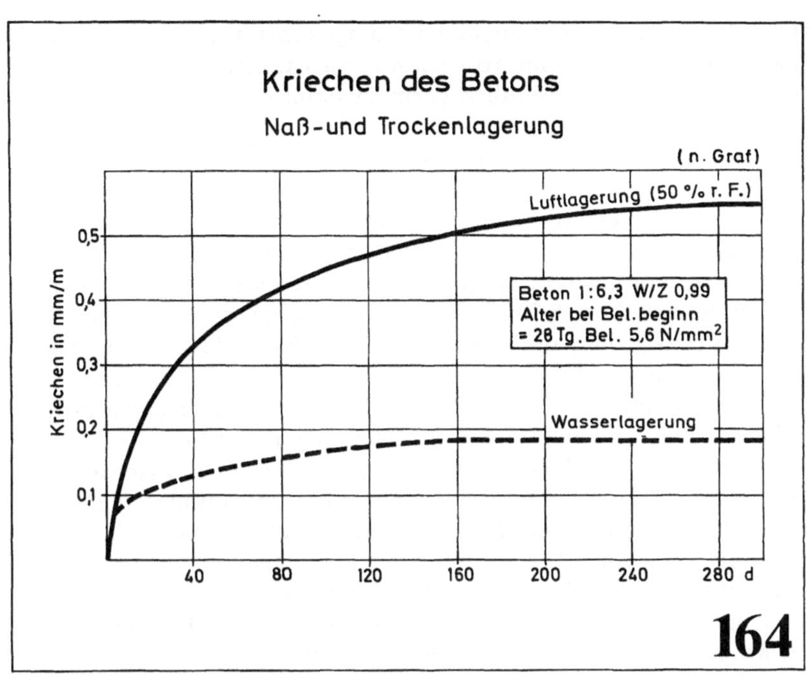

Kriechen des Betons
Naß-und Trockenlagerung
(n. Graf)
Luftlagerung (50 % r. F.)
Kriechen in mm/m
0,5
0,4
0,3
0,2
0,1
Beton 1:6,3 W/Z 0,99
Alter bei Bel.beginn
= 28 Tg.Bel. 5,6 N/mm²
Wasserlagerung
40   80   120   160   200   240   280 d
164

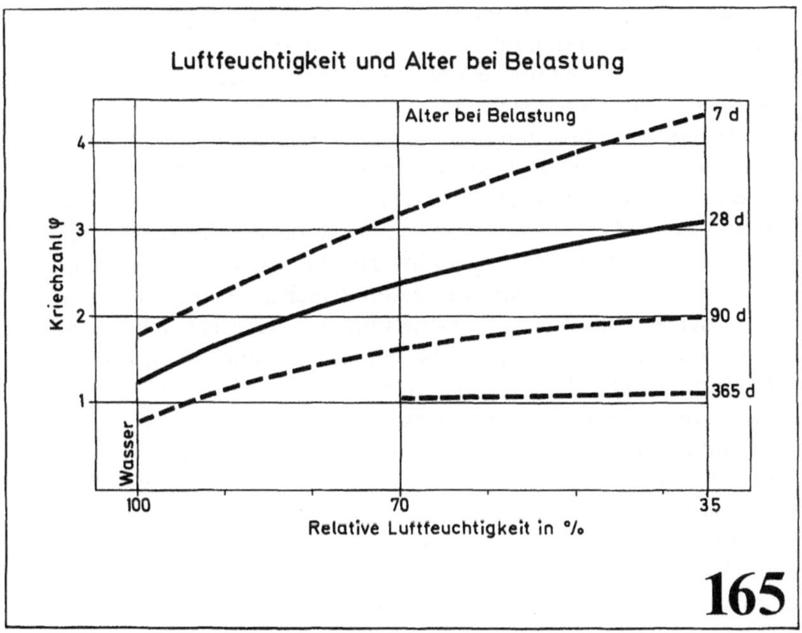

Luftfeuchtigkeit und Alter bei Belastung
Alter bei Belastung
7 d
4
28 d
Kriechzahl φ
3
2
90 d
1
365 d
Wasser
100   70   35
Relative Luftfeuchtigkeit in %
165

Reihenfolge der Kriechneigung ist umgekehrt zur Frühfestigkeit, welche am größten beim Tonerdezement ist, etwas geringer beim frühhochfesten PZ, wesentlich geringer beim normalen PZ und am geringsten beim Hochofenzement.

Daraus kann abgeleitet werden, daß das Kriechen um so größer ist, je geringer die bei Belastungsbeginn erreichte Festigkeit ist. Damit erklärt sich auch die Tatsache, daß das Kriechen um so geringer ausfällt, je älter der Beton bei Belastungsbeginn (s. Bild 165), d.h. je näher er dem Festigkeitsoptimum ist. Offenbar besteht auch eine Beziehung zwischen E-Modul und Kriechneigung; je geringer der erstere, desto größer die letztere. Der E-Modul des Zementsteins liegt zwischen 60 000 und 300 000 kg/cm^2; „bei Zementen mit schneller Anfangserhärtung ist der E-Modul offenbar etwas höher als bei solchen mit langsamer Anfangserhärtung" [160].

Die elastische Verformung des Betons unter der Einwirkung äußerer Kräfte ist nicht völlig reversibel, sondern es findet auch eine dauernde Formänderung statt. Dies ergibt sich aus **Bild 166** [161]. Es sind daraus die Zugspannungen ersichtlich, die in einem auf konstante Länge gehaltenen Prüfkörper auftreten. Diese durch Schwinden verursachten Spannungen nehmen nach Erreichung eines Maximums beim normalen PZ um mehr als die Hälfte ab, dadurch bedingt, daß eine die Spannung verringernde Umlagerung des Zementsteingefüges stattfindet. Dieser Vorgang wird „Grundkriechen" (basic creep) genannt, im Unterschied zu dem durch Veränderung des Wassergehalts verursachten Trocknungskriechen [162].

Wie aus Bild 164 ersichtlich, zeigt wassergelagerter Beton nur eine geringe Kriechneigung, die bei Luftlagerung auf das Dreifache und mehr ansteigt. Dies wird im allgemeinen damit erklärt, daß das im Zementstein enthaltene Wasser als „Zwischenschichtwasser" zwischen den CSH-Kristallen einen Gleitvorgang im Kristallgefüge begünstigt. Dieser Erklärung steht aber die Tatsache entgegen, daß wassergesättigter Beton am wenigsten kriecht, obwohl hier die Zwischenschichten aus Wasser am dicksten sind. Die Tatsache, daß Beton bei Wasserlagerung quillt (s. Bilder 151 und 152), also unter einem inneren Druck steht, macht es wahrscheinlich, daß das Nichtkriechen in wassergesättigtem Zustand mit dem osmotischen Druck zusammenhängt. Wassergesättigte Pflanzen sind infolge des osmotischen Drucks biegesteif, bei Wasserverlust welk und bei völliger Austrocknung (Stroh) wieder steif. Ähnliches trifft für den Beton zu; „ofentrockener Zementstein kriecht nicht" [163]. Das Kriechen setzt also das Vorhandensein von nicht unter Druck stehendem, sondern im Kapillargefüge freibeweglichem Wasser voraus, und ist

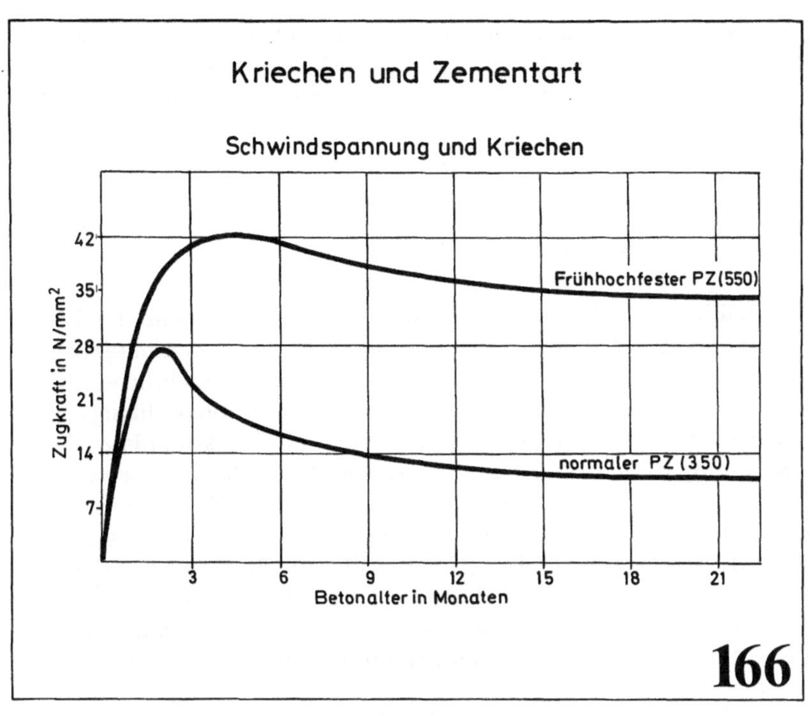

Kriechen und Zementart
Schwindspannung und Kriechen
Zugkraft in N/mm²
42
35
28
21
14
7
Frühhochfester PZ(550)
normaler PZ(350)
3
6
9
12
15
18
21
Betonalter in Monaten
166

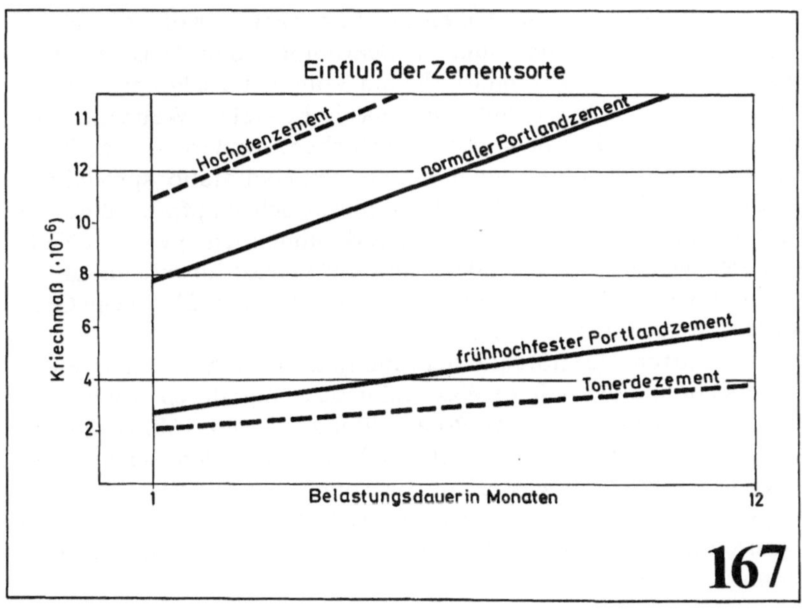

Einfluß der Zementsorte
Kriechmaß (·10⁻⁶)
Hochofenzement
normaler Portlandzement
frühhochfester Portlandzement
Tonerdezement
11
12
10
8
6
4
2
1
12
Belastungsdauer in Monaten
167

um so geringer, je näher dieser Wassergehalt der Wassersättigung
ist. Deshalb kann auch das Trocknungskriechen durch die Austrocknung verhindernde Anstriche wesentlich verringert werden
[164].

5.5.5 Kolloidchemische Ursachen des Schwindens und der Wasserdurchlässigkeit

Die vielfältigen Faktoren des Schwindens, Kriechens und der Wasserdurchlässigkeit hängen mit dem Verhalten des Zementgels zusammen, aus dem der Zementstein zu einem beträchtlichen Teil
besteht. Gele (s. dort) sind, um es kurz zu wiederholen, flüssigkeits-
reiche Zweiphasensysteme, die aus festen Teilchen kolloidaler Größenordnung (0,001 bis 0,1 μm) bestehen, die an ihrer großen Oberfläche Flüssigkeitsmoleküle, z.B. Wasser binden. Beim Zementgel
bestehen diese Feststoffteilchen aus den Hydratationsprodukten des
Zements, vorwiegend CSH – (Calciumsilikathydrat-)Verbindungen.
Diese haben, wie bereits behandelt, längliche Struktur. Sie sind in
ihrer ersten Entstehungsphase (unbehindertes Wachstum) mit adsorbierten Wassermolekülen eingehüllt, wodurch eine Struktur nach
Schema (s. **Bild 168**/1) gegeben ist.

Wenn solchen Gelen durch Trocknung Wasser entzogen wird,
dann schrumpfen sie. Bei Gelen mit beweglichen Kolloidteilchen,
z.B. Leim und Gelatine, kann das Schrumpfen dem Wasserverlust
entsprechend bis zu dem meist kleinen Volumen des Feststoffs fortschreiten. Solche Gele nennt man „elastische Gele". Wenn die Kolloidteilchen des Gels nicht aus beweglichen, sondern starren Teilchen bestehen, wie es bei den mineralischen Hydratationsprodukten
des Zements der Fall ist, dann kann dieser Schrumpfprozeß nur so
lange fortschreiten, bis die sich näherkommenden sperrigen Teilchen sich gegenseitig behindern und ein Gerüst ausbilden, das in
seinen äußeren Abmessungen fixiert ist (s. Bild 168/2). Solche Gele
werden „starre Gele" genannt.

Beim starren Gel hört die Schrumpfung nach Ausbildung eines
Gerüsts auf und die weitere Wasserabgabe erfolgt durch Wasseraustritt aus dem Gerüst unter Porenbildung (s. Bild 168/3). Dieser
beim jungen Zementstein auftretende Vorgang ist identisch mit dem
Trocknungsverhalten wasserhaltiger Tonmassen (s. Bild 47). Letztere schwinden ebenfalls so weit, bis sich die starren Tonplättchen
gegenseitig behindern; weitere Austrocknung erfolgt unter Porenbildung.

Kolloidchemische Ursachen
der

Schwindung

Durchlässigkeit

1. wasserreiches Gel

a. Kapillarpore

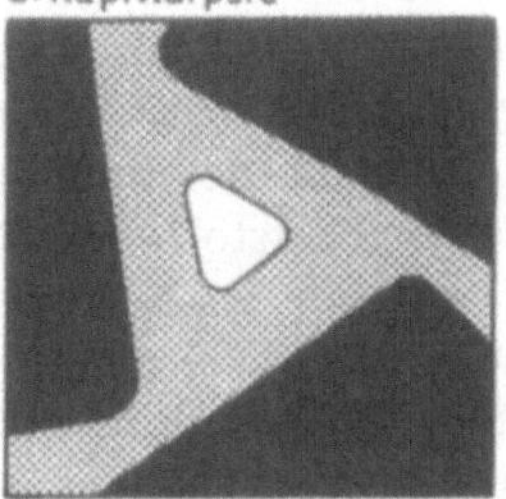

2. geschwundenes Gel

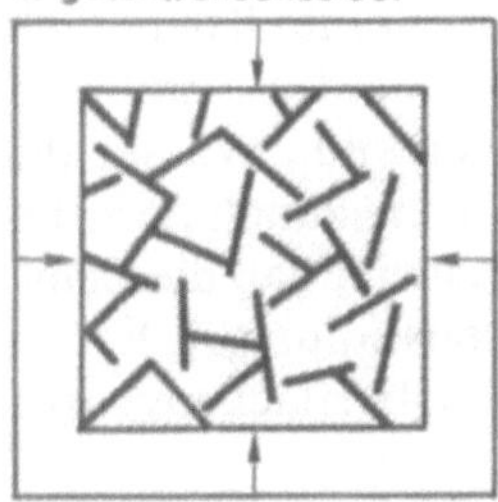

b. Wasserlagerung

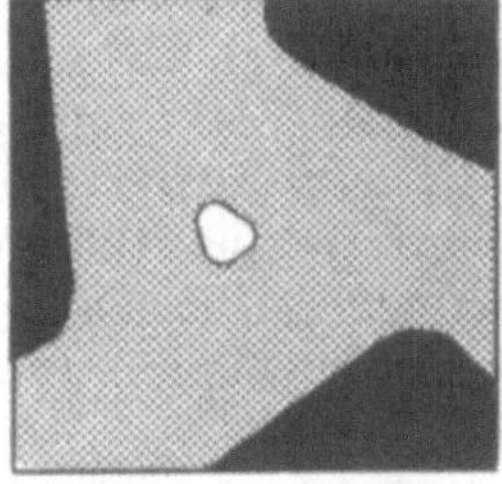

3. geschwund. poröses Gel

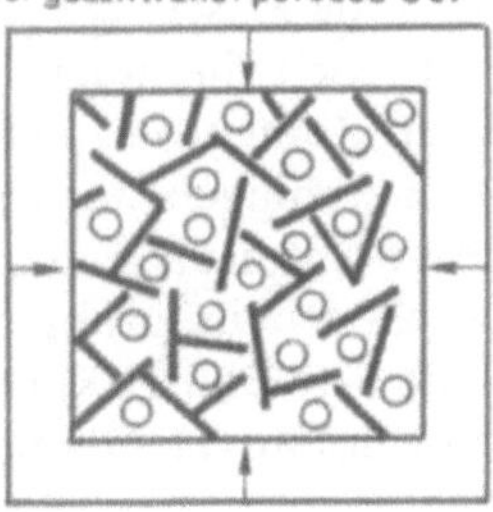

c. Trockenlagerung

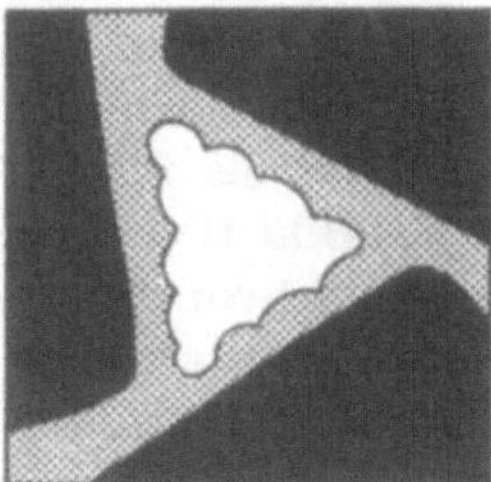

168

5.5.5.1 *Deutung des Schwindens*

Um Verwechslungen zu vermeiden, sei festgestellt, daß das, was in
der Bautechnik als Schwinden bezeichnet wird, in der Kolloidchemie „Schrumpfen" genannt wird. Das Wasser, das von den Gelteilchen fixiert wird, ist keineswegs fest gebunden; es verdunstet ebenfalls, wenn auch nicht so leicht, wie freies Wasser. Damit erklärt sich
die Tatsache, daß die Wasserverdunstung und damit die Schwindung um so größer ist, je geringer die Luftfeuchte und je größer
damit das Wasseraufnahmevermögen der Luft ist (s. Bild 151).

Das zwischen den Kolloidteilchen befindliche „Zwischenschichtwasser" ist nicht gleichmäßig gebunden, sondern um so stärker, je
näher es der Feststoffoberfläche ist (s. Bild 37). Das hat zur Folge,
daß bei großem W/Z-Wert und damit großer Wassermenge pro
Oberflächeneinheit Zement viel Wasser abgegeben wird und dadurch starke Schwindung auftritt im Gegensatz zu niedrigem W/Z,
wo die geringere Wassermenge durch die gleiche Zementoberfläche
stärker festgehalten wird.

Wie im Zusammenhang der Hydratation eingehend behandelt,
besteht diese in der Neubildung von Kolloidteilchen mit großer
Oberfläche unter gleichzeitiger Verringerung des Anteils an freiem
Wasser mit der Wirkung, daß das verbleibende Wasser durch die
sich ständig vergrößernde Feststoffoberfläche zunehmend fester gebunden wird. Daraus erklärt sich die Tatsache, daß die Schwindung
um so geringer ist, je länger die Nachbehandlung, d.h. Verhinderung der Verdunstung bei zunehmender Oberflächenvergrößerung
und Aussteifung ist.

Auch die bekannte Tatsache, daß feingemahlener Zement stärker
schwindet als grober (s. Bild 161), ist kolloidchemisch zu erklären.
Es schwindet nur das Zementgel, nicht aber die Zuschläge (deshalb
mit steigender Zuschlagmenge verringerte Schwindneigung) und
ebenfalls nicht die noch nicht hydratisierten Zementpartikel, die in
diesem Zustand als feste Teilchen den Zuschlägen zuzurechnen
sind. Wie aus Bild 106 hervorgeht, ist dieser Anteil an zum gleichen
Zeitpunkt nicht hydratisierten Klinkerteilchen beim grobgemahlenen Zement größer als beim feingemahlenen (s. Bild 107) und umgekehrt, bei letzterem die Menge an schwindfähiger Gelmasse (s.
„Hydratation") größer als beim grobgemahlenen.

Wie aus den Bildern 151 und 152 ersichtlich, schwindet der Zementstein nicht nur, sondern bei Wasserlagerung zeigt er eine geringe Quellung. Auch dieses Verhalten ist charakteristisch für Gele;
es ist der Ausdruck für die Kraft, mit der die Feststoffoberfläche die
umgebende Flüssigkeit an sich bindet.

Wie Bild 152 zeigt, können sich Schwinden und Quellen beim Zementstein abwechseln; wenn er austrocknet, schwindet er; wenn er wassergelagert wird, quillt er. Letzteres wird dadurch verursacht, daß ausgetrocknete Gele, sog. „Xerogele" bestrebt sind, Flüssigkeit, z. B. Wasser, aufzunehmen. Trockenes Kieselgel ist deshalb ein geeignetes Mittel, um Feuchtigkeit zu binden (Adsorptionsmittel). Durch das zwischen die Feststoffoberflächen eintretende Wasser werden deren Abstände, wenn auch nur geringfügig, vergrößert; der Zementstein quillt.

Wenn die Wasseraufnahme des ausgetrockneten (Xero-)Gels wieder die ursprüngliche Menge erreicht, spricht man von einem „reversiblen" Gel. Wie aus Bild 152 ersichtlich, ist das Zementgel nur zum Teil reversibel, denn bei späterer Wasserlagerung verbleibt eine nicht umkehrbare Schwindung. Das hängt damit zusammen, daß das Zementgel beim Austrocknen eine Strukturveränderung erfährt, derart, daß die Kolloidteilchen sich zu gröberen Strukturen mit entsprechend geringerem Wasserbindungsvermögen zusammenlagern.

Dieser für zahlreiche Gele charakteristische Vorgang wird „Gelalterung" genannt. Er ist der Grund dafür, daß spätere Wasserlagerung eines vorher ausgetrockneten Zementsteins eine geringere Endfestigkeit ergibt als bei ununterbrochener Wasserlagerung. Aus diesem Grund muß die Austrocknung des Zementsteins und damit die Alterung des Gels möglichst lange hinausgeschoben werden.

5.5.5.2 Deutung der Wasserdurchlässigkeit

Auch die vielfältigen Faktoren der Wasserdurchlässigkeit werden bei kolloidchemischer Betrachtung leichter verständlich. Daß mit steigendem W/Z-Wert die Durchlässigkeit zunimmt, ist selbstverständlich, weil mit steigendem W/Z der Anteil an Kapillar-(Grob-)poren wächst. Daß die Wasserdurchlässigkeit bei Feuchtlagerung mit zunehmendem Betonalter abnimmt, ist ebenfalls leicht verständlich, weil die Füllung der ursprünglich der Anmachewassermenge entsprechenden Hohlräume mit dichtender Hydratmasse ein längere Zeit beanspruchender Prozeß ist (s. Hydratation).

Zunächst unverständlich ist die Tatsache, daß ein anfänglich dichter junger Beton bei folgender Trockenlagerung wieder stark durchlässig werden kann (s. Bilder 144 und 145). Dieser wie auch andere Vorgänge der Durchlässigkeit werden mit Bild 168r. erklärt. Zunächst sei festgestellt, daß nicht alle Poren wasserdurchlässig sind. Die Gelporen, wie sie durch Austrocknung von Gelen entstehen, haben einen Durchmesser von ca. 2 nm = $^1/_{5000}$ µm [165]. Derartig dünne Wasserschichten werden von der Oberfläche der Gelporen festgehalten (s. Bild 37), so daß die Gelporen keine Wasserdurchströmung zulassen (pseudofestes Wasser).

Die durch Überschußwasser entstehenden sog. Kapillarporen sind im Vergleich zu den Gelporen viel größer; ihr Durchmesser kann mehrere μm erreichen und ist also rund 1000mal größer als der der Gelporen [166]. Das darin befindliche Wasser ist deshalb beweglich, weshalb Kapillarporen von Wasser durchströmt werden und die Ursache der Wasserdurchlässigkeit von Beton sind.

Bild 168 r. zeigt eine solche Kapillarpore. Der ursprünglich große, der Anmachewassermenge entsprechende Porenraum ist durch die Zementgelschicht, die sich auf den Zementteilchen gebildet hat, stark verringert; in der Mitte die verbliebene Kapillarpore. Dieser Zustand entspricht etwa dem nach 7 Tagen Wasserlagerung (s. Bild 144). Bei weiterer Wasserlagerung (z.B. 180 Tage) füllt sich der Hohlraum mit weiterer neu entstehender Gelmasse; die Pore ist kleiner (s. Bild 168 b) und die Durchlässigkeit geringer geworden. Wird derselbe Beton statt dessen luftgelagert, dann fehlt das Wasser zu weiterer Gelbildung; ja das anfänglich gebildete Gel trocknet aus, altert und schwindet, mit dem Ergebnis, daß die Kapillarpore größer und damit auch die Durchlässigkeit größer wird (s. Bild 144 und 168 c).

5.5.6 Treibvorgänge im Zementstein

Treiben im Zementstein, das zur Gefügezerstörung und damit zum Verlust der Festigkeitseigenschaften führen kann, tritt dann auf, wenn nach der Erhärtung und damit räumlichen Fixierung des Zementsteins im Innern desselben durch Sekundärreaktionen örtliche Volumenvergrößerungen auftreten. Solche Vorgänge sind als Kalktreiben, Magnesiatreiben, Gipstreiben und Alkalitreiben bekannt.

Es handelt sich dabei um Vorgänge, bei denen in im Zement enthaltenen oder zugesetzten Verbindungen Wasser eingebaut wird, wobei aus Oxiden Hydroxide und aus wasserarmen Verbindungen wasserreiche entstehen, was jeweils mit einer Volumenzunahme verbunden ist, die am Reaktionsort einen u.U. sprengenden Druck ausübt (s. **Bild 169**).

5.5.6.1 Kalktreiben

Zement enthält große Mengen Calciumoxid (60 bis 65%) jedoch gebunden an SiO_2, Al_2O_3 und Fe_2O_3 in Form von Silikaten (C_3S und C_2S), Aluminaten (C_3A) und Ferriten (C_4AF). Nichtgebundenen,

266

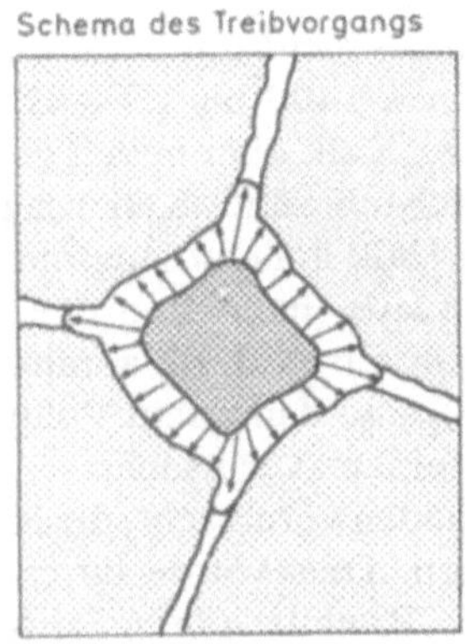

Treiben im Zementstein

169

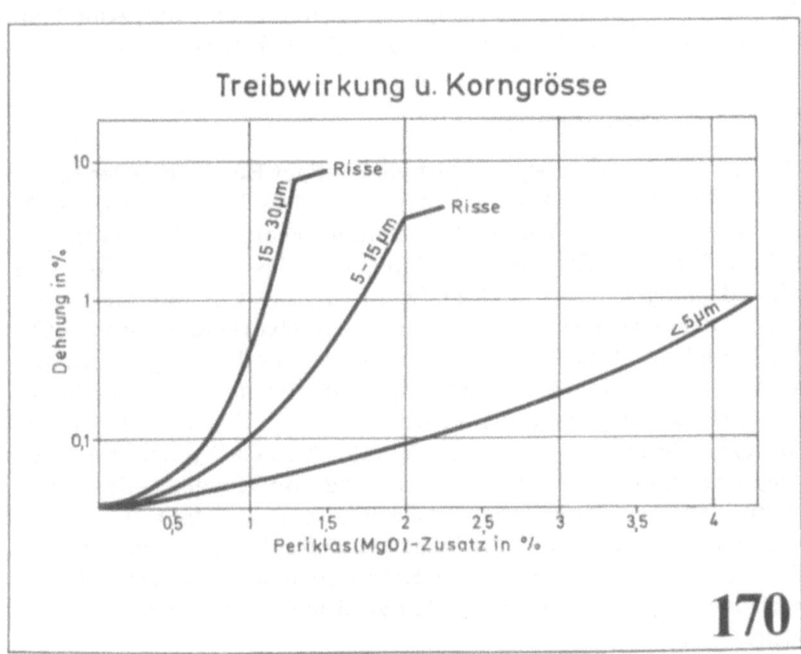

Treibwirkung u. Korngrösse

170

sog. „freien Kalk", darf der Zement nicht bzw. nur in sehr geringer
Menge enthalten. Dies ist schwer einzusehen, denn dieser freie Kalk
besteht ja aus gebranntem Kalk (CaO), der sich mit Wasser zu
$Ca(OH)_2$ = gelöschter Kalk umsetzt. Dieser entsteht bei der Hydratation des Zements sowieso in großer Menge.

Der Grund, warum selbst geringe Mengen ($>2\%$) freier Kalk
gefährlich sind, liegt darin, daß es sich dabei nicht um bei üblicher
Temperatur von ca. 900 °C, sondern bei ca. 1400 bis 1500 °C, der
Brenntemperatur des Zements, gebrannten Kalk ober besser gesagt
„überbrannten" Kalk handelt. Dieser hochgebrannte Kalk reagiert
im Unterschied zum normal gebrannten Kalk äußerst langsam mit
Wasser, langsamer als der Zement. Letzterer hat schon den Zementstein gebildet, wenn der hochgebrannte freie Kalk anfängt zu
reagieren gemäß $CaO + H_2O \rightarrow Ca(OH)_2$ und dabei sein Volumen
stark vermehrt und somit das sog. „Kalktreiben" verursacht.

Dieses hat in früherer Zeit manche Schäden verursacht, die heute
praktisch nicht mehr vorkommen können. Dies wurde durch die
nach der Zementnorm vorgeschriebene Raumbeständigkeitsprüfung sichergestellt, wonach ein Probekuchen nach 28 Tagen Wasserlagerung bzw. nach 24stündigem Kochen (Kochversuch) keine
Verkrümmungen und Risse zeigen darf. Bei der Herstellung des
Zements muß deshalb dafür gesorgt werden, daß der Anteil an
freiem Kalk nicht wesentlich mehr als 1 %, höchstens 2 % beträgt.

5.5.6.2 *Magnesiatreiben*

Magnesiumcarbonat ($MgCO_3$) ist ein häufiger Bestandteil des Kalksteins ($CaCO_3$). Das Dolomitgestein ist ein Mischgestein aus $CaCO_3$
und $MgCO_3$. Es ist zur Kalkherstellung geeignet (Dolomitkalk),
nicht jedoch zur Zementherstellung, weil das sich beim Brennen
bildende Magnesiumoxid ($MgCO_3 \rightarrow MgO + CO_2$) im Gegensatz
zum Calciumoxid (CaO) nicht mit den Hydraulefaktoren SiO_2,
Al_2O_3 und Fe_2O_3 zu hydraulisch härtenden Verbindungen umsetzt,
sondern als „freie Magnesia" (MgO) im Brennprodukt verbleibt
[167]. Dieses Magnesiumoxid wird, wenn es in Form von Kristallen
vorliegt, „Periklas" genannt. Im Vergleich zu CaO reagiert es noch
langsamer mit Wasser unter Entstehung von Magnesiumhydroxid,
verbunden mit Volumenvergrößerung gemäß $MgO + H_O \rightarrow$
$Mg(OH)_2$. Das hat zur Folge, daß das dadurch verursachte Magnesiatreiben im Unterschied zum Kalktreiben sehr langsam, oft erst
nach Jahren auftritt und durch Kurzprüfungen nicht zuverlässig erkannt wird.

268

Die Gefahr des Magnesiatreibens ist nicht nur von der Menge des MgO abhängig, sondern auch von der Korngröße. Dies geht aus Versuchen von Gille hervor [168], welche zeigen, daß grobe Teilchen viel stärkere örtliche Ausdehnung und schließlich Rißbildung verursachen, als dieselbe Gewichtsmenge feiner Teilchen, deren jeweils geringere Ausdehnung unter der kritischen Grenze liegt und sich auf einen größeren Bereich verteilt als beim treibenden Grobkorn (s. **Bild 170**). Dasselbe gilt auch für den freien Kalk. Daraus ergibt sich, daß sowohl beim Magnesia- als auch beim Kalktreiben die Treibneigung um so geringer ist, je größer die Mahlfeinheit ist.

Im Gegensatz zum Freikalk, wo schon Mengen von mehr als 2% zum völligen Zerfall des Zementsteins führen können, werden beim MgO ca. 2% von den Klinkerphasen unschädlich aufgenommen und erst Mengen von >5% bewirken Treiberscheinungen [169]. Da diese durch Kurzversuche schwer zu ermitteln sind, ist in der Zementnorm eine Höchstmenge von 5% MgO vorgeschrieben.

5.5.6.3 Gipstreiben

Dem Zement wird zur Regulierung der Erstarrungszeit Gips zugefügt. Wird dabei eine bestimmte Grenze überschritten, dann tritt Gipstreiben auf [170]. Deshalb ist für jeden Zement die (analytisch leicht bestimmbare) Menge SO_3 vorgeschrieben, die mit 1,7 multipliziert, den Gipsgehalt ergibt. Die Ursache des Gipstreibens ist die Bildung von Calciumaluminatsulfat (s. Betonkorrosion) mit 31 Molekülen Kristallwasser unter Volumenvermehrung um das Achtfache. Bei kleinen, im Rahmen der Vorschrift liegenden Gipsmengen, findet diese Umwandlung innerhalb der ersten 24 Stunden zusammen mit der Anfangserhärtung des Zements statt. Bei hohen Gipsmengen verlängert sich die Reaktionsdauer und findet auch dann noch statt, wenn das Zementsteingefüge bereits fixiert ist, was dann Gipstreiben zur Folge hat. Deshalb begrenzt die Zementnorm den SO_3-Gehalt je nach Zementart auf Mengen zwischen 3,5 und 4,5%.

5.5.6.4 Alkalitreiben

Es handelt sich dabei um einen Vorgang, bei dem durch Bestandteile des Zements (Alkalien) bestimmte Zuschläge wasserlöslich werden und unter Volumenzunahme Wasser aufnehmen, wodurch ein treibender Innendruck entsteht.

Die zugrundeliegende Reaktion ist dieselbe, wie bei der Wasserglasherstellung; Einwirkung von Alkalien auf Kieselsäure gemäß $2\,Na_2O + SiO_2 \rightarrow Na_2\,SiO_3$. Die Alkalioxide ($Na_2O + K_2O$) sind, rohstoffbedingt, im Zement in meist geringer Menge enthalten. Sie stammen hauptsächlich aus dem Ton, der durch Verwitterung von Feldspat (s. dort), einem alkalihaltigen Gestein, entstanden ist. Damit zusammenhängend beträgt der Alkaligehalt des Zements (Na_2O, K_2O) zwischen 0,5 und ca. 2%, im Durchschnitt 0,8% [171]. Beim Anmachen mit Wasser bilden die Alkalioxide Laugen (K_2O + $H_2O \rightarrow 2\,KOH$), die neben dem Calciumhydroxid im Wasser des erhärtenden Zements enthalten sind.

Die Umsetzung von Alkalien mit Quarz zu Wasserglas findet erst bei hohen Temperaturen ($>1000\,°C$) statt. Es gibt aber auch Kieselsäuremodifikationen, bei denen diese Reaktion schon bei niedrigerer, sogar bei Normaltemperatur stattfindet. Dies hängt mit dem Kristallisationsgrad zusammen. Vereinfachend kann man sagen, daß mit steigender Kristallinität und damit zunehmender Nahordnung der Moleküle steigende Temperaturen zum „Aufschluß" der Kristallbindungen notwendig sind. Deshalb setzt sich der kristalline Quarz (Hauptbestandteil des Rheinkieses und Rheinsandes) erst bei hohen Temperaturen mit Alkalien um. Die nichtkristalline, sog. „amorphe" Kieselsäure reagiert dagegen schon bei Normaltemperatur. Letztere ist ein Bestandteil des Opals.

Der Opalsandstein, der in Schleswig-Holstein und Skandinavien in bedeutender Menge vorkommt, besteht aus mit Opal, d.h. amorpher Kieselsäure verkittetem Feinsand. Er hat sich als alkaliempfindlicher Zuschlagsbestandteil erwiesen und in der jüngeren Zeit eine Reihe von Bauschäden verursacht [172]. Diese entstehen dadurch, daß sich die im Kapillarwasser enthaltenen Alkalien (KOH, NaOH) mit der amorphen Kieselsäure zu Natrium- bzw. Kaliumsilikat, d.h. zu Wasserglas umsetzen. Dieses ist ein an sich festes Glas, das jedoch wasserlöslich ist (Wasserglas). Diese durch Wasseraufnahme verursachte Erweichung findet auch im Zementstein statt und zeigt sich in einem häufig beobachteten Austreten einer dickflüssigen Substanz (Wasserglas) aus Rissen. Die Treibwirkung kommt dadurch zustande, daß das zunächst feste Reaktionsprodukt „Alkalisilikat" Wasser aus seiner Umgebung aufnimmt und einen im Volumen zunehmenden plastischen Körper bildet, der durch seinen Druck den umgebenden Zementstein sprengt. Derartige Schäden kommen deshalb vorwiegend bei dauernd feuchtem Beton vor, nicht aber bei trockenem Beton (fehlendes Wasserangebot).

Puzzolane (s. dort), die wie der Opalsandstein amorphe Kieselsäure enthalten, zeigen, dem Zement zugesetzt, kein Alkalitreiben. Die Ursache liegt in der Teilchengröße, die bei den Puzzolanmehlen

weniger als 100 µm beträgt, bei den Opalsanden dagegen mehrere
Millimeter. Die im einzelnen geringe Volumenvergrößerung der
vielen Puzzolanteilchen kann von den Kapillarporen des Zementsteins aufgenommen werden, nicht aber die der großen Opalsand-
körner, die einen örtlichen sprengenden Druck ausüben. Der Zusatz
von Puzzolanen verringert sogar die Gefahr des Alkalitreibens, weil
die Puzzolanteilchen das Alkali unschädlich binden, wodurch die
Voraussetzungen für das Alkalitreiben des Opalsandes wegfallen
[172a].

Auf die Verwendung opalsandhaltiger Zuschläge kann aus loka-
len und wirtschaftlichen Gründen meist nicht verzichtet werden. Die
schädliche Reaktion muß deshalb von der anderen Seite, dem Alka-
liangebot her verhindert werden. Dies kann geschehen durch Verwendung von Zement mit niedrigem Alkaligehalt (NA = Niedrigal-
kalizement). Sein Alkaligehalt ist beim PZ auf <0,6% (Na_2O äqui-
valent) festgelegt (Na_2O = 100, K_2O = 66).

Für die Praxis ergeben sich daraus die in **Tabelle 7** aufgeführten
vorbeugenden Maßnahmen gegen schädigende Alkalireaktion im
Beton.

Tabelle 7

Alkaliempfindlichkeit des Zuschlags	Umweltbedingung	
	trocken	feucht
unbedenklich	keine	keine
bedingt brauchbar	keine	NA-Zement[a]
bedenklich	keine	NA-Zement

[a] Nur bei Beton Bn 350 und höher. Da die Gesamtmenge Alkali auch von der
verwendeten Zementmenge abhängt, sollte ein Zementgehalt von 350 kg/m³ Beton
nicht überschritten werden.

5.5.6.5 *Nichtschwindender Zement und Quellzement*

Die Tatsache, daß alle Zemente beim Erhärten mehr oder weniger
zum Schwinden neigen, ist Ursache vieler Probleme des Bauwesens,
weshalb die Schaffung nichtschwindender Zemente eine immer wie-
derkehrende Forderung der Praxis ist. Darüber hinaus ist der
Wunsch nach Entwicklung von Expansivzement zur Erzielung einer
speziellen „Vorspannwirkung" seit längerer Zeit von besonderer
Aktualität.

Dieses Gebiet ist in neuerer Zeit gründlich erforscht worden und
es wurden auch verschiedene Lösungen gefunden. Im Prinzip beste-

hen diese darin, daß man durch ein gesteuertes Treiben das Schwinden kompensiert (= schwindfreier, engl. „non shrinking cement"), bzw. überkompensiert beim Expansiv- bzw. Quellzement. Man hat dabei mit wachsendem Erfolg versucht, aus der Not eine Tugend und aus dem Gift Arznei zu machen.

Ausgehend von den seit Jahrzehnten bekannten und vorstehend besprochenen Treiberscheinungen wurden in verschiedenen Ländern Verfahren zur Herstellung von Quellzementen bzw. dem Zement zuzusetzenden Quellkomponenten entwickelt. Eine Quellkomponente auf der Basis von freiem Kalk wird in Japan in beschränktem Umfang hergestellt [173]. Der gesteuerte Zusatz von Periklas (MgO) wurde insbesondere in der UdSSR [174, 175] erprobt und teilweise zum Spannen der Bewehrung in dampfbehandeltem Beton empfohlen (die sonst langsame Reaktion des MgO wird dabei durch die erhöhte Temperatur beschleunigt).

Größere Bedeutung haben jedoch nur Verfahren erlangt, welche die Sulfatexpansion (Ettringitbildung) zur Grundlage haben. Guttmann hat dies schon 1920 durch gesteuerten Gipszusatz versucht, jedoch ohne Erfolg. Lossier [175] hat erkannt, daß ein Gipszusatz nicht genügt, sondern daß auch eine Erhöhung des Aluminatanteils notwendig ist. Er hat einen Klinker aus Calciumaluminatsulfat entwickelt, der zusammen mit PZ-Klinker und einem Zusatz von HO-Schlacke vermahlen, einen Quellzement ergibt. Obwohl schon um 1940 entwickelt, konnte sich der Gedanke des Quellzements in Europa nicht durchsetzen.

In den USA und in der UdSSR wurde jedoch in den vergangenen 20 Jahren diese Forschungsrichtung intensiv betrieben und drei Quellzemente entwickelt, die nunmehr in steigendem Umfang zum Einsatz kommen (s. **Bild 171**). Dabei handelt es sich um Entwicklungen, die auf dem Grundgedanken von Lossier aufbauen. *Typ S* besteht aus einem tonerdereichen (Al_2O_3) Zementklinker mit erhöhtem Gipszusatz. Er stellt das Gegenteil des sulfatbeständigen Zements dar. Während letzterer kein C_3A enthält, ist dieses beim Typ S überhöht. Das beim Sulfatangriff von außen kommende SO_3 ist in dem vermehrten Gipsgehalt vorhanden, d.h. die treibenden Faktoren Al_2O_3 und SO_3 sind in dem Zement gespeichert.

Der in den USA [176] entwickelte Quellzusatz *Typ K* ist ein wasserfreies Calciumaluminatsulfat, d.h. ein Konzentrat der treibenden Faktoren Al_2O_3 und SO_3 mit 15 bis 20% ebenfalls treibendem freiem Kalk. Mit 10 bis 15% Zusatz zu üblichem PZ erhält man einen nichtschwindenden Zement (shrinking compensating cement) mit dem die Bildung von Schwindrissen verhindert werden kann.

272

Quellzemente (s. ③-④-⑤)

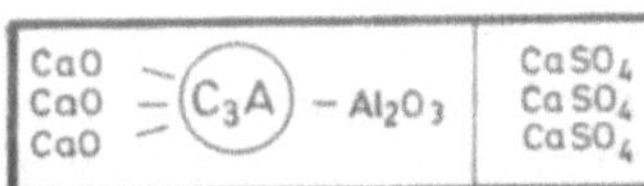

Quell-
Substanz
Ettringit

① Sulfatbeständiger (C₃A-freier) Portlandzement

② ← Normaler Portlandzement →

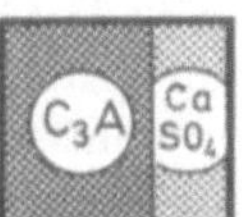

③ ← Quellzement Typ S →

④ Portlandzement   Quellzusatz Typ K

⑤ Quellzement Typ M = Portlandzement+Tonerde-Zem.+Gips

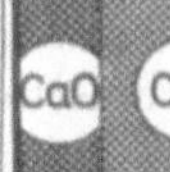

171

Bei Zusatz von 25 bis 35% erhält man einen Quellzement, der sich beim Erhärten dehnt und dadurch bei schlaff eingelegter Bewehrung deren Vorspannung bewirkt. Der Zement *Typ M,* in der UdSSR entwickelt [177], besteht aus einer Mischung von Portlandzement, Tonerdezement und Gips. Der überwiegend aus Calciumaluminat bestehende Tonerdezement wirkt in Verbindung mit Gips als treibende Komponente.

Der Wirkungsmechanismus ist bei Typ S, Typ K und Typ M derselbe; bei ihnen sind die Treibfaktoren Aluminat und Sulfat entweder im Klinker enthalten (Typ S), oder Bestandteile eines speziell gebrannten Zusatzmittels (Typ K), oder im zugesetzten Tonerdezement und Gips vorhanden (Typ M). Bild 171 soll die vielleicht verwirrenden, im Grunde aber einfachen Vorgänge veranschaulichen. Die die Quellung bewirkende Substanz bildet sich aus den Reaktionspartnern CaO, Al_2O_3 und SO_4, welche unter Aufnahme einer großen Menge Kristallwasser und damit verbundener Volumenzunahme das sog. Ettringit der Zusammensetzung $C_3A \cdot 3$ $CaSO_4 \cdot 31\ H_2O$ bilden. Beim normalen PZ, dessen $CaSO_4$-Gehalt unter der kritischen Grenze liegt, kann Sulfattreiben nur auftreten, wenn von außen Sulfate (Anion SO_4) in den Beton eindringen. Um diese Reaktion zu verhindern, wird beim sulfatbeständigen HS-Zement das C_3A, die Basissubstanz, vermieden. Will man erreichen, daß der Zement aus sich heraus quillt (Quellzement), dann muß der Gipsgehalt über die kritische Grenze erhöht und auch der C_3A-Gehalt gesteigert werden. Dies geschieht beim Quellzement Typ S durch Herstellung von Grund auf. Typ K ist ein aus der Quellsubstanz bestehender Zusatz zu normalem Portlandzement. Beim Quellzement Typ M werden als Quellsubstanz der aluminatreiche Tonerdezement und Gips zugesetzt. In allen drei Fällen wird durch Steigerung des Calciumaluminat- und Calciumsulfatgehalts die Ettringitbildung im Zementstein ermöglicht.

Das russische Verfahren (Typ M) ist das einfachste und findet deshalb auch in anderen Ländern zunehmendes Interesse. Gemische aus Portlandzement und Tonerdezement wurden schon vor Jahrzehnten in Frankreich als Quellzement verwendet, jedoch mit wechselndem Erfolg. Erst durch intensive Erforschung der chemischen Vorgänge wurden die Voraussetzungen für die Herstellung zuverlässig reagierender Quellzemente geschaffen. Narrenfest sind diese Bindemittel jedoch nicht, sondern ihre erfolgreiche Anwendung erfordert viel Sachkenntnis. Darin liegt wohl der Hauptgrund, warum sich Quellzemente in der Praxis nur langsam durchsetzen, obwohl dafür ein dringendes Bedürfnis besteht.

274

5.5.7 Ausblühungen

Ausblühungen sind meist helle Ausscheidungen an Bauwerksoberflächen, die dadurch entstehen, daß aus den Poren des Baustoffs Salzlösungen nach außen gelangen und nach Verdunstung des Wassers die Salze als Belag zurückbleiben. Die Ursachen können je nach Baustoff verschiedener Art sein.

5.5.7.1 Ausblühungen an jungem Beton

Unter bestimmten Bedingungen können an frisch hergestelltem Beton unschöne weiße Ausblühungen auftreten, die nachgewiesenermaßen seine Güte nicht beeinträchtigen, jedoch sein ästhetisches Bild, und deshalb Anlaß zu Beanstandungen geben. Es wirken dabei eine Reihe von Faktoren mit [178]; der zugrunde liegende Vorgang ist folgender: Das Bindemittel des Betons, der Zementstein, enthält zusammenhängende Kapillarporen. Diese sind anfangs sehr groß; sie verringern sich in dem Maße, wie aus Zement und Wasser porenverengende Neubildungen, der Zementstein entstehen. Dieser anfangs große Porenraum ist mit Wasser gefüllt, in dem die löslichen Stoffe des Zements gelöst sind. In der Hauptsache handelt es sich bei diesem Porenwasser um eine gesättigte Lösung von Calciumhydroxid (2,4 g/l), welches sich bei der Hydratation abspaltet und außerdem Anteile von gelöstem Gips und Alkalien.

Wenn der junge Beton an trockener Luft erhärtet, entstehen keine Ausblühungen. Dies hängt damit zusammen, daß das Wasser schon beim Austritt aus den Poren verdunstet, wobei die gelösten Salze im Innern, besser gesagt unter der Oberfläche zurückbleiben. Anders ist es, wenn die Oberfläche des frischen Betons mit Wasser benetzt ist. In diesem Fall diffundieren die Salze in das Benetzungswasser (Konzentrationsausgleich) und beim Trocknen bleiben sie als Mikrokristalle in Form eines weißen Belages oder Schleiers zurück. Der sog. „Pfützenversuch", bei dem auf frischen Beton aufgebrachtes Wasser einwirken kann, reproduziert diesen Vorgang sehr anschaulich. Deshalb sind horizontale Frischbetonflächen, die naß geworden und dann getrocknet sind, in der Regel weiß. Dies tritt auch auf, wenn zwischen Schalung und Frischbeton Wasser eindringt, das sich mit Calciumhydroxid anreichert und nach dem Entschalen unter Zurücklassung eines hellen Belages verdunstet.

Solche Ausblühungen können auch noch nach dem Entschalen entstehen, wenn beispielsweise an frischem Beton Regen herunterläuft, dessen Wasser von der Betonoberfläche Calciumhydroxid aufnimmt und nach dem Trocknen als Belag zurückläßt. Auch bei neuen Betonfertigteilen, insbesondere Platten treten, wenn sie eng gestapelt sind, öfters solche Ausblühungen auf. Sie werden dadurch verursacht, daß die Luft zwischen den Platten feuchtigkeitsgesättigt bzw. übersättigt ist, wobei sich eine Kondenswasserschicht (Tau) bildet, in der sich Calciumhydroxid löst und nach dem Trocknen einen hellen Belag verursacht. Solche Ausblühungen sind in der Regel in der Flächenmitte am ausgeprägtesten; am Rand, wo die zirkulierende Außenluft Zutritt hat, treten sie seltener auf, weil hier das Wasser ohne Bildung eines Oberflächenfilms schnell wegtrocknen kann. Auch beim sog. „Annässen" können solche Ausblühungen entstehen, wenn das Befeuchtungswasser zwischenzeitlich eintrocknet.

Die Voraussetzung für das Entstehen von Ausblühungen auf frischen Betonflächen ist stets ein Naßwerden und anschließendes Trocknen, weil dieses Wasser Calciumhydroxid aufnimmt, das mit der Kohlensäure der Luft Calciumcarbonat ($CaCO_3$) bildet. Solche Erscheinungen treten nur bei frisch entschaltem Beton auf; nicht jedoch, wenn dieser einige Tage an der Luft trocknen konnte, weil durch den Hydratationssog das Porenwasser von der Oberfläche nach innen gesogen wird und sich an der Oberfläche durch Umsetzung mit der Luftkohlensäure unlösliches $CaCO_3$ bildet. Deshalb sollten frisch entschalte Sichtbetonflächen nicht unmittelbar mit Wasser nachbehandelt werden, sondern zunächst mit Folien oder Ähnlichem abgedeckt werden.

Entstandene Ausblühungen können durch Behandlung mit verdünnter Salzsäure ($1:5$ bis $1:10$) entfernt werden. Vorher muß der Beton jedoch angenäßt werden, damit die Säure nicht in die Poren eindringt und anschließend nochmals, daß alle Säurereste entfernt werden.

5.5.7.2 Aussinterungen an Altbeton

Eine andere Ursache haben die an älteren Betonbauwerken in Form von oft dickeren Schichten auftretenden Aussinterungen. Der chemische Vorgang ist im wesentlichen derselbe wie bei den Ausblühungen auf Frischbeton; die Eintrocknung von $Ca(Oh)_2$-gesättigtem Wasser unter Bildung von Calciumcarbonat n. d. Gl. $Ca(OH)_2 + H_2O + CO_2 \rightarrow Ca\,CO_3 + 2\,H_2O$.

Bei den Aussinterungen kommt das calciumhydroxidgesättigte Wasser aus dem Innern des Betons, verursacht durch undichten Beton, vorzugsweise an Arbeits- und Betonierungsfugen.

Weil das sickernde Wasser immer neues Calciumhydroxid an die Oberfläche bringt, sind solche Aussinterungen oft dicke Krusten bis

276

tropfsteinartige Gebilde. Im Gegensatz zu den Ausblühungen auf
Frischbeton, welche die Betongüte nicht beeinträchtigen, kann dies
bei Aussinterungen der Fall sein, wenn durch die fortgesetzte Herauslösung von Calciumhydroxid Hohlräume entstehen. In solchen
Fällen kann eine Hohlraumverfüllung durch Einpressen von Fein-
mörtel notwendig werden. – Bei Puzzolanzement treten solche Aussinterungen erfahrungsgemäß wenig auf, weil das die Aussinterung
verursachende Calciumhydroxid des hydratisierenden Zements
durch die amorphe Kieselsäure der Puzzolane zu unlöslichem Kalksilikathydrat gebunden wird (s. Puzzolane).

5.5.7.3 Ausblühungen an keramischen Baustoffen

Ziegel- und Klinkermauerwerk zeigen vielfach einen weißlichen Belag [179]. Wenn die Oberfläche der Steine einen gleichmäßigen
Belag aufweist, handelt es sich meist um Natrium-, Magnesium- und
Calciumsulfat, die aus Bestandteilen des Tons durch Umsetzung mit
dem aus dem Brennmaterial entstandenen SO_2 entstanden sind.
Wenn es sich um leichtlösliche Salze handelt (z.B. Natriumsulfat),
dann werden solche Ausblühungen meist durch den Regen abgewaschen. Ausblühungen aus dem schwerlöslichen Gips sind schwierig
zu entfernen.

Ausblühungen, die in Fugennähe auftreten, nicht aber in der Fläche des Steins, sind meist auf Bestandteile des Mörtels zurückzuführen. Kalk- und Zementmörtel enthalten wasserlösliche Verbindungen, insbesondere Calciumhydroxid und Gips. Das diese Verbindungen enthaltende Mörtelwasser wird von dem porösen Steinma-
terial abgesaugt und verdunstet in Fugennähe unter Abscheidung
der Salze, die als Ausblühungen in Erscheinung treten.

5.5.7.4 Mauersalpeter

Ausblühungen an Mauerwerk werden vielfach verallgemeinert als
„Mauersalpeter" bezeichnet. Dies ist nicht richtig, denn der Mauersalpeter ist nur ein seltener Fall möglicher Ausblühungen. Er tritt
vorwiegend im landwirtschaftlichen Bereich auf, wo das aus Harn
und faulenden Eiweißstoffen freiwerdende Ammoniak von Nitrat-
bakterien zu Salpetersäure oxidiert wird, die sich mit dem Kalk des
Mörtels gemäß $CaCO_3 + 2 HNO_3 \rightarrow Ca(NO_3)_2 + H_2O + CO_2$ zu
Kalksalpeter umsetzt.
Durch Übergießen von Kalkmauern mit Jauche hat man früher
Kalksalpeter und daraus Kalisalpeter hergestellt, der zur Schießpul-
verherstellung benötigt wurde [180].

Dieselbe Umsetzung findet in Mauerwerk statt, in dessen Kapillaren Fäkalwasser hochsteigt [181]. Der Mauersalpeter ist ein leichtlösliches Salz und führt mit der Zeit zu starken Zerstörungen des Mauerwerks (Mauerfraß). Eine Unterbindung ist nur durch Einbau einer Isolierung möglich, welche den kapillaren Flüssigkeitstransport verhindert.

5.6 Einwirkung extremer Temperaturen

5.6.1 Frosteinwirkung auf Frischbeton

Wenn man sich vergegenwärtigt, daß frischer Beton bedeutende Mengen Wasser enthält und dieses sich beim Gefrieren um ca. 9% ausdehnt und dabei hohe Drücke entwickelt, dann erscheint es aussichtslos, bei Gefahr von Frosttemperaturen Beton herzustellen. Wenn letzteres trotzdem mit Erfolg geschieht und Frostschäden eine Ausnahme sind, dann hängt dies mit drei glücklichen Umständen zusammen, welche dem Frost und seinen Folgen entgegenwirken.

Faktor 1 ist die bereits besprochene Tatsache, daß der Beton beim Erhärten die sog. Hydratationswärme entwickelt, welche je nach Zementart eine mehr oder weniger große innere Erwärmung des Betons zur Folge hat, die dem Eindringen der Kälte entgegenwirkt. Faktor 2 ist die bereits behandelte Volumenverringerung des Wassers beim Einbau als Kristallwasser in die Hydratverbindungen der Klinkermineralien, wodurch Porenräume entstehen, in welche gefrierendes Anmachewasser ausweichen kann. Faktor 3 ist die Tatsache, daß mit fortschreitender Hydratation die Menge des gefrierbaren Wassers schnell abnimmt, weil das in das Kristallgitter der Hydrate eingebaute und im Zementgel gebundene Wasser nicht mehr gefriert.

Es ist jedoch keineswegs so, daß durch diese günstigen Faktoren das Problem der Frostbeständigkeit von Frischbeton gelöst ist, sondern erst sorgfältiges Abwägen aller auf die Frostbeständigkeit Einfluß nehmenden Faktoren in Verbindung mit zusätzlichen Maßnahmen macht die Herstellung von Beton im Bereich von Frosttemperaturen möglich.

Wie kompliziert diese Zusammenhänge sind, geht aus den RILEM-Richtlinien für die erforderliche Erhärtungszeit zum Erreichen der Gefrierbeständigkeit hervor. Diese Zeiten betragen je nach Zementsorte, W/Z-Wert und Betontemperatur ¼ bis 16 Tage

(s. Bild 176). Im folgenden wird versucht, die Ursache für diese sich in weiten Grenzen bewegende Frostempfindlichkeit von Frischbetonmischungen aufgrund der sich beim Gefrieren abspielenden Volumenänderungsvorgänge schematisch darzustellen. Dabei wird davon ausgegangen, daß im Verlauf der nach dem Anmachen einsetzenden Hydratation bei völliger Hydratation 35 bis 40 Teile Wasser eingebaut werden, davon 25 bis 28 Teile in Hydrate, wobei letzteres $^1/_4$ = ca. 6,5 Teile an Volumen verliert. Ein Volumenverlust von 6,5 Teilen entspricht also einer 100%igen, 4,8 einer 75%igen Hydratation. Wie aus Bild 149 ersichtlich, ist ein Z 55 nach 28 Tagen zu annähernd 100% hydratisiert; ein Z 25 nur zu ca. 75%. Der Hydratationsgrad des Z 35 liegt dazwischen, etwa bei 85%. Das bedeutet, daß ein Z 55 dann ca. 35 Teile Wasser (auf 100 Teile Zement) in Gele und Hydrate eingebaut hat, ein Z 25 nur ca. 28 Teile und ein Z 35 ca. 32 Teile (s. **Bilder 172–175** r.). Ein weiterer Unterschied zwischen Z 55 und Z 25 besteht darin, daß beim Z 55 dieser Hydratationsprozeß sehr schnell verläuft, beim Z 25 langsam. Die Hydratationskurve (1), welche die Menge eingebauten Wassers angibt, ist abgeleitet aus der Zeitkurve der Druckfestigkeit unter Zugrundelegung der Tatsache, daß die Druckfestigkeit sich aus der Menge eingebauten Wassers ergibt.

Auf der Ordinate der Diagramme ist die Menge Anmachewasser angegeben, bei Z 55 (**Bild 174**) Z 35 (**Bild 172**) und Z 25 (**Bild 175**) jeweils 40 Teile auf 100 Teile Zement (= W/Z 0,4). In gleicher Weise wie die Hydratation fortschreitet, bilden sich im Zementstein Hohlräume (Punktraster). Die Kurve der Hohlraumbildung (2) hat, da gegenseitig bedingt, dieselbe, jedoch gegenläufige Charakteristik wie die Hydrationskurve (1).

Wenn das Wasser sofort nach der Mischung gefrieren würde, dann würden sich die 40 Teile (W/Z 0,4) auf 44 Teile ausdehnen, die 60 Teile (W/Z 0,6) auf 66 Teile. In dem Maße jedoch, wie hydratationsbedingte Hohlräume entstehen, nimmt die Dehnung ab, weil das entstehende Eis in diese Hohlräume ausweichen kann. An dem Punkt, wo die neugebildeten Hohlräume der Ausdehnung des Eises entsprechen (s. kritische Zeit) findet keine Volumenvermehrung und damit Schädigung des Zementsteins mehr statt. Kritisch ist nur die Zeit bis zur Erreichung des Zustandes neue Hohlräume = Frostdehnung des noch nicht eingebauten Wassers. Da diese kritische Zeit u. a. auch von der Temperatur abhängt, wird eine Relativzahl angegeben beim Schnittpunkt Ausdehnung = neue Hohlräume. Diese ist bei Z 55 und W/Z-Wert 0,4 = 1 gesetzt (s. Bild 174).

Frostgefahr und W/Z
1
W/Z 0,4 (PZ 35)
krit. Zeit
H₂O
Vol.
verl.
Wasser in cm³/100g Zement
44
40
2
30
freies Wasser
5
20
1
in Gel und Hydraten
gebundenes Wasser
10
1 2 (2,5) 3 4
28
Relativzahl Erhärtungszeit in d
172

2
W/Z 0,6 (PZ 35)
kritische Zeit
H₂O
Vol.
verl.
66
60
2
Wasser in cm³/100g Zement
50
freies Wasser
5
40
30
1
20
in Gel und Hydraten
gebundenes Wasser
10
1 2 3 4 5 6 (6,5) 7
Relativzahl Erhärtungszeit in d
173

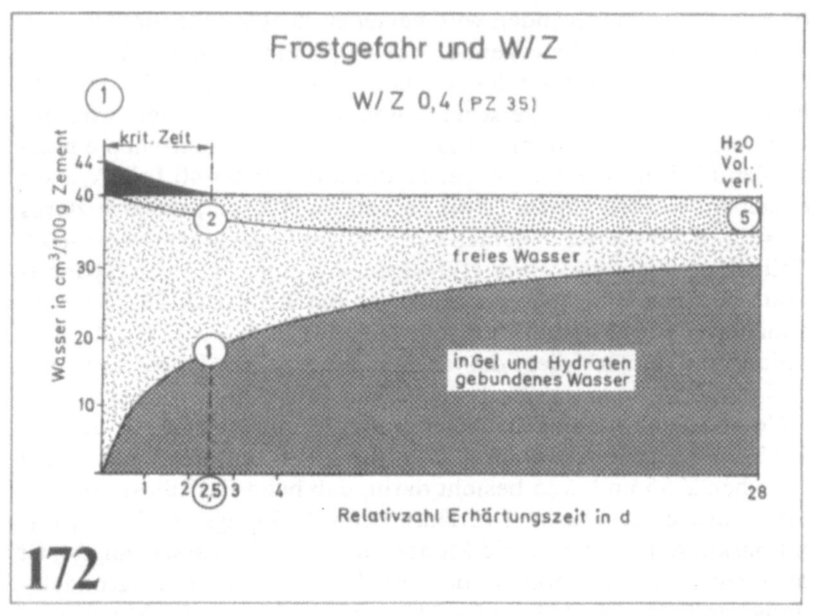

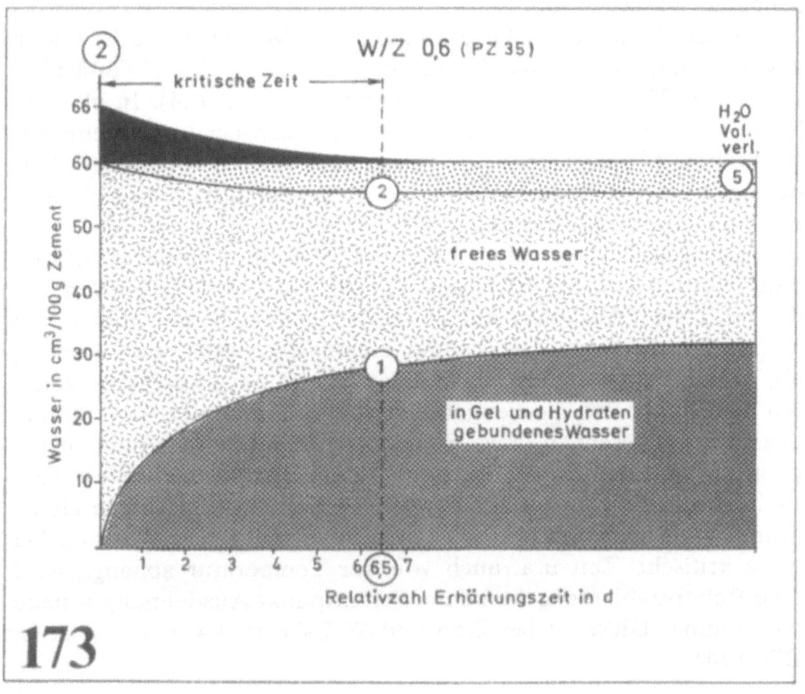

280

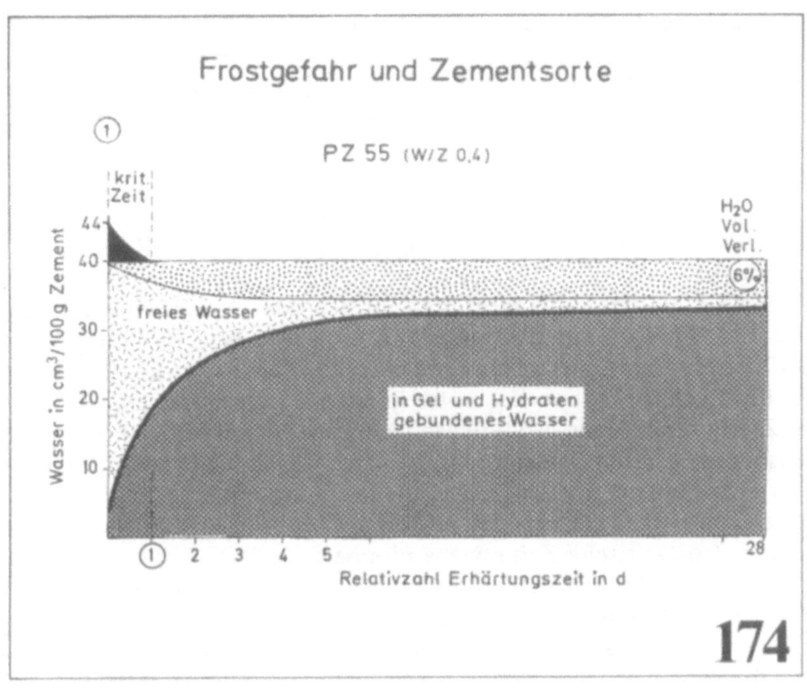

①
PZ 55 (W/Z 0,4)
krit. Zeit
H₂O Vol. Verl.
44
40
freies Wasser
30
20
in Gel und Hydraten gebundenes Wasser
6%
① 1 2 3 4 5
28
Wasser in cm³/100 g Zement
Relativzahl Erhärtungszeit in d
174

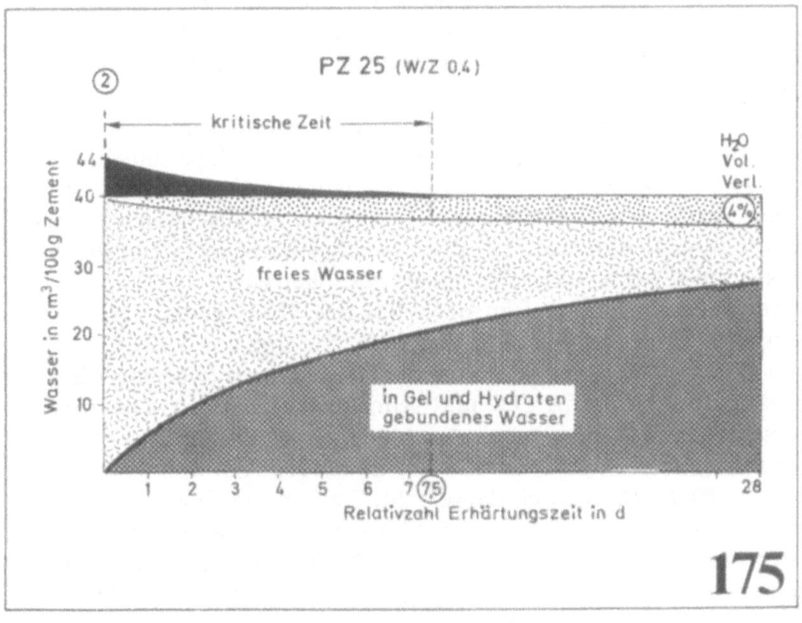

②
PZ 25 (W/Z 0,4)
kritische Zeit
H₂O Vol. Verl.
44
40
freies Wasser
30
20
in Gel und Hydraten gebundenes Wasser
4%
1 2 3 4 5 6 7 75
28
Wasser in cm³/100 g Zement
Relativzahl Erhärtungszeit in d
175

Diese kritische Zeit ist beim Z 55 sehr kurz, weil wegen der sofort und stark einsetzenden Hydratation in kurzer Zeit viel Hohlräume entstehen. Anders beim Z 25. Dessen Hydratation verläuft viel langsamer, was zur Folge hat, daß auch nur langsam Hohlräume entstehen und das nicht gebundene Wasser weniger schnell abnimmt. Dies bewirkt, daß sich hier eine hohe Relativzahl von 7,5 ergibt (s. Bild 175). Beim Z 35, der in seiner Hydratationsgeschwindigkeit zwischen Z 55 und Z 25 liegt, ergibt sich eine Relativzahl von ca. 3,5.

Der Einfluß des W/Z-Wertes ergibt sich beim Vergleich von Bild 172 und **Bild 173** mit Z 35 und W/Z 0,4 sowie W/Z 0,6. Der Verlauf der Hydratationskurve ist, da derselbe Zement vorliegt, gleich, ebenso auch die Kurve des entstehenden Porenraums. Da die bei W/Z 0,6 um 20 Teile größere Menge freien Wassers einen größeren Ausdehnungsraum beansprucht, der erst allmählich entsteht, ergibt sich eine längere frostkritische Zeit mit einer entsprechend hohen Relativzahl (6,5). Durch den höheren W/Z (0,6 anstatt 0,4) wird also die frostkritische Zeit etwa verdoppelt.

Die Darstellungen in den Bildern 172 bis 175 erheben keinen Anspruch auf Allgemeingültigkeit; es ist hier nur eine Ursache von mehreren behandelt, aber wahrscheinlich die wichtigste. Daß die Ergebnisse im Prinzip richtig sind, ergibt sich beim Vergleich mit den RILEM-Richtlinien (s. Bild 176). Danach ist beim Z 25 die Vorhärtungszeit (W/Z 0,4) etwa achtmal größer als beim Z 55 und beim W/Z 0,6 etwa zweimal so groß wie beim W/Z 0,4. Aus diesen Diagrammen ergibt sich auch, daß ab einem durch die Volumenverringerung des Wassers entstandenen Porenraum von ca. 4 bis 5% der junge Beton frostbeständig ist. Dies steht in Übereinstimmung mit den Versuchen von Jung [182], wonach Frischbeton, der in einem speziellen Hydratationsmeßtopf mit aufgesetzter wassergefüllter Bürette eingefüllt ist, dann frostbeständig ist, wenn der Meniskus um 4% des Anmachewassers gesunken ist.

Die Vorerhärtungszeiten nach RILEM [183] gelten für Betontemperaturen von 5 °C, 12 °C und 20 °C. Sie sind von 5 auf 12 °C und von 12 auf 20 °C jeweils etwa um die Hälfte kürzer (wärmerer Beton = längere Abkühlungszeit und schnellere Reaktion). Die für die verschiedenen Zemente bei verschiedenen W/Z-Werten und Temperaturen (5 °C, 12 °C und 20 °C) geltenden Vorerhärtungszeiten sind in **Bild 176** grafisch dargestellt. Sie betragen zwischen ¼ Tag (PZ 55, W/Z 0,4 bei 20 °C) und 15 Tage (PZ 25, W/Z 0,8 bei 5 °C). Wenn man die Vorerhärtungszeit nach RILEM gegen den Wasserzementwert (s. **Bild 177**) und gegen die Zementsorte (s. **Bild 178**)

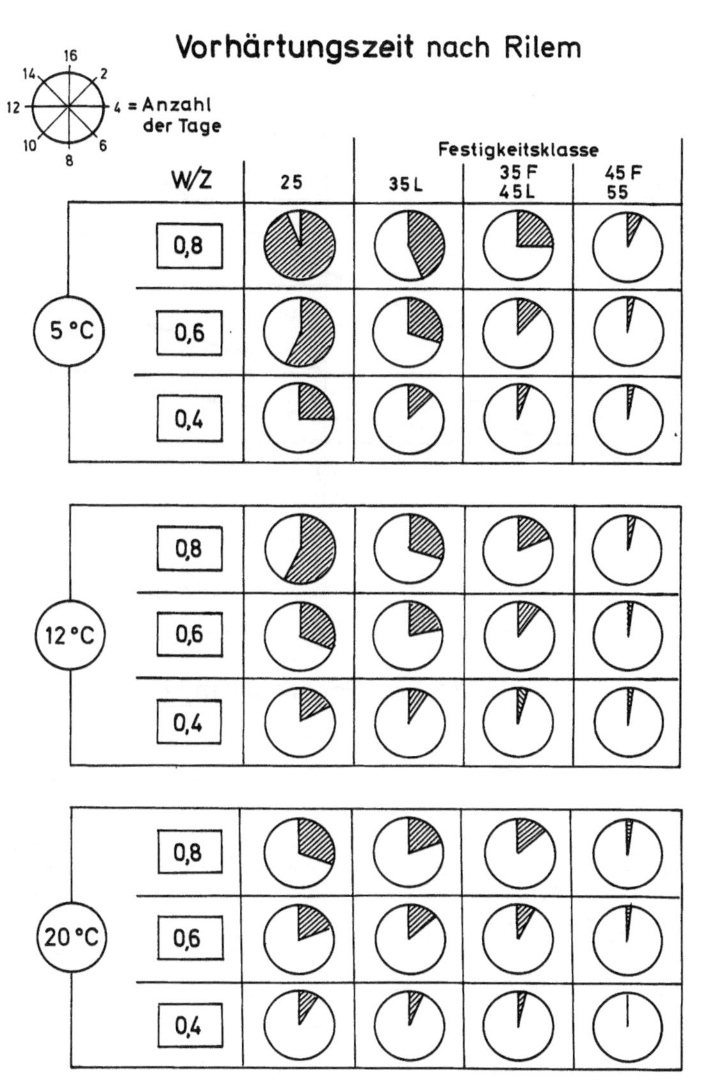

Vorhärtungszeit nach Rilem
16
14   2
12   4 = Anzahl
10   6   der Tage
8
W/Z
Festigkeitsklasse
25
35 L
35 F
45 L
45 F
55
5 °C
0,8
0,6
0,4
12 °C
0,8
0,6
0,4
20 °C
0,8
0,6
0,4
176

Wasserzementwert u. Vorerhärtung (5°C)
(n. Rilem)
Zem.
Erhärtungszeit in d
16
14
12
10
8
6
4
2
25
35 L
35 F
45 L
45 F
55
0,4
0,6
0,8
W/Z

177

Zementsorte und Vorerhärtung (5°C)
Erhärtungszeit in d
16
14
12
10
8
6
4
2
W/Z 0,8
W/Z 0,6
W/Z 0,4
250
350 L
350 F
450 L
450 F
550
Zementsorte

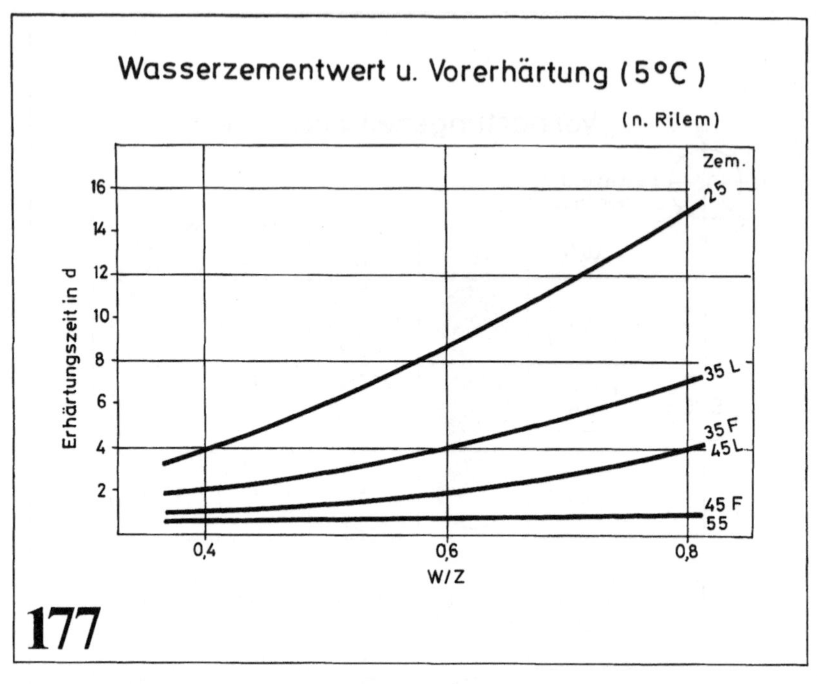

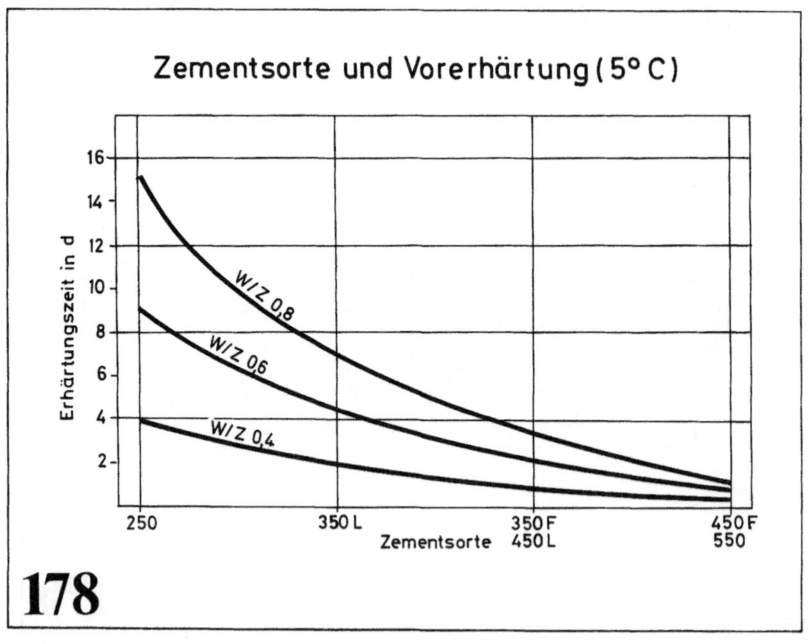

178

284

aufträgt, dann ergibt sich eine klare Gesetzmäßigkeit der Art, daß die Vorerhärtungszeit mit steigendem W/Z und mit abnehmender Festigkeitsklasse zunimmt. Zur Sicherung gegen drohende Frostschäden ist es somit wichtig, einen frühhochfesten Zement zu verwenden (PZ 55 und 45 F), den W/Z möglichst niedrig zu halten, die Betonmischung anzuwärmen und den Beton sorgfältig nachzubehandeln.

5.6.2 *Frostbeständigkeit von erhärtetem Beton*

Wenn man sich vergegenwärtigt, daß auch erhärteter Beton je nach W/Z-Wert mehr oder weniger große Mengen Wasser enthält (s. Bild 95), dann müßte dieser bei Einwirkung von Frost und damit verbundener Ausdehnung des entstehenden Eises stark frostgefährdet sein. Daß dies in der Praxis nur in seltenen Fällen zutrifft, ergibt sich als Folge einiger günstiger Umstände.

1. Der Beton gibt durch Austrocknung den größten Teil des überschüssigen Wassers ab, wodurch Porenräume entstehen, in welche sich das restliche Wasser beim Gefrieren ausdehnen kann. Frostschäden an erhärtetem Beton treten deshalb vorwiegend bei wassergesättigtem Beton auf, wozu im allgemeinen auch der Straßenbeton gehört.

2. Das in den Hydraten chemisch gebundene Wasser (ca. 25%) ist, da im Kristallgitter eingebaut, nicht gefrierbar. Ein mit 25,5% Wasser angemachter Purzement wurde nach E. v. Gronow [184] nach 4 Tagen Erhärtung ohne Schädigung einer Temperatur von $-20\,°C$ ausgesetzt.

3. Das in den Gelporen (feinen Poren) und Kapillarporen (groben Poren) befindliche Wasser zeigt unterschiedliches Verhalten, dadurch bedingt, daß der Gefrierpunkt des Wassers wegen der in Poren wirksamen Oberflächenkräfte herabgesetzt wird, und zwar um so mehr, je feiner die Poren sind. Die im Zementstein enthaltenen Poren haben sehr unterschiedlichen Durchmesser. Der Durchmesser der Gelporen ist so gering, daß das darin enthaltene Wasser praktisch nicht gefriert. Nur das in den Kapillarporen enthaltene Wasser ist gefrierbar, wobei sein Gefrierpunkt ebenfalls von dem sehr verschiedenen Durchmesser der Kapillarporen abhängt. Deshalb gibt es keine bestimmte Gefriertemperatur des Wassers im Beton, sondern dieses gefriert stufenweise über einen Temperaturbereich von 0 bis $-20\,°C$. Powers [185] hat die bei den einzelnen Temperaturstufen im Zementstein gebildete Eismenge festgestellt. Sie ist aus **Bild 179** ersichtlich, bezogen auf die Eismenge bei $-15\,°C$

Eismenge im Zementstein bei verschied. Temperaturen
(n. Powers)
Eismenge in % Eis bei –15°C
100
90
80
70
60
50
40
30
20
10
-15
-10
-5
0
Temperatur in °C

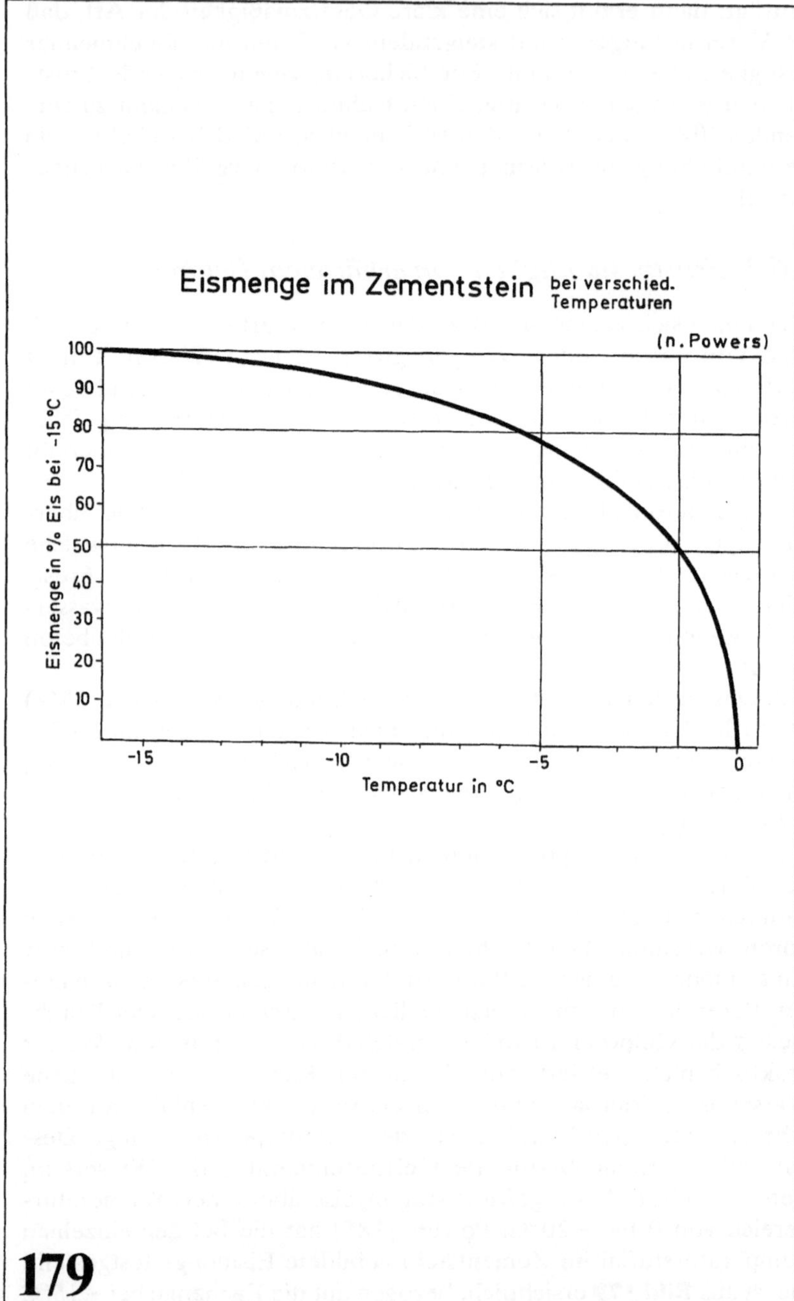

179

= 100%. Damit zusammenhängend dehnt sich wassergesättigter Beton bei Abkühlung auf tiefe Temperatur nicht plötzlich beim Gefrierpunkt des Wassers aus, sondern von bei $-4\,°C$ beginnend bis $-24\,°C$ (s. **Bild 180**).

Die Druckfestigkeit eines wassersatten Betons nimmt beim Gefrieren außerordentlich zu und beträgt bei $-100\,°C$ das Zwei- bis Dreifache der $20\,°C$-Festigkeit [186]. Die Erklärung dafür ist einfach: Die in den Poren sitzenden feinen Eiskristalle tragen – im Unterschied zum flüssigen Wasser – in hohem Maße zur Festigkeit bei.

Beim Wiedererwärmen von gefrorenem Beton geht die Ausdehnung wieder zurück, jedoch nicht ganz, sondern nur bis auf etwa $^1\!/_3$ (s. Bild 180) [187]. Diese verbleibende Dehnung kann man als irreversible Dehnung bezeichnen. Sie wird verursacht durch eine wenn auch geringe Gefügelockerung. Bei wiederholtem Gefrieren tritt erneut Ausdehnung ein, die als Summe von verbliebener Ausdehnung und neuer Ausdehnung größer ist und nach Erwärmung eine vergrößerte irreversible Dehnung ergibt.

Hierin liegt die Erklärung für die Tatsache, daß einmaliges bzw. seltenes Gefrieren von feuchtem Beton meist unschädlich ist, daß häufiger Frost-Tau-Wechsel jedoch starke bis völlige Gefügezerstörung des Betons bewirken kann. Diese Gefahr ist um so größer, je höher der Volumenanteil an Kapillarporen ist (s. **Bild 181**) [188]. Beton mit wenig Kapillarporen ist frostbeständig bis zu 700 Frost-Tau-Wechseln. Bei Beton mit viel Kapillarporen ist die Frostbeständigkeit bis auf 10% und weniger reduziert. Der Grund dafür liegt darin, daß je größer der Kapillarporengehalt, desto größer die Menge gefrierbaren Wassers und damit auch die Frostdehnung ist, so daß in letzterem Fall weniger Frostwechsel genügen, den Beton zu schädigen.

Da bei wassersattem Beton der Kapillarporengehalt identisch ist mit nicht gebundenem gefrierbarem Überschußwasser (Kapillarwasser), ist der Volumenanteil an Kapillarporen um so größer, je höher der W/Z-Wert ist (s. Bild 95). Vereinfacht kann man deshalb sagen, daß ein Beton um so frostbeständiger ist, je niedriger sein W/Z-Wert ist. Für unser Klima haben sich Betone mit W/Z-Wert bis höchstens 0,6 als dauerhaft frostbeständig erwiesen.

Frostbeständigkeit und Dichtigkeit des Betons haben dieselben Ursachen, denn die Frostschädigung wird durch Gefrierdehnung des in Kapillarporen befindlichen Wassers verursacht; die Durchlässigkeit durch dessen Wanderung. Wasserundurchlässiger Beton ist deshalb im allgemeinen auch ein frostbeständiger Beton.

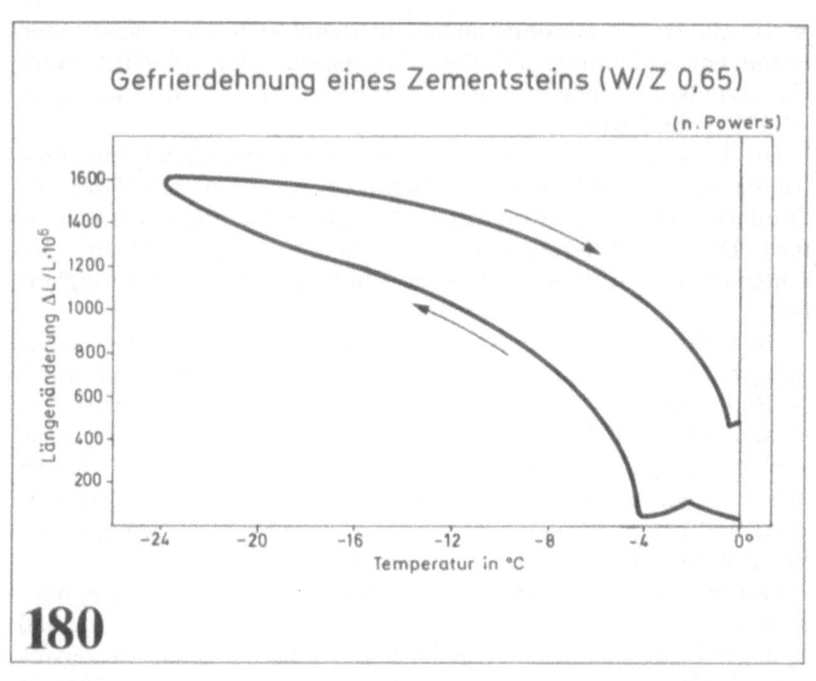

Gefrierdehnung eines Zementsteins (W/Z 0,65)

180

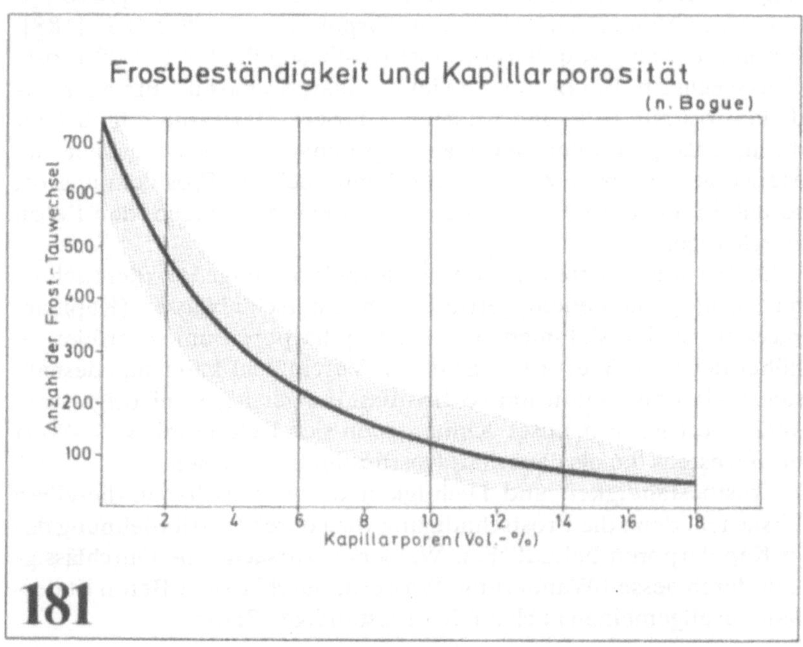

Frostbeständigkeit und Kapillarporosität

181

288

Das in früheren Jahrzehnten oft auftretende Problem der Frostschädigung des Betons ist seit der Erfindung des LP-Betons weitgehend gelöst. Die Wirkung und Art der dafür Verwendung findenden
Zusatzmittel wird im Kapitel Betonzusatzmittel näher behandelt.

5.6.3 *Hohe Temperaturen* (>100 °C)

Auf jungen, noch nicht hydratisierten Zementstein wirken hohe
Temperaturen stark festigkeitsmindernd, weil das zur Hydratation
notwendige Wasser schnell verdunstet. Durch Dampfbehandlung,
d. h. durch Verhinderung der Wasserverdunstung kann dieser Nachteil behoben werden. Bei Temperaturen über 100 °C, d. h. über dem
Siedepunkt des Wassers, muß dies in Druckbehältern (Autoklaven)
geschehen. Es handelt sich dabei um ein wichtiges Verfahren, bei
dem verschiedene Einflüsse wirksam werden, weshalb es an anderer
Stelle behandelt wird.

Bei der Einwirkung hoher Temperaturen wird das im Zementstein bis zu mehr als 40% enthaltene Wasser ausgetrieben. Dabei
muß unterschieden werden zwischen dem in den Kapillar- und
Strukturporen enthaltenen sog. freien Wasser, dem im Zementgel
adsorbierten Wasser und dem in den Hydraten chemisch gebundenen Wasser.

Die mit steigender Temperatur zunehmende Wasserverdunstung
ist aus **Bild 182** ersichtlich [188a]. Zunächst sei darauf hingewiesen,
daß die Wasserabgabe vom Alter des Zementsteins abhängig ist.
Dies erklärt sich daraus, daß die Hydratation und die damit verbundene Bildung von Hydraten und Gel eine Langzeitreaktion ist. In
jungem Beton ist deshalb mehr freies, noch nicht gebundenes Wasser enthalten als in älterem Beton. Dies ist die Ursache dafür, daß
aus jungem Beton (1 Tag) unter gleichen Bedingungen etwa die
doppelte Wassermenge ausgetrieben wird als aus älterem (300
Tage) Beton. Im übrigen zeigen die Entwässerungskurven eine mit
steigender Temperatur schnell zunehmende Wasserabgabe, wobei
die Hauptmenge schon unter 100 °C, dem Siedepunkt des Wassers
verdunstet. Es handelt sich dabei um das freie Kapillarwasser und
einen Teil des adsorbierten Gelwassers. Der Wasserverlust zwischen
100 und 300 °C wird durch die Entwässerung der Hydratverbindungen verursacht. Ein weiterer, fast plötzlicher Wasseraustritt findet
zwischen 350 und 400 °C statt, verursacht durch die Entwässerung
des Calciumhydroxids ($Ca(OH)_2 \rightarrow CaO + H_2O$).

Die Wirkung der Zementsteinentwässerung auf die Festigkeitseigenschaften zeigt **Bild 183** [188b]. Demnach nimmt die Druckfe-

Hohe Temperatur (>100°C)
Wirkung auf Wasserabgabe beim PZ
(n. Taylor)
Gebundenes Wasser in %/100 g Zement
30
25
20
15
10
5
300 d
30 d
1 d
Ca(OH)₂-Dehydr.
100
200
300
400
450
Temperatur in °C

182

Wirkung auf Festigkeit beim PZ
(n. Keil)
Festigkeit bei 20 °C in %
125
100
75
50
25
Druckfestigkeit
Zugfestigkeit
20
100
200
300
400
Temperatur in °C

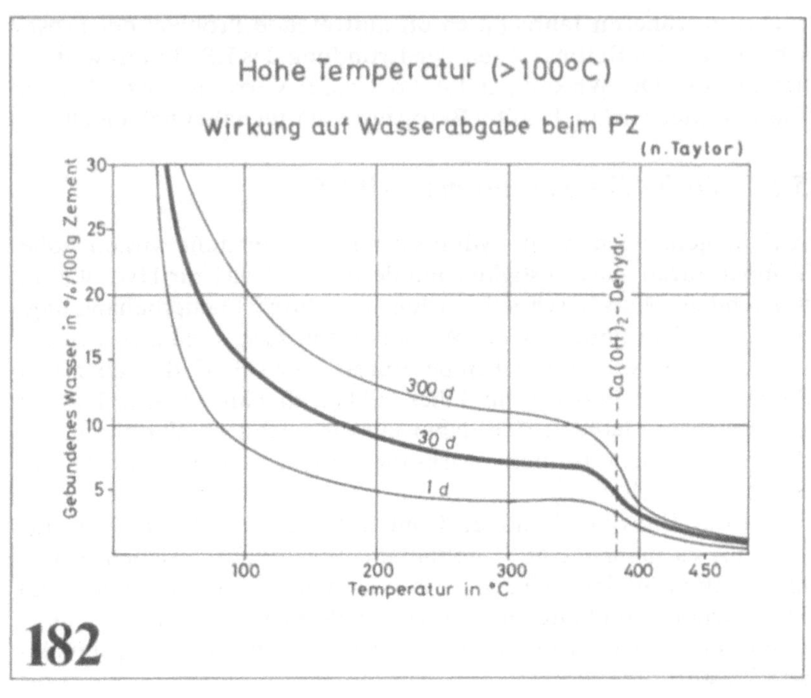

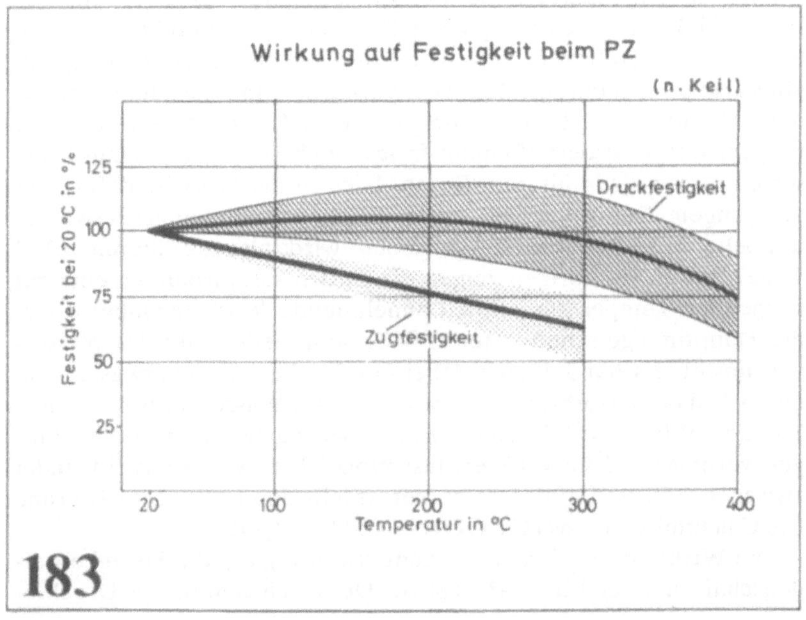

183

290

stigkeit bis ca. 200°C, wenn auch geringfügig zu. Bei 300°C ist sie immer noch so groß wie bei Normaltemperatur; bei höheren Temperaturen nimmt sie jedoch schnell ab. Anders bei der Zugfestigkeit, die von Anfang an mit steigender Temperatur abnimmt; bis 300°C um etwa $1/3$.

Beide Vorgänge stehen in Übereinstimmung mit den Festigkeitseigenschaften von nassem und trockenem Beton (s. Bilder 122 und 123), wonach der Beton nach dem Austrocknen eine höhere Druckfestigkeit und geringere Biegezugfestigkeit hat. Die Ursache dafür dürfte sein, daß das in gewissem Maß die Gleitung begünstigende „Zwischenschichtwasser" verschwindet und die Kristalle dann trocken verzahnt sind. Der Rückgang der Biegezugfestigkeit hängt wahrscheinlich damit zusammen, daß der Bindemittelbeitrag des Wassers fortfällt. In dünnen Schichten wirkt das Wasser als Bindemittel (s. Bilder 38 und 39). Zusammenfassend kann festgestellt werden, daß Portlandzement bis 300°C beständig ist, wobei wichtig ist, wegen der relativ hohen Wärmedehnzahl des Portlandzementsteins möglichst wenig Zement zu verwenden und das zur Hohlraumfüllung notwendige Volumen durch Zusatz von Feinkorn zu erzielen.

5.6.4 Feuerbeständiger Beton

Bei Temperaturen von über 400°C fällt die Druckfestigkeit des Portlandzementbetons sehr stark ab und zwar bis 900°C auf etwa $1/5$ der Normal-Druckfestigkeit (s. **Bild 184**), verursacht durch den Zusammenbruch der Skelette der kristallinen Hydratationsmineralien. Dies und zusätzliche Probleme unterschiedlicher Wärmedehnung von Zementstein und Zuschlagmaterial sind der Grund, warum Portlandzement für die Herstellung von feuerfestem Beton im allgemeinen ungeeignet ist [189].

Anders der Tonerdezement. Dessen Festigkeit geht mit der von 100 auf 700°C ansteigenden Temperatur wohl auch zurück, jedoch nur auf etwa die Hälfte (s. Bild 184), was im Hinblick auf die an sich höhere Druckfestigkeit des Tonerdezements meist nicht ins Gewicht fällt. Ab 700°C nimmt beim Tonerdezement die Festigkeit infolge keramischer Reaktionen wieder zu, während sie beim PZ noch um die Hälfte abnimmt. Wie **Bild 185** zeigt, ist der Portlandzement im Bereich hoher Temperaturen viel größeren Eigenschaftsänderungen unterworfen als der Tonerdezement. Letzterer hat noch den zusätzlichen Vorteil einer um 40% geringeren Wärmedehnzahl. Wichtig ist die Wahl geeigneter Zuschläge. Quarz ergibt nur bis 500°C be-

Feuerbeständiger Beton
Druckfestigkeit und hohe Temperatur
(n. Hallauer)
Rel. Kaltdruckfestigkeit in %
125
100
75
50
25
Portlandzement
Tonerdezement
200
400
600
800
1000
1200
1400
Temperatur in °C

184

Wärmedehnzahl
des Zementsteins
(n. Hummel)
Wärmedehnzahl in 10^-6/K
25
Portl.Z.
23
20
Tonerde-
zement
14
15
10
5

Feuerbeständigkeit
von TZ-Beton.
Abhängigkeit vom Zuschlag
(n. Lehmann-Mitusch)
°C
1500
1000
500
Quarz
Kalkstein
Ziegelspl.
Scham.
Korund

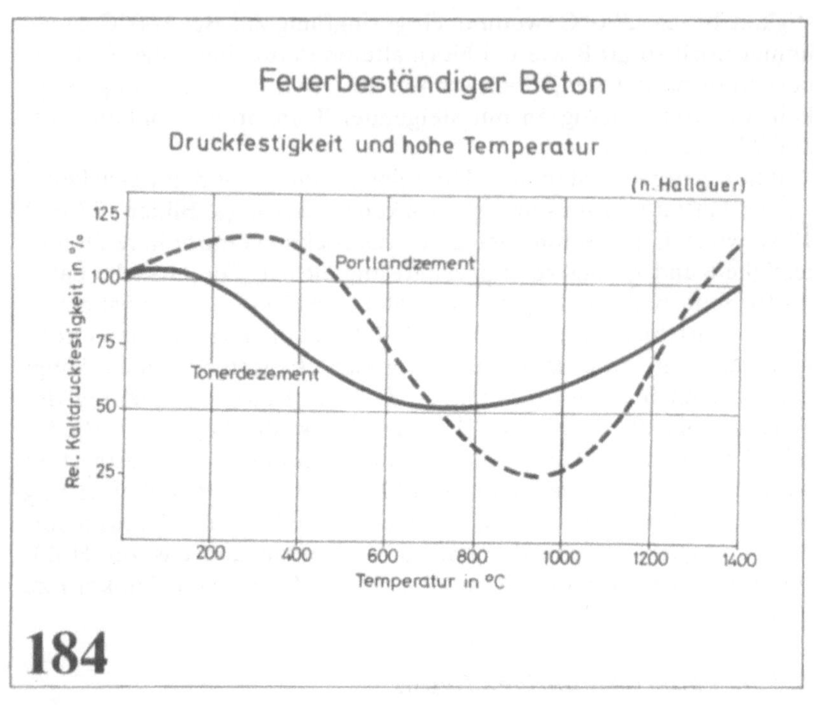

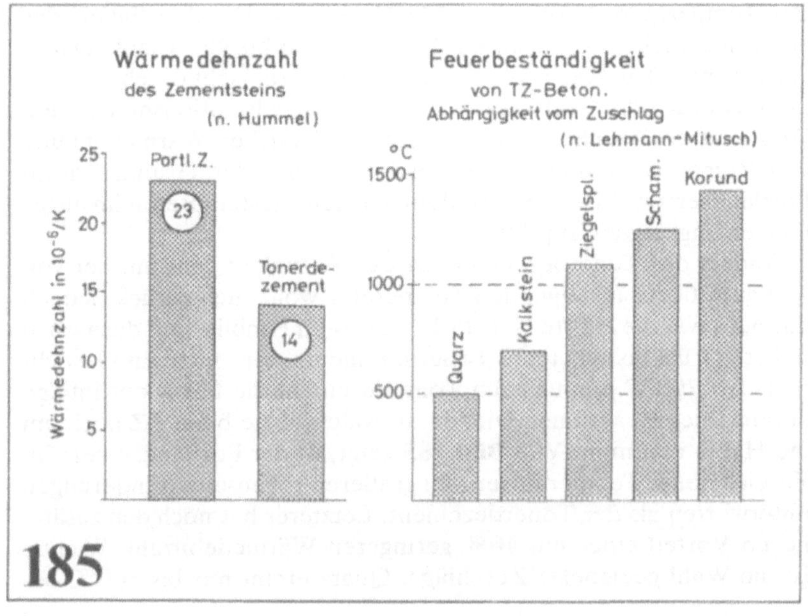

185

ständigen Beton, weil sich der übliche trigonale β-Quarz bei 573 °C unter großer Ausdehnung (14%) in α-Tridimit umwandelt. Kalkstein ist bis 700 °C beständig, darüber setzt die CO_2-Abspaltung ein (Kalkbrennen). Mit Ziegelsplitt, Schamotte und Korund lassen sich mit Tonerdezement Betone mit über 1000 bis 1500 °C reichender Feuerbeständigkeit herstellen [189].

5.7 Hitzebehandlung des Betons

5.7.1 Dampfbehandlung des Betons

Die fabrikmäßige Herstellung von Betonfertigteilen erfordert ein Verfahren, welches in kurzer Zeit transportier- und stapelbare Erzeugnisse liefert. Dies geschieht in großem Umfang durch Härtung in Sattdampf bei 70 bis 100 °C. Dadurch ist es möglich, im Alter von 1 Tag eine Druckfestigkeit von 80% und mehr der 28-Tage-Festigkeit zu erzielen. Die durch Sattdampfhärtung erzielbare Festigkeit ergibt sich als Produkt von Temperatur und Zeit (Stunden). Nach Versuchen von Nurse [190] werden die aus **Bild 186** ersichtlichen Prozentwerte der 3-Tage-Festigkeit bei Normallagerung erreicht. Nach 12 h Dampfbehandlung bei 85 °C ($12 \times 85 = 1020$) wird schon die 3-Tage-Festigkeit bei Normallagerung erreicht und bei längerer Behandlung bis zu 140% der 3-Tage-Festigkeit. Die Dampfbehandlung dauert im allgemeinen 8 bis 24 h. Dampfgehärteter Beton härtet auch noch etwas nach; bei Normaltemperatur erhärteter Beton erreicht jedoch insgesamt eine höhere Festigkeit als der dampfgehärtete (s. **Bild 187**) [190 a].

5.7.2 Druckdampfhärtung (Autoklavhärtung)

Wenn man die Härtungstemperatur zwecks Erzielung kürzester Härtungszeiten über 100 °C erhöhen will, muß die Härtung in Autoklaven erfolgen, weil der Dampfdruck des Wassers bei 100 °C gleich dem Druck der Atmosphäre ist und mit steigender Temperatur stark ansteigt, wie aus **Tabelle 8** ersichtlich ist [191].

Tabelle 8

ata	1	2	4	6	8	10	15	20
Temp. °C	99	120	143	158	170	179	197	211

Die bei der Autoklavhärtung von Zement erzielbaren Festigkeiten sind jedoch geringer als bei Dampfbehandlung unter 100°C und, zwar um so geringer, je höher die Temperatur ist (s. Bild 193). Dies zeigt auch das Diagramm im Bild 194 [191] nach Versuchen von Menzel. Die Druckfestigkeit von bei 121°C dampfgehärtetem Zementstein ist um ca. 30% geringer und bei 176°C gehärtet um ca. 60% geringer als bei Normaltemperatur (28 Tage) gehärteter Zementstein.

Aus dem bisher Besprochenen ergibt sich, daß die Festigkeit des Zementsteins um so geringer ist, je höher die Erhärtungstemperatur ist. Die höchste Endfestigkeit erreichen Zementstein und Beton, wenn sie längere Zeit bei tiefer Temperatur von wenig über 0°C erhärten. Bei Normaltemperatur ist die Langzeitfestigkeit etwas geringer; bei erhöhter (Sommer)-Temperatur wiederum etwas geringer. Bei 70 bis 90°C dampfgehärteter Zementstein erreicht nur etwa 80% der Festigkeit des bei 20°C gehärteten Zementsteins, bei 120°C nur 60% und bei 180°C weniger als 50%.

Da chemische Reaktionen durch Temperaturerhöhung beschleunigt und begünstigt werden, ist dies nicht ohne weiteres verständlich. Diese Gesetzmäßigkeit ist auch bei der Zementhärtung erfüllt, denn die Härtungsgeschwindigkeit ist um so größer, je höher die Temperatur ist, nur das Ergebnis ist anders; die Festigkeit nimmt mit steigender Temperatur ab.

Dies hängt damit zusammen, daß sich mit steigender Temperatur das entstehende Zementsteingefüge ändert. Die hohe Festigkeit von bei niedriger Temperatur erhärtetem Zementstein wurde bereits damit erklärt, daß sich dabei besonders feine Kristalle ausbilden. Mit steigender Temperatur werden die Kristalle gröber. Je günstiger also die Wachstumsbedingungen für Kristalle sind, desto größer werden diese im allgemeinen.

Das ist bei der Erhöhung der Temperatur der Fall, weil dabei die den Kristall aufbauenden chemischen Reaktionen begünstigt werden. Deshalb ist in der Regel ein in tieferen Schichten und damit bei höherer Temperatur auskristallisiertes Gestein grobkristalliner, als wenn es näher der Erdoberfläche und damit bei niedrigerer Temperatur auskristallisiert.

Daß die bei höherer Temperatur entstandenen Kristalle der Zementmineralien größer sind, läßt sich u.a. von der Tatsache ableiten, daß die innere Oberfläche eines im Autoklaven bei ca. 180°C gehärteten Zementsteins 10- bis 20mal geringer ist, als bei Erhärtung bei Normaltemperatur [192].

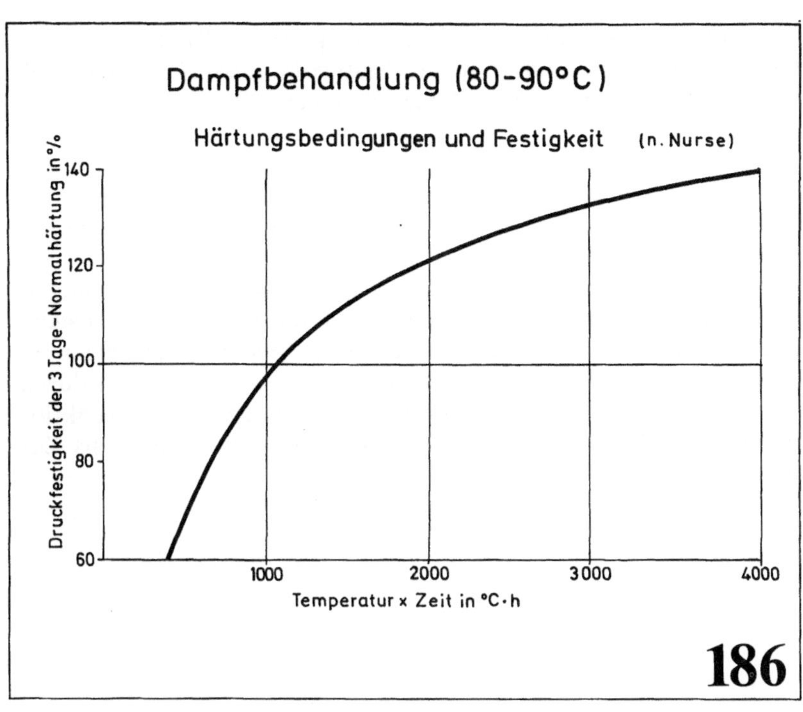

Dampfbehandlung (80-90°C)
Härtungsbedingungen und Festigkeit
(n. Nurse)
Druckfestigkeit der 3 Tage-Normalhärtung in %
140
120
100
80
60
1000
2000
3000
4000
Temperatur x Zeit in °C·h
186

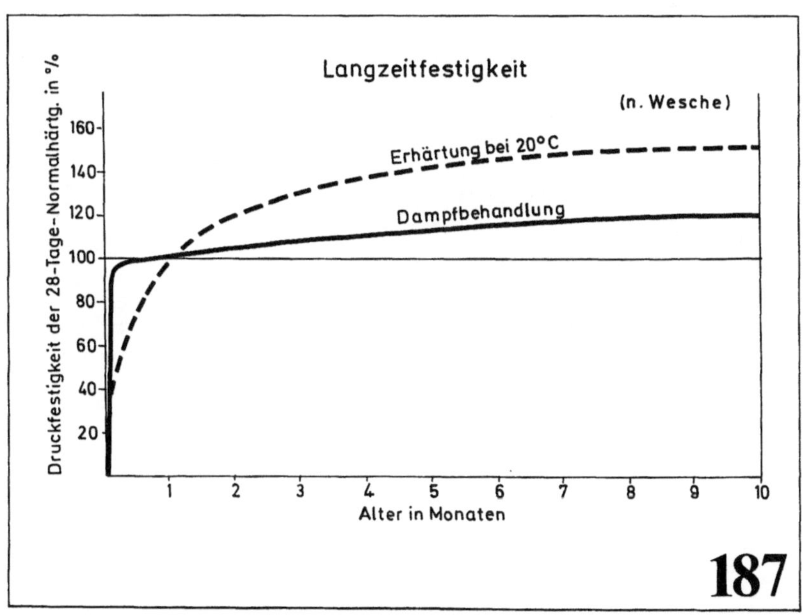

Langzeitfestigkeit
(n. Wesche)
Druckfestigkeit der 28-Tage-Normalhärtg. in %
160
140
120
100
80
60
40
20
Erhärtung bei 20°C
Dampfbehandlung
1
2
3
4
5
6
7
8
9
10
Alter in Monaten
187

Offen bleibt die Frage, warum der aus gröberen Kristallen bestehende Zementstein eine geringere Festigkeit aufweist, als wenn er
feine Kristalle enthält. Diese Frage läßt sich z.T. durch Analogieschluß zu dem Verhalten der Metalle beantworten, von denen bekannt ist, daß sie um so höhere Festigkeiten aufweisen, je feiner das
Kristallgefüge ist. Dies hängt u. a. mit der größeren Korngrenzenfläche eines feinkristallinen Metalls zusammen, welche mit der inneren
Oberfläche des Zementsteins verglichen werden kann [193].

Die Autoklavhärtung von üblichen Zement-Zuschlagmischungen
ist wie gezeigt, wenig interessant, weil dadurch große Festigkeitsverluste auftreten. Es wurde jedoch ein Weg gefunden, diesen Nachteil
zu beheben durch Zusatz bzw. Ersatz eines Teils des Zements durch
Quarzmehl. Dabei treten festigkeitssteigernde chemische Reaktionen auf. Das Verfahren wird im Kapitel Spezialbaustoffe aus Zement behandelt.

6 Zementstein-Zusätze

6.1 Zusatzstoffe zu Zement

Betonzusatzstoffe sind vorwiegend feine Mineralstoffe, die nach DIN 1045 dem Zement zugegeben werden dürfen, um bestimmte Eigenschaften des Zementsteins zu verbessern oder diesen zu verbilligen. Man kann die Zusatzstoffe einteilen in solche, die mit dem Zement reagieren bzw. nicht reagieren.

6.1.1 Zementreaktive Zusatzstoffe

6.1.1.1 Hochofenschlacke und Puzzolane

Die zementreaktiven Zusatzstoffe tragen zur Festigkeitsentwicklung des Zementsteins bei, vorwiegend durch Reaktion mit dem bei der Hydratation frei werdenden Calciumhydroxid ($Ca(OH)_2$) unter Bildung von Calciumsilikaten und Aluminaten. Die wichtigsten Stoffe dieser Gruppe sind die Hochofenschlacke und Puzzolane. Sie werden in der Regel im Zementwerk zugesetzt und sind als Hochofenzement (max. 85% HOS), Eisenportlandzement (max. 35% HOS) und Traßportlandzement (max. 40% Traß) im Handel. Ihr Mengenanteil in der Mischung mit Zement findet seine Grenze dort, wo die Endfestigkeit wesentlich geringer ist als die des reinen Zements. Eine hochreaktive Hochofenschlacke kann den Zement zu 70 bis 80% ersetzen, eine weniger reaktive zu 40 bis 50%, Traß zu 30 bis 40%. Die Festigkeit solcher erhärteter Mischungen in Abhängigkeit des Zusatzstoffs ist aus **Bild 188** ersichtlich [194]. Die Reaktivität ergibt sich aus der Festigkeitserhöhung gegenüber dem nichtreaktiven Zusatz (hier Quarzmehl). Am wirkungsvollsten sind die Hochofenschlacken, weniger die Puzzolane. Beide Stoffgruppen sind unter „Hochofenschlacke" und „Puzzolane" eingehend behandelt.

6.1.1.2 Flugasche

Mit dem Einsatz von Aschen als Zementzusatzstoff hat man sich
schon seit Jahrzehnten befaßt, wobei sich gezeigt hat, daß nur bestimmte Aschen geeignete Zementzusatzstoffe sind, andere dagegen
schädlich sind. Dies hängt mit der chemischen Zusammensetzung
zusammen, die in weiten Grenzen schwankt. Die Braunkohleasche
ist als Zusatzstoff ungeeignet, weil sie zu einem großen Teil aus Gips
($CaSO_4$) und überbranntem Kalk (CaO) besteht, welche beide Treiben verursachen. Anders die *Steinkohlenflugasche* (SFA). In ihrer
Zusammensetzung ist sie den natürlichen Puzzolanen von der
Gruppe vulkanischer Auswurfmassen ähnlich und zeigt damit zusammenhängend eine, wenn auch geringe Reaktivität mit Zement.
Im Gegensatz zu den natürlichen Puzzolanen, deren Teilchen eine
zerklüftete, große Oberfläche haben, besteht die Steinkohlenflugasche (SFA) aus glasigen runden Teilchen mit glatter Oberfläche.
Da 1. Haufwerke aus runden Teilchen ca. 20% weniger Hohlräume
als solche aus körnigen kubischen Teilchen haben und 2. die Teilchengröße der SFA im Bereich des in der Regel geringen Anteils an
Feinstsand liegt und dadurch die Feinkornabstufung in Richtung der
idealen (hohlraumarmen) Fullerlinie verbessert wird, wird durch
Zusatz geeigneter SFA der Wasserbedarf einer Betonmischung gleicher Verarbeitbarkeit z.T. wesentlich verringert und die Erniedrigung des W/Z mit ihren Vorteilen möglich. Durch die Verringerung
des Wassergehalts wird die Absetzneigung (Bluten) des Betons vermindert und durch die „Kugellagerwirkung" der runden Teilchen
werden die Verarbeitbarkeit und insbesondere Pumpfähigkeit verbessert. Da die SFA-Teilchen vorwiegend in sonst wassergefüllten
Hohlräumen (Kapillarporen) sitzen, wird die Dichtigkeit des Betons
verbessert und damit zusammenhängend auch seine Beständigkeit
gegen lösenden Angriff und Sulfateinwirkung. Da die SFA im Zementstein nur eine minimale Hydratationswärme entwickelt, kann
durch SFA-Zusatz die Erwärmung des Frischbetons reduziert und
die Erstarrungszeit verlängert werden, was sich bei Bauten in heißen
Ländern als wichtig erwiesen hat.

Wegen der an sich geringen Reaktivität sollte die SFA bei Mischungen mit Zement nicht voll angerechnet werden, sondern bis
max. 20% Zement durch die $1^1/_2$- bis 2fache Menge SFA ersetzt
werden[195].

Wegen der stark schwankenden Zusammensetzung der Flugasche
ist die allgemeine Verwendung als Zusatzstoff für Zement nicht
erlaubt, sondern nur nach Prüfung und Genehmigung durch das

298

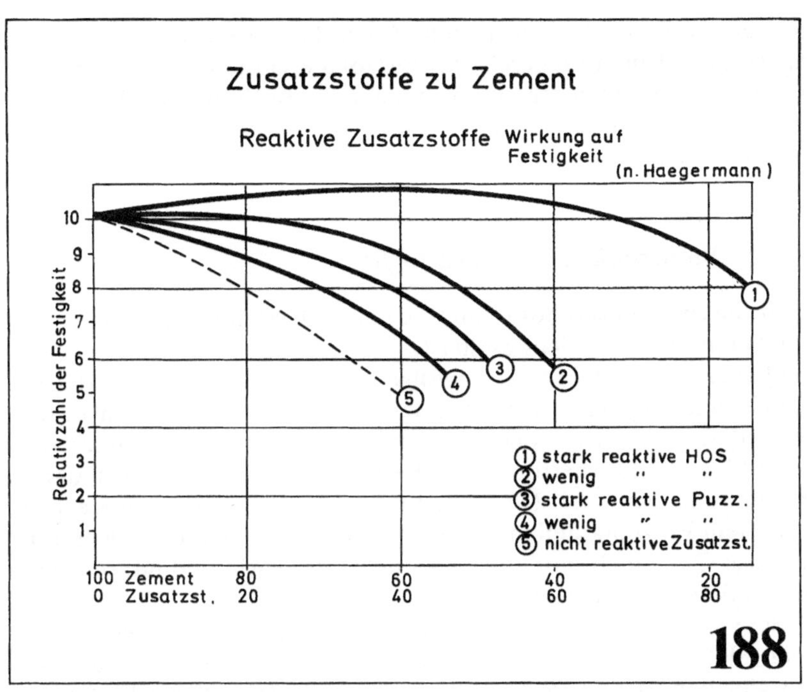

Zusatzstoffe zu Zement
Reaktive Zusatzstoffe Wirkung auf Festigkeit
(n. Haegermann)
Relativzahl der Festigkeit
10
9
8
7
6
5
4
3
2
1
1 stark reaktive HOS
2 wenig   "   "
3 stark reaktive Puzz.
4 wenig   "   "
5 nicht reaktive Zusatzst.
100 Zement   80   60   40   20
0 Zusatzst. 20   40   60   80
188

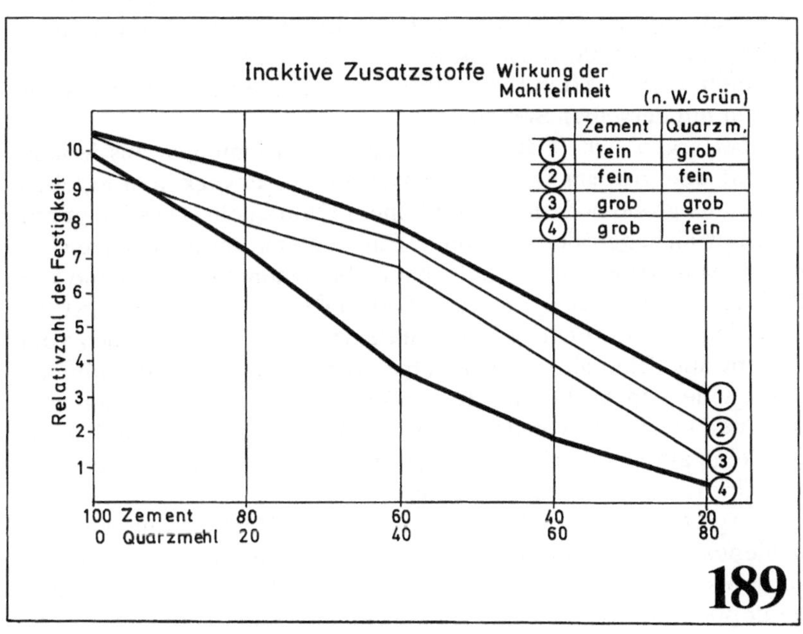

Inaktive Zusatzstoffe Wirkung der Mahlfeinheit
(n. W. Grün)
Relativzahl der Festigkeit
10
9
8
7
6
5
4
3
2
1
Zement Quarzm.
1 fein   grob
2 fein   fein
3 grob   grob
4 grob   fein
100 Zement   80   60   40   20
0 Quarzmehl 20   40   60   80
189

Institut für Bautechnik in Berlin. Auch die Herstellung eines Zements, in welchem Flugasche als Puzzolane enthalten ist, ist in der Bundesrepublik Deutschland nicht zulässig. In Frankreich bestehen 25% der Zementproduktion aus Flugaschenzement mit 80% PZ und 20% Flugasche [196].

6.1.2 Nichtreaktive Zusatzstoffe

Nichtreaktive Zusatzstoffe sind gewöhnlich Steinmehle, unter denen Quarzmehl am wichtigsten ist.

Quarzmehl (SiO_2) reagiert infolge seiner stabilen Kristallstruktur bei Normaltemperatur nicht mit dem Calciumhydroxid des hydratisierenden Zements, sondern erst bei hoher Temperatur von >120°C (Autoklavhärtung). Die Festigkeit, welche Zement-Quarzmehlmischungen bei Normaltemperatur erreichen, entsprechen etwa dem Prozentanteil an Zement (s. Bild 188) woraus sich ergibt, daß das Quarzmehl nur als Verschnittmittel wirkt und nur sehr begrenzt den Zement ersetzen kann.

Bei vergleichenden Festigkeitsuntersuchungen hat sich jedoch gezeigt, daß je nach Mahlfeinheit des Quarzmehls und des Zements bei gleichen Mengenverhältnissen sehr unterschiedliche Festigkeiten erzielt werden [197]. Verwendet wurden ein feines Quarzmehl (Siebrückstand 4900 Maschen = 0,2%) und ein grobes Quarzmehl mit einem Siebrückstand von 20%, sowie ein feiner und ein grober Zement mit derselben Siebanalyse.

Dabei ergab sich (s. **Bild 189**), daß die Mischungen aus feinem Zement und grobem Quarzmehl viel höhere Festigkeiten ergeben als die aus grobem Zement und feinem Quarzmehl. Dies hängt mit der Oberflächengröße zusammen. Ein Zement – und ein in gleicher Weise gemahlenes Quarzmehl – haben bei einem Siebrückstand von 20% eine Oberfläche von ca. 1500 cm²/g; auf 0,2% Rückstand gemahlen ca. 6000 cm²/g. Die Bindekraft geht ausschließlich vom Zement aus. Eine aktive, Zementgel, d.h. Bindemittel abspaltende Oberfläche von 6000 cm² (feiner Zement) kann viel besser eine inaktive Oberfläche von 1500 cm² (grobes Quarzmehl) binden, als die kleine aktive Oberfläche des groben Zements die große inaktive Oberfläche des feinen Quarzmehls.

Es ergibt sich daraus, daß als Zusatzstoff zu Zement kein feinstgemahlenes, sondern relativ grob gemahlenes Quarzmehl verwendet werden sollte. Von einem solchen kann man bei gleicher Festigkeit die doppelte Menge und mehr zusetzen als von feinem Quarzmehl.

Ein solcher Zusatz ist betontechnisch von Wert, weil der übliche Flußsand meist keine Anteile unter 0,2 mm enthält. Durch Zugabe eines Quarzmehls des Korngrößenbereichs von ca. 0,050 bis 0,250 mm kann man die Hohlräume des Sandes verringern. Man erzielt dadurch dieselbe Steigerung der Dichtheit, wie wenn man üblicherweise diese Hohlräume durch vermehrte Zementzugabe füllt, wobei sich noch die Vorteile einer geringeren Schwindung und besseren Korrosionsbeständigkeit ergeben.

6.1.3 *Verbund zwischen Zementstein und Zuschlägen*

Zement wird in der Hauptsache in Verbindung mit Sand und groben Zuschlägen zur Herstellung von Beton verwendet. Die Betontechnologie ist in Jahrzehnten zu einem umfangreichen Forschungs- und Arbeitswissen angewachsen und braucht deshalb hier nicht behandelt zu werden. In diesen Zusammenhang gehört jedoch die Haftung zwischen Zementstein und Zuschlägen im Hinblick auf die Frage, ob dabei haftungsbeeinflussende Wechselwirkungen zwischen Zementstein und Zuschlägen stattfinden. Dazu das Folgende:

Die Druckfestigkeit der Zuschlaggesteine liegt etwa zwischen 120 und 300 N/mm^2, meist zwischen 150 und 200 N/mm^2; die Druckfestigkeit des Zementsteins zwischen 20 und 80 N/mm^2 [197a]. Wenn man den Beton als homogenes Verbundsystem betrachten will, dann müßte seine Festigkeit im Bereich zwischen Zementstein- und Zuschlagfestigkeit liegen. Dies ist jedoch nicht der Fall, vielmehr liegt die Betonfestigkeit noch unter der des Zementsteins (**Bild 190**) [197b]. Daß durch die Festigkeit der Zuschläge die Festigkeit des Zementsteins nicht erhöht wird., läßt sich damit erklären, daß eine Kette so stark ist, wie ihr schwächstes Glied und ein Verbundsystem aus hochfesten Zuschlägen und weniger festem Zementstein so fest wie das schwächste Glied, das Bindemittel Zementstein. Die Tatsache jedoch, daß die Betonfestigkeit unter der des Zementsteins liegt, ist nur damit zu erklären, daß der Verbund zwischen Zementstein und Zuschlägen nicht voll gegeben ist.

Wenn man nur Sand als Zuschlag verwendet, verändert sich die Festigkeit praktisch nicht; es sind nur die groben Zuschlagstoffe, welche die Festigkeitsminderung bewirken. Welche Rolle der Verbund zwischen Zement und Zuschlag Sand spielt, ergibt sich aus Versuchen mit hydrophobiertem Sand, der mit einem hauchdünnen Überzug eines haftungsverhütenden Mittels versehen war [197c]. Dabei ging die Festigkeit um ca. $^2/_3$ zurück. Das Zementsteingerüst allein hat also eine geringe Festigkeit, es entspricht etwa einem mit vielen Kugelporen durchsetzten Zementstein. Der Verbund zwischen Zementstein und Sand ist also in der Praxis durchaus gegeben und er bewirkt dasselbe, als wären die von ihm beanspruchten Räume mit Zementstein gefüllt. Eine Erhöhung der Druckfestigkeit im Hinblick auf die höhere Druckfestigkeit des Sandes ist jedoch nicht gegeben.

Der Zusatz grober Zuschläge zum Zement-Sandmörtel ergibt jedoch, wie aus Bild 190 ersichtlich, eine Festigkeitsminderung um bis zu 30%. Der Grund dafür kann nur in einem teilweise gestörten Verbund zwischen Zementstein und groben Zuschlägen liegen. Dieser nicht optimale Verbund ist auf verschiedene Ursachen zurückzuführen. Abgesehen davon, daß sich durch Wasserabsonderung Wasserlinsen unter den Zuschlagkörnern bilden können (s. Bild 148) ist zu berücksichtigen, daß, während der Verbund im Zementstein durch gegenseitiges Durchdringen der Kristallmassen zustandekommt, an der Zuschlagoberfläche diese Kristallmassen nur von einer Seite kommen, von der anderen Seite, der glatten Oberfläche der Zuschläge dagegen nichts. Es fehlt also die festigkeitssteigernde Verzahnung.

Eine chemische Bindung zwischen Zuschlägen und Zementstein kommt praktisch kaum zustande, obwohl Zement und der aus Kieselsäure (SiO_2) bestehende Quarzsand und die quarzitischen Grobzuschläge eine große chemische Affinität besitzen. Die Entstehung aus Calciumsilikaten bestehender Haftschichten kommt jedoch erst bei hohen Temperaturen (Autoklavhärtung bei ca. 170°C) zustande, nicht aber bei Normaltemperatur. Es muß aber eingeräumt werden, daß bei hoher Temperatur schnell verlaufende Reaktionen im Laufe langer Zeiträume auch bei Normaltemperatur bis zu einem gewissen Grad stattfinden. Darauf ist vielleicht (neben der zunehmenden Zementsteinfestigkeit) zum Teil die Tatsache zurückzuführen, daß feuchtgelagerter Beton im Laufe von Jahrzehnten immer noch an Festigkeit zunimmt, weil durch Umsetzung des im feuchten Zementstein stets enthaltenen Calciumhydroxids ($CA(OH)_2$) mit der kieselsauren Zuschlagoberfläche die Entstehung einer haftungsverbessernden Kalksilikatschicht, wenn auch nur in geringem Umfang, zustande kommt.

Von entscheidender Bedeutung für den Verbund des Zementsteins mit den Zuschlägen ist die Struktur der Zuschlagsoberfläche. Dies zeigt **Bild 191**, woraus ersichtlich ist, daß Beton mit Splittzuschlag eine im Durchschnitt um 20% höhere Druck- und Biegezugfestigkeit hat, als Kiesbeton. Die Ursachen dafür sind die größere Oberfläche des gebrochenen Korns mit der sich daraus ergebenden

302

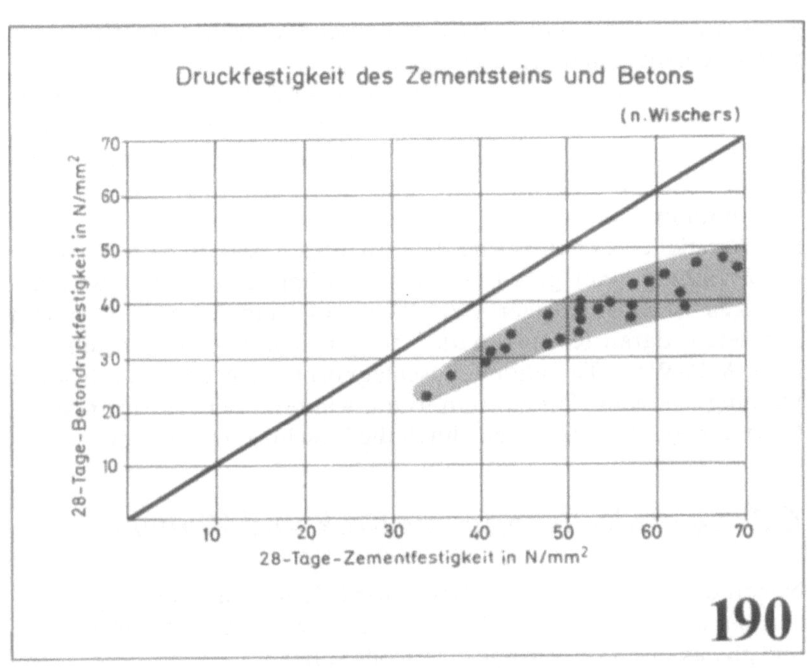

Druckfestigkeit des Zementsteins und Betons

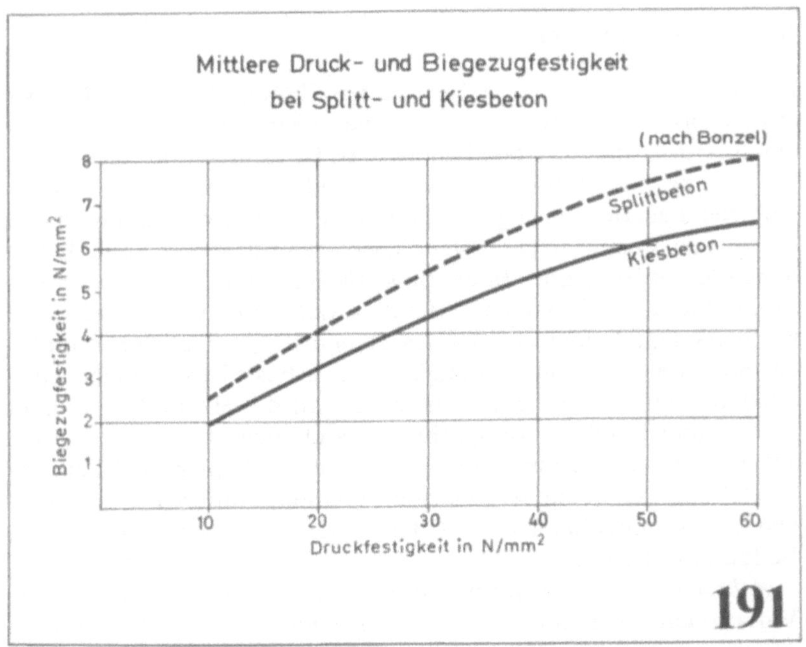

Mittlere Druck- und Biegezugfestigkeit bei Splitt- und Kiesbeton

größeren Haftfläche und der mechanische Verzahnungseffekt zwischen Zementstein und Zuschlägen.

Das bisher nicht voll gelöste Problem der Zementstein-Zuschlaghaftung ist im Hinblick auf durchaus mögliche Verbesserungen von großer Bedeutung. Welche Fortschritte hier zu erwarten sind, zeigen Versuche mit Zuschlägen, die vor der Verwendung mit Epoxidharz dünn umhüllt wurden, wodurch eine wesentliche Erhöhung der Druckfestigkeit erzielt wurde. Die wichtigste praktische Maßnahme zur Erzielung einer guten Haftung zwischen Zementstein und Zuschlägen ist ein niedriger W/Z-Wert des Zementsteins. Dies läßt sich schon daran feststellen, daß beim Bruch eines Betons mit hohem W/Z-Wert die runden Zuschlagkörner sich unter Verlust der Haftung aus dem Zementstein lösen, während bei niedrigem W/Z-Wert der Bruch in der Regel durch die Zuschlagkörner geht.

6.2 Spezialbaustoffe aus Kalk und Zement

Neben der Herstellung von Beton wird Zement in großem Umfang zur Herstellung von Spezialbaustoffen verwendet, wobei chemische und physikalische Vorgänge eine Rolle spielen.

6.2.1 Asbestzement

Die Biegezugfestigkeit des erhärteten Zementsteins beträgt nur etwa $1/7$ bis $1/10$ der Druckfestigkeit. Dieser Mangel wird in der Praxis durch Armierung mit Stahl behoben. Es ist damit jedoch nicht möglich, dünne Bauplatten herzustellen, weil zur Sicherung des Rostschutzes der Bewehrung eine allseitige Stahlüberdeckung durch mindestens 1 cm Mörtel notwendig ist. – Es war deshalb eine Erfindung von weittragender Bedeutung, als Hatschek [198] anfangs des Jahrhunderts entdeckte, daß durch Zusatz von Asbestfasern eine hochwirksame Feinarmierung des Zementsteins möglich ist; infolge der hohen Korrosionsbeständigkeit des Asbests ist somit eine Mörtelüberdeckung unnötig und dadurch wird die Herstellung dünner Platten und Bauteile ermöglicht. Er fand auch, daß solche Platten auf einfache Weise nach dem Verfahren der Papier- und Pappenherstellung mit wenig veränderten Maschinen rationell möglich ist. Damit zusammenhängend hat der Werkstoff Asbestzement große Bedeutung erlangt.

Asbest ist ein natürliches, faserförmiges Mineral, das in vielen Variationen vorkommt. Man unterscheidet 1. Serpentinasbest

(Chrysotylasbest) aus Magnesiumsilikat ($Mg_3(OH)_4Si_2O_5$) bestehend und 2. Hornblende (Amphibol)-Asbeste, welche neben Magnesium noch Eisen-, Aluminium-, Calcium- und z. T. Alkaliverbindungen enthalten [199]. Nur der Chrysotylasbest ist für die Asbestzementherstellung geeignet, weil er ausschließlich aus Fasern besteht und leicht in feine und feinste zähelastische Faserelemente zerfaserbar ist, während die Hornblendeasbeste wohl auch Fasern enthalten, die aber kurz und spröde sind und in schwer aufzuschließenden Faserbündeln vorliegen. Die Einzelfasern des Chrysotilasbests sind nur mit dem Elektronenmikroskop sichtbar. Ihre Durchmesser liegen zwischen etwa 10 und 30 nm ($^1/_{100}$ bis $^1/_{30}$ μm).

Asbest hat eine große Affinität zum Zement, der ähnlich zusammengesetzt ist. Letzterer besteht zum großen Teil aus Calciumsilikaten, Asbest aus Magnesiumsilikat. In Mischung mit Zement (ca. 85 Zement : 15 Asbest) und viel Wasser (10fache Menge des Zements) lagern sich die Zementteilchen an die Asbestfasern an und ergeben einen dünnflüssigen Brei. Aus diesem wird auf kontinuierlich arbeitenden Maschinen über Siebzylinder das überschüssige Wasser abgepreßt, wobei ein Faserzementflies entsteht. Dieses wird zerschnitten und in größeren Stapeln unter Zwischenlegung geölter Stahlbleche unter einem Druck von ca. 20 N/mm^2 gepreßt. Infolge der freiwerdenden Hydratationswärme erhärten die entstehenden Platten schnell und können nach ein bis zwei Tagen gelagert werden. Große Bedeutung haben Rohre aus Asbestzement erlangt. Diese werden unter hohem Druck auf Stahlzylindern gewickelt. Sie sind nahtlos und für hohe Betriebsdrücke geeignet [200].

Die Eigenschaften des Asbestzements ergeben sich aus dem durch optimale Bindung gekennzeichneten Zusammenwirken von Asbestfasern und Zementkittmasse. Die Zerreißfestigkeit der Chrysotilasbestfasern liegt bei etwa 700 N/mm^2, entspricht also etwa der eines guten Stahls [201]. Durch die Feinheit der Fasern ergibt sich eine große Oberfläche. Frey [202] hat errechnet, daß die Oberfläche des in einer AZ-Platte von 0,15 m^2 enthaltenen Asbests etwa 150 m^2 beträgt, also 500fach größer ist und daß die Fasern, aneinandergereiht, ein Länge von ca. 40000 km ergeben.

Die hohe Festigkeit der Asbestfaser wirkt sich insbesondere in der Biegezugfestigkeit des Asbestzements aus, die max. bis zu 70 N/mm^2 beträgt, also ca. das Zehnfache des Zementsteins. Auch die Druckfestigkeit wird auf etwa das Doppelte erhöht. Dadurch ist es möglich, dünne Platten mit guter Tragfähigkeit (u. a. Wellplatten für Dachbeläge) und Rohre für hohe Betriebsdrücke bis 17 bar herzustellen.

Durch den sich infolge Absaugens und Auspressens des Überschußwassers ergebenden niedrigen W/Z-Wert sind Asbestzementbauteile in hohem Maße wasserdicht. Somit ist Asbestzement in der Regel chemisch etwas beständiger als normaler Zementstein. Gegen stärkere aggressive Einwirkungen ist Asbestzement wegen seines hohen Zementgehalts (ca. 85%) jedoch nicht beständig, daher ist in solchen Fällen ein Schutz notwendig. Durch das Verfahren nach Morbelli ist es möglich, aggressivbeständigen Asbestzement herzustellen. Dabei wird ein Teil des Zements durch Quarzmehl ersetzt und das frische Produkt autoklavgehärtet. Hierbei wird das bei der Hydratation freiwerdende Calciumhydroxid in widerstandsfähiges Calciumsilikat umgewandelt. Es handelt sich dabei um dasselbe Verfahren, wie es bei der Autoklavbehandlung von Baustoffen auf Kalk-Quarz-Basis (s. im Folgenden) angewandt wird. Da das Morbelli-Verfahren höhere Anlagen- und Betriebskosten verlangt, hat es sich in der Praxis nur teilweise durchgesetzt.

6.2.2 Autoklavgehärtete Baustoffe auf Kalk-Quarz-Basis

Kristallines Siliciumdioxid (SiO_2), wie es als Quarzsand in großen Mengen vorkommt und im Bauwesen vorwiegend als Zuschlagsmaterial verwendet wird, reagiert bei normaler Temperatur nicht mit Kalk und Zement, sondern ist ein inaktiver Zuschlagstoff. Eine Mörtelmischung aus Kalkbrei und Sand erhärtet an der Luft unter Wasserverdunstung und Kohlensäureaufnahme nur sehr langsam und mit geringer Festigkeit (nach 28 Tagen ca. 0,5 bis 1 N/mm²).

Anders, wenn bei hoher Temperatur im Autoklaven auf 170°C erhitzt, erhärtet die Mischung innerhalb 8 h zu einem Stein mit einer Festigkeit von ca. 17 N/mm². Dies wird dadurch verursacht., daß bei Temperaturen von 150°C das Calciumhydroxid zu einer starken Lauge wird, die das Kristallgitter des Quarzes aufbricht und diesen zu amorpher Kieselsäure aufschließt, welche mit dem Calciumhydroxid unter Bildung von Kalksilikathydrat (CSH)-Verbindungen reagiert (s. **Bild 192**). Es handelt sich dabei im wesentlichen um dieselben Verbindungen, wie sie aus den C_3S- und C_2S-Mineralien des Zements bei der Umsetzung mit dem Anmachewasser entstehen und dessen hauptsächliche Festigkeitsträger sind.

6.2.2.1 Kalksandstein

Nach diesem von Michaelis erfundenen Verfahren werden die sog. „Kalksandsteine" hergestellt, die in Gegenden, wo Quarzsand vor-

Kalksandstein

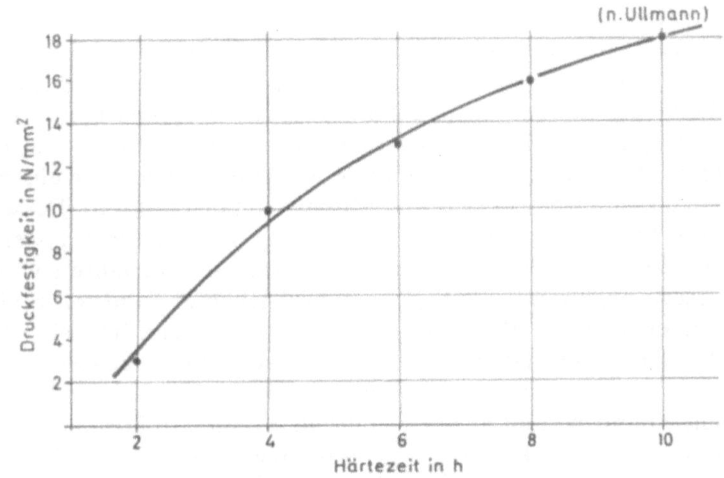

bei Normaltemperatur
keine Ca-Si-Reaktion

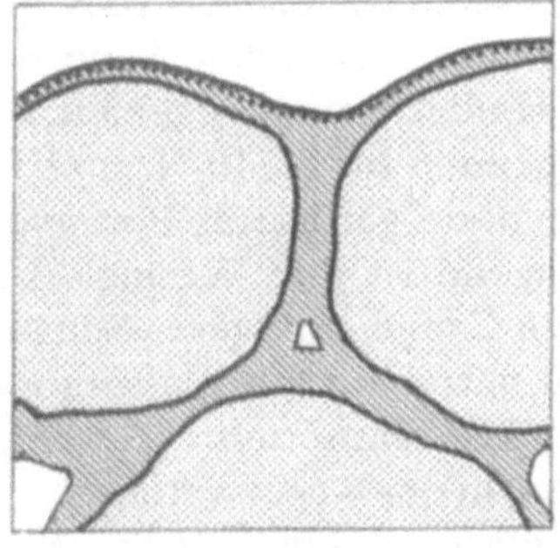

bei 170°C im Autoklaven
starke Kalksilikatbildung

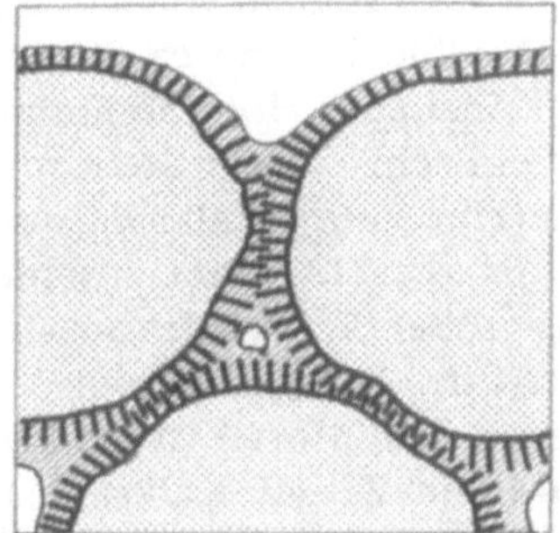

192

handen und zugleich Mangel an Ziegelton besteht, die Mauerziegel
weitgehend ersetzt haben. „Die Produktion von Kalksandsteinen ist
in den letzten 20 Jahren auf etwa das Sechsfache angestiegen und
nimmt zur Zeit in der Bundesrepublik Deutschland den ersten Platz
in der Mauersteinproduktion ein" [203].

Es gibt verschiedene Verfahren zur Herstellung der Grundmasse
von Kalksandsteinen. Eines besteht darin, Sand, Wasser und gelöschten Kalk in einem Zwangsmischer zu einer erdfeuchten Masse
zu mischen. Wirtschaftlicher und besser ist es, mit einer Mischung
aus Sand, Wasser und gemahlenem gebranntem Kalk zu arbeiten,
weil dabei die beträchtliche Löschwärme zur Vorerwärmung der
Mischung genutzt und eine Vorreaktion auf der Sandoberfläche
(Anätzen) stattfindet. Man kann diese Reaktion kurzzeitig in einem
Mischer durchführen (Lösch- und Mischtrommelverfahren). Besser
ist es, die Mischung einige Zeit (1 bis 3 Tage) reagieren zu lassen,
was in Silos geschieht (Siloverfahren). Letzteres Verfahren wird
heute meist angewandt [204]. Dabei wird feuchter Sand mit 6 bis
8% feingemahlenem Branntkalk unter Wasserzusatz intensiv gemischt und die entstandene erdfeuchte Masse im Silo (auch Reaktor
genannt) 1 bis 3 Tage der Reaktion überlassen. Anschließend wird
die Masse unter hohem Druck (30 bis 40 N/mm^2) zu Formkörpern
verpreßt und in Autoklaven 8 h bei 9 bar (ca. 170 °C) bis 4 h bei 17
bar (ca. 200 °C) gehärtet (daher Härtekessel). Zeit und Temperatur
sind variierbar. Das Produkt aus beiden soll jeweils gleich sein
(s. Bild 192).

Die dabei entstehenden Vollkörpersteine (Normalsteine) haben
eine Druckfestigkeit von ca. 15 N/mm^2, Viellochsteine ca. 10 N/mm^2
und Hohlblocksteine ca. 7 N/mm^2. Ist der verwendete Sand nach
dem Prinzip des Hohlraumminimums (Fullerkurve) aufgebaut, entsteht ein sehr dichter Stein mit Festigkeiten bis zu 40 N/mm^2 und
mehr (Hartstein). Kalksandsteine haben ein geringeres Porenvolu-
men als Ziegel. Damit zusammenhängend ist ihre Wärmeleitzahl
etwas größer. Wegen des aus demselben Grund geringeren Saugver-
mögens des Sandsteins und der damit verminderten Wasserabsaugung aus dem Mörtel ist die Haftung des Frischmörtels z. T. weniger
gut als beim Ziegel. Kalksandsteine sind in der Regel wetterfest und
frostbeständig. Sie können, da die Rohmasse praktisch nicht schwindet, maßhaltiger hergestellt werden als Ziegel.

6.2.2.2 Silikatbeton

Der Silikatbeton ist ein in der UdSSR entwickelter und dort in
bedeutendem Umfang zur Herstellung von Betonfertigteilen ver-

wendeter Baustoff. Es handelt sich dabei um eine Weiterentwicklung des Kalksandsteinprinzips in Richtung Beton. Der Hauptunterschied zum Kalksandstein besteht im Folgenden: Die Verfestigung des Kalksandsteins wird dadurch bewirkt, daß sich an der Oberfläche des Sandes durch Reaktion mit dem zugesetzten Kalk Kalkhydrosilikate bilden, welche an den Berührungspunkten der Sandkörner als Bindemittel wirken. Beim Silikatbeton wird dem Sand nicht nur Kalk zugesetzt, sondern eine Mischung von Kalk- und Quarzmehl, hergestellt durch gemeinsames Vermahlen von gebranntem Kalk und Sand. Bei der Härtungsreaktion im Autoklaven reagiert der Kalk dieser Mischung in gleicher Weise mit der Oberfläche des Sandes wie beim Kalksandstein. Darüber hinaus bildet sich jedoch durch Aufschluß des Quarzmehls amorphe Kieselsäure, welche mit dem Kalk zu CSH-Produkten hoher Festigkeit reagiert. Es bildet sich dadurch eine hohlraumfüllende „Kittmasse" im Unterschied zu der nur an den Berührungspunkten des Sandes wirkenden „Klebemasse" beim Kalksandstein. Das Ergebnis sind hohe Festigkeiten bis zu 150 N/mm^2, also derselben Größenordnung wie sie mit Zement erreicht werden. Das Verfahren hat aber auch seine Probleme, vor allem bezüglich des Korrosionsschutzes der Bewehrung, weshalb es in der Bundesrepublik Deutschland noch keinen Eingang gefunden hat [204 a].

6.2.3 Autoklavgehärtete Baustoffe auf Zement-Quarzmehl-Basis

Die Autoklavhärtung von zementgebundenen Baustoffen wäre wegen der stark verringerten Festigkeit uninteressant (s. **Bild 193**), wenn es keinen Weg geben würde, die Festigkeit durch zusätzliche Maßnahmen zu steigern. Dies ist möglich, wenn man dem Zement Quarzmehl zusetzt. Bei Normaltemperatur reagiert das Quarzmehl nicht mit dem Zement, sondern wirkt nur als Verschnittmittel und die Festigkeit von Zement-Quarzmehl-Mischungen nimmt proportional dem Quarzmehlanteil ab (s. Bild 188). Anders bei Temperaturen von über 100 °C, insbesondere >150 °C [205]. Hier spaltet sich das bei der Zementhydratation unter Normalbedingungen erst über längere Zeit freiwerdende Calciumhydroxid wegen der temperaturbeschleunigten Hydratation im Laufe weniger Stunden ab und zwar in Mengen von 10 bis 20%, berechnet auf den Zement. Dieses Calciumhydroxid liegt in relativ grobkristalliner Form vor und leistet keinen Festigkeitsbeitrag, sondern vermindert die Festigkeit, wie sich bei der Autoklavhärtung von Zementstein zeigt (s. Bild 193). Wenn aber Quarzmehl vorhanden ist, setzt sich das freigewordene Calciumhydroxid mit dem Quarzmehl unter Bildung von CSH-Verbindungen um, wie im Zusammenhang mit dem Kalksandstein und Silikatbeton eingehend besprochen wurde. Es entsteht dadurch ein zusätzliches Bindemittel, welches einen hohen Festigkeitsbeitrag liefert [206].

Dies ist aus **Bild 194** ersichtlich. Während die Festigkeit bei Normaltemperatur härtender Zement/Quarzmehl-Mischungen mit wachsendem SiO_2-Gehalt schnell abnimmt, steigt die Festigkeit bei Dampfdruckhärtung (3 Tage) bei 176°C um ca. 60% gegenüber dem normalhärtenden Zement und um das Dreifache der luftgehärteten Mischung. Das Optimum liegt bei einem Quarzmehl/Zement-Verhältnis von 4:6 und darüber. Es ist vom C_3S-Gehalt des Zements abhängig; je höher derselbe, desto mehr Calciumhydroxid wird bei der Hydratation abgespalten (s. Bild 91) und desto mehr Quarz wird umgesetzt. Bei niedrigerer Temperatur von ca. 120°C ist die Kalk-Quarzmehl-Reaktion wesentlich schwächer; es werden dabei bei optimaler Mischung nur ca. 80% der Festigkeit des normal härtenden Zementsteins erzielt [207].

Die Druckdampfhärtung wird deshalb bei hoher Temperatur von 170 bis 180°C während mindestens 8 h durchgeführt. Sie ist in der Anlage und im Betrieb ziemlich aufwendig und wird deshalb für normale zementgebundene Baustoffe kaum angewandt, weil kurze Härtungszeiten bei Verwendung frühhochfester Zemente schon bei Temperaturen unter 100°C mit entspanntem Dampf erzielt werden.

Das Verfahren spielt jedoch eine große Rolle zur Herstellung von Spezialbaustoffen mit hoher Dämmwirkung, wie Gas- und Schaumbeton. Bekanntlich ist ruhende Luft ein sehr guter Wärmeisolator und damit zusammenhängend haben Baustoffe um so bessere Dämmwirkung, je mehr Luft sie in feiner Verteilung enthalten, wobei es von Vorteil ist, wenn die Luft in Kugelporen enthalten ist, weil dadurch die Wasseraufnahme und Durchlässigkeit weniger beeinträchtigt wird als bei zusammenhängenden Kapillarporen. Technisch geschieht dies durch chemische Erzeugung von Gasblasen (Gasbeton) oder durch Einarbeitung eines Schaums (Schaumbeton) in einen wäßrigen Brei eines vorwiegend hydraulischen Bindemittels, das anschließend erhärtet.

6.2.3.1 Gasbeton

Zur Erzeugung der Gasblasen wird vorwiegend Aluminiumpulver zugegeben, das mit Laugen (vorhanden in Form von Calciumhydro-

310

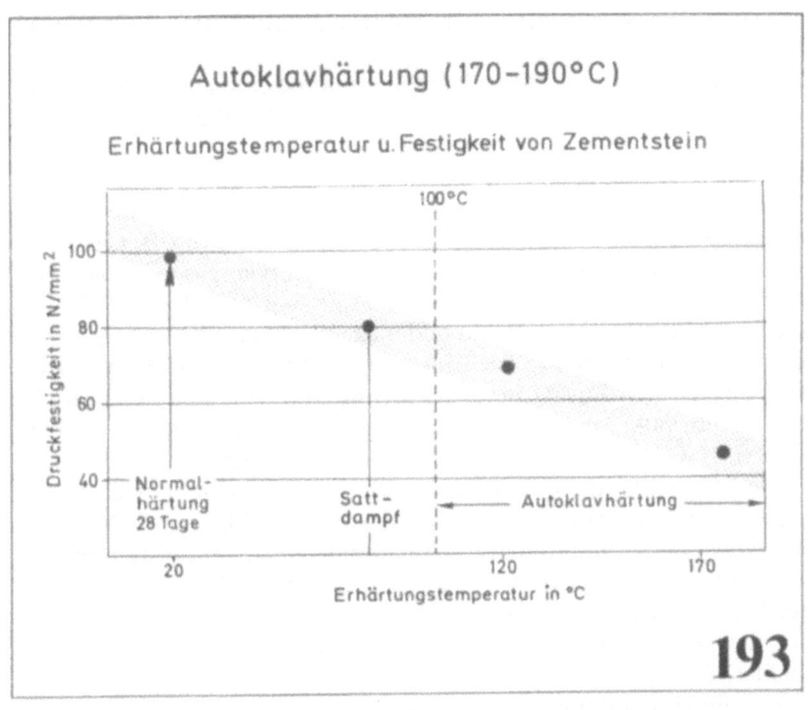

Autoklavhärtung (170-190°C)
Erhärtungstemperatur u. Festigkeit von Zementstein
100°C
Druckfestigkeit in N/mm²
100
80
60
40
Normal-
härtung
28 Tage
Satt-
dampf
Autoklavhärtung
20
120
170
Erhärtungstemperatur in °C
193

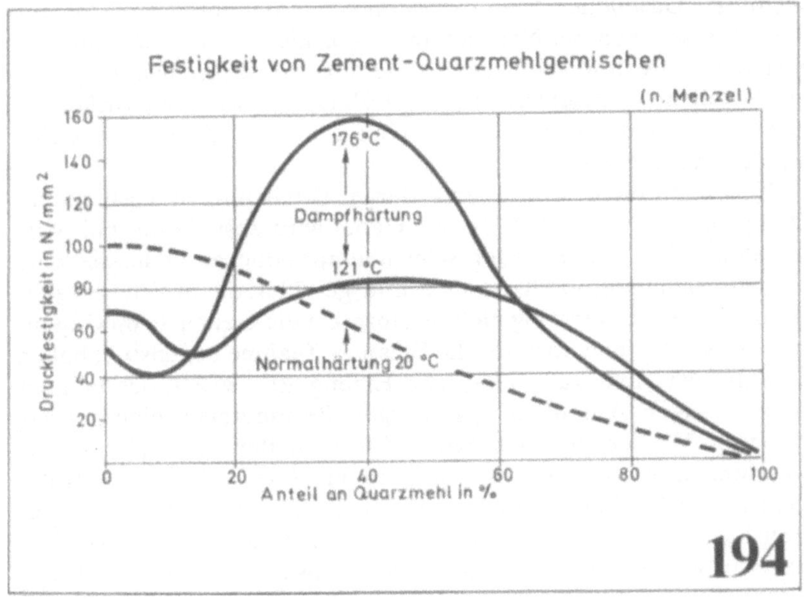

Festigkeit von Zement-Quarzmehlgemischen
(n. Menzel)
Druckfestigkeit in N/mm²
160
140
120
100
80
60
40
20
176°C
Dampfhärtung
121°C
Normalhärtung 20 °C
0
20
40
60
80
100
Anteil an Quarzmehl in %
194

xid) unter Wasserstoffbildung reagiert n.d. Gl. $2 Al + 3 Ca (OH)_2 \rightarrow 3 CaO \cdot Al_2O_3 + 3 H_2$.

Das dabei entstehende Tricalciumaluminat ist eine ähnliche Verbindung, wie sie auch im Zement als sog. C_3A enthalten ist. In der Regel benötigt man je nach Porositätsgrad 1 bis 2 g Aluminiumpulver je kg Zement [208].

Außer dem vorwiegend verwendeten Aluminiumpulver gibt es noch weitere Stoffe zur Erzeugung von Gasblasen wie z.B. Calciumcarbid, das mit Wasser unter Bildung von Acetylengas und Calciumhydroxid reagiert gemäß $CaC_2 + 2 H_2O \rightarrow Ca(OH)_2 + C_2H_2$ (s. auch Carbidkalk). 1 kg Carbid bildet ca. 300 l Gas, das unangenehm riecht und nicht ungiftig ist. Eine weitere Möglichkeit der Gasentwicklung ist der Zusatz einer Mischung von Wasserstoffsuperoxid und Chlorkalk, die sich unter Sauerstoffentwicklung zersetzt n.d. Gl. $H_2O_2 + CaCl(OCl) \rightarrow CaCl_2 + O_2 + H_2O$.

Die Möglichkeiten der Gasentwicklung wurden hier ausführlicher besprochen, weil auch die Einpreßmörtel Gasbildner enthalten, um eine vollständige Füllung der Spannkanäle zu gewährleisten. In diesem Fall ist der Wasserstoff nicht unproblematisch, weil nascierender Wasserstoff die Spannungsrißkorrosion fördert, desgleichen das bei der Sauerstoffentwicklung entstehende $CaCl_2$ ein bekannter Stahlschädling ist.

Für die Herstellung von Gasbeton ist Alupulver nach wie vor der wichtigste Gasbildner. Man hat schon vor Jahrzehnten versucht, auf diese Weise einen bei Normaltemperatur härtenden Gasbeton herzustellen der sich jedoch wegen seiner großen Nachschwindung (>2 mm/m) nicht durchsetzen konnte [209]. Die Schwindung wird durch den hohen Wassergehalt der Mischung und das Fehlen eines Zuschlaggerüsts verursacht.

Dieses Problem wurde erst durch Erhärtung in gespanntem Dampf bei 170 bis 180°C gelöst. Dabei wird anstelle der bei Normaltemperatur entstehenden schwindempfindlichen Gelmasse eine verhältnismäßig grobe Kristallstruktur gebildet, die in sich verzahnt ist und keine Schwindung mehr erfährt. Da die Gelmasse im Gegensatz zur kristallinen Struktur die Wasseraufnahme begünstigt, haben autoklavgehärtete kalksilikatische Erzeugnisse wegen des Fehlens oder geringen Anteils an gelförmigen Bestandteilen eine geringe Neigung, Wasser aufzunehmen und festzuhalten, was bei der Verwendung als Dämmbaustoff von großem Wert ist. Durch die Kalk-Quarzmehl-Reaktion wird das stark basische Calciumhydroxid neutralisiert, wodurch der pH-Wert von ca. 12,5 auf fast 7 absinkt. Das hat zur Folge, daß der „natürliche" Rostschutz der Bewehrung

(s. 7.7.2.1) in autoklavgehärteten kalksilikatischen Baustoffen nicht gegeben ist, weshalb deren Armierung einen anderen Rostschutz, meist durch Rostschutzüberzüge erhalten muß. Infolge des Fehlens von Calciumhydroxid, das im Zementstein die Hauptursache des lösenden Angriffs ist, sind solche Baustoffe in der Regel beständiger gegen aggressive Lösungen und Gase.

Die Herstellung des Gasbetons geht auf eine Erfindung von Eriksson [210] zurück, dem 1924 ein Verfahren zur Herstellung von porösen Kunststeinen geschützt wurde „dadurch gekennzeichnet, daß ein feinverteiltes Gemisch von Kalk und Kieselsäure (oder Kieselsäure enthaltenden Stoffen) unter Zusatz eines das Wasser unter Gasentwicklung zersetzenden Metallpulvers angemacht und nach Aufquellung der Einwirkung von hochgespanntem Dampf ausgesetzt wird". Als Bindemittel hat er eine Mischung von Kalk und Schieferasche (wie sie beim Verbrennen von in Schweden in großen Mengen vorkommendem Ölschiefer anfällt) verwendet. Die Schieferasche, zum großen Teil aus Ton bestehend, wirkt bei der hohen Temperatur als Puzzolane und ergibt mit dem Kalk ein hydraulisches Bindemittel. Nach diesem, inzwischen weiterentwickelten und abgewandelten Verfahren wird heute der als „Ytong" bezeichnete Gasbeton hergestellt. 10 Jahre später wurde Eklund [210] ein Verfahren zur Herstellung von Gasbeton unter Verwendung von Portlandzement und feingemahlenem Sand (Quarzmehl) patentiert. Dieser Baustoff hat unter dem Namen „Siporex" in Europa Verbreitung gefunden und wird in den USA unter dem Namen „Durox" vertrieben. Bei einem deutschen Verfahren wird durch Zusatz von Kalk zum Zement die entstehende Menge Calciumhydroxid vermehrt und dadurch die Erhöhung des Quarzmehlanteils ermöglicht (s. **Bild 195**).

6.2.3.2 Schaumbeton

Schaumbeton wird in der Weise hergestellt, daß entweder Schaum in eine wäßrige, hydraulisch härtende Masse eingemischt oder darin nach Zusatz eines Schaumbildners erzeugt wird, in gleicher Weise, wie beim Luftporenbeton, nur daß die Luftblasen größer und der Luftgehalt 20- bis 30mal höher ist als beim LP-Beton. Der Schaumbeton wurde unter dem Namen „Iporit" bekannt.

In diesen Zusammenhang gehört auch der Leichtstein „Turrit". Die Grundmasse enthält Kalkhydrat und Quarzmehl, weshalb das Material als „Kalkleichtstein" eingeordnet wird. Das für die Dämmwirkung notwendige große Hohlraumvolumen wird nicht durch darin eingearbeitete Luftblasen, sondern durch Austreiben einer

Autoklavgehärtete Kalksilikat-Baustoffe
1 Rohstoffe und deren Reaktion
Zement
gebrannter Kalk
Calc.Hyd. Ca(OH)₂
Ca-Si-Hy. CSH
Quarzmehl
Quarzsand
Schieferton
Kalksandst.
Silikat-Beton
K-Leichtbet.
Ytong
Siporex
anderer Gasbeton
Leichtbaustoffe

2 Druckfestigkeit
Kalk und Quarzmehl
Zement u. Quarzmehl
80
60
40
20
10
8
6
4
2
1
Druckfestigkeit in N/mm²
0,2 0,4 0,6 0,8 1,0 1,2 1,4
Rohdichte in 10³ kg/m³

3 Wärmeleitzahlen
Zement u. Quarzm.
Kalk und Quarzmehl
0,24
0,22
0,20
0,18
0,16
0,14
0,12
0,10
0,08
0,06
Wärmeleitzahl λ bei 20°C
0,2 0,4 0,6 0,8 1,0 1,2 1,4
Rohdichte in 10³ kg/m³

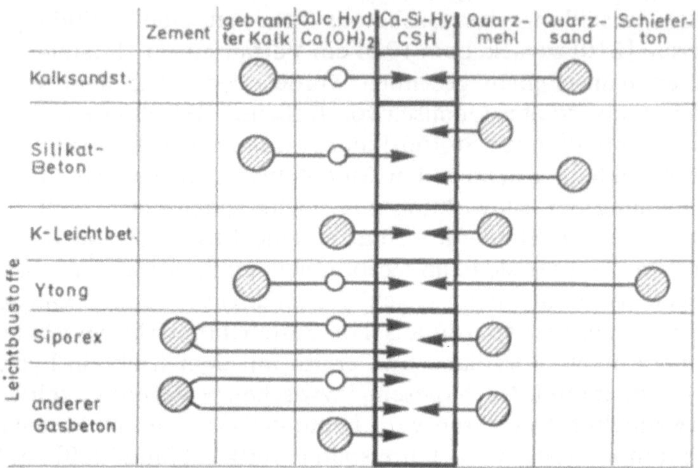

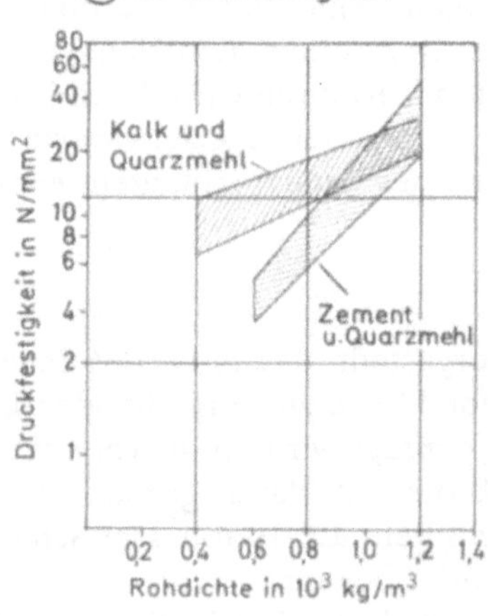

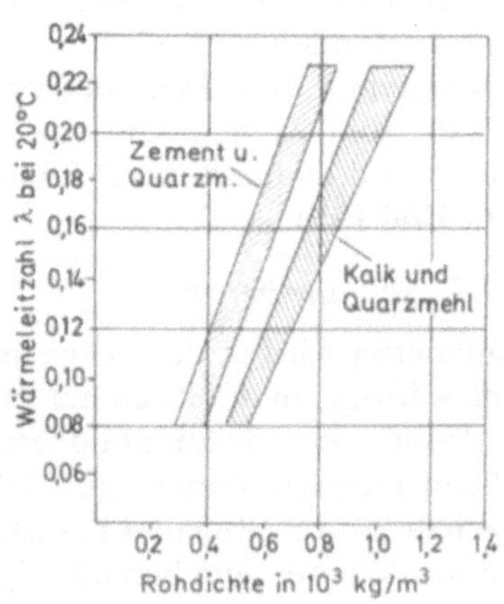

195

großen Menge Anmachewassers unter Zurücklassung eines feinen Porensystems erzielt.

6.2.3.3 Übersicht über die autoklavgehärteten Kalk-Silikat-Baustoffe

Die Vielzahl der autoklavgehärteten Baustoffe mag verwirren; im Grunde liegt allen derselbe chemische Vorgang zugrunde: Die bei hoher Temperatur stattfindende Reaktion zwischen Calciumhydroxid und Siliciumdioxid (SiO_2) unter Bildung von festen Calciumsilikathydraten (CSH-Verbindungen) n. d. Gl. $Ca(OH)_2 + SiO_2 + x\ H_2O \rightarrow CaO \cdot SiO_2 \cdot x\ H_2O$.

Mit Bild 195 wird versucht, die einzelnen Vorgänge zu veranschaulichen. Bei der Kalksandsteinherstellung löscht der gebrannte Kalk zu $Ca(OH)_2$, das auf der Oberfläche der Sandkörper verklebende CSH-Verbindungen bildet. Beim Kalksilikatbeton reagiert das Calciumhydroxid mit Quarzmehl zu einer CSH-Masse, welche den Quarzsand verkittet. Beim Kalkleichtbeton (Turrit) geht man von Kalkhydrat ($Ca(OH)_2$) aus, das mit Quarzmehl reagiert. Beim Ytong wird Kalk zu $Ca(OH)_2$ gelöscht, das mit dem SiO_2 des Schiefertons reagiert. Beim Siporex spaltet sich vom Zement $Ca(OH)_2$ ab, das mit Quarzmehl zu CSH reagiert. Teilweise wird mit einer Mischung von Kalk und Zement gearbeitet, wobei das sich aus dem Zement abspaltende $Ca(OH)_2$ zusammen mit dem zugesetzten Quarzmehl vermehrt CSH-Verbindungen bildet.

6.2.3.4 Bautechnische Eigenschaften

Die in den Poren enthaltene Luft setzt die Wärmeleitung herab, zugleich aber auch die Druckfestigkeit. Ein Maß für den Luftgehalt ist die Rohdichte. Aus Bild 195/2 ist der Zusammenhang zwischen Dichte und Druckfestigkeit ersichtlich; je geringer erstere, desto geringer ist auch die Druckfestigkeit [211]. Bei niedriger Rohdichte kann der kalkgebundene Leichtstein höhere Druckfestigkeiten erreichen als der zementgebundene. Bei der Wärmeleitzahl ist es umgekehrt; sie ist beim zementgebundenen Leichtbeton meist größer als beim kalkgebundenen. Das Wassersaugvermögen ist im allgemeinen gering, ist aber bei kleinen Poren größer als bei großen, analog zur Steighöhe des Wassers in engen und weiten Kapillaren (s. Bild 210). Beim zementgebundenen Leichtbeton ist wegen der weitgehend geschlossenen Poren die Steiggeschwindigkeit des Wassers am langsamsten. Beim Kalkleichtbeton ist die Wasseraufnahme etwas größer, aber immer noch wesentlich geringer als bei üblichen

Ziegeln. Die Herstellung, Verwendung und Prüfung von Gas- und Schaumbeton ist durch DIN 4164 genormt.

6.3 Betonzusatzmittel

Die Zemente werden in Anpassung an die allgemeinen Anforderungen als genormte Baustoffe hergestellt. Es ist unmöglich, bei dem kontinuierlichen großtechnischen Herstellungsprozeß auf Sonderwünsche Rücksicht zu nehmen. Wenn diese in besonderen Fällen gegeben sind, kann die Modifizierung durch Zugabe sog. „Betonzusatzmittel" erfolgen. Es handelt sich dabei um flüssige oder pulverförmige chemische Zusätze zum Beton oder Mörtel, die durch chemische und physikalische Wirkung deren Eigenschaften beeinflussen. Je nach der angestrebten Wirkung unterscheidet man:
– Betonverflüssiger (BV),
– Luftporenbildner (LP),
– Betondichtungsmittel (DM),
– Erstarrungsverzögerer (VZ),
– Erstarrungsbeschleuniger (BE),
– Einpreßhilfen (EH).

6.3.1 Betonverflüssiger (BV)

Je höher der Wassergehalt einer Betonmischung, d. h. der W/Z-Wert, ist, desto schlechter sind die Betoneigenschaften hinsichtlich Festigkeit, Dichtigkeit, Schwindneigung, Aggressivbeständigkeit usw. Die Aufgabe der Betontechnologie ist deshalb, bei der Herstellung des Betons mit einer möglichst geringen Menge Wasser auszukommen.

Je geringer der Wassergehalt eines Frischbetons, desto schwieriger ist jedoch seine Verarbeitung, insbesondere die einwandfreie Verdichtung. Das Rüttelverfahren hat hier wohl einen großen Fortschritt gebracht, weil es dadurch möglich ist, sog. „steifen" Beton, der sich durch Stampfen nur schlecht hohlraumfrei verdichten läßt, durch die sich beim Rütteln einstellende Fließneigung auf einen geringen Hohlraumgehalt zu verdichten.

Die Forderung nach rationeller Betonherstellung hat jedoch die Entwicklung eines fließfähigen Betons notwendig gemacht, der mittels Pumpen gefördert und ohne oder mit geringem Verdichtungsaufwand verarbeitet werden kann. Dies ist im Prinzip auch durch Verwendung von mehr Anmachwasser möglich, was aber wegen des höheren W/Z und anderen Schwierigkeiten zu schlechteren Betoneigenschaften führt.

Die Forderung nach der am besten verarbeitbaren fließfähigen Konsistenz des Betons ohne Vermehrung des Wassergehalts, d. h. ohne höheren W/Z-Wert ist durch die Entwicklung sog. „Betonverflüssiger" möglich geworden. Durch den Zusatz geringer Mengen dieser Stoffe (1 bis 2% auf Zementgewicht) wird ein wasserarmer Rüttelbeton von plastischer Konsistenz fließfähig, d. h. verflüssigt.

Die Wirkung des BV ist überwiegend chemisch bedingt. Wenn man Zement mit Wasser mischt, d. h. darin dispergiert, dann sind die einzelnen Zementpartikelchen nicht zusammenhanglos einzeln im Wasser verteilt (s. **Bild 196**), sondern bilden infolge der Anziehungskraft sog. „Agglomerate", d. h. Zusammenballungen feinkörniger Teilchen zu größeren Teilchen.

Durch den Zusatz von Verflüssigern wird diese Zusammenballung der Zementpartikelchen verhindert. Es handelt sich dabei um sog. „oberflächenaktive" Substanzen. Man versteht darunter Stoffe, die sich aus ihrer Lösung an Grenzflächen z. B. zwischen Wasser und Feststoffen anreichern [215]. Deshalb spricht man auch von „grenzflächenaktiven" Stoffen. Sie setzen sich an der Oberfläche von Zementkörnern in sehr dünnen, vielfach monomolekularen Schichten fest. Die Zementkörner werden dadurch an ihrer Oberfläche elektrisch aufgeladen und stoßen sich gegenseitig ab, d. h. sie sind entflockt, einzeln verteilt und damit beweglicher. Dies verringert die Reibung zwischen den Körnern und damit die Scherkraft, die beim Bewegen und Fließen des Betons während des Einbaus notwendig ist.

Die Wirkung des Verflüssigungsmittels zeigt sich bei einer Aufschlämmung von Zement in Wasser in einem langsameren Absitzen und nach Beendigung des Absitzens in einem kleineren Absitzvolumen (s. **Bild 197**) [216]. Dies hat seinen Grund darin, daß die kleinen Einzelteilchen langsamer sinken als die größeren Agglomerate und sich beim Absitzen dichter zusammenlagern.

Beim Frischbeton zeigt sich die Wirkung des Verflüssigers beim Ausbreitmaß, durch welches die Konsistenz des Betons bestimmt wird. Durch Zusatz einer geringen Menge Verflüssiger wird das Ausbreitmaß wesentlich vergrößert (s. **Bild 198**) [217]. Man kann dadurch einen Rüttelbeton (Ausbreitungsmaß 40 bis 45 cm) ohne Wasserzusatz in einen Fließbeton (Ausbreitungsmaß 50 bis 55 cm) verwandeln.

Solche hochwirksamen Zusatzmittel werden oft „Superverflüssiger", besser „Fließmittel" genannt. Gegenüber einem wasserrei-

Verhalten von Festkörperteilchen in Flüssigkeiten
Dispergierung
Sedimentation
aggregierend
aggregierend
nicht aggregierend
nicht aggregierend

196

Sedimentationsverhalten einer wässrigen Zement-
Aufschlämmung   a) ohne Verflüssiger
b) mit Verflüssiger
a
b
a
b
mit Verflüssiger
ohne
min
Absitzgeschwindigkeit
h

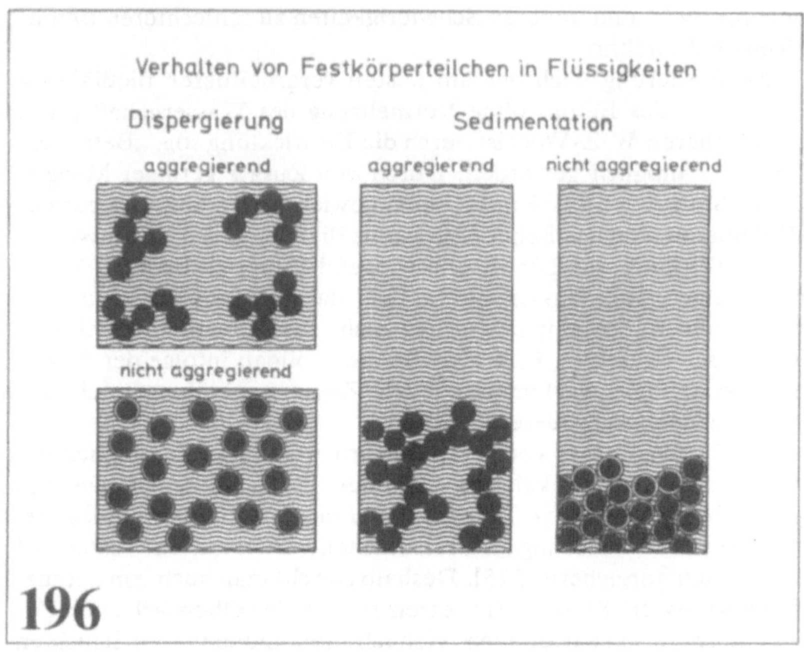

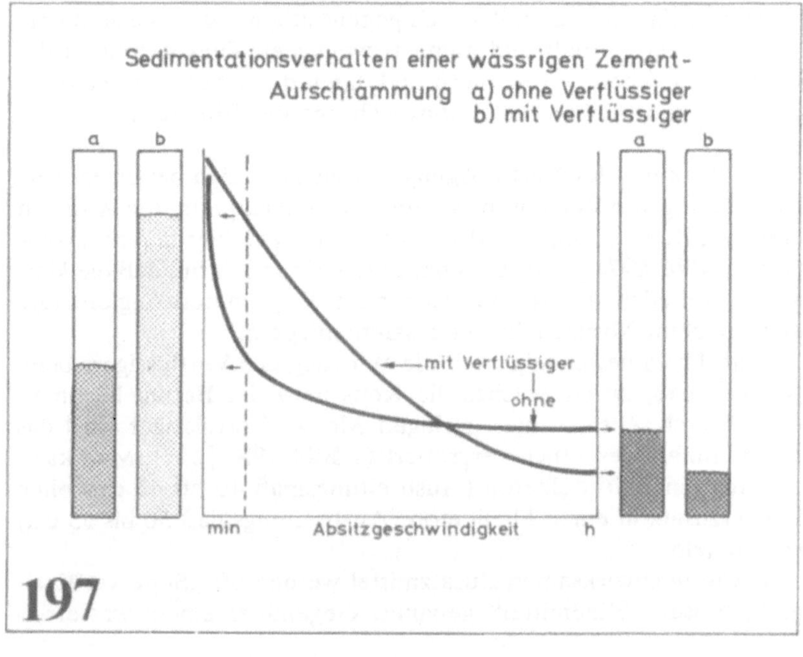

197

Wirkungen von Betonverflüssiger

1 Größeres Ausbreitmaß

(n. Breuckmann)
2 Zusatzmenge
und Ausbreitmaß

ohne BV

mit BV

Ausbreitmaß in cm
70
60
50
40
30
W/Z 0,57
W/Z 0,52
1,5
3
5
BV auf Zement in %

3 Wassereinsparung

Wassereinsparung in l/m³
30
20
10
0
Ausbreitmaß 35 cm
1,5
3
5
BV auf Zement in %

4 Einfluß der
Mischdauer

Ausbreitmaß in cm
60
50
40
30
20
mit BV
ohne BV
3
30
120
Mischdauer in min

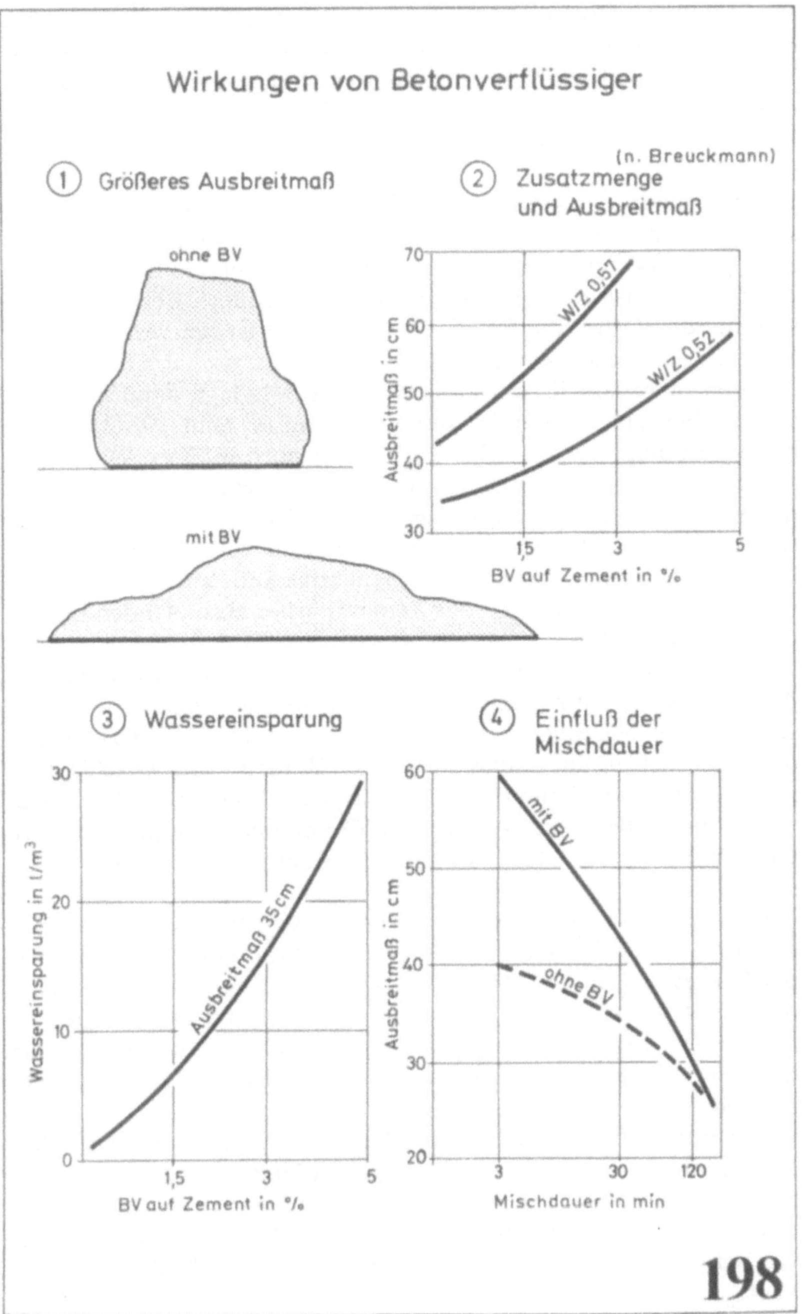

198

chen Gußbeton hat ein damit hergestellter Fließbeton die Vorteile, daß er nicht zum Entmischen und zum Bluten neigt und wesentlich höhere Festigkeiten in der Höhe des wasserarmen Ausgangsbetons erreicht (s. **Bild 200**). Die einzelnen Mittel sind hinsichtlich ihrer Wirkung, insbesondere der Verflüssigungsdauer, z. T. verschieden (s. **Bild 199**).

Die Zunahme des Ausbreitmaßes ist auch von der Menge zugesetztem Verflüssiger abhängig (s. Bild 198/2). Durch Zusatz von z. B. 1,5 % BV auf Zement gerechnet, wird bei einem Beton mit W/Z 0,57 das Ausbreitungsmaß um ca. 10 vergrößert. Bei einem wasserärmeren Beton mit einem W/Z von 0,52 ist die verflüssigende Wirkung wesentlich geringer.

Wenn man dasselbe Ausbreitmaß zugrunde legt, dann zeigt sich die BV-Wirkung in der Wassereinsparung (s. Bild 198/3). Diese beträgt im allgemeinen 5 bis 15 %. Eine noch größere Wassereinsparung ist möglich, jedoch nicht zu empfehlen, da sie wegen des nötig werdenden hohen Zusatzes von BV mit einem Festigkeitsrückgang verbunden ist. Dies dürfte darauf zurückzuführen sein, daß eine zu große Menge oberflächenaktive Substanz (Verflüssiger) den sich an der Oberfläche der Zementkörner abspielenden Hydratationsvorgang stört.

Beim Einsatz von Betonverflüssigern ist darauf zu achten, daß deren Wirkung mit zunehmender Mischdauer geringer wird und bei sehr langem Mischen verschwindet (s. Bild 198/4). Dies ist u. a. darauf zurückzuführen, daß die auf den Zement- und Zuschlagkörnern adsorbierte dünne BV-Schicht durch den mechanischen Reibeffekt abgerieben wird. Aus diesem Grunde ist es empfehlenswert, das BV-Mittel erst kurz vor der Verarbeitung des Betons zuzusetzen.

Die Festigkeit des Betons wird bei vorschriftsmäßigem BV-Zusatz in der Regel besser, und zwar sowohl bei Portlandzement wie bei Hüttenzement (s. **Bild 201**) [218]. Diese Festigkeitssteigerung durch BV-Zusatz ist eine Folge der Wassereinsparung und des dadurch niedrigeren W/Z-Wertes; sie gilt sowohl für Beton mit einem niedrigen, wie mit hohem Zementgehalt (s. **Bild 202**). Bei zementreichem Beton ist sie am größten [219].

Die Rohstoffbasis der BV-Mittel ist verschieden. Seit langem und auch heute noch werden dafür in großem Umfang sog. Ligninsulfonate (Nebenprodukte der Zellulosegewinnung) verwendet, des weiteren synthetische Detergentien (Netzmittel). Die Fließmittel sind vielfach auf der Basis von Melamin-Formaldehyd-Produkten aufgebaut.

320

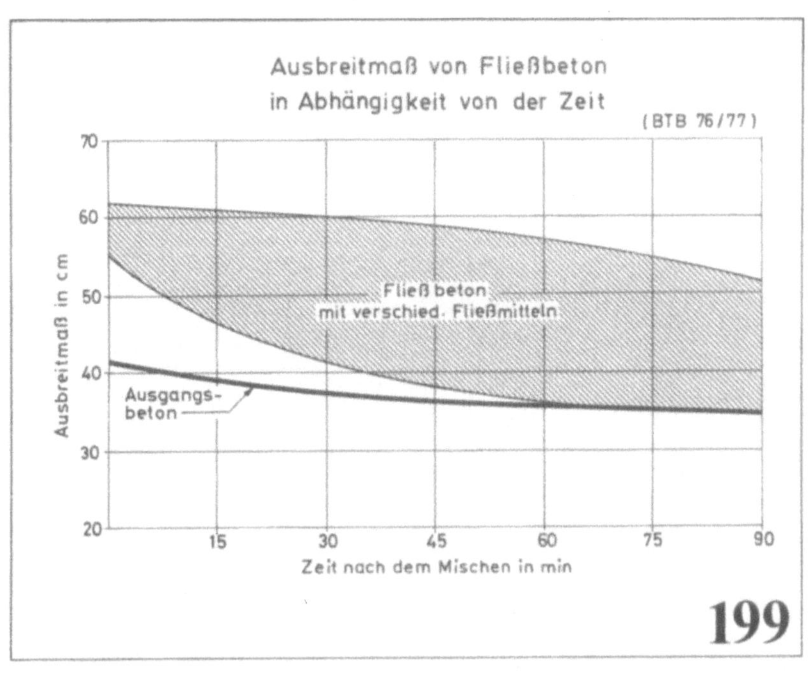

Ausbreitmaß von Fließbeton
in Abhängigkeit von der Zeit
(BTB 76/77)
70
60
50
40
30
20
Ausbreitmaß in cm
Fließbeton
mit verschied. Fließmitteln
Ausgangs-
beton
15
30
45
60
75
90
Zeit nach dem Mischen in min
199

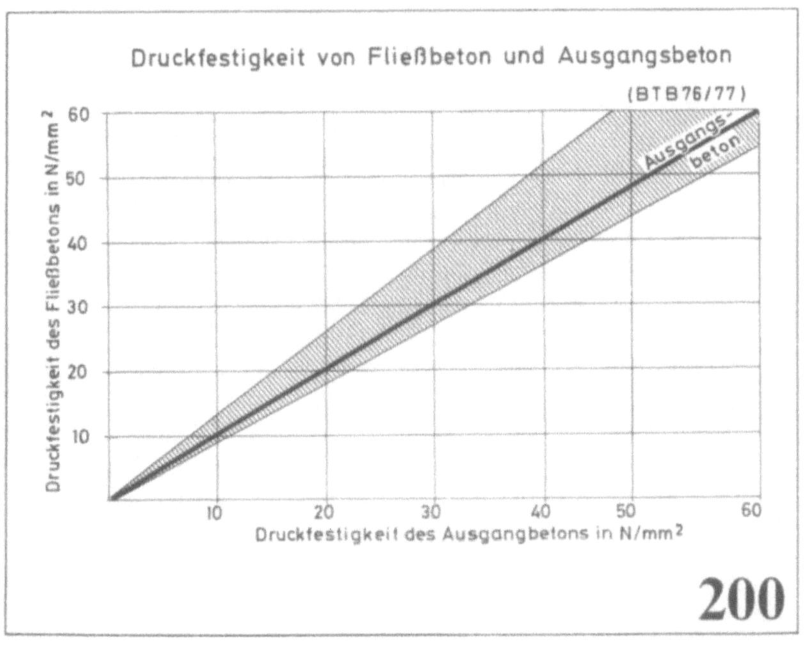

Druckfestigkeit von Fließbeton und Ausgangsbeton
(BTB 76/77)
60
50
40
30
20
10
Druckfestigkeit des Fließbetons in N/mm²
Ausgangs-
beton
10
20
30
40
50
60
Druckfestigkeit des Ausgangbetons in N/mm²
200

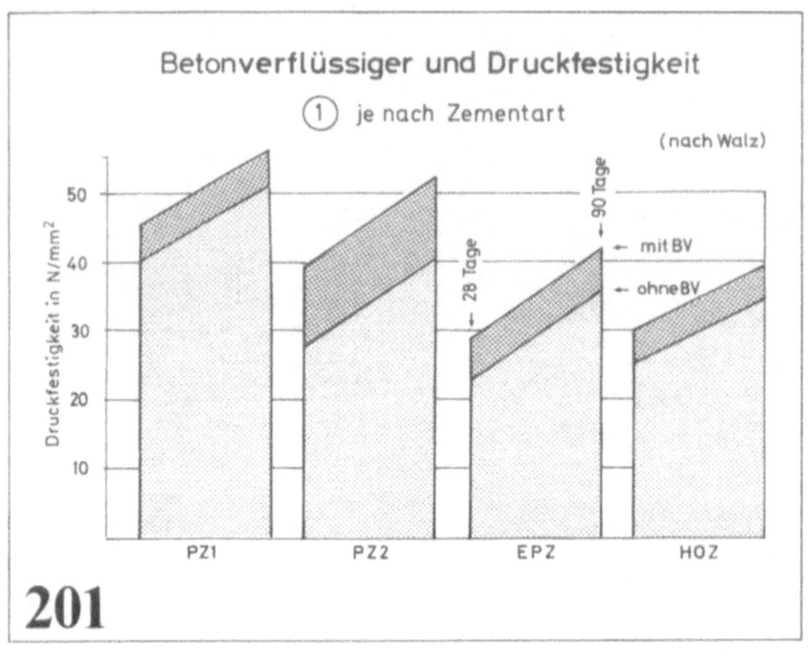

Betonverflüssiger und Druckfestigkeit
1 je nach Zementart
(nach Walz)
Druckfestigkeit in N/mm²
50
40
30
20
10
90 Tage
28 Tage
← mit BV
← ohne BV
PZ1
PZ2
EPZ
HOZ
201

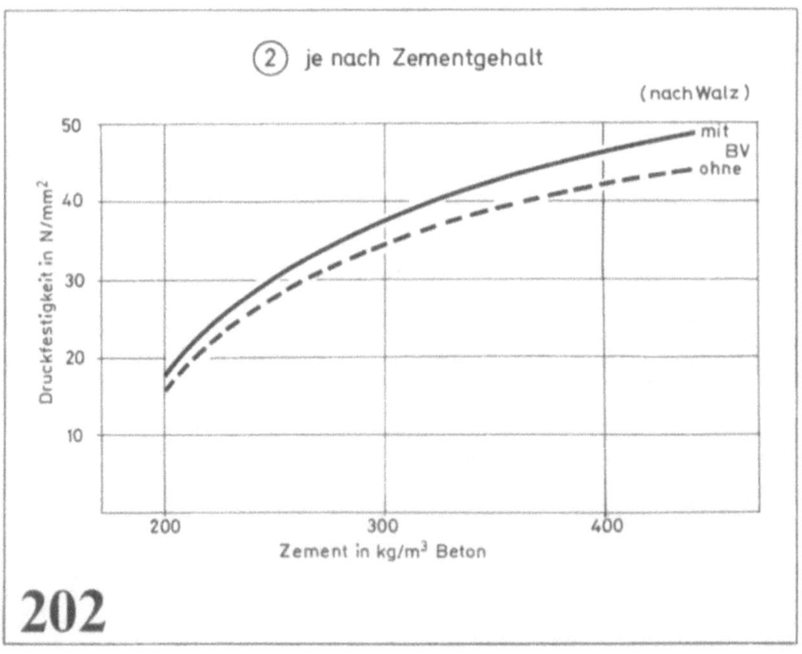

2 je nach Zementgehalt
(nach Walz)
Druckfestigkeit in N/mm²
50
40
30
20
10
mit
BV
ohne
200
300
400
Zement in kg/m³ Beton
202

6.3.2 Luftporenbildner (LP)

Beton ist bekanntlich nach der Herstellung und je nach Beschaffenheit auch später frostempfindlich (s. 5.6.1). Die Ursache liegt darin, daß chemisch noch nicht gebundenes bzw. Überschußwasser gefriert und sich dabei ausdehnt, wobei infolge des dadurch entstehenden Drucks das Betongefüge gesprengt werden kann. Derartige Schäden sind insbesondere bei in den 30er Jahren in den USA in großem Umfang gebauten Betonstraßen aufgetreten.

Bei eingehenden Untersuchungen hat man in den USA festgestellt, daß die Frostbeständigkeit gleichzeitig hergestellter Straßenabschnitte z.T. sehr unterschiedlich war. Die mikroskopische Untersuchung ergab, daß die frostbeständigen Betone eine große Anzahl feiner Luftporen enthielten „sie waren entstanden bei Verwendung von Zement, der mit Mahlhilfen auf der Basis von pflanzlichen Ölen und Seifen hergestellt war" [220]. Wäßrige Seifenlösungen entwickeln bekanntlich Schaum, desgleichen Öle in Verbindung mit Alkalien, wie sie im Zement enthalten sind.

Aufgrund dieser Beobachtungen wurden dann spezielle Luftporenmittel entwickelt. Als besonders wirksam erwies sich das sog. „Vinsol-Resin", ein natürliches Harz, das bei der Extraktion von Baumwurzeln (daher auch Wurzelharz genannt) gewonnen wird. Eine Auflösung dieses Harzes in Natronlauge, der Betonmischung zugesetzt, entwickelt viele kleine kugelförmige Mikroporen. Diese bewirken die Frostbeständigkeit des Betons während des Abbindevorgangs und darüber hinaus. Des weiteren wird der Wasserbedarf bis zu ca. 30 l je Kubikmeter Beton verringert und dadurch die Druckfestigkeit erhöht, sowie die Neigung des Betons, Wasser aufzusaugen, vermindert.

Hohlräume im Beton, wie sie bei ungenügender Verdichtung und schlechter Betonzusammensetzung entstehen, sind an sich schädlich, weil sie das Betongefüge stören und die Widerstandsfähigkeit des Betons, auch gegen Frost, verschlechtern. Anders bei den durch Zusatz eines Luftporenbildners entstandenen Poren. Sie sind kugelförmig und sehr klein mit Durchmessern zwischen 10 und 1000 µm, vorzugsweise zwischen 25 und 250 µm. Der Hauptanteil liegt etwa bei der Größe der Zementkörner (s. **Bild 204**). Die Tatsache, daß solche kleinen Kugelporen im Beton diesen frostbeständig machen, ist aus dem Verhalten des Wassers in Kapillaren zu erklären. Wasser steigt bekanntlich in Kapillaren hoch und zwar um so höher, je feiner die Kapillaren sind (s. Bild 210). Wird eine Kapillare durch eine kugelförmige Erweiterung unterbrochen, dann wird das weitere Steigen des Wassers verhindert (s. **Bild 203**). Wenn das Wasser in der Kapillare gefriert, dann übt es infolge seiner Gefrierdehnung einen sprengenden Druck auf den umgebenden Beton aus. Ist die Kapillare jedoch durch luftgefüllte Kugelporen unterbrochen, dann kann sich das gefrierende Wasser in diese Hohlräume ausdehnen, wodurch die Entstehung eines Eisdrucks vermieden wird.

Diese Wirkung ist jedoch von dem Abstand der Kugelporen abhängig, denn nur das in der Nähe solcher Poren entstehende Eis kann in diese ausweichen, nicht jedoch das weiter entfernte. Dieses entwickelt einen Druck, der um so größer ist, je größer die Entfernung von den Kugelporen ist. Daraus ergibt sich, daß der entstehende Eisdruck um so geringer ist, je kleiner der Abstand zwischen den Poren ist (s. **Bild 205**). Schäfer [221] hat nachgewiesen, daß dieser Porenabstand nicht mehr als 300 μm betragen soll. Das Optimum liegt zwischen 100 und 200 μm.

Auch die Porengröße ist von Bedeutung. Der für die Gefrierdehnung des Wassers benötigte Raumbedarf ist an sich gering, weshalb die Poren sehr klein sein können. Die durch die Luftporenbildner erzeugten Poren haben einen Durchmesser von ca. 10 bis 1000 μm, vorwiegend zwischen 50 und 300 μm (s. Bild 205/3). Größere Poren sind für die Frostbeständigkeit nutzlos, jedoch für die Betonfestigkeit schädlich, denn diese wird durch Hohlräume im Beton an sich verringert. Die in üblichem Beton enthaltenen Luftporen haben eine Größe zwischen 300 und 1000 μm (s. Bild 205/4) und sind deshalb ohne wesentlichen Einfluß auf die Frostbeständigkeit, schädigen jedoch die Betonfestigkeit.

Entscheidend für die Frostschutzwirkung ist der Porenabstand; je geringer, desto besser. Das bedeutet, daß die Zahl der Poren je Volumeneinheit Beton groß sein muß. Sie liegt nach Schäfer bei einem frostbeständigen LP-Beton zwischen 200 und 250 Poren je Kubikmillimeter mit einer Größe zwischen 10 und 300 μm. Der Nullbeton enthält weniger als $^1/_{10}$ dieser Porenmenge und diese in der nutzlosen Größe von >300 μm.

Zahl und Größe der durch den LP-Zusatz entstehenden Poren ist nicht nur von der Zusatzmenge abhängig, sondern von der Betonzusammensetzung und von den Herstellungsbedingungen (s. **Bild 206**).

Von großem Einfluß ist der Sandgehalt (s. Bild 206/2). Dies gilt schon für den zusatzfreien Beton, dessen Luftporengehalt mit steigendem Sandgehalt bis über 3% ansteigt und noch viel mehr für den LP-Beton, dessen Luftporengehalt etwa dreimal so groß ist. Da aus Gründen der Festigkeit, die bei mehr als 5% Luftporenanteil deut-

Wirkung von Kugelporen in Kapillaren
bei Wasser
bei Eis

203

Kugelporen im Beton (schematisch)
Pore
Zuschlag
Zementstein

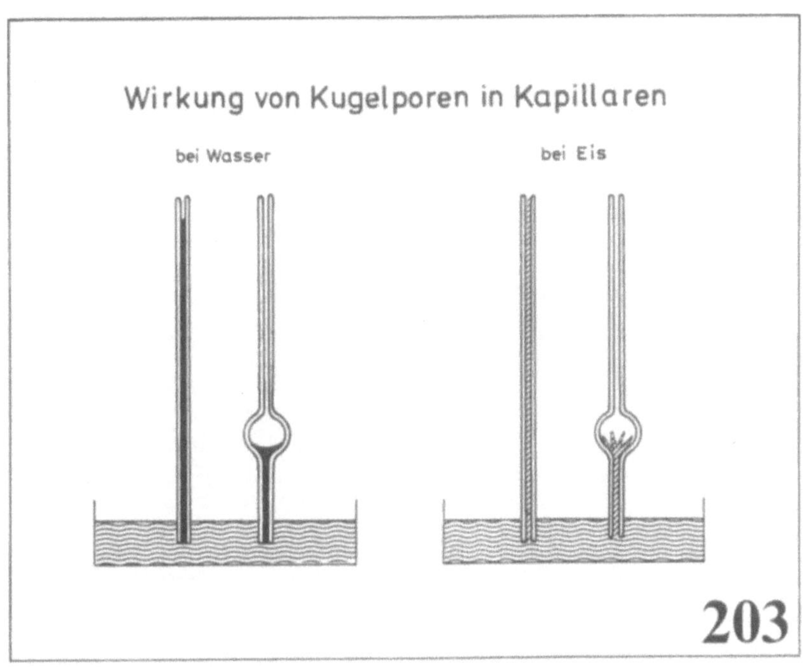

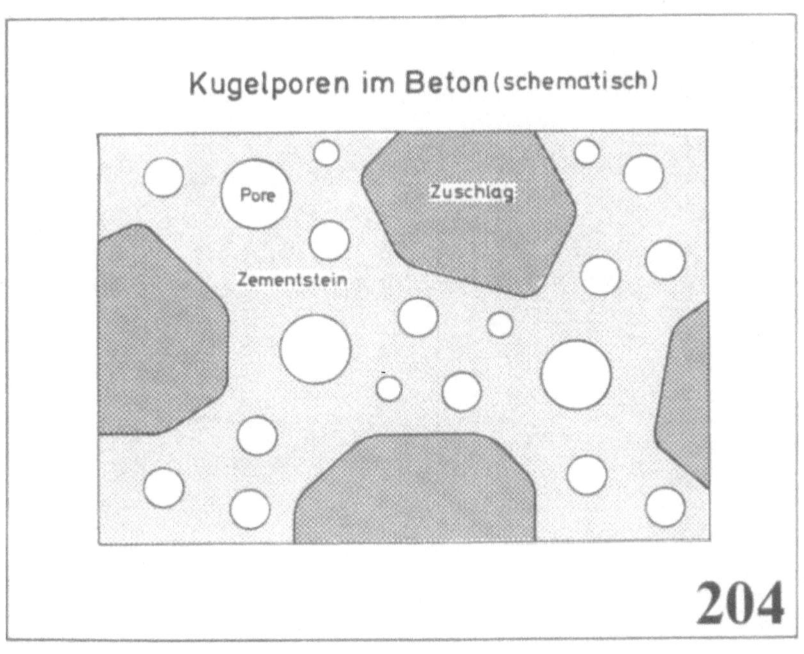

204

Luftporenbildner, Porenzahl und Größe

① Wenige große Poren

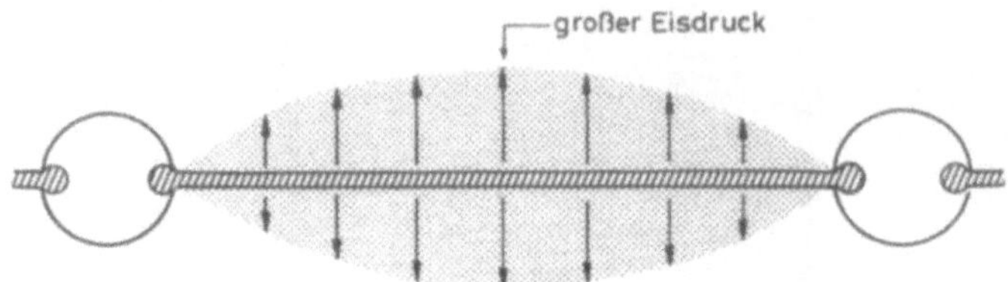

② Viele kleine Poren

Größenverteilung der Luftporen (n. Schäfer)

③ zu Volumenanteil   ④ zu Porenanzahl

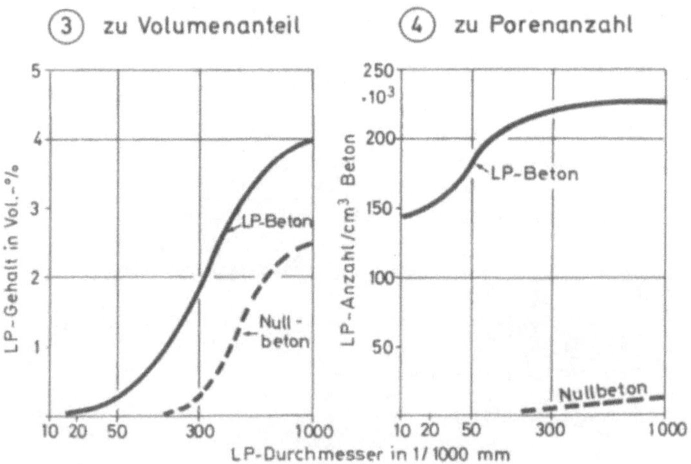

205

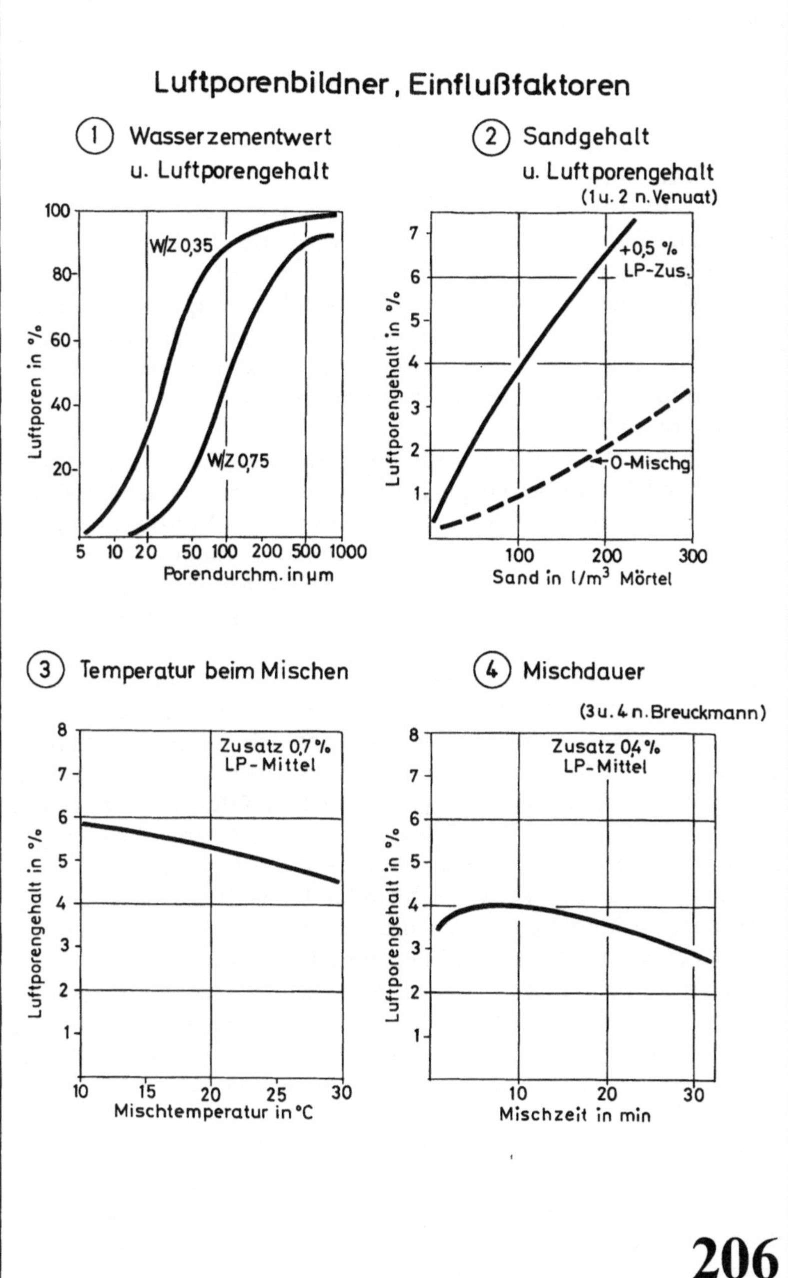

Luftporenbildner, Einflußfaktoren
1 Wasserzementwert u. Luftporengehalt
2 Sandgehalt u. Luftporengehalt
(1 u. 2 n. Venuat)
Luftporen in %
100
80
60
40
20
W/Z 0,35
W/Z 0,75
5 10 20 50 100 200 500 1000
Porendurchm. in µm
Luftporengehalt in %
7
6
5
4
3
2
1
+0,5 % LP-Zus.
0-Mischg
100 200 300
Sand in l/m³ Mörtel
3 Temperatur beim Mischen
4 Mischdauer
(3 u. 4 n. Breuckmann)
Luftporengehalt in %
8
7
6
5
4
3
2
1
Zusatz 0,7 %
LP-Mittel
10 15 20 25 30
Mischtemperatur in °C
Luftporengehalt in %
8
7
6
5
4
3
2
1
Zusatz 0,4 %
LP-Mittel
10 20 30
Mischzeit in min
206

lich abnimmt, der Luftporengehalt 5 % nicht wesentlich überschreiten soll, muß bei sandreichem Beton das LP-Mittel sparsam dosiert werden.

Auch der W/Z-Wert des Betons beeinflußt vor allem die Porengröße; bei hohem W/Z sind die Poren größer als bei niedrigem W/Z (s. Bild 206/1). Dies hängt damit zusammen, daß bei geringem Wassergehalt die Poren zwischen den dichtgelagerten Zementkörnern feiner zerteilt werden als wenn sie in einer großen Wassermenge schwimmen. Durch einen hohen W/Z wird also die Porengröße in Richtung geringerer Wirksamkeit verschoben [220].

Einen wenn auch geringeren Einfluß auf den Luftporengehalt hat die Mischtemperatur (s. Bild 206/3). Das hängt damit zusammen, daß die Viskosität der Zementwasserpaste mit steigender Temperatur abnimmt und die Luftporen beim Mischen leichter aus der Masse austreten können.

Auch die Mischdauer beeinflußt den Luftporengehalt; er steigt zunächst an und nimmt bei langer Mischzeit wieder ab (s. Bild 206/4). Der Anstieg wird dadurch verursacht, daß sich die Luftporen erst im Laufe des Mischvorgangs bilden; die Abnahme dadurch, daß nach Aufhören der Luftporenbildung bei weiterem Mischen ein Teil der Luftporen, wenn sie beim Mischen an die Oberfläche gelangen, wieder zerplatzen.

Luftporengehalt und Frostverhalten. Frostschädigung des Betons ist eine Folge der durch den Eisdruck verursachten Ausdehnung. Beim Abkühlen von wasserhaltigem Beton dehnt sich dieser beim Unterschreiten von −2 °C bis zu −24 °C aus und beim Wiedererwärmen zieht er sich wieder zusammen, jedoch nicht auf den ursprünglichen Wert, sondern es verbleibt eine Restdehnung, die durch die Gefügelockerung infolge des Eisdrucks verursacht wird (s. **Bild 207**). Anders beim LP-Beton. Dieser schwindet beim Unterschreiten der Frostgrenze geringfügig, was auf die auch für den Beton charakteristische Kontraktion beim Abkühlen zurückzuführen ist.
Bei wiederholtem Frostwechsel steigert sich die jeweils auftretende Gefügelockerung, was sich in einer mit der Zahl der Frostwechsel zunehmenden bleibenden Ausdehnung des Betons auswirkt (s. Bild 207/1). Im Vergleich dazu ist die bleibende Dehnung beim LP-Beton minimal.

Die Frostschädigung des Betons ist vor allem ein Problem des Betonstraßenbaus, insbesondere bei der Anwendung von Auftausalz. In diesem Fall sind die Volumenänderungen besonders kraß und als Folge davon kann ein schalenförmiges Abplatzen der oberen Betonschicht und damit Freilegung der Zuschläge stattfinden. Bei

328

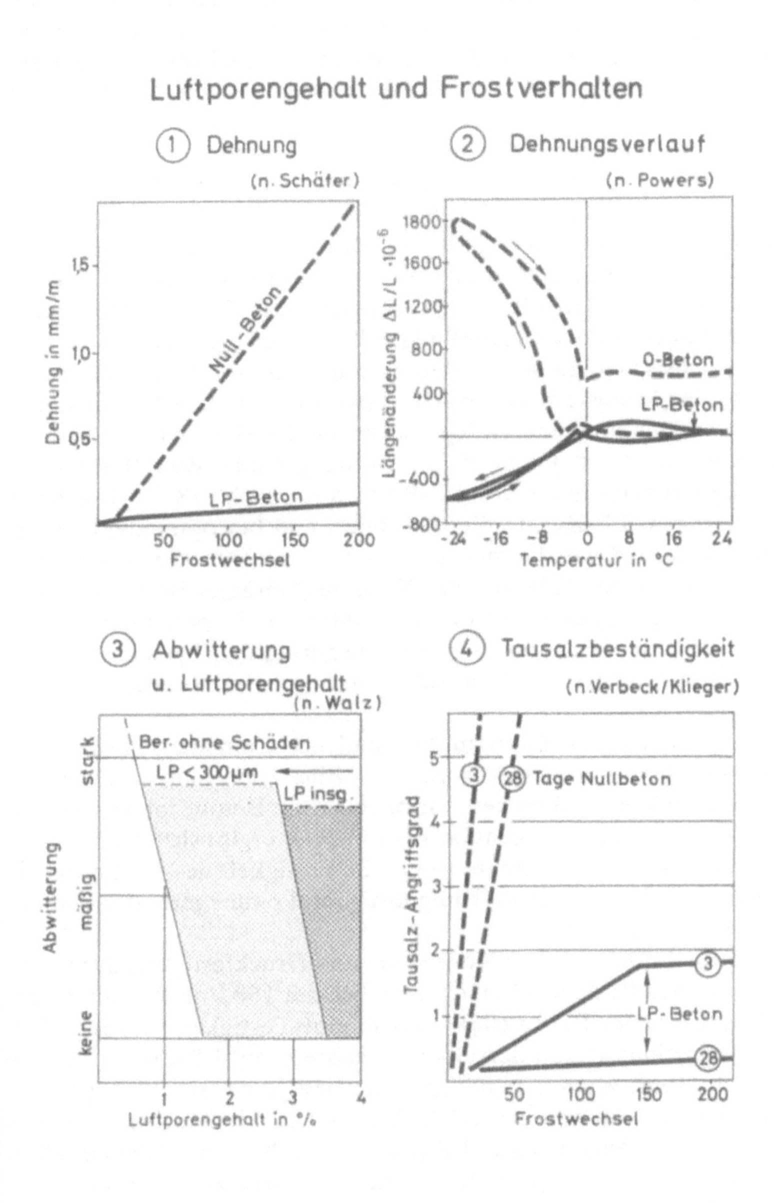

Luftporengehalt und Frostverhalten
1 Dehnung
(n. Schäfer)
Dehnung in mm/m
1,5
1,0
0,5
Null-Beton
LP-Beton
50   100   150   200
Frostwechsel
2 Dehnungsverlauf
(n. Powers)
Längenänderung ΔL/L ·10⁻⁶
1800
1600
1200
800
400
-400
-800
O-Beton
LP-Beton
-24 -16 -8   0   8   16   24
Temperatur in °C
3 Abwitterung
u. Luftporengehalt
(n. Walz)
Abwitterung
stark
mäßig
keine
Ber. ohne Schäden
LP < 300 µm
LP insg.
1   2   3   4
Luftporengehalt in %
4 Tausalzbeständigkeit
(n.Verbeck/Klieger)
Tausalz-Angriffsgrad
5
4
3
2
1
3   28 Tage Nullbeton
3
LP-Beton
28
50   100   150   200
Frostwechsel
207

eingehenden Untersuchungen [222] ergab sich, daß LP-Beton, insbesondere wenn er erst nach vier Wochen der Kälte- und Tausalzeinwirkung ausgesetzt wurde, eine große Anzahl Frostwechsel ohne Schaden aushielt, während der Beton ohne LP-Zusatz schon nach wenigen Frostwechseln schwere Schäden aufwies. Bild 207/3 zeigt die Abwitterung durch Frosteinwirkung bei Betonen verschiedenen Luftgehalts. Daraus ergibt sich, daß erst bei einem Gesamtluftporengehalt von mehr als 3% keine Abwitterung mehr auftrat und bei einem Feinporengehalt (<300 µm) schon 1,5% genügten, um Frostschäden zu verhüten. Bild 207/4 zeigt, daß LP-Zusatz die Tausalzbeständigkeit außerordentlich verbessert und ab einem Betonalter von 28 Tagen vor Salzbehandlung vollkommen gegeben war.

Die Frostschädigung des Betons zeigt sich vor allem in der Abnahme der Festigkeit, verursacht durch die von dem Eisdruck herrührende Dehnung und Gefügelockerung. Diesbezügliche Versuche wurden u.a. durch O. Graf [223] durchgeführt. **Bild 208**/3 zeigt, daß die Druckfestigkeit von LP-Beton auch nach 178 Frostwechseln bei geringem LP-Zusatz dieselbe blieb und bei optimalem Zusatz deutlich größer war. Demgegenüber ging die Druckfestigkeit beim Nullbeton um ca. 30% zurück. Noch ausgeprägter ist die Wirkung bei der Biegezugfestigkeit (s. Bild 208/4). Bei optimalem LP-Zusatz, war sie nach Kältebeanspruchung geringfügig besser, bei geringem Zusatz ging sie auf ca. 60% zurück, beim Nullbeton auf ca. 20%.

Je nach Art des Zusatzmittels und des Zements schwankt die Festigkeitsbeeinflussung etwas. Aus Bild 208/1, in welchem die Druckfestigkeit zahlreicher normgelagerter Betone ohne und mit LP-Zusatz einander gegenübergestellt sind, ergibt sich ein Streubereich um die Nullbetonlinie, wobei die Festigkeit des LP-Betons im allgemeinen besser ist und ungünstigenfalls nur geringfügig unter der des Nullbetons liegt.

Die Beeinflussung von Konsistenz und Druckfestigkeit durch LP-Mittel ist aus Bild 208/2 ersichtlich. Ein mit 168 l/m^3 Wasser hergestellter LP-freier Beton (links) ergab eine Festigkeit von ca. 54 N/mm^2. Für einen Beton derselben Konsistenz mit LP-Zusatz wurden nur 142 l/m^3 Wasser benötigt und dabei eine um 11% größere Festigkeit von 60 N/mm^2 erzielt (Mitte). Ein mit derselben geringen Wassermenge angemachter LP-freier Beton hatte dieselbe Druckfestigkeit, war jedoch viel steifer und schwerer zu verarbeiten. Es ergibt sich daraus, daß LP-Mittel nicht nur Frostbeständigkeit des Betons bewirken, sondern auch wassereinsparend und günstigenfalls festigkeitssteigernd wirken.

Luftporenbildner und Betonfestigkeit

a) nach Normlagerung

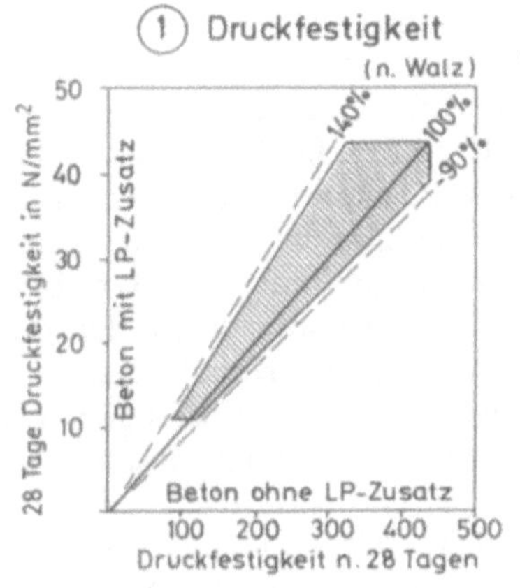

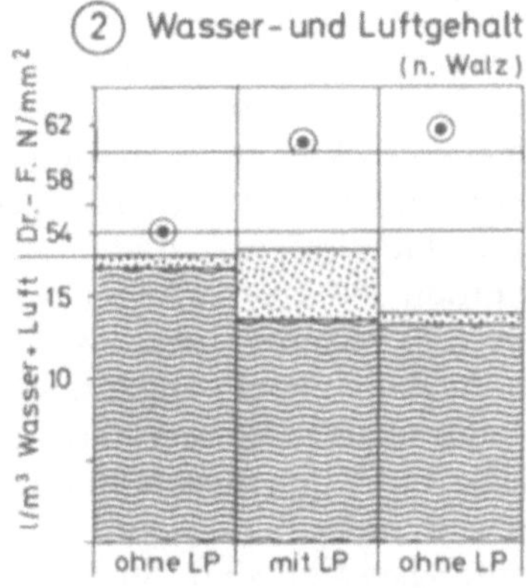

b) nach Frostwechsel

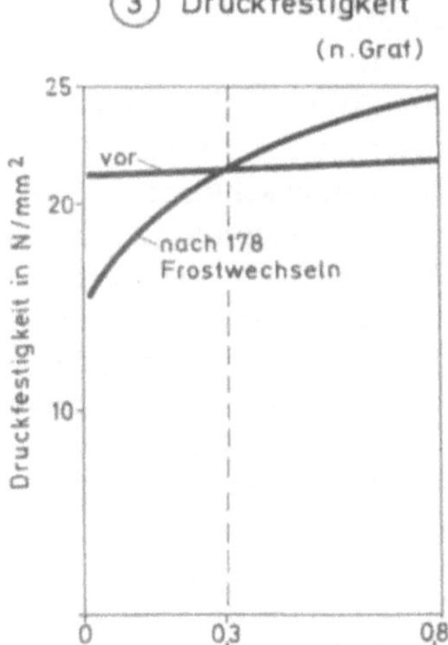

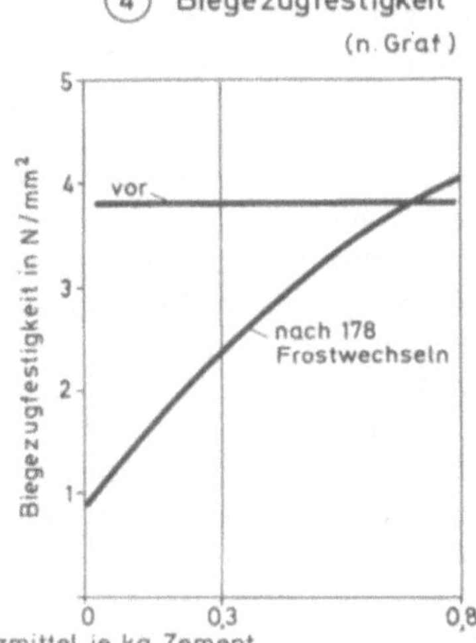

208

6.3.3. *Dichtungsmittel (DM)*

Wasserundurchlässigkeit des Betons ist in vielen Fällen, z.B. bei Wasserbehältern, Betonrohren, Schwimmbädern usw. eine unabdingbare Forderung. Wie durch Powers nachgewiesen wurde (s. Bild 141), hängt die Wasserdurchlässigkeit des Betons vom W/Z-Wert ab. Bei einem W/Z-Wert von weniger als 0,4 ist gut zusammengesetzter und gut verdichteter Beton dicht. Erst bei höheren W/Z-Werten wird er durchlässig, wobei diese Durchlässigkeit mit steigendem W/Z-Wert stark zunimmt. Die Ursache liegt darin, daß nur etwa 40 Teile Wasser von 100 Teilen Zement (W/Z 0,4) chemisch in den Zementhydraten und physikalisch in dem Zementgel gebunden werden. Weiteres Wasser wird nicht gebunden, sondern bleibt in den sog. Kapillarporen als Überschußwasser zurück. Da diese Poren im Zementstein ein zusammenhängendes Kapillarsystem bilden, kann sich das Wasser darin bewegen und bei einseitigem Wasserdruck durch den Beton hindurch wandern, und zwar um so besser, je weiter diese Poren sind.

Dichtungsmittel sind Stoffe, welche die kapillare Wasseraufnahme oder das Eindringen von Druckwasser verhindern sollen. Für das Verständnis der Wirkungsweise der Dichtungsmittel ist es zweckmäßig, von den Benetzungseigenschaften der Flüssigkeiten auszugehen (s. **Bild 209**/1). Wenn man auf Zementstein einen Wassertropfen aufsetzt, dann breitet sich dieser aus, d.h. das Wasser benetzt den Zementstein gut. Wenn man statt dessen einen Tropfen Quecksilber aufbringt, dann bleibt dieser als deformierte Kugel liegen, d.h. Quecksilber benetzt den Zementstein schlecht.

Die Ursache der Benetzung liegt in den Anziehungskräften zwischen Festkörper und Flüssigkeit. Dies zeigt sich, wenn man z.B. eine Glaskapillare in eine Flüssigkeit eintaucht. Im Falle einer guten Benetzung, z.B. Wasser und Glas, steigt die Flüssigkeit infolge der chemischen Affinität und der dadurch verursachten Molekülanziehung darin hoch (s. Bild 209/2). Im Falle einer Molekülabstoßung, z.B. bei Quecksilber und Glas, steigt das Quecksilber nicht hoch.

Diese Anziehungs- bzw. Abstoßungskräfte werden durch den sog. Randwinkel sichtbar, der sich an der Berührungsfläche zwischen Feststoff und Flüssigkeit bildet (s. Bild 209/1). Im Falle der guten Benetzung zieht sich die Flüssigkeit an der Feststoffoberfläche hoch, im anderen Fall stößt sie sich ab [224].

Die chemische Affinität zwischen Zementstein und Wasser ist groß (der Zement erhärtet ja durch Wasseraufnahme = Hydratation), deshalb dringt Wasser auch in die Kapillaren des Zement-

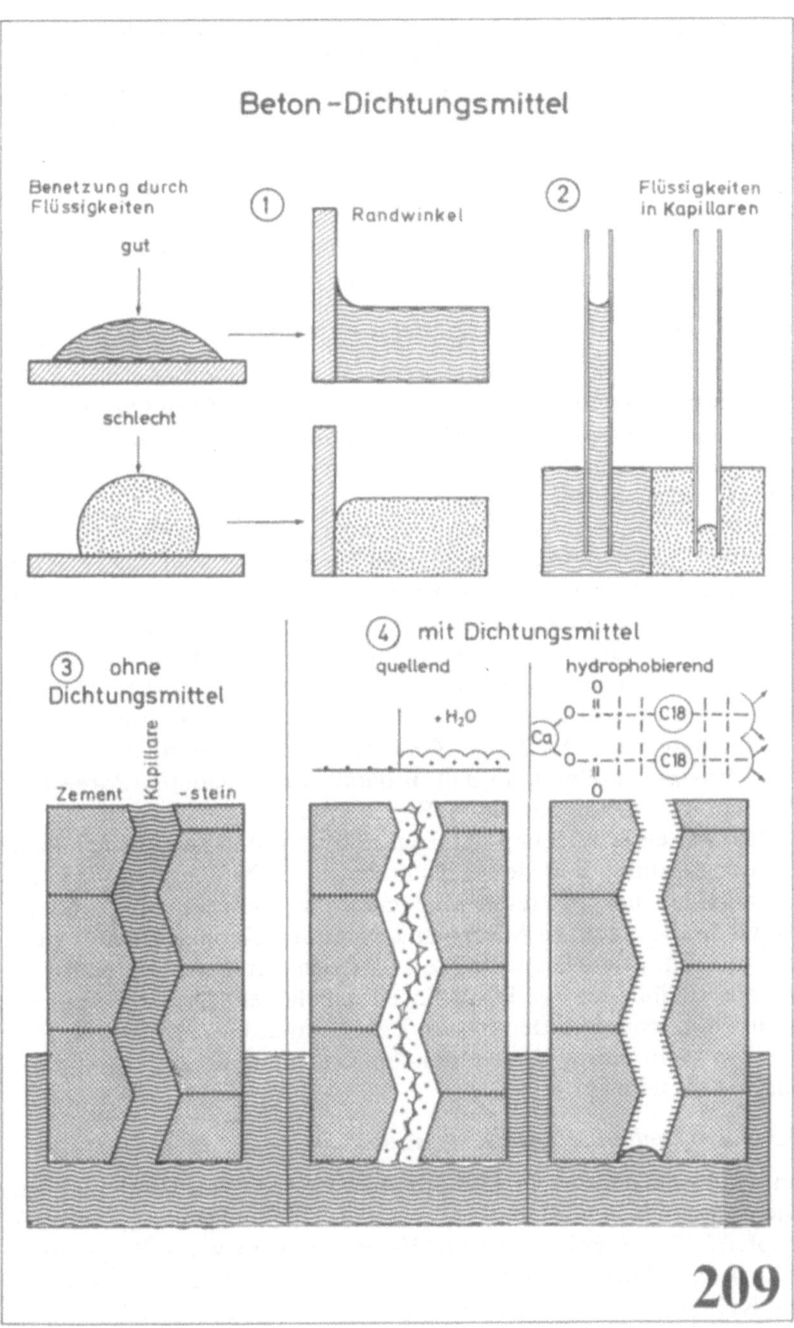

Beton-Dichtungsmittel
Benetzung durch Flüssigkeiten
gut
schlecht
1 Randwinkel
2 Flüssigkeiten in Kapillaren
3 ohne Dichtungsmittel
Zement
Kapillare
-stein
4 mit Dichtungsmittel
quellend
+H₂O
hydrophobierend
O
Ca
O
C18
O
C18
O
209

steins ein und wird darin hochgezogen, was man beobachten kann,
wenn poröser Beton im Wasser steht (s. Bild 209/3) [225]. Dabei ist
die Steighöhe um so größer, je enger die Kapillaren sind, weil bei
engeren Kapillaren, das Verhältnis zwischen Porenoberfläche und
Poreninhalt größer ist (s. **Bild 210**). Damit hängt auch die Tatsache
zusammen, daß die Steighöhe von Wasser im Beton um so größer
ist, je niedriger die Menge Anmachewasser, d. h. der W/Z-Wert ist,
weil der Porendurchmesser um so größer ist, je höher der W/Z-
Wert und damit der Wasserüberschuß ist (s. **Bild 211**)[226].

6.3.3.1 Hydrophobierende Dichtungsmittel

Reibt man jedoch den Zementstein vor der Wasserbenetzung z. B.
mit Fett ein, dann bleibt ein Wassertropfen darauf wie Quecksilber
sitzen, d. h. der eingefettete Zementstein wird durch das Wasser
nicht benetzt. Das Fett wirkt also als wasserabstoßendes „hydro-
phobierendes" Mittel.

Eine solche oberflächliche Einfettung macht den Zementstein nur
für kurze Zeit wasserabweisend, weil der Fettfilm bald vom Wasser
verdrängt wird. Um den Zementstein dauerhaft wasserabweisend zu
machen, muß man die Wandungen der Kapillaren hydrophobieren
und dafür optimal geeignete Fettstoffe verwenden. Bei letzteren
handelt es sich vorzugsweise um sog. Metallseifen, d. h. Umsetzungsprodukte von Fettsäuren mit Metallhydroxiden, insbesondere
Calciumhydroxid. Der lange Kohlenwasserstoffrest solcher Seifen
wirkt wasserabstoßend, so daß in damit ausgekleideten Poren das
Wasser nicht mehr eindringt (s. Bild 209/4).

Die dichtende Wirkung derartiger Metallseifen ist gut; sie haben
nur den Nachteil, daß sie wegen ihrer wasserabstoßenden Wirkung
nicht in den nassen Beton eingemischt werden können, sondern
vorher in die trockene Mischung sehr gründlich eingearbeitet werden müssen. Diese Schwierigkeit läßt sich durch Anwendung von
Metallseifenbildnern (z. B. Aminseife) beheben. Diese bilden erst
nach Einmischung in den nassen Beton durch Umsetzung mit dem
bei der Hydratation freiwerdenden Calciumhydroxid die hydro-
phobe Kalkseife [227].

6.3.3.2 Quellende Dichtungsmittel

Im Unterschied zu den hydrophobierenden, porenauskleidenden
Dichtungsmitteln wirken die quellenden Dichtungsmittel porenverstopfend. Sie bestehen aus mehlfeinen Pulvern wie z. B. Bentonit
(Quellton), Natriumalginat (aus Seealgen) und verschiedenen anderen Kolloiden [220]. Die mehlfeinen Teilchen quellen in den Kapil-

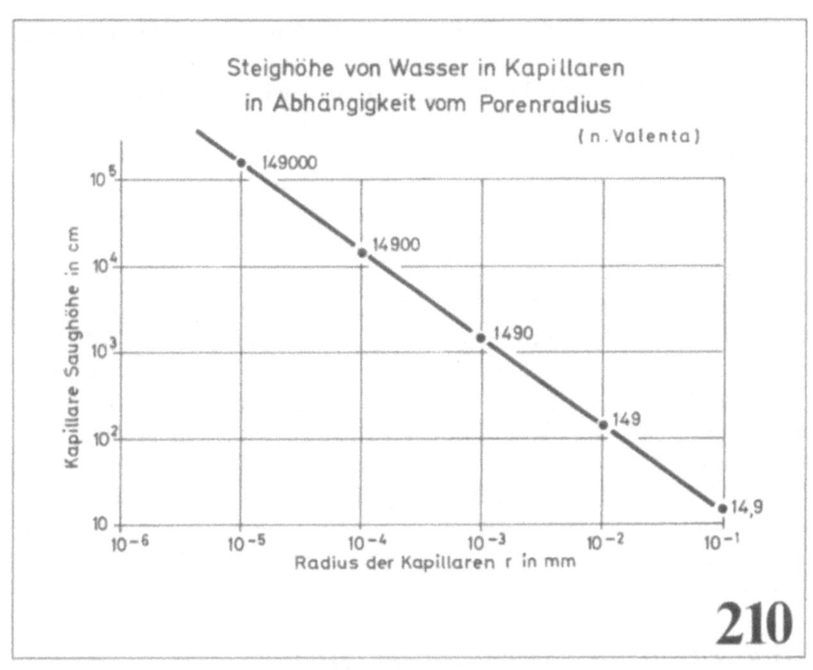

Steighöhe von Wasser in Kapillaren
in Abhängigkeit vom Porenradius
(n. Valenta)
Kapillare Saughöhe in cm
149000
14900
1490
149
14,9
Radius der Kapillaren r in mm
210

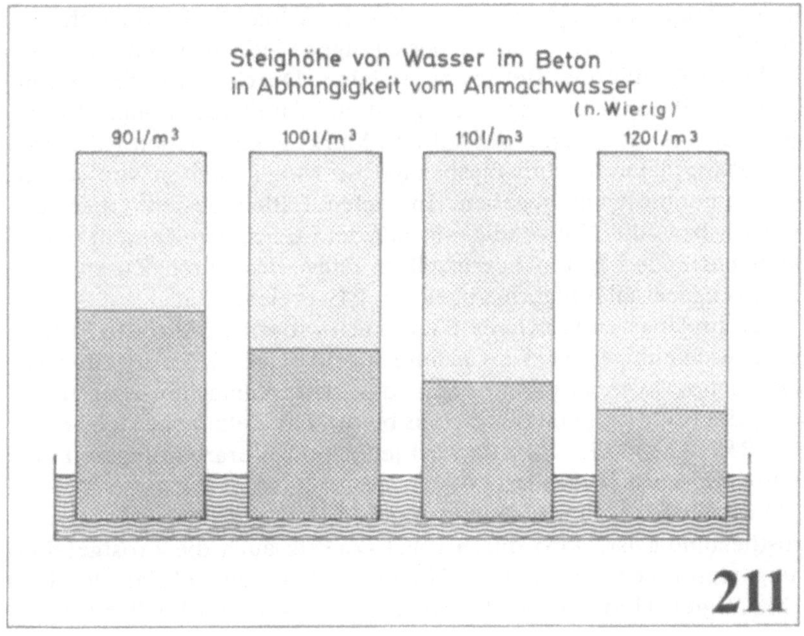

Steighöhe von Wasser im Beton
in Abhängigkeit vom Anmachwasser
(n. Wierig)
90 l/m³
100 l/m³
110 l/m³
120 l/m³
211

laren unter Bildung einer gallertartigen porenverstopfenden Masse auf (s. Bild 209/4).

Die Anwendung von Dichtungsmitteln bewirkt in der Regel eine Verringerung der Betongüte. Deswegen werden sie von seiten der Betontechnologen vielfach abgelehnt und darauf hingewiesen, daß durch optimalen Aufbau der Mischung hinsichtlich Zementgehalt, Kornzusammensetzung und Konsistenz die praktisch erforderliche Undurchlässigkeit auch ohne Dichtungsmittel zu erreichen ist [228]. Im übrigen können Dichtungsmittel nur Poren abdichten, die verhältnismäßig klein sind. Keinesfalls sind sie in der Lage, einen schlechten, falsch zusammengesetzten Beton mit großen Hohlräumen oder sonstigen Gefügestörungen abzudichten [220]. Immerhin gibt es in der Praxis Fälle, wo man aus Sicherheitsgründen die nicht immer vermeidbaren Kapillarporen dichten will. Ein großes Anwendungsgebiet der Dichtungsmittel ist die Hydrophobierung von Putzen. Diese sollen luftduchlässig, müssen also porös sein. Durch hydrophobierende (nicht durch quellende) Dichtungsmittel, wird der Luftdurchtritt ermöglicht, das Eindringen von Wasser jedoch verhindert.

6.3.4 Erstarrungsbeschleuniger (BE)

In der Baupraxis ist es aus Gründen des schnellen Baufortschritts und oft auch aus technischen Überlegungen vielfach erwünscht, eine rasche Erhärtung des Betons zu erzielen. Durch Verwendung von Zement mit hoher 28-Tage-Festigkeit und damit auch hoher „Frühfestigkeit" (s. dort) und neu auf den Markt gekommenen RSC (rapid setting cement) sind diesbezügliche Möglichkeiten von seiten der Zementauswahl gegeben. In vielen Fällen besteht aber der Wunsch bzw. die Notwendigkeit, mit dem normalen Zement einen rasch härtenden Beton herzustellen. Dies wird durch Zusatz von Erhärtungsbeschleunigern, abgekürzt BE, ereicht.

Der am längsten verwendete und nach wie vor wirksamste Erhärtungsbeschleuniger ist das Calciumchlorid ($CaCl_2$). Es ist ein wasserlösliches, hygroskopisches Salz, das, dem Anmachewasser zugesetzt, die Frühfestigkeit des Betons bis auf das Zehnfache steigert (s. **Bild 212**) [220]. Gleichzeitig wird jedoch die Verarbeitungszeit des Betons wesentlich verkürzt.

Da nach Erreichen einer bestimmten Festigkeit der Frischbeton frostbeständig ist, wird durch $CaCl_2$-Zusatz auch die Frostgefährdung wesentlich vermindert. Hinzu kommt, daß infolge der beschleunigten Hydratation die Hydratationswärme schneller freige-

336

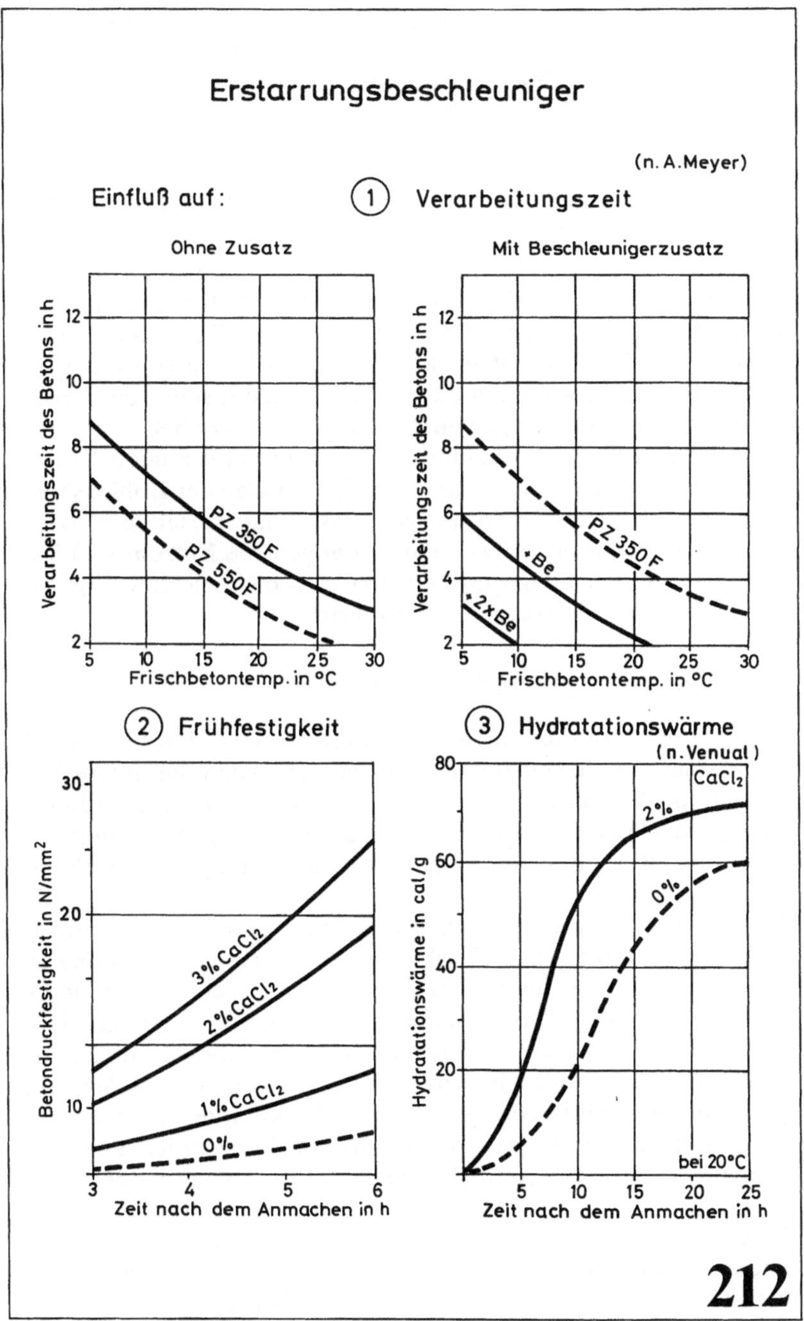

Erstarrungsbeschleuniger
(n. A.Meyer)
Einfluß auf:
1 Verarbeitungszeit
Ohne Zusatz
Mit Beschleunigerzusatz
Verarbeitungszeit des Betons in h
Verarbeitungszeit des Betons in h
PZ 350 F
PZ 550 F
PZ 350 F
+ Be
+ 2x Be
Frischbetontemp. in °C
Frischbetontemp. in °C
2 Frühfestigkeit
3 Hydratationswärme
(n. Venual)
CaCl₂
2%
0%
Betondruckfestigkeit in N/mm²
Hydratationswärme in cal/g
3%CaCl₂
2%CaCl₂
1%CaCl₂
0%
bei 20°C
Zeit nach dem Anmachen in h
Zeit nach dem Anmachen in h
212

setzt und damit der Beton von innen aufgewärmt wird. Des weiteren wird der Gefrierpunkt des Wassers etwas (auf -1 bis $-2\,°C$) herabgesetzt. Diese Eigenschaften waren der Grund, warum $CaCl_2$ jahrzehntelang als Erhärtungsbeschleuniger und Frostschutzmittel verwendet wurde [229].

Bei der Untersuchung von Betonschäden in den 50er und 60er Jahren hat sich jedoch gezeigt, daß $CaCl_2$ (und andere Chloride) eine Rostung der Stahlbewehrung bewirken können und zahlreiche Schäden darauf zurückzuführen sind [230]. Wenn man auch heute weiß, daß dafür hohe $CaCl_2$-Zusätze verantwortlich waren und Zusätze bis 1% $CaCl_2$ bei schlaffer Bewehrung im allgemeinen unbedenklich sind [220], so hat man doch die Beifügung von $CaCl_2$ zu allen Zusatzmitteln verboten und für den Zement selbst eine (rohstoffbedingte) Höchstmenge von 0,1% Cl vorgeschrieben.

Anstelle von $CaCl_2$ enthalten die zur Zeit verwendeten Erhärtungsbeschleuniger u. a. Natrium- und Kaliumsalze der Kohlensäure (z. B. Soda), der Kieselsäure (Wasserglas), Fluorkieselsäure sowie Aluminate und Borate, teilweise auch Laugen wie Natron- und Kalilauge. In ihrer Wirkung sind sie dem $CaCl_2$ nicht gleichwertig, bewirken aber keine Korrosion der Bewehrung.

6.3.5. *Erstarrungsverzögerer (VZ)*

Wenn man auf erhärtetem Beton weiterbetoniert, dann entstehen oft unerwünschte Arbeitsfugen, nicht jedoch, wenn die untere Betonschicht noch nicht erstarrt ist. Aus diesem und anderen Gründen ist es in der Praxis oft erwünscht, die Erstarrung des Betons zu verzögern. Dafür gibt es spezielle Erstarrungsverzögerer, abgekürzt VZ.

Erstarrungsverzögerer bestehen z. T. aus organischen Stoffen wie z. B. Kohlehydraten (z. B. Stärke und Zucker), Ligninsulfonaten u. a., aber auch aus anorganischen Verbindungen, insbesondere Phosphaten. Auch Zinkverbindungen wirken erstarrungsverzögernd. Die Wirkung dieser Mittel besteht vor anderem darin, daß sie auf den Zementkörnern hauchdünne, praktisch monomolekulare Hüllen bilden, wodurch die sonst rasche Reaktion des Zements mit dem Wasser verzögert wird. Wie aus **Bild 213** ersichtlich, kann dadurch die Verarbeitungszeit des Betons mehr als verdoppelt werden. Da die Verarbeitungszeit stark temperaturabhängig ist – je wärmer, desto kürzer – kann man durch Verzögererzusatz solche Temperatureinflüsse weitgehend ausschalten. Bei niedriger Temperatur ist in der Regel ein Verzögererzusatz überflüssig. Ein Maß für

Erstarrungsverzögerer
Einfluß auf (1) Verarbeitungszeit
(n.A.Meyer)
ohne VZ
Verarbeitungszeit des Betons in h
HOZ 350 L
PZ 350 F
Frischbetontemp. in °C
mit VZ
Verarbeitungszeit des Betons in h
0,3 % VZ
0,15 % VZ
PZ 350 F
Frischbetontemp. in °C
(2) Viskosität
(n. Wesche)
Viskosität η in Pa s
ohne VZ
+0,25 VZ
+0,5 VZ
Zeit nach dem Anmachen in h
(3) Hydratationswärme
(n. Venuat)
Hydratationswärme J/g
Zucker
0 %
0,5 %
1,0 %
Zeit nach dem Anmachen in h

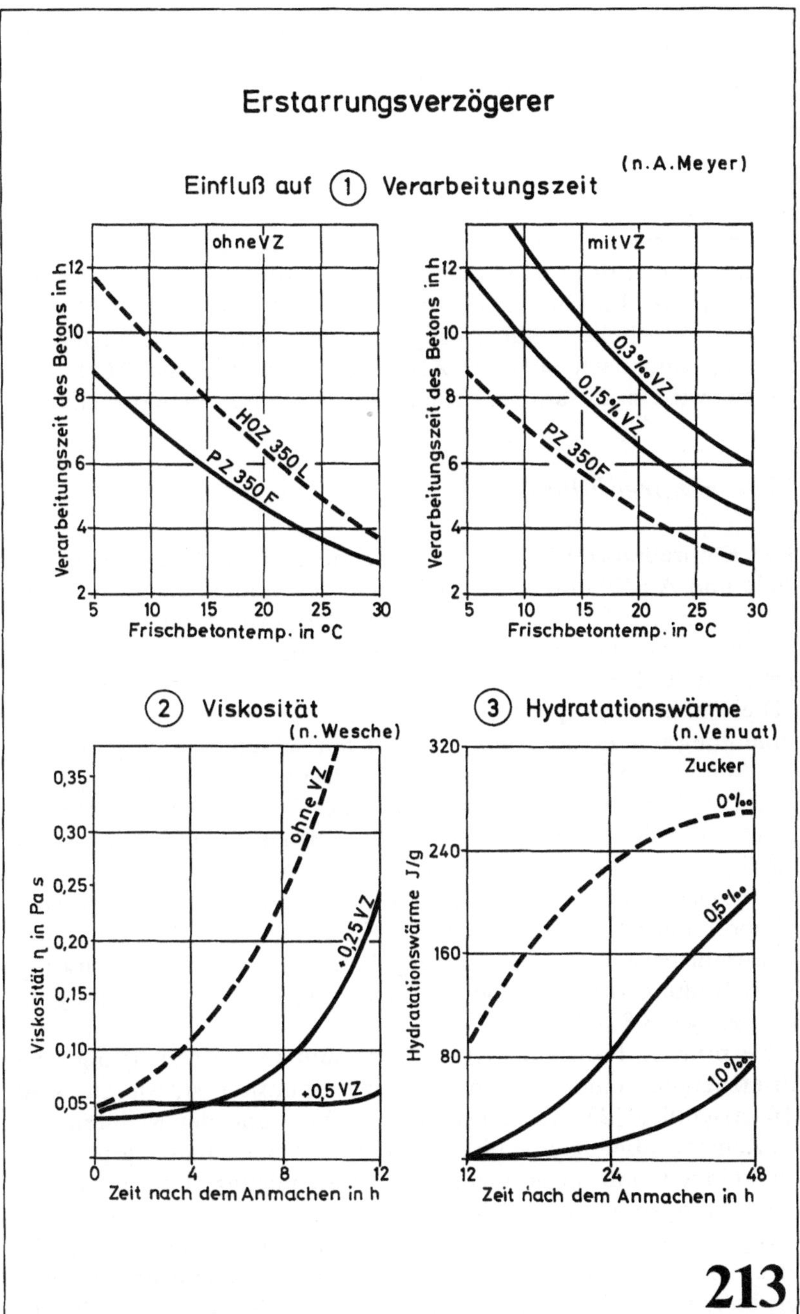

213

die Verarbeitbarkeit ist die Viskosität [231]. Ohne Verzögerer ist sie z.B. nach 8 h auf den fünffachen Wert angestiegen, mit (0,5%) Verzögerer noch unverändert (s. Bild 213/2).

Da die Hydratation verlangsamt wird, verteilt sich auch die Hydratationswärme über einen längeren Zeitraum, was zur Folge hat, daß sich der Beton weniger stark erwärmt (s. Bild 213/3). Die Druckfestigkeit ist in der Anfangszeit wesentlich geringer als ohne VZ-Zusatz; sie erreicht jedoch nach einiger Zeit die des Normalbetons und übertrifft diese in günstigen Fällen mit zunehmendem Betonalter [220]. Im Unterschied dazu hat der Beton mit Beschleunigerzusatz eine hohe Anfangsfestigkeit, wird aber vom Normalbeton eingeholt und nach längerer Zeit übertroffen (s. **Bild 214**). Die Ursache wird im Zusammenhang mit der Hydratation besprochen.

6.3.6 Einpreßhilfen (EH)

„Der Einpreßmörtel hat die Aufgabe, durch Umhüllen der Spannstähle und Ausfüllung aller Hohlräume des Spannkanals die Stahleinlagen gegen Korrosion zu schützen. Der erforderliche Verbund zwischen Spannkanälen und Baukörper muß durch ausreichende Festigkeit des Einpreßmörtels gewährleistet sein".

Die Hauptforderung des Rostschutzes der Spannstähle ist durch Umhüllung mit Zementstein, welcher mit seinem pH-Wert von ca. 12,5 Stahl zuverlässig passiviert (s. Rostschutz der Bewehrung) gegeben. Weitere Anforderungen sind gutes Fließvermögen, geringes Absetzen, kein Schrumpfen, sondern geringe Quellung, Frostbeständigkeit, Mindestdruckfestigkeit 30 N/mm^2 (nach 28 Tagen). Diese zusätzlichen Forderungen werden durch Zusatzmittel, sog. „Einpreßhilfen" erfüllt [232]. Sie bewirken Plastifizierung und Wassereinsparung, Volumenvergrößerung, Frostschutzwirkung durch Bildung von Mikroporen, Erstarrungsverzögerung und gute Benetzung des Stahls.

Die primäre Forderung ist ein Minimum an Absetzneigung. Die Absetzneigung einer Zement-Wasser-Suspension ist, wie aus **Bild 216** ersichtlich [232a], von dem W/Z-Wert und der Mahlfeinheit des Zements abhängig; je niedriger der W/Z-Wert und je größer die Mahlfeinheit, um so geringer die Absetzneigung. Um bei gutem Fließvermögen einen niedrigen W/Z-Wert zu erzielen, ist eine verflüssigende Wirkung der Einpreßhilfe notwendig. Da die wenig absetzenden Zemente hohe Mahlfeinheit und eine kurze Erstarrungszeit haben, für die Durchführung der Verpressung aber ein langes

340

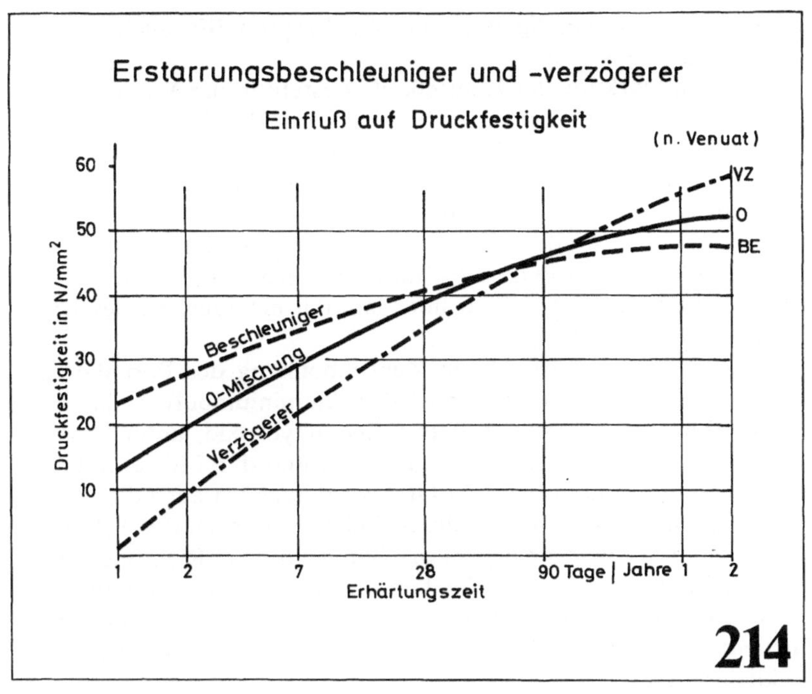

Erstarrungsbeschleuniger und -verzögerer
Einfluß auf Druckfestigkeit
(n. Venuat)
60
50
40
30
20
10
Druckfestigkeit in N/mm²
VZ
O
BE
Beschleuniger
0-Mischung
Verzögerer
1   2   7   28   90 Tage | Jahre 1   2
Erhärtungszeit
214

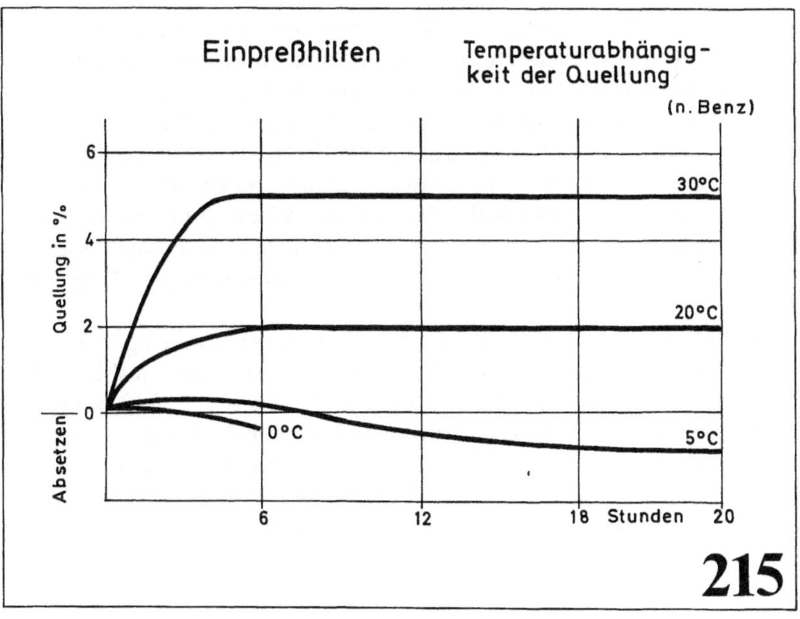

Einpreßhilfen
Temperaturabhängig-
keit der Quellung
(n. Benz)
6
4
2
0
Quellung in %
Absetzen
30°C
20°C
0°C
5°C
6   12   18 Stunden 20
215

Flüssigbleiben notwendig ist, muß die Einpreßhilfe auch erstarrungsverzögernd wirken.

Eine Hauptwirkung der Einpreßhilfe besteht in der Volumenvergrößerung, was durch Luftporen bewirkt wird. Da die Volumenvergrößerung nicht vor dem Einpressen erfolgen darf, sondern nach dem Einpressen stattfinden muß, um eine Füllung aller Hohlräume zu gewährleisten, können dafür nicht die üblichen LP-Stoffe Anwendung finden, sondern müssen Stoffe verwendet werden, die nicht beim Mischen, wie die LP-Stoffe, sondern erst nach dem Verpressen Luftporen entwickeln und dadurch ein Quellen des Einpreßmörtels verursachen.

Solche Stoffe sind bereits im Zusammenhang des Porenbetons behandelt. Der Hauptvertreter ist das Aluminiumpulver, das sich mit Alkalien, in diesem Fall dem Calciumhydroxid, unter Gasbildung (Wasserstoff) umsetzt (s. Gasbeton) und den Mörtel mit feinen Kugelporen durchsetzt. Dadurch wird zugleich auch die Frostbeständigkeit erreicht, in derselben Weise, wie es bei den LP-Stoffen der Fall ist. Neuerdings geht die Entwicklung in Richtung anderer Gasbildner, weil der bei der Umsetzung des Aluminiumpulvers entstehende nascierende Wasserstoff nach Ansicht verschiedener Fachleute wegen der Gefahr der Spannungsrißkorrosion nicht unbedenklich sein soll.

Auf der Baustelle wird der Einpreßmörtel in der Weise hergestellt, daß in die vorgegebene Wassermenge der Zement langsam eingemischt und schließlich die Einpreßhilfe unter dauerndem Rühren zugegeben wird. Da die Voraussetzungen für eine intensive und gleichmäßige Einmischung der Einpreßhilfe in der Praxis oft nicht gegeben sind, werden neuerdings Einpreßzemente geliefert, bei denen in einen ausgewählten Zement (in der Regel PZ 45 F) die optimale Menge Einpreßhilfe bereits im Werk zugemischt wird. Diesem Einpreßzement braucht an der Baustelle nur noch Wasser zugemischt zu werden, wodurch sich Fehldosierungen der Einpreßhilfe vermeiden lassen.

Das Verfahren ist nicht problemlos, insbesondere wegen seiner Temperaturabhängigkeit, die darin besteht, daß die gasbildende Umsetzung mit dem Calciumhydroxid in der Kälte nur sehr langsam und schwach erfolgt, in der Wärme jedoch sehr schnell und stark. Das hat zur Folge, daß das Quellen des Mörtels in der Wärme stark ist, in der Kälte gering (s. **Bild 215**). Das Quellen ist jedoch die Voraussetzung für die Hohlraumfüllung und damit auch für den Erfolg des Verfahrens.

Absetzneigung von Zementsuspionen

(n. Bonzel u. Dahms)

1 Abhängigkeit von Zementart und W/Z

Absetzmaß in %
W/Z 0,6
W/Z 1,0
W/Z 1,4
PZ 55
0
10
20
30
40
20 40 60 80 100 120
Minuten

W/Z 0,6
PZ 35 F
W/Z 1,0
W/Z 1,4
20 40 60 80 100 120
Minuten

2 Abhängigkeit von Oberfläche und W/Z
PZ 35 F
HOZ
PZ 55
Absetzmaß in %
W/Z
W/Z 0,6
W/Z 0,8
W/Z 1,0
0,6
0,8
1,0
W/Z 1,4
1,4
2630
4220
5360
0
10
20
30
40
2500 3000 3500 4000 4500 5000 5500
Oberfläche in cm²/g

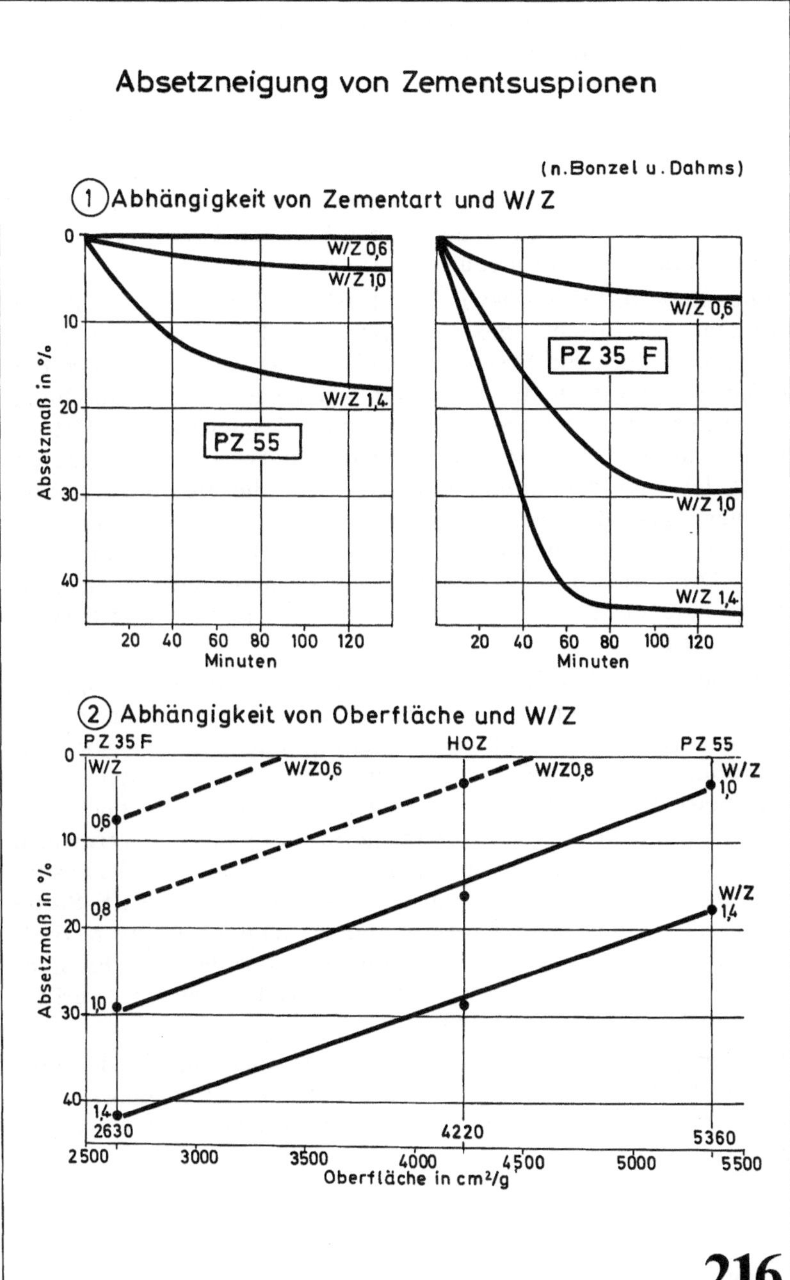

216

6.3.7 Haupt- und Nebenwirkungen von Betonzusatzmitteln

Die Betonzusatzmittel entwickeln nicht nur die angestrebte Hauptwirkung, sondern auch Nebenwirkungen, die ebenfalls positiv, aber u.U. auch negativ sein können [233]. In **Bild 217** sind die Wirkungen einander gegenübergestellt und zwar hinsichtlich Verarbeitung und Frischbeton (s. oben) und den erhärteten Beton (s. unten). Dazu folgende Erläuterungen:

Verarbeitung und Frischbeton. Durch BV wird, wie angestrebt, die Plastizität des Frischbetons verbessert, die Entmischungsneigung verringert, jedoch die Erstarrung meist etwas verzögert. Auch die LP-Stoffe verbessern die Plastizität, verringern die Entmischung und wirken etwas erstarrungsverzögernd, desgleichen die Betondichtungsmittel. Die VZ-Stoffe verstärken (wegen des längeren Flüssigbleibens) die Entmischungsneigung; die Betonerwärmung wird verringert. Die BE-Stoffe verringern als positive Nebenwirkung die Entmischungsneigung, verstärken aber die Betonerwärmung. Die EH-Stoffe bewirken neben Verhinderung der Entmischung eine etwas langsamere Erstarrung und verringerte Wärmeentwicklung.

Erhärteter Beton. Die BV-Stoffe verbessern wegen des verringerten Wasserbedarfs in der Regel die Festigkeit, die Dichtigkeit und die Frostbeständigkeit des Betons. Die Schwindung wird u.U. geringfügig erhöht. Die LP-Stoffe verbessern neben der Frostbeständigkeit auch meist die Dichtigkeit; die Festigkeit kann etwas abnehmen. Die DM-Stoffe bewirken oft verringerte Festigkeit und vermehrte Schwindung. Die VZ-Stoffe bewirken – im Endeffekt – hohe Festigkeit, die Schwindneigung nimmt teilweise etwas zu. Die BE-Stoffe haben nur unerwünschte Nebenwirkungen, nämlich geringere Endfestigkeit, Verstärkung der Schwindung und schlechtere Frostbeständigkeit. Die EH-Stoffe verringern etwas die Festigkeit, verbessern jedoch die Frostbeständigkeit.

Insgesamt gewinnen die Betonzusatzmittel wachsende Bedeutung, weil sie die Herstellung von Betonen mit auf den jeweiligen Verwendungszweck angepaßten optimalen Eigenschaften ermöglichen bzw. erleichtern.

Betonzusatzmittel

① Wirkung auf Verarbeitung und Frischbeton

(n. Schäffler)

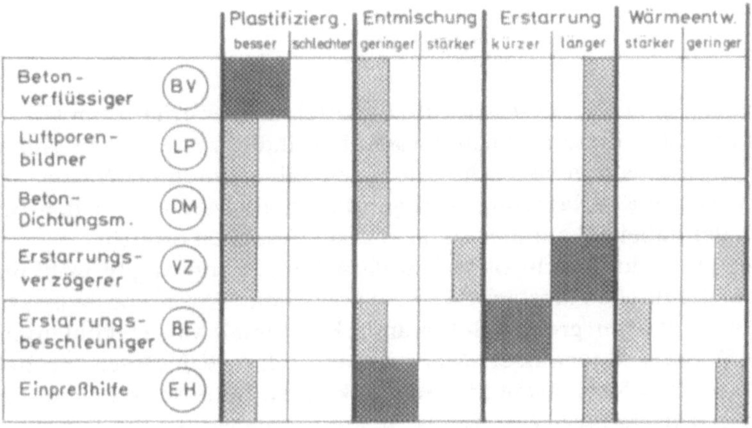

		Plastifizierg.		Entmischung		Erstarrung		Wärmeentw.	
		besser	schlechter	geringer	stärker	kürzer	länger	stärker	geringer
Betonverflüssiger	BV								
Luftporenbildner	LP								
BetonDichtungsm.	DM								
Erstarrungsverzögerer	VZ								
Erstarrungsbeschleuniger	BE								
Einpreßhilfe	EH								

② Wirkung auf den erhärteten Beton

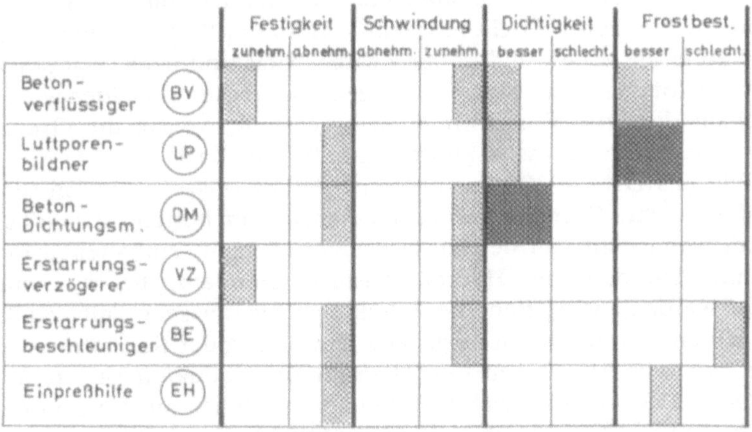

		Festigkeit		Schwindung		Dichtigkeit		Frostbest.	
		zunehm.	abnehm.	abnehm.	zunehm.	besser	schlecht.	besser	schlecht.
Betonverflüssiger	BV								
Luftporenbildner	LP								
BetonDichtungsm.	DM								
Erstarrungsverzögerer	VZ								
Erstarrungsbeschleuniger	BE								
Einpreßhilfe	EH								

217

7 Korrosion des Zementsteins

Zement ist ein hydraulisches Bindemittel, d. h. er erhärtet mit Wasser und ist in diesem Zustand wasserbeständig, wie man von zahllosen Wasserbauten weiß, die seit vielen Jahrzehnten im Wasser stehen. Die Wasserlagerung ist sogar das ideale Medium für den Beton, der dabei bekanntlich seine höchste Festigkeit erreicht.

Dies gilt jedoch nicht ohne Einschränkung, denn es gibt wohl nur eine chemische Substanz Wasser, aber viele Arten von Wässern. Manche Wässer greifen Beton an, z.B. Schmelzwasser, kohlensaures Wasser, Meerwasser, Moorwasser, Industrieabwässer, gipshaltige Grundwässer sowie andere und können Betonschäden und Betonzerstörung bewirken. Die sich daraus ergebenden Probleme waren so schwerwiegend, daß in vielen Ländern Forschungsarbeiten über die Ursachen und Behebung der Betonkorrosion durchgeführt wurden. In einem Bericht aus dem Jahr 1925 [234] wurden bereits 700 Referate erfaßt und in der Zwischenzeit sind noch ungezählte hinzugekommen. Zur Sicherung gegen spätere Betonschäden wurde deshalb die DIN-Vorschrift 4030 aufgestellt, welche die Grenzwerte für betonaggressive Stoffe angibt (s. **Tabelle 9**).

Wie aus DIN 4030 ersichtlich, ist die Betonkorrosion ein sehr umfangreicher Komplex von Problemen, der am besten verständlich wird, wenn man von den im erhärteten Zement enthaltenen Bestandteilen, den sog. Hydratationsprodukten ausgeht, denn nur diese werden angegriffen; die Betonzuschläge (ausgenommen Kalkstein) dagegen praktisch nicht. Die Umsetzung der Klinkermineralien mit dem Wasser zu den Hydratationsprodukten ist aus den **Bildern 218** und 91 ersichtlich. Letztere bestehen aus Calciumsilikathydraten (CSH-Verbindungen), Calciumaluminathydrat und Calciumferrithydrat, sowie Calciumhydroxid ($Ca(OH)_2$) abgekürzt CH, das bei der Umsetzung der Klinkermineralien C_3S und C_2S frei wird.

Das Verhalten dieser Stoffe gegen die wichtigsten betonangreifenden Wässer, nämlich weiches Wasser, saures Wasser und Sulfat-

Korrosionsneigung der Zement-Hydrate

	Hydratations-produkte im Zementstein	Schädliche Umsetzungen	a) weiches Wasser	b) saures (CO₂)Wasser	c) Sulfat-wasser
1	Calcium-hydroxid $Ca(OH)_2$	a) 1,2 g/l löslich b) 165 g/l " c) keine Reaktion			
2	Calciumsilikat-hydrat $3CaO \cdot 2SiO_2 \cdot H_2O$	a) fast unlöslich b) wenig löslich c) keine Reaktion			
3	Calciumaluminat-hydrat $4CaO \cdot Al_2O_3 \cdot H_2O$	a) unlöslich b) fast unlöslich c) starke Reaktion			
4	Calciumaluminat-ferrithydrat $4CaO \cdot Al_2O_3 \, Fe_2O_3 \, H_2O$	a) unlöslich b) fast unlöslich c) keine Reaktion			

kein Angriff = ⊙   schwacher Angr. =   mittlerer Angr. =   starker Angr. =

Lösender Angriff (1b)

durch weiches Wasser
kohlensaures Wasser
anorganische Säuren u.a.
z.B. $Ca(OH)_2 + 2H_2CO_3$

$$= \boxed{Ca\,H_2(CO_3)_2} + 2H_2O$$

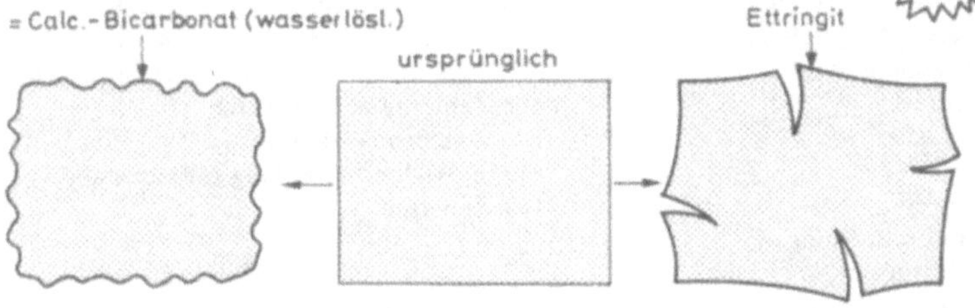

= Calc.-Bicarbonat (wasserlösl.)

Treibender Angriff (3c)

durch **Sulfate**
Magnesiumsalze und
amorphes SiO_2
z.B. $3CaO \cdot Al_2O_3 + 3CaSO_4 + H_2O$

$$= \boxed{3CaO \cdot Al_2O_3 \cdot 3CaSO_4 \cdot 32H_2O}$$

Ettringit

ursprünglich

347

wässer ist aus Bild 218 zu ersehen. Dabei ist grundsätzlich zu unterscheiden, in lösenden Angriff, bei dem lösliche Bestandteile des Zementsteins herausgelöst werden und treibenden Angriff, bei dem durch chemische Umsetzung im Zementstein voluminöse Stoffe entstehen, welche ein Treiben und Sprengen des Zementsteins bewirken.

Tabelle 9/1. Grenzwerte für aggressive Stoffe (DIN 4030)[a]

a) in Wässern:

Angreifende Bestandteile	Angriffsgrad		
	schwach	stark	sehr stark
Säuren (pH-Wert)	6,5–5,5	5,5–4,5	< 4,5
Kalklösende Kohlensäure CO_2 in mg/l	15–30	30–60	> 60
Ammonium NH_4^+ mg/l	15–30	30–60	> 60
Magnesium Mg^{++} mg/l	100–300	300–1500	>1500
Sulfat SO_4^{--} mg/l	200–600	600–3000	>3000

b) in Böden:

Säuren (n. Baumann–Gully)	>20	–	–
Sulfat in mg/kg trockenen Bodens	2000–5000	>5000	–

Tabelle 9/2. Betontechnische Vorbeugungsmaßnahmen (DIN 4030)[a]

Angriffsgrad	schwach	stark	sehr stark
Wasserzementwert	<60	<50	<50
Wassereindringtiefe cm	< 5	< 3	< 3
Oberflächenschutz	–	–	erforderlich
Zementart	alle Zemente n. DIN 1164. Bei Wässern >400 mg SO_4 u. Böden >3000 mg sulfatbeständ. HS-Zemente		
Betonüberdeckung der Bewehrung cm	> 3	> 3	> 3

[a] Wiedergegeben mit Erlaubnis des DIN Deutsches Institut für Normung e. V. Maßgebend für das Anwenden der Norm ist deren Fassung mit dem neuesten Ausgabedatum, die bei der Beuth Verlag GmbH, 1000 Berlin 30 und 5000 Köln 1, erhältlich ist.

7.1 Lösender Angriff

7.1.1 Weiches Wasser

Das Calciumhydroxid (CH), das der Zementstein zu 5 bis 10% enthält, ist, wenn auch wenig, so doch etwas wasserlöslich (etwa 1,2 g/l).

Dies gilt aber nur für reines, salzfreies Wasser, wie es jedoch in der Natur als Gletscherwasser und Quellwasser im Urgesteingebirge vielfach vorkommt. Dieses sog. „weiche Wasser" (s. Wasser) löst, wenn auch langsam, CH aus dem Zementstein und dies um so mehr, je größer dessen Poren sind. Nach Lösung des im Zementstein enthaltenen $Ca(OH)_2$ spaltet auch das Calciumsilikathydrat, das nur bei Anwesenheit von überschüssigem CH beständig ist, $Ca(OH)_2$ ab, das ebenfalls herausgelöst wird. Übrig bleibt Kieselsäuregallerte mit einem im Vergleich zum Calciumsilikathydrat geringen Bindevermögen. Die Calciumaluminat- und Ferritverbindungen sind praktisch wasserunlöslich, tragen aber – auch wegen ihrer geringen Menge – wenig zur Festigkeit bei (s. 5.2.4.1).

Deshalb sind alle weichen, d.h. salzfreien Wässer bis zu einem gewissen Grad betonschädlich. Wenn der Beton nicht dicht ist, so daß das Wasser durch ihn hindurchsickern kann und dabei unablässig das CH herauslöst, können schwere Schäden auftreten, wie sie in der Vergangenheit z.B. bei Talsperren aufgetreten sind. Heute sind solche Fälle selten, weil hinsichtlich der Dichtigkeit des Betons große Fortschritte erzielt wurden.

7.1.2 Fluß- und Quellwasser

Die Tatsache, daß das in der Hauptsache vorkommende Fluß-, See- und Quellwasser nicht betonangreifend ist, hängt damit zusammen, daß dieses Wasser auf seinem Weg durch den Boden und in Berührung mit der Erde Salze gelöst hat und je nach „Härte" (s. Härte des Wassers) unterschiedliche Mengen Kalksalze enthält, so daß sein Kalkbedarf gewissermaßen befriedigt ist.

7.1.3 Kohlensaures Wasser

Kohlendioxid (CO_2) löst sich in Wasser in beträchtlicher Menge unter Bildung von Kohlensäure (s. 1.4.1). CO_2 entsteht in tiefen Bodenschichten durch chemische Umsetzung und ist deshalb in den Mineralwässern in vielfach großer Menge enthalten. Aber auch

Oberflächenwasser und Quellwasser enthalten oft Kohlensäure, die bei den im Boden stattfindenden biologischen Prozessen entsteht.

Solche kohlensäurehaltigen Wässer haben im Vergleich zu dem reinen „weichen" Wasser ein viel größeres Lösevermögen (s. **Bild 219**). Ein mit Kohlensäure gesättigtes Wasser löst ca. 165 g/l Calciumcarbonat, also 13 000mal mehr als reines Wasser. Auch das Kalksilikathydrat wird schneller zersetzt und desgleichen die Aluminat- und Ferritverbindungen, wenn auch schwach, angegriffen. Damit hängt es zusammen, daß kohlensaure Wässer stark betonaggresiv wirken.

Der Angriff der Kohlensäure verläuft über mehrere Stufen (s. Bild 219 o.). Zuerst entsteht als Neutralisationsprodukt von Säure und Base das Salz Calciumcarbonat (1). Dieses ist praktisch wasserunlöslich und wirkt, da es sich in Form feiner Kristalle in den Betonporen ausscheidet, zunächst betondichtend. Kommt aber weitere Kohlensäure hinzu, dann lagert sich diese an das Calciumcarbonat an unter Bildung von Calciumbicarbonat (2). Dieses ist im Gegensatz zu $CaCO_3$ stark wasserlöslich und wird deshalb leicht aus dem Beton herausgelöst.

In tieferen Schichten setzt sich das Bicarbonat wieder mit dem dort noch vorhandenen CH um zu $CaCO_3$ unter erneuter Dichtwirkung (3). Durch weiteres Nachströmen des Wassers wird auch dieses $CaCO_3$ wieder unter Bildung von Bicarbonat gelöst.

Dieser stufenweise Reaktionsablauf ist in Bild 219 u. schematisch dargestellt [235]. In der Mitte eine Betonmauer, gegen die links kohlensaures Wasser ansteht. Dieser Beton enthält ursprünglich durchweg das schwachlösliche CH. Durch Umsetzung mit Kohlensäure entsteht $CaCO_3$, wodurch die Mauer auf der dem Wasser zugewandten Seite zunächst dichter wird (1). In der nächsten Stufe (2) wird das $CaCO_3$ durch weitere Kohlensäure in das leichtlösliche Bicarbonat umgewandelt, welches herausgelöst und dadurch die Mauer auf der linken Seite undicht wird (3). Die rechte Seite wird durch das entstehende $CaCO_3$ zunächst gedichtet (3) aber durch weitere Umsetzung mit Kohlensäure auch dieses in lösliches Bicarbonat verwandelt, das an der anderen Seite der Mauer austritt. Das Bicarbonat, welches nur in kohlensaurem Medium beständig ist, zersetzt sich an der Luft zu $CaCO_3$, das sich als weiße Aussinterung ausscheidet (4) und Kohlendioxid, das von der Luft aufgenommen wird. Dieser Vorgang ist auch die Ursache der Tropfsteinbildung in Höhlen, wo durch Kalkstein sickerndes kohlensaures Wasser Calciumbicarbonat bildet, das sich an der Luft unter Kalksteinbildung (Tropfsteine) zersetzt.

350

Kohlensäure und Beton

		Löslichkeit g/l	Löslichkeit Verhältnis
a) im Beton vorhanden:	$Ca(OH)_2$	1,230	100
b) im Wasser: $H_2O + CO_2$	H_2CO_3 Reaktionsprodukt	1,019	95
1) $Ca(OH)_2 + H_2CO_3$ →	$CaCO_3$ $+2\,H_2O$ =Calciumcarbonat	0,013	1
2) $CaCO_3 + H_2CO_3$ →	$CaH_2(CO_3)_2$ =Calciumbicarbonat	165,000	13 000
3) $CaH_2(CO_3)_2 + Ca(OH)_2$ →	$2\,CaCO_3$ $+2\,H_2O$ =Calciumcarbonat	0,013	1
4) $CaH_2(CO_3)_2$ + Luft →	$CaCO_3$ $+CO_2+H_2O$ Calciumcarbonat	0,013	1

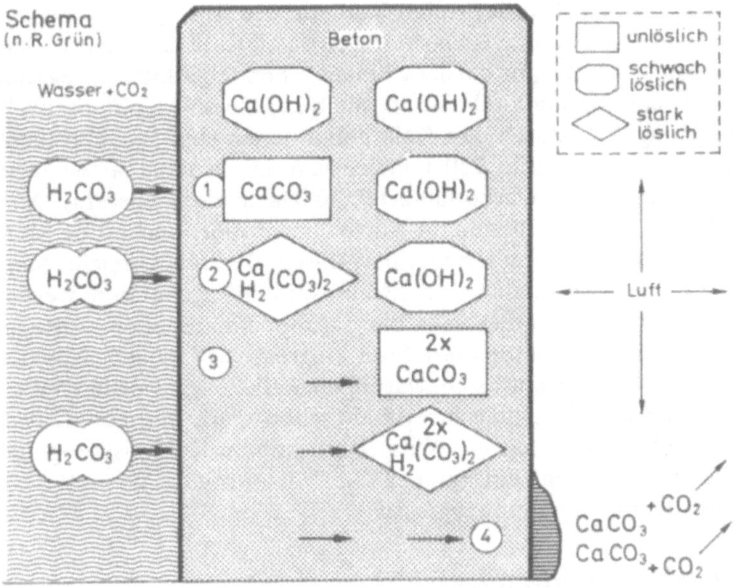

219

Kohlensaure Wässer wirken deshalb betonschädigend und gelten bei einem CO_2-Gehalt von 15 bis 30 mg/l als schwach, von 30 bis 60 mg/l als stark und bei mehr als 60 mg/l als sehr stark betonaggressiv (s. **Tabelle 9**).

7.1.3.1 Kohlensäureangriff und Wasserhärte

Die aggressive Wirkung kohlensaurer Wässer ist nicht proportional dem Gehalt an Kohlensäure [236]. Diese kann in drei Formen vorliegen: Gebundene Kohlensäure, stabilisierende Kohlensäure und aggressive Kohlensäure. Nur die letztere wirkt betonangreifend. Der Grund ist folgender: Wenn das Wasser Kalk enthält, dann bindet dieser eine bestimmte Menge Kohlensäure unter Bildung von Calciumbicarbonat ($CaH_2(CO_3)_2$ (s. **Bild 220**). Dieser Teil des Kohlensäuregehalts ist, da bereits durch Kalk abgesättigt, betonunschädlich (sie wird „halbgebundene Kohlensäure" genannt, weil das Bicarbonat beim Kochen zerfällt zu unlöslichem $CaCO_3$ = Kesselstein und CO_2).

Von der über die Bicarbonatkohlensäure hinausgehenden „freien Kohlensäure" wird ein weiterer Teil benötigt, um das Bicarbonat in Lösung zu halten, denn dieses ist nur in kohlensaurem Medium beständig. Dieser Teil der freien Kohlensäure wird „stabilisierende Kohlensäure" genannt. Auch sie wirkt, da an Kalk angelagert, nicht betonaggressiv. Nur der darüber hinausgehende Kohlensäuregehalt wirkt betonangreifend und heißt deshalb „aggressive Kohlensäure".

Die Menge der durch den Kalk gebundenen sog. „zugehörigen" Kohlensäure ist aus Bild 220 u. ersichtlich. Der Kalkgehalt ist angegeben in der sog. „Carbonathärte" (s. Härte des Wassers). Man sieht daraus, daß mit steigender Härte überproportional große Mengen Kohlensäure gebunden werden. Bild 220 o. zeigt, welche Mengen CO_2 noch zusätzlich als „stabilisierend" gebunden werden (nichtaggressives Gebiet). Nur die darüber hinausgehende Menge Kohlensäure wirkt betonangreifend (aggressives Gebiet). Aus beiden Diagrammen erklärt sich, warum ein kalkfreies „weiches" Wasser mit geringem Kohlensäuregehalt schon stark betonangreifend ist, ein kalkreiches „hartes" Wasser mit hohem Kohlensäuregehalt dagegen unschädlich sein kann [237]. Wässer mit weniger als 3°dH sind im allgemeinen betonaggressiv.

7.1.4 Säureangriff allgemein

Calciumhydroxid (CH) reagiert mit Säuren unter Salzbildung. Auch die in den Kalksilikaten, Aluminaten und Ferriten enthaltenen Re-

Kohlensäure-Korrosion und Wasserhärte
(n.Tillmanns)
freie Kohlensäure in mg/l
50
40
30
20
10
Aggressives Gebiet
nicht aggressives Gebiet
2 4 6 8 10 12 14 16 18 20 22 24 26 28
Karbonathärte in °dH

Karbonathärte und zugehöriges CO₂
(n.Tillmanns)
zugehörige Kohlensäure in mg/l
200
180
160
140
120
100
80
60
40
20
2 4 6 8 10 12 14 16 18 20 22 24 26 28
Karbonathärte in °dH

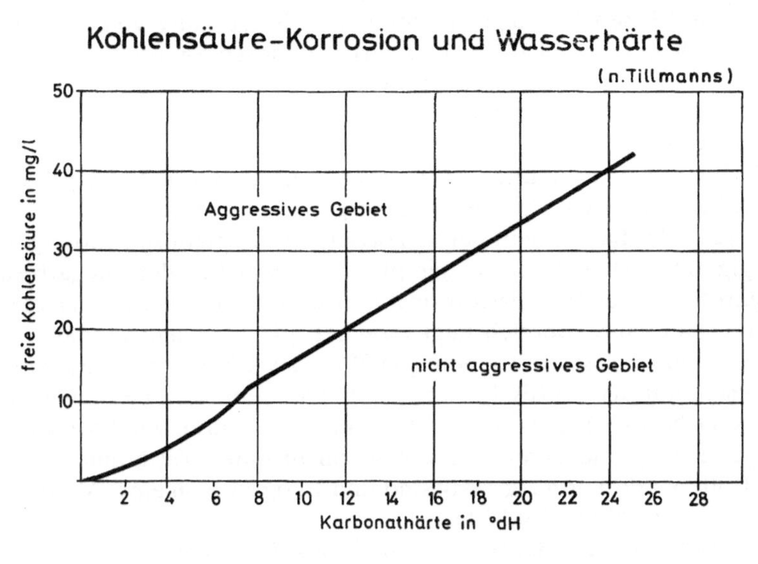

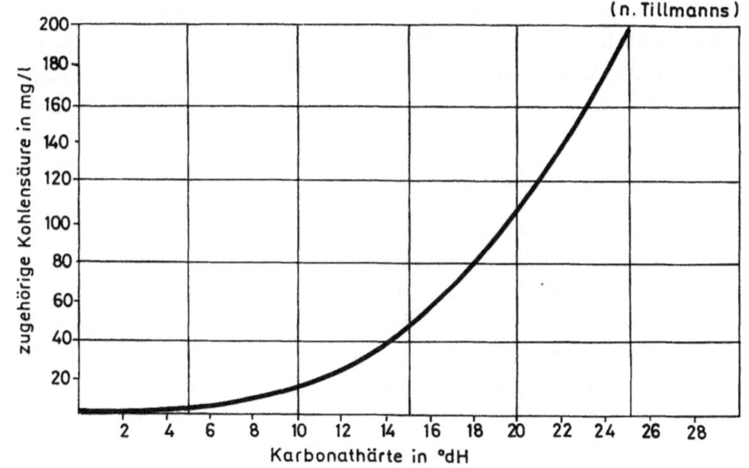

220

353

aktionspartner werden durch Säuren verdrängt. Zementstein löst sich z.B. in Salzsäure unter Bildung von Calciumchlorid, Aluminium- und Eisenchlorid sowie kolloidaler Kieselsäure vollkommen auf. Ähnliches gilt auch für die meisten anderen Säuren (die wenigen Ausnahmen sind Oxalsäure, Weinsäure und Kieselfluorwasserstoffsäure. Letztere dient zur Betonkonservierung, dem sog. Fluatieren (s. dort).

Da bei der Umsetzung von Zementstein mit Säuren deren Wasserstoffionen durch Calciumionen ausgetauscht werden, ist der Angriffsgrad der Säuren von deren Wasserstoffionenkonzentration abhängig. Das Maß dafür ist der pH-Wert, welcher dem negativen Logarithmus der Wasserstoffionenkonzentration entspricht (s. pH-Wert). Der saure Bereich liegt zwischen pH 7 = neutral und 0 = stark sauer. Wässer mit einem pH-Wert zwischen 6,5 bis 5,5 sind schwach, mit pH 5,5 bis 4,5 stark und < 4,5 sehr stark betonaggressiv (s. DIN 4030). Das bedeutet, daß starke Säuren wie Salzsäure, Salpetersäure und Schwefelsäure schon in einer Verdünnung von 1:10 000 stark betonaggressiv sind und Essigsäure in einer Verdünnung von 1:1000 (s. Bild 14).

Deshalb muß der Beton generell als in keiner Weise säurebeständig bezeichnet werden. Wo Säuren auftreten, sind Schutzmaßnahmen notwendig. Solche Fälle sind keineswegs selten; kohlensaure Wässer sind eine häufige Erscheinung, in milchverarbeitenden Betrieben und in den Grünfuttersilos der Landwirtschaft ist Milchsäure anzutreffen und in Industriebetrieben, insbesondere der chemischen Industrie und z.T. der Metallverarbeitung (Beizereien) kommen vielerlei Säuren vor [238]. Die betonaggressive Wirkung der wichtigsten anorganischen und organischen Säuren ist aus **Bild 221** ersichtlich.

Die aggressive Wirkung des weichen Wassers besteht in einer Herauslösung schwer löslicher Anteile und bei den sauren Wässern in der Umwandlung der schwerlöslichen Anteile in leichtlösliche, wodurch der Angriff verstärkt wird. In beiden Fällen handelt es sich um einen „lösenden" Angriff, der sich an der Grenzfläche, d.h. an der Betonoberfläche abgespielt und zu einer Aufrauhung des Betons und weiter zum Absanden führt (s. Bild 218). Wenn der Beton porös ist, geht der Angriff viel rascher vor sich und führt zu einer Zerstörung des Betongefüges, weil die innere Oberfläche um ein Vielfaches größer ist als die äußere. Deshalb wichtigste Forderung: dichter Beton.

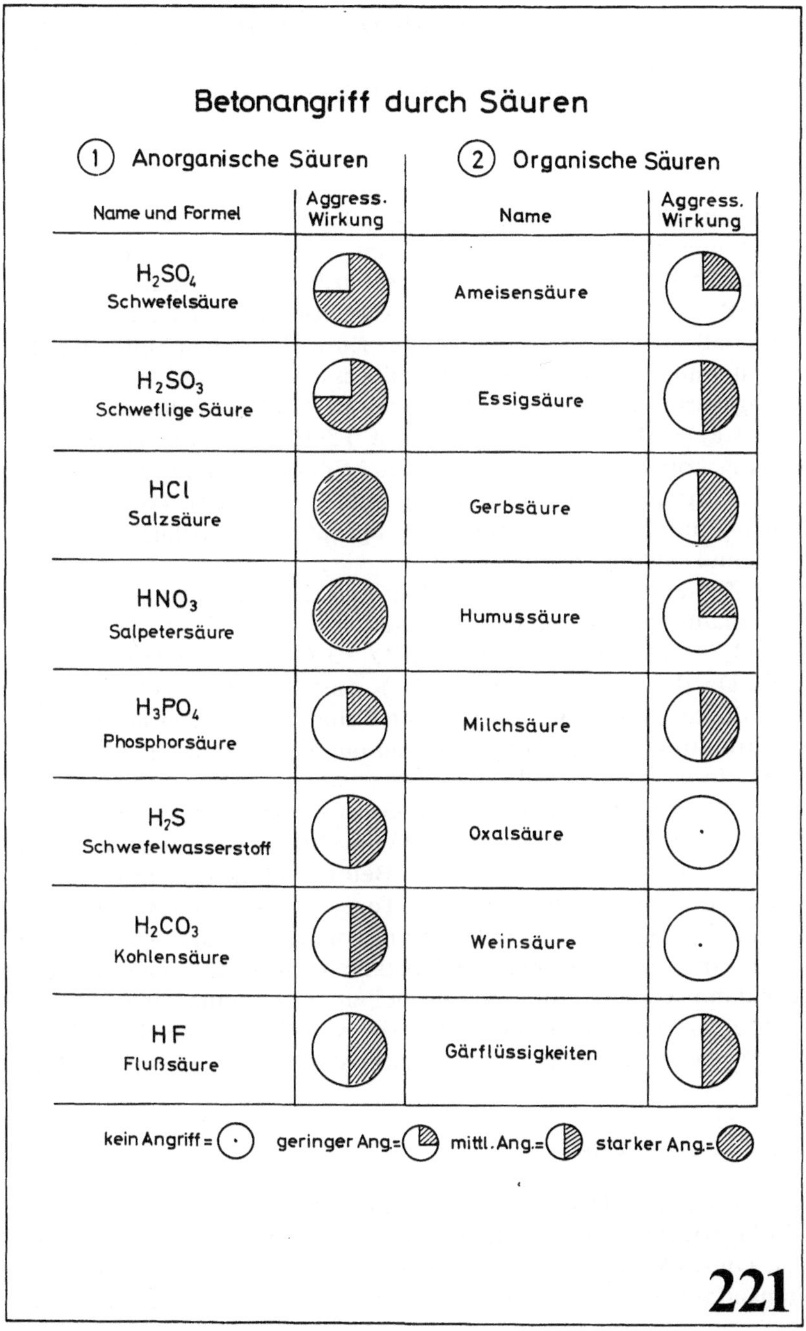

Betonangriff durch Säuren

① Anorganische Säuren		② Organische Säuren	
Name und Formel	Aggress. Wirkung	Name	Aggress. Wirkung
H_2SO_4 Schwefelsäure		Ameisensäure	
H_2SO_3 Schweflige Säure		Essigsäure	
HCl Salzsäure		Gerbsäure	
HNO_3 Salpetersäure		Humussäure	
H_3PO_4 Phosphorsäure		Milchsäure	
H_2S Schwefelwasserstoff		Oxalsäure	
H_2CO_3 Kohlensäure		Weinsäure	
H F Flußsäure		Gärflüssigkeiten	

kein Angriff = ⊙   geringer Ang.=   mittl. Ang.=   starker Ang.=

221

7.2 Treibender Angriff durch Sulfate

Im Unterschied zum lösenden Angriff, der von außen erfolgt, gibt es auch eine besonders gefährliche Zerstörung des Betons von innen her durch „Treiben". Dabei wird das Betongefüge zerstört, was den Verlust der Festigkeit zur Folge hat. Es gibt dafür verschiedene Ursachen; die wichtigste ist das sog. „Sulfattreiben". Für diese zunächst unerklärliche Erscheinung hat man um die Jahrhundertwende, als R. Koch den Tuberkulosebazillus fand, einen „Zementbazillus" verantwortlich gemacht. Candlot und Michaelis fanden dann, daß diese Erscheinung bei der Einwirkung von Sulfaten auftritt und auf der Bildung einer kristallwasserreichen ($32\ H_2O$) Anlagerungsverbindung besteht, die später als Tricalciumaluminattrisulfat ($3\ CaO \cdot Al_2O_3 \cdot 3\ Ca\ SO_4 \cdot 32\ H_2O$) definiert wurde. Diese Verbindung kommt auch als natürliches Mineral vor und hat den Namen „Ettringit". Deshalb spricht man bei diesem Vorgang von „Ettringitbildung". Die Bezeichnung „Zementbazillus" ist also falsch und sollte vermieden werden.

Im Zementstein entsteht das Ettringit dadurch, daß sich an das Calciumaluminathydrat Gips anlagert n.d.Gl. $3\ CaO \cdot Al_2O_3 + 3\ Ca\ SO_4 + 32\ H_2O \rightarrow 3\ CaO \cdot Al_2O_3 \cdot 3\ Ca\ SO_4 \cdot 32\ H_2O$ (s. Bild 218). Da der Zementstein $Ca(OH)_2$ enthält, bildet sich der Gips auch durch Umsetzung mit anderen Sulfaten und auch mit Schwefelsäure direkt; Voraussetzung ist nur das Vorhandensein von Sulfat $= SO_4$-Ionen; daher „Sulfattreiben".

Das Sulfattreiben wirkt sich zunächst in einer Dehnung des Betons aus [239]. Dies ist aus **Bild 222** ersichtlich, woraus hervorgeht, daß mit normalem PZ hergestellter Beton bei Lagerung in 1,8%iger $MgSO_4$-Lösung sich innerhalb 14 Tage um ca. 1% ausdehnt. Die Festigkeit steigt bei diesem Dehnungsvorgang zuerst etwas an (weil die im Inneren entstehenden Kristalle verfestigend wirken), fällt aber dann schnell ab und beträgt bei einer Dehnung von 0,5% nur noch etwa $^1/_7$ der Ausgangsfestigkeit, weil das Betongefüge durch den Druck der wachsenden Ettringitkristalle gesprengt wird (s. **Bild 223**).

7.2.1 Gipswässer

Gips ($Ca\ SO_4 \cdot 2\ H_2O$) ist, da wasserlöslich, im weiten Umkreis von Gipslagern im Boden vorhanden und vielfach im Grundwasser gelöst. Dieses kann neben Gips auch andere Sulfate wie z.B. Magnesiumsulfat ($MgSO_4$) enthalten. Da alle Sulfate Betonschädlinge sind

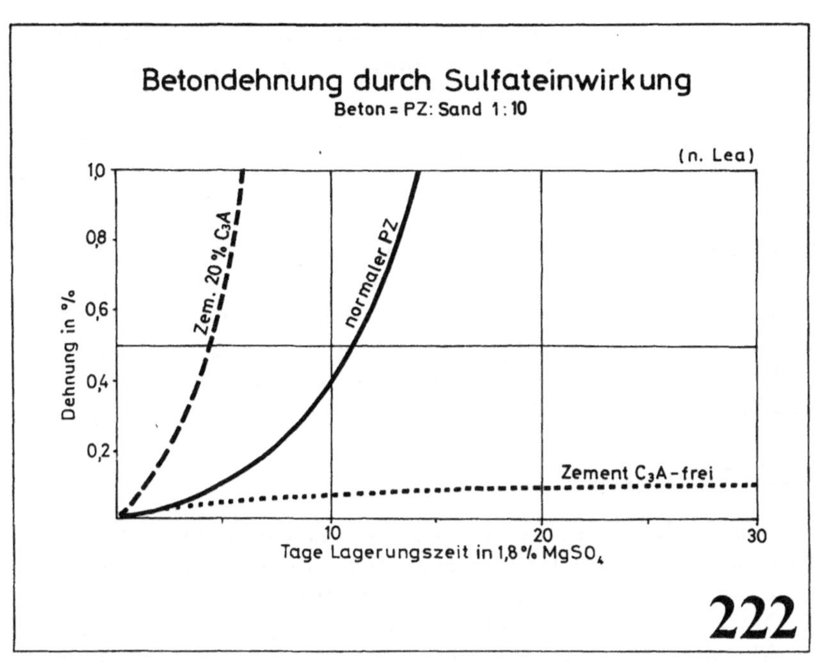

Betondehnung durch Sulfateinwirkung
Beton = PZ: Sand 1:10
(n. Lea)
Dehnung in %
1,0
0,8
0,6
0,4
0,2
Zem. 20 % C₃A
normaler PZ
Zement C₃A-frei
10
20
30
Tage Lagerungszeit in 1,8 % MgSO₄
222

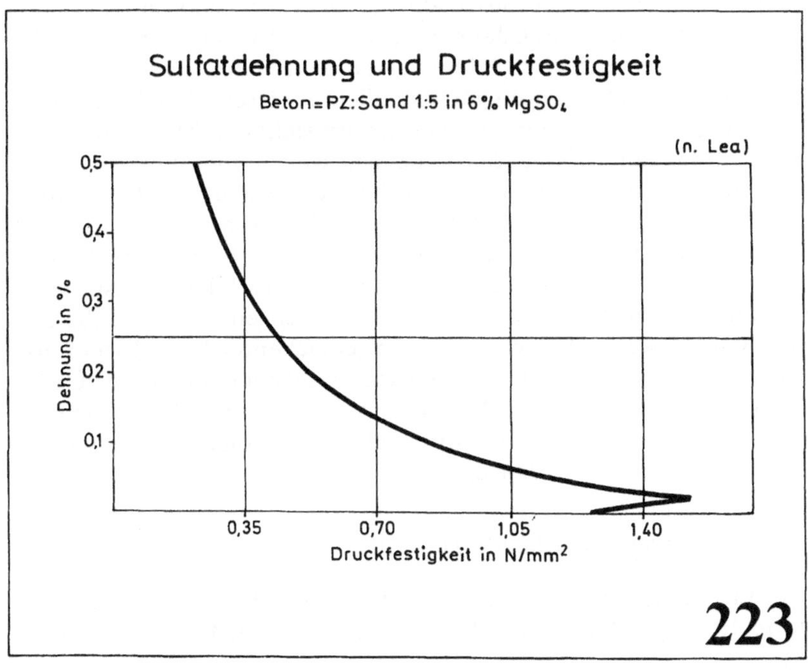

Sulfatdehnung und Druckfestigkeit
Beton = PZ: Sand 1:5 in 6 % MgSO₄
(n. Lea)
Dehnung in %
0,5
0,4
0,3
0,2
0,1
0,35
0,70
1,05
1,40
Druckfestigkeit in N/mm²
223

und dies durch das Sulfation (SO_4) bewirkt wird, wird die Angriffs-
neigung sulfathaltiger Wässer in Milligramm SO_4 pro Liter Wasser
ausgedrückt.

Bereits 200 bis 600 mg wirken, wenn auch schwach betonangreifend; 600 bis 3000 mg wirken stark und mehr als 3000 mg sehr stark
angreifend (s. DIN 4030).

Da gipshaltige Wässer sehr verbreitet sind und das Sulfattreiben
zu einer Zerstörung des Betongefüges führt, handelt es sich bei der
Sulfateinwirkung um ein häufig vorkommendes und schwerwiegen-
des Problem der Betonkorrosion. Die dem Zement zur Abbinde-
zeitregelung zugesetzte Gipsmenge liegt unter der genau festgelegten kritischen Grenze. Keinesfalls dürfen auch nur geringe zusätzliche Mengen Gips dem Zement zugefügt werden.

7.2.2 Meerwasser

Das Salz des Meerwassers enthält ca. 4% Calciumsulfat und ca. 6%
Magnesiumsulfat (s. 2.1.2.1). Letzteres setzt sich mit dem Calciumhydroxid des Zementsteins zu Calciumsulfat um ($MgSO_4$ +
$Ca(OH)_2 \rightarrow Ca\,SO_4 + Mg(OH)_2$) unter Bildung von Magnesiumhydroxid. Mit einem Sulfatgehalt von ca. 0,3% müßte das Meerwasser
demnach zu den stark betonschädlichen Wässern gehören. Tatsächlich hat man in den ersten Jahrzehnten des Betonbaus auch vielfach
Betonschädigungen durch Meerwasser festgestellt, doch hat sich
letzteres insgesamt als weniger schädlich erwiesen als Gipswasser.
Dies hängt damit zusammen, daß das entstehende Magnesiumhydroxid eine gallertartige Substanz ist, welche porenverstopfend
wirkt und dadurch das Eindringen des Meerwassers in den Beton
verzögert. Internationale Erfahrungen [240] besagen, daß dichter
Beton mit mindestens 300 kg Zement je Kubikmeter unterhalb der
Wasserwechselzone kaum angegriffen wird. Im stärker beanspruchten Bereich der Wasserwechselzone hat sich ein Luftporenbeton
unter vorzugsweiser Verwendung von schlackenreichem Hochofenzement bzw. Puzzolanzement als widerstandsfähig erwiesen. Über
der Wasserwechselzone wird der Beton stärker durch Korrosion der
Stahlarmierung gefährdet, die durch dichten Beton und dicke Überdeckung verhindert werden kann.

7.2.3 Weitere Sulfateinwirkungen

Wie ausgeführt, bewirken alle löslichen, SO_4-Ionen enthaltenden
Stoffe Ettringitbildung und damit auch Betonschäden. Dazu gehö-

ren nicht nur die Salze der Schwefelsäure, die Sulfate, sondern auch die Schwefelsäure selbst. Nun ist die Einwirkung von Schwefelsäure auf Beton ein seltener Fall. Nicht selten ist aber die Entstehung von Schwefelsäure und anschließende Einwirkung auf Beton. Solche Fälle kommen vor allem im Abwassersektor vor. Beim Faulen organischer Substanzen in schlechtgelüfteten Abwasserkanälen entsteht Schwefelwasserstoff.

Schwefelwasserstoff ist als solcher kaum betonschädlich, geht aber an der Luft durch Oxidation in schweflige Säure und schließlich in Schwefelsäure über nach folgendem Reaktionsschema:

$$2\,H_2S + O_2 \rightarrow S_2 + 2\,H_2O$$
$$S_2 + 2\,O_2 \rightarrow 2\,SO_2 + 2\,H_2O \rightarrow 2\,H_2SO_3$$
$$2\,H_2SO_3 + O_2 \rightarrow 2\,H_2SO_4.$$

Den in der Zwischenstufe entstehenden Schwefel kann man in der Praxis gelegentlich als gelben Belag (Schwefelblüte) im oberen Teil von Abwasserkanälen beobachten. Die anschließende Entstehung von Schwefelsäure ist an ihren Folgen zu erkennen, nämlich Sulfattreiben des Betons mit evtl. anschließendem Einbruch des Rohrscheitels. (Schwefelwasserstoff ist lebensgefährlich).

Rauchgase. Schwefelsäure entsteht auch in der Luft aus Rauchgasen. Diese enthalten nicht nur CO_2, das Verbrennungsprodukt des Kohlenstoffs, sondern auch Schwefeldioxid (SO_2), das aus den in den meisten Brennstoffen enthaltenen Schwefelverbindungen entsteht. In der Luft bildet sich aus dem SO_2 durch Oxidation SO_3, das sich im Wasser löst und mit dem Regen als – allerdings sehr verdünnte – Schwefelsäure niedergeht. Diese setzt sich mit dem Kalk von Bausteinen zu Gips um, ($CaCO_3 + H_2SO_4 \rightarrow CaSO_4 + CO_2 + H_2O$), der wasserlöslich, vom Regen abgewaschen wird. Darin liegt die Hauptursache für den raschen Verfall vieler historischer Bauwerke, die Jahrhunderte ohne Schaden überdauert hatten. Auch bei Betonbauten entsteht durch Umsetzung mit den Kalkverbindungen des Zements Gips. Dieser bleibt jedoch an der Oberfläche. Er wird vom Regen gelöst und dringt nicht ins Innere des Betons ein, wie es bei anstehenden Gipswässern der Fall ist.

Sonstige Treibvorgänge. Im Unterschied zu dem durch von außen auf den Beton wirkende aggressive Stoffe verursachten Sulfatangriff gibt es auch betonschädigende Treibvorgänge, die durch innere chemische Vorgänge im Zementstein verursacht werden. Es handelt sich dabei um das Alkalitreiben, Kalktreiben, Magnesiatreiben und Gipstreiben. Diese Treibvorgänge sind im Zusammenhang der Raumbeständigkeit des Zementsteins behandelt worden (s. 5.5.6).

7.3 Angriff durch Salze

Salze sind Neutralisierungsprodukte von Säuren, von denen man annehmen sollte, daß sie den Beton nicht angreifen. Das ist auch in der Regel der Fall. Ausnahmen sind die besprochenen Sulfate und weiterhin Salze mit schwächeren Basen als Calciumhydroxid. Bei diesen wird der basische Anteil durch Ca-Ionen verdrängt. Dies gilt für Magnesium- und Ammoniumsalze. Magnesiumchlorid setzt sich mit Calciumhydroxid wie folgt um:
$$MgCl_2 + Ca(OH)_2 \rightarrow CaCl_2 + Mg(OH)_2.$$
Calciumchlorid ist stark wasserlöslich, das herausgelöst wird, so daß ein lösender Angriff vorliegt. Das gleichzeitig entstehende Magnesiumhydroxid ist eine gallertartige Masse (s. Meerwasser), die dichtend wirkt und den Angriff etwas abschwächt.

Stark betonschädigend wirken die Ammoniumsalze. Im Unterschied zu den Magnesiumsalzen entsteht bei der Umsetzung mit Calciumhydroxid kein korrosionsmildernder dichtender Stoff $(Mg(OH)_2)$, sondern Ammoniakgas, das flüchtig ist. Beispiel:
$$2\,NH_4Cl + Ca(OH)_2 \rightarrow CaCl_2 + 2\,NH_3 + 2\,H_2O.$$
Deshalb sind alle Ammoniumsalze starke Betonschädlinge, zunehmend vom Ammonnitrat über Ammonchlorid zum Ammonsulfat (wichtiges Düngemittel), wobei bei letzterem noch das Sulfattreiben hinzukommt [241]. **Bild 224** zeigt die betonangreifende Wirkung der wichtigsten Salze. Man ersieht daraus, daß alle Sulfate starke Betonschädlinge sind, weiterhin die Magnesium- und Ammoniumsalze. Fluoride, Silikate und Carbonate sind unschädlich, weil sich bei ihrer Umsetzung mit dem Calciumhydroxid die wasserunlöslichen Verbindungen Calciumfluorid (CaF_2), Calciumsilikat $(CaSiO_3)$ und Calciumcarbonat $(CaCO_3)$ bilden. Diese wirken als porenfüllende kristalline Substanzen sogar betonvergütend (s. Fluatierung).

7.4 Angriff durch Laugen

Der Zementstein ist wegen seines hohen Gehalts an Calciumhydroxid stark basisch (pH ca. 12,5) und deshalb im allgemeinen gut laugenbeständig. Das Calciumhydroxid des Zementsteins wird durch Laugen nicht angegriffen, nur das Calciumaluminathydrat wird umgesetzt (s. **Bild 225**). Da üblicher Portlandzement nur geringe Mengen Aluminat enthält, ist er ziemlich laugenbeständig.

Betonaggressivität von Salzen

	Name und Formel	Aggress. Wirkung		Name und Formel	Aggress. Wirkung
Sulfate	Na_2SO_4 - K_2SO_4 Natrium-Kalium-	◕	Chloride	$FeCl_3$ Eisenchlorid	◑
Sulfate	$(NH_4)_2SO_4$ Ammonsulfat	●	Chloride	$AlCl_3$ Aluminiumchlorid	◑
Sulfate	$MgSO_4$ Magnesiumsulfat	●	Nitrate	$NaNO_3$ - KNO_3 Natrium-Kalium	○
Sulfate	$CaSO_4$ Calciumsulfat	◕	Nitrate	$Ca(NO_3)_2$ Calciumnitrat	○
Sulfate	$Al_2(SO_4)_3$ Aluminiumsulfat	◕	Nitrate	NH_4NO_3 Ammoniumnitrat	◕
Sulfate	$Fe_2(SO_4)_3$ Eisensulfat	●		$CaHPO_4$ Superphophat	◑
Chloride	NaCl KCl Natrium-Kalium-	○		Sulfide	◑
Chloride	NH_4Cl Ammoniumchlorid	●		Fluoride	○
Chloride	$CaCl_2$ Calciumchlorid	○		Silikate	○
Chloride	$MgCl_2$ Magnesiumchlorid	●		Karbonate	○

○ = kein Angriff ◔ = schwacher Angriff ◑ = mittlerer Angriff ● = starker Angriff

224

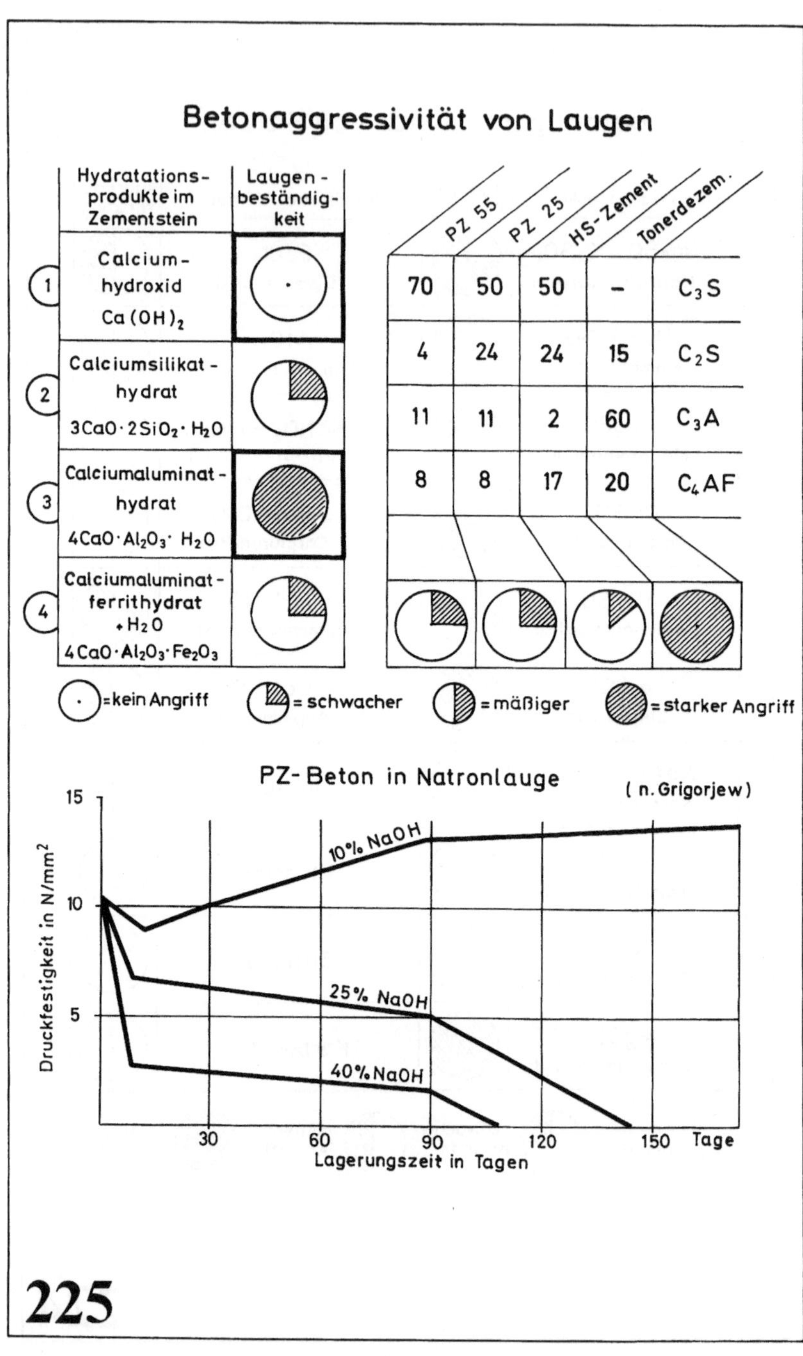

Betonaggressivität von Laugen
Hydratations-produkte im Zementstein
Laugen-beständig-keit
PZ 55
PZ 25
HS-Zement
Tonerdezem.
Calcium-hydroxid
Ca(OH)₂
Calciumsilikat-hydrat
3CaO·2SiO₂·H₂O
Calciumaluminat-hydrat
4CaO·Al₂O₃·H₂O
Calciumaluminat-ferrithydrat
+H₂O
4CaO·Al₂O₃·Fe₂O₃
70
50
50
–
C₃S
4
24
24
15
C₂S
11
11
2
60
C₃A
8
8
17
20
C₄AF
= kein Angriff
= schwacher
= mäßiger
= starker Angriff
PZ-Beton in Natronlauge
(n. Grigorjew)
Druckfestigkeit in N/mm²
15
10
5
10% NaOH
25% NaOH
40% NaOH
30
60
90
120
150
Tage
Lagerungszeit in Tagen

Durch 10%ige Natronlauge wird seine Festigkeit sogar noch wesentlich gesteigert; nur hohe Laugenkonzentrationen von 25 und 40% bewirken einen, allerdings radikalen Festigkeitsrückgang [242].

Der aluminatreiche Tonerdezement ist dadurch bedingt nicht laugenbeständig, der aluminatfreie, sog. HS (hochsulfatbeständige) Zement ist folgerichtig gut laugenbeständig (s. Bild 225).

7.5 Angriff durch organische Stoffe

Organische Flüssigkeiten sind zum größten Teil nicht betonangreifend. Kohlenwasserstoffe sind an sich reaktionsträge. Die aus Kohlenwasserstoffen bestehenden Kraftstoffe, Benzin, Superkraftstoff, Dieselöl sowie die Heizöle und das Schmieröl greifen den Beton nicht an. Sie haben jedoch z. T. ein größeres Poreneindringungsvermögen als Wasser – das durch Quellung des Zementgels die Poren verengt – und dringen tief in den Beton ein, ohne ihn jedoch zu schädigen.

Betonschädigend wirken die organischen Säuren. Solche sind im Steinkohlenteer als Teersäuren (Phenole) enthalten. Deshalb sind die im allgemeinen phenolhaltigen Teeröle – wenn auch schwach – betonangreifend. Pflanzliche und tierische Öle bestehen aus Fettsäure-Glycerin-Verbindungen. Durch die Zementalkalien werden sie gespalten unter Bildung von Kalk-Fettsäure-Verbindungen, den sog. „Kalkseifen". Dabei wird dem Zementstein Claciumhydroxid entzogen und dieser geschwächt. Die Wirkung pflanzlicher Öle (Olivenöl und Leinöl) ist wegen des größeren Eindringvermögens stärker als die der festen tierischen Fette, weshalb letztere nur schwach betonangreifend wirken. Die Betonaggressivität organischer Flüssigkeiten ist aus **Bild 226** ersichtlich.

Betonangreifend wirken auch die durch biologische Zersetzung pflanzlicher Stoffe entstandenen „Huminsäuren", die in Moorböden in größerer Menge enthalten sein können. Sie sind auch in moorigem Wasser enthalten und an dessen Braunfärbung zu erkennen. Da Huminsäuren erhärtungsverzögernd und festigkeitsmindernd wirken, darf solches Wasser nicht als Anmachewasser für Beton verwendet werden. Auch ist darauf zu achten, daß die Zuschlagstoffe keine organischen Bestandteile enthalten, erkennbar beim Aufschlämmen mit Wasser (Braunfärbung).

Betonaggressivität organischer Stoffe

	Name	Aggress. Wirkung		Name	Aggress. Wirkung
Kraftstoffe	Benzin	○ ·	**Mineralöle**	Heizöl leicht	○ ·
	Superkraftstoff	○ ·		Heizöl schwer	○ ·
	Dieselöl	○ ·		Schmieröl	○ ·
Teerprodukte	Benzol	○ ·	**pflanzliche u. tierische Fette und Öle**	Olivenöl	◐
	Teeröle	◔		Leinöl	◐
	Phenole	◐		feste Fette	◔

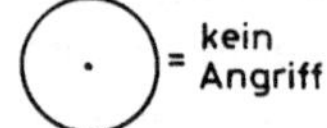

226

7.6 Maßnahmen gegen Betonkorrosion

Zur Verhütung von Betonkorrosion gibt es im wesentlichen drei Maßnahmen:
1. Verhinderung des Eindringens der aggressiven Stoffe durch betontechnologische Maßnahmen.
2. Verwendung von Zementen mit erhöhter Aggressivbeständigkeit.
3. Verhinderung des Kontaktes von Beton und aggressiver Substanz durch Trennschichten, d. h. Schutzanstriche und Beschichtungen.

7.6.1 Betontechnologische Maßnahmen

Schwachen und z. T. starken Angriffen kann nach DIN 4030 durch Herstellung eines besonders dichten Betons vorgebeugt werden. Die Dichtigkeit eines Betons ist, wie gezeigt, unmittelbar vom W/Z-Wert abhängig; je höher dieser ist, desto poröser ist der Beton. Deshalb ist bei schwachem Angriff ein Beton mit W/Z höchstens 0,6, bei starkem Angriff W/Z höchstens 0,5 vorgeschrieben. Die tatsächliche Dichtigkeit muß durch Prüfung der Wassereindringtiefe nach DIN 1048 nachgewiesen werden; sie darf bei schwachem Angriff max. 5 cm, bei starkem Angriff max. 3 cm betragen. Der Zementgehalt soll erhöht sein und zwar auf ca. 300 kg bei schwachem Angriff und auf ca. 380 kg bei starkem Angriff [243]. Dies scheint ein Widerspruch zu sein, denn es wird ja nur der Zementstein angegriffen und je größer sein Anteil, desto größer, sollte man annehmen, der Angriff. Dies trifft jedoch nicht zu, sondern das Gegenteil, weil durch hohen Zementgehalt die Dichtigkeit infolge vermehrter Gelbildung gesteigert wird. Dichter Beton, erzielt durch niederen W/Z und hohen Zementgehalt, ist die wichtigste Voraussetzung für widerstandsfähigen Beton. Dies ist aus **Bild 227** zu ersehen. Normaler PZ-Beton mit einem W/Z-Wert von 0,5 und einem Zement/Zuschlag-Verhältnis von 1 : 5 zeigte nach 10 Jahren Meerwasserlagerung einen Festigkeitsrückgang um ca. 50%. Bei einem W/Z von 0,9 und Zement/Zuschlag-Verhältnis 1 : 9 ist schon nach 5 Jahren die Festigkeit gleich Null. Bei einem W/Z von 0,35 und Zement/Zuschlag-Verhältnis 1 : 2,6, also einem zementreichen, wasserarmen Beton ist dagegen nach 10 Jahren die ursprüngliche Festigkeit noch unverändert [244].

7.6.2 Zemente mit erhöhter Aggressivbeständigkeit

7.6.2.1 Gegen lösenden Angriff

Wie besprochen, sind die Hauptansatzpunkte der Zementsteinkorrosion der Gehalt an $Ca(OH)_2$ bei lösendem Angriff und der Gehalt an Tricalciumaluminat (C_3A) bei treibendem Sulfatangriff.

Zement mit geringerem Kalkgehalt. Der Gehalt an $Ca(OH)_2$ im Zementstein ist abhängig von dem Verhältnis $C_3S:C_2S$ im Zement, denn C_3S spaltet bei der Hydratation die dreifache Menge Calciumhydroxid ab, wie das C_2S:

C_3S:

$$3\,CaO \cdot SiO_2 + 6\,H_2O \to 3\,CaO \cdot 2\,SiO_2 \cdot 3\,H_2O + 3\,Ca(OH)_2$$

C_2S:

$$2\,CaO \cdot SiO_2 + 4\,H_2O \to 3\,CaO \cdot 2\,SiO_2 \cdot 3\,H_2O + 1\,Ca(OH)_2$$

Daraus würde sich ergeben, daß die C_3S-reichen frühhochfesten Zemente (z.B. PZ 55) empfindlicher sind gegen lösenden Angriff wie C_2S-reiche Zemente (z.B. PZ 25). Tatsächlich ist dies aber nicht bzw. nur in geringem Umfang der Fall [245]. Das hängt damit zusammen, daß der lösende Angriff auch die anderen Kalkverbindungen des Zementsteins erfaßt. Es ist deshalb richtiger, vom Kalkgehalt des Zements auszugehen. Dieser liegt bei dem C_3S-reichen PZ bei ca. 66%, beim C_3S-armen bei ca. 64%. Der Unterschied ist also verhältnismäßig gering und erklärt den geringen Unterschied der PZ-Typen hinsichtlich Beständigkeit gegen lösenden Angriff.

Puzzolan – und Hochofenzement. Wie bereits behandelt, wirken Puzzolane kalkbindend unter Bildung von Kalk-Kieselsäureverbindungen (s. 5.2.4.2). Man war vielfach der Ansicht, daß dadurch die Beständigkeit gegen lösenden Angriff stark erhöht wird, doch hat sich gezeigt, daß dies nur in geringem Maße der Fall ist. Dies hängt damit zusammen, daß es sich hier um chemisch labile Anlagerungsverbindungen handelt, die durch Säuren wieder gespalten werden. Insgesamt betrachtet, haben jedoch in vielen Fällen sich Zemente mit Puzzolanzusatz (Traßzement) als Verbesserung erwiesen [246].

Auch die Hochofenschlacke wirkt kalkbindend [247]. Sie beteiligt sich stärker am Erhärtungsprozeß als die Puzzolane und ist deshalb wirkungsvoller, so daß dem Hochofenzement eine, wenn auch wenig bessere Beständigkeit gegen lösenden Angriff zugeschrieben wer-

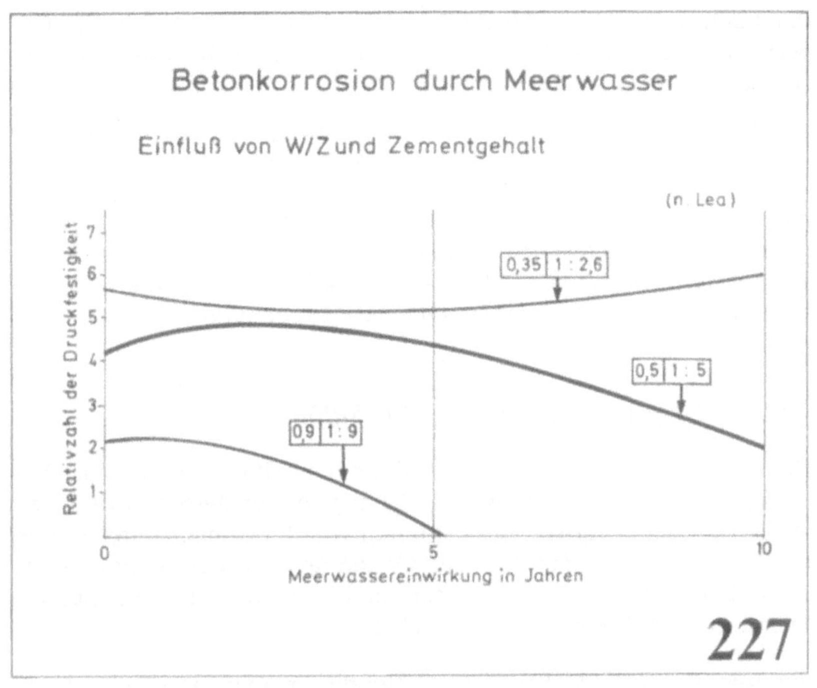

Betonkorrosion durch Meerwasser
Einfluß von W/Z und Zementgehalt
(n. Lea)
Relativzahl der Druckfestigkeit
0,35 1 : 2,6
0,5 1 : 5
0,9 1 : 9
Meerwassereinwirkung in Jahren
227

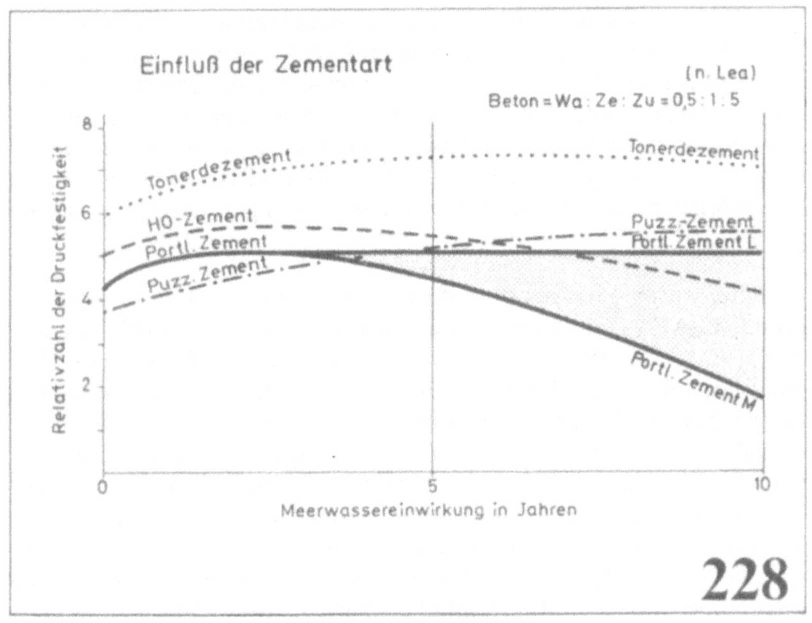

Einfluß der Zementart
(n. Lea)
Beton = Wa : Ze : Zu = 0,5 : 1 : 5
Relativzahl der Druckfestigkeit
Tonerdezement
Tonerdezement
HO-Zement
Puzz-Zement
Portl. Zement
Portl. Zement L
Puzz. Zement
Portl. Zement M
Meerwassereinwirkung in Jahren
228

den kann. Der weniger Hochofenschlacke ($<30\%$) enthaltende Eisenportlandzement unterscheidet sich praktisch nicht vom Portlandzement.

Tonerdezement. Im erhärteten Tonerdezement ist kaum Calciumhydroxid enthalten und damit zusammenhängend ist seine Beständigkeit gegen lösenden sauren Angriff besser als beim PZ [248]. Dies gilt jedoch nur für schwache Säuren mit pH >4; stärkere Säuren greifen an. Da schwache Säuren in der chemischen Industrie, in Molkereien, Brauereien, Mineralölraffinerien usw. öfters vorkommen, wird er in solchen Fällen mit gutem Ergebnis verwendet.

7.6.2.2 Gegen treibenden Angriff (Sulfate)

Beim treibenden Angriff durch Sulfate handelt es sich um eine Reaktion des Tricalciumaluminats (C_3A); je höher dessen Anteil, desto stärker der Angriff. Man kann ihm von der Zementseite her nur dadurch begegnen, daß man den Gehalt an C_3A, der bei normalem PZ zwischen 10 bis 12 % liegt, stark herabsetzt bzw. ganz vermeidet. Dies kann auf folgende Weise geschehen:

Puzzolan- und Schlackenzemente. Bei diesen Zementen beträgt der Anteil an PZ nur noch 60 % beim Puzzolanzement und 15 bis 30 % beim Hochofenzement. Der Anteil an C_3A ist also auf einen Bruchteil herabgesetzt. Da ein C_3A-Gehalt von $<3\%$ nachgewiesenermaßen unschädlich ist, ist die Sulfatbeständigkeit des Traßzements etwas besser als beim PZ und beim schlackenreichen Hochofenzement schon ziemlich gut. Gegen das sulfathaltige Meerwasser ist Hochofenzement, wie man aus jahrzehntelanger Erfahrung weiß, gut beständig.

C_3A-freier Zement. Aus dem Al_2O_3 und Fe_2O_3 des Tons bildet sich primär C_4AF (Tetracalciumaluminatferrit); aus dem verbleibenden Al_2O_3 das C_3A. Wenn man also einen weitgehend C_3A-freien Zement herstellen will, dann braucht man nur den Gehalt an Eisenoxid zu erhöhen. Während der normale PZ ca. 11 % C_3A und 8 % C_4AF enthält, verschiebt sich dieses Verhältnis beim C_3A-armen Zement auf z. B. 2 % C_3A und 17 % C_4AF (s. Bild 79 und 4.4.5). Ein solcher Zement ist in hohem Maße sulfatbeständig. Bei Sulfatgehalten von Wässern über 400 mg SO_4^{-2} (ausgenommen Meerwasser) bzw. mehr als 3000 mg SO_4^{-2} im trockenen Boden ist nach DIN 4030 ein solcher HS-(hochsulfatbeständiger) Zement vorgeschrieben.

Dieser HS-Zement ist jedoch nur gegen Sulfate beständig, nicht aber gegen weiche und saure Wässer, d.h. gegen lösenden Angriff, denn er enthält dieselbe Menge Calciumhydroxid abspaltende Calciumsilikate.

Prüfergebnisse zur Sulfatbeständigkeit. Der Einfluß des C_3A-Gehalts auf das Sulfattreiben ist aus Bild 222 zu ersehen; der C_3A-freie Zement zeigt bei Sulfatlagerung keine Ausdehnung, der normale PZ (mit ca. 11% C_3A) eine starke und ein PZ mit überhöhtem C_3A-Gehalt (20%) eine überaus starke Dehnung. Die Dehnung ist eine unmittelbare Ursache des Sulfattreibens.

Bild 229 zeigt die Prozent-Druckfestigkeit von aus verschiedenen Zementen hergestellten, gleich zusammengesetzten Betonen nach einjähriger Lagerung in Magnesiumsulfat (5%) im Vergleich zur Wasserlagerung. Die Festigkeit des PZ-Betons beträgt nur noch 40%, die des Traßzements ca. 50% und die des C_3A-freien Zementbetons ca. 82% der wassergelagerten Proben. Wenn man die Nachhärtung bei Wasserlagerung berücksichtigt, dann entspricht die Langzeitfestigkeit des C_3A-freien Zements etwa seiner 28-Tage-Festigkeit [249].

Auch die Art des Sulfats und die Konzentration der Lösung ist von großem Einfluß (s. **Bild 230**). In niedriger Konzentration (0,5%) greift Magnesiumsulfat stärker an als Natriumsulfat; bei hoher Konzentration (5%) ist es umgekehrt [250].

Bild 228 zeigt die Veränderung der Druckfestigkeit von mit verschiedenen Zementen hergestelltem Beton bei Langzeitlagerung (10 Jahre) in konzentriertem, künstlichen Meerwasser [251]. Man sieht, daß die Druckfestigkeit zunächst ansteigt. Das hängt vorwiegend damit zusammen, daß die Betonfestigkeit bei Wasserlagerung noch längere Zeit ansteigt, z.T. auch damit, daß durch die beginnende Ettringitbildung, verbunden mit der Neubildung kristalliner Substanz, zunächst eine zusätzliche Verfestigung eintritt, die erst bei Erreichung einer kritischen Grenze in eine gefügesprengende Treibwirkung übergeht. Beim Portlandzement M ist der Festigkeitsabfall sehr groß, nicht dagegen beim Portlandzement L. Es wird dadurch die Erfahrungstatsache bestätigt, daß Portlandzement, je nach Herkunft, wider Erwarten gut meerwasserbeständigen Beton ergeben kann. Grundsätzlich sollte man aber davon ausgehen, daß aus Portlandzement hergestellter Beton nicht optimal meerwasserbeständig ist.

Was beim Portlandzement nur in günstigen Fällen zutrifft, ist beim Traßzement und Hochofenzement der Regelfall; sie sind auf

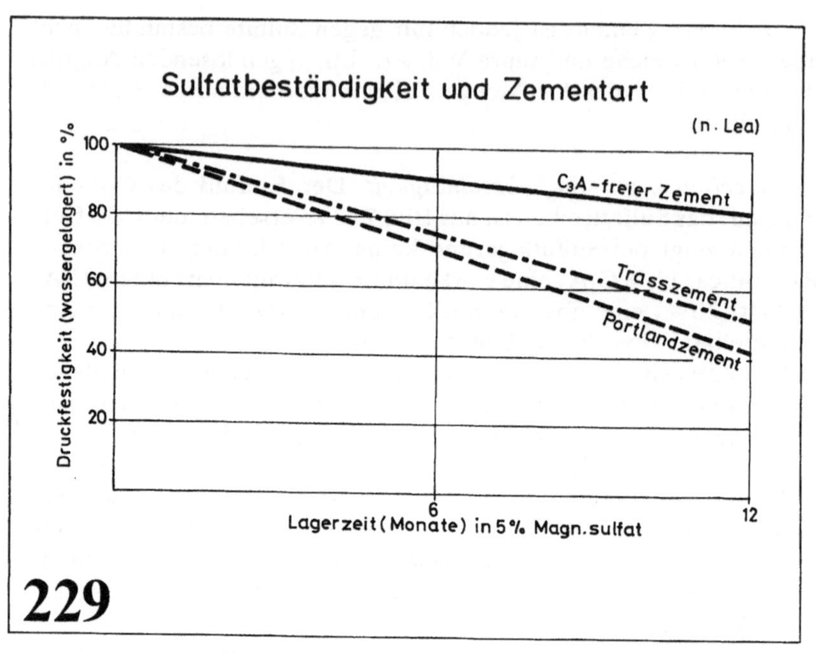

Sulfatbeständigkeit und Zementart
(n. Lea)
Druckfestigkeit (wassergelagert) in %
100
80
60
40
20
C₃A-freier Zement
Trasszement
Portlandzement
6
12
Lagerzeit (Monate) in 5% Magn. sulfat
229

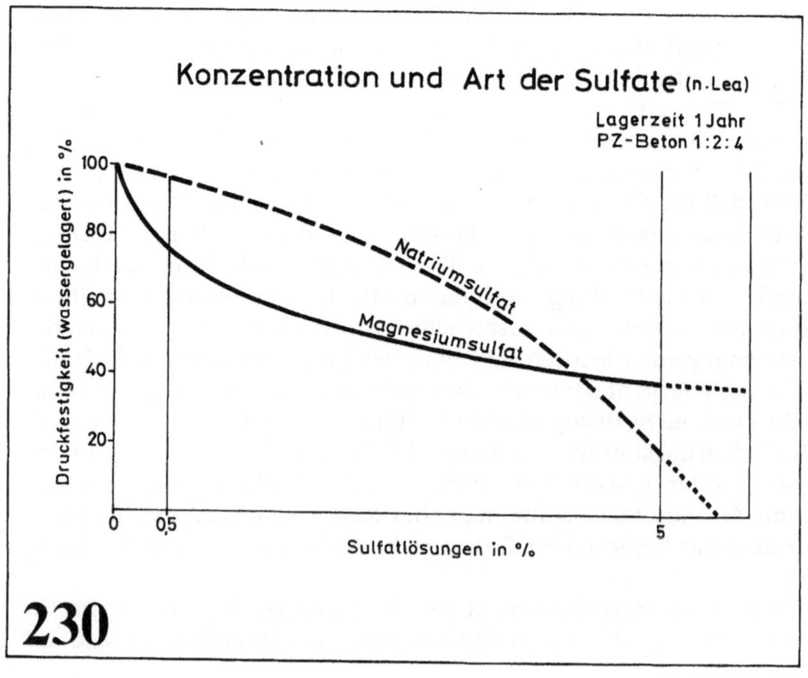

Konzentration und Art der Sulfate (n. Lea)
Lagerzeit 1 Jahr
PZ-Beton 1:2:4
Druckfestigkeit (wassergelagert) in %
100
80
60
40
20
Natriumsulfat
Magnesiumsulfat
0
0,5
5
Sulfatlösungen in %
230

die Dauer meerwasserbeständig,wobei nach den Erfahrungen der Praxis – im Unterschied zu diesen Versuchsergebnissen – der Hochofenzement dem Puzzolanzement etwas überlegen ist. Die höchste Sulfatbeständigkeit hat der Tonerdezement, der aber wegen seines hohen Preises und dem fehlenden Korrosionsschutz der Stahlbewehrung dafür kaum verwendet wird.

7.6.2.3 *Vergleich der Korrosionsbeständigkeit von Zementen*

Bild 231 zeigt die Beständigkeit der verschiedenen Zemente gegen aggressive Wässer [252]. Dazu ist folgendes zu sagen: Gegen Fluß- und Seewasser sind alle Zemente beständig. Gegen weiches und CO_2-saures Wasser sind sowohl die reinen Portlandzemente (55, 45 F und 35 F) wie auch die Hochofenzemente (45 L und 35 L und 25 NW) sowie der C_3A-freie HS-Zement, der Traßzement und der Weißzement, d.h. alle Zemente, ausgenommen der Tonerdezement, wenig beständig. Gegen Meerwasser sind die reinen Portlandzemente mäßig beständig, der Traßzement ist etwas besser und die Hochofenzemente und der Tonerdezement sind gut beständig. Gegen (starke) Sulfatwässer sind die normalen Portlandzemente wenig beständig, der Traßzement etwas mehr, der Hochofenzement ist befriedigend und der HS-Zement und Tonerdezement gut beständig. Diese Einteilung entspricht etwa dem Durchschnitt der praktischen Erfahrungen und Prüfungsergebnisse.

7.6.3 *Schutzüberzüge auf Beton*

Der Betontechnologie und der Zementchemie ist es in jahrzehntelanger Arbeit gelungen, die Korrosionsbeständigkeit des Betons so weit zu verbessern, daß er, nach den Vorschriften gemäß DIN 4030 hergestellt, schwachen und auch starken Angriffen widersteht. Gegen sehr starke Angriffe sind Überzüge notwendig, welche den Beton zuverlässig gegen die angreifenden Stoffe schützen. Solche Schutzüberzüge müssen folgende Forderungen erfüllen:
1. Sie müssen weitgehend wasserundurchlässig sein und dadurch das Eindringen der aggressiven Flüssigkeiten in die Betonporen verhindern.
2. Sie müssen chemisch beständig, vor allem säurebeständig sein, um gegen die verschiedenen aggressiven Stoffe zu schützen.
3. Sie müssen, um als Schutzfilm aufgetragen werden zu können, bei der Verarbeitung flüssig sein und anschließend durch Lösungsmittelabgabe, Wasserabgabe oder chemische Reaktion erhärten.

Für diese Aufgabe gibt es eine Reihe von Stoffen. Es handelt sich

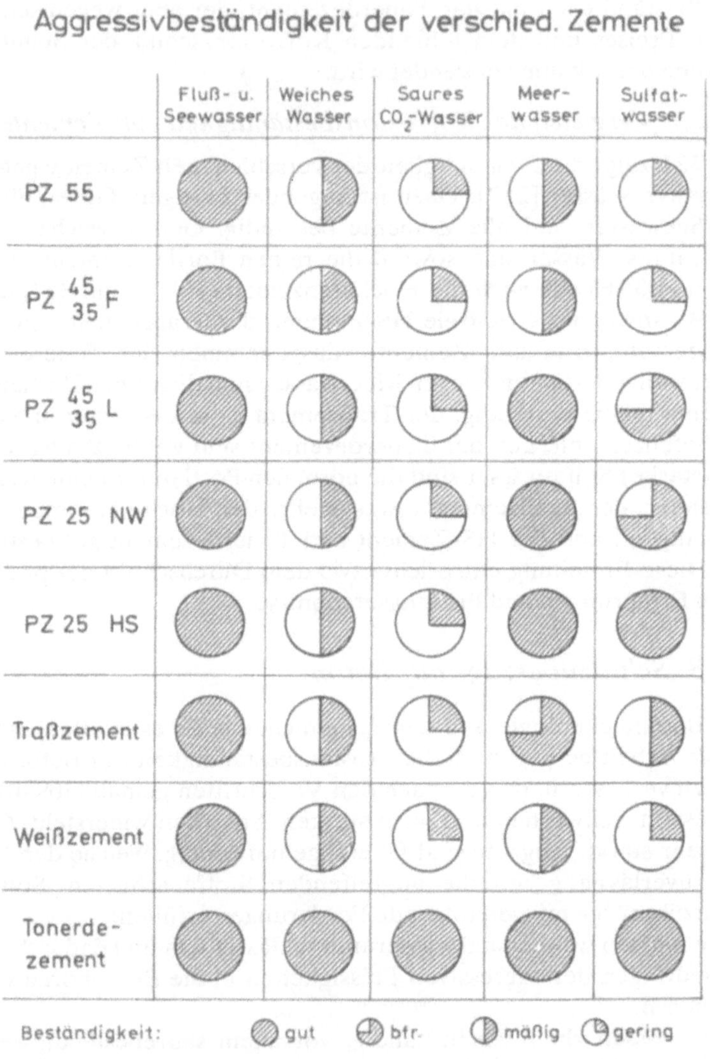

Aggressivbeständigkeit der verschied. Zemente

Fluß- u. Seewasser
Weiches Wasser
Saures CO_2-Wasser
Meer-wasser
Sulfat-wasser

PZ 55
PZ $\frac{45}{35}$ F
PZ $\frac{45}{35}$ L
PZ 25 NW
PZ 25 HS
Traßzement
Weißzement
Tonerde-zement

Beständigkeit: gut   btr.   mäßig   gering

231

dabei durchweg um filmbildende organische Substanzen sehr verschiedener Zusammensetzung. Da zu ihrem Verständnis Grundlagen der organischen Chemie notwendig sind, werden sie im Rahmen der organischen Bauchemie behandelt.

7.7 Karbonatisierung des Zementsteins

Kohlensäurehaltige Wässer sind – wie in 7.1.3. behandelt – in hohem Maße betonaggressiv. Auch in der Luft ist, wenn auch nur in geringer Menge (0,03 %), Kohlendioxid (CO_2) enthalten. Dadurch wird die sog. „Carbonatisierung" des Betons bewirkt. Es findet dabei eine Umwandlung des im Zementstein in Mengen von ca. 5 bis 15 % enthaltenen Calciumhydroxids in Calciumcarbonat statt n. d. Gl. $Ca(OH)_2 + CO_2 \rightarrow CaCO_3 + H_O$. Im Gegensatz zu dem bei der Einwirkung kohlensäurehaltiger Wässer n. d. Gl. $Ca(OH)_2 + 2\,H_2CO_3 \rightarrow CaH_2(CO_3)_2 + 2\,H_2O$ entstehenden stark wasserlöslichen und deshalb vom Wasser weggeführten Calciumbicarbonat ($CaH_2(CO_3)_2$) ist das Calciumcarbonat praktisch wasserunlöslich. Es handelt sich bei der Carbonatisierung also um eine Umwandlung des Feststoffs Calciumhydroxid in einen anderen Feststoff, das Calciumcarbonat ($CaCO_3$).

7.7.1 Karbonatisierung durch CO_2-Behandlung

Da das Calciumhydroxid praktisch nicht zur Festigkeit beiträgt, im Gegensatz zum $CaCO_3$ wird durch die bei der Kohlensäurebehandlung erfolgende (vollständige) Karbonatisierung beim Portlandzement eine Festigkeitssteigerung bis um ca. 50 % bewirkt (s. **Bild 232**). Diese Festigkeitssteigerung ist wahrscheinlich auf die etwa 10 % betragende Volumenvergrößerung beim Übergang von $Ca(OH)_2$ in $CaCO_3$ zurückzuführen [253]. Man hat geglaubt, diesen Vorgang technisch nutzen zu können, indem man Frischbeton anstelle von kostspieliger Autoklavhärtung durch Behandlung mit Kohlendioxidgas (CO_2) zu härten versucht hat, doch hat sich dieses Verfahren wegen anderer Schwierigkeiten (lange Behandlungszeit u. a.) nicht durchsetzen können [254].

Daß diese Festigkeitssteigerung mit dem Anteil an $Ca(OH)_2$ zusammenhängt, ergibt sich gleichfalls aus Bild 232. In dem Maße, wie durch Zusatz von HO-Schlacke der Anteil an Portlandzement und damit an freiwerdendem $Ca(OH)_2$ zurückgeht, nimmt auch die durch Kohlensäurelagerung erzielbare Festigkeitssteigerung ab.

Wenn man also die Möglichkeit zur Festigkeitssteigerung durch Kohlensäurebehandlung nutzen will, dann sollte man von viel $Ca(OH)_2$-abspaltenden Portlandzementen ausgehen. Es sind dies die C_3S-reichen F (frühhochfesten) Zemente.

Bei der Kohlensäurebehandlung von Frischbeton tritt ein charakteristisches Schwinden, das sog. „Karbonatisierungsschwinden" auf. Dieses dürfte auf die Umwandlung von wasserreichen CSH-Gelen in kristallines $CaCO_3$ und SiO_2 zurückzuführen sein. Das Karbonatisierungsschwinden ist stark vom Feuchtigkeitsgehalt der Luft abhängig. Erwähnenswert ist, daß kohlensäuregehärteter Beton schneller Feuchtigkeit abgibt, als normal gehärteter. Dies hängt wahrscheinlich damit zusammen, daß an der Karbonatisierung nicht nur das $Ca(OH)_2$ beteiligt ist, sondern diese sich auch auf die CSH-Verbindungen ausdehnt gemäß $3\ Ca \cdot 2\ SiO_2 \cdot 3\ H_2O + 3\ CO_2 \rightarrow 3\ CaCO_3 + 2\ SiO_2 + 3\ H_2O$. Das Zementgel wird dabei teilweise in kristallines $CaCO_3$ umgewandelt, das eine gröbere Struktur und damit geringeres Wasserverbindungsvermögen aufweist als das Zementgel.

7.7.2 Karbonatisierung durch Luft

Wegen des geringen CO_2-Gehalts der Luft (0,03 % ist die Karbonatisierung des luftgelagerten Betons ein sehr langsamer, nur auf die oberen Betonschichten beschränkter Prozeß. Der Beton erfährt dabei keine merkliche Veränderung. Trotzdem ist diese an der Betonoberfläche erfolgende Reaktion bautechnisch von großer Bedeutung, weil dadurch in ungünstigen Fällen der Rostschutz der Bewehrung hinfällig werden kann.

7.7.2.1 Rostschutz der Bewehrung

Dieser ist im bewehrten Beton dadurch gewährleistet, daß der Zementstein infolge Sättigung mit $Ca(OH)_2$, das bekanntlich eine starke Lauge mit einem pH-Wert von 12,5 ist, vor Rostung geschützt, d. h. passiviert ist (s. Stahlkorrosion). Dies gilt für pH-Werte über 9,5. Bei pH-Werten unter 9,5 findet Stahlkorrosion statt und zwar um so stärker, je niedriger der pH-Wert ist. Die Zunahme ist nicht linear, sondern unter pH 9,5 setzt die Korrosion ein und nimmt schnell bis zu ca. pH 7,5. Sie bleibt dann ziemlich konstant bis pH 5,5, um dann mit weiterer pH-Abnahme sehr stark anzusteigen (s. **Bild 233**).

Die Voraussetzung für einen zuverlässigen Bewehrungsschutz ist also ein pH-Wert des umhüllenden Zementsteins von mindestens

Karbonatisierung u. Druckfestigkeit
(n. A. Meyer)
karbonatisiert in Luft mit 10 % CO2
normal gelagert
Druckfestigkeit in N/mm²
70
60
50
40
30
20
10
Portland - Zement
EPZ (mit 25 % HOS)
HOZ (mit 50 % HOS)
HOZ (mit 75 % HOS)
PZ   10   20   30   40   50   60   70   80   90
Anteil der Hochofenschlacke in %

232

Karbonatisierung und Stahlkorrosion
Korrosionsgeschwindigkeit
starke Korrosion
mäßige Korrosion
keine Korrosion
Ca CO₃ pH 8
pH-Wert Abfall
Ca (OH)₂ pH 12,6
pH   1   2   3   4   5   6   7   8   9   10   11   12   13   14

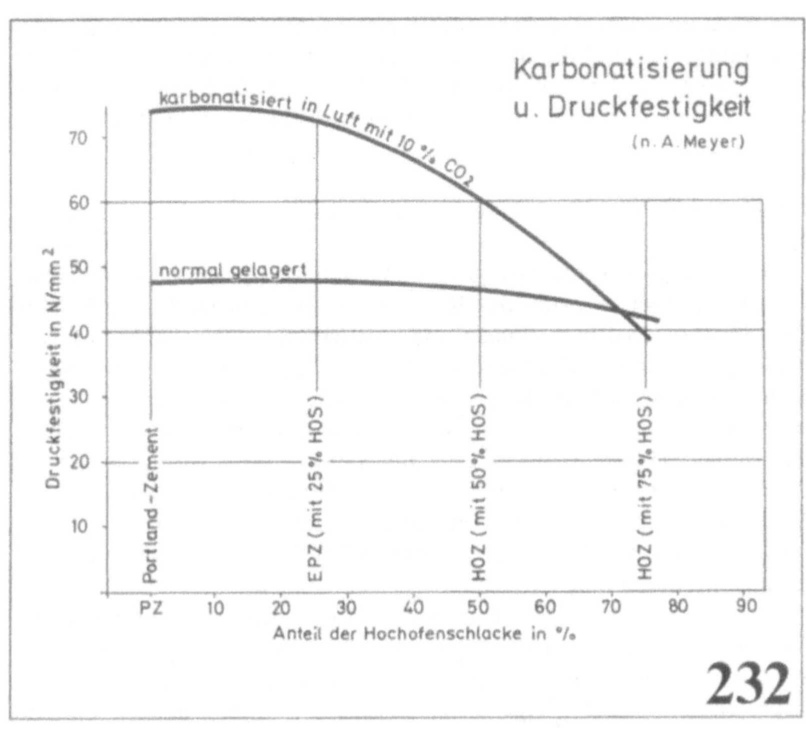

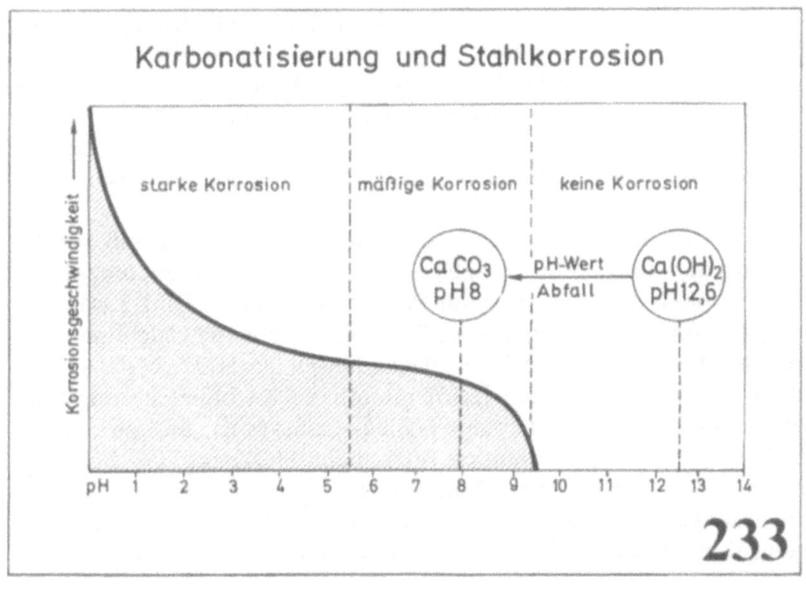

233

10. Wird aber das $Ca(OH)_2$ durch Karbonatisierung in $CaCO_3$ umgewandelt, dann sinkt der pH-Wert auf ca. 8, wodurch der Rostschutz der Bewehrung hinfällig wird. Es ist deshalb von großer Wichtigkeit, daß die Karbonatisierung nicht bis zum Stahl vordringt, denn wenn dies der Fall ist, fängt der Stahl an zu rosten und da der Rost ein mehrfaches Volumen des Stahls hat, übt dieser einen Druck auf die überdeckende Betonschicht aus, die schließlich abgesprengt wird.

Um solche oft schwerwiegenden Schäden zu vermeiden, muß dafür gesorgt werden, daß der Karbonatisierungsprozeß nicht bis zur Bewehrung vordringt. Diese sog. „Karbonatisierungstiefe" hängt von verschiedenen Faktoren ab. Der wichtigste ist der W/Z-Wert; je höher dieser ist, desto größer ist die Karbonatisierungstiefe; sie beträgt bei W/Z 0,8 etwa das Dreifache wie bei W/Z 0,4 (s. **Bild 234**). Die Erklärung ist einfach; je höher der W/Z, desto poröser ist der Zementstein. Da die Porosität des Zementsteins nicht nur vom W/Z-Wert, sondern auch von der Nachbehandlung abhängt, ist es wichtig, stahlüberdeckenden Beton möglichst lange nachzubehandeln, d.h. feucht zu halten.

Von großem Einfluß ist auch die Betongüte (Festigkeitsklasse). Wie aus **Bild 235** ersichtlich, ist die Karbonatisierungstiefe bei einem Bn 15 ca. 10mal so groß wie bei einem Bn 45 [255]. Dieser große Unterschied hängt insbesondere damit zusammen, daß, je höher die Betongüte, desto höher auch der Zementgehalt. Dementsprechend höher ist auch der Gehalt an Calciumhydroxid, was zur Folge hat, daß bei dem stets gleichen CO_2-Angebot die Karbonatisierung langsamer in die Tiefe vordringt. Diese Tendenz wird noch verstärkt durch den mit abnehmender Betongüte zunehmenden W/Z-Wert. Beides zusammen bewirkt die großen Unterschiede der bei den verschiedenen Güteklassen festzustellenden Karbonatisierungstiefen.

Auch die Art des verwendeten Zements ist von Einfluß auf die Karbonatisierungstiefe. Letztere ist bei einem Hochofenzement etwa doppelt so groß als beim Portlandzement (s. Bild 234). Das hängt damit zusammen, daß der Portlandzement viel Calciumhydroxid abspaltet, nicht aber der Schlackenanteil des HOZ. Nach Versuchen von Takayuki Saito [256] nimmt die Karbonatisierungstiefe um so mehr zu, je höher der Schlackenzusatz ist, und zwar beim EPZ mit 30% Schlacke um ca. 30%, beim HOZ mit 70% Schlacke um ca. 70% (s. **Bild 236**). Beim Puzzolanzement, der etwa die gleiche Menge Puzzolane enthält wie der EPZ, ist die Karbonatisierungstiefe dieselbe. Man ersieht daraus, daß bei gemischten Zemen-

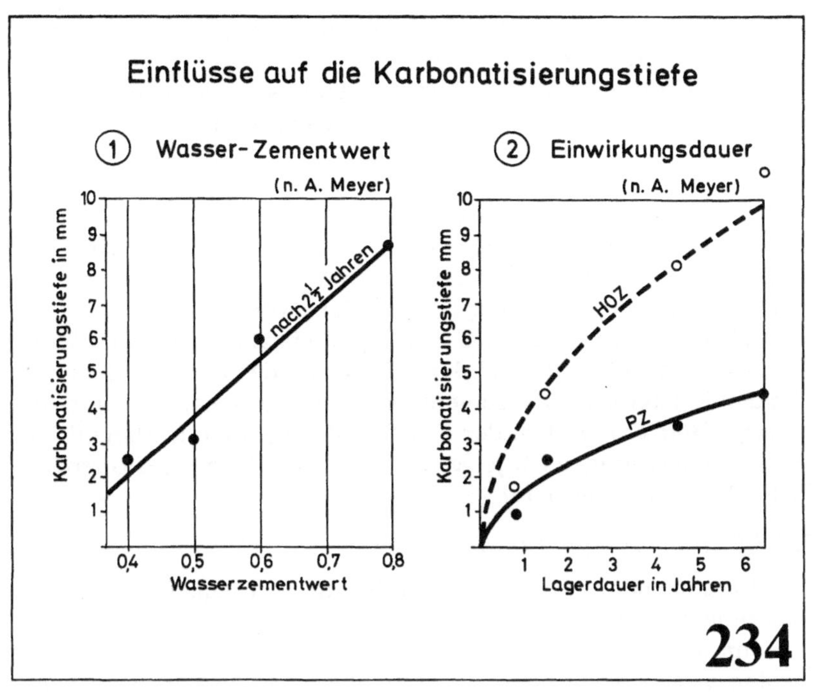

Einflüsse auf die Karbonatisierungstiefe
1 Wasser-Zementwert
(n. A. Meyer)
Karbonatisierungstiefe in mm
nach 2½ Jahren
Wasserzementwert
0,4   0,5   0,6   0,7   0,8
2 Einwirkungsdauer
(n. A. Meyer)
Karbonatisierungstiefe mm
HOZ
PZ
Lagerdauer in Jahren
234

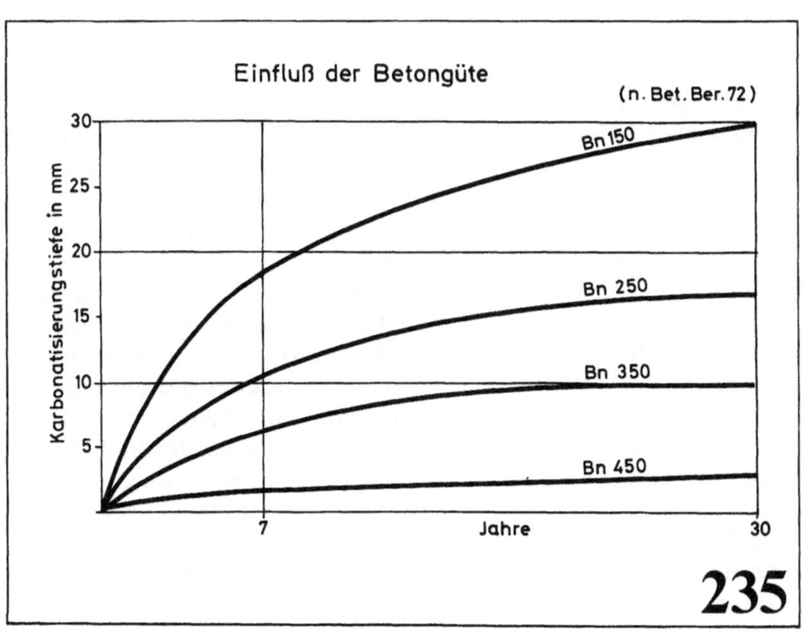

Einfluß der Betongüte
(n. Bet. Ber. 72)
Karbonatisierungstiefe in mm
Bn 150
Bn 250
Bn 350
Bn 450
7   Jahre   30
235

ten die Karbonatisierungstiefe um so größer ist, je geringer der Anteil an Portlandzement ist.

Auch bei Portlandzementen bestehen Unterschiede in der Karbonatisierungstiefe (s. Bild 236). Beim frühhochfesten (F) Portlandzement liegt die Karbonatisierungstiefe um ca. 40% niedriger als beim normalen PZ, und beim Niedrigwärme(NW)-Zement um ca. 10% höher. Der chemische Unterschied zwischen diesen Zementen besteht darin, daß der PZ F gegenüber dem normalen PZ mehr C_3S enthält, der NW-Zement weniger (s. Bild 78). Der C_3S-Gehalt ist aber maßgebend für die Menge des bei der Hydratation freiwerdenden Calciumhydroxids, denn C_3S spaltet dreimal mehr $Ca(OH)_2$ ab, als das C_2S (s. Bild 90). Daß der C_3S-Gehalt des Zements der entscheidende Faktor für die zementabhängige Karbonatisierungstiefe ist, zeigt **Bild 237** in dem der C_3S-Gehalt gegen die Karbonatisierungstiefe aufgetragen ist; je geringer der C_3S-Gehalt, desto größer die Karbonatisierungstiefe.

7.7.2.2 *Folgerungen für die Praxis*

Aus Vorstehendem ergeben sich folgende Konsequenzen für die Sicherung des Rostschutzes der Bewehrung:
1. Wenn schlackenreicher Zement (HOZ) verwendet wird, dann sollte wegen der größeren Karbonatisierungstiefe eine stärkere Überdeckung als üblich gewählt werden.
2. Der Zementgehalt des Betons sollte nicht zu gering sein, was nach DIN1045 bereits Vorschrift ist, in der für bewehrten Beton mindestens Bn 150 vorgeschrieben ist.
3. Von großer Bedeutung ist ein niedriger W/Z-Wert. Wenn dieser weniger als 0,8 beträgt, ist der Beton erfahrungsgemäß gut rostschützend.
4. Besonders wichtig ist die sorgfältige Nachbehandlung, d.h. Feuchthaltung des Betons über längere Zeit.
5. Durch Risse, in welche die Luft ungehindert in den Beton eindringen kann, wird die Karbonatisierungstiefe um die Rißtiefe vermehrt. Die Vermeidung von Rissen ist deshalb eine wichtige Forderung für die Sicherung des Rostschutzes der Bewehrung.

Was den Rostgrad des Bewehrungsstahls zum Zeitpunkt des Einbaus anbetrifft, so ist festzustellen, daß angerosteter Stahl nicht von Nachteil, sondern eher von Vorteil ist, denn es wurde festgestellt, daß, je ausgeprägter die Rostschicht ist, desto besser auch die Haftung (Ausziehfestigkeit) des Stahls ist. Dies hängt damit zusammen, daß der Rost durch das Calciumhydroxid ($Ca(OH)_2$) des Zementsteins zu einer stabilen Verbindung (Calciumferrit)

378

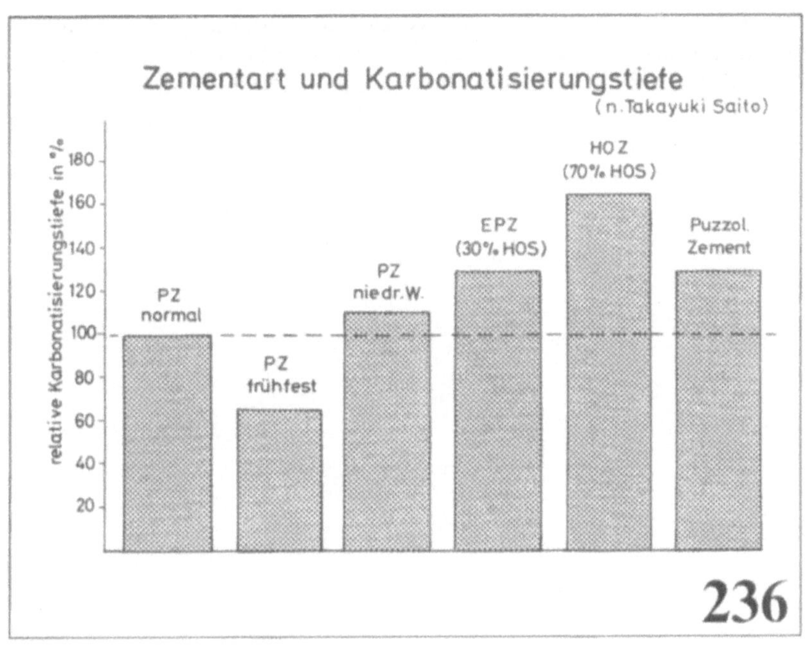

Zementart und Karbonatisierungstiefe
(n. Takayuki Saito)
relative Karbonatisierungstiefe in %
180
160
140
120
100
80
60
40
20
PZ normal
PZ frühfest
PZ niedr.W.
EPZ (30% HOS)
HOZ (70% HOS)
Puzzol. Zement
236

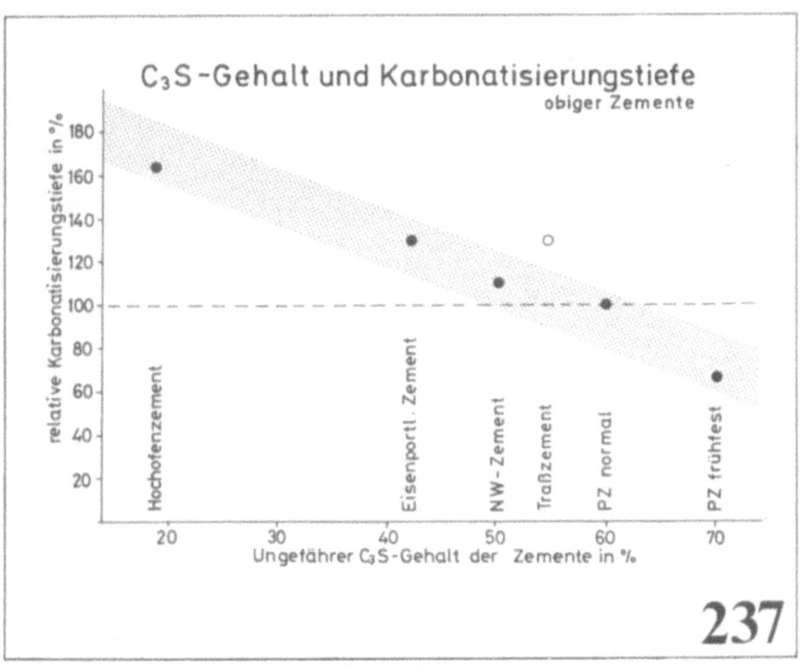

C_3S-Gehalt und Karbonatisierungstiefe
obiger Zemente
relative Karbonatisierungstiefe in %
180
160
140
120
100
80
60
40
20
Hochofenzement
Eisenportl. Zement
NW-Zement
Traßzement
PZ normal
PZ frühfest
20
30
40
50
60
70
Ungefährer C_3S-Gehalt der Zemente in %
237

umgesetzt wird, die einen dicht verzahnten Übergang vom Stahl
zum Zementstein bildet, der große Kräfte zu übertragen vermag
(256a). Auf eine eventuelle Schwächung des Stahls durch zu großen Rostabtrag muß selbstverständlich geachtet werden. Spannstähle dürfen nicht rostig sein, sondern höchstens einen mit der
Hand abwischbaren Flugrost aufweisen (s. dort).

8 Metalle

8.1 Grundlegendes über Metalle

Die Metalle sind, von wenigen Ausnahmen abgesehen, die einzigen Stoffe, die in elementarer Form, allein oder in Mischungen (Legierungen) als Werkstoffe Verwendung finden. Das hängt mit ihren besonderen Eigenschaften zusammen. Die Festigkeit ist bei den als Werkstoffe verwendeten Metallen im allgemeinen hoch bis sehr hoch. Diese Eigenschaft haben sie jedoch auch mit anderen Materialien, wie z.B. dem Zementstein gemeinsam. Sie sind jedoch im Unterschied dazu bei hoher Wärme plastisch und deshalb verformbar; sie besitzen oft eine relativ große Zugfestigkeit und eine vielfach hohe Flexibilität und Federelastizität. Darüber hinaus haben sie eine gute Leitfähigkeit für den elektrischen Strom und eine hohe Wärmeleitfähigkeit.

Die Ursache dieses grundlegenden Unterschiedes zwischen Metallen und anderen Werkstoffen liegt vor allem in der Art der Kristallbindung begründet (s. **Bild 238**). Die Bindungskräfte von aus Ionen aufgebauter Stoffe – zu denen auch der Zementstein gehört – ergeben sich aus den Anziehungskräften entgegengesetzt geladener Ionen, daher „Ionenbindung" genannt. Im Unterschied dazu gilt für die Metalle die sog. „Metallbindung", bei der die positiven Ionen in einem zusammenhängenden Medium gleichmäßig verteilter negativer Elektronen „schwimmen". Allein daraus ergibt sich ein grundsätzlich anderes Modellverhalten. Wenn man die Kristallebenen von Stoffen mit Ionenbindung gegeneinander verschiebt, dann kommen Ionen gleicher Ladung nebeneinander zu liegen; sie stoßen sich gegenseitig ab, was Sprödverhalten und Bruch begünstigt (Bild 238/2).

Anders bei der Metallbindung (Bild 238/1). Hier gleiten die Kristallflächen aneinander vorüber ohne Störung der gegenseitigen Anziehung, was sich im verformbaren Verhalten auswirkt und in der

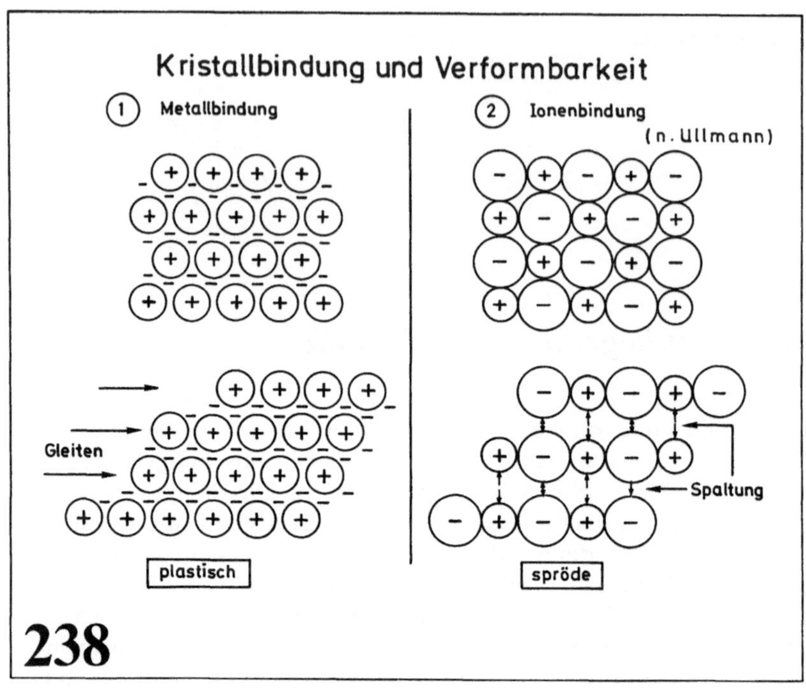

Kristallbindung und Verformbarkeit
1 Metallbindung
2 Ionenbindung
(n. Ullmann)
Gleiten
plastisch
Spaltung
spröde
238

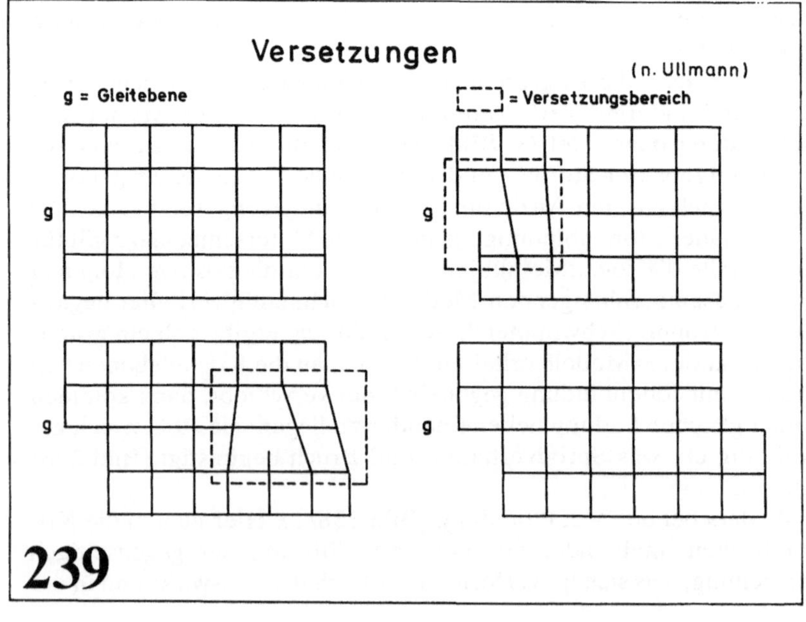

Versetzungen
(n. Ullmann)
g = Gleitebene
= Versetzungsbereich
g
g
g
g
239

Regel zu hoher Zugfestigkeit führt. Auch die für Metalle charakteristische elektrische Leitfähigkeit kommt durch die frei beweglichen Elektronen zustande [257, 258]. **Bild 239** wird in 8.4.5.1 besprochen.

8.1.1 Atombau

Etwa 80 der 104 chemischen Elemente, also mehr als ³/₄ sind Metalle. Sie stehen auf der linken Seite des Periodensystems, wobei der metallische Charakter von rechts nach links und von oben nach unten zunimmt (s. Bild 6). Die wichtigsten Metalle der Bautechnik – wie auch überhaupt – haben eine charakteristische Stellung im Periodensystem (s. **Bild 240**). Es sind die zwischen der 2. und der 3. Gruppe stehenden sog. „Übergangsmetalle" Eisen, Kupfer und Zink und die als Legierungszusätze wichtigen Metalle Titan, Chrom, Mangan, Kobalt und Nickel. Im Zentrum der Übergangsmetalle steht das Eisen. Unter dem Hartmetall Chrom stehen die weiteren Hartmetalle Molybdän und Wolfram, unter dem Halbedelmetall Kupfer die Edelmetalle Silber und Gold. Flankiert sind die Übergangsmetalle durch die Leichtmetalle Magnesium (2. Gruppe) und Aluminium (3. Gruppe).

Von entscheidender Bedeutung für die Eigenschaften eines Elements ist die Zahl der Valenzelektronen, d.h. der Elektronen auf den äußeren Schalen. Diesbezüglich sind die Metalle dadurch gekennzeichnet, daß sie nur wenige, zwischen 1 bis höchstens 3 Valenzelektronen besitzen. Man sollte annehmen, daß es dann nur wenige Metalle gibt, weil die Elektronenschalen ja mit bis zu 8, 18 und mehr Elektronen besetzt sein können. Dieser scheinbare Widerspruch ist damit zu erklären, daß zusätzliche Elektronen nicht nur von der äußeren, sondern auch von den inneren Schalen aufgenommen werden können.

Letzteres ist auch bei den Übergangsmetallen der Ordnungszahlen 21 bis 30 der Fall, bei denen 1 bis 10 zusätzliche Elektronen von der inneren M-Schale aufgenommen werden und die äußere N-Schale nur 1 und 2 Elektronen aufweist (s. **Bild 242**). Aus letzterem Grund ist in allen Fällen der Metallcharakter gegeben. Durch die hohe Elektronenzahl der M-Schale und die in gleicher Weise zunehmende positive Kernladung ergeben sich große Anziehungskräfte, welche einen kleinen Atomradius bzw. Atomdurchmesser und damit hohe Packungsdichte zur Folge haben. Dies zeigt **Bild 241**, wonach der Atomradius der wichtigsten Übergangsmetalle zwischen 0,13 und 0,14 nm liegt, also nur wenig verschieden ist.

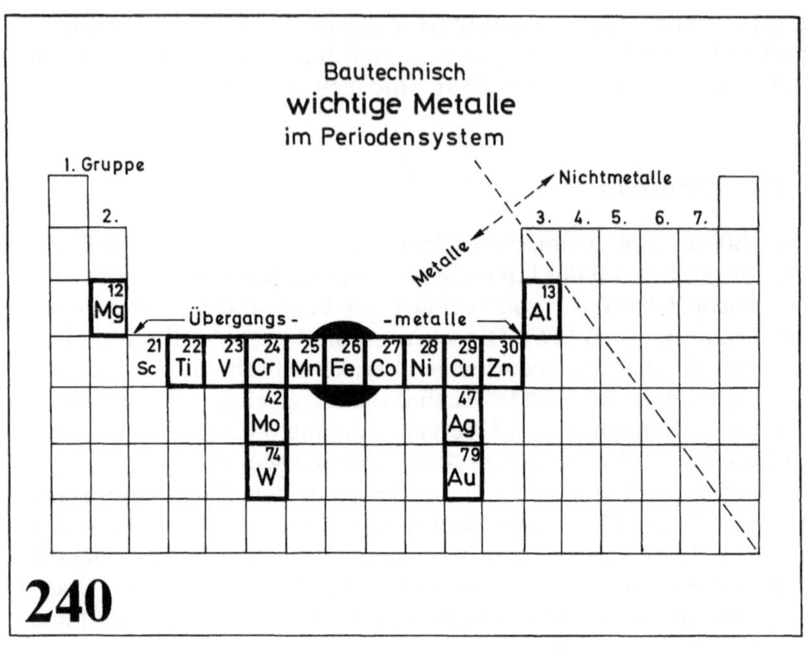

Bautechnisch
wichtige Metalle
im Periodensystem
1. Gruppe
2.
Nichtmetalle
3. 4. 5. 6. 7.
Metalle
12 Mg
Übergangs-
-metalle
13 Al
21 Sc
22 Ti
23 V
24 Cr
25 Mn
26 Fe
27 Co
28 Ni
29 Cu
30 Zn
42 Mo
47 Ag
74 W
79 Au
240

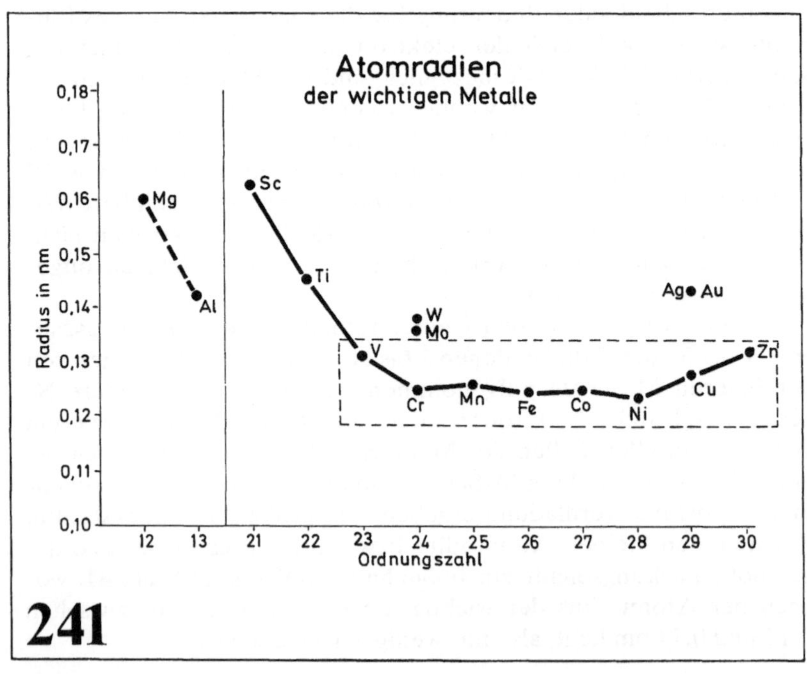

Atomradien
der wichtigen Metalle
Radius in nm
0,18
0,17
0,16
0,15
0,14
0,13
0,12
0,11
0,10
Mg
Al
Sc
Ti
V
W
Mo
Cr
Mn
Fe
Co
Ni
Cu
Zn
Ag Au
12 13 21 22 23 24 25 26 27 28 29 30
Ordnungszahl
241

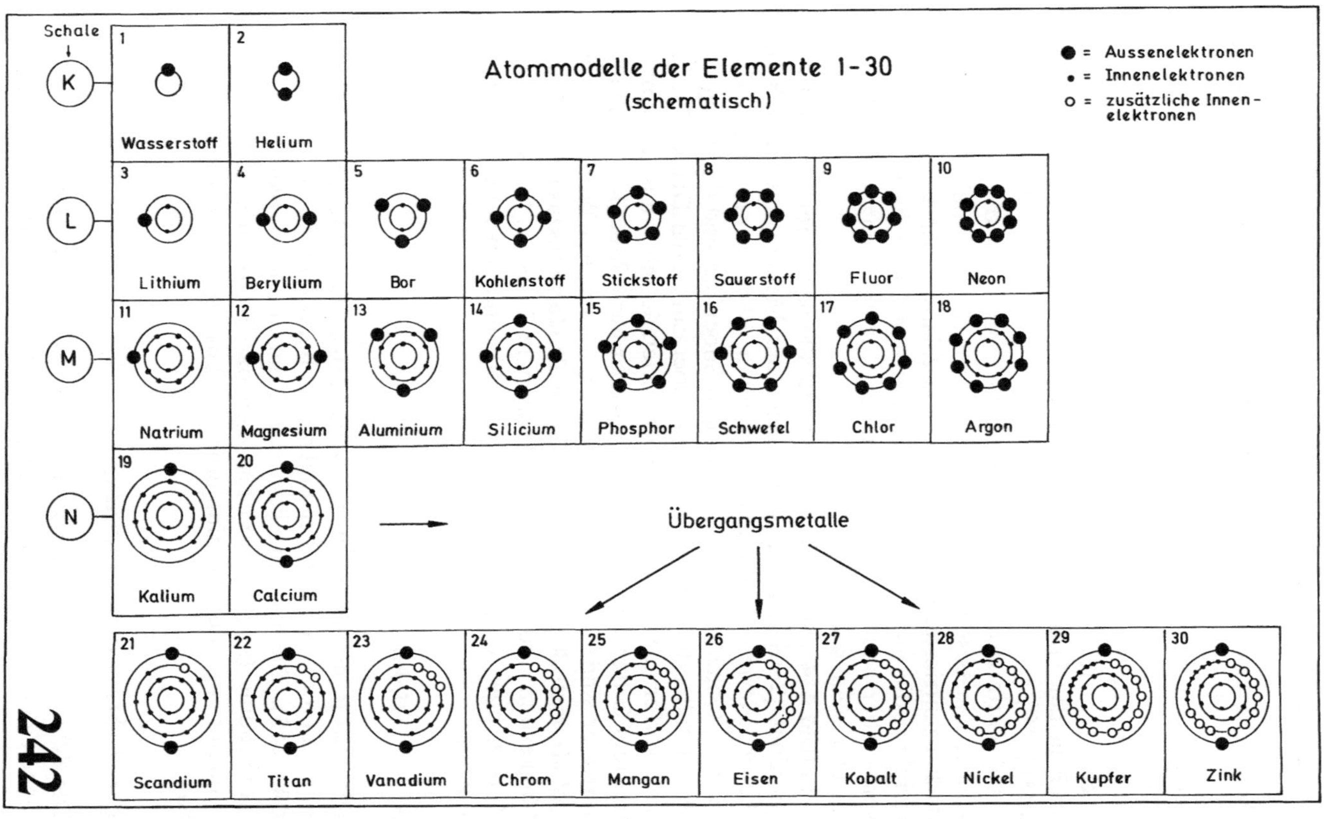

Atommodelle der Elemente 1-30
(schematisch)
= Aussenelektronen
= Innenelektronen
= zusätzliche Innen-elektronen
Schale
K
L
M
N
1 Wasserstoff
2 Helium
3 Lithium
4 Beryllium
5 Bor
6 Kohlenstoff
7 Stickstoff
8 Sauerstoff
9 Fluor
10 Neon
11 Natrium
12 Magnesium
13 Aluminium
14 Silicium
15 Phosphor
16 Schwefel
17 Chlor
18 Argon
19 Kalium
20 Calcium
Übergangsmetalle
21 Scandium
22 Titan
23 Vanadium
24 Chrom
25 Mangan
26 Eisen
27 Kobalt
28 Nickel
29 Kupfer
30 Zink

8.1.2 Kristallstruktur

Da die Elektronen in reinen Metallen frei beweglich sind, sind die elektrostatischen Anziehungskräfte in Metallkristallen weitgehend richtungsunabhängig. Dadurch sind die Voraussetzungen für die Bildung dichtester Kugelpackungen gegeben, weshalb viele Metalle in den Kristallstrukturen mit dichtester Kugelpackung, dem kubisch flächenzentrierten und dem hexagonalen Gitter auftreten, jedoch auch in der Struktur des kubisch raumzentrierten Gitters (s. **Bild 243**) [259].

Die Gitterstruktur ist von großem Einfluß auf die Metalleigenschaften, insbesondere auf die Verformbarkeit. Metalle mit kubisch flächenzentrierter Gitterstruktur sind relativ weich und leicht verformbar; die mit kubisch raumzentriertem Gitter hart und schwer verformbar und die mit hexagonaler Kugelpackung verhalten sich im allgemeinen spröde.

In **Bild 244** sind die wichtigsten Metalle nach ihrer Gitterstruktur geordnet [260]. Die Hauptvertreter der Metalle mit kubisch flächenzentriertem Gitter sind Aluminium, Blei, (reines Eisen), Gold (daher „Goldstruktur"), Kupfer und Silber. Es sind durchweg weiche Metalle, die z.T. bei Normaltemperatur durch Druck (Tiefziehen) verformt werden können. Die Metalle mit kubisch raumzentriertem Gitter sind im allgemeinen sehr harte Metalle. Ihre Hauptvertreter sind Chrom, Molybdän, Vanadium und Wolfram (daher „Wolframstruktur"). Sie sind wichtig als Härtungszusatz für Stähle. Magnesium und Zink haben hexagonale Struktur. Sie sind, (beim Zink weniger ausgeprägt), relativ spröde und haben geringe Zugfestigkeit.

8.1.3 Dichte

Die Dichte nimmt bei den Übergangsmetallen (OZ 21 bis 30) bis zum Kupfer von 3 auf 9 zu und nimmt beim Zink wieder auf 7 ab (s. **Bild 245**). Die Ursache liegt darin, daß bei wenig verschiedenem Atomradius (s. Bild 241) die Zahl der Protonen und Neutronen zunimmt, was den kontinuierlichen Anstieg der Dichte zur Folge hat.

8.1.4 Schmelztemperatur

Die Schmelztemperatur ist für die Verarbeitung und Hitzebeständigkeit der Metalle von Wichtigkeit. Wie aus **Bild 246** ersichtlich,

Kristallgitter der Metalle

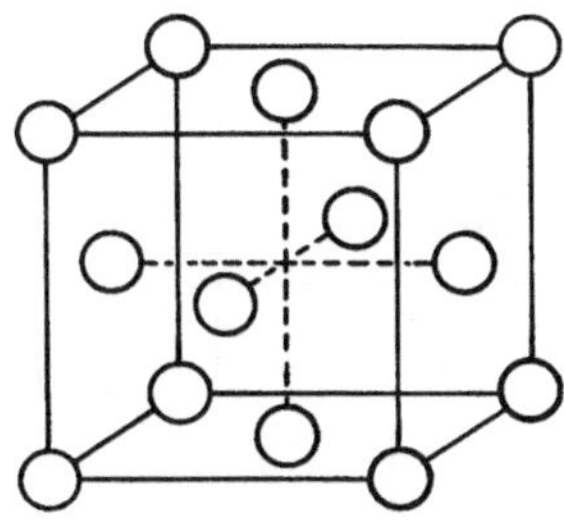

Kubisch flächenzentriert

Atome an den Eckpunkten und in den Flächenmitten.
Koordinationszahl = (12)
Goldstruktur bei Gold, Silber, Kupfer, Nickel, γ-Eisen, Aluminium

leicht verformbar

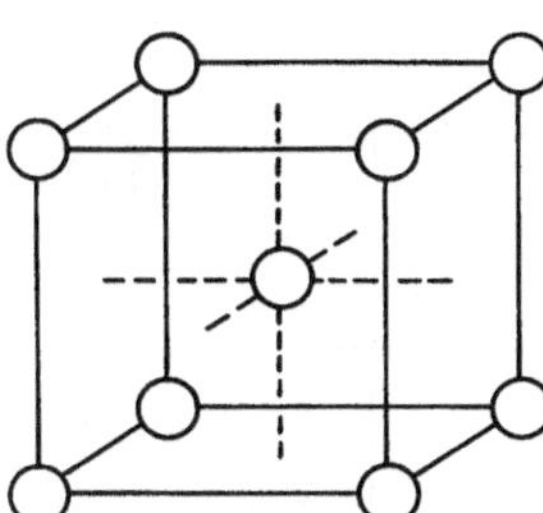

Kubisch raumzentriert

Atome an den Eckpunkten und in der Würfelmitte.
Koordinationszahl = (8)
Wolframstruktur bei Wolfram, Vanadium, Chrom, α-Eisen (Ferrit)

schwer verformbar

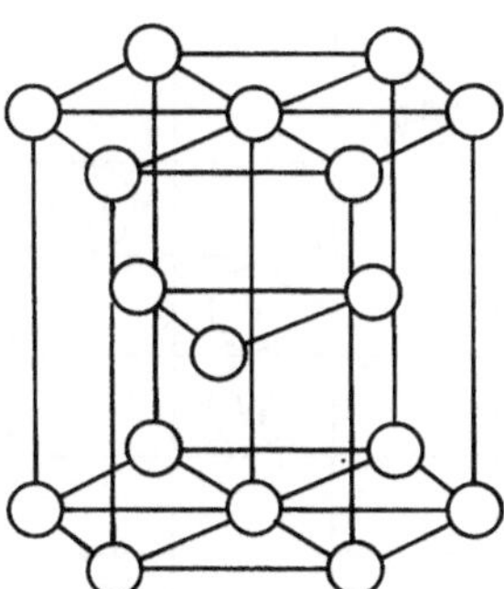

Hexagonale Kugelpackung

Hexagonal dichteste Kugelpackung.
Koordinationszahl (12)
Magnesiumstruktur bei Magnesium, Beryllium, Zink

ziemlich spröde

243

Gitterstrukturen von Metallen

Metall:	Gitterstruktur		
	kub. fläch. zentr.	kub. raum- zentr.	hexa- gonal
Aluminium	(Al)		
Blei	(Pb)		
Chrom		(Cr)	
Eisen	(Fe)$_\gamma$	(Fe)$_\alpha$	
Gold	(Au)		
Kobalt			(Co)
Kupfer	(Cu)		
Magnesium			(Mg)
Molybdän		(Mo)	
Nickel	(Ni)		
Silber	(Ag)		
Titan			(Ti)
Vanadium		(V)	
Wolfram		(W)	
Zinn tetrag. r. z.			
Zink			(Zn)

244

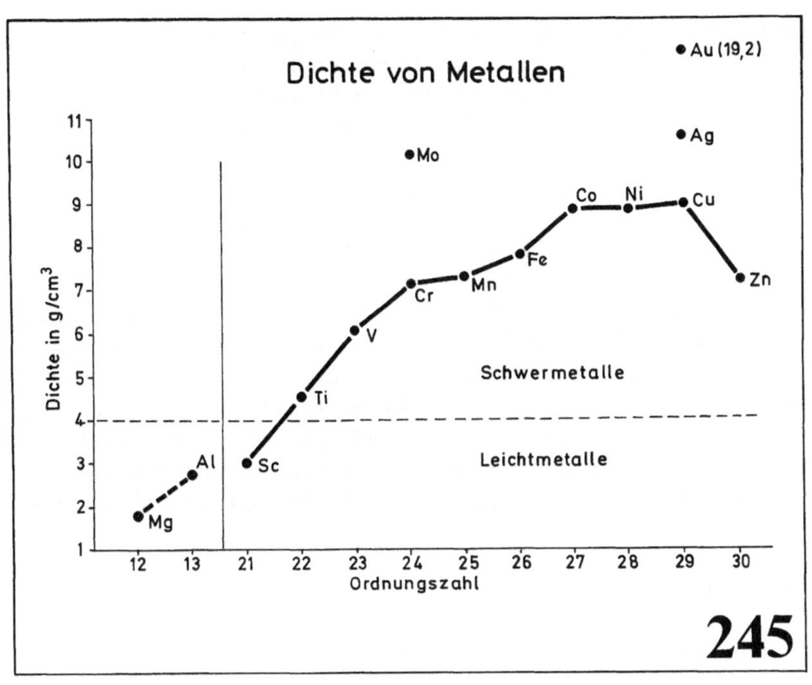

Dichte von Metallen
Au (19,2)
Ag
Mo
11
10
9
8
7
6
5
4
3
2
1
Dichte in g/cm³
Co
Ni
Cu
Fe
Cr
Mn
V
Ti
Sc
Al
Mg
Zn
Schwermetalle
Leichtmetalle
12 13 21 22 23 24 25 26 27 28 29 30
Ordnungszahl
245

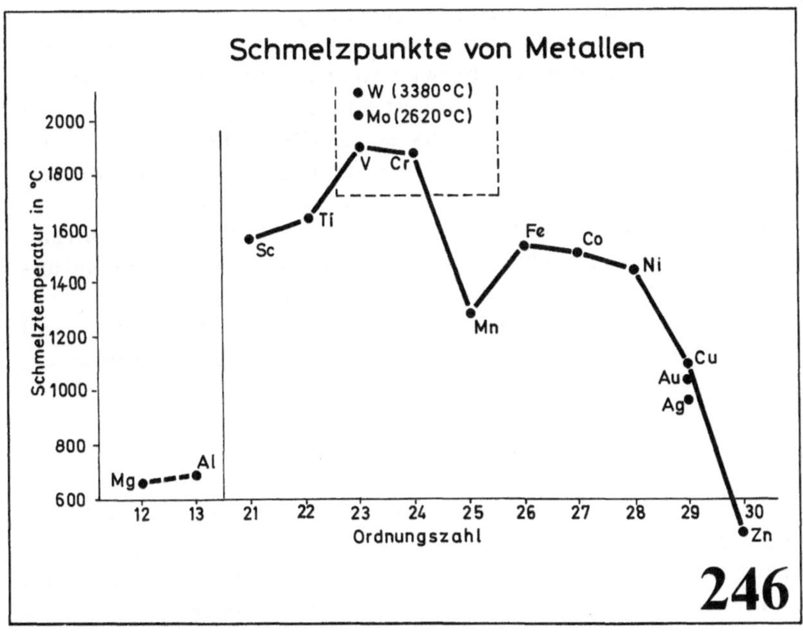

Schmelzpunkte von Metallen
W (3380°C)
Mo (2620°C)
2000
1800
1600
1400
1200
1000
800
600
Schmelztemperatur in °C
V
Cr
Ti
Sc
Fe
Co
Ni
Mn
Cu
Au
Ag
Mg
Al
Zn
12 13 21 22 23 24 25 26 27 28 29 30
Ordnungszahl
246

liegen die Schmelztemperaturen der Übergangsmetalle zwischen
400 und 1900°C, also in einem sehr weiten Temperaturbereich. Im
einzelnen steigt die Schmelztemperatur bis zum Chrom sehr stark
an, fällt aber dann bei den folgenden Metallen sehr schnell ab. Bis
zum Chrom besteht ein Zusammenhang mit der Dichte, indem mit
Zunahme der letzteren auch die Schmelztemperatur ansteigt. Bei
den folgenden 6 Metallen (Mangan bis Zink) fällt trotz zunehmender Dichte die Schmelztemperatur jedoch auf fast $1/5$ ab.

Zur Erklärung dieser auch bei anderen Eigenschaften wie z.B.
Härte und Zugfestigkeit auftretenden Abweichungen kann Pauling
zitiert werden: „Der auffallend niedrige Wert für Mangan geht auf
dessen ungewöhnliche Kristallstruktur zurück, – mit dem Anstieg
der metallischen Wertigkeit von 1 für Kalium bis auf 6 für Chrom,
dem gleichbleibenden Wert 6 für die Elemente bis zum Nickel und
dem Rückgang (bis auf 4 für Zink) läßt sich die Veränderung der
Eigenschaften von einem Metall dieser Reihe zum anderen in groben Zügen erklären" [261].

8.1.5 Härte

Wie aus **Bild 247** ersichtlich, ist die Tendenz etwa die gleiche, wie
bei der Schmelztemperatur. Dies ist auch zu erwarten, denn die
Härte ist ein Ausdruck der Bindungsfestigkeit und je höher diese ist,
desto höhere Temperaturen sind notwendig, um sie durch Wärmebewegung der Atome zu überwinden. Bis zum Chrom steigt die
Härte schnell auf einen Höchstwert an (Erklärung s. Pauling) und
nimmt dann wieder bis zum Zink ab. Im **Bild 249** sind Härte und
Schmelztemperatur gegeneinander aufgetragen. Man erkennt daraus einen, wenn auch stark streuenden Zusammenhang.

Die härtesten Metalle sind Titan, Chrom, Molybdän, Wolfram,
Mangan. Diese Eigenschaften wirken sich auch positiv in Legierungen aus, weshalb sie dort eine große Rolle spielen.

Bild 251 zeigt den Zusammenhang zwischen Mohs-Härte und
Vickers-Härte. Es ist daraus ersichtlich, daß im Bereich größerer
Härte die Vickers-Härte differenziertere Werte liefert.

8.1.6 Zugfestigkeit

Bei der Zugfestigkeit ist der Zusammenhang mit dem Periodensystem ziemlich undeutlich (s. **Bild 248**). Übereinstimmend mit der
Vickers-Härte geht die Kennlinie beim Scandium und Aluminium
von niederen Werten aus, hat vom Titan bis zum Nickel ein ziemlich

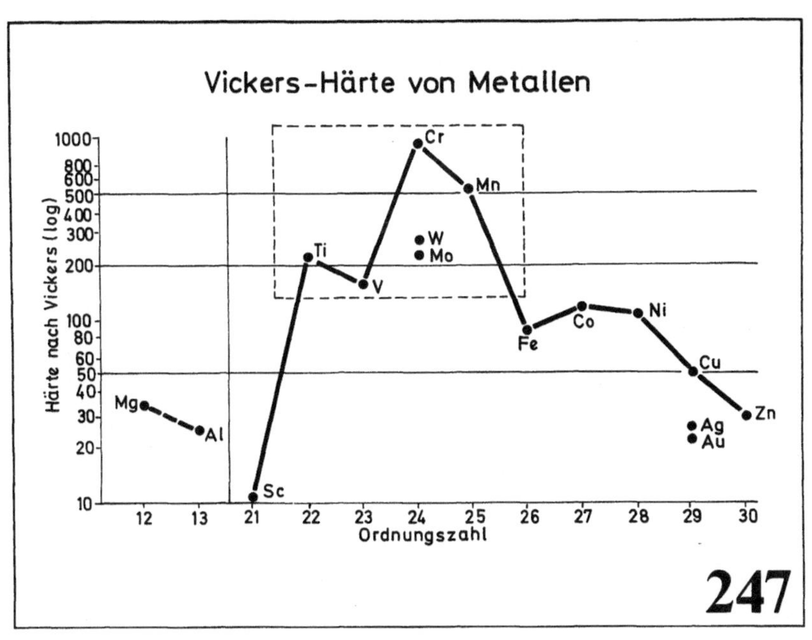

Vickers-Härte von Metallen
Härte nach Vickers (log)
1000
800
600
500
400
300
200
100
80
60
50
40
30
20
10
Mg
Al
Sc
Ti
V
Cr
Mn
W
Mo
Fe
Co
Ni
Cu
Zn
Ag
Au
12
13
21
22
23
24
25
26
27
28
29
30
Ordnungszahl
247

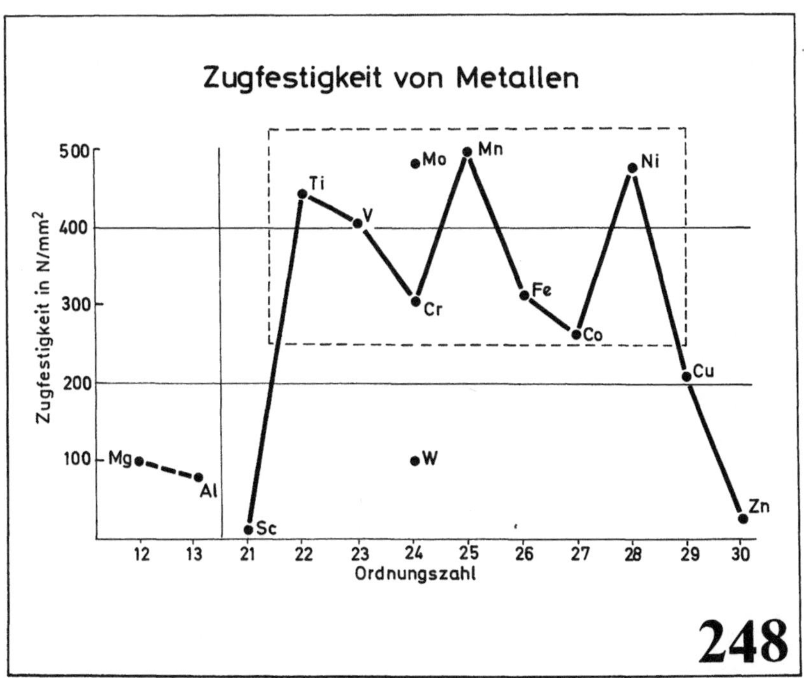

Zugfestigkeit von Metallen
Zugfestigkeit in N/mm²
500
400
300
200
100
Mg
Al
Sc
Ti
V
Mo
Mn
Cr
Fe
Co
Ni
Cu
W
Zn
12
13
21
22
23
24
25
26
27
28
29
30
Ordnungszahl
248

Vickers-Härte und Schmelztemperatur
Schmelztemperatur in °C
2000
1800
1600
1400
1200
1000
800
600
400
200
Cr
Ti
Fe
Co
Ni
Mn
Cu
Al
Zn
15 20 30 40 50 70 100 200 300 500 700 10³
Vickershärte (log)

249

Vickers-Härte und Zugfestigkeit
Zugfestigkeit in N/mm²
500
400
300
200
100
Ni
Mn
Ti
Fe
Cr
Co
Cu
Be
Ag
Pt
Au
Al
Mg
Zn
15 20 30 50 70 100 200 300 500 700 10³
Härte nach Vickers (log)

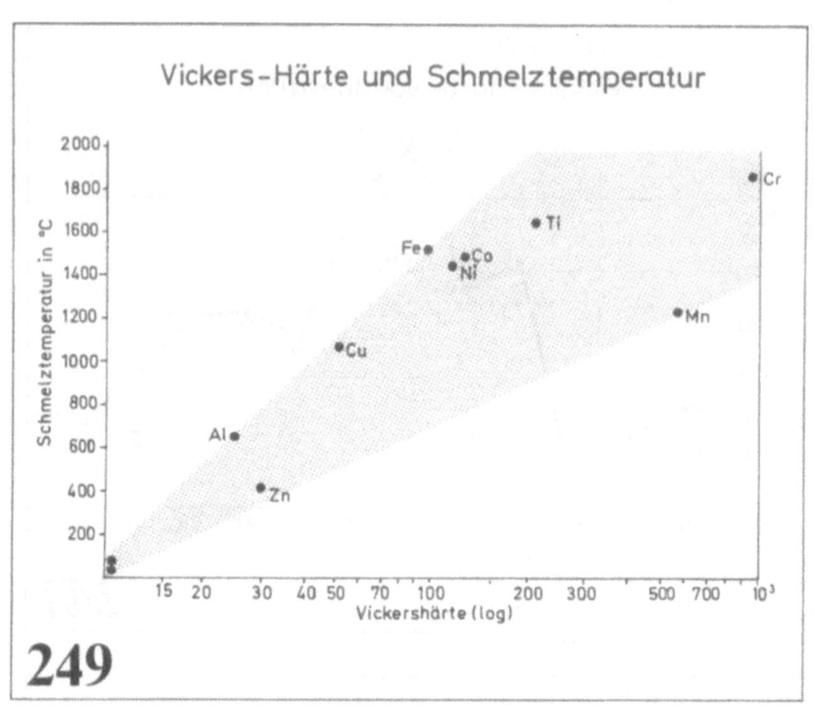

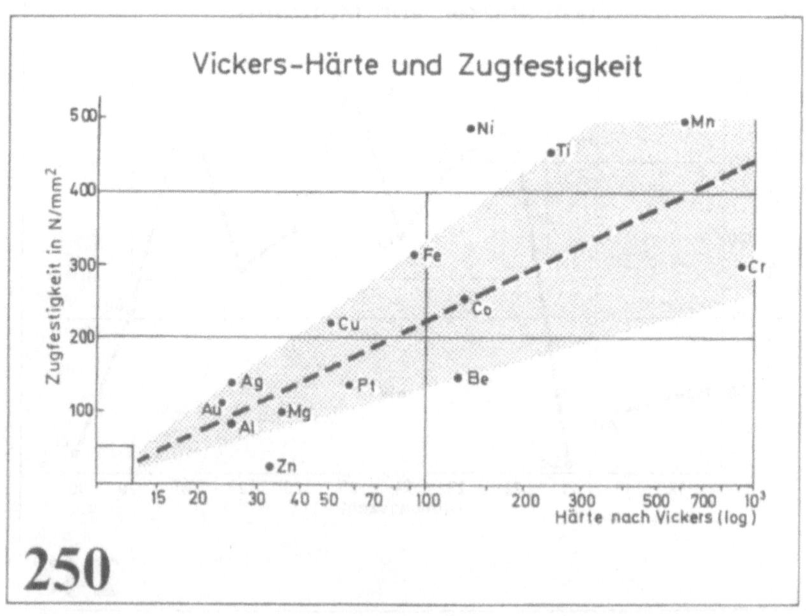

250

Mohs-Härte

Vickers-Härte

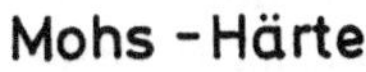

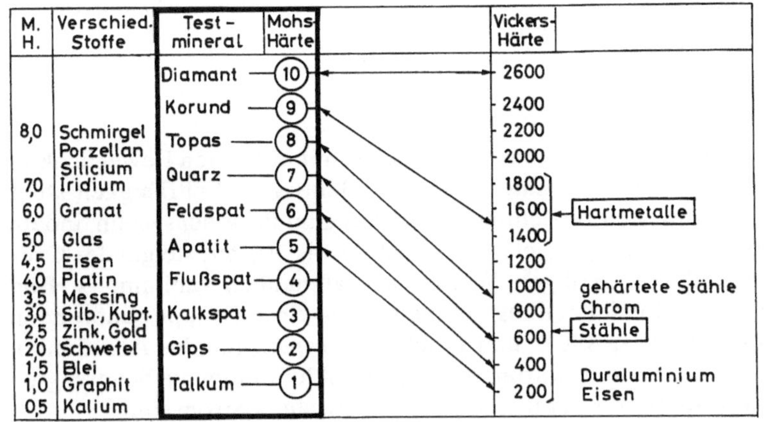

Relation Mohs-Härte zu Vickers-Härte

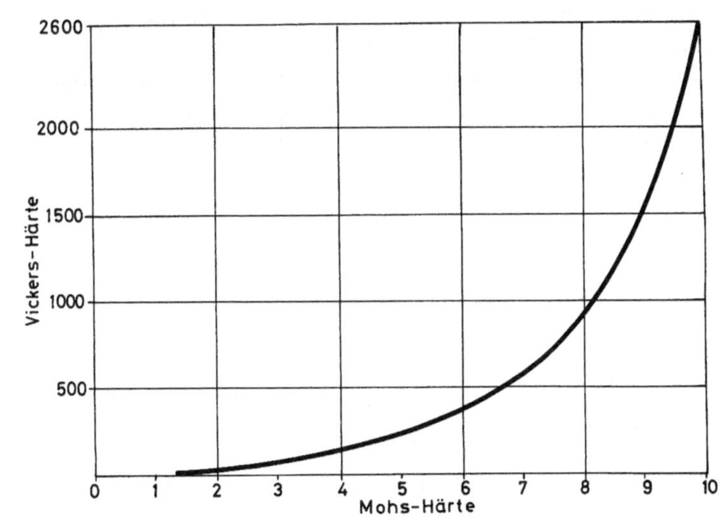

251

hohes Niveau von 300 bis 500 N/mm² und erreicht beim Zink wieder einen niedrigen Wert. Zwischen Vickers-Härte und Zugfestigkeit besteht jedoch ein Zusammenhang, indem mit der Vickers-Härte in der Regel auch die Zugfestigkeit wächst (s. **Bild 250**). Außer der Reihe steht das Zink, was mit seiner Kristallstruktur (hexagonal) zusammenhängt.

8.1.7 Elektrische Leitfähigkeit

Auch die für Metalle charakteristische, mit der freien Beweglichkeit der Elektronen zusammenhängende elektrische Leitfähigkeit steht in einer gewissen Beziehung zur Stellung im Periodensystem, indem sie bei den Übergangsmetallen (OZ 21 bis 30) mit steigender Ordnungszahl von geringen Werten aus allmählich zunimmt (s. **Bild 252**). Eine Sonderstellung nehmen die zu einer Gruppe gehörenden Metalle Kupfer, Silber und Gold ein, desgleichen das Aluminium. Dies ist der Grund, warum Kupfer und Aluminium die bevorzugten Werkstoffe für den Transport von elektrischem Strom sind.

8.1.8 Wärmeleitfähigkeit

Die Wärmeleitfähigkeit der hier besprochenen Metalle ist aus **Bild 253** ersichtlich. Nach dem Wiedemann-Franzschen Gesetz ist das Verhältnis der Wärmeleitzahl zum elektrischen Leitvermögen für alle Metalle (bei Raumtemperatur) etwa gleich, was durch die Gegenüberstellung (s. Bild 253) bestätigt wird.

Literaturquellen betr. Metalleigenschaften s. [262–264].

8.2 Nichteisen-(NE-)Metalle

8.2.1 Herstellung der NE-Metalle

8.2.1.1 Grundlegendes zur Metallherstellung

Zum Verständnis der verschiedenen Metallgewinnungsverfahren ist es zweckmäßig, von der Sauerstoffaffinität der Metalle auszugehen. Diese ist praktisch die Energie, mit der ein Element den Verbindungspartner Sauerstoff festhält; je größer, desto mehr Energieaufwand ist notwendig, den Sauerstoff abzutrennen, um zum Metall zu gelangen (s. **Bild 254**).

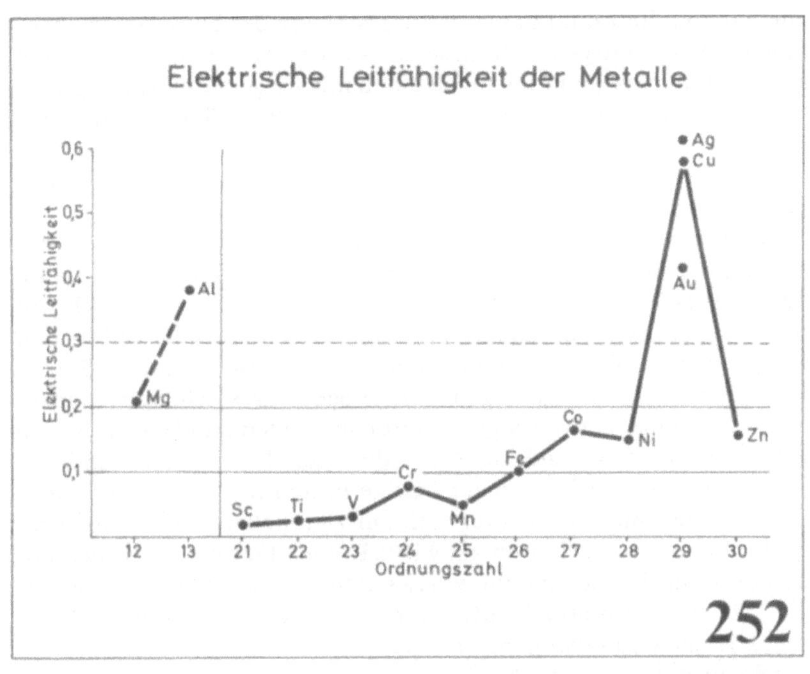

Elektrische Leitfähigkeit der Metalle
Elektrische Leitfähigkeit
0,6
0,5
0,4
0,3
0,2
0,1
Ag
Cu
Au
Al
Mg
Sc
Ti
V
Cr
Mn
Fe
Co
Ni
Zn
12
13
21
22
23
24
25
26
27
28
29
30
Ordnungszahl
252

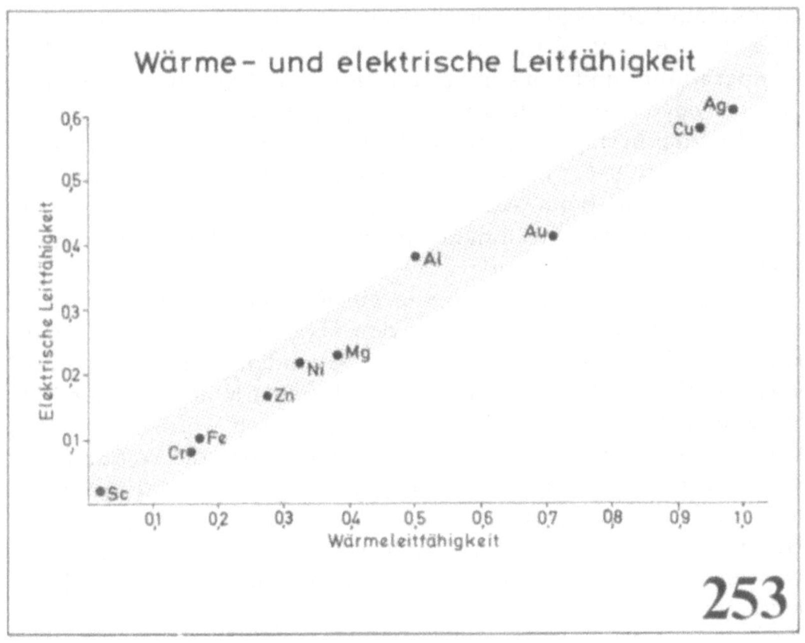

Wärme- und elektrische Leitfähigkeit
Elektrische Leitfähigkeit
0,6
0,5
0,4
0,3
0,2
0,1
Ag
Cu
Au
Al
Mg
Ni
Zn
Fe
Cr
Sc
0,1
0,2
0,3
0,4
0,5
0,6
0,7
0,8
0,9
1,0
Wärmeleitfähigkeit
253

Die Sauerstoffaffinität hängt mit der Stellung des betreffenden Metalls im Periodensystem zusammen; sie ist bei den Alkalimetallen am größten und nimmt im allgemeinen mit steigender Ordnungszahl ab bis auf Null und unter Null bei den Edelmetallen (s. Bild 254) [265]. Das Zink nimmt mit einer hohen Sauerstoffaffinität eine Sonderstellung ein, wie auch mit anderen Eigenschaften, was bereits behandelt wurde.

Metalle mit hoher Sauerstoffaffinität kommen demnach in der Natur praktisch nicht elementar vor, sondern haben sich im Laufe der Erdgeschichte mit dem Sauerstoff zu Oxiden, z.T. auch mit Schwefel zu Sulfiden umgesetzt. Nur die Edelmetalle Silber und Gold liegen infolge ihrer minimalen (Silber) bzw. negativen Sauerstoffaffinität (Gold) gediegen vor. Wegen ihres schönen Glanzes und da sie ohne Verhüttungsverfahren in Sanden und Gesteinsadern gefunden wurden, sind sie seit Jahrtausenden bekannt und geschätzt. Da sie nur in geringer Menge in und mit Gestein vorkommen, wendet man in neuerer Zeit zur rationellen Gewinnung spezielle chemische Verfahren an, wie z.B. die „Flotation" (Schwimmaufbereitung in fließendem Wasser unter Anwendung chemischer Zusätze, sog. Flotationsmittel) und chemische Extraktionsverfahren, z.B. die Cyanidlaugung beim Gold.

Die in der Bautechnik wichtigen Metalle Kupfer, Eisen, Zink, Aluminium haben eine in dieser Reihenfolge steigende Sauerstoffaffinität (s. Bild 254). Je größer dieselbe, desto höhere Energie, d.h. Temperaturen sind notwendig, um mit Reduktionsmitteln den in den vorwiegend oxidischen Erzen gebundenen Sauerstoff von dem betreffenden Metall zu trennen. Beim Kupfer liegt diese Temperatur bei ca. 500 °C, beim Eisen bei ca. 800 °C, beim Zink bei ca. 1100 °C und beim Aluminium erst bei Lichtbogentemperatur (> 3000 °C). Damit zusammenhängend sind die Metallgewinnungsverfahren sehr verschieden.

Die Metallgewinnung ist immer ein Reduktionsprozeß, vorwiegend durch Sauerstoffentzug aus den Oxiden. Da bei zahlreichen Erzen das Metall nicht an Sauerstoff gebunden, sondern als Sulfid vorliegt (Eisensulfid, Kupfersulfid, Zinksulfid) muß in solchen Fällen zuerst das Sulfid in ein Oxid umgewandelt werden. Dies geschieht durch den sog. *Röstprozeß*. Dabei werden die Sulfide unter Luftzufuhr erhitzt, wobei nach Entzündung der Schwefel zu Schwefeldioxid verbrennt und Sauerstoff aus der Luft an seine Stelle tritt. Bei der Reduktion der Metalloxide wird der Sauerstoff des Oxids vorwiegend durch Kohlenstoff zu Kohlenmonoxid (CO) und Kohlendioxid gebunden.

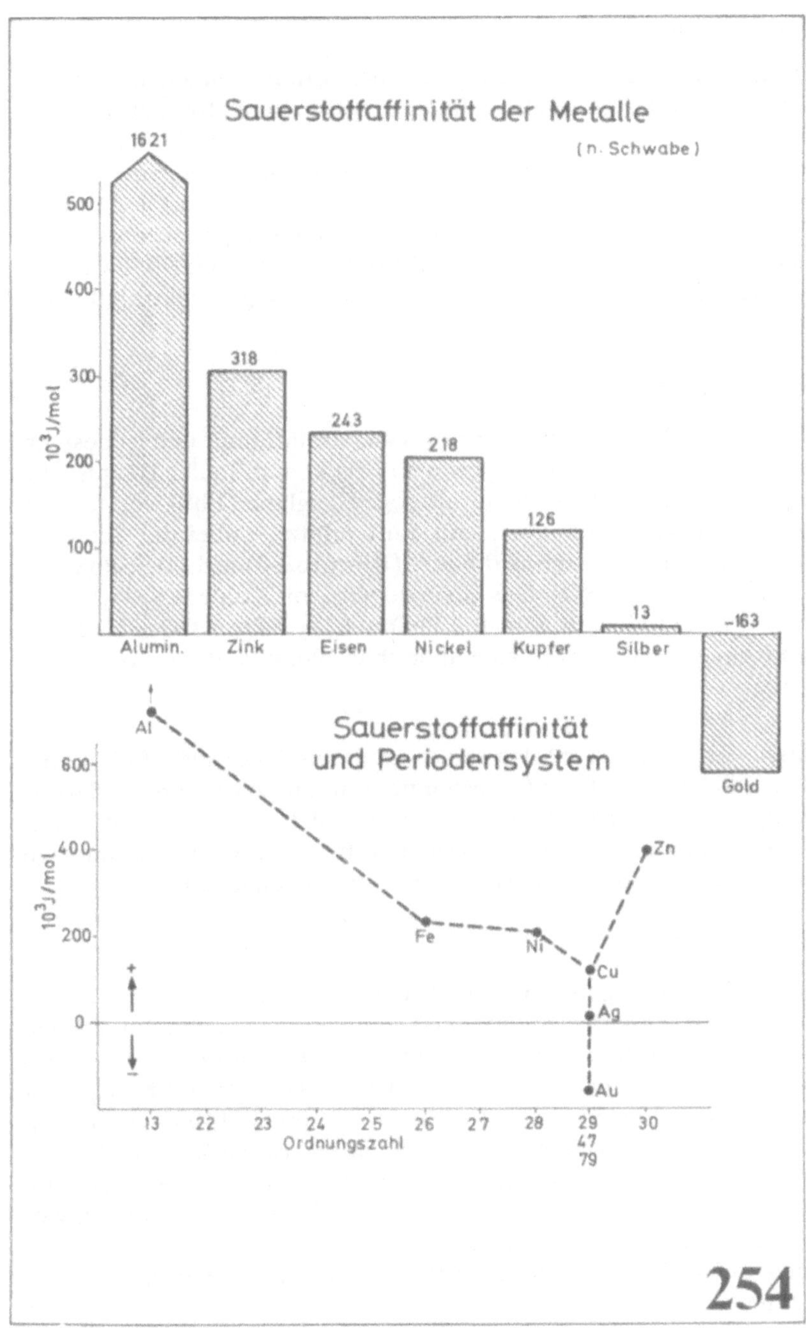

Sauerstoffaffinität der Metalle
(n. Schwabe)
10³ J/mol
500
400
300
200
100
1621
318
243
218
126
13
-163
Alumin.
Zink
Eisen
Nickel
Kupfer
Silber
Gold
Sauerstoffaffinität
und Periodensystem
10³ J/mol
600
400
200
0
+
-
Al
Fe
Ni
Cu
Ag
Au
Zn
13
22
23
24
25
26
27
28
29
47
79
30
Ordnungszahl

8.2.1.2 Kupfer

Dieses hat wegen seiner geringen Sauerstoffaffinität edelmetallähnliche Eigenschaften (Halbedelmetall), weshalb die Reduktion ziemlich einfach ist. Nach Rösten der meist sulfidischen Kupfererze gemäß $2\,CuS + 3\,O_2 \rightarrow 2\,CuO + 2\,SO_2$ wird das hierbei entstehende Kupferoxid mit Kohle zu Schwarzkupfer reduziert n. d. Gl. $2\,CuO + C \rightarrow 2\,Cu + CO_2$. Daraus wird durch einen Reinigungsprozeß (Umschmelzen mit Schlackenbildnern) Garkupfer (90 bis 99 % Cu) gewonnen und dieses durch Elektrolyse in sog. Elektrolytkupfer (99,9 % Cu) überführt.

8.2.1.3 Blei

Dieses hat ebenfalls eine geringe Sauerstoffaffinität und ist deshalb leicht aus seinen Erzen zu gewinnen. Es kommt in der Hauptsache in Verbindung mit Schwefel als sog. Bleiglanz (PbS) vor. Dieser wird in zerkleinerter Form mit Luft erhitzt, wobei der Schwefel verbrennt und sich Bleioxid bildet (Röstprozeß) n. d. Gl. $2\,PbS + 3\,O_2 \rightarrow 2\,Pb\,O + 2\,SO_2$. Das Bleioxid wird mit Kohle in Schachtöfen zu Werkblei reduziert gemäß $2\,PbO + C \rightarrow 2\,Pb + CO_2$, das durch ein Reinigungsverfahren zu Handelsblei (99,98 % Pb) aufgearbeitet wird.

Eisen. Es erfordert infolge seiner größeren Sauerstoffaffinität eine wesentlich höhere Reduktionstemperatur. Diese wird im sog. Hochofenprozeß erreicht, wobei das Eisenoxid bei 800 bis 900 °C mit Kohlenmonxidgas (CO) reduziert und bei ca. 1200 °C geschmolzen wird. Das Verfahren wird später ausführlich behandelt.

8.2.1.4 Zink

Seine Gewinnung ist ein ziemlich komplizierter Prozeß. Da die wichtigsten Zinkerze Sulfide sind, müssen diese zuerst durch den Röstprozeß in Zinkoxid umgewandelt werden n. d. Gl. $2\,ZnS + 3\,O_2 \rightarrow 2\,Zn\,O + 2\,SO_2$. Das Zinkoxid wird zusammen mit Kokspulver in Öfen verschiedener Konstruktion bei 1200 bis 1400 °C reduziert. Da das Zinkmetall bereits bei 906 °C siedet, ist das Zink im Augenblick der Entstehung dampfförmig, weshalb sich an die Reduktion des Zinkoxids eine Kondensation des Zinkdampfes anschließt, wobei feinpulvriger grauer Zinkstaub anfällt. Dieser wird durch Erwärmen auf 420 °C, den Schmelzpunkt des Zinks, in massives Zink umgewandelt.

8.2.1.5 Aluminium

Dieses läßt sich wegen seiner hohen Sauerstoffaffinität nur bei sehr hoher Temperatur, wie sie im elektrischen Lichtbogen herrscht, gewinnen [266]. Dies geschieht durch die sog. Schmelzelektrolyse. Wichtigstes Ausgangsmaterial ist der (auch zur Herstellung von Tonerdezement dienende) Bauxit. Dieser ist ein wasserhaltiges Aluminiumoxid mit Anteilen von Eisenoxid und Kieselsäure. Das für die Aluminiumherstellung notwendige reine Aluminiumoxid wird aus dem Bauxit durch Extraktion mit Natronlauge gewonnen. Aus der dabei entstehenden Natriumaluminatlösung werden die unlöslichen Eisen- und Kieselsäureverbindungen abgetrennt. Nach Abkühlung und Verdünnung mit Wasser fällt reines, kristallines Aluminiumhydroxid aus. Dieses wird bei 1200 bis 1300 °C völlig entwässert und mit der zehnfachen Menge Kryolith (Na_3AlF_6) ein natürliches, heute vorwiegend synthetisch hergestelltes Mineral versetzt, das als rückgewinnbares Lösungsmittel wirkt und den Schmelzpunkt des Aluminiumoxids von 2050 °C auf unter 1000 °C herabsetzt.

Die Schmelzelektrolyse ist eine bei geschmolzenem Zustand der zu trennenden Substanz durchgeführte Elektrolyse (s. Bild 18). Bei dieser werden ionisierbare Stoffe in der Weise zerlegt, daß durch Anlegung eines Gleichstroms die positiv geladenen Ionen zum negativen Pol (Kathode) und die negativ geladenen Ionen zum positiven Pol (Anode) wandern. Bei der Aluminiumgewinnung geschieht dies in Elektrolyseöfen. Diese bestehen aus Wannen, deren Boden mit Kohle ausgekleidet und mit dem Minuspol verbunden ist. In diese Wannen sind mit dem Pluspol verbundene Kohleelektroden eingehängt.

Durch Anlegung eines Gleichstroms von z. B. 30 000 A und 5 bis 7 V wird die Schmelze von Aluminiumoxid in der Weise zerlegt, daß die Aluminiumionen zum Minuspol am Boden der Wanne wandern und sich dort als schmelzflüssiges Aluminium abscheiden. Die Sauerstoffionen wandern zum Pluspol, wo der nach Entladung freiwerdende Sauerstoff sich mit dem Kohlenstoff der Elektroden zu Kohlenoxidgas umsetzt, das abgezogen wird. Reaktionsgleichung: $Al_2O_3 + 3\ C \rightarrow 2\ Al + 3\ CO$. Zur Gewinnung von 1 t Aluminium werden etwa 4 bis 5 t Bauxit und ca. 550 kg Elektrodenkohle sowie 22 000 kWh Strom benötigt.

8.2.1.6 Magnesium

Auch das Magnesium wird durch Schmelzelektrolyse gewonnen. Man geht dabei jedoch nicht vom Magnesiumoxid, sondern vom

Magnesiumchlorid ($MgCl_2$) aus. Reaktionsgleichung: $Mg\,Cl_2 \rightarrow Mg$ $+\,Cl_2$. Das Magnesium sammelt sich an der eisernen Kathode, das Chlor an der Anode aus Graphit. Neben dieser elektrolytischen Magnesiumgewinnung gibt es auch Hitzereduktionsverfahren, die zunehmend an Bedeutung gewinnen.

8.2.1.7 Elektrochemische Metallabscheidung

Grundsätzlich lassen sich alle Metalle durch Elektrolyse gewinnen. Metalle, die nicht mit Wasser reagieren, wie z.B. Kupfer, Silber, Gold, auch Eisen und Zink, lassen sich durch Elektrolyse ihrer Salze aus wäßriger Lösung gewinnen; mit Wasser reagierende Metalle Lithium, Natrium, Kalium, Magnesium und Aluminium durch die besprochene Schmelzelektrolyse (s. Bild 18). Wegen hoher Kosten wird die Elektrolyse jedoch vorwiegend nur dort angewandt, wo man mit den billigeren Hitzereduktionsverfahren nicht zum Ziele kommt.

Große technische Bedeutung haben elektrolytische Verfahren zur Herstellung von Metallen hoher Reinheit (elektrolytische Raffination) und zur Herstellung von Metallüberzügen auf metallische Werkstoffe (Galvanotechnik).

8.2.1.8 Elektrolytische Raffination

Die bei den üblichen Verfahren anfallenden Metalle haben häufig keinen hohen Reinheitsgrad, sondern enthalten noch Begleitelemente wie z.B. Silber, Blei, Arsen, Antimon usw. Diese können für das Werkstoffverhalten störend sein, so z.B. beim Kupfer, dessen elektrische Leitfähigkeit durch Fremdelemente stark verringert wird.

Durch die elektrolytische Raffination (s. **Bild 255**) können solche Fremdelemente abgetrennt und Metalle hohen Reinheitsgrades hergestellt werden. Das Verfahren baut darauf auf, daß die Metalle einen unterschiedlichen, elektrochemisch bedingten Lösungsdruck, d.h. unterschiedliche Löslichkeit in Säuren haben (s. Spannungsreihe). Je edler ein Metall, desto schwerer löslich ist es. Wenn man z.B. silberhaltiges Rohkupfer als Anode in mit Schwefelsäure angesäuerte Kupfersulfatlösung einhängt und elektrolysiert, d.h. Stromspannung anlegt, dann geht das Kupfer als positives Cu^{++}-Ion in Lösung und scheidet sich an der Kathode (Cu) ab, während das schwerlösliche Silber (und andere edlere Metalle) sich unter der sich auflösenden Rohkupferanode als sog. „Anodenschlamm" ansammeln (der seinerseits ein wertvoller Rohstoff für die Gewinnung anderer Metalle ist). Unedlere und deshalb leichter lösliche Metalle

① Elektrolytische Metall-Raffination

Reinmetall		Rohmetall in
Blei	Pb	Silic.-Fluoridlsg.
Gold	Au	Chloridlösung
Kupfer	Cu	Sulfatlösung
Nickel	Ni	Sult.-Chloridlsg.
Silber	Ag	Nitratlösung
Zink	Zn	Sulf.-Chloridlsg.

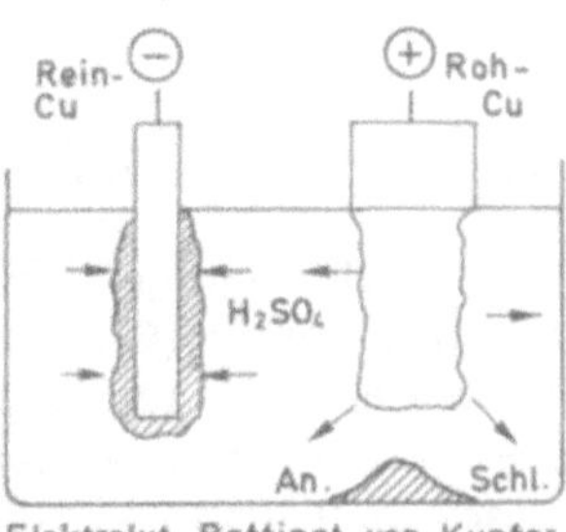

Elektrolyt. Raffinat. von Kupfer

② Metallische Überzüge = Galvanotechnik

Metall-Überzug		Badflüssigkeit
Chrom	Cr	Chroms.+ Schw.S
Gold	Au	Salzgemische
Kupfer	Cu	$CuSO_4 + H_2SO_4$
Nickel	Ni	Nickelsulfat
Silber	Ag	Kal.-Silb.-Cyan.
Zink	Zn	Zn-Sulf.-Chlor

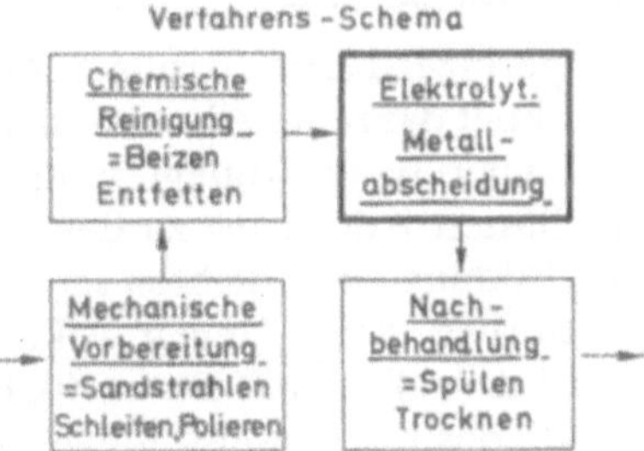

③ Anodische Oxidation = Eloxalverfahren

Eloxal	Elektrolyt.	Strom W	G
E – GS	Schwefelsäure		X
E – GS	Oxalsäure		X
E – WX	Oxalsäure	X	
E – XS	Oxalsäure Schwefelsäure	X	X
E – WSX	Oxalsäure	X	X
E – Fa	Chromsäure		X

Elektrolyt. Oxidat. v. Alumin.

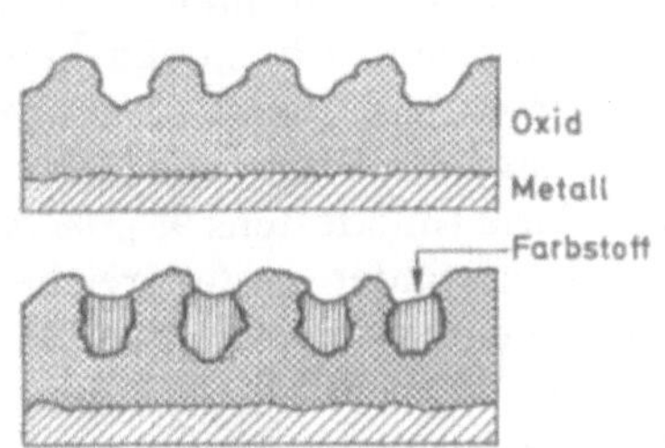

255

wie z.B. Zink, Nickel, Eisen gehen mit dem Kupfer in Lösung, werden jedoch bei richtiger Arbeitsweise nicht an der Kathode abgeschieden, so daß auf diese Weise Kupfer hoher Reinheit (99,9%) sog. „Elektrolyt-Kupfer" gewonnen wird. Nach demselben Verfahren kann auch Elektrolyt-Silber, -Blei, -Nickel, -Zink und -Gold gewonnen werden.

8.2.2 Eigenschaften und Anwendung der NE-Metalle

Die bautechnisch wichtigen NE-Metalle sind Aluminium (Al), Magnesium (Mg), Kupfer (Cu), Blei (Pb) und Zink (Zn). Sie werden eingeteilt in Leichtmetalle (Dichte < 4) Aluminium, Magnesium; Schwermetalle (Dichte > 4), Kupfer, Blei, Zink. Nachdem im Vorausgehenden die Herstellung dieser Metalle im Zusammenhang behandelt wurde, wird im Folgenden auf ihre Eigenschaften und Verwendungsbebiete eingegangen [267–269] (s. **Bild 256**).

8.2.2.1 Aluminium

Wegen geringer Härte, geringer Zugfestigkeit und geringer Streckgrenze findet das reine Aluminium kaum Anwendung im Bauwesen. Durch Legierung (s. Alulegierungen) und Aushärtung können diese Eigenschaften jedoch bis zu denen des Stahls gesteigert werden. – Infolge Bildung einer dichten schützenden Oxidhaut ist Aluminium gut wetterbeständig. Gegen Alkalien ist Aluminium unbeständig und wird deshalb durch Beton (pH ca. 12,5) angegriffen. Zur Verbesserung des Korrosionsschutzes und zur Färbung des grauen Metalls dient das Eloxalverfahren (elektrolytische Oxidation von Aluminium (s. Bild 255). Gegen chemische Angriffe sind Schutzüberzüge notwendig. Wegen seiner guten Verformbarkeit (kubisch flächenzentriert) kann man z.B. Alublech bei Normaltemperatur druckverformen, d.h. „tiefziehen". Aluminium leitet den elektrischen Strom (und damit zusammenhängend auch die Wärme) etwa 3mal besser als Eisen und 2/3 so gut wie Kupfer, jedoch nur in reiner Form (mindestens 99,5% Al).
Aluminium findet umfangreiche Verwendung für Bedachungen, Verkleidungen, als Stromleiter, Blitzableiter, Plattierwerkstoff usw., insgesamt für nichttragende Bauteile (für letztere werden Alulegierungen verwendet, s. dort).

8.2.2.2 Magnesium

Magnesium ist das leichteste Gebrauchsmetall. Infolge seiner hexagonalen Kristallstruktur ist es sehr spröde. Wegen dieser Sprödig-

Eigenschaften wichtiger NE-Metalle

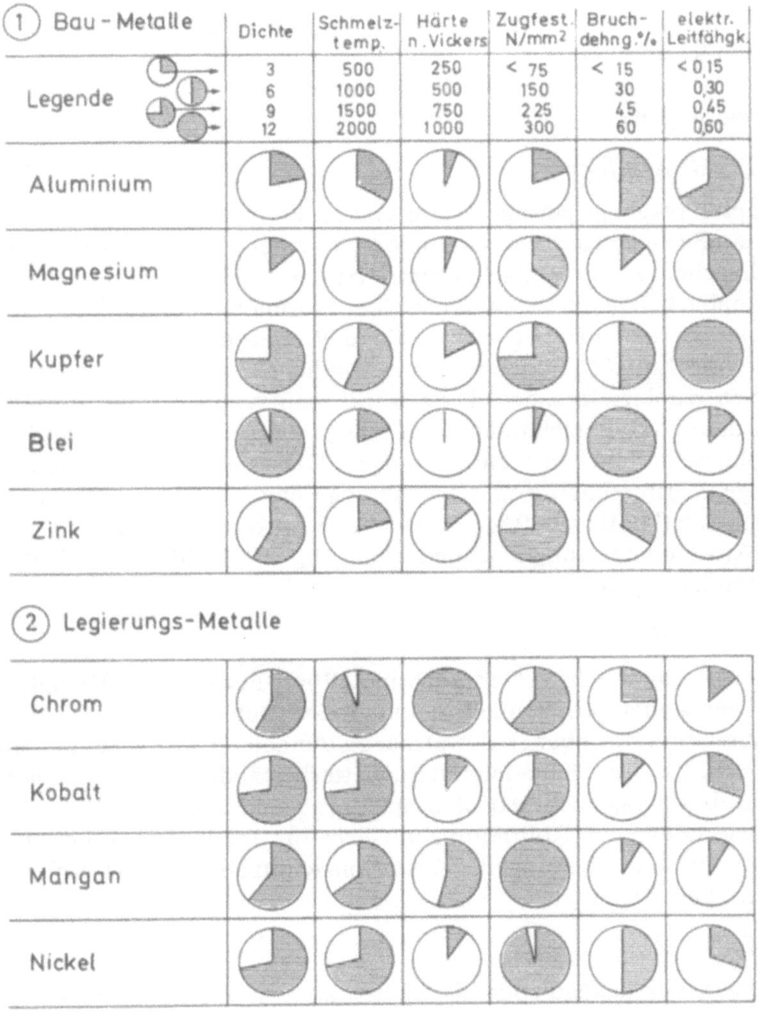

① Bau-Metalle

① Bau-Metalle	Dichte	Schmelz-temp.	Härte n.Vickers	Zugfest. N/mm^2	Bruch-dehng.%	elektr. Leitfähgk.
Legende	3 6 9 12	500 1000 1500 2000	250 500 750 1000	< 75 150 2 25 300	< 15 30 45 60	< 0,15 0,30 0,45 0,60
Aluminium						
Magnesium						
Kupfer						
Blei						
Zink						

② Legierungs-Metalle

② Legierungs-Metalle						
Chrom						
Kobalt						
Mangan						
Nickel						

256

keit sowie seiner geringen Härte, geringen Zugfestigkeit und geringen Dehnbarkeit findet Magnesium als solches kaum Anwendung im Bauwesen. Die elektrische Leitfähigkeit und Wärmeleitfähigkeit entspricht etwa der Hälfte der des Aluminiums und $^1/_3$ der des Kupfers. – Empfindlich gegen Säuren und Salze, daher ist Schutz notwendig. Magnesium ist wichtig als „Opferanode" beim kathodischen Rostschutz.

Verwendung hauptsächlich im Flugzeugbau, meist in Form seiner Legierungen.

8.2.2.3 Kupfer

Kupfer vereinigt geringe Härte und große Dehnbarkeit mit relativ guten Festigkeitseigenschaften. Wegen seiner guten Verformbarkeit (Ursache: kubisch flächenzentriertes Kristallgitter) und hoher Dehnbarkeit kann Kupfer auch bei Normaltemperatur druckverformt werden (Tiefziehen). – Hohe Wetterbeständigkeit (die bei feuchter Luft sich bildende dünne grünliche sog. „Patina", aus basischen Kupfersalzen bestehend, wirkt schützend). Kupfer ist säurebeständig (Halbedelmetall). – Kupfer hat (nach Silber) das höchste elektrische- und Wärmeleitvermögen. Dieses wird jedoch durch geringe Verunreinigungen stark herabgesetzt, weshalb dafür reines Elektrolytkupfer (99,9 % Cu) verwendet wird.

Anwendung für Dachbedeckungen, Verkleidungen, Rohre, Stromleitungen.

8.2.2.4 Blei

Blei ist das weichste Gebrauchsmetall mit nur geringer Festigkeit. Wegen seiner geringen Härte und großen Dehnbarkeit ist Blei sehr gut druckverformbar (kalt walzbar zu dünnen Folien). – Sehr korrosionsbeständig (Halbedelmetall), wetterbeständig, wasserbeständig, säurebeständig, nicht jedoch beständig gegen Laugen und Beton. Verwendung für Rohrleitungen (nicht für Trinkwasser), Folien in bituminösen Dichtungen, Korrosionsschutzüberzüge (Verbleiungen), Säurebehälter.

8.2.2.5 Zink

Wegen der hexagonalen Kristallstruktur ist Zink spröde. Infolge seiner Sprödigkeit und geringen Härte sowie mangelnder Dehnbarkeit findet Zink keine Anwendung als tragender Baustoff. – An der normalen Luft und im Wasser ist Zink korrosionsbeständig infolge Bildung einer dünnen, dichten Deckschicht aus basischem Zinkcarbonat. Wegen seines niedrigen Schmelzpunktes und der relativ guten Korrosionsbeständigkeit wird Zink in großem Umfang zur Verzinkung von Eisenwaren durch Eintauchen derselben in das schmelzflüssige Zink (Feuerverzinkung) verwendet. Gegen Säuren und Laugen (Beton) ist Zink nicht beständig.

Anwendung: Verzinktes Blech für Dacheindeckungen, Dachrinnen, Regenrohre, verzinkte Wasserleitungen usw.

8.2.2.6 Weitere NE-Metalle

Chrom besitzt hohe Härte und Zugfestigkeit. Wird vorwiegend als Legierungszusatz für Stahl verwendet (ab 12% Cr ist Stahl nichtrostend und säurebeständig). Chromüberzug (Verchromung) macht Metalle korrosionsbeständig.

Kobalt ist wichtiges Legierungsmetal für Hartstähle (Widiastahl)

Mangan. Höchste Zugfestigkeit und große Härte. Vorwiegend Legierungszusatz für Stahl. Aluminium und Magnesium werden durch Manganzusatz korrosionsbeständiger, Kupfer seewasserbeständig.

Nickel. Hohe Zugfestigkeit. Vorwiegend Legierungszusatz für Stahl zur Verbesserung der Festigkeit und der Korrosionsbeständigkeit (nichtrostende Stähle). Nickelüberzug (Vernicklung) macht Metalle korrosionsbeständiger.

8.3 Legierungen

8.3.1 Struktur

Legierungen sind durch Zusammenschmelzen von Metallen hergestellte Metallgemische. Sie sind technisch von größter Bedeutung, weil es durch Kombination mit anderen Metallen möglich ist, die Eigenschaften der Grundmetalle entscheidend zu verbessern. Dies ist die Folge der Ausbildung spezieller Kristallstrukturen (s. **Bild 257**) [270–272]. Über der Schmelztemperatur sind die meisten Metalle homogen miteinander mischbar (in der Schmelze inhomogene Metallgemische, z.B. Blei + Eisen ergeben unbrauchbare Legierungen).

8.3.1.1 Mischkristallsystem

Bei der Abkühlung der homogenen Schmelze bilden sich Kristallite, das sind kleine, völlig unregelmäßige Kristalle. Diese können beim Mischkristallsystem bestehen aus Mischkristallen der Legierungsmetalle, dadurch gekennzeichnet, daß in dem Kristallgitter Atome des einen Metalls durch Atome des anderen Metalls ersetzt sind, daher „Substitutionsmischkristall". Voraussetzung sind gleiche Gitterstruktur und annähernd gleicher Atomradius. Die Schmelztemperatur von Mischkristallen entspricht etwa dem arithmetischen Mittel der beiden Schmelzpunkte, wobei sich im Mischungsbereich der Schmelzpunkt zu einem Schmelzintervall (s. Bild 257/3) erweitert. Auch die Eigenschaften liegen meistens zwischen denen der Legierungsmetalle, sind also nicht verbessert, weshalb dieser Legierungstyp (bautechnisch) keine Rolle spielt.

8.3.1.2 Eutektisches System

Dabei findet während der Erstarrung der homogenen Schmelze eine Entmischung statt, so daß in erkaltetem Zustand Kristallite der Legierungsmetalle als Gefügebestandteile nebeneinander, ineinander verzahnt, vorliegen. Da der Schmelzpunkt einer sich aus der erstarrenden Schmelze ausscheidenden Komponente durch den Zusatz eines zweiten Stoffes stets erniedrigt wird, ergibt sich für solche Systeme ein Zustandsdiagramm gemäß Bild 257/3r. Der niedrigste Schmelzpunkt gibt die eutektische Zusammensetzung an, bei der die beteiligten Legierungsmetalle in gleichmäßig feiner Verteilung als Kristallite vorliegen. Legierungen dieses Typs spielen (bautechnisch) keine Rolle.

8.3.1.3 Gemischte Systeme

Hier trennen sich beim Abkühlen die Komponenten nur teilweise, so daß bei Normaltemperatur Kristallite derselben, verteilt in einer erstarrten Schmelze aus Mischkristallen der Komponenten vorliegen. Beim sog. „peritektischen System" liegen Umsetzungen zwischen Primärkristallen mit der Schmelze unter Bildung neuer Mischkristalle vor. Ein für gemischte Systeme typisches Phasendiagramm zeigt Bild 257/3. Bei den meisten technisch wichtigen Legierungen handelt es sich um gemischte Systeme, die in vielen Variationen vorkommen.

8.3.2 Eigenschaften von Legierungen

Höhere Festigkeit. Sie erreicht z.T. ein Vielfaches der Grundmetalle. Ursache: a) Durch den Einbau anderer Atome in das Kristallgitter wird die Gleitung erschwert, b) insbesondere, wenn diese Atome einen größeren Durchmesser haben (Aufrauhungseffekt). c) Die Verzahnung von Kristalliten mehrerer Metalle ist meist besser. *Verformbarkeit.* Die spanabhebende Formgebung wird vielfach ver-

406

Legierungen allgemein

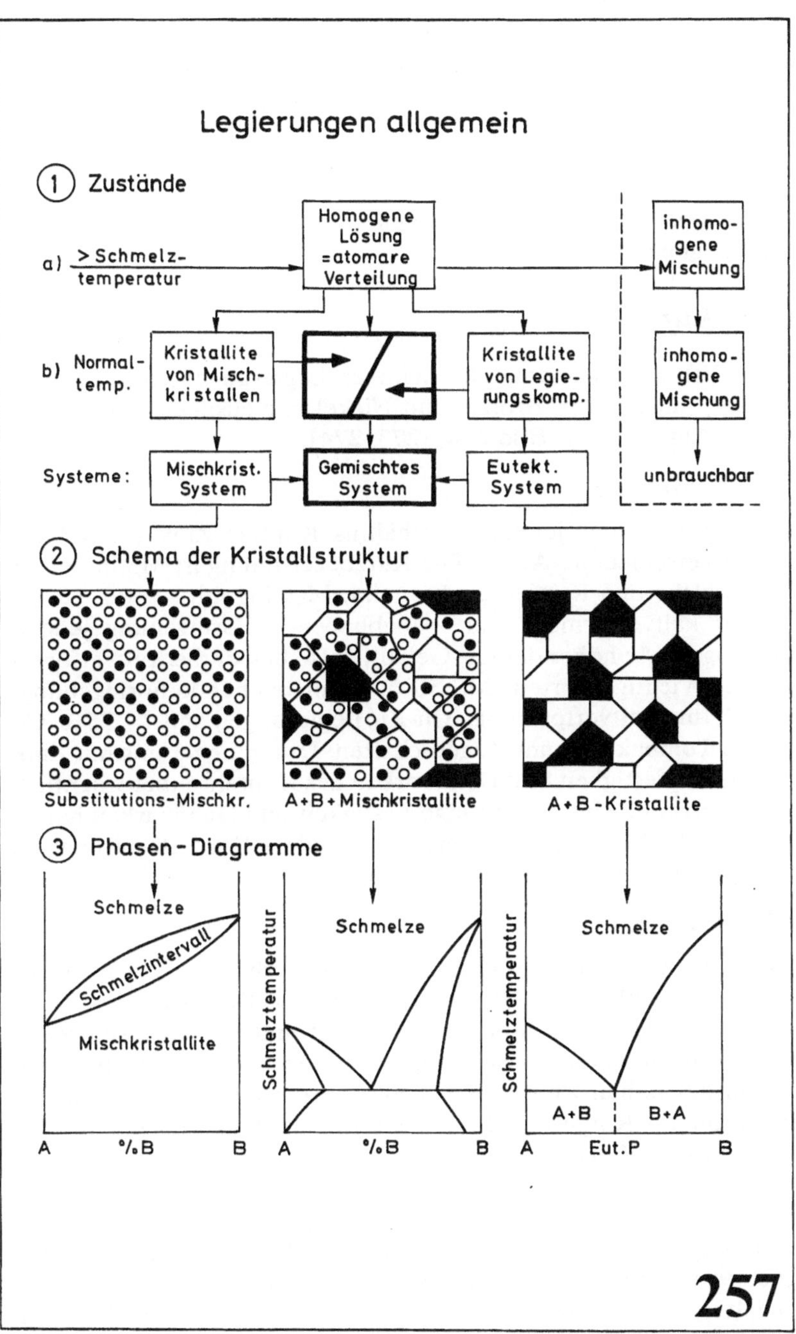

407

bessert (wichtig); die Druckverformbarkeit bei Normaltemperatur (weniger wichtig) wird z. T. verschlechtert.

Korrosionsbeständigkeit. Sie kann durch Legierung entscheidend verbessert werden, z. B. bei den nichtrostenden Chrom-Nickel-Stählen, aber auch verschlechtert, z. B. bei Kupferzusatz zu Aluminium (Bildung von Lokalelementen).

Gießbarkeit. Diese für den Hersteller wichtige Eigenschaft ist bei Legierungen im allgemeinen besser.

8.3.3 Kupferlegierungen

Kupfer ist das Grundmetall wichtiger Legierungen; mit Zink = Messing, mit Zinn = Bronze, mit Nickel = Neusilber, mit Aluminium = Alubronze (s. **Bild 258**) [273, 274].

8.3.3.1 Messing

Man unterscheidet je nach Verhältnis Kupfer: Zink (55:45 bis 90:10) verschiedene Arten. Die Kurzbezeichnung ist MS mit einer Zahl, welche den Kupfergehalt angibt. Messing mit < 60% Cu ist schlecht kaltverformbar; für spanabhebende Formgebung jedoch gut geeignet. Je höher der Cu-Gehalt, desto besser die Kaltverformbarkeit. Wichtige Sorten: MS 58 für spanabhebende Formgebung, MS 63 für Kaltverformung. Cu-Zn-Legierungen mit > 75% Cu werden Tombak genannt. Eigenschaften: Durch Legierung mit Zink werden Zugfestigkeit und Dehnbarkeit des Kupfers außerordentlich erhöht, obwohl Zink nur geringe Festigkeit und Dehnbarkeit hat (s. Bild 258/3). Messing ist die meistverwendete Kupferlegierung; im Bauwesen vorwiegend für Armaturen.

8.3.3.2 Bronze

Legierungen aus Kupfer und Zinn. Das Verhältnis liegt meistens zwischen 80:20 bis 90:10. Kurzbezeichnung: Bz mit Zahl = Zinngehalt. Bronze besitzt hohe Zugfestigkeit und Streckbarkeit sowie gute Verformbarkeit. – Seit Jahrtausenden bekannt (Bronzezeit). Wegen des hohen Zinnpreises sind Bronzen heute von geringerer Bedeutung. – Rotguß sind Bronzen, die zusätzlich noch Zink und meistens auch Blei enthalten.

8.3.3.3 Alubronze

Legierungen aus Kupfer und Aluminium. Mischungsverhältnis zwischen 90:10 bis 95:5, Kurzbezeichnung: Al Bz mit Angabe des Al-Gehaltes z. B. Al Bz 5. Aluminiumbronze besitzt hohe Zähigkeit

Kupferlegierungen

① Arten und Bezeichnung

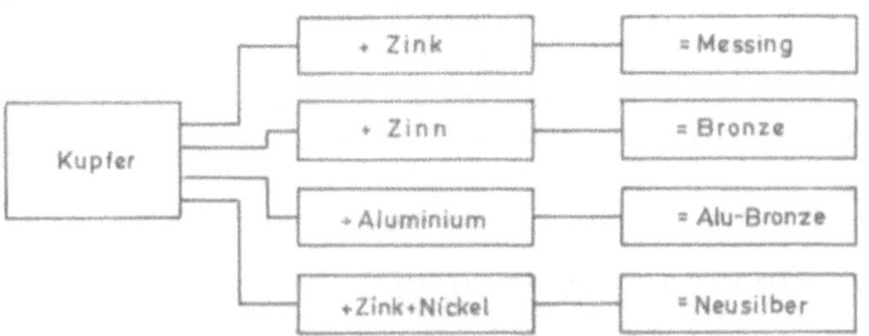

② Zusammensetzung wichtiger Kupferlegierungen

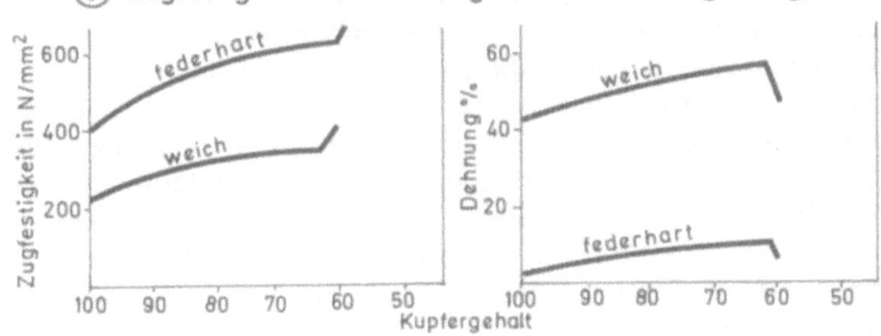

	Typ	Kupfer	Zink	Zinn	Sonst.
Messing	Ms 58	58	42		
Messing	Ms 63	63	37		
Bronze	Bz 20	80		20	
Bronze	Bz 10	90		10	
Neu-silber	Ns 4712	47	41		12 Ni
Neu-silber	Ns 6025	60	15		25 Ni
Rotguß	Rg 10	86	4	10	
Alum.-bronze	Al Bz 5	95			5 Al

③ Zugfestigkeit und Dehnung von Cu – Zn – Legierungen

258

und Zerreißfestigkeit sowie eine den anderen Kupferlegierungen überlegene Korrosionsbeständigkeit (meerwasserbeständig). Verwendung für Pumpen, Beschläge, Schiffsschrauben usw.

8.3.3.4 Neusilber

Legierungen aus Kupfer, Zink und Nickel. Kurzbezeichnung Ns mit Angabe des Kupfer- und Nickelgehalts, z. B. Ns 47/12. Neusilber besitzt gute Härte und Korrosionsbeständigkeit. Der Nickelgehalt bewirkt silberweiße Farbe. Im Bauwesen vorwiegend für Innenausbau verwendet.

8.3.4 Aluminiumlegierungen

Die geringe Festigkeit des Aluminiums kann durch Zulegierung anderer Metalle außerordentlich verbessert werden. Wichtigster Legierungspartner ist das Magnesium (Mg). Sein Atomvolumen ist größer als das des Aluminiums. Dadurch wird das Kristallgitter des Aluminiums ausgeweitet, was eine Verspannung und dadurch Festigkeitssteigerung bewirkt. Weitere Legierungspartner sind Mangan (Mn), Silicium (Si) Zink (Zn) und Chrom (Cr).

Die bautechnisch wichtigen Aluminiumlegierungen sind aus **Bild 259** ersichtlich [275, 276]. Die Kurzbezeichnungen sind aus denen der beteiligten Elemente abgeleitet, z. B. Al Mg Mn mit einer Zusatzzahl, die den Prozentanteil der Legierungselemente angibt.

8.3.4.1 Aushärtung

Die sog. Aushärtung ist eine zusätzliche Möglichkeit zur Erhöhung der Festigkeit und spielt bei den Aluminiumlegierungen eine große Rolle. Es handelt sich dabei um die temperaturgesteuerte Ausbildung eines optimalen Kristallitgefüges durch Lösungsglühen, Abschrecken, Lagerung bei Normaltemperatur = Kaltauslagerung oder Kalthärtung und Lagerung bei 120 bis 180 °C = Warmauslagerung oder Warmhärtung. Durch letztere wird beim Aluminium eine im Vergleich zur Kaltauslagerung etwa doppelte Zugfestigkeit und mehrfache Streckbarkeit erzielt. Alle technischen Aluminiumlegierungen sind aushärtbar, ausgenommen die nur Magnesium und Mangan enthaltenden.

8.3.4.2 Eigenschaften

Durch Legierung des Aluminiums in Verbindung mit Aushärtung läßt sich eine Festigkeitssteigerung bis auf das Zehnfache erreichen,

410

Aluminium und Alu-Legierungen

① Festigkeit

Kurzbezeichnung / K-Farbe	Al	Al Mn / violett	Al Mg / grün-gelb	Al Mg Mn / grün	Al Mg Si / weiß	Al Zn Mg / blau-violett

Streckgrenze = rechte Säule, Zugfestigkeit = linke; N/mm^2

400 — 300 — 200 — 100

② Zusammensetzung

Legierungszusätze	Al	Al Mn	Al Mg	Al Mg Mn	Al Mg Si	Al Zn Mg
Magnes.	–		2,6-3,4	1,6 / 2,5	0,6 / 1,2	1,0 / 1,4
Mang.	–	0,9 / 1,4	0,5	0,5 / 1,1	0,4 / 1,0	0,1 / 0,5
Silic.	–				0,75 / 1,3	
Zink	–					4-5
Chrom	–		0,3	0,3	0,3	0,25

③ Eigenschaften

	Al	Al Mn	Al Mg	Al Mg Mn	Al Mg Si	Al Zn Mg
Druckformbark.						
spanabhebend						
Wetterbeständigk.						
Korrosionsbeständ.						
Schweißbarkeit						

259

im allgemeinen um so mehr, je höher der Legierungszusatz ist. Die Art desselben wirkt sich wie folgt aus:

Al Mn: Manganzusatz bewirkt bessere Festigkeit, gute Wetterbeständigkeit, gute Korrosionsbeständigkeit, jedoch nicht aushärtbar (für tragende Dachdeckungen geeignet).

Al Mg: Mittlere Festigkeiten bei geringer Druckverformbarkeit, spanabhebend, gut zu bearbeiten. Wetterbeständigkeit sehr gut. Korrosionsbeständigkeit gut (auch gegen Meerwasser). Gut schweißbar.

Al Mg Mn: Mittlere Festigkeiten, hohe Warmfestigkeit, hohe Korrosionsbeständigkeit (Meerwasser). Gut schweißbar.

Al Mg Si: Mittlere Festigkeit, gut verformbar, wetter- und korrosionsbeständig, gut schweißbar, warmhärtbar, Standardlegierung für Bauprofile.

Al Zn Mg: Hohe Festigkeit, spanabhebend formbar, gut schweißbar (wegen anfänglicher Korrosionsprobleme – Spannungsrißkorrosion – noch nicht genormt).

8.3.4.3 Schweißbarkeit

Aluminiumlegierungen sind meist gut schweißbar. Trotz niedriger Schmelztemperatur ist wegen der hohen Wärmeleitfähigkeit des Aluminiums etwa dieselbe Wärmemenge erforderlich wie beim Stahl. Wegen Oxidhautbildung sind Flußmittel erforderlich. Der durch vorausgegangene Aushärtung bewirkte Festigkeitszuwachs geht beim Schweißen verloren.

8.4 Eisen und Stahl

8.4.1 Herstellung des Roheisens [277, 278]

8.4.1.1 Eisenerze

Eisen kommt wegen seiner hohen Sauerstoffaffinität in der Natur nicht rein, sondern ganz überwiegend als Oxid, z. T. auch als Carbonat und Sulfid vor. Diese Eisenverbindungen sind in der Regel mit Gesteinsbestandteilen, insbesondere toniger Art (sog. „Gangart") vermischt. Die untere Grenze für den wirtschaftlichen Abbau liegt bei etwa 18% Eisengehalt. Die wichtigsten Eisenerze und deren Zusammensetzung sind aus **Bild 260** ersichtlich.

412

Erz – Roheisen – Stahl

Zusammensetzung und Begleitstoffe

① Erze

Bezeichnung	Chem. Formel	Eisengehalt %	Gangart %
Magneteisenstein	Fe_3O_4	>59 <67	>3 <12
Roteisenstein	Fe_2O_4	>30 <50	>20 <45
Brauneisenstein	Fe_2O_3 H_2O	>24 <34	>32 <45
Spateisenstein	$Fe\,CO_3$	>30 <40	>7 <10

② Roheisen

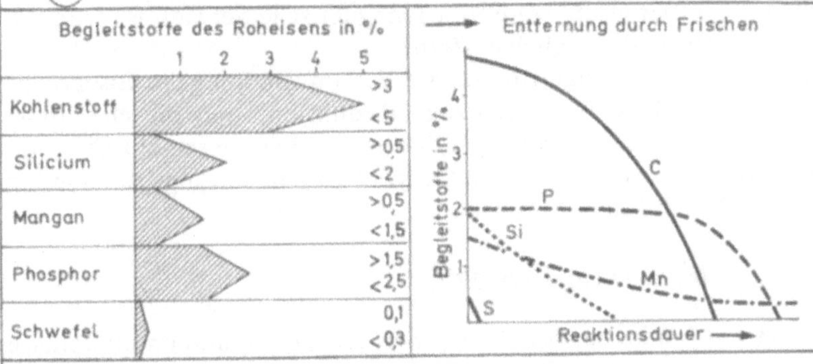

③ Stahl

Begleitstoffe in 1/100 %	Stahlgewinnungsverfahren			
	Thomasstahl	LD-Stahl	SM-Stahl	Elektrostahl
Phosphor	>3 <9	>1 <4	>2 <5	<35
Schwefel	>2 <5	<4	>2 <5	<35
Stickstoff	>1,2 <2,5	>0,2 <0,9	>0,4 <1,2	>0,4 <1,5

260

Da die Gestehungskosten mit abnehmendem Eisengehalt der Erze stark ansteigen, werden heute anstelle der niedrig- bis mittel-prozentigen (25 bis 50%) mitteleuropäischen Erze in der Bundesre-publik Deutschland vorwiegend hochprozentige Erze (60 bis 70% Eisen) aus Schweden, Brasilien und Afrika (Liberia) verwendet, weil die Transportkosten durch die billigere Herstellung mehr als aufgewogen werden.

Für die Eisengewinnung müssen Oxide vorliegen. Eisencarbonat (Spateisenstein) und Eisensulfid (Schwefelkies) werden deshalb dem „Röstprozeß" unterworfen. Dabei wird unter Luftzufuhr beim Sulfid der Schwefel entfernt und beim Carbonat Kohlendioxid (CO_2) ausgetrieben:

Sulfid: $2\,FeS_2 + 5^{1}/_{2}\,O_2 \rightarrow Fe_2O_3 + 4\,SO_2$,
Carbonat: $2\,Fe\,CO_3 + {}^{1}/_{2}\,O_2 \rightarrow Fe_2O_3 + 2\,CO_2$.

Durch spezielle Aufbereitungsverfahren (Brechen, Sieben, Schwimmaufbereitung (Flotation) magnetische Scheidung) wird die Gangart soweit als möglich entfernt.

Aufgabe der Eisengewinnung ist die Umwandlung des Eisenoxids in Eisen durch Sauerstoffentzug (Reduktion) und die chemische Bindung der Gangart zur sog. „Schlacke". Dies geschieht überwie-gend durch den sog. „Hochofenprozeß" und neuerdings zunehmend im „Direktreduktionsverfahren".

8.4.1.2 *Hochofenprozeß* [279]

Der Hochofen ist ein bis 40 m hoher, nach oben und unten konisch verlaufender Schachtofen (s. **Bild 261**). In diesem wird von oben (Gichtbühne) schichtweise Koks und eine chemisch abgestimmte Mischung aus Erz und Zuschlag, der sog. „Möller" eingefüllt. Der Zuschlag besteht bei toniger Gangart (vorwiegend SiO_2 und Al_2O_3) aus Kalkstein ($CaCO_3$). Die charakteristische Form hat den Zweck, im oberen Teil, dem sog. „Schacht" das selbsttätige Nachrutschen der sperrigen Füllung zu begünstigen und im unteren Teil, der sog. „Rast" wo das Material schmelzflüssig wird, die Volumenverringe-rung der Füllung auszugleichen. Wie bei einem normalen Ofen wird von unten Verbrennungsluft zugeführt. Um eine hohe Brenntempe-ratur zu erzielen, wird diese Luft, der sog. „Wind", in Wärmeaus-tauschern, sog. „Winderhitzern" auf ca. 800°C aufgeheizt, so daß eine Brenntemperatur von ca. 1600°C entsteht, die nach oben we-gen des kontinuierlich zugegebenen Füllgutes bis auf 400°C abnimmt.

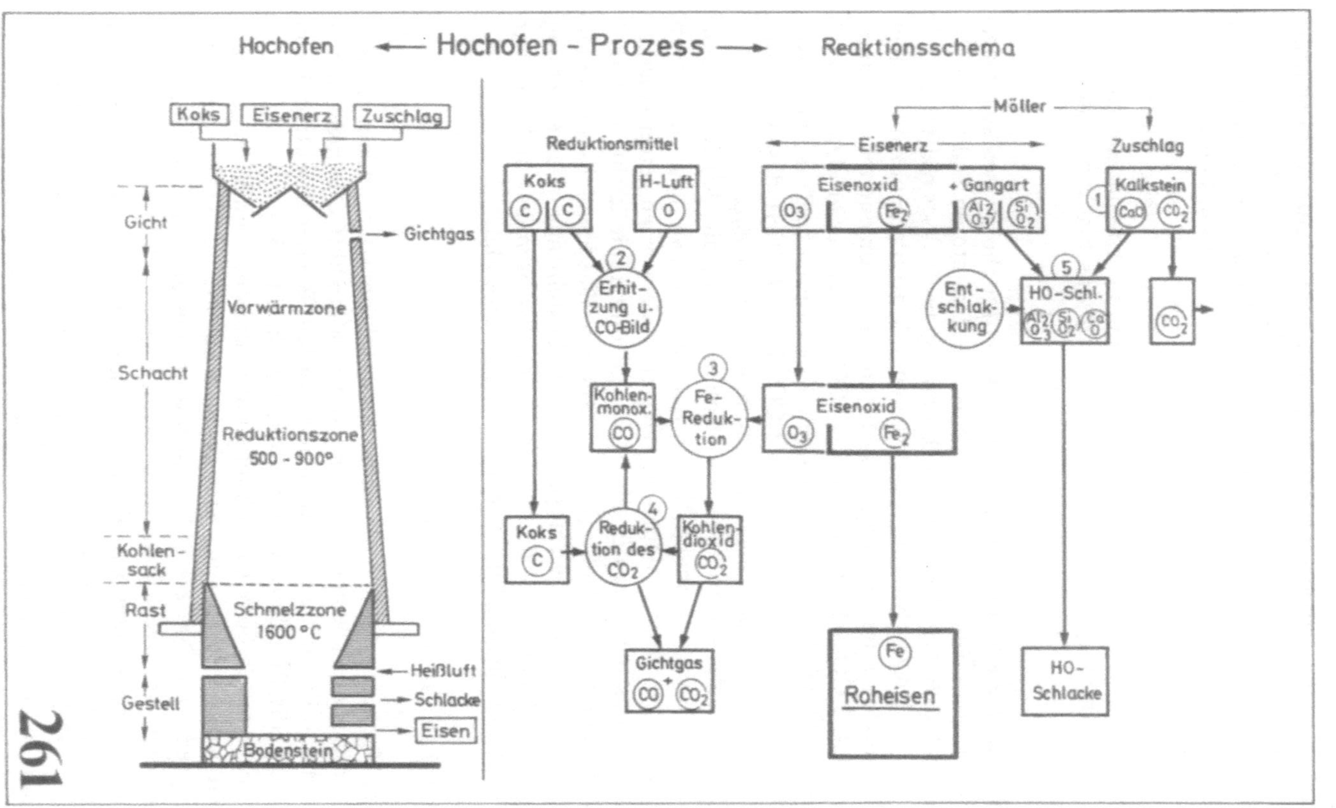

Hochofen — Hochofen - Prozess — Reaktionsschema
Koks
Eisenerz
Zuschlag
Gicht
Gichtgas
Vorwärmzone
Schacht
Reduktionszone
500 - 900°
Kohlen-sack
Rast
Schmelzzone
1600 °C
Gestell
Heißluft
Schlacke
Eisen
Bodenstein
Reduktionsmittel
Koks
C C
H-Luft
O
Möller
Eisenerz
Zuschlag
Eisenoxid
O3 Fe2
+ Gangart
Al2 O3 Si O2
Kalkstein
1 CaO CO2
2
Erhit-zung u. CO-Bild
5
Ent-schlak-kung
HO-Schl.
Al2 O3 Si O2 Ca O
CO2
3
Kohlen-monox.
CO
Fe-Reduk-tion
Eisenoxid
O3 Fe2
4
Koks
C
Reduk-tion des CO2
Kohlen-dioxid
CO2
Gichtgas
CO + CO2
Fe
Roheisen
HO-Schlacke

8.4.1.2.1 Entschlackung. Bei der hohen Temperatur wird das Kohlendioxid (CO_2) des Kalksteins ($CaCO_3$) unter Bildung von gebranntem Kalk (CaO) ausgetrieben, in gleicher Weise, wie es auch beim Kalkbrennen geschieht (s. Bild 261 r.). Mit nach unten zunehmender Temperatur reagiert das CaO mit den Tonbestandteilen (SiO_2 und Al_2O_3) der Gangart in der gleichen Weise wie bei der Zementherstellung, nur mit einem anderen Mischungsverhältnis. Das Reaktionsprodukt ist die sog. „Hochofenschlacke" (Näheres s. dort).

8.4.1.2.2 Reduktionsprozeß. Der metallurgische Prozeß spielt sich in der sog. „Reduktionszone" ab, wo das im unteren Teil des Hochofens durch unvollständige Verbrennung des Kokses n. d. Gl. $2\,C + 1\,O_2 \rightarrow 2\,CO$ (Bild 261 (2)) entstehende Kohlenmonoxid mit dem Eisenoxid unter Bildung von Eisen und Kohlendioxid reagiert n. d. Gl. $3\,CO + Fe_2O_3 \rightarrow 2\,Fe + 3\,CO_2$ (Bild 261 (3)). Das entstandene CO_2 wird von überschüssigem Koks wieder zu Kohlenmonoxid reduziert n. d. Gl. $CO_2 + C \rightarrow 2\,CO$ (Bild 261 (4)), das erneut mit Eisenoxid nach obigem Schema zu reagieren vermag.

Die Reaktionsprodukte, das Roheisen und die Schlacke, beide schmelzflüssig, sammeln sich in der Schmelzzone und im unteren Teil des Hochofens, dem sog. „Gestell". Sie werden getrennt abgelassen; das schwerere Eisen ($D = 7,9$) unten, die leichtere, darauf schwimmende Schlacke ($D = $ ca. 3) oben. Das ebenfalls anfallende „Gichtgas" wird oben abgezogen. Es besteht aus einer Mischung von Kohlenmonoxid und Kohlendioxid; ist brennbar und wird zur Wärmegewinnung für die Winderhitzer verwendet.

8.4.1.3 Direktreduktion

Im Hochofen werden die Erze „indirekt" reduziert, indem das Reduktionsmittel Kohle zuerst in Kohlenmonoxid (CO) umgewandelt und mit diesem die Erze reduziert werden. Bei der Direktreduktion erfolgt die Reduktion unmittelbar, d. h. direkt [280].

Erze mit $> 60\%$ Eisen können nach diesem Verfahren, gemischt mit Koks-, Stein- und Braunkohlegruß und zu Briketts (Pellets) gepreßt, bei 700 bis 900 °C in festem Zustand zu Eisen reduziert werden, desgleichen auch mit gasförmigen Reduktionsmitteln, insbesondere Kohlenoxid (CO) und Wasserstoff. Diese reagieren mit dem Sauerstoff der Erze n. d. Gl.

$$CO + (Fe + O) \rightarrow Fe + CO_2 \text{ (wie beim Hochofenprozeß)}$$
und $\;\;H_2 + (Fe + O) \rightarrow Fe + H_2O.$

416

Kohlenmonoxid und Wasserstoff werden aus Erdgas (vorwiegend Methan) durch katalytische Reaktion (reformieren) mit Wasser bei hoher Temperatur erzeugt gemäß $CH_4 + H_2O \rightarrow CO + 3\,H_2$.

Die Erzreduktion kann in Schachtöfen, Drehöfen und Wirbelkammern nach verschiedenen Verfahren durchgeführt werden. Da für die Herstellung von Hochofenkoks nur bestimmte (backfähige) Kohlen geeignet sind und andererseits Erdgas in steigenden Mengen zur Verfügung steht, gewinnen letztere Verfahren schnell zunehmende Bedeutung.

8.4.1.4 Eigenschaften des Roheisens

Das Roheisen wird infolge seines hohen Kohlenstoffgehalts (3 bis 5%) beim Erhitzen plötzlich flüssig und kann deshalb weder geschmiedet noch geschweißt werden. Es findet Verwendung als *Gußeisen*. Bei üblichem hohem Kohlenstoffgehalt (2,7 bis 4,2%) scheidet sich der Kohlenstoff in Form von Graphit aus, welcher die Ursache der grauen Farbe des üblichen Gußeisens ist. Der Graphit hat Schuppenstruktur und verbindet sich nicht mit dem Eisen, sondern die lamellenförmigen Graphitteilchen unterbrechen den Zusammenhang der Grundmasse und verursachen eine Kerbwirkung. Damit zusammenhängend hat das graue Gußeisen, der sog. „Grauguß", eine minimale Bruchdehnung und Streckgrenze sowie geringe Zugfestigkeit [281].

Durch genau eingestellten Kohlenstoffgehalt (ca. 3,7%) und minimale Zusätze von Magnesium und Cer erreicht man, daß sich der Kohlenstoff in kugeliger Form ausscheidet. Dadurch wird die Kerbwirkung vermieden und damit zusammenhängend eine beträchtliche Streckgrenze und Bruchdehnung sowie verbesserte Zugfestigkeit bewirkt. Wegen dieser Eigenschaften wird dieses Gußeisen im Unterschied zum gewöhnlichen (spröden) Gußeisen „duktiles Gußeisen" genannt. Es findet zunehmend Anwendung für Stahlrohre und andere Zwecke, wo seine elastischen Eigenschaften von Vorteil sind.

Enthält das Roheisen wenig Silicium und viel Mangan, so wird beim Abkühlen kein Graphit ausgeschieden, sondern der Kohlenstoff als Eisencarbid (Fe_3C = Zementit) gebunden. Dieses Roheisen erscheint im Bruch weiß, daher „weißes Roheisen". Infolge seines feinkörnigen Gefüges ist es so hart, daß es weder geschmiedet noch mit Werkzeugen bearbeitet werden kann. – Wegen der Mängel sowohl des grauen als des weißen Roheisens werden mehr als 90% des Roheisens auf Stahl weiterverarbeitet.

8.4.2 Stahlgewinnung [282, 283]

Je höher der Kohlenstoffgehalt des Eisens, desto härter, spröder und schwerer verformbar ist es. Zur Erzielung eines schmiedbaren Eisens – ein solches Material heißt Stahl – muß der C-Gehalt auf weniger als 2% herabgesetzt und auch die anderen Begleitstoffe wie Phosphor, Schwefel, Mangan und Silicium (s. Bild 260) entfernt bzw. verringert werden. Dies geschieht durch selektive Oxidation dieser Stoffe, genannt „Frischen".

8.4.2.1 Windfrischen

Durch das in einem birnenförmigen, schwenkbaren, feuerfest ausgekleideten Behälter (Konverter) befindliche schmelzflüssige Roheisen wird durch Öffnungen im Boden Luft (Wind) durchgeblasen, deren Sauerstoff den Kohlenstoff zu CO_2, Mangan zu MnO_2, Silizium zu SiO_2 und Phosphor zu P_2O_5 oxidiert. (s. **Bild 262**)

Das *Bessemer-Verfahren,* bei dem der Konverter mit Quarz (SiO_2 = Kieselsäure), daher „saures Futter" ausgekleidet ist, dient zur Verarbeitung von phosphor- und schwefelarmem Roheisen. Erzeugnis: „Bessemer-Stahl" (Flußstahl).

Beim *Thomas-Verfahren* ist der Konverter mit Dolomit (Ca $Mg(CO_3)_2$) ausgekleidet, das sich in der Hitze zu Calciumoxid (CaO) und Magnesiumoxid (MgO) umwandelt. Daher „basisches Futter". Dient zur Verarbeitung von phosphorhaltigem Erz. Der Phosphor verbrennt zu P_2O_5, das sich mit zugesetztem Kalkstein (10 bis 15%) zu Calciumphosphat (Thomasmehl), einem wertvollen Düngemittel umsetzt (s. Bild 262).

8.4.2.2 Sauerstoff-Frischen

Beim Windfrischen wird ein Teil des Luftstickstoffs im Eisen gelöst, wodurch die Verformungseigenschaften des Stahls verschlechtert werden. Daher werden die Windfrischverfahren zunehmend durch Sauerstoff-Frischverfahren ersetzt, bei denen Sauerstoff von oben auf das flüssige Stahleisen aufgeblasen wird. Bezeichnung LD-(Linz-Donawitz)-Verfahren. Für phosphorreiches Roheisen wurde das LDAC (Linz-Donawitz-Arbed-Centre-National)-Verfahren entwickelt. Dabei wird mit dem Sauerstoff Kalkstaub aufgeblasen, der (analog zum Thomas-Verfahren) das entstehende P_2O_5 bindet.

8.4.2.3 Herdfrischen

Beim *Siemens-Martin-Verfahren,* dem weiterentwickelten, jahrhundertelang üblichen „Herdfrischverfahren" wird der für die Oxida-

418

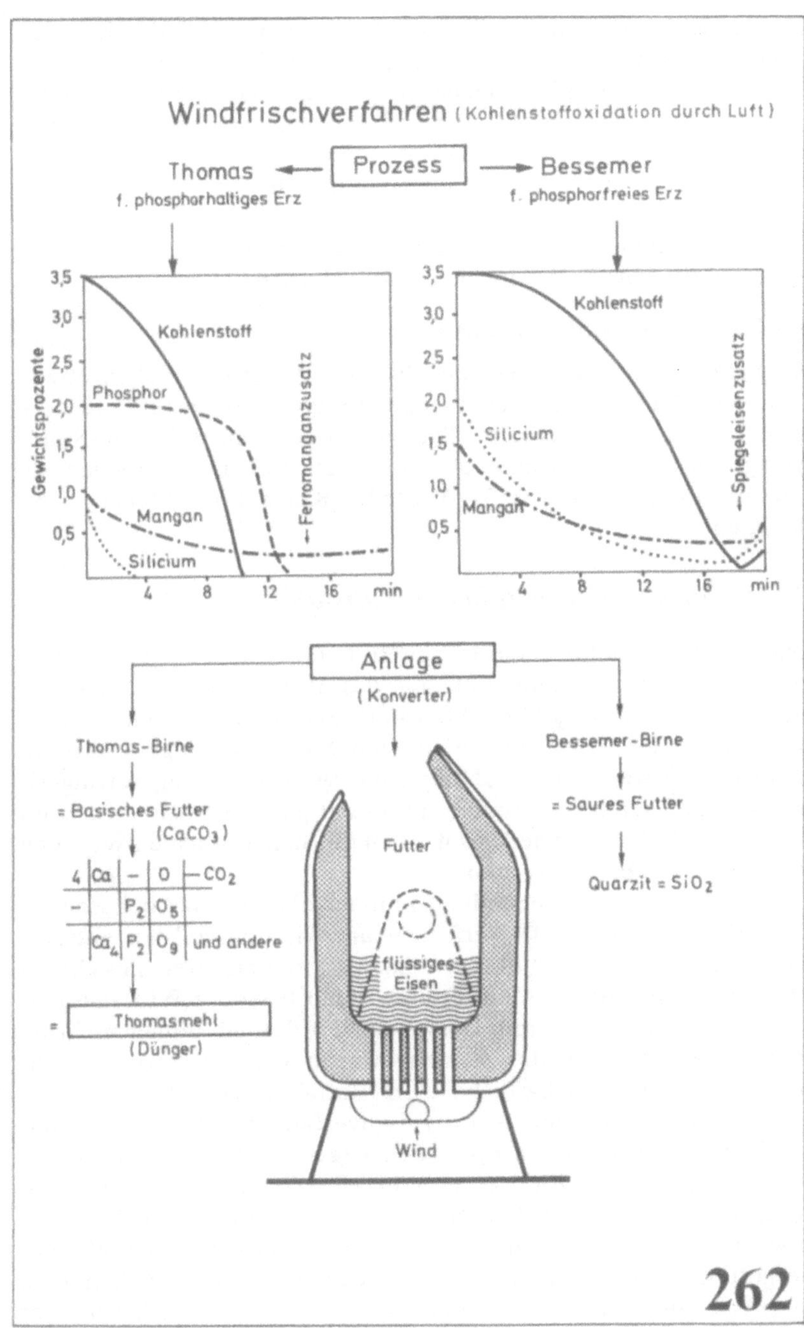

Windfrischverfahren (Kohlenstoffoxidation durch Luft)

Thomas ← Prozess → Bessemer
f. phosphorhaltiges Erz   f. phosphorfreies Erz

Gewichtsprozente
3,5
3,0
2,5
2,0
1,5
1,0
0,5
Kohlenstoff
Phosphor
Mangan
Silicium
Ferromanganzusatz
4   8   12   16   min

3,5
3,0
2,5
2,0
1,5
1,0
0,5
Kohlenstoff
Silicium
Mangan
Spiegeleisenzusatz
4   8   12   16   min

Anlage
(Konverter)

Thomas-Birne
= Basisches Futter
(CaCO₃)

Bessemer-Birne
= Saures Futter

Quarzit = SiO₂

Futter

flüssiges
Eisen

Wind

Thomasmehl
(Dünger)

und andere

tion der Roheisenbegleitstoffe notwendige Sauerstoff durch Zufügung von Schrott (Rost = Eisenoxid) und/oder Eisenerz zur Schmelze geliefert, mit zusätzlicher Heißluft – auch mit Sauerstoffanreicherung – von oben. Anlage: Eine flache, von unten beheizte, überdeckte Wanne (s. **Bild 263**), die schichtweise mit Roheisen und Schrott gefüllt wird. Prozeßdauer mit 3 bis 9 h länger als beim Thomas-Verfahren (20 min). Das Herdfrischverfahren liefert jedoch einen sehr guten Stahl, ermöglicht die Verwertung von Alteisen und stellt geringere Anforderungen an das Roheisen.

8.4.2.4 Elektrostahlverfahren

Ausgangsmaterial ist festes oder flüssiges Roheisen, mit Schrottzugabe oder Schrott allein; überwiegend jedoch zur Qualitätsverbesserung von „vorgefrischtem" Thomas- oder Siemens-Martin-Stahl. Anlage: Kippbarer Wannenofen mit elektrischem Lichtbogen als Energiezufuhr (s. Bild 263). Vorteile: Kurze Prozeßdauer, hohe Stahlqualität.

8.4.3 Zusammensetzung der Rohstähle

Das Ergebnis des Frischens ist aus Bild 260/3 ersichtlich. Der Vergleich mit der Zusammensetzung des Roheisens zeigt, daß die eigentlichen Stahlschädlinge Stickstoff, Schwefel, Phosphor auf $^1/_{50}$ bis $^1/_{100}$ der im Roheisen enthaltenen Menge verringert werden. Mangan, ein wertvoller Stahlbegleiter, wird nur wenig verringert. Kohlenstoff, der beim Frischen praktisch ganz entfernt wird, muß durch „Aufkohlung" wieder auf einen für Stahl optimalen Wert von 0,2 bis 0,8 % gebracht werden.

Aus dieser Gegenüberstellung geht auch hervor, daß der schädliche Stickstoff beim LD-Verfahren am wirkungsvollsten entfernt wird. Des weiteren zeigt das Siemens-Martin-Verfahren hinsichtlich Phosphor- und Stickstoffentfernung einen besseren Wirkungsgrad als das Thomas-Verfahren. Dieses verliert deshalb immer mehr an Bedeutung und auch das Siemens-Martin-Verfahren wird zunehmend durch das wirtschaftlichere LD-Verfahren ersetzt.

Die bei den verschiedenen Frischverfahren anfallenden Rohstähle haben noch keine optimalen Eigenschaften. Diese können durch meist geringe Zusätze anderer Metalle wie Mangan, Chrom, Kupfer, Molybdän, Nickel, Silicium, Titan, Vanadium, Wolfram usw. und durch physikalische Behandlungsverfahren wie Wärmevergütung, Härten, Anlassen, Umschmelzen, Tiegelbehandlung usw. erreicht werden. Man kann auf diese Weise Stähle besonderer

Herdfrischverfahren (Siemens-Martin)

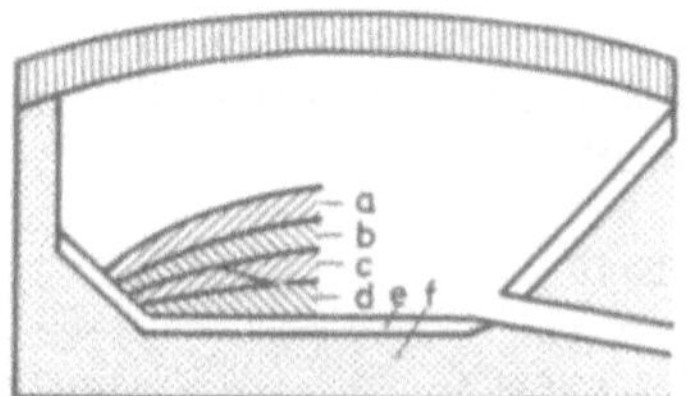

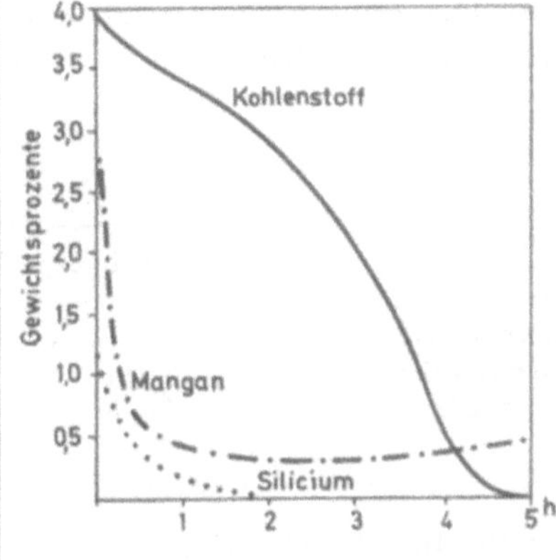

Siemens-Martin-Ofen

a = Schrott   b = Eisenerz
c = Schrott   d = Kalkstein
e = gebr. Dolomit f = Magnesit

Elektrostahlverfahren

Arbeitsweisen

Einsatz:	Ergebnis:
1) Roheisen und Schrott	Kohlenstoffarmer, schmiedbarer Stahl (ähnlich Siemens-Martin)
2) Thomasstahl	Veredelung: biegsam, streckbar, schmiedbar, härtbar, frei von Phosphor Schwefel und Oxiden.

Lichtbogenofen

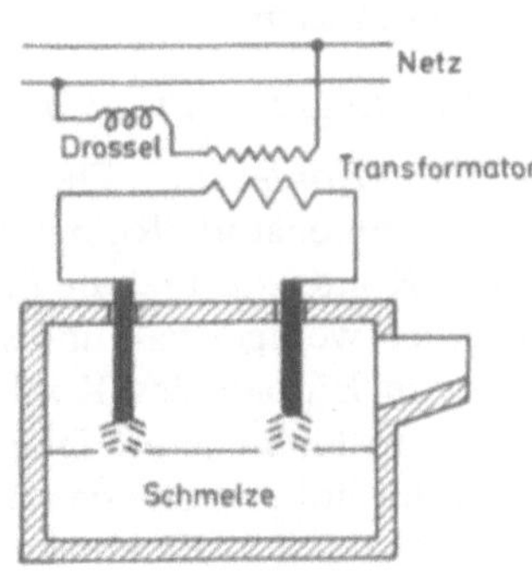

263

Härte, höchster Zugfestigkeit, Säurebeständigkeit, Schweißbarkeit usw. herstellen. Grundlage dafür sind die Struktureigenschaften des Eisens und die Möglichkeit, durch Kombination mit anderen Elementen Strukturverbesserungen zu erzielen.

8.4.3.1 Strukturen des Eisens

Wie bei den anderen Metallen (s. Bild 243) sind auch beim Eisen die Atome in Kristallgittern geordnet. Das reine Eisen kristallisiert je nach Temperaturbereich in verschiedenen Strukturen (s. **Tabelle 10**).

Tabelle 10

Temperatur in °C	Gittertyp	Bezeichnung
bis 906	kubischraumzentriert	α-Eisen
906–1392	kubischflächenzentriert	γ-Eisen
1392–1536	kubischraumzentriert	δ-Eisen

Die Kristallebenen sind in den metallischen Werkstoffen nicht zu einem großen Raumgitter orientiert (Sonderfall Einkristall), sondern bestehen aus zahllosen gegeneinander verschobenen Kristallkörnern (Kristallite). Diese unter dem Mikroskop sichtbare Kristallanordnung wird *Gefüge* genannt. Wenn noch andere Elemente (s. Legierungen) an dem Aufbau des Gefüges beteiligt sind, spricht man von *Phasen*.

8.4.3.2 Legierungsbestandteile von Stählen

8.4.3.2.1 Kohlenstoff. Der wichtigste Legierungspartner des Eisens ist der Kohlenstoff. Reines Eisen ist weich und hat geringe Festigkeiten. Kohlenstoffgehalt macht das Eisen hart und verschleißfest, aber auch weniger zäh und weniger verformbar (s. Bild 265) [284]. Die beim Einbau des Kohlenstoffs entstehenden Phasen sind aus dem Eisen-Kohlenstoff-Diagramm (s. **Bild 264**) [285] ersichtlich.

Auf der linken Seite des Diagramms sind die Temperaturbereiche des reinen α-γ-δ- Eisens aufgetragen. α-Eisen löst bei 723 °C max. 0,02 % Kohlenstoff und heiß dann *Ferrit*. Bei 1153 °C vermag das dann vorliegende γ-Eisen 2,07 % Kohlenstoff, also 100mal so viel Kohlenstoff durch Aufnahme in das Kristallgitter (Mischkristall) zu lösen. Diese Phase heißt *Austenit*. Kühlt man einen Stahl mit z.B. 0,8 % Kohlenstoff aus dem Austenitgebiet von ca. 1000 °C ab, dann verwandelt sich das γ-Eisen in α-Eisen. Dieses vermag – wie gesagt

Eisen und Kohlenstoff
Eisen-Kohlenstoffdiagramm des Stahls
Schmelzpunkt Fe = 1536°C
Schmelze
Schmelze + Austenit
Austenit
(γ Fe + C - Mischkristalle)
Austenit + Zementit
δ Fe
γ Fe
α Fe
Ferrit
Ferrit
Perlit
Perlit
Perlit
Perlit
Zementit
G
O
S
1153° C
1147° C
Temperatur in °C
1600
1500
1400
1300
1200
1100
1000
900
800
700
600
500
C-Gehalt 0   0,2   0,4   0,6   0,8   1,0   1,2   1,4   1,6   1,8   2,0 %
Ferrit
Perlit
Zementit

264

Stahlfestigkeit und Kohlenstoffgehalt
(n. Ullmann)
Zugfestigkeit
Dehnung
Zugfestigkeit in N/mm²
Dehnung in %
1000
800
600
400
200
100
80
60
40
20
C-Gehalt 0   0,2   0,4   0,6   0,8   1,0   1,2   1,4   1,6   1,8   2,0 %

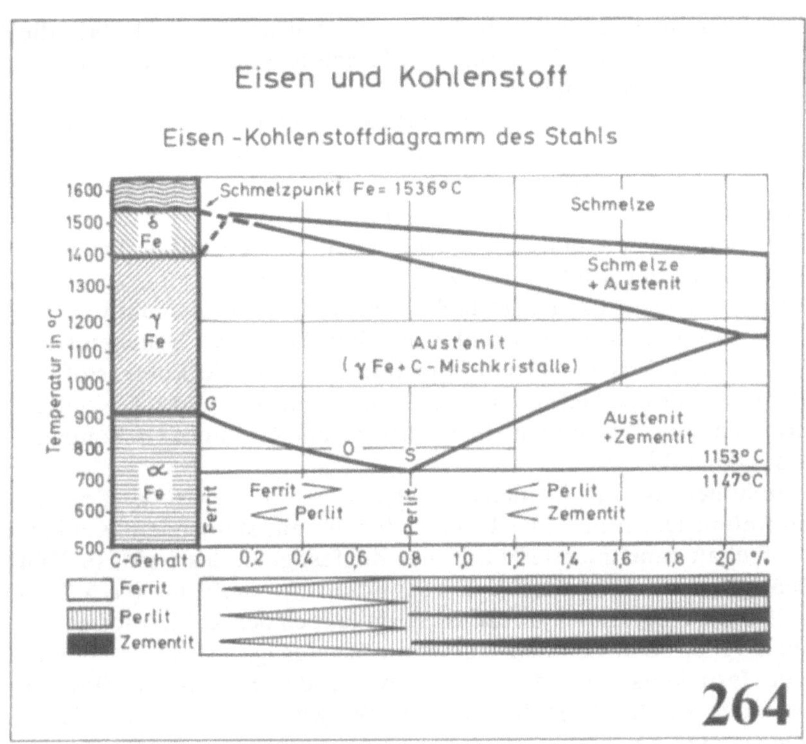

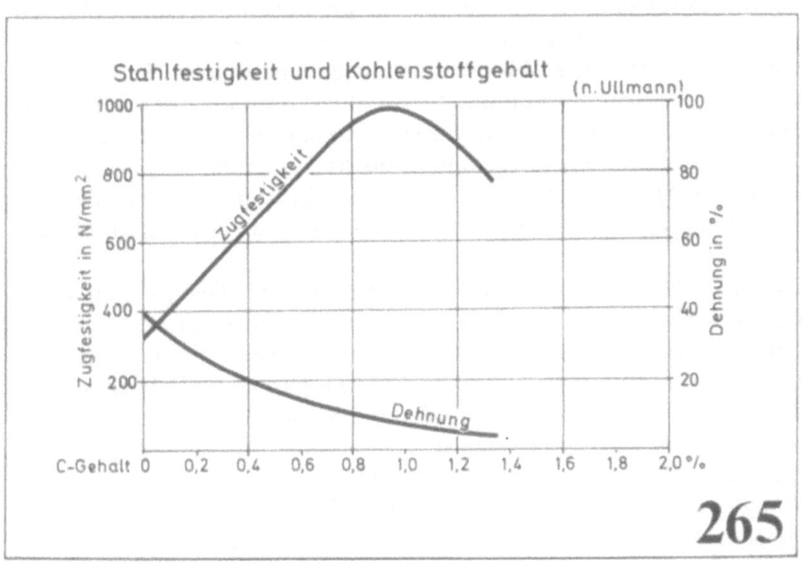

265

– nur minimale Mengen Kohlenstoff zu lösen, weshalb sich die Hauptmenge des im Austenit enthaltenen Kohlenstoffs entlang der GOS-Linie ausscheidet.

Bei langsamer Abkühlgeschwindigkeit bildet sich reiner Kohlenstoff in Form von Graphit, wie es beim Grauguß und Temperguß der Fall ist. Bei üblicher (mittlerer) Abkühlgeschwindigkeit wird durch die rasche Erstarrung die Bildung der Graphitkristalle verhindert. Statt dessen bildet sich eine Eisen-Kohlenstoff-Verbindung Fe_3C, ein Eisencarbid mit 6,7% C, das sog. *Zementit.*

Bei niedrigem Kohlenstoffgehalt lagert sich das Zementit an die Phase des Ferrits an und bildet mit ihm das *Perlit,* bestehend aus Ferrit mit auskristallisiertem Zementit. Bei ca. 0,8% Kohlenstoff im Stahl besteht das Gefüge nur noch aus Perlit. Bei > 0,8% Kohlenstoff scheidet sich neben dem Perlit reiner (Sekundär-) Zementit aus [286, 287].

Je höher also der Kohlenstoffgehalt, desto höher ist der Zementit-Anteil. Darin liegt die Ursache für die mit steigendem Kohlenstoffgehalt zunehmende Härte und Zugfestigkeit des Stahls (s. **Bild 265**), denn die Härte des Zementits ist um ein Vielfaches (ca. x 270) größer als die des reinen Eisens. Steigt jedoch der Kohlenstoffgehalt auf > 1%, dann nehmen Härte und Zugfestigkeit wieder ab, weil eine festigkeitsvermindernde Kornvergrößerung eintritt. Deshalb liegt der Kohlenstoffgehalt der im Bauwesen üblichen Stähle im allgemeinen unter 0,8%, vorzugsweise zwischen 0,2 und 0,6%. Der Kohlenstoffgehalt der Stähle liegt damit wesentlich unter 1%, wo das Optimum der Zugfestigkeit erreicht wird. Der Grund dafür ist, daß mit steigendem Kohlenstoffgehalt Bruchdehnung, Kerbschlagzähigkeit, Verformbarkeit und Schweißbarkeit schlechter werden (s. **Bild 266**). Diese Eigenschaften sind charakteristisch für das durch einen hohen Kohlenstoffgehalt (3 bis 5% gekennzeichnete Gußeisen (s. dort). Die Ursache liegt in der Störung des metallischen Zusammenhangs durch sich dazwischen lagernde Graphitlamellen.

8.4.3.2.2 Mangan. Bewirkt zusätzlich höhere Festigkeiten ohne Verschlechterung, ja sogar bei Verbesserung anderer wichtiger Eigenschaften. Die Zugfestigkeit und Streckbarkeit nimmt bis zu 7% Mangan um etwa 100 N/mm² je 1% Mangan zu. Desgleichen werden Bruchdehnung, Kerbzähigkeit und Schweißbarkeit schon durch geringen Manganzusatz verbessert. Auch die Sprödigkeit wird verringert (s. Bild 266). Wegen dieser vielseitig positiven Wirkung ist Mangan das wichtigste Legierungsmetall für Stähle und es ist in den meisten Baustählen in Mengen bis zu 2% enthalten.

Stahleigenschaften
Wirkung von Metallzusätzen und Begleitelementen

	Begleitelemente				Metallzusätze					
	C	P	S	N	Mn	Cu	Cr	Ni	Si	Al
	Kohl.-stoff	Phos-phor	Schwe-fel	Stick-stoff	Man-gan	Kup-fer	Chrom	Nik-kel	Sili-cium	Alu-min.
Zug-festigkeit	+	+	−		+	+	+	+	+	+
Streck-grenze	+	+			+	+	+	+	+	+
Bruch-dehnung	=	−		−	+	=	=	−	−	−
Kerb-zähigkeit	−	=	−	−	+		−	+	−	
Härte	+	+			+	+	+	+	+	+
Sprödig-keit	−	=		−	+					
Härtbar-keit	+				+	+		+	+	
Verform-barkeit	=		=			=			=	=
Schweiß-barkeit	=		=		+		−			
Schweiß-rissigkeit			=							
Korrosions-beständgk.	−		−			+	+	+	+	
Alterung				=						+
N-und O-bindung										+

Steigende Gehalte bewirken: + = Verbesserung   − = geringe Verschlechterung   = = starke Verschlechterung

266

8.4.3.2.3 Kupfer. Kupferzusatz steigert ebenfalls die Zugfestigkeit. Auch die Beständigkeit gegen atmosphärische Korrosion (Rostung) wird bei Kupfergehalten von 0,15% wesentlich verbessert. Ungünstig wirkt Kupfer (> 0,5%) auf die Dehnbarkeit und Verformbarkeit des Stahls (s. Bild 266).

8.4.3.2.4 Chrom. Durch Chromzusatz (bis zu 12%) wird die Zugfestigkeit des Stahls um etwa 80 bis 100 N/mm^2 je 1% Cr erhöht; die Dehnung nimmt geringfügig ab. Auch die Härtbarkeit wird verbessert, weshalb Chromzusatz bei Vergütungsstählen üblich ist. Kaltverformbarkeit ist geringer. Stähle mit mehr als 12% Chromgehalt sind von großer Bedeutung als nichtrostende und säurebeständige Stähle.

8.4.3.2.5 Nickel. Nickelzusatz steigert die Zugfestigkeit um ca. 40 N/mm^2 je 1% und erhöht die Streckgrenze; die Bruchdehnung wird etwas geringer (s. Bild 266). Nickelzusatz wirkt dem Kornwachstum entgegen und verbessert deshalb die Zähigkeit. Chrom-Nickel-Stähle sind die wichtigsten Vertreter der korrosions- und hitzebeständigen Stähle.

8.4.3.2.6 Silicium. Durch Siliciumzusatz wird die Zugfestigkeit um etwa 100 N/mm^2 je 1% erhöht; die Bruchdehnung und Verformbarkeit jedoch verringert (s. Bild 266). Die meisten Baustähle und Spannstähle enthalten Silicium.

8.4.3.2.7 Aluminium. Aluminiumzusatz verbessert die Alterungsbeständigkeit des Stahls und bindet Sauerstoff und Stickstoff. Auch die Gefahr der interkristallinen Spannungsrißkorrosion (Laugensprödigkeit) kann durch geringen Aluminiumzusatz verringert werden. Nachteilig wirkt sich Aluminiumzusatz auf die Verformbarkeit des Stahls aus.

8.4.3.3 Nichtmetallische Begleitstoffe (s. Bild 266). Die nichtmetallischen Begleitstoffe sind (mit Ausnahme des bereits behandelten Kohlenstoffs) im wesentlichen Stahlschädlinge, deren weitestgehende Entfernung Aufgabe der Stahlgewinnung ist.

8.4.3.3.1 Phosphor erhöht wohl die Zugfestigkeit und Streckgrenze; die Kerbzähigkeit wird jedoch durch Phosphor verschlechtert und die Sprödigkeit erhöht. Aus diesen Gründen wird der Phosphorgehalt möglichst niedrig gehalten.

426

8.4.3.3.2 Schwefel verschlechtert die Verformbarkeit und begünstigt die Schweißrissigkeit, d. h. die Entstehung von Rissen am Übergang von der Schweißnaht zum Stahl. Die Zerspanbarkeit wird jedoch z. T. verbessert.

8.4.3.3.3 Stickstoff. Stähle enthalten in der Regel geringe Mengen (bis 0,025 %) Stickstoff. Größere Mengen verschlechtern die Bruchdehnung und Kerbzähigkeit, erhöhen die Sprödigkeit und machen den Stahl alterungsanfällig (s. Bild 266). Deshalb wird der Stickstoffgehalt auf ein Minimum reduziert. Die Verschleißfestigkeit des Stahls wird durch Stickstoff z. T. erhöht, wovon man bei der „Nitrierhärtung" Gebrauch macht (s. später). – Literatur über Legierungszusätze und Begleitstoffe des Stahls s. [288–290].

8.4.4 Weiterverarbeitung des Stahls

8.4.4.1 Kokillenguß

Der flüssige Stahl wird in Gießpfannen aufgefangen und aus diesen in Blockformen (Kokillen) vergossen. Wenn letzteres ohne besondere Maßnahmen („unberuhigt") geschieht, dann entstehen während der Erstarrung Gasblasen (vorwiegend Kohlenmonoxid CO), die sich am Blockkopf ansammeln und dabei einen Teil der nichtmetallischen Einschlüsse nach oben tragen [291]. Solche Ansammlungen und Ausscheidungen von Fremdstoffen werden „Seigerungen" genannt. Außerdem wird durch die von außen nach innen fortschreitende Abkühlung der Kohlenstoff, auch Schwefel und Phosphor im Kern angereichert, wodurch dieser härter (auch spröder) und die Außenzone weicher wird. Beim Weiterverarbeiten verhalten sich solche „unberuhigten" Stähle ähnlich wie ein Verbundwerkstoff mit härterem Kern und weicherer Außenschicht. Insgesamt wird der Stahl inhomogen, wodurch Schweißeignung und Zähigkeit beeinträchtigt werden.

Die Kohlenoxidgasbildung rührt daher, daß sich bei dem Oxidationsprozeß des Frischens auch eine geringe Menge Eisenoxid bildet, das nach dem Aufkohlen unter Bildung von Kohlenmonoxid reduziert wird ($FeO + C \rightarrow Fe + CO$). Durch Zufügung von Desoxidationsmitteln wie Ferrosilicium oder Aluminium wird das FeO ohne Beteiligung des Kohlenstoffs und damit ohne Gasblasenbildung reduziert. Solche „beruhigten" Stähle haben ein gleichmäßiges feinkörniges Gefüge. Unlegierte Stähle mit < 0,12 % Kohlenstoff werden überwiegend unberuhigt, mit > 0,3 % Kohlenstoff und die legierten Stähle dagegen meist beruhigt vergossen.

8.4.4.2 Strangguß

Die bei langsamer Abkühlung auftretende unerwünschte Diffusion der Stahlbegleitstoffe zum Kern wird verhindert durch das Stranggießverfahren. Dabei wird der Stahl in wassergekühlte Kokillen gegossen, in denen er schnell erstarrt und kontinuierlich unten als Strang abgezogen werden kann. Dieser ist im Kern noch weich und leicht verformbar, so daß er durch Rollen von der senkrechten in die waagrechte Lage gebracht werden kann (Bogenguß). Es wird dadurch die rationelle Herstellung von beliebig langen „Knüppeln" mit gleichmäßiger Beschaffenheit ermöglicht [292].

8.4.5 Vergütende Behandlung des Stahls

Durch spezielle Wärmebehandlungsverfahren können die Eigenschaften von Stählen, insbesondere die Festigkeit und Zähigkeit, außerordentlich verbessert werden.

8.4.5.1 Metallverformung allgemein

Ein großer Vorteil der Metalle besteht darin, daß sie bei Anwendung von Druck bei erhöhter und auch z. T. bei Normaltemperatur plastisch verformt werden können. Diese Plastizität der Metalle hängt mit der charakteristischen Bindungsart der Metalle, der sog. „Metallbindung" zusammen. Wie schon ausgeführt, sind die Elektronen der Metalle frei beweglich, wodurch ein Gleiten der Kristallebenen, der sog. „Gleitebenen" möglich wird, im Gegensatz z. B. von Salzen, bei denen solche Gitterebenen ebenfalls vorhanden sind, wobei jedoch bei Verformungen positive neben positive und negative neben negative Ionen zu liegen kommen und darum das Kristallgitter geschwächt wird. Deshalb sind Metalle elastisch bzw. plastisch und aus Ionen aufgebaute Salze spröde (s. Bild 238).

Eisen kristallisiert oberhalb 906 °C mit kubischflächenzentriertem Raumgitter (γ-Eisen) in der sog. „Goldstruktur" und ist deshalb leicht verformbar (s. Bilder 243 und 244). Die gegenüber dem Eisen größere Härte der Stähle ist vorwiegend darauf zurückzuführen, daß das Gleiten der Kristallebenen durch zwischen den Eisenatomen eingelagerte Kohlenstoffatome erschwert wird (vergleichbar der gleithemmenden Wirkung von Streusand auf glatten Flächen).

Mit dem Gleiten der Kristallebenen von Metallen hängt auch eine für Metalle charakteristische Erscheinung, die sog. „Versetzungen" zusammen (s. Bild 239). Es handelt sich dabei um Kristallbaufehler, wie sie in Metallkristallen in großer Zahl vorhanden sind. Sie sind dadurch gekennzeichnet, daß im regelmäßigen Atomgitter eine zusätzliche Reihe von Atomen eingeschoben sein kann. Die Gleitung vollzieht sich dadurch, daß eine Versetzung durch den Kristall hindurch wandert. Innerhalb der Gleitebene bildet sich eine Versetzung aus, die mit zunehmender Gleitung nach rechts verschoben wird.

Dies gilt für sog. „Einkristalle", wie sie unter speziellen Arbeitsbedingungen hergestellt werden können. Die technischen Metalle bestehen aus unzähligen kleinen Kristallen, sog. „Kristalliten", die miteinander fest verbunden sind zu dem sog. *Gefüge.* Bei der Verformung ist die Orientierungsänderung für alle Kristalle annähernd gleich, so daß bestimmte bevorzugte Orientierungen entstehen, *Texturen,* die man als Verformungstexturen, wie z.B. „Ziehtexturen", „Walztexturen" usw. bezeichnet.

8.4.5.1.1 Warmformgebung. Die in schmelzflüssiger Form anfallenden Rohstähle erstarren in der Regel mit einem ziemlich grobkristallinen Gefüge. „Die Einwirkung der Warmverformung auf die Werkstoffeigenschaften besteht in einer Umwandlung des Gußgefüges in feinkörniges Gefüge, wodurch sich die Festigkeit bedeutend verbessert und gleichzeitig auch vorhandene Hohlräume geschlossen werden. Warmverformung durch Schmieden oder Walzen bewirkt Streckung der Kristallkörner zu Faser- oder primärer Säulenstruktur" [293].

Mit **Bild 267** wird versucht, diesen Vorgang am Beispiel des Walzprozesses grafisch darzustellen. Man erkennt hier die Umformung der ursprünglich kubischen Kristallite in eine gestreckte Kristallform mit gleichzeitig vergrößerten Kristallhaftflächen. Das Ergebnis ist vor allem eine verbesserte Zugfestigkeit.

8.4.5.1.2 Kaltformgebung. Darunter versteht man die Stahlverformung bei Raumtemperatur; sie kann durch Walzen geschehen, auch durch Hindurchziehen durch einen Formgebungsspalt wie beim Drahtziehen. Die Kaltformgebung ist meist mit einer Glüh- oder anderen Vergütungsbehandlung verbunden, entweder vorher zwecks Härteminderung oder nachher, um nachteilige Folgen der Kaltverformung wieder aufzuheben. Durch Kaltverformung kann die Zugfestigkeit außerordentlich verbessert werden und zugleich auch die Federwirkung. Die wichtigsten Kaltformgebungsverfahren sind Walzen, Ziehen, Recken und Verdrillen.

Metallverformung und Kristallgefüge
1 Nicht verformt
2 Gewalzt bzw. gezogen
kompakt
Kristallgefüge
gestreckt
Walze
Walze
kleine Kristall-
haftflächen
nicht gepreßt
kleinere Zugfestigkeit
große Kristallhaftflächen
durch Pressung verschweißt
größere Zugfestigkeit
6,7 µm
naturharter Stahl
kaltverformter Stahl
267

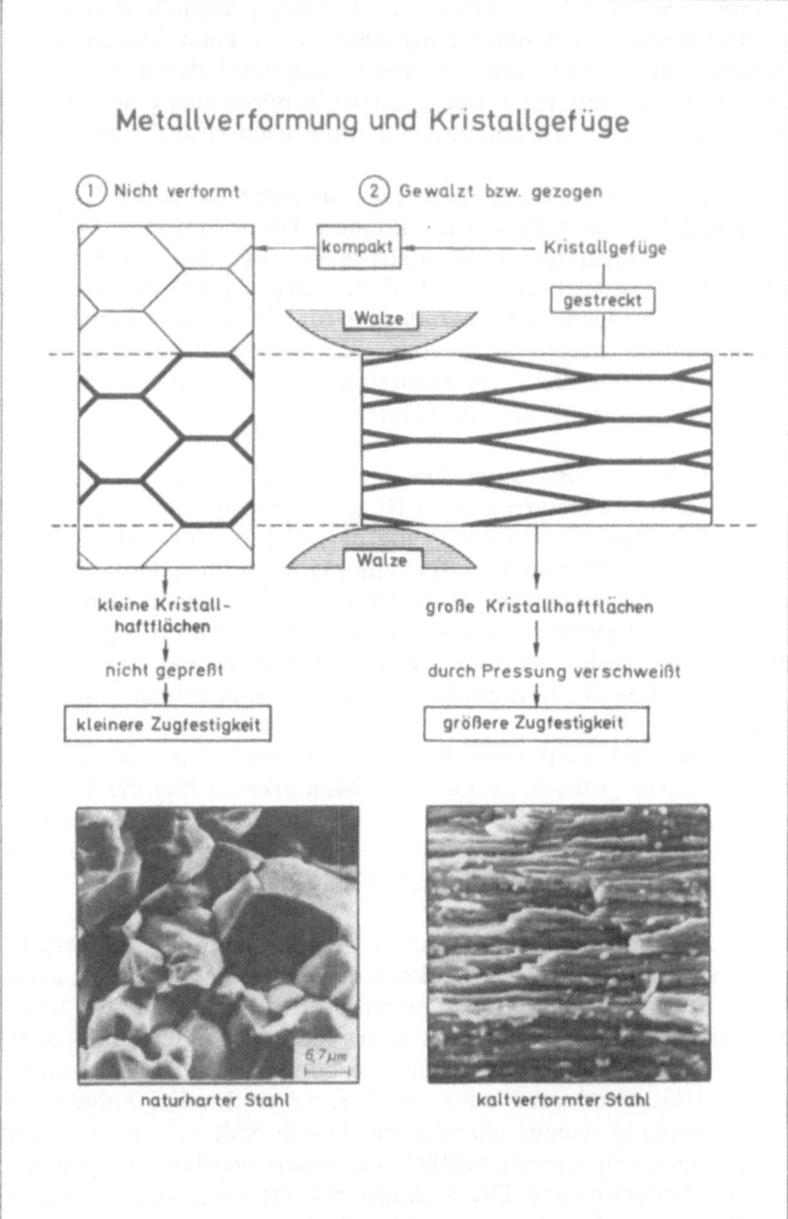

430

8.4.5.2 *Vergütende Wärmenachbehandlung*

Nach DIN 17014 (Wärmebehandlung von Eisen und Stahl) versteht man darunter Verfahren, bei denen zwecks Erzielung bestimmter Werkstoffeigenschaften ein Werkstück Temperaturänderungen unterworfen wird (s. **Bild 268**). Diese können sein:

8.4.5.2.1 Glühen. Es gibt verschiedene Arten des Glühens, die sich im wesentlichen in der Höhe der angewandten Temperatur und der Glühdauer unterscheiden. Die Wirkung des Glühens besteht in der Hauptsache darin, daß durch die Kaltverformung entstandene Spannungen im Kristallgefüge teilweise oder ganz aufgehoben werden. Beim *Spannungsfreiglühen* treten Änderungen im Kristallgitter ein, die man als „Kristallerholung" bezeichnet und die auch zu einer geringen Härteminderung führen. Durch das *Rekristallisationsglühen* wird das durch Kaltverformung oft stark deformierte Kristallgefüge wieder in ein spannungsfreies Gefüge umgebildet, um ohne Schäden weitergehende Verformungen zu ermöglichen. Das sog. *Normalglühen* führt zu einer selektiven Umwandlung des Kristallgefüges unter Bildung eines gleichmäßig feinen Korns, wodurch eine durch vorausgegangene Verformung entstandene Versprödung aufgehoben werden kann. Das *Hochglühen* bewirkt eine vergröbernde Umkristallisation ferritischer Gefügebestandteile, wodurch eine bessere spanabhebende Bearbeitung erreicht wird. Das sog. *Weichglühen* wird angewandt, um Stähle für eine anschließende Kaltverformung durch Walzen oder Ziehen geeignet zu machen.

Insgesamt handelt es sich bei den verschiedenen Arten des Glühens um Vorgänge, bei denen das vorgegebene Kristallgefüge über teilweise bis völlige Umkristallisation entspannt wird, was sich in allen Fällen in einem geringeren oder stärkeren Rückgang der Härte auswirkt (s. Bild 268/1) [294, 295].

8.4.5.2.2 Abschrecken. Das sog. „Abschrecken" dient zur Härtung des Stahls. Dabei werden die Stähle zuerst auf Temperaturen von in der Regel über 800 °C erhitzt und dann durch Eintauchen in Wasser von 12 bis 16 °C rasch gekühlt (abgeschreckt). Dadurch wird die Härte des Stahls außerordentlich, z.T. bis auf das Doppelte und Dreifache erhöht (s. Bild 268/2). Dies ist darauf zurückzuführen, daß beim Abschrecken der sehr harte „Martensit" entsteht [296].
Martensit. Wie im Zusammenhang des Eisen-Kohlenstoff-Diagramms gezeigt, verwandelt sich beim allmählichen Abkühlen des Stahls das viel Kohlenstoff lösende γ-Eisen in das nur wenig Kohlenstoff lösende α-Eisen, das mit der aus dem freiwerdenden Koh-

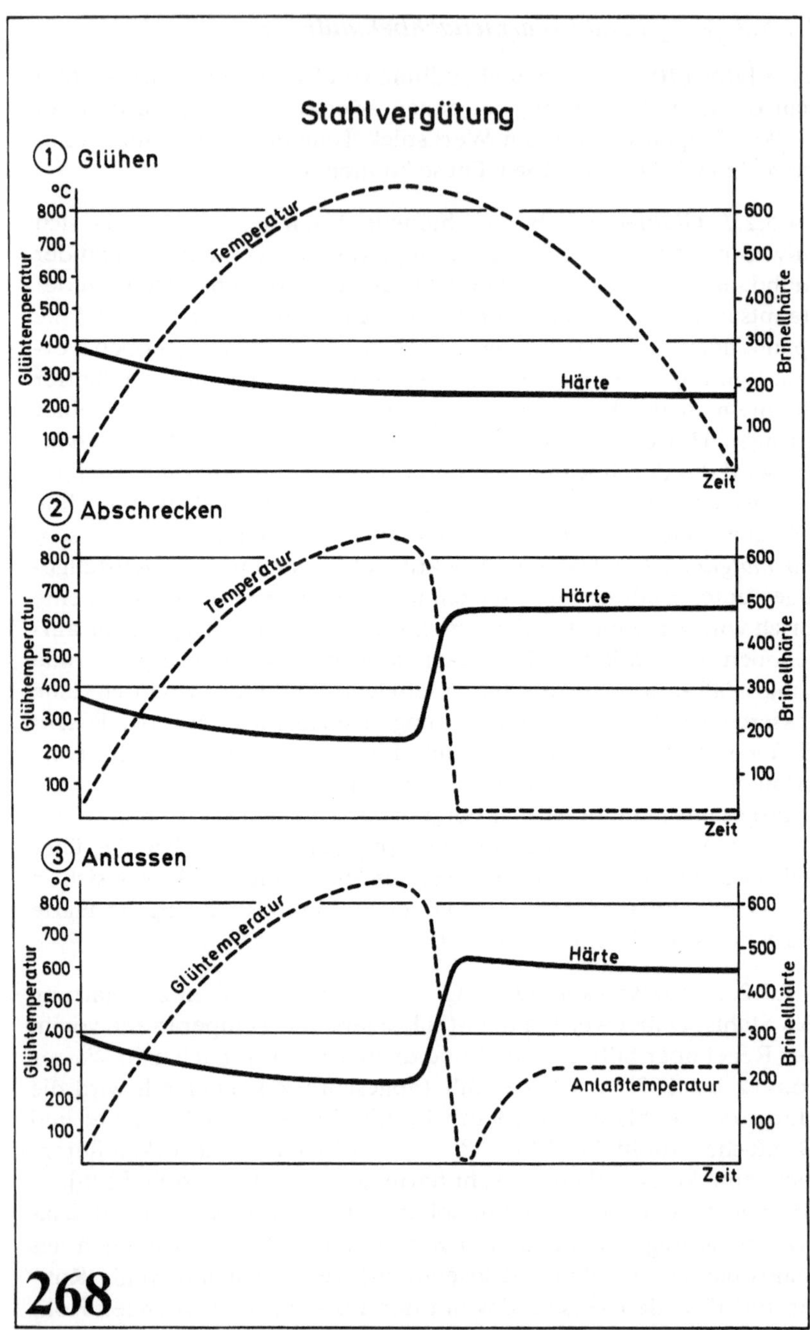

Stahlvergütung
1 Glühen
°C
Glühtemperatur
800
700
600
500
400
300
200
100
Temperatur
Härte
Zeit
Brinellhärte
600
500
400
300
200
100
2 Abschrecken
°C
Glühtemperatur
800
700
600
500
400
300
200
100
Temperatur
Härte
Zeit
Brinellhärte
600
500
400
300
200
100
3 Anlassen
°C
Glühtemperatur
800
700
600
500
400
300
200
100
Glühtemperatur
Härte
Anlaßtemperatur
Zeit
Brinellhärte
600
500
400
300
200
100
268

lenstoff entstehenden Verbindung Zementit die Phasen Ferrit und Perlit bildet.

Bei sehr schneller Abkühlung fehlt die Reaktionszeit zur Ausbildung dieser Phasen. Statt dessen scheidet sich freier Kohlenstoff aus, der mit dem α-Eisen eine feste Lösung, den sog. Martensit bildet. Je nach Kohlenstoffgehalt ist das Martensitgefüge nadelig bis feinkörnig. Die Härte des Martensits ist um ein Vielfaches größer als die des α-Eisens und die Ursache der großen Härte eines abgeschreckten Stahls. Neben der Härte wird auch der Verschleißwiderstand erhöht, das Verformungsvermögen und die Kerbzähigkeit jedoch verringert.

Co-, Ni-, Mn-, Cr-, Mo-, Si-Legierungszusätze verstärken den Härtungseffekt.

8.4.5.2.3 Anlassen. Wenn man den Stahl unmittelbar nach dem Abschrecken verwenden wollte, hätte er zwar günstige Härteeigenschaften, aber er ist sehr spröde und wenig dehnbar, verursacht durch die inneren Spannungen, die beim Abschrecken entstanden sind. Um diese Nachteile zu beseitigen, wird der Stahl wieder auf 200 bis 700°C erwärmt, was man *Anlassen* nennt [297]. Dabei wandelt sich ein Teil des harten Martensits in das weichere Perlit um und zwar um so mehr, je höher man die Anlaßtemperatur wählt. Dies ist gleichbedeutend mit einem Härteverlust des Stahls, der um so größer ist, je höher die Anlaßtemperatur ist (s. Bild 268/3). Gleichzeitig nehmen Elastizität, Zähigkeit, Dehnbarkeit und Bruchfestigkeit zu (s. **Bild 269**). Das Optimum liegt in der Regel bei 200 bis 300°C Anlaßtemperatur.
Beim Anlassen entstehen ab ca. 200°C die sog. „Anlaßfarben" [298] mit Übergängen von Gelb nach Rot, Blau und Grau, die Hinweise auf die angewandte Anlaßtemperatur geben (s. **Bild 272**).

8.4.5.3 Oberflächenhärtung

Zementierung und Nitrierung. Große Härte des Stahls ist fast immer mit Sprödigkeit verbunden. Dieses Problem wird durch die sog. *Einsatzhärtung* oder *Zementierung* gelöst [299]. Das Verfahren besteht darin, daß man zähe, meist kohlenstoffarme Stähle in der Oberflächenschicht mit Kohlenstoff anreichert. Zu diesem Zweck legt man die Werkstücke in Bleckkästen mit pulverförmigen, kohlenstoffreichen Substanzen und erhitzt einige Zeit auf 800 bis 900°C. Dabei dringt der Kohlenstoff in die Oberfläche des Stahls ein und härtet diese, während der Kern des Werkstücks unverändert zäh bleibt (s. **Bild 271**). Ein anderes Verfahren zur Steigerung der

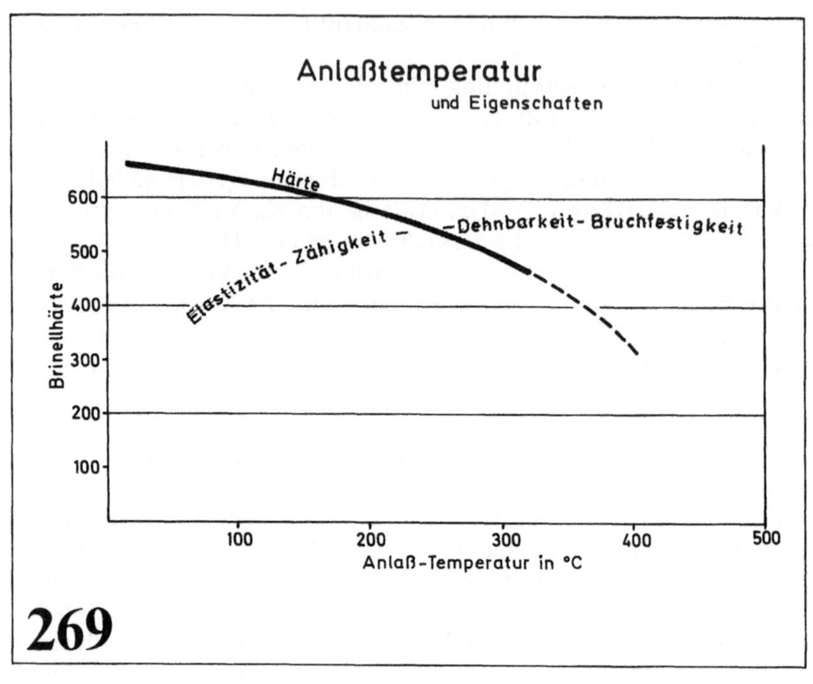

Anlaßtemperatur
und Eigenschaften
Härte
Dehnbarkeit - Bruchfestigkeit
Elastizität - Zähigkeit
Brinellhärte
600
500
400
300
200
100
100
200
300
400
500
Anlaß-Temperatur in °C
269

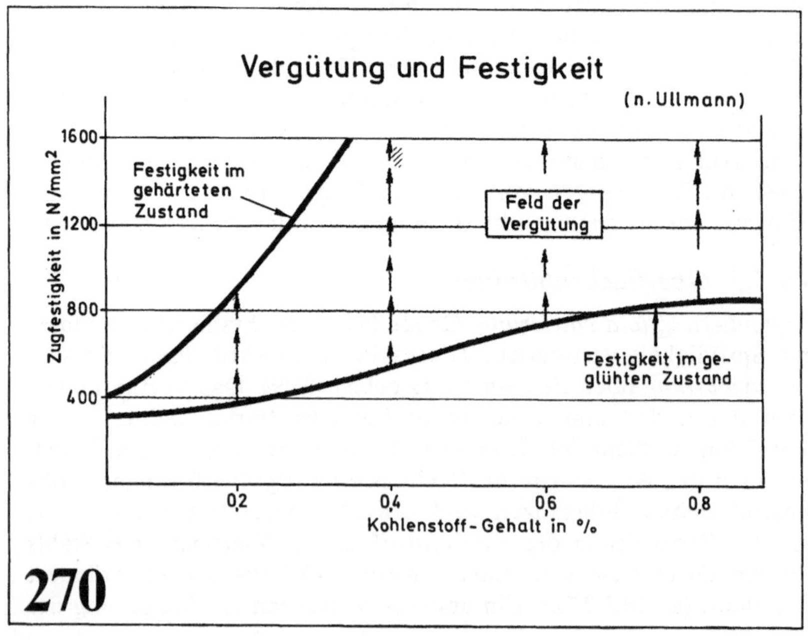

Vergütung und Festigkeit
(n. Ullmann)
Festigkeit im
gehärteten
Zustand
Feld der
Vergütung
Zugfestigkeit in N/mm²
1600
1200
800
400
Festigkeit im ge-
glühten Zustand
0,2
0,4
0,6
0,8
Kohlenstoff-Gehalt in %
270

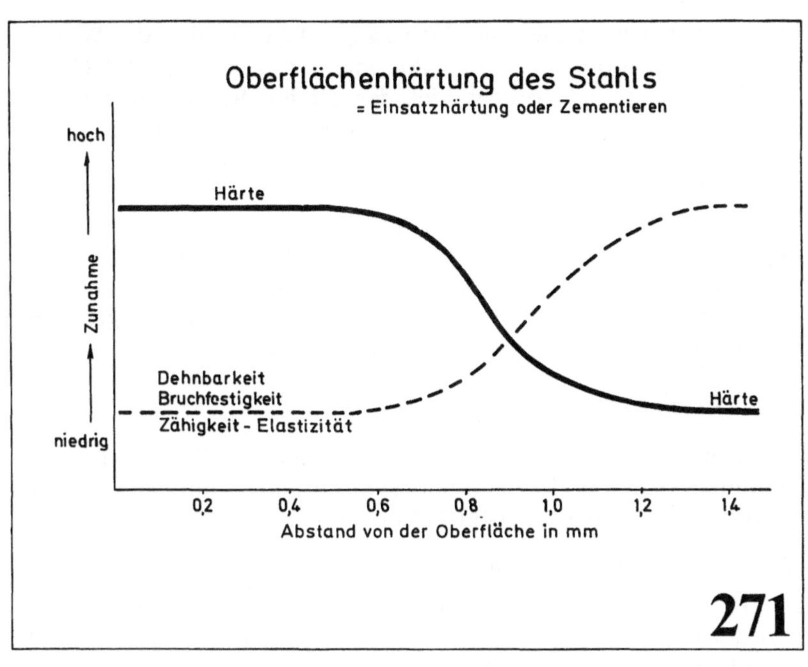

Oberflächenhärtung des Stahls
= Einsatzhärtung oder Zementieren
hoch
Zunahme
Härte
Dehnbarkeit
Bruchfestigkeit
Zähigkeit - Elastizität
niedrig
Härte
0,2   0,4   0,6   0,8   1,0   1,2   1,4
Abstand von der Oberfläche in mm
271

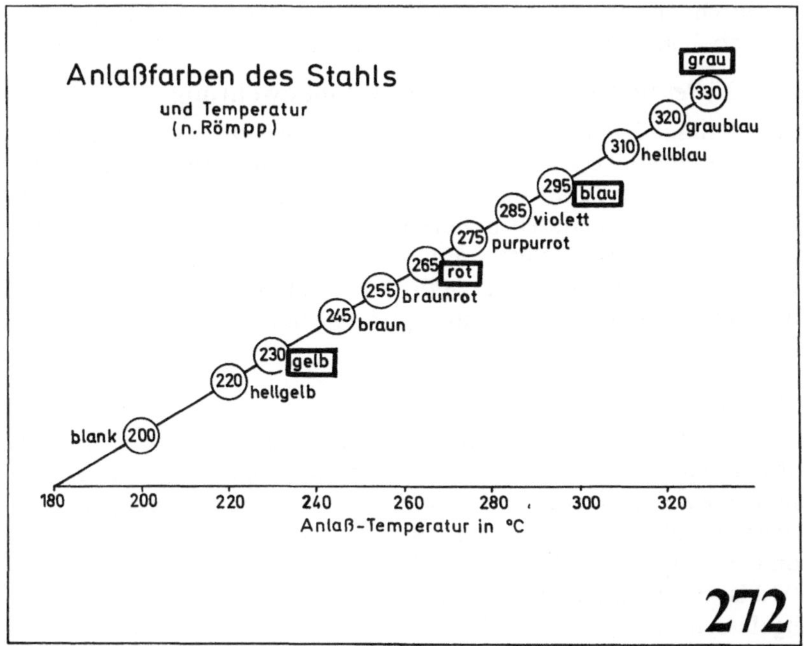

Anlaßfarben des Stahls
und Temperatur
(n. Römpp)
grau
330
320 graublau
310 hellblau
295 blau
285 violett
275 purpurrot
265 rot
255 braunrot
245 braun
230 gelb
220
hellgelb
blank 200
180   200   220   240   260   280   300   320
Anlaß-Temperatur in °C
272

Oberflächenhärte ist die sog. *Nitrierung*. Dazu werden die Werkstücke in Elektroöfen in einem Amoniakstrom auf ca. 500 °C erhitzt. Dabei wird Stickstoff gebildet, der mit dem Stahl äußerst harte Nitrite bildet. Dadurch wird die Verschleißfestigkeit verbessert und gleichzeitig auch die Korrosionsbeständigkeit, insbesondere gegen Meerwasser [300].

Die Verbesserung der Festigkeitseigenschaften durch Härten und Vergüten von unlegierten Stählen ist aus **Bild 270** ersichtlich [301]. Sie ist primär vom Kohlenstoffgehalt abhängig. Bei niedrigem Kohlenstoffgehalt ist die Festigkeitssteigerung gering, mit steigendem Kohlenstoffgehalt nimmt sie außerordentlich zu.

8.4.6 Stahlsorten

Der Zusammenhang zwischen Eigenschaften von Stählen und deren Zusammensetzung und Behandlungsverfahren ist an Beispielen der wichtigsten Stahltypen aus **Bild 273** ersichtlich [302].

8.4.6.1 *Baustähle* (für Stahlkonstruktionen)

St 370/2 und St 520/3 (erste Zahl = Zugfestigkeit, zweite Zahl = Anforderungen, 1 = gering, 2 = mittel, 3 = hoch) Der Stahl 370/2 ist der Normaltyp. Beim St 520/3 sind Streckgrenze und Zugfestigkeit durch Zusatz von < 0,5 % Silicium und < 1,5 % Mangan sowie Wärmebehandlung (Normalglühen) erhöht.

8.4.6.2 *Betonstähle* (für schlaffe Betonbewehrung)

Bezeichnung: Erste Zahl = Mindeststreckgrenze, zweite Zahl = Mindestzugfestigkeit. B ST 220/340 hat einen niedrigen Kohlenstoff-(C)-Gehalt (< 0,25 %) und höchstens 0,6 Silicium. BST 420/500: Größere Festigkeit durch höheren C-Gehalt (0,3 bis 0,6 %) sowie Zusätze von Mangan, Silicium und z. T. Chrom, kaltgewalzt, ist der Standard-Rippenstahl. BST 500/550: Verbesserte Eigenschaften durch spezielle Nachbehandlung (gereckt oder gezogen). Verwendung vorwiegend für Stahlmatten.

8.4.6.3 *Spannstähle*

Die für diese Stähle geforderte hohe Zugfestigkeit und Streckgrenze wird durch höhere und fein abgestimmte Legierungszusätze und durch spezielle Nachbehandlung (vergütet, gereckt, gezogen) erreicht. ST 600/900 ist warmgewalzt (naturhart) mit einem Gehalt von 0,65 bis 0,75 % C, 0,7 bis 1,5 % Mn, 0,7 bis 1,6 % Si. ST 850/1050 ist bei etwa gleicher Zusammensetzung zusätzlich gereckt und angelassen. ST 1350/1500 ist ein vergüteter (gehärtet und angelas-

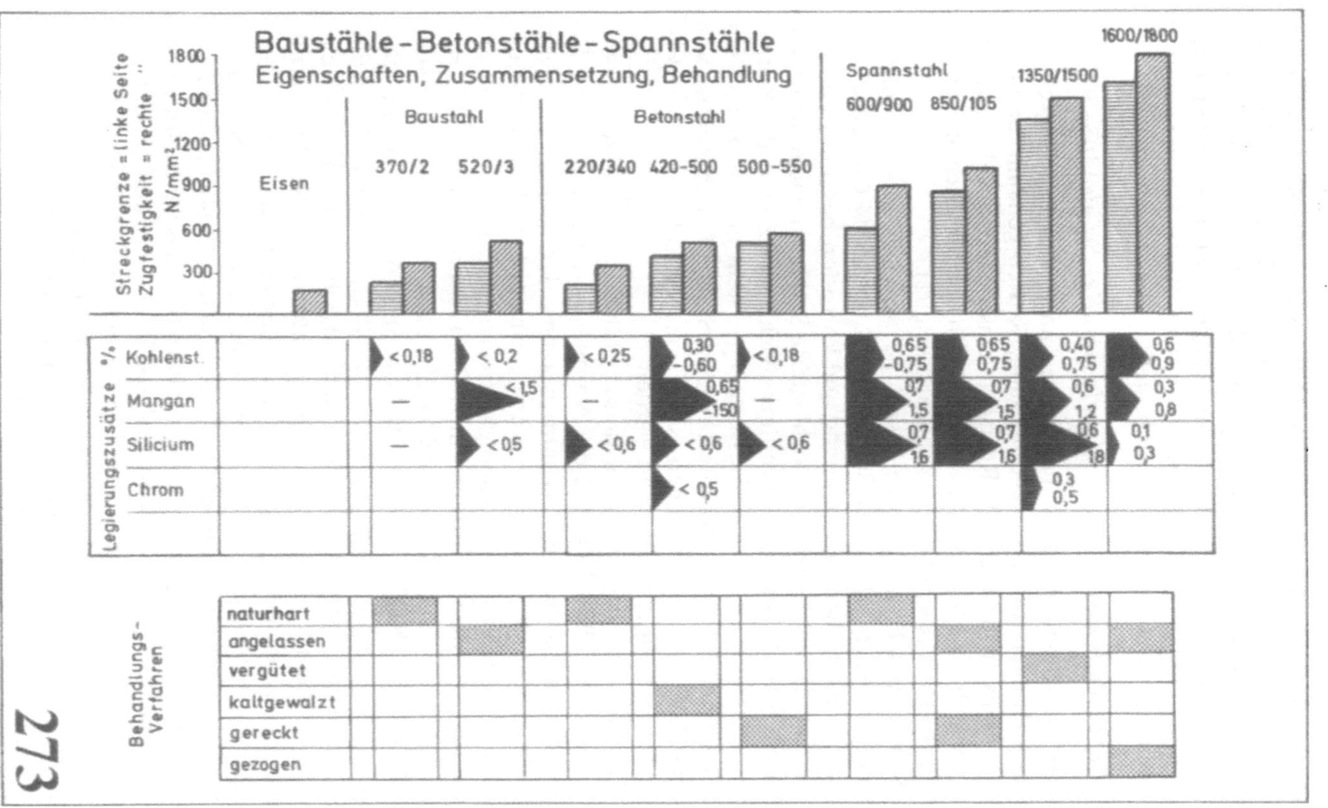

Baustähle – Betonstähle – Spannstähle
Eigenschaften, Zusammensetzung, Behandlung
Streckgrenze = linke Seite
Zugfestigkeit = rechte "
N/mm²
1800
1500
1200
900
600
300
Eisen
Baustahl
370/2
520/3
Betonstahl
220/340
420-500
500-550
Spannstahl
600/900
850/105
1350/1500
1600/1800
Legierungszusätze %
Kohlenst.
< 0,18
< 0,2
< 0,25
0,30 -0,60
< 0,18
0,65 -0,75
0,65 0,75
0,40 0,75
0,6 0,9
Mangan
—
< 1,5
—
0,65 -1,50
—
0,7 1,5
0,7 1,5
0,6 1,2
0,3 0,8
Silicium
—
< 0,5
< 0,6
< 0,6
< 0,6
0,7 1,6
0,7 1,6
0,6 1,8
0,1 0,3
Chrom
< 0,5
0,3 0,5
Behandlungs-Verfahren
naturhart
angelassen
vergütet
kaltgewalzt
gereckt
gezogen
273
437

sen) Spannstahl mit etwa den gleichen Legierungszusätzen wie ST
850/1050, jedoch zusätzlich Chrom enthaltend. ST 1600/1800 enthält bei einem etwas höheren C-Gehalt (0,6 bis 0,9%) weniger
Silicium und Mangan. Seine hohe Festigkeit wird vor allem durch
das Behandlungsverfahren erreicht, das aus Kaltziehen in mehreren
Stufen und dazwischen Anlassen besteht.

8.4.6.4 *Nichtrostende und säurebeständige Stähle* [303–305]

Eisen und Stahl reagieren bei Anwesenheit von Feuchtigkeit mit
dem Luftsauerstoff unter Oxidbildung, Rosten genannt. Stahlbauwerke müssen deshalb mit Rostschutzanstrichen versehen werden
(Betonstahl und Spannstahl werden durch den alkalischen Zementstein vor Rost geschützt, s. Bewehrungsschutz).

Sehr reines Eisen (Armco-Eisen, Fe $>$99,85) ist korrosionsbeständiger. Auch gekupferte Stähle mit 0,2 bis 0,55% Cu sind schwer
rostend. Weitgehend nichtrostend und korrosionsbeständig (wie ein
Edelmetall) sind jedoch nur hochlegierte Stähle mit mehr als 12,5%
Chrom. Durch einen gleichzeitigen Nickelzusatz wird die Korrosionsbeständigkeit noch verbessert. V_2A-Stahl der Fa. Krupp mit
18% Cr und 8% Ni ist der älteste dieser Stähle. Durch Zusätze von
Molybdän und Titan können Korrosionsbeständigkeit, Festigkeit
und Schweißbarkeit verbessert werden.

Die inzwischen große Zahl dieser Stähle ist durch DIN 17440
genormt. Aus **Bild 274** sind die Normfestigkeiten und andere Eigenschaften sowie die Zusammensetzung der wichtigsten dieser
Stähle ersichtlich. Alle haben einen geringen C-Gehalt, weil Kohlenstoff die Korrosionsbeständigkeit verringert. Der Stahl X8Cr17
(Nr. 14016) mit nur Chromzusatz (17%) ist noch nicht voll korrosionsbeständig, auch schlecht schweißbar und verformbar. Der Stahl
X12CrNi188 (Nr. 14300) entspricht dem V_2A-Stahl, der bei gleichem Chromgehalt noch ca. 9% Ni enthält. Er ist gut wetterbeständig, auch gut verformbar, jedoch nur mit Schwierigkeiten schweißbar. Der Stahl X5CrNiMo1811 (Nr. 14420) mit Molybdänzusatz ist
besser und auch bei aggressiver Atmosphäre beständig. Schweißbarkeit und Verformbarkeit sind gut. Stahl X5CrNiMo1810
(Nr. 14401) mit gegenüber Nr. 14420 höherem Molybdänzusatz ist
auch gegen stark aggressive Atmosphäre (Chemische Industrie und
Küstennähe) beständig. Verformbarkeit und Schweißbarkeit gut.
Stahl X10CrNiMoTi1810 (Nr. 14571) mit zusätzlich Titan hat bei
gleicher Korrosionsbeständigkeit wie Nr. 14401 eine etwas höhere
Streckgrenze. Die Chrom-Nickel-Stähle sind unmagnetisch, der
nickelfreie Stahl Nr. 14016 ist magnetisch.

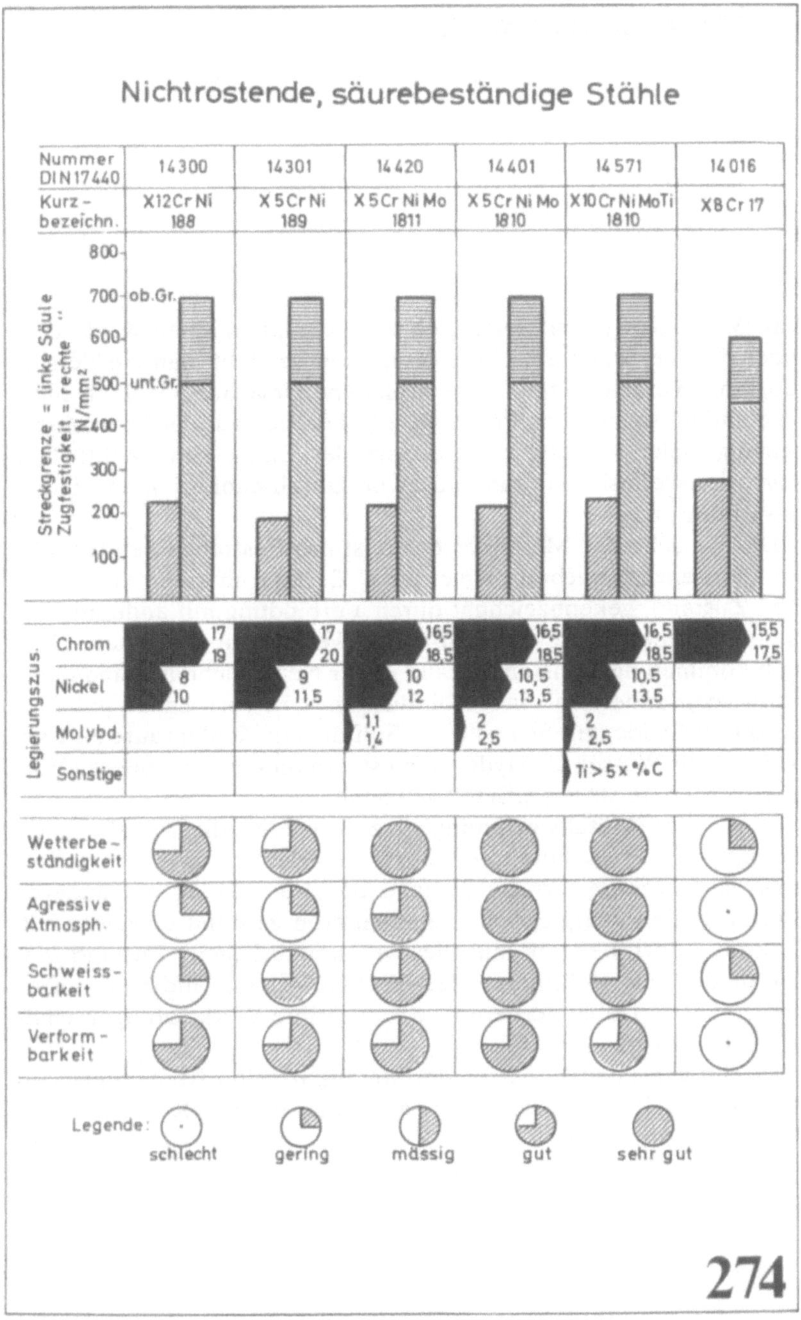

Nichtrostende, säurebeständige Stähle

Nummer DIN 17440	1.4300	1.4301	1.4420	1.4401	1.4571	1.4016
Kurz-bezeichn.	X12CrNi 188	X5CrNi 189	X5CrNiMo 1811	X5CrNiMo 1810	X10CrNiMoTi 1810	X8Cr17

Streckgrenze = linke Säule
Zugfestigkeit = rechte Säule
N/mm²

ob.Gr. — unt.Gr.

Legierungszus.	Chrom	17/19	17/20	16,5/18,5	16,5/18,5	16,5/18,5	15,5/17,5
	Nickel	8/10	9/11,5	10/12	10,5/13,5	10,5/13,5	
	Molybd.			1,1/1,4	2/2,5	2/2,5	
	Sonstige					Ti > 5 x %C	

Wetterbe-ständigkeit

Agressive Atmosph.

Schweiss-barkeit

Verform-barkeit

Legende: schlecht   gering   mässig   gut   sehr gut

274

9 Metallkorrosion

Das Wort „Korrosion" leitet sich von dem lateinischen Wort „corrodere" = zernagen ab. Unter Korrosion versteht man die Zerstörung von Werkstoffen durch verschiedene Ursachen. Große technische und wirtschaftliche Probleme ergeben sich aus der Korrosionsneigung vieler Metalle, insbesondere des Eisens bzw. Stahls. Der Korrosionsverlust von Stahl macht im Durchschnitt 5% der Eisengewinnung aus.

Die Ursache der Metallkorrosion ist das Bestreben der Metalle, aus dem energiereichen elementaren Zustand in einen energiearmen Zustand, gekennzeichnet durch Verbindung mit anderen Elementen, insbesondere Sauerstoff und Wasser, überzugehen. Deshalb kommen die meisten Metalle in der Natur nicht in elementarer Form vor, sondern nur in Verbindungen, z.B. vorwiegend mit Sauerstoff als Oxide, mit Schwefel als Sulfide, mit Kohlensäure als Carbonate, mit Wasser als Hydroxide usw. In diesen und anderen Formen werden sie als sog. „Erze" gewonnen.

Durch den Metallgewinnungsprozeß werden die Metalle unter Energiezufuhr (Hochofenprozeß, Schmelzelektrolyse usw.) aus dem natürlichen, energiearmen Zustand der Verbindung mit anderen Stoffen in den energiereichen elementaren Zustand umgewandelt. Sie sind jedoch bestrebt, aus diesem „unnatürlichen" Zustand wieder in den energieärmeren der Verbindung mit anderen Stoffen überzugehen. Dabei verlieren sie jedoch ihre Werkstoffeigenschaften, d.h. sie korrodieren.

Es gibt verschiedene Arten der Metallkorrosion. Man unterscheidet prinzipiell chemische bzw. elektrochemische Korrosion und Spannungskorrosion.

9.1 Chemische Korrosion

Die chemische Korrosion wird durch Einwirkung von Sauerstoff, Wasser, Säuren, Laugen und Salzen verursacht.

9.1.1 Sauerstoffkorrosion (allgemein)

Die meisten Metalle haben eine große Affinität zum Sauerstoff. Die Oxidation, d. h. der Übergang vom energiereichen elementaren Metallzustand in den energiearmen des Oxids ist mit einer meßbaren Energieabgabe verbunden (s. Bild 254). Diese sog. Sauerstoffaffinität ist bei den Metallen sehr verschieden [265]. Sie ist am größten bei den im Periodensystem auf der linken Seite stehenden Alkalimetallen und nimmt von links nach rechts und von oben nach unten ab (s. Bild 6). Das Kalium hat eine so große Sauerstoffaffinität, daß es sich beim Erhitzen von selbst entzündet und (mit violetter Farbe) verbrennt. Auch das Erdalkalimetall Magnesium verbrennt in feiner Verteilung an der Luft mit hellweißer Farbe (Blitzlicht). Das daneben in der dritten Gruppe stehende Aluminium hat ebenfalls noch eine sehr große, im Vergleich zum Eisen sechsfache Sauerstoffaffinität. Es folgen dann die in der nächsten Periode zwischen der zweiten und dritten Gruppe stehenden sog. „Übergangsmetalle" mit von links nach rechts abnehmender, beim Kupfer geringsten Sauerstoffaffinität. Bei dem dann folgenden Zink steigt sie wieder sprunghaft an.

Das Kupfer hat eine so geringe Sauerstoffaffinität, daß es sich in mancher Beziehung edelmetallähnlich verhält und deshalb „Halbedelmetall" genannt wird. Die im Periodensystem unter dem Kupfer stehenden sog. „Edelmetalle" haben eine minimale (Silber) bzw. negative (Gold) Sauerstoffaffinität, d. h. es ist Energie notwendig, um diese Metalle in ihre Oxide zu verwandeln. Wegen ihrer geringen Sauerstoffaffinität kommen sie in der Natur gediegen vor.

Wider Erwarten sind die sehr unedlen Metalle Magnesium, Aluminium und auch das Zink seht gut beständig gegen Sauerstoffkorrosion. Das hängt damit zusammen, daß die sich bei Luft- und Feuchtigkeitseinwirkung an der Metalloberfläche sehr schnell bildende Deckschicht unlöslich und sehr dicht ist, wodurch eine weitere Reaktion des darunter liegenden Metalls mit dem Luftsauerstoff verhindert wird. Diese Eigenschaft hängt damit zusammen, daß die Oxide des Aluminiums und Magnesiums eine höhere Dichte als das Metall haben. Demgegenüber ist die Dichte des Eisenoxids mit ca. 5,5 wesentlich geringer als die des Eisens (7,9).

9.1.2 Atmosphärische Stahlkorrosion

9.1.2.1 Der Rostungsvorgang

Die Rostung ist ein ziemlich komplizierter, über mehrere Reaktionsstufen etwa nach folgenden Gleichungen verlaufender Vorgang (s. **Bild 275**/2):

1. In Gegenwart von Wasser ist das Eisen infolge seines Lösungsdrucks bestrebt, als positives Fe^{++}-Ion aus dem Metallverband auszutreten:

$$Fe\ (+H_2O) \rightarrow Fe^{++} + 2e^- \qquad\qquad (s.\ 2/1).$$

2. Die dabei freiwerdenden Elektronen (e^-) reagieren in dem wäßrigen Medium mit dem darin enthaltenen Sauerstoff:

$$2\,e^- + HOH + \tfrac{1}{2}\,O_2 \rightarrow 2\,OH^- \qquad\qquad (s.\ 2/2),$$

wobei sich negativ geladene Hydroxydionen (OH^-) bilden.

3. Die nach Gleichung 1 und 2 entstandenen, entgegengesetzt geladenen positiven Fe^{++}-Ionen und negativen OH^--Ionen ziehen sich gegenseitig an und reagieren unter Bildung von Eisenhydroxid:

$$Fe^{++} + 2\,OH^- \rightarrow Fe(OH)_2 \qquad\qquad (s.\ 2/3).$$

4. Das Eisenhydroxid reagiert dann in einer weiteren Stufe mit Sauerstoff, wobei sich der Rost bildet:

$$2\,Fe(OH)_2 + \tfrac{1}{2}\,O_2 \rightarrow FeOOH + H_2O \qquad\qquad (s.\ 2/4).$$

Aus den ersten drei Gleichungen ergibt sich, daß die atmosphärische Korrosion auch ein elektrochemischer Prozeß ist.

Für die Reaktion der Rostbildung ist also neben Eisen Sauerstoff notwendig und als Medium Wasser. Wo Sauerstoff fehlt (wie z. B. in abgeschlossenen Systemen von Zentralheizungen) und wo Wasser fehlt (wie z. B. in trockenem Wüstenklima) rostet Eisen nicht.

Für den Rostprozeß ist jedoch nicht flüssiges Wasser in Form von Regen Voraussetzung. Die Luft enthält dampfförmiges Wasser in Mengen bis zu $30\,g/m^3$ (s. Bild 27). Am Stahl schlägt sich bei feuchter Luft Wasser nieder, welches einen kaum meßbaren, aber doch vorhandenen Feuchtigkeitsfilm auf seiner Oberfläche bildet. Noch viel stärker bindet jedoch der Rost das Wasser an sich. Chemisch besteht der Rost meist aus verschiedenen Eisenoxidverbindungen. Die Dichte des Rostes liegt bei ca. 3,5, die des Eisens bei 7,9. Der Rost hat also in dichter Form das doppelte Volumen des Eisens. Da er jedoch sehr porös ist, beträgt sein tatsächliches Volumen etwa das Siebenfache des Eisens.

Infolge der durch die Porosität bedingten großen inneren Oberfläche hat der Rost ein großes Adsorptionsvermögen. Er bindet je nach Luftfeuchtigkeit beträchtliche Wassermengen, die sich beim Erhitzen von lufttrockenem Rost im Reagenzglas als Wasserbe-

442

Stahl - Korrosion

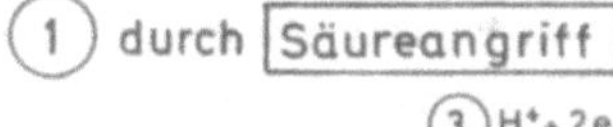

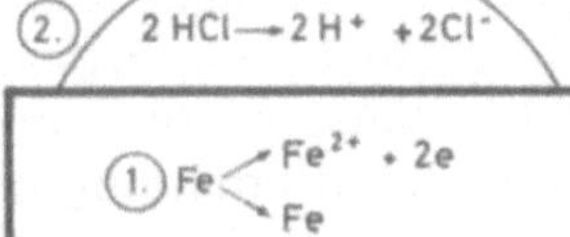

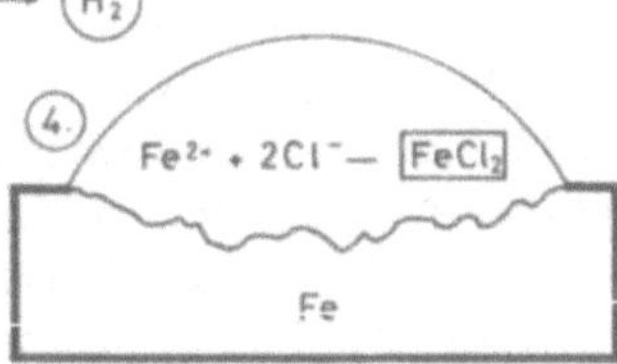

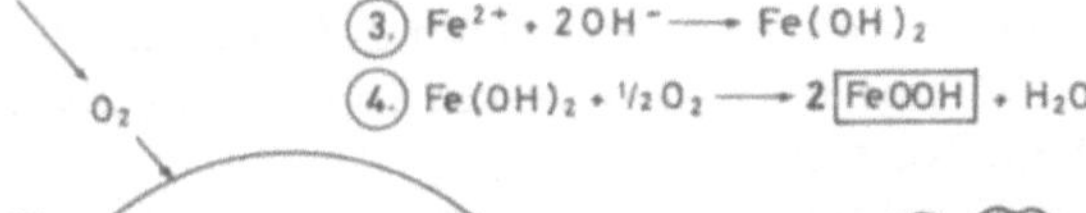

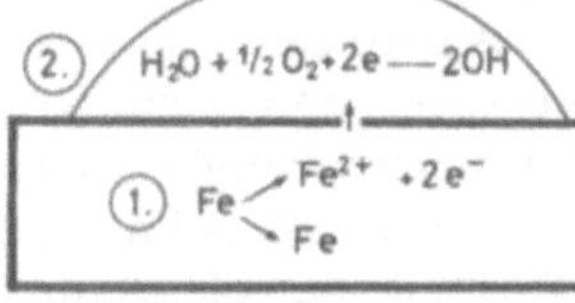

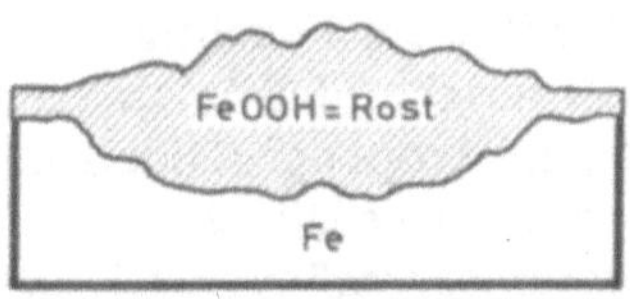

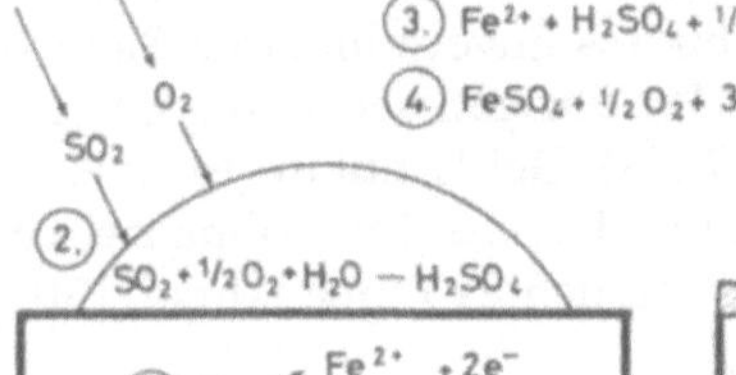

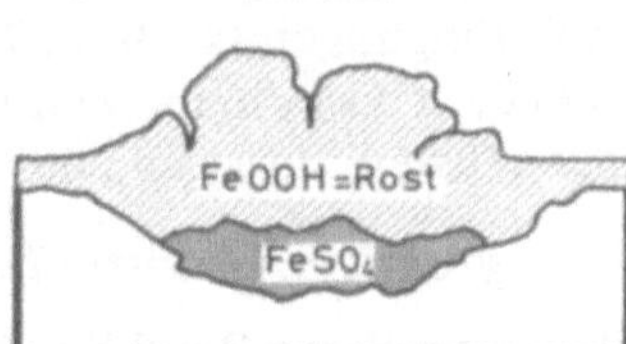

275

schlag zeigen. Durch diese starke Wasserbindung wirkt nicht etwa der feuchte Rost korrosionshemmend sondern nur kompakt trockener Rost.

9.1.2.2 Klimaeinfluß

Die untere Grenze der Wasserbindung durch Stahl und Rost und damit die untere Grenze der Rostbildung liegt bei etwa 60% Luftfeuchte. Je höher die Luftfeuchte, desto intensiver ist die Reaktionsgeschwindigkeit und desto stärker die Rostung; sie nimmt zwischen 70 und 100% um ein Vielfaches zu (s. **Bild 276**/1 [306]. Deshalb ist die Rostung in Erdnähe, wo infolge der Wasserverdunstung der Feuchtigkeitsgehalt höher ist (z.B. Mastenfüße) erfahrungsgemäß stärker als in der Höhe, weshalb an solchen Stellen verstärkte Schutzmaßnahmen notwendig sind.

Das Ausmaß der Rostung von ungeschütztem Stahl entspricht deshalb dem Produkt von Luftfeuchte und Einwirkungsdauer. Aufgabe des Konstrukteurs ist es, dafür zu sorgen, daß Regenwasser schnell und vollständig abfließen kann, denn in Ecken und Winkeln zurückbleibendes Wasser verlängert dessen Einwirkungsdauer und verstärkt deshalb die Rostung.

Der Einfluß der Feuchtigkeit des Klimas wird besonders deutlich aus der Tatsache, daß in trockenen Wüstengegenden die Rostung minimal, in Tropengegenden mit hoher Luftfeuchtigkeit dagegen sehr stark ist. Aus Bild 276/1 geht auch hervor, daß bei niedrigerer Temperatur (gemäßigtes Klima) die Rostung bei gleichem Luftfeuchtegehalt geringer ist. Dies hängt damit zusammen, daß im allgemeinen chemische Reaktionen durch höhere Temperaturen beschleunigt werden.

Der Fortschritt der Rostung ist im wesentlichen proportional der Zeit und beträgt im Mittel ca. 0,08 mm/Jahr (s. Bild 276/2). In den ersten 5 Jahren beträgt sie (wegen des unverminderten Sauerstoffangebotes) ca. 0,125 mm/Jahr. Im übrigen schwankt sie je nach örtlichen Bedingungen (s. Bild 276/3). Bei Landluft (Mitteleuropa) liegt sie bei 0,03 bis 0,06 mm/Jahr und bei heißem Klima zwischen 0 (trockenes Wüstenklima) und 0,07 (feuchtes Tropenklima) [307].

9.1.2.3 Aggressive Atmosphäre

Eine außerordentliche Beschleunigung des Rostvorganges tritt dann ein, wenn die Luft aggressive Stoffe, das sind vor allem Säuren und Salze, enthält. Erstere entstehen bei der Verbrennung von festen und flüssigen Brennstoffen aus dem Schwefelgehalt derselben. Dieser verbrennt zu Schwefeldioxid (SO_2), das mit Luftfeuchtigkeit

Stahlkorrosion durch Atmosphäre

① Rel. Feuchte u. Temperatur

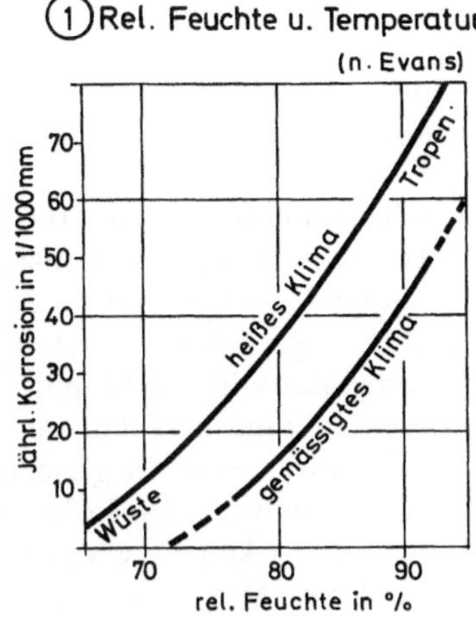

② Zeiteinfluß

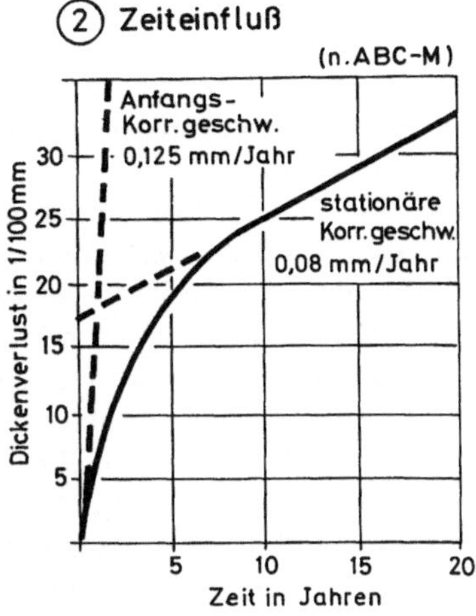

③ Einfluss aggressiver Atmosphäre

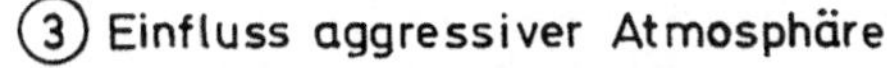

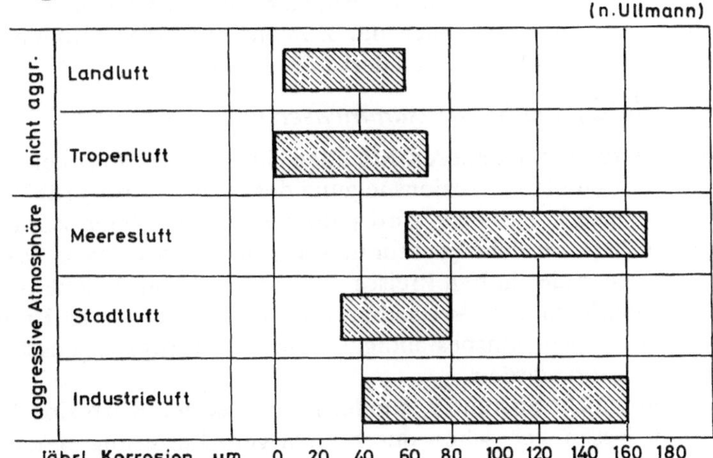

276

schweflige Säure bildet (SO_2 + H_2O → H_2SO_3), die durch den Luftsauerstoff zu Schwefelsäure aufoxidiert (2 H_2SO_3 + O_2 → 2 H_2SO_4) und vom Regen aufgenommen wird (s. Bild 275/3). Diese setzt sich mit dem Eisen unter Bildung von Eisensulfat (Fe + H_2SO_4 + ½ O_2 → Fe SO_4 + H_2O) um. Deshalb verstärkte Korrosion mit 40 bis 160 µm/Jahr. Bei diesem Korrosionstyp treten häufig sog. „Rostpusteln" auf. Wenn man sie öffnet, dann findet man unter einer Deckschicht von Rost das in kristalliner Form ausgeschiedene Eisensulfat (s. Bild 275/3).

Verstärkte Stahlkorrosion tritt auch in Küstennähe auf. Meerwasser, das ca. 3% Salze verschiedener Art enthält, wird in feinster Verteilung als „Aerosol" (feste oder flüssige Teilchen von ca. 0,1 bis 100 µm Durchmesser) vom Wind ans Land getragen und schlägt sich u. a. auf Stahlbauwerken nieder. Durch Salze wird die Stahlkorrosion außerordentlich beschleunigt, was zur Folge hat, daß sie in Meeresnähe um ein Mehrfaches verstärkt wird, etwa in gleicher Weise wie bei der Einwirkung aggressiver Industrieluft (s. Bild 276/3).

In hohem Maß korrosionsfördernd auf Stahl wirken die Chloride. Deshalb ist das aus Chloriden bestehende Streusalz sehr gefährlich bei Stahlbauten und stahlbewehrtem Beton. Im letzteren Fall wird der durch den hohen pH-Wert bewirkte Rostschutz des Bewehrungsstahls hinfällig, weshalb die Einwirkung von Chloriden vermieden werden muß und auch der Zement nur einen minimalen Chlorgehalt (<0,1%) aufweisen darf.

9.1.2.4 *Einfluß der Stahlzusammensetzung*

Durch Legierung mit anderen Metallen, insbesondere Nickel und Chrom, läßt sich die Korrosionsneigung des Stahls verringern. Völlige Korrosionsbeständigkeit wird jedoch erst durch hohe Zusätze von bis zu 20% erreicht (s. säurebeständige Stähle). Diese Maßnahme ist wegen des hohen Preises dieser Metalle für übliche Baustähle wirtschaftlich nicht vertretbar, um so mehr, als mit der Erzielung höchster Korrosionsbeständigkeit andere wichtige Eigenschaften verschlechtert werden.

Stähle mit nicht absoluter, sondern verbesserter Korrosionsbeständigkeit lassen sich schon durch niedrigere Legierung erzielen. So wird durch geringen Kupferzusatz bei Anwesenheit von Phosphor die Korrosionsbeständigkeit erheblich verbessert. Durch höhere Nickel- und Chromzusätze wird eine weitere Verbesserung erzielt (s. **Bild 277**) [308]. Da solche Stähle trotzdem noch einen Korrosionsschutz benötigen, zieht man es im allgemeinen vor, mit der Legierung ein Optimum an Festigkeits- und sonstigen wichtigen

Stahlkorrosion
Einfluß der Stahlzusammensetzung
(n. Ullmann)
Gewichtsverlust in g/dm²
Zeit in Jahren
1
2
3
4
8
6
4
2
2
4
6
8

Zusammensetzung obiger Stähle
Legierungszusätze in %
Nickel
Nickel
Chrom
Kupfer
0,2
P
0,1
0,2
2,6
0,6
0,9
1,4
P
0,2
1,1
0,4
1
2
3
4

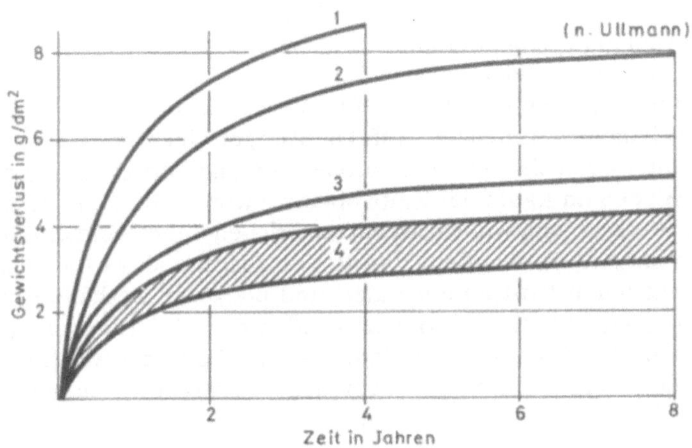

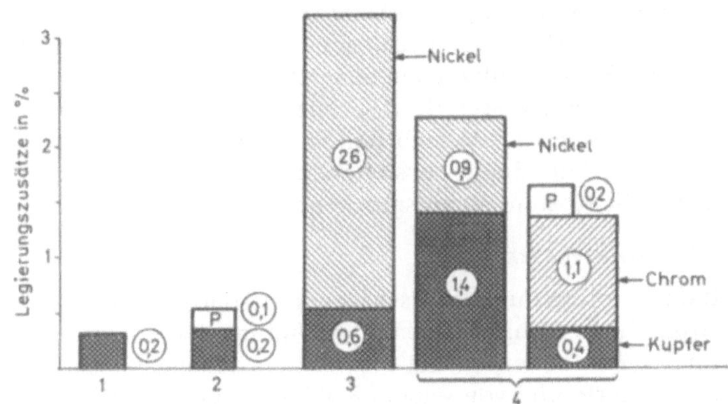

277

447

Eigenschaften anzustreben und die Korrosion durch wirksame Schutzanstriche zu verhindern.

9.1.3 Hitzeoxidation (Verzunderung)

Zunder ist eine Oxidschicht, die sich bei der Reaktion hocherhitzten Stahls mit dem Luftsauerstoff bildet. Er tritt insbesondere beim Walzen auf und heißt deshalb „Walzzunder". Die Zunderschicht besteht aus Eisenoxiden verschiedenen Sauerstoffgehalts in folgender Reihenfolge: Fe (Eisen) – FeO (Wüstit) – Fe_3O_4 (Magnetit) – Fe_2O_3 (Hämatit) – Luftsauerstoff. Die Zunderschicht wäre ein guter Rostschutz, wenn sie nicht sehr spröde wäre und infolge Spannungsunterschieden im Laufe der Zeit abplatzen würde. Sie sollte deshalb vor der Aufbringung von Rostschutzanstrichen durch Sandstrahlung weitgehend entfernt werden. Von Rissen ausgehend, wird die Zunderschicht durch Rost unterwandert und platzt ab, weshalb es z. T. üblich ist, neue Stahlbauwerke einige Zeit der Witterung auszusetzen, wobei der Zunder durch Unterrostung abplatzt bzw. gelockert wird und leichter durch die dem Schutzanstrich vorausgehende Sandstrahlung entfernt werden kann.

9.1.4 Stahlkorrosion im Wasser

Der Korrosionsangriff des Wassers wird in der Hauptsache durch die Konzentration an gelöstem Sauerstoff bestimmt. In sauerstofffreiem Wasser (z. B. Zentralheizungen) kommt nach Verbrauch der geringen im Wasser enthaltenen Sauerstoffmenge die Rostung zum Stillstand. An der Wasser-/Luft-Grenzfläche ist der Sauerstoffgehalt am höchsten und deshalb der Rostangriff am stärksten; mit zunehmender Tiefe nimmt bei stehendem Wasser der Sauerstoffgehalt ab und die Rostung ist entsprechend geringer.

9.1.4.1 Trinkwasser

Die Stahlkorrosion durch Wasser ist von besonderer Bedeutung bei wasserführenden Rohrleitungen. Der Umfang der Korrosion ist dabei von der Zusammensetzung des Wassers abhängig, insbesondere von seiner Härte und von seinem Kohlensäuregehalt. Die Härte ist deshalb von großem Einfluß, weil sich aus den im Trinkwasser enthaltenen Erdalkalisalzen (Calcium- und Magnesium-) auf der Stahloerfläche unlösliche Niederschläge bilden können, welche als korrosionshemmende „Schutzschicht" wirken. Diese besteht aus Eisen-($FeCO_3$) und Calciumcarbonat ($CaCO_3$). Zu ihrer Bildung ist eine

Mindesthärte des Wassers von 4° dH notwendig, d.h. in sehr weichem Wasser bildet sich diese Schutzschicht nicht; je härter das Wasser, desto stärker die Schutzschichtbildung. Voraussetzung ist jedoch, daß Calciumcarbonat ($CaCO_3$) ausfällt. Dies ist auch bei Härte $>4°$ dH dann nicht der Fall, wenn das Wasser freie Kohlensäure enthält, weil diese die $CaCO_3$-Schutzschicht auflöst unter Bildung von leichtlöslichem Calciumbicarbonat. Deshalb ist es zur Ausbildung der Schutzschicht notwendig, daß ein sog. „Gleichgewichtswasser" vorliegt, in dem sich Ca^{2+}- und CO_3^{2-}-Ionen in einem Verhältnis befinden, in welchem sich das unlösliche $CaCO_3$ bildet (und nicht das lösliche $CaH_2(CO_3)_2$ = Calciumbicarbonat). Bei ungenügender Härte des Wassers kann die Schutzschichtbildung durch Zusatz von z.B. Marmor ($CaCO_3$) bewirkt werden, welcher die freie Kohlensäure zu Calciumbicarbonat bindet, anstatt daß diese die Schutzschicht auflöst.

9.1.4.2 Meerwasser

Die korrosionsfördernde Wirkung des Meerwassers ist stärker als die des Binnenwassers, verursacht durch den hohen Salzgehalt. Der Angriff ist am stärksten im Bereich der Wasserlinie, wo der Stahl abwechselnd der Wasser- und der atmosphärischen Korrosion ausgesetzt wird.

9.2 Elektrochemische Korrosion

Beim Kontakt mit Wasser sind die Metalle bestrebt, positiv geladene Metallionen an das Wasser abzugeben. Die Energie, mit der sie dies anstreben, entspricht dem *Lösungsdruck* [309]. Dieser ist bei den einzelnen Metallen sehr verschieden; am stärksten ist er bei den sog. „unedlen" Metallen, während die Edelmetalle umgekehrt bestrebt sind, aus dem Lösungszustand in den metallischen überzugehen.

Ein Übergang von Metallatomen in Metallionen ist nur dadurch möglich, daß die Metallatome ihre Valenzelektronen abgenommen bekommen. Dies geschieht z.B. beim Daniell-Element, das aus zwei durch eine poröse Tonzelle (Diaphragma) getrennten Kammern besteht. Die eine Kammer enthält Zinksulfat und darin eingehängt eine Zinkplatte; die andere Kupfersulfatlösung und darin eine Kupferplatte (s. **Bild 278**).

Verbindet man die beiden Metallplatten durch einen Draht, dann geht Zink in Lösung und auf der Kupferplatte scheidet sich Kupfer ab. Dies kommt dadurch zustande, daß die elektrisch neutralen Zinkatome ihre Elektronen unter Bildung von Zinkionen abgeben. Die Elektronen wandern durch den Draht auf die andere Seite, wo sie sich an Cu-Ionen anlagern und metallisches Kupfer bilden, das sich an der Kupferplatte abscheidet. Dabei entsteht eine elektromotorische Kraft von 1,1 V aus dem Energieunterschied zwischen dem hohen Lösungsdruck des Zinks und dem geringeren des Kupfers.

Taucht man eine Zinkplatte in eine Kupfersulfatlösung, dann bildet sich auf dem Zink ein Kupferüberzug gemäß $Zn + CuSO_4 \rightarrow ZnSO_4 + Cu$, wobei die bei der Ionisierung des Zinks freiwerdenden Elektronen sich an die Kupferionen anlagern und metallisches Kupfer bilden ($Zn + Cu^{++} \rightarrow Zn^{++} + Cu$).

9.2.1 Elektrochemische Spannungsreihe

„Man hat sämtliche bekannten Metalle nacheinander in die verschiedensten Metallsalzlösungen getaucht und dabei gefunden, daß man die Metalle in eine Reihe ordnen kann, die mit den unedelsten Metallen (Kalium, Calcium) beginnt und mit den Edelmetallen Silber und Gold endet" [310]. Diese Reihe wird als „elektrochemische Spannungsreihe" bezeichnet. Jedes Metall dieser Reihe vermag unter festgelegten Bedingungen alle darunter stehenden Metalle aus ihren Metallsalzlösungen auszuscheiden. Wenn auch der in diese Reihe aufgenommene Wasserstoff kein Metall ist, so tritt er doch in vielen Verbindungen an die Stelle von Metallen und bildet den Übergang zwischen unedlen und edlen Metallen. Dementsprechend wird er durch die darüber stehenden Metalle verdrängt, z.B. aus Säuren (z.B. $Fe + H_2SO_4 \rightarrow Fe\,SO_4 + H_2$) was bedeutet, daß diese Metalle säurelöslich sind. Die unter dem Wasserstoff stehenden Metalle (Cu, Ag, Au) sind in nichtoxidierenden Säuren unlöslich und können durch Wasserstoff aus ihren Verbindungen verdrängt werden.

Der Wasserstoff wurde auch als Bezugswert für die Messung der auftretenden Stromspannungen eingesetzt. Die fixiert gemessenen Spannungen werden „Normalpotentiale" genannt. Sie sind aus **Tabelle 11** zu entnehmen.

Daraus ergibt sich, daß alle über dem Wasserstoff stehenden Metalle ein negatives, die darunter stehenden Metalle ein positives Normalpotential haben. Je größer das negative N-Potential, desto unedler und oxidationsanfälliger ist das Metall. Die Metalle mit positivem N-Potential sind oxidationsbeständig.

450

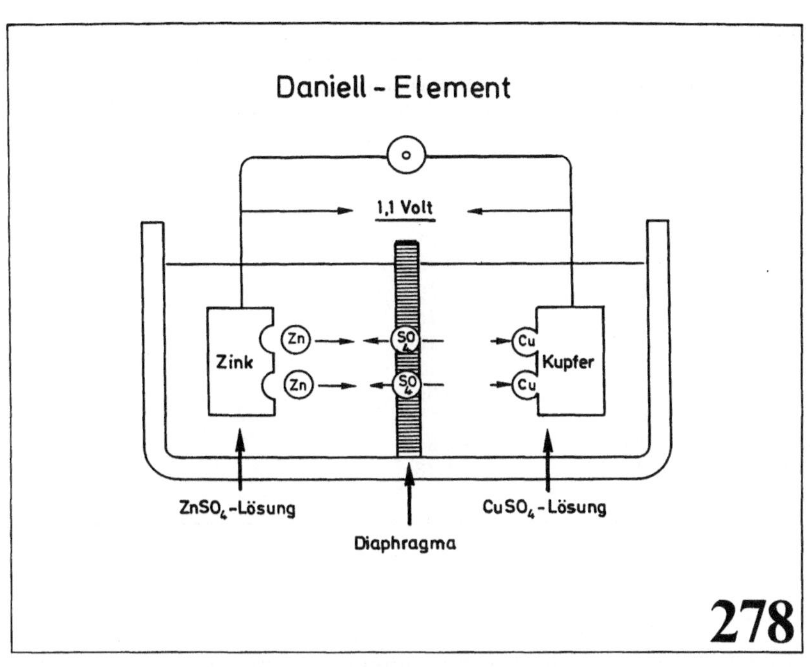

Daniell - Element
1,1 Volt
Zink
Zn
SO_4
Cu
Kupfer
Zn
SO_4
Cu
$ZnSO_4$-Lösung
Diaphragma
$CuSO_4$-Lösung
278

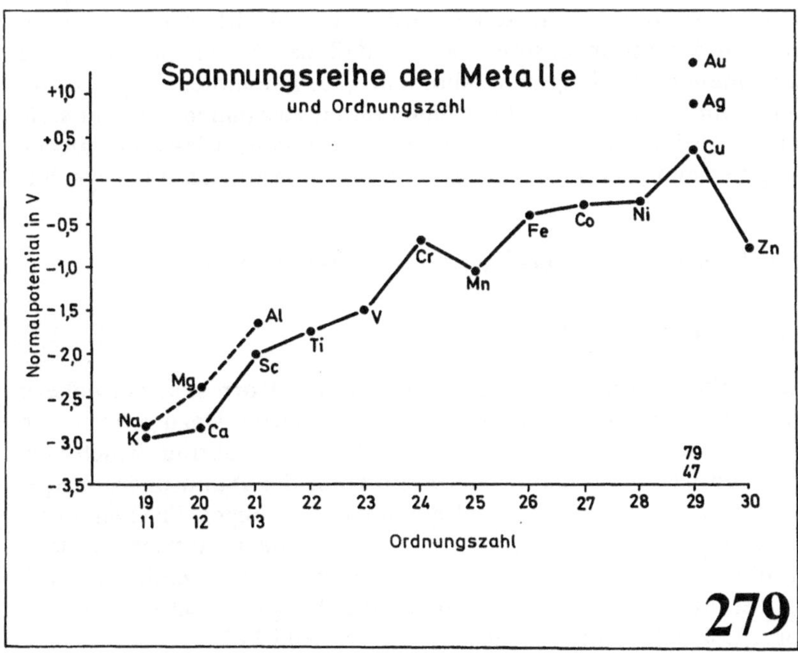

Spannungsreihe der Metalle
und Ordnungszahl
Normalpotential in V
+1,0
+0,5
0
-0,5
-1,0
-1,5
-2,0
-2,5
-3,0
-3,5
Au
Ag
Cu
Zn
Cr
Mn
Fe
Co
Ni
Al
Ti
V
Sc
Mg
Na
K
Ca
19
11
20
12
21
13
22
23
24
25
26
27
28
29
79
47
30
Ordnungszahl
279

Tabelle 11

Spannungsreihe der Metalle		Normalpotential in V
Magnesium	Mg	−2,4
Aluminium	Al	−1,69
Mangan	Mn	−1,1
Zink	Zn	−0,76
Chrom	Cr	−0,51
Eisen	Fe	−0,44
Kobalt	Co	−0,29
Nickel	Ni	−0,25
Zinn	Sn	−0,16
Blei	Pb	−0,13
Wasserstoff	H	−0,00
Kupfer	Cu	+0,35
Silber	Ag	+0,81
Gold	Au	+1,38

Bild 279 zeigt, daß ein Zusammenhang zwischen dem Normalpotential eines Metalls und seiner Ordnungszahl, d.h. seiner Stellung im Periodensystem besteht, derart, daß das Normalpotential mit zunehmender Ordungszahl abnimmt (ausgenommen Zink: keine Regel ohne Ausnahme). Dies hängt damit zusammen, daß mit steigender Ordnungszahl die Kernladung und damit Elektronenanziehung zunimmt, was eine Abnahme des Lösungsdrucks zur Folge hat.

9.2.2 Formen der elektrochemischen Korrosion

9.2.2.1 Flächenkorrosion

Flächenkorrosion ist nach DIN 50900 eine Korrosion mit nahezu gleichmäßigem Abtrag auf der gesamten Fläche. Dazu gehört auch die „Muldenkorrosion", bei der der Korrosionsabtrag örtlich verschieden ist. Die Rostung ungeschützten, der Atmosphäre ausgesetzten Stahls ist ein Beispiel der ungleichmäßigen Flächenkorrosion, wobei sich in der korrodierten Oberfläche meist flache Mulden ausbilden. Die Ursache der Muldenkorrosion ist auf zahlreiche, sich an der Metalloberfläche bildende örtliche galvanische Elemente, sog. „Lokalelemente" zurückzuführen (s. Bild 275).

9.2.2.2 Lochkorrosion

Nach DIN 50900 liegen bei der Lochkorrosion kraterförmige, die Oberfläche unterhöhlende Vertiefungen vor, deren Tiefe in der Regel gleich oder größer ist als ihr Durchmesser. Lochkorrosion tritt vorzugsweise dann auf, wenn die Werkstoffoberfläche mit einer korrosionshemmenden Deckschicht überzogen ist, die Poren oder Fehlstellen aufweist, so z.B. gerissene Zunderschichten, beschädigte Anstriche, Kunststoff- und Bitumenbeschichtungen, sowie metallische Schichten, die edler sind als der beschichtete Stahl. (Unedle Metalle, wie z.B. Zink wirken kathodisch schützend im Bereich kleiner Fehlstellen.) Bei der meist gegebenen Anwesenheit von Elektrolyten bildet sich an der Fehlstelle ein Lokalelement, bestehend aus der Kathode (intakte Schutzschicht) und der Anode (Fehlstelle). Der Angriff ist um so stärker, je größer das Verhältnis von Kathodenoberfläche (intakte Schutzbeschichtung) zu Anode (Fehlstelle) ist. Als Beispiel die Korrosionstiefe bei verzundertem Stahl, die bei einem Verhältnis von Zunderfläche : Stahl 3 : 1 = 0,37, bei 9 : 1 = 0,87 und bei 19 : 1 = 1,13 mm Korrosionsabtrag im Jahr beträgt [311]. Lochfraßkorrosion tritt auch bei unbeschichteten rost- und säurebeständigen Stählen auf, wenn Chloride einwirken. Sie kann vermieden werden durch Verringerung der Chlorionenkonzentrationen und z.T. durch Erhöhung des pH-Wertes [311].

9.2.3 Korrosion durch Säuren und Laugen

9.2.3.1 Säurebeständigkeit der Metalle

Die meisten Metalle sind nicht säurebeständig, vielmehr setzen sie sich in bekannter Weise mit Säuren unter Wasserstoffbildung zu Salzen um (z.B. $2\,Fe + 6\,HCl \rightarrow 2\,Fe\,Cl_3 + 3H_2$). Die Stärke der Reaktion zwischen Metall und Säure ist vom Lösungsdruck des Metalls, d.h. seinem Bestreben, in den Ionenzustand überzugehen, abhängig. Das Normalpotential eines Metalls ist ein Maß für seinen Lösungsdruck und sein Bestreben, Verbindungen einzugehen. In Säuren lösen sich nur diejenigen Metalle, die in der Spannungsreihe über dem Wasserstoff stehen und um so leichter, je höher ihr Normalpotential ist. Die Leichtmetalle Magnesium und Aluminium und auch das Zink sind deshalb nur wenig säurebeständig. Das Eisen reagiert weniger stark mit Säuren. Die vor dem Wasserstoff stehenden Metalle Zinn, Blei und Nickel mit sehr niederen N-Potentialen werden durch Säuren nur schwach angegriffen und bilden z.T. Schutzschichten, die das Metall gegen Säureangriff schützen, wie

z.B. beim Blei, das bei Einwirkung von Schwefelsäure an seiner
Oberfläche eine dichte Schutzschicht aus Bleisulfat bildet. Die unter
dem Wasserstoff stehenden Metalle Kupfer, Silber und Gold mit
positivem N-Potential sind weitgehend säurebeständig. Nur bei Säuren, die gleichzeitig oxidierend wirken, wie z.B. Salpetersäure, findet ein Angriff statt. (So löst sich z.B. Gold in „Königswasser",
einer Mischung aus einem Teil Salpetersäure und drei Teilen Salzsäure).

9.2.3.2 *Laugenbeständigkeit der Metalle*

Die Metalle sind im allgemeinen gut laugenbeständig, weil die Laugen Metallhydroxide sind, also bereits Metalle enthalten. Nur diejenigen Metalle, welche im Periodensystem im Grenzbereich zwischen
Metallen und Nichtmetallen stehen und deren Oxide deshalb sowohl Basen als auch Säuren bilden können (sog. amphotere Metalle) sind laugenempfindlich. Von den Baumetallen gehören zu dieser Gruppe Aluminium und Zink. Diese werden durch Basen und
damit von frischem Kalk- und Zementmörtel angegriffen. Eisen
wird durch Basen nicht nur nicht angegriffen, sondern weitgehend
vor Rost geschützt (s. Rostschutz der Bewehrung).

9.2.3.3 *pH-Wert und Korrosion*

Die Stärke von Säuren und Laugen wird durch den pH-Wert ausgedrückt, welcher den negativen Logarithmus der Wasserstoffionenkonzentration angibt. Da die Korrosion von Metallen darin besteht,
daß die Metallatome sich unter Abgabe von Elektronen in Ionen
verwandeln und sich die Wasserstoffionen der Säuren unter Aufnahme der freigewordenen Elektronen in elementaren Wasserstoff
verwandeln, ist die Intensität der Korrosion sehr stark vom pH-
Wert der einwirkenden Säuren abhängig.

Eisen zeigt in neutralem Wasser (pH 7) eine mittelstarke Korrosion, woran sich bei bis auf 5,5 abnehmendem pH-Wert nichts ändert. Bei pH $<$5,5 nimmt die Korrosion sehr stark zu bis zu einem
Vielfachen des Wertes bei pH 7. Über pH 7 nimmt die Korrosion
des Eisens schnell ab und kommt bei pH 9,5 zum Stillstand. Bei sehr
hohen pH-Werten von $>$13, d.h. bei Einwirkung starker Laugen
korrodiert das Eisen (Laugensprödigkeit).

Das Korrosionsminimum des Zinks liegt bei pH 12. Im Bereich
pH bis 12, d.h. im neutralen und schwach alkalischen Gebiet ist die
Korrosion des Zinks minimal. Bei pH $<$6 wird Zink mit abnehmendem pH-Wert zunehmend unter Salzbildung aufgelöst, bei pH $>$12
unter Zinkatbildung. Zink gehört zu den amphoteren (zwitterarti-

454

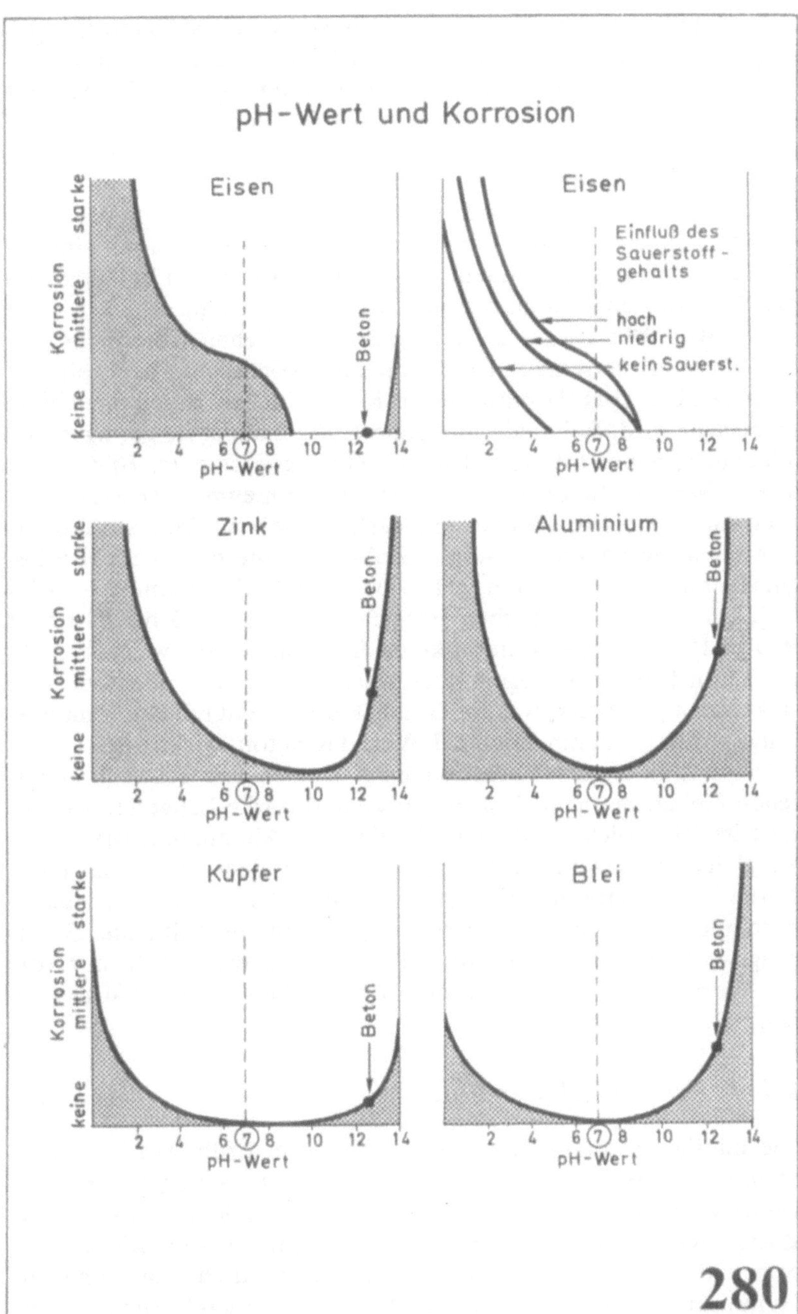

pH-Wert und Korrosion
Eisen
Eisen
Einfluß des Sauerstoff-gehalts
hoch
niedrig
kein Sauerst.
Korrosion
starke
mittlere
keine
Beton
pH-Wert
Zink
Aluminium
Beton
Beton
pH-Wert
Kupfer
Blei
Beton
Beton
pH-Wert
280

gen) Metallen, welche also sowohl mit Säuren als auch mit Laugen reagieren und deshalb weder säure- noch laugenbeständig sind.

Beim Aluminium liegt das Korrosionsminimum bei pH 7. Sowohl bei sinkendem als auch bei steigendem pH-Wert nimmt die Korrosion stark zu. Im Unterschied zum Zink ist das Aluminium auch gegen schwache Laugen empfindlich.

Auch die Korrosion des Kupfers und des Bleis ist vom pH-Wert abhängig. Sie ist bei pH 7 minimal und nimmt sowohl mit sinkendem als auch mit steigendem pH-Wert zu; ist jedoch bei gleichem pH-Wert viel geringer als beim Zink und Aluminium.

Aus **Bild 280** ist der Zusammenhang zwischen Korrosionsgrad und pH-Wert verschiedener Baumetalle ersichtlich. Eisen zeigt im Neutralgebiet (pH 7) mittelstarke Korrosion, die durch Sauerstoff verursacht wird. Bei niedrigem Sauerstoffgehalt ist sie geringer; bei fehlendem Sauerstoff findet keine Korrosion statt (s. Bild rechts oben). Mit abnehmendem pH-Wert, d. h. zunehmender Säurekonzentration, nimmt die Korrosion stark zu, weil zur Sauerstoffkorrosion noch die Säurekorrosion hinzukommt, die etwa bei pH 5 beginnt und mit sinkendem pH-Wert sehr stark zunimmt (s. Bild rechts oben). Im alkalischen Bereich zwischen pH 9 bis 13 findet infolge Passivierung (s. dort) keine Korrosion statt, weshalb Stahl im Beton (pH 12,5) gegen Rost geschützt ist, auch noch bei bis 9 sinkendem pH-Wert, was im Hinblick auf den durch Karbonatisierung (s. dort) abnehmenden pH-Wert des Betons wichtig ist.

Beim Zink ist die Korrosion im neutralen und schwach alkalischen Gebiet minimal. Gegen Säuren und starke Laugen (auch Beton) ist Zink nicht beständig, desgleichen Aluminium. Blei ist im Vergleich dazu sehr säurebeständig, nicht aber beständig gegen starke Laugen (Beton). Kupfer ist sowohl relativ säure- wie laugenbeständig. (Diesen Diagrammen liegen durchschnittliche Erfahrungswerte zugrunde; im übrigen ist die Korrosion nicht nur vom pH-Wert, sondern auch von der Art der Säuren bzw. Laugen abhängig).

9.2.4 Erdbodenkorrosion

Die häufig vorkommende Korrosion von im Erdboden liegendem Stahl (Rohrleitungen usw.) ist ein sehr komplexer Vorgang, der von verschiedenen Faktoren abhängig ist. Von großem Einfluß ist die Zusammensetzung des Bodens. Stark aggressiv sind Moorböden wegen ihres sauren Charakters, verursacht durch den Gehalt an Huminsäuren. In geringerem Maße aggressiv sind Humusböden.

456

Stahlkorrosion durch Böden
Einflüsse:
Humus
Kalk
Humus
Moor
Moor
Humus-
boden
Sandmergel
Tonmergel
Humus-
boden
Sand
Lehm
Ton
nicht
aggressiv
bedingt
aggressiv
aggressiv
Humus-
boden
Moor
Humus
1 Boden-
zusammen-
setzung
(ABC-M)
4 Verschiedene
Bodenarten
K
A
An
Bodenbelüftet
und salzarm
wenig belüftet
salzreich
(n. Ullmann)
2 des pH-Wertes
sehr
stark
stark
mässig
schwach
neutral
schwach
stark
- sauer -
neutral
alkal.
stark
aggr.
mässig
aggr.
nicht
aggr.
bedenklich
pH   < 4   5   6   7   8 > 8,5
(2, 3 u. 4 n. Ullmann)
3 des Bodenwiderstandes
Angriff
sehr
stark
stark
mittel
normal
schwach
10^3 - 0,5   1   2   > 10^4
Widerstand in Ω

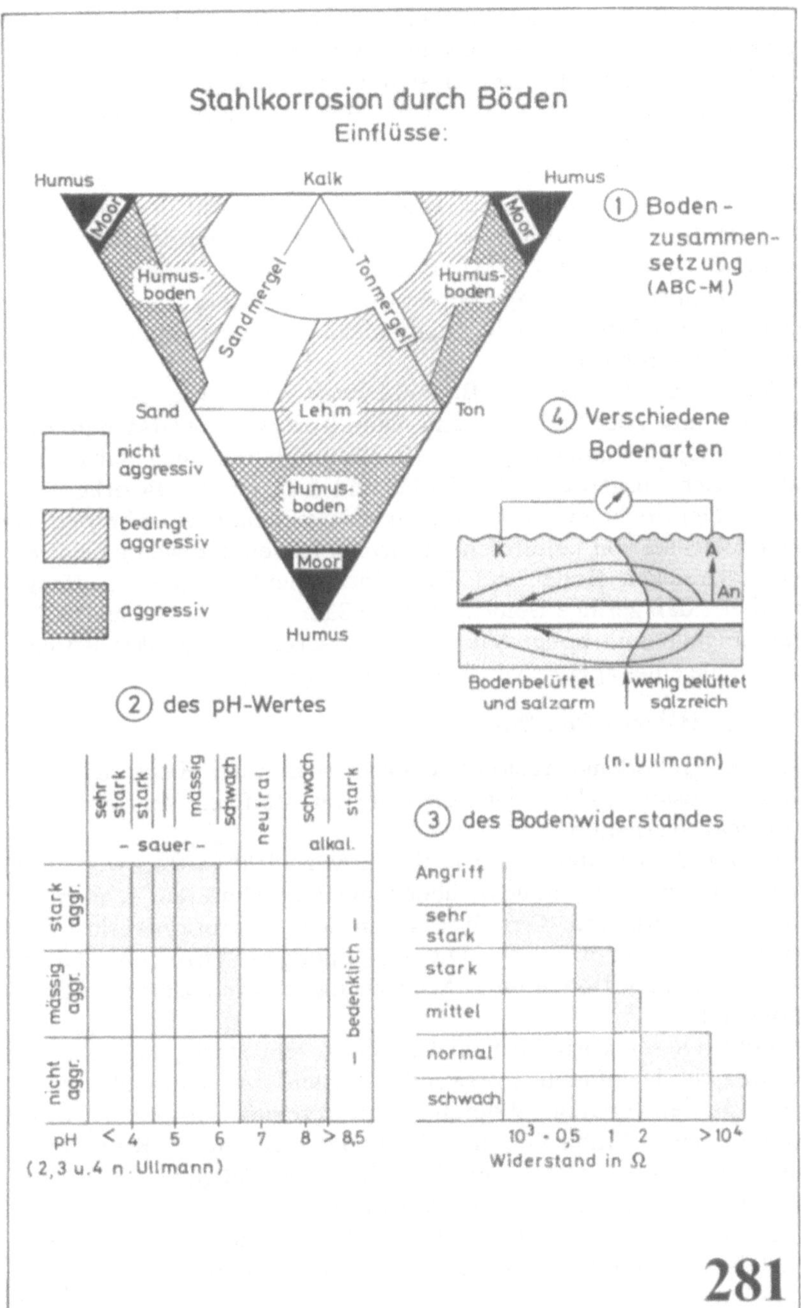

457

Wenig aggressiv sind im allgemeinen Lehmböden und dies um so mehr, je höher Sand- und Kalkgehalt sind. Böden mit hohem Kalkgehalt und sandreiche Böden sind nicht aggressiv (s. **Bild 281**) [313]. Die Hauptursache ist der pH-Wert des Bodens; Böden mit pH <6 sind stark aggressiv; Böden mit pH >6,5 sind nicht aggressiv (s. Bild 281/2). Da die Korrosion auch im Boden ein elektrochemischer Vorgang ist und dieser von der Leitfähigkeit des Mediums abhängt, ist die Korrosion um so größer, je geringer der Bodenwiderstand ist (s. Bild 281/3). Böden mit einem Widerstand von <500 Ω cm sind stark aggressiv, solche mit >10 000 Ω nur schwach aggressiv. Die Ursache hoher Leitfähigkeit ist meist ein hoher Salzgehalt (Elektrolyte).

Auch ein Wechsel der Bodenbeschaffenheit, wie es z.B. bei Rohrleitungen der Fall sein kann, kann Korrosion verursachen. Bei verschiedenem Sauerstoffgehalt (Belüftung) und auch Salzgehalt bilden sich ausgeprägte anodische und kathodische Bezirke aus, welche elektrochemische Korrosion verursachen. Dies ist besonders beim Wechsel von belüfteten, salzarmen Böden und wenig belüfteten, salzreichen Böden der Fall. Zusammenfassend kann gesagt werden, „daß geringe Belüftung, hohe Säuregrade, hohe elektrische Leitfähigkeit und hoher Salz- und Wassergehalt charakteristische Merkmale eines aggressiven Bodens sind" [314].

9.2.4.1 Werkstoffeinfluß

Bei der Erdbodenkorrosion handelt es sich in der Hauptsache um Rohrkorrosion. Dabei zeigen die Rohrwerkstoffe ein verschiedenes Korrosionsverhalten.

Grauguß, der älteste und nach wie vor wichtige Rohrwerkstoff zeigt, nur in Teer getaucht, über viele Jahrzehnte ein sehr gutes Korrosionsverhalten. Der durchschnittliche Korrosionsverlust beträgt ca. 1 mm in 50 Jahren. Die sog. „Spongiose" tritt besonders in sauerstoffarmen Böden unter Mitwirkung sulfatreduzierender Bakterien auf.

Stahl. Dieser korrodiert im Erdboden sehr stark; ungeschützte Rohre, wie sie anfänglich verwendet wurden, sind innerhalb von 10 bis 20 Jahren vorwiegend durch Lochfraß zerstört worden. Deshalb werden heute Stahlrohre mit Schutzbeschichtungen (Kunststoffe und bituminöse Stoffe) versehen. Bei Beschädigung dieser Beschichtungen tritt meist Lochkorrosion auf.

Duktiles Gußeisen. Die ursprüngliche Annahme, daß duktiles Gußeisen ein ähnlich günstiges Korrosionsverhalten zeigt wie Grauguß, hat sich als falsch erwiesen. Solche Rohre zeigen ein ähnliches

Korrosionsverhalten wie Stahlrohre und müssen deshalb geschützt werden.

9.2.5 Kontaktkorrosion

Die Kontaktkorrosion tritt dann auf, wenn zwei Metalle von unterschiedlichem Lösungsdruck (N-Potential) leitend miteinander verbunden werden [317]. Es handelt sich dabei um den praktischen Fall der elektrochemischen Auflösung von Metallen, wie sie im Zusammenhang mit der Spannungsreihe besprochen wurden. „Da die Normalspannungsreihe nur unter ganz bestimmten theoretischen Voraussetzungen gilt, wurden praktische Spannungsreihen aufgestellt, die das Potential einer Metallelektrode unter in der Praxis gegebenen Voraussetzungen angeben (s. **Bild 282** [318]. Dabei ist besonders zu beachten, daß die Stähle je nach Herstellung verschiedene Normalpotentiale zwischen $-0{,}25$ und $-0{,}45$ V haben".

Bei der Kontaktkorrosion sendet das unedlere Metall in ein meist vorhandenes leitendes Medium, z. B. Salze, kohlensaures Wasser usw., Ionen in Lösung, wodurch es negativ elektrisch aufgeladen wird (sog. Lokalelement). Es kommt zu einem Elektronenfluß vom unedleren zum edleren Metall, an welchem Wasserstoffionen neutralisiert werden. Diese Korrosion kommt im Bauwesen häufig vor, wenn Konstruktionsteile aus verschiedenen Metallen miteinander elektrisch leitend verbunden werden (Mischbau) [319]. Sie ist um so stärker, je größer der Potentialunterschied zwischen den beiden Metallen ist, besonders stark bei der Verbindung von Kupfer- und Zinkbauteilen [320].

Die Vorgänge bei der leitenden Verbindung von Eisen mit anderen Metallen sind aus **Bild 283** [321] ersichtlich. Bei dieser Versuchsreihe wurden Eisenabschnitte in Verbindung mit jeweils einem anderen Metall in 1 % NaCl-Lösung der Korrosion überlassen und nach bestimmter Zeit wurde die korrodierte Metallmenge gemessen. Dabei ergab sich folgendes: Eisen allein ergab 60 mg Korrosionsprodukt. War Aluminium zugegen, verlor die Eisenprobe nur 10 mg, die Aluprobe 106 mg. Bei Gegenwart von Zink und Magnesium korrodierte das Eisenteil praktisch überhaupt nicht mehr, das Zink ergab 688 mg, Magnesium 3100 mg Korrosionsprodukt. Aluminium, Zink und Magnesium wirken also in gewissem Grad als „eisenschützende" Metalle. Sind Metalle mit höherem E-Potential zugegen, dann korrodiert im allgemeinen das Eisen stärker; bei Blei 183 mg, bei Zinn, Messing und Kupfer zwischen 170 und 180 mg, also die dreifache Menge der Eisenkorrosion ohne Anwesenheit anderer Metalle. Bei letzteren spricht man von „eisenverdrängenden" Metallen.

9.2.6 Kathodischer Rostschutz

Die eben besprochenen Vorgänge sind die Reaktionsgrundlage des kathodischen Rostschutzes, „der eines der modernen Verfahren zur Herabsetzung der Korrosion in wäßrigen Elektrolyten, wie Seewasser, Salzlösungen, Gebrauchswasser und Erdböden" [322] ist. Er wird in zwei Arten durchgeführt:

9.2.6.1 Eigenstromverfahren mit Opferanode

Anoden aus Magnesium (mit 6% Aluminium und 3% Zink) werden mit der zu schützenden Stahlkonstruktion metallisch leitend verbunden. Zwischen der Magnesiumanode und der Eisenkonstruktion (galvanisches Element) direkt entsteht eine Spannungsdifferenz von etwa 0,65 V. Die notwendige Stromdichte hängt vom Medium ab, vom zu schützenden Metall und dessen Masse und der elektrischen Isolierung der Konstruktion durch Überzüge. Da die Anode bei diesem Verfahren durch Korrosion aufgezehrt wird, spricht man von „Opferanode".

9.2.6.2 Fremdstromverfahren

„Bei diesem Verfahren wird die zu schützende Metallkonstruktion an den negativen Pol einer Gleichstromquelle angeschlossen, während der positive Pol mit ‚Hilfsanoden' aus Graphit, Stahl oder Aluminium verbunden ist. Dadurch wird die zu schützende Konstruktion schwach negativ aufgeladen; es entsteht ein Elektronenstau, welcher verhindert, daß das zu schützende Metall unter Elektronenabgabe korrodiert."

9.2.7 Streustromkorrosion

Auch bei Systemen aus gleichen Metallen und damit gleichem Potential können Korrosionen auftreten, wenn sie durch Streuströme, sog. „vagabundierende Ströme" durchflossen werden [323, 324]. Solche Fälle kommen z.B. bei elektrisch betriebenen Bahnen mit schlechten Kontakten an den Schienenstößen vor, wo darunter oder in der Nähe befindliche Rohrleitungen zerstört werden. Die Korrosion kommt zustande, indem der unterbrochene Stromfluß durch den elektrisch leitenden Boden zu der Wasserleitung überspringt und diese dann wieder verläßt, um in die Schiene zurückzukehren.

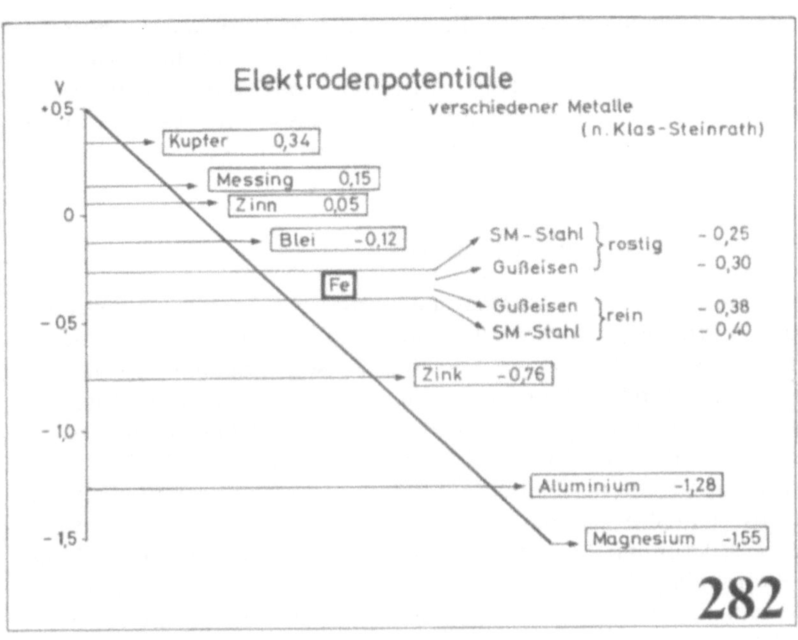

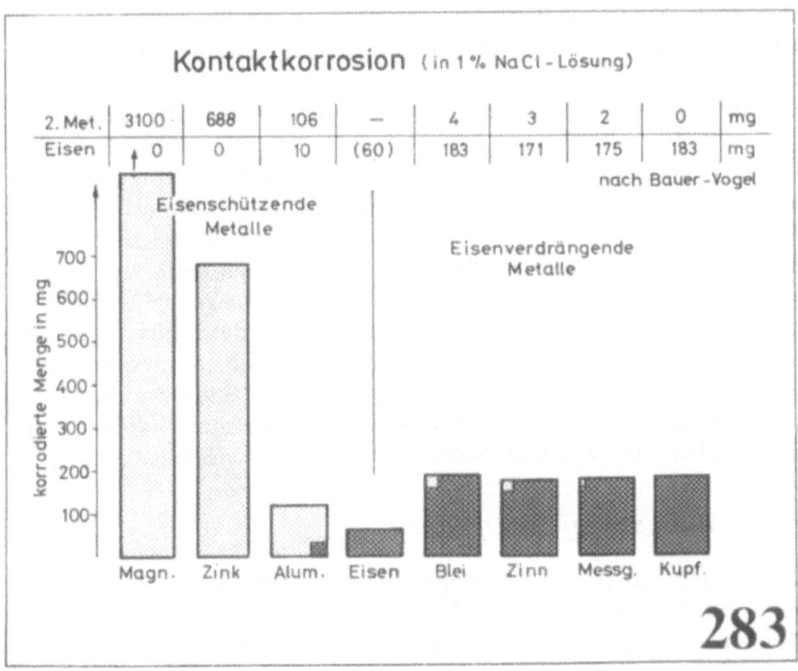

| 2. Met. | 3100 | 688 | 106 | — | 4 | 3 | 2 | 0 | mg |
| Eisen | 0 | 0 | 10 | (60) | 183 | 171 | 175 | 183 | mg |

Es handelt sich dabei um die anodische Auflösung eines Metalls. Diese ist (bei gleicher Strommenge) bei den einzelnen Metallen verschieden und im wesentlichen proportional der Atommasse (s. **Bild 284**). Dies entspricht dem 2. Faradayschen Gesetz, wonach durch gleiche Strommengen äquimolare Stoffmengen ausgeschieden werden.

9.2.8 Spannungsrißkorrosion

Wenn feuchter Stahl unter Zugspannung steht, kann bei Einwirkung von Korrosionsfaktoren selbst in geringen, sonst unschädlichen Mengen wie verunreinigtes Wasser die sog. „Spannungsrißkorrosion" auftreten [319], und zwar um so früher, je höher die Zugspannung ist. Die Spannungsrißkorrosion ist hauptsächlich dadurch gekennzeichnet, daß infolge der Spannung die Kristallhaftung geschwächt ist und in der Feuchtigkeit gelöste Stoffe somit eben dort relativ schnell in das Kristallitgefüge eindringen und Schädigungen bewirken können. So können normalerweise nur in geringer Menge vorkommende Stoffe wie z. B. Nitrate und Chloride bei gespanntem Bewehrungsstahl schwerwiegende Schäden verursachen. Deshalb soll für Einpreßmörtel Zement mit weniger als 0,1 % Chlor und nicht mehr als 50 % HO-Schlackenzusatz verwendet werden.

Vereinfachend kann man sagen, daß durch den Spannungszustand die Korrosionsgefährdung des Stahls stark erhöht wird. Während bei schlaffer Bewehrung mäßig angerosteter Stahl unbedenklich, ja u. U. von Vorteil ist, weil durch die Reaktion zwischen $Ca(OH)_2$ und Rost Calciumferrit entsteht, welches haftungsverbessernd wirkt, darf Spannstahl höchstens leicht abwischbaren „Flugrost" aufweisen. Sind infolge stärkerer Rostung auf der Stahloberfläche bereits Korrosionsnarben vorhanden, dann kann von diesen verstärkt spannungsabhängige Rißkorrosion ausgehen." Die am häufigsten vertretene Auffassung über den Mechanismus der Spannungsrißkorrosion basiert auf einem periodischen elektrochemischmechanischen Prozeßablauf. Er besagt, daß die Rißausbreitung eine alternierende Folge von relativ langsamer anodischer Auflösung am Rißgrund und plötzlichem mechanischen Weiterreißen ist" [325].

9.2.9 Wasserstoffversprödung

Der bei dem Korrosionsvorgang (z. B. in Schwitzwassertropfen) entstehende Wasserstoff kann z. T. zwischen die Kristallhaftflächen des Metalls eindringen (kleinstes Atom) und dieses um so mehr schädi-

462

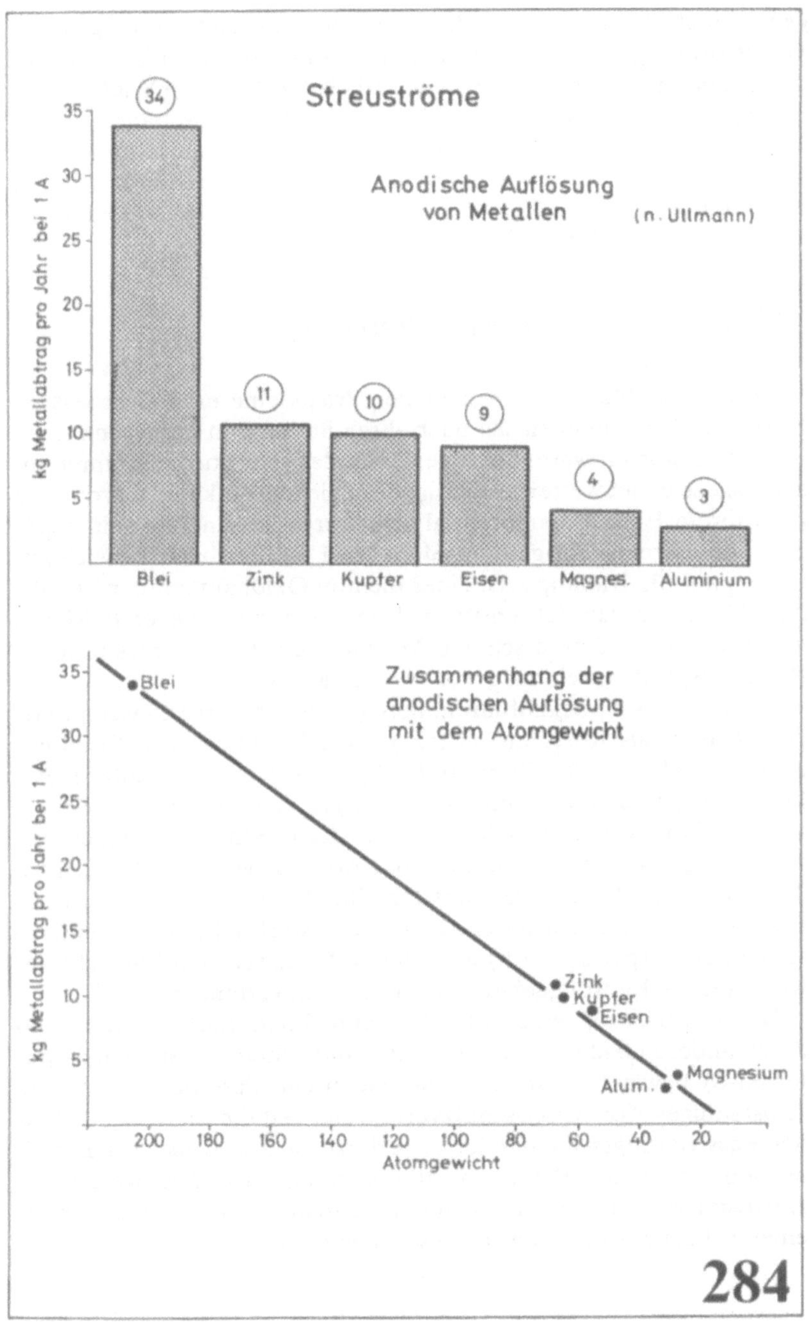

Streuströme
Anodische Auflösung
von Metallen
(n. Ullmann)
34
11
10
9
4
3
kg Metallabtrag pro Jahr bei 1 A
35
30
25
20
15
10
5
Blei
Zink
Kupfer
Eisen
Magnes.
Aluminium
Zusammenhang der
anodischen Auflösung
mit dem Atomgewicht
kg Metallabtrag pro Jahr bei 1 A
35
30
25
20
15
10
5
Blei
Zink
Kupfer
Eisen
Magnesium
Alum.
200
180
160
140
120
100
80
60
40
20
Atomgewicht
284

gen, je mehr Wasserstoff eindringt und je höheren Spannungen der
Werkstoff ausgesetzt ist. Zur Bruchauslösung genügen hierfür schon
äußerst geringe Wasserstoffmengen. Es ist deshalb von Wichtigkeit,
daß Spannstahl vor der Umhüllung mit Zement in gespanntem Zustand nicht längere Zeit Feuchtigkeit ausgesetzt ist, d. h. umgehend
verpreßt wird. Auch die Verwendung von Einpreßzement mit was-
serstoffentwickelnden Zusätzen (Alupulver) erhöht die Gefahr der
Wasserstoffversprödung.

9.3 Passivität von Metallen [315]

Verschiedene Metalle zeigen in der Praxis eine erheblich bessere
Korrosionsbeständigkeit als nach ihrer Stellung in der Spannungsreihe zu erwarten wäre. So erweist sich das sehr unedle Aluminium
als ausgezeichnet wetterbeständig, desgleichen Zink und Chrom, die
nach ihrem Elektrodenpotential sehr korrosionsanfällig sein müß-
ten. Dieses regelwidrige Verhalten wird als Passivität bezeichnet,
falls es auf die Bildung z. B. einer dichten Oxidhaut auf der Metalloberfläche zurückzuführen ist, welche das darunterliegende Metall
vor weiterer Oxidation schützt. Mit anderen Worten: Das primäre
Reaktionsprodukt schützt gegen weitere Korrosion.

Darauf ist es zurückzuführen, daß das an sich korrosionsempfind-
liche Chrom als Rostschutzüberzug (Verchromung) von Eisen geeignet ist, obwohl das Eisen in der Spannungsreihe darunter steht.
Dasselbe gilt für das Aluminium. Aufgrund seiner großen Sauerstoffaffinität oxidiert es schnell an der Luft, bildet aber dabei eine
sehr dichte Oxidschicht, die weitere Korrosion verhindert. Auch die
Tatsache, daß der Bewehrungsstahl im Beton nicht rostet, ist auf
Passivierung zurückzuführen, indem das stark alkalische Zement-
steinmedium (pH ca. 12,5) eine dünne Oxid/Hydroxid-Schicht bewirkt, die ein Inlösunggehen von Eisenionen verhindert [316].

Die Passivierung eines Metalls kann durch Luftsauerstoff und
durch andere Oxidationsmittel (z. B. Eintauchen von Stahl in Salpetersäure) bewirkt werden. – Die chemische Passivierung ist kein
selbständiges Korrosionsschutzverfahren, weil die meist hauchdünnen Passivierungsschichten leicht verletzt werden, wobei sich Lokalelemente zwischen Passivschicht und Stahl ausbilden, welche die
Korrosion beschleunigen. Es muß deshalb durch Beschichtungen für
einen Schutz der Passivierung gesorgt werden.

9.4 Überblick über die Korrosionsbeständigkeit der wichtigsten Metalle

Die Korrosionsbeständigkeit der Metalle ist ein sehr komplexes Gebiet, weshalb es unmöglich ist, sie auf einen einfachen Nenner zu bringen. Mit **Bild 285** wird versucht, das übliche Korrosionsverhalten der Metalle gegen die wichtigsten Korrosionsmedien Atmosphäre, Wässer, Säuren und Laugen darzustellen. (Das spezifische Verhalten ist aus Werkstofftabellen [326] zu entnehmen).

Übliche Baustähle sind nicht korrosionsbeständig. Sie rosten schnell in feuchter Luft, ganz besonders in aggressiver Luft (Industrieatmosphäre). Dasselbe gilt für Wassereinwirkung; Meerwasser greift verstärkt an. Gegen Säuren ist Stahl im allgemeinen völlig unbeständig (Auflösung). Deshalb muß Stahl in allen diesen Fällen durch Schutzüberzüge gegen Korrosion geschützt werden. Nur gegen Laugen ist Baustahl gut beständig. Deshalb korrodiert in Beton (pH 12,5) eingebetteter Stahl nicht, wodurch der Verbundwerkstoff Stahlbeton möglich wird.

Korrosionsbeständigkeit. Sie kann durch Legierung entscheidend die infolge Bildung einer festen und dichten Oxidschicht bessere atmosphärische Beständigkeit aufweisen. In Wasser und Meerwasser keine Schutzschichtbildung, daher auch keine verbesserte Beständigkeit.

Chrom-Nickel-Stähle. Die Korrosionsbeständigkeit von Stählen gegen oxidierende Einflüsse wird durch Chrom sehr stark erhöht; das Optimum liegt jedoch sehr hoch (>14% Chrom). Durch Zulegierung von Nickel wird die Beständigkeit gegen Säuren, Salze und Laugen weiter erhöht. In ungünstigen Fällen kann Lochfraßkorrosion (L) auftreten. Die Zahl der rost- und säurebeständigen Chrom-Nickel-Stähle ist sehr groß; in der Regel enthalten sie >15% Chrom und >10% Nickel.

Grauguß ist im allgemeinen widerstandsfähiger gegen Korrosion als Stahl. Dies hängt mit der herstellungsbedingten Gußhaut zusammen, welche als guter Korrosionsschutz wirkt. Die Gußhaut sollte deshalb nicht unnötigerweise entfernt oder verletzt werden. Spongiose ist eine nur bei Gußeisen vorkommende Korrosionsart. Durch Umwandlung des Eisens in Eisenhydroxid wird der Metallgehalt bei gleichbleibendem Graphitgehalt verringert, daher auch „Graphitierung" genannt. Bewirkt Verlust der Metalleigenschaften.

Aluminium. Gegen normale Atomsphäre ist Aluminium infolge Schutzschichtbildung (Oxid) gut beständig. Aggressive Atmosphäre kann die Schutzschichtbildung stören und Lochfraß (L) bewirken. Am witterungsbeständigsten ist Reinaluminium; durch Legierungszusätze nimmt die Witterungsbeständigkeit ab, am stärksten bei Kupferzusatz (Bildung von Lokalelementen). Gegen Säuren ist Aluminium wenig beständig, noch weniger gegen selbst schwache Laugen. Durch Einwirkung von Beton (pH 12,5) wird Aluminium zerstört.

Kupfer wird durch atmosphärische Einwirkung nicht korrodiert, sondern erfährt nur eine Oberflächenveränderung, die zu Schutzschichtbildung (Patina) führt. Diese besteht aus basischen Kupferverbindungen; in reiner Luft aus basischem Kupfercabonat, in Industrieluft enthält sie auch basisches Kupfersulfat, in Meeresluft Kupferchlorid. Kupfer ist auch wasserbeständig; anfängliche schwache Lösung wird bald durch Schutzschichtbildung verhindert. Die Meerwasserbeständigkeit ist gut, kann aber durch spezielle Kupferlegierungen noch verbessert werden. Gegen nichtoxidierende Säuren ist Kupfer mäßig beständig, durch Salpetersäure und starke Schwefelsäure wird es aufgelöst. Gegen Laugen (ausgenommen Ammoniak) ist Kupfer gut beständig.

Messing. Zinkreiche Messingsorten sind weniger beständig gegen atmosphärische Korrosion als Kupfer. Gegen Wasser ist Messing gut beständig; durch Meerwasser erfolgt Korrosion, zunehmend mit dem Zinkgehalt. Durch Säure wird Messing aufgelöst; gegen Laugen ist es relativ gut beständig.

Alubronze. Die aus Kupfer mit geringem Aluminiumzusatz (4 bis 9%) bestehenden Aluminiumbronzen sind den anderen Kupferlegierungen hinsichtlich Korrosionsbeständigkeit überlegen. Sie sind beständig gegen atmosphärische Einflüsse und aggressive Wässer, desgleichen gegen Laugen und auch relativ beständig gegen Säure.

Blei. Blei ist gegen normale und aggressive Atmosphäre sehr beständig. Wasser, insbesondere aggressive Wässer und Meerwasser greifen Blei etwas an. Im Trinkwassersektor sind Bauteile aus Blei zu vermeiden, weil weiches Wasser ($<8°$ dH) Blei unter Bildung von giftigem Bleihydroxid ($Pb(OH)_2$) angreift. Besonders gefährlich ist Wasser mit freier Kohlensäure, die mit Blei giftiges, lösliches Bleibicarbonat $PbH_2(CO_3)_2$ bildet. Die Säurebeständigkeit des Bleis ist je nach Säure gut bis sehr gut (Schwefelsäure). Von starken Laugen wird Blei angegriffen, weshalb es nicht in Kontakt mit Beton (pH 12,5) sein darf.

466

Korrosionsbeständigkeit
Vergleich verschiedener Metalle

	Atmosphäre		Wasser		Säuren	Laugen
	normal	aggress.	normal	Meerw.		
Übliche Baustähle						S
Korros. verbess. Baustähle						
Chrom-Nickel-Stahl			L	L		S
Grauguß						
Aluminium			L	L		
Kupfer						
Messing						
Aluminium–Bronze						
Blei						
Zink						

unbeständig   wenig beständ.   mäßig beständ.   gut beständ.   hoch beständ.

L Lochfraß   S Spannungsrißkorrosion

285

Zink. Gegen normale Atmosphäre (Landluft) ist Zink sehr gut beständig, weniger gegen Industrieatmosphäre. Auch gegen Regenwasser ist Zink beständig, weniger gegen Meerwasser. Durch Säuren wird Zink aufgelöst. Zink ist wenig laugenbeständig und wird durch den alkalischen Zementstein (pH 12,5) angegriffen.

Die Korrosionsgeschwindigkeit der Baumetalle in verschiedenen Atmosphären zeigt **Bild 286.** Sie ist beim Stahl ca. 10- bis 100mal größer als bei den anderen Baumetallen. (Zur besseren Darstellung wurde bei den NE-Metallen die Höhe der Säulen vervierfacht und die Breite auf $^1/_4$ reduziert, so daß die jeweilige Fläche das Verhältnis der Korrosionsgeschwindigkeit angibt.) Man ersieht daraus, daß Kupfer und Blei in hohem Maße sowohl gegen nichtaggressive als auch gegen aggressive Atmosphäre beständig sind; Zink ist ebenfalls gegen nichtaggressive, weniger jedoch gegen aggressive Atmosphäre beständig.

9.4.1 Elektrodenpotential und Korrosion

Die Korrosionsbeständigkeit der Metalle ist, wie Bild 285 zeigt, von verwirrender Vielfalt. Die Zusammenhänge werden sichtbar, wenn man vom Elektrodenpotential der Metalle ausgeht. Diese sind aus **Bild 287** ersichtlich. Sie nehmen vom Magnesium bis zum Kupfer fast kontinuierlich ab. Dementsprechend müßte auch die Korrosionsneigung sein. Wenn diese Reihenfolge bei der atmosphärischen Korrosion nicht gegeben ist (s. Bild 287/2) dann insbesondere deshalb, weil Magnesium, Aluminium und Zink oxidische und Blei und Kupfer aus speziellen Verbindungen bestehende Schutzschichten ausbilden. Nur das Eisen korrodiert stark, weil der entstehende Rost keine Schutzwirkung hat. – Die Säuren- und Laugenbeständigkeit ist sehr verschieden (s. Bild 285). Der Durchschnitt aus Säuren- und Laugenbeständigkeit ergibt jedoch eine Abstufung, die den Elektrodenpotentialen sehr ähnlich ist (s. Bild 287/3). Dies hängt damit zusammen, daß durch den Säure- bzw. Laugenangriff die Schutzschichtbildung verhindert wird und die Korrosion deshalb im wesentlichen dem Lösungsdruck und damit dem Elektrodenpotential entspricht. Die Korrosionsneigung in aggressiver Atmosphäre nimmt eine Zwischenstellung ein zwischen atmosphärischer und Säurekorrosion (s. Bild 287/4), weil die Schutzschichtbildung durch den wenn auch schwachen Säureangriff verringert wird. Der Vielfalt der Korrosionserscheinungen liegt also eine, wenn auch nicht immer deutlich werdende Systematik zugrunde.

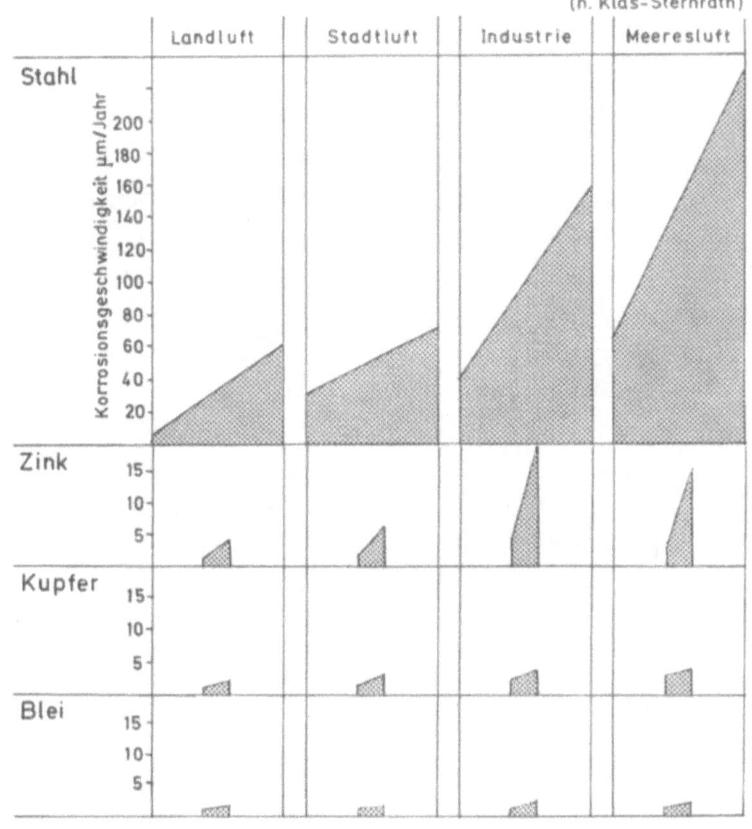
Korrosionsgeschwindigkeit
in verschiedenen Atmosphären
(n. Klas-Sternrath)
Landluft
Stadtluft
Industrie
Meeresluft
Stahl
Korrosionsgeschwindigkeit µm/Jahr
200
180
160
140
120
100
80
60
40
20
Zink
15
10
5
Kupfer
15
10
5
Blei
15
10
5

Elektrodenpotential u. Korrosion
Magnes.
Alumin.
Zink
Eisen
Blei
Kupfer
1 Elektrodenpotential
E-Potential (V)
-1,5
-1,0
-0,5
0
+0,5
Mg
Al
Zn
Fe
Pb
Cu
2 Atmosphärische Korrosion
un-best.
wenig best.
mässig best.
gut best.
hochb.
Mg
Al
Zn
Fe
Pb
Cu
3 Säuren- u. Laugenkorrosion (Mittelwert)
un-best.
wenig best.
mässig best.
gut best.
hochb.
Mg
Al
Zn
Fe
Pb
Cu
4 Aggressive Atmosphäre
un-best.
wenig best.
mässig best.
gut best.
hochb.
Mg
Al
Zn
Fe
Pb
Cu

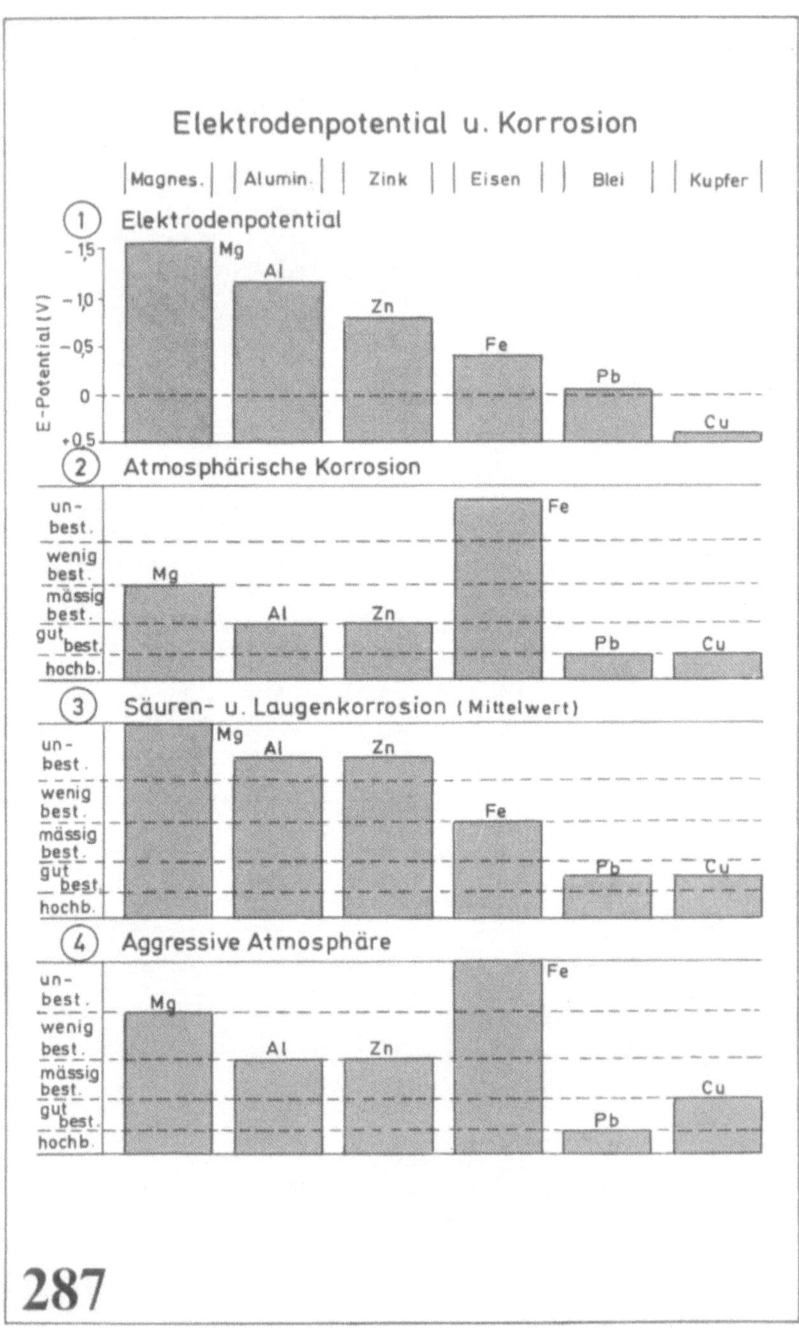

287

9.5 Anorganischer Korrosionsschutz der Metalle

Der Korrosionsschutz des Stahls ist eine wichtige Aufgabe des Stahlbaus. Dies geschieht überwiegend durch Aufbringung von Rostschutzanstrichen, die den Zutritt von Wasser und auch von Sauerstoff zum Stahl verhindern. Diese Anstrichmittel bestehen vorwiegend aus filmbildenden organischen Flüssigkeiten, die zur Verringerung der Durchlässigkeit und der Rostbildung mit anorganischen Farbpulvern, sog. Pigmenten, versetzt sind. Sie werden in der Regel im Streich-, Walz- oder Spritzverfahren aufgetragen. Diese Technik der organischen Rostschutzüberzüge ist ein sehr umfangreiches Gebiet, das im Zusammenhang mit den organischen Baustoffen gesondert behandelt wird. Daneben spielen metallische Überzüge und andere Verfahren eine zunehmende Rolle. Sie werden anschließend behandelt.

9.5.1 Schmelztauchüberzüge

Das wichtigste Verfahren ist die sog. Feuerverzinkung. Dabei werden in einem Säurebad entrostete und gereinigte Werkstücke in schmelzflüssiges Zink getaucht, das bei vorschriftsmäßiger Arbeitsweise einen Zinküberzug mit ca. 0,03 bis 0,05 mm Dicke ergibt. Diese Zinkschicht schützt Stahl zuverlässig gegen direkte atmosphärische Korrosion. Die Dauer der Schutzwirkung ist von der Schichtdicke der Verzinkung abhängig, die in der Regel ca. 50 bis 150 μm beträgt. Je 20 μm ergeben etwa eine Schutzdauer von 10 Jahren, bei 100 μm (= ca. 700 g) also von 50 Jahren [327]. Dies gilt für normale Atmosphäre. Bei Seeluft beträgt die Haltbarkeit nur etwa $^2/_3$, bei aggressiver Industrieatmosphäre nur etwa $^1/_3$ dieser Zeit. In solchen Fällen kann durch Überstriche mit speziellen Anstrichstoffen die verringerte Haltbarkeit etwa verdoppelt werden.

Die Feuerverzinkung ist nur scheinbar ein einfaches Verfahren; sie verlangt viel Sorgfalt und Sachkenntnis. Wichtig ist die sorgfältige Vorbehandlung der Werkstücke zur Entfernung von Rost, Zunder und Fett in Beizbädern (bis 4 h in verdünnter HCl). Beim Schmelztauchen bildet sich an der Grenzfläche Eisen-Zink eine legierte Zinkschicht, die 20 bis 27% Eisen enthalten kann. Diese Eisen/Zink-Schicht, das sog. Hartzink, ist spröde. Bei starkwandigen Teilen ist sie unschädlich; bei dünnwandigen Werkstücken (Drähte, Bänder, Bleche) kann sie von Nachteil sein und bei der Verformung zu Abplatzungen führen [328]. Da die Dicke dieser spröden Zwischenschicht mit der Tauchdauer wächst, ist es wichtig, die Tauchzeit möglichst kurz zu halten. Dies ist beim Sendzimir-Verfahren möglich, bei dem Rohblech kontinuierlich verzinkt wird, indem es oxidierend und reduzierend geglüht und bei 500 °C schnell durch das Zinkbad gezogen wird, wobei eine Hartzinkbildung vermieden wird. – Im Zusammenhang mit der durch Industrieabgase zunehmenden Umweltverschmutzung hat das an sich altbekannte Verfahren der Feuerverzinkung in letzter Zeit zunehmend an Bedeutung gewonnen, insbesondere auch für schwere Konstruktionsteile wie Masten, Träger, Rohrleitungen usw.

9.5.2 Spritzmetallüberzüge

Bei diesem Verfahren wird die metallische Korrosionsschutzschicht in schmelzflüssigem Zustand aufgespritzt. Dabei wird das Schutzmetall in Draht- oder Pulverform in einer beheizten Spritzpistole bis über den Schmelzpunkt erhitzt und mit Druckluft möglichst unter Zusatz von Schutzgas (Oxidationsverhütung) auf die möglichst sandgestrahlte Stahloberfläche aufgeschleudert. Günstigenfalls verschmelzen die flüssigen Metallteilchen (10 bis 100 µm) miteinander und mit dem Untergrund zu einer dichten und festhaftenden Korrosionsschutzschicht. Wenn die Teilchen auf dem Spritzweg zu stark abkühlen, dann verschmelzen sie nicht miteinander und verschweißen auch nicht miteinander (was ebenfalls genügt), sondern bilden eine poröse, schlechthaftende Schicht. Es ist deshalb wichtig, durch hohe Teilchentemperatur sowie -geschwindigkeit und gegebenenfalls Vorwärmung des Untergrunds eine porenfreie Beschichtung anzustreben. Gegenüber der Schmelztauchbehandlung hat die Spritzmetallisierung den Nachteil, daß es schwierig ist, porenfreie Überzüge zu erzielen. Deshalb wird im allgemeinen ein Überzugsmetall gewählt, das elektronegativer ist als das Grundmetall und dieses bei Vorhandensein von Poren kathodisch schützen kann (s. dort) sowie einen niedrigen Schmelzpunkt hat, was beim Zink der Fall ist [329].

9.5.3 Elektrolytisch erzeugte Metallschichten
(Galvanotechnik)

Bei der Galvanotechnik wird nach dem im Zusammenhang der elektrochemischen Metallabscheidung behandelten Prinzip gearbeitet, d.h. aus Lösungen von Metallsalzen wird elektrolytisch Metall abgeschieden, das in diesem Fall auf einem als Kathode geschalteten

472

Werkstoff bzw. Werkstück niedergeschlagen wird (s. Bild 255). Das
Verfahren dient für vielerlei Zwecke; für das Bauwesen wichtig ist
der galvanische Korrosionsschutz, wobei Überzüge aus korrosions-
beständigen Metallen auf zur Korrosion neigenden Metallen erzeugt
werden, z.B. galvanische Verzinkung und Vernicklung.

9.5.3.1 Galvanische Zinküberzüge

Auf Eisen und Stahl schützen sie sehr gut gegen atmosphärische
Korrosion, nicht jedoch gegen saure und alkalische Flüssigkeiten.
Die galvanische Verzinkung hat wesentliche Vorteile: Genaue
Dicke der Zinkschicht, keine Werkstoffbeeinflussung durch Hitze
(Schmelzzink ca. 450°C), keine Bildung spröder Verbindungen
(Hartzink) an der Grenzschicht Eisen-Zink, gleichmäßige Überzüge. Da es bei diesem Verfahren besonders darauf ankommt, eine
gute Verbindung zwischen dem galvanischen Überzug und dem zu
beschichtenden Werkstoff zu erzielen, ist die chemische und mechanische Vorbehandlung des letzteren von großer Wichtigkeit. Als
Elektrolytflüssigkeit wird meist Zinksulfat (250 g/l) mit Zusatz geringer Mengen von Chloriden und als Anodenmaterial Elektrolyt-
zink verwendet [330].

9.5.3.2 Galvanische Bleiüberzüge

Sie sind im Gegensatz zu den nicht säurebeständigen Zinküberzü-
gen in hohem Maße säurebeständig und auch beständig gegen aggressive Industrieatmosphäre. Sie werden deshalb zum Auskleiden
von Behältern in der chemischen Industrie, für den Schutz von
Drähten, Schrauben und Nieten verwendet. Nicht beständig ist die
Verbleiung gegen Laugen; sie wird durch Beton (pH 12,5) angegriffen [331].

9.5.3.3 Galvanische Nickelüberzüge

Sie werden insbesondere zum Korrosionsschutz von Stahl, Messing,
Zink, teilweise auch von Aluminium- und Magnesiumlegierungen
verwendet. Bei der Vernicklung handelt es sich um das wichtigste
Galvanisierungsverfahren, weil die Nickelüberzüge chemisch sehr
widerstandsfähig sind und sehr gut haften. Im Bauwesen wird die
Vernicklung insbesondere zum Schutz von Armaturen, für Metall-
verkleidungen und im Sanitärbereich angewandt [332].

9.5.4 Chemische Umwandlung der Metalloberfläche

Ziel dieser Verfahren ist, das Eisen an der Oberfläche in beständige
Verbindungen zu überführen. Solche sind die Phosphate des Eisens,

473

die wasserunlöslich sind und nicht mit dem Sauerstoff reagieren, wie
es beim Eisen der Fall ist.

9.5.4.1 Phosphatieren

Man unterscheidet nichtschichtbildende und schichtbildende Verfahren. Im ersten Fall, der sog. Phosphorsäurebeizung wird das Metall mit Phosphorsäure, gegebenenfalls mit Zusätzen behandelt. Es entsteht eine sehr dünne Schicht (0,1 bis 0,5 μm) von Eisenphosphat gemäß $H_3PO_4 + Fe \rightarrow FePO_4 + 1\frac{1}{2} H_2$. Die Schutzwirkung einer solchen Beizbehandlung ist gering; sie ergibt nur eine geringfügig verbesserte Lagerfähigkeit der Bauteile in der Atmosphäre. — Wirksamer ist die schichtbildende Phosphatierung, die mit Mischungen aus Phosphaten (vorwiegend Zinkphosphat) und Phosphorsäure durchgeführt wird und Schichtdicken von 10 bis 40 μm ergibt. Auch die schichtbildende Phosphatierung bewirkt keine dauerhaften Korrosionsschutzschichten; sie benötigen übliche Korrosionsschutzanstriche, deren Haftung und Haltbarkeit aber günstig beeinflußt wird.

9.5.4.2 Rostumwandler

Sie bestehen in der Hauptsache aus Phosphorsäure mit Zusätzen. Man strebt damit eine Umwandlung des Rostes in beständiges Eisenphosphat an. Die Wirkung ist jedoch erfahrungsgemäß unbefriedigend, weil es beim Anstrich nicht möglich ist, genau die zur Reaktion notwendige Menge aufzutragen; wo ein Phosphorsäureüberschuß verbleibt, werden die folgenden Anstriche geschädigt, bei zu wenig Phosphorsäure folgt Unterrostung.

9.5.4.3 Eloxalverfahren

Aluminium ist relativ beständig gegen atmosphärische Korrosion infolge Bildung einer dünnen Oxidhaut. Die Wirkung kann verbessert werden durch Verstärkung der natürlichen Oxidhaut nach dem Eloxalverfahren (elektrisch oxidiertes Aluminium) (s. Bild 255) [333]. Die durch Elektrolyse erzeugten Oxidschichten können mit Farbstoffen imprägniert werden, wodurch es möglich ist, das Aluminium fast beliebig zu färben. Da die Oxidschichten porös sind, müssen sie nach dem Färben gedichtet werden, was auf verschiedene Weise geschieht. — Eloxalbehandeltes Aluminium gewinnt zunehmend an Bedeutung, weil es sehr wetterbeständig ist und Farbtonwünschen gerecht wird. Auch die Abriebfestigkeit ist besser, desgleichen die Haftung von Anstrichen.

Literaturverzeichnis

Vorbemerkung

Um dem Leser den Zugang zur weiterführenden Literatur zu erleichtern, wird soweit
als möglich aus Nachschlagewerken zitiert und zwar 1. für Grundlagenchemie und
allgemeine Chemie aus dem „Chemie-Lexikon" von H. Römpp 6. Auflage (1966)
bzw. 7. Auflage (1972). Um in beiden Auflagen das Nachschlagen zu vereinfachen,
wird das Stichwort angegeben, unter dem Näheres zu finden ist. 2. Häufig zitiert ist
Ullmanns „Encyklopädie der Technischen Chemie", 3. Auflage (1967). Auch hier ist
das Stichwort angegeben, um das Nachschlagen in der erst zum Teil erschienenen
4. Auflage zu erleichtern. 3. Weiterhin wird hauptsächlich zitiert aus Standardwerken
der Zementchemie und Baustoffkunde sowie aus den „Betontechnischen Berichten"
des Forschungsinstituts der Zementindustrie, die in Büchereien des Bauwesens im
allgemeinen zu finden sind. 4. Weitere Zitate stammen aus Lehrbüchern der Chemie,
die in naturwissenschaftlichen Büchereien vorliegen.

 1 Römpp, H.: Chemie-Lexikon, 6. Aufl. Stuttgart, Francksche Verlagshandlung
   1966, S. 1048 „Chemische Elemente"
 2 [1] S. 1756 „Elektronen"
 3 [1] S. 482 „Atombau"
 4 Christen, H. R.: Grundlagen der allgemeinen und anorganischen Chemie. Aa-
   rau/Frankfurt: Sauerländer/Salle 1968, S. 179
 5 [1] S. 1050 „Chemische Elemente"
 6 Christen, H. R. [4] S. 63
 7 [1] S. 1042 „Chemische Bindung"
 8 [1] S. 7088 „Wasser"
 9 [1] S. 7093 „Wasser"
10 [1] S. 3315 „Kohlendioxid"
11 [1] S. 3316 „Kohlendioxid"
12 [1] S. 589 „Basen"
13 [1] S. 4003 „Methan"
14 [1] S. 4256 „Natriumchlorid"
15 Karsten, R.: Bauchemie, 5. Aufl. Heidelberg: Straßenbauverlag 1970, S. 134
16 [1] S. 1742 „Elektrolyse"
17 [1] S. 145 „Aggregatzustände"
18 [1] S. 3348 „Kolloidchemie"
19 Ullmanns Encyklopädie der technischen Chemie, 3. Aufl. München: Urban &
   Schwarzenberg 1967, Bd. 8, S. 102 „Gips"

20 [1] S. 4582 „Osmose"
21 Stauff, J.: Kolloidchemie. Berlin: „Springer-Verlag 1960, S. 665 u. f.
22 Stauff, J. [21] S. 694
23 [1] S. 3447 „Kristallgitter"
24 Böhm, H.: Einführung in die Metallkunde, Mannheim: Bibliogr. Institut 1968, S. 15 u. f.
25 [1] S. 2587 „Härte fester Körper"
26 Christen, H. R. [4] S. 103
27 Brdicka: Grundlagen der physikalischen Chemie, Berlin: 1965 Dtsch. Verlag der Wissenschaften
28 [1] S. 3874 „Wasser"
29 [1] S. 3878 „Wasser"
30 Der große Brockhaus, 16. Aufl., Bd. 12, S. 96 „Verdunstung"
31 [30] Bd. 8, S. 403 „Niederschlag"
32 [19] Bd. 18, S. 475 „Wasser"
33 [1] S. 6654 „Trinkwasser"
34 [1] S. 7090 „Wasser"
34a [30] Bd. 5, S. 276
35 Karsten, R. [15] S. 272
36 [19] Bd. 18, S. 422
37 [1] S. 2578 „Härte des Wassers"
38 Steinegger, PZW Heidelberg: persönliche Mitteilung
39 [1] S. 2575 „Härte des Wassers"
40 [1] S. 2580 „Härte des Wassers"
41 Karsten, R. [15] S. 272
42 [1] S. 4079 „Mineralwässer"
43 [1] S. 4483 „Oberflächenspannung"
44 Klengel K. J.: Frost im Baugrund. Berlin: Verlag für Bauwesen
45 Keil, F.: Zement-Kalk-Gips 5 (1967)
46 [1] S. 887 „Calciumchlorid"
47 [1] S. 2342 „Geochemie"
48 Schmidt-Hieber: Baustoffkunde für Techniker, Stuttgart: K. Wittwer 1966 S. 25
49 [1] S. 4793 „Petrographie"
50 [1] S. 1999 „Feldspat"
51 Keil, F.: nicht zitierbare Veröffentlichung
52 [1] S. 742 „Böden"
53 [1] S. 743 „Böden"
54 [1] S. 6570 „Ton"
55 [19] Bd. 17, S. 451 u. f. „Tonindustrie"
56 [1] S. 4150 „Montmorillonit"
57 [1] S. 626 „Betonit"
58 [1] S. 6571 „Ton"
59 Graf-Huber: Kleines Lexikon der Bautechnik. Stuttgart: Union-Verlag 1956
60 Lennart Andersson: Clay chemistry in soil stabilisation. Bd. 82, 1960
61 Salmang, J.: Die Keramik, Berlin: Springer-Verlag 1958
62 [19] Bd. 17, S. 456 „Brennen des Tons"
63 Schmidt-Hieber [48] „Ziegel"
64 [19] Bd. 17, S. 482 u. f. „Ziegel"
65 Schmidt-Hieber [48] S. 178
66 Schmidt-Hieber [48] S. 187

67 [19] Bd. 17, S. 519 „Steinzeug"
68 [19] Bd. 17, S. 525 „Steinzeug"
69 [19] Bd. 17, S. 511 „Steingut"
69a Keil, F. [87] S. 167
69b Walz, K.; Wischers, G.: Betontechn. Ber. (1964) S. 127
69c Keil, F. [87] S. 161
70 [1] S. 5251 „Quarz"
71 [1] S. 5918 „Silikate"
72 [19] Bd. 15, S. 697 „Silikate"
73 Christen, H. R. [4] S. 416
74 [1] S. 2416 „Glas"
75 [19] Bd. 8, S. 133 u. f. „Glas"
76 Schmidt-Hieber [48] S. 257 u. f. „Glas"
77 [19] Bd. 7, S. 333 „Glasfasern"
78 [19] Bd. 8, S. 97, „Gips"
79 [19] Bd. 8, S. 108 „Gipsvorkommen"
80 Schmidt-Hieber [48] S. 80 u. f.
81 Ullmann, 4. Aufl., Bd. 12, S. 103 „Gips"
82 [19] Bd. 8, S. 117 „Anhydritbinder"
83 [19] Bd. 8, S. 119 „Gipserhärtung"
84 [19] Bd. 8, S. 123 „Gipsexpansion"
85 [19] Bd. 8, S. 119 „Gipserhärtung"
85a [19] S. 6020 „Sorelzement"
85b Schmidt-Hieber [48] S. 77
86 [19] Bd. 9, S. 241 „Kalk"
87 Keil, F.: Zement, Berlin, Heidelberg, New York: Springer 1971, S. 84
88 Schmidt-Hieber [48] S. 86
89 [1] S. 897 „Calciumoxid"
90 [19] Bd. 9, S. 241 u. f. „Kalk"
91 Kühl, H.: Zement-Chemie. Berlin: Verlag Technik, 1961, Bd. 3, S. 178
92 Kühl, H. [91] Bd. 3, S. 179
93 [19] Bd. 9, S. 251 „Kalkeigenschaften"
94 Keil, F. [87] S. 128
95 [19] Bd. 17, S. 456 „Vorgänge beim Brand"
96 Schwiete: s. Wesche K.: Baustoffe 2. Wiesbaden: Bauverlag 1974, S. 13
97 Kühl, H. [91] Bd. 3, S. 512
98 Zement-Taschenbuch 1976/77, Wiesbaden: Bauverlag, S. 23
99 Keil, F. [87] S. 68
100 Keil, F. [87] S. 45
101 [98] S. 36
102 Keil, F. [87] S. 97
103 [98] S. 24
104 Kühl, H. [91], S. 676
105 [98] S. 87
106 Kühl, H. [91] Bd. 2, S. 758
107 Keil, F. [87] S. 232.
108 Rehm, G.: Betonsteinzeitung 29 (1963) S. 651 u. f.
108a Lea, F. M.: The chemistry of cement, 3. Aufl. London: Arnold 1970, S. 515
109 Keil, F. [87] S. 88
110 Czernin, W.: Zementchemie, 3. Aufl. Wiesbaden: Bauverlag 1977, S. 41
111 Kühl, H. [91] Bd. 3 S. 32 (nach Michaelis jr.)

111a Keil, F. [87] S. 108
112 Keil, F. [87] S. 172
113 Richartz, W.; Locher, F. W.: Zement-Kalk-Gips 18 (1965) S. 449 u. f.
114 [98] S. 48
115 zur Strassen, H.: Zement u. Beton 16 (1959), s. Keil S. 381
116 Keil, F. [87] S. 374
117 Keil, F. [87] S. 210
118 Keil, F. [87] S. 377
119 Keil, F. [87] S. 381
120 Lea, F. M.: [108a] S. 386
121 Taylor, H. F. W.: The chemistry of cements. London: Academic Press 1964
122 Gonnermann, H. F.: Proc. Am. Inst. Test. Mat. (1934) S. 244
123 Taylor, H. F. W., [121] Bd. 1, S. 6.
124 Lea, F. M. [108a] S. 442
125 Wuhrer, J.; Schweden, K.: Tonindustriezeitung 90 (1966) (s. Keil [87] S. 211)
126 Graf, O.; Albrecht, W.; Schäffler, H.: Eigenschaften des Betons. Berlin, Göttin-
    gen, Heidelberg: Springer 1960, S. 142
127 Czernin, W.: Zementchemie für Bauingenieure, 2. Aufl. Wien: 1964, S. 95
128 Burnett; Spindler: Proc. Am. Concr. Inst. (1953) S. 193
129 Graf, O.; Walz K.: Betontechn. Ber. (1963) S. 71
130 Lea, F. M. [108a] S. 474
131 Bonzel, J.: Betontechn. Ber. (1967), S. 68 (s. Keil [87] S. 173)
132 Bonzel, J.: Betontechn. Ber. (1967), S. 69 (s. Keil [87] S. 173)
133 Lea, F. M. [108a] S. 394
134 Klieger, P.: Highway Research Board Proc. (1952) S. 177 u. f.
135 Richartz, W.; Locher, F. W.: Zement-Kalk-Gips (1965) S. 449 (s. Keil S. 173)
136 Wischers, G.: Schriftenreihe d. Zementindustrie (1961) S. 173 (s. Keil S. 241)
137 Powers, T. C.: PCA Res. Dev. Lab. Bull (s. Keil S. 178)
138 Diamond, S.: Int. Symp. Tokyo 1968 (s. Czernin 3 S. 66)
139 Bonzel, J.: Betontechn. Ber. (1966) S. 145 u. f.
140 [98] S. 254
141 Czernin, W., [110] S. 86
142 Czernin, W., [127] S. 77
143 Jung, F., Beton- u. Stahlbetonbau [1974] S. 16 (s. Czernin [110] S. 93)
144 Graf, Albrecht; Schäffler [126] S. 8
145 Kühl, H.; Lu, D. H., Der Baustoff Zement, Berlin: Verlag für Bauwesen, 1967,
    S. 319
146 Lea, F. M.; Desch, C. H.: Proc. Am. Concr. Inst. 65 (1968) S. 246 (s. Keil [87] S.
    217)
147 Graf; Albrecht; Schäffler [126] S. 246
148 Haller, P., Eidg. Materialprüfanstalt Zürich 1940 (s. Czernin [127] S. 87)
149 Lea, F. M. [120] S. 408
150 Bonzel, J.; Kadlecek, V.; Betontechn. Ber. (1970) S. 99 u. f.
151 Powers, T. C.: J. Am. Concr. Inst. 1954, S. 285 (s. Kühl [91] Bd. 3, S. 362)
152 Graf; Albrecht; Schäffler [126] S. 237 u. f.
153 Venuat, M.: CERILH Publ. Techn. Nr. 186 (1967) (s. Keil [87] S. 219)
154 Kühl, H. [91] Bd. 3, S. 399
155 Bonzel, J.; Kadlecek, V.: Betontechn. Ber. (1970) S. 99 u. f.
156 Kühl, H., [91] Bd. 3, S. 399
157 Graf; Albrecht; Schäffler [126] S. 253
158 [98] S. 305

159 Kühl, H., [91] Bd. 3, S. 496
160 Wesche, K.: Baustoffe 2. Wiesbaden: Bauverlag 1974, S. 191
161 Lea, F.M. [108a] S. 410
162 Wesche, K. [160] S. 196
163 Czernin, W. [110] S. 104
164 Keil, F. [87] S. 222
165 Czernin, W. [110] S. 67
166 [98] S. 50
167 Czernin, W. [110] S. 36
168 Gille, F.: Zement-Kalk-Gips 5 (1952) S. 142 u.f. (s. Keil S. 225)
169 Keil, F., [87] S. 226
170 Czernin, W. [110] S. 38
171 Keil, F. [87] S. 58
172 Locher, F.W.; Sprung, S.: Betontechn. Ber. (1973) S. 101 u.f.
172a Walz, K.: Betontechn. Ber. (1964) S. 117
173 Czernin, W. [110] S. 179
174 Lea, F.M. [108a] S. 533
175 Keil, F. [87] S. 227
176 Keil, F. [87] S. 227
177 Lea, F.M. [108a] S. 534
178 Bonzel, J.: Zement-Taschenbuch 1962, S. 343 u.f.
179 Karsten, R. [15] S. 267
180 [1] S. 894 „Calciumnitrat“
181 Schmidt-Hieber [48] S. 173
182 Jung, F.: Zement-Kalk-Gips 20 (1967) S. 107 (s. Keil [87] S. 199)
183 [98] Tafel 29
184 Elsner von Gronow, H.: Zement 25 (1936) S. 485 (s. Kühl [91] 3/586)
185 Powers, T.C.: s. Zimbelmann, R.: OGI-Schriftenreihe Nr. 67, S. 57
186 Walz, K.; Helms-Derfert, H.: Beton 16 (1966) Nr. 4, S. 155 (s. [98] S. 2047)
187 Powers, T.C.: Bull. 90 der PCA (1958) (s. Czernin 3 S. 136)
188 Bogue, R.H.: The chemistry of Portland-Cement. New York: Reinhold Publ.
     Corp. 1947, S. 62 (s. R. Zimbelmann, OGI-Schriftenreihe Nr. 67, S. 62)
188a Taylor, H.F.W. [121] Bd. 1 S. 335
188b Keil, F. [87] S. 301
189 Petzold, A.; M. Röhrs: Beton für hohe Temperaturen. Wiesbaden: Betonverlag
     1965 (s. Keil S. 299)
190 Nurse, R.W.: Proc. Build. Res. Congr. [121] Bd. 1, S. 419)
190a Wesche, K. [160] S. 32
191 Keil, F. [87] S. 240
192 Czernin, W. [110] S. 80
193 Böhm, H. [24]
194 Haegermann: s. Wesche Bd. 2, [160] S. 39
195 Walz, K.: Betontechn. Ber. (1964) S. 114
196 Wesche, K., [160] S. 17
197 Grün, W.: Beton II (Zusätze), Düsseldorf: Werner-Verlag 1959, S. 26
197a Wischers, G.: Betontechn. Ber. (1967) S. 55
197b Wischers, G.: Betontechn. Ber. (1971) S. 68
197c Vierheller: s. Kühl Bd. 3 [91] S. 450
198 Keil, F. [87] S. 32
199 [19] Bd. 4, S. 42 „Asbest“
200 [19] Bd. 4, S. 47 „Asbestzement“

201 Pösch (s. Keil [87] S. 33)

202 Frey, H.: Schweiz. Bauzeitung 17 (1940) (s. Kühl [91] Bd. 3, S. 530)

203 Wesche, K. [160] S. 114

204 [19] Bd. 4, S. 210 „Kalksandsteine"

204a Wesche, K. [160] S. 124.

205 Keil, F. [87] S. 240

206 Keil, F. [87] S. 240

207 Keil, F. [87] S. 240

208 Schmidt-Hieber [48] S. 141 u.f.

209 Keil, F. [87] S. 162

210 Kühl, H. [91] Bd. 3, S. 542

211 [19] Bd. 4, S. 228 „Porenbeton"

212 Keil, F., [87] S. 230

213 Kühl, H., [91] Bd. 3, S. 278

214 Spohn, E.: Betontechn. Ber. (1964) S. 31

215 Stauff, J., [21] S. 306

216 Czernin, W. [127] S. 156

217 Breuckmann: Betonfertigteile, Nr. 1 (1973)

218 [98] ← S. 340

219 Walz, K.: Bauindustrie 5 (1952) Nr. 10–13

220 Venuat, M.: Betonwerk + Fertigteil 8/1972

221 Schäfer, A., Tonind. Zeitung 89 (1965) Nr. 11 u. 12

222 Czernin, W. [110] S. 134 u.f.

223 Graf; Albrecht; Schäffler [126] S. 153

224 Lexikon der Physik, Bd. 6, S. 279. München: Dtsch. Taschenbuch-Verlag

225 Powers, T.C.; Brownyard: Proc. Am. Concr. Inst. 43 (1947) (s. Zimbelmann:
     OGI-Schriftenreihe 67, S. 57)

226 Wierig, H.J.: Betontechn. Ber. (1971) S. 159

227 Riethmayer, A.: Deutsche Bauzeitung 12/68

228 Wischers-Krumm: Beton 25 (1975) Nr. 8–10

229 Meyer, A.: Vortrag Zementtagung 1966

230 Rehm, G.: Betonstein-Zeitung 29 (1963) u. 34 (1968) (s. Keil [87] S. 406)

231 Wesche, K.; v. Berg, W.: Beton 1/1973

232 Steinegger, H.: Betonwerk + Fertigteil 8/1972

232a Bonzel; Dahms: Betontechn. Ber. (1972) S. 62

233 Schäffler, H.: Betonstein-Zeitung 36 (1970) Nr. 9

234 US Departm. Agric. Bull 1343 (1925) (s. Kühl Bd. 3, S. 649)

235 Grün, R.: Chemie f. Bauingenieure. Berlin: Springer 1939, S. 71

236 Brandenberger, E.: Chemie des Ingenieurs. Berlin, Heidelberg, New York:
     Springer 1966, S. 198

237 Biczok, I.: Betonkorrosion und Betonschutz. Berlin: Verlag für Bauwesen 1960

238 Biczok [237] S. 190

239 Lea, F.M. [120] S. 352

240 Lea, F.M. (s. Keil [87] S. 278)

241 Biczok [237]

242 Biczok [237] S. 228

243 Keil, F. [87] S. 271

244 Lea, F.M. [108a] S. 637

245 Keil, F. [87] S. 273

246 Kühl, H. [91] Bd. 3, S. 634

247 Kühl, H. [91] Bd. 3, S. 637

480

248 Taylor, H.F.W. [121] Bd. 2, S. 23
249 Lea, F.M. [108a] S. 441
250 Lea, F.M. [108a] S. 351
251 Lea, F.M. [108a] S. 637
252 Lea, F.M. [108a] S. 624
253 Meyer, A.: Dtsch. Ausschuß für Stahlbau, Heft 182, S. 6 u.f.
254 Keil, F. [87] S. 267
255 Betontechn. Ber. (1972) S. 132
256 Meyer, A. [253] S. 21
257 Christen, H.R. [4] S. 144
258 [19] Bd. 10, S. 806 „Kristalle"
259 Böhm, H. [24] S. 15
260 Böhm, H. [24] S. 18
261 Pauling, L.: Grundlagen der Chemie. Berlin: Dtsch. Verlag der Wissenschaften
 1969
262 Böhm, H. [24]
263 D'Ans , J.; Lax, E.: Taschenbuch für Chemiker und Physiker. 3. Aufl. Berlin,
 Heidelberg, New York: Springer 1964/67
264 [19] Bd. 12, S. 326 u.f. „Metalle"
265 Schwabe: s. Henning: Chemie im Bauwesen, Berlin: Verlag für Bauwesen 1972,
 S. 98
266 [1] S. 227 „Aluminium"
267 [1] s. NE-Metalle
268 [19] s. NE-Metalle
269 Rehm, G.: Vorlesungsumdruck „NE-Metalle" 1978
270 [19] Bd. 12, S. 357 „Legierungen"
271 [1] S. 3636 „Legierungen"
272 Böhm, H. [24] S. 29
273 Rehm, G. [269]
274 [19] Bd. 11, S. 218 „Kupferlegierungen"
275 Rehm, G. [269]
276 [19] Bd. 3, S. 408 „Aluminiumlegierungen"
277 [19] Bd. 6, S. 291 „Eisenerzeugung"
278 [1] S. 1683 „Eisen"
279 [1] S. 2730 „Hochofenprozeß"
280 Rehm, G.: Vorlesungsumdruck „Stahl"
281 Wesche, K.: Baustoffe 3. Wiesbaden: Bauverlag 1973, S. 25 u.f.
282 [19] Bd. 6, S. 341 u.f. „Erzeugung von Stahl"
283 Rehm, G. [280]
284 [19] Bd. 16, S. 254 u.f. „Stähle"
285 [19] Bd. 16, S. 190 „Eisen-Kohlenstoff-Diagramm"
286 Rehm, G. [280]
287 [1] S. 1692 „Eisencarbid"
288 [19] Bd. 16, S. 248 „Stickstoff"
289 Rehm, G. [280]
290 Wesche, K., [281] S. 27 u.f.
291 [19] Bd. 16, S. 257 „Beruhigte Stähle"
292 Rehm, G. [280]
293 [19] Bd. 16, S. 210 „Warmformgebung"
294 [19] Bd. 16, S. 196 „Glühen"
295 [1] S. 2590 „Härtung von Stahl"

296 [1] S. 3889 „Martensit“
297 [1] S. 352 „Anlassen des Stahls“
298 [1] S. 352 „Anlaßfarben“
299 [1] S. 7318 „Zementation“
300 [19] Bd. 10, S. 675 „Nitrierung“
301 [19] Bd. 16, S. 255 „C-Gehalt“
302 Rehm, G. [280]
303 [1] S. 4358 „Nichtrostende Stähle“
304 Rehm, G. [280]
305 [19] Bd. 16, S. 276 u. f. „rost- u. säurebeständige Stähle“
306 Evans, U. R.: Korrosion der Metalle. Weinheim: Verlag Chemie 1965
307 [19] Bd. 10, S. 661 „Atmosphärische Korrosion“
308 [19] Bd. 10, S. 661 „Stahlzusammensetzung“
309 Karsten, R. [15] S. 163
310 [1] S. 6029 „Spannungsreihe“
311 [19] Bd. 10, S. 655 u. 645 „Lochkorrosion“
312 Tödt, F.: Korrosion und Korrosionsschutz. 2. Aufl. Berlin: W. de Gruyter 1961,
    S. 481
313 ABC S. 247
314 [19] Bd. 10, S. 655 „Erdbodenkorrosion“
315 [19] Bd. 10, S. 640 „Passivität“
316 Henning, O. [265] S. 174
317 [19] Bd. 10, S. 641 „Potential-Diagramme“
318 Klas-Steinrath: Die Korrosion des Eisens. Düsseldorf: Verlag Stahleisen 1956
319 Rehm, G.: Vorlesungsumdruck „Metallkorrosion“
320 Karsten, R. [15] S. 298
321 Evans, U. R.: Korrosion der Metalle, Weinheim: Verlag Chemie 1965, S. 50
322 [19] Bd. 10, S. 679 „Kathodischer Korrosionsschutz“
323 Karsten, R. [15] S. 304
324 [19] Bd. 10, S. 678 „Vagabundierende Ströme“
325 Ullmann, 4. Aufl. (1972) Bd. 15, S. 25
326 Werkstoff-Handbuch Nichteisenmetalle. Düsseldorf: VDI-Verlag 1960
327 Wesche 3 [281] Bd. 3, S. 147
328 [19] Bd. 10, S. 667 „Feuerverzinkung“
329 [19] Bd. 10, S. 665 „Metallspritzen“
330 [19] Bd. 7, S. 836 „Galv. Verzinkung“
331 [19] Bd. 7, S. 817 „Galv. Verbleiung“
332 [19] Bd. 7, S. 830 „Galv. Vernicklung“
333 [19] Bd. 7, S. 844 „Eloxalverfahren“

Sachverzeichnis

486

488

492